高等学校"十三五"规划教材

Surfactant Chemistry

表面活性剂化学

孙 戒　袁爱琳 ｜ 主编

化学工业出版社

·北京·

内容简介

《表面活性剂化学》全面介绍了表面活性剂的有关概念、性质、应用原理、重要类型的合成方法和新品种的开发等。特别是对氧化胺两性表面活性剂、脂肪酸甲酯乙氧基化合物（FMEE）、烷基糖苷（APG）、双金属氰化络合物催化剂（DMC）、高分子表面活性剂等许多在表面活性剂工业上应用广泛的产品和技术做了重点介绍，同时对表面活性剂的溶液、界面、吸附等的模型及性能也做了介绍。本书内容全面且数据较新，对表面活性剂产品的品种介绍和产量数据更新到 2019 年。

《表面活性剂化学》适用于普通高等学校轻化工程、精细化工、助剂化学及化学相关专业本科生及研究生学习使用，对工程技术人员了解、应用和开发表面活性剂也有帮助。

图书在版编目（CIP）数据

表面活性剂化学/孙戒，袁爱琳主编. —北京：化学
工业出版社，2020.12（2023.1 重印）
高等学校"十三五"规划教材
ISBN 978-7-122-38299-3

Ⅰ.①表… Ⅱ.①孙…②袁… Ⅲ.①表面活性剂-
表面化学-高等学校-教材 Ⅳ.①O647.2

中国版本图书馆 CIP 数据核字（2020）第 267872 号

责任编辑：刘志茹 崔俊芳 装帧设计：韩 飞
责任校对：刘 颖

出版发行：化学工业出版社（北京市东城区青年湖南街 13 号 邮政编码 100011）
印 装：北京科印技术咨询服务有限公司数码印刷分部
787mm×1092mm 1/16 印张 22 字数 574 千字 2023 年 1 月北京第 1 版第 3 次印刷

购书咨询：010-64518888 售后服务：010-64518899
网 址：http://www.cip.com.cn
凡购买本书，如有缺损质量问题，本社销售中心负责调换。

定 价：58.00 元

前 言

　　表面活性剂是在 20 世纪 40 年代随着石油化工的发展，与塑料、合成橡胶和合成纤维同时兴起的一类化工产品，是一种能显著改变液体表面张力或两相间界面张力的物质，能起到润湿、乳化、增溶、分散、起泡等作用，用途十分广泛，其应用范围几乎涵盖了精细化工的所有领域，被誉为"工业味精"。近年来，随着合成技术的不断发展，表面活性剂需求量和产量逐年增加，2019 年全国表面活性剂产量达到 340.77 万吨，随着市场需求的逐渐扩大，对其基础理论的研究和新品种的开发提出了更高的要求。

　　目前，关于表面活性剂的专著和科技论文很多，本教材借鉴了大量专著和科技论文的结论，全面介绍了表面活性剂的有关概念、性质、应用原理、重要类型的合成方法和新品种的开发等。本书增加了氧化胺两性表面活性剂、脂肪酸甲酯乙氧基化合物（MEE）、烷基糖苷（APG）、双金属氰化络合物催化剂（DMC）、高分子表面活性剂等许多在表面活性剂工业上应用广泛的产品和技术介绍，同时增加了表面活性剂的溶液、界面、吸附等的模型及性能研究内容。对表面活性剂产品的品种介绍和产量数据更新到 2019 年。本书内容全面且数据较新，适用于普通高等学校本科生及研究生学习使用，对工程技术人员了解、应用和开发表面活性剂也有帮助。

　　本书第 1～10 章由孙戒编写；第 11～14 章由袁爱琳编写。特别感谢张震等研究生对本书的资料收集和校正做出的贡献。并向本书所有文献作者表示感谢。

　　由于编者水平有限，时间仓促，不足之处在所难免，恳请读者批评指正。

编者

2020 年 10 月于南京工业大学

目 录

第1章 表面活性剂概述　　　　　　　　　　　　　　　　　　　　　　　1

1.1 表面活性剂的分类 ················· 1
1.2 表面活性剂的国内外发展状况 ········ 4
　1.2.1 世界表面活性剂工业的

发展状况 ················· 4
1.2.2 我国表面活性剂工业的
　　　现状及未来 ················· 5

第2章 表面活性剂原料与中间体　　　　　　　　　　　　　　　　　　　8

2.1 天然动植物油脂 ················· 9
2.2 脂肪酸 ····················· 13
2.3 脂肪酸甲酯 ··················· 14
2.4 脂肪醇 ····················· 15
2.5 α-烯烃及内烯烃 ··············· 17
2.6 高碳脂肪胺 ··················· 18

2.7 烷基苯 ····················· 20
2.8 烷基酚 ····················· 21
2.9 环氧乙烷 ···················· 23
2.10 环氧丙烷 ··················· 24
2.11 格尔伯特醇 ················· 25

第3章 表面活性剂的作用原理　　　　　　　　　　　　　　　　　　　26

3.1 表面张力与表面活性 ············· 26
　3.1.1 表面张力和表面自由能 ········ 26
　3.1.2 表面活性与表面活性剂 ········ 30
　3.1.3 表面活性剂的结构特点 ········ 31
3.2 表面活性剂胶束 ··············· 32
　3.2.1 胶束的形成 ··············· 32
　3.2.2 临界胶束浓度 ·············· 33
　3.2.3 胶束的形状和大小 ··········· 37
　3.2.4 胶束作用 ················· 39

3.3 表面活性剂结构与性能的关系 ······ 39
　3.3.1 表面活性剂的亲水性 ········· 39
　3.3.2 亲油基团的影响 ············· 43
　3.3.3 分子形态的影响 ············· 43
　3.3.4 分子量的影响 ·············· 44
　3.3.5 表面活性剂的溶解度 ········· 44
　3.3.6 表面活性剂的安全性和
　　　　温和性 ················· 45
　3.3.7 表面活性剂的生物降解性 ······ 46

第4章 表面活性剂的功能与应用　　　　　　　　　　　　　　　　　　48

4.1 增溶作用 ···················· 48
4.1.1 增溶作用的定义和特点 ········ 48

4.1.2 增溶作用的方式 ·················· 49
4.1.3 增溶作用的主要影响因素 ······ 49
4.1.4 增溶作用的应用 ·················· 51
4.2 乳化与破乳作用 ······················ 52
4.2.1 乳状液的类型及形成 ············ 52
4.2.2 影响乳状液稳定性的因素 ······ 55
4.2.3 乳化剂及其选择依据 ············ 57
4.2.4 乳状液的破乳 ·················· 57
4.2.5 乳化和破乳的应用 ············ 58
4.3 润湿功能 ······························ 59
4.3.1 润湿过程 ······················· 59
4.3.2 表面活性剂的润湿作用 ········· 60
4.3.3 润湿剂分类 ···················· 61
4.3.4 表面活性剂在润湿方面的
应用 ······························· 62
4.4 起泡和消泡作用 ······················ 67
4.4.1 泡沫的形成及其稳定性 ········· 67

4.4.2 表面活性剂的起泡和
稳泡作用 ······················ 71
4.4.3 表面活性剂的消泡作用 ········· 73
4.4.4 起泡与消泡的应用 ············ 77
4.5 洗涤和去污作用 ······················ 81
4.5.1 液体油污的去除 ·················· 82
4.5.2 固体污垢的去除 ·················· 82
4.5.3 影响表面活性剂洗涤作用
的因素 ··························· 84
4.5.4 表面活性剂在洗涤剂中的
应用 ······························· 86
4.6 分散和絮凝作用 ······················ 87
4.6.1 表面活性剂对固体微粒的
分散作用 ······················ 87
4.6.2 表面活性剂的絮凝作用 ········· 88
4.7 表面活性剂的其他功能 ············ 89

第5章 阴离子表面活性剂 90

5.1 阴离子表面活性剂概述 ············ 90
5.2 烷基苯磺酸盐 ·························· 91
5.2.1 烷基苯磺酸钠结构与性能
的关系 ··························· 92
5.2.2 烷基芳烃的生产过程 ············ 95
5.2.3 烷基芳烃的磺化 ················· 98
5.2.4 烷基苯磺酸的后处理 ········· 101
5.2.5 烷基苯磺酸盐的应用 ········· 102
5.3 α-烯烃磺酸盐 ·················· 103
5.3.1 α-烯烃磺酸盐的性质
和特点 ··························· 104
5.3.2 α-烯烃的磺化历程 ············ 105
5.3.3 α-烯基磺酸盐生产工艺 ······ 107
5.4 烷基磺酸盐 ·························· 109
5.4.1 烷基磺酸盐的性质和特点 ······ 109
5.4.2 氧磺化法生产烷基磺酸盐 ······ 110
5.4.3 氯磺化法制备烷基磺酸盐 ······ 113
5.4.4 拉开粉 BX ······················ 116
5.4.5 分散剂 BZS ······················ 116
5.5 琥珀酸酯磺酸盐 ······················ 117

5.5.1 琥珀酸酯磺酸盐结构与性能
的关系 ··························· 117
5.5.2 Aerosol OT 的合成与性能 ······ 118
5.5.3 脂肪醇聚氧乙烯醚琥珀酸
单酯磺酸钠 ···················· 119
5.5.4 磺基琥珀酸-酰基聚氧乙烯
醚单酯钠盐 ···················· 120
5.6 高级脂肪酰胺磺酸盐 ············ 121
5.6.1 高级脂肪酰胺磺酸盐的
一般制法 ······················ 121
5.6.2 净洗剂 209 的性能与合成 ······ 122
5.6.3 净洗剂 LS 的合成 ············· 123
5.7 脂肪酸酯 α-磺酸盐 ············ 124
5.8 其他类型阴离子表面活性剂 ······ 126
5.8.1 硫酸酯盐型阴离子表面
活性剂 ··························· 126
5.8.2 磷酸酯盐型阴离子表面
活性剂 ··························· 128
5.8.3 膦酸盐阴离子表面活性剂 ······ 129
5.8.4 羧酸盐类阴离子表面

活性剂 ·················· 129 | 表面活性剂 ·················· 133

第6章 阳离子表面活性剂 　　134

6.1 阳离子表面活性剂概述·········· 134

6.1.1 阳离子表面活性剂的分类 ····· 135

6.1.2 阳离子表面活性剂的性质 ····· 137

6.2 阳离子表面活性剂的合成········· 139

6.2.1 烷基季铵盐的合成········· 139

6.2.2 含杂原子的季铵盐的合成 ····· 141

6.2.3 含有苯环的季铵盐的合成 ····· 143

6.2.4 含杂环的季铵盐 ········· 146

6.2.5 胺盐型 ············· 150

6.3 阳离子表面活性剂的应用········· 153

第7章 两性表面活性剂 　　156

7.1 两性表面活性剂概述·········· 157

7.1.1 两性表面活性剂的特性 ····· 157

7.1.2 两性表面活性剂的分类 ····· 158

7.2 两性表面活性剂的性质········· 160

7.2.1 两性表面活性剂的等电点 ····· 160

7.2.2 临界胶束浓度与 pH 值的
关系 ············· 161

7.2.3 溶解度和发泡性与 pH 值的
关系 ············· 161

7.2.4 临界胶束浓度与碳链长度的
关系 ············· 162

7.2.5 两性表面活性剂的溶解度和
Krafft 点 ·········· 162

7.2.6 表面活性剂结构对钙皂分
散力的影响 ········ 163

7.2.7 去污力 ··········· 163

7.3 两性表面活性剂的合成·········· 164

7.3.1 羧酸甜菜碱型两性表面
活性剂的合成 ········ 164

7.3.2 磺酸甜菜碱的合成 ········ 169

7.3.3 硫酸酯甜菜碱的合成 ····· 170

7.3.4 含磷甜菜碱的合成 ····· 171

7.3.5 咪唑啉型两性表面活性剂的
合成 ············ 172

7.3.6 氨基酸型表面活性剂的
合成 ············ 174

7.3.7 离子液体型表面活性剂的
合成 ············ 174

7.3.8 氧化胺型两性表面活性剂的
合成 ············ 175

7.4 两性表面活性剂的应用·········· 177

第8章 非离子表面活性剂 　　179

8.1 非离子表面活性剂概述·········· 179

8.1.1 非离子表面活性剂的
发展状况 ·········· 179

8.1.2 非离子表面活性剂的定义 ····· 180

8.1.3 非离子表面活性剂的分类 ····· 180

8.2 非离子表面活性剂的性质········· 182

8.2.1 HLB 值 ··········· 182

8.2.2 浊点及亲水性 ········· 183

8.2.3 临界胶束浓度 ········· 184

8.2.4 表面张力 ········· 184

8.2.5 润湿性 ········· 185

8.2.6 起泡性和洗涤性 ········· 185

8.2.7 生物降解性和毒性 ········· 186

8.3 氧乙基化反应·········· 186

8.3.1 反应机理 ·············· 186
8.3.2 影响反应的主要因素 ········ 191
8.4 非离子表面活性剂的合成············ 193
8.4.1 脂肪醇聚氧乙烯醚············ 193
8.4.2 烷基酚聚氧乙烯醚 ········ 194
8.4.3 聚乙二醇脂肪酸酯 ·········· 195

8.4.4 脂肪酰醇胺（聚氧乙烯酰胺） ········ 197
8.4.5 聚氧乙烯烷基胺 ········ 198
8.4.6 聚醚 ··············· 200
8.4.7 多元醇的脂肪酸酯类 ····· 202
8.4.8 脂肪酸甲酯乙氧基化物 ······ 206

第9章 特殊类型的表面活性剂   208

9.1 碳氟表面活性剂 ········ 208
9.1.1 碳氟表面活性剂的性质 ········ 208
9.1.2 碳氟表面活性剂的分类 ········ 209
9.1.3 碳氟表面活性剂的应用 ········ 211
9.1.4 碳氟表面活性剂的主要合成方法 ··············· 213
9.2 含硅表面活性剂 ············ 218
9.2.1 含硅表面活性剂的分类 ········ 218
9.2.2 含硅表面活性剂的合成········ 218
9.3 冠醚型表面活性剂 ·············· 221

9.3.1 冠醚型表面活性剂的性质及应用 ············· 221
9.3.2 冠醚型表面活性剂的合成方法 ············· 222
9.4 反应型表面活性剂 ········ 223
9.5 生物表面活性剂 ············· 226
9.5.1 生物表面活性剂的形成和制备 ············· 226
9.5.2 生物表面活性剂的性质········ 227
9.5.3 生物表面活性剂的应用········ 227

第10章 表面活性剂的复配   229

10.1 表面活性剂分子间的相互作用参数 ··············· 229
10.1.1 分子间相互作用参数 β 的确定和含义 ············· 230
10.1.2 影响分子间相互作用参数的因素 ········· 231
10.2 产生加和增效作用的判据 ········ 232
10.2.1 降低表面张力 ········ 232
10.2.2 形成混合胶束 ········ 233
10.2.3 综合考虑 ········ 234
10.3 表面活性剂的复配体系 ·········· 235
10.3.1 阴离子-阴离子表面活性剂

复配体系 ················· 235
10.3.2 阴离子-阳离子表面活性剂复配体系 ············· 236
10.3.3 阴离子-两性型表面活性剂复配体系 ············· 236
10.3.4 阴离子-非离子表面活性剂复配体系 ············· 237
10.3.5 阳离子-非离子表面活性剂复配体系 ············· 237
10.3.6 非离子-非离子表面活性剂复配体系 ············· 238

第11章 表面活性剂在界面上的吸附   239

11.1 表面活性剂在气-液界面的吸附 ······ 239

11.1.1 吸附的表征——表面过剩和吉布斯

(Gibbs) 吸附公式 ·············· 239

11.1.2 Gibbs 公式在表面活性剂溶液
中的应用 ·············· 242

11.1.3 表面活性剂在溶液表面的
吸附等温线及标准吸附
自由能的计算 ·············· 243

11.1.4 表面吸附层的结构 ·········· 244

11.1.5 影响表面吸附的物理
化学因素 ·············· 245

11.2 表面活性剂在液-液界面上的
吸附 ·············· 246

11.2.1 液-液界面张力 ·············· 246

11.2.2 Gibbs 吸附公式在液-液界面
上的应用 ·············· 247

11.2.3 液-液界面特点及吸附等
温线 ·············· 247

11.2.4 液-液界面上的吸附层
结构 ·············· 248

11.2.5 表面活性剂溶液的界面张力及
超低界面张力 ·············· 249

11.3 表面活性剂在固-液界面的
吸附作用 ·············· 250

11.3.1 固体自稀溶液中
吸附的特点 ·············· 251

11.3.2 稀溶液吸附等温线 ·········· 253

11.3.3 影响稀溶液吸附的
一些因素 ·············· 255

11.3.4 表面活性剂在固-液界面
的吸附 ·············· 258

11.3.5 表面活性剂在固-液界面
吸附的吸附机制 ·········· 259

11.3.6 影响表面活性剂在固-液界面
吸附的因素 ·············· 265

11.3.7 表面活性剂吸附对固体
性质的影响 ·············· 266

● 第 12 章　表面活性剂在溶液中的自聚　　　269

12.1 自聚和分子有序组合体概述 ······ 269

12.1.1 分子有序组合体的分类 ····· 269

12.1.2 分子有序组合体基本
结构特征 ·············· 270

12.1.3 自聚及分子有序组合体
的形成机制 ·············· 270

12.2 胶团化作用和胶团 ·········· 271

12.2.1 胶团的形态和结构 ·········· 271

12.2.2 胶团的大小——聚集数 ····· 273

12.2.3 胶团的反离子结合度 ······· 273

12.2.4 胶团形成的理论——
胶团热力学 ·············· 273

12.3 反胶团 ·············· 274

12.3.1 反胶团的特性 ·············· 274

12.3.2 反胶团的组成 ·············· 275

12.3.3 反胶团技术 ·············· 276

12.4 囊泡 ·············· 279

12.4.1 囊泡的结构、形状与大小 ····· 279

12.4.2 囊泡的形成 ·············· 279

12.4.3 囊泡的表征 ·············· 280

12.4.4 囊泡的性质 ·············· 280

12.5 液晶 ·············· 281

12.5.1 表面活性剂液晶的类型
与结构 ·············· 281

12.5.2 表面活性剂液晶的性质 ····· 282

12.5.3 研究表面活性剂液晶相
结构的方法 ·············· 282

12.5.4 表面活性剂液晶的应用 ····· 284

12.6 影响分子有序组合体大小和
形状的因素 ·············· 284

12.7 分子有序组合体的功能 ······· 286

12.8 表面活性剂双水相及其
萃取功能 ·············· 289

12.8.1 非离子表面活性剂
双水相体系 ·············· 289

12.8.2 正负离子表面活性剂
双水相 ·············· 290

12.8.3 表面活性剂和高聚物混合
双水相 ·············· 291

第 13 章　功能表面活性剂　　　　　292

13.1　双子表面活性剂 …………………… 292

13.1.1　双子表面活性剂的
结构类型 ………………… 293

13.1.2　双子表面活性剂的性质 …… 293

13.1.3　双子表面活性剂结构与
性能的关系 …………… 297

13.1.4　从分子结构水平调控有
序聚集体 …………… 300

13.1.5　双子表面活性剂的合成 …… 302

13.1.6　双子表面活性剂的应用 …… 305

13.2　Bola 型表面活性剂 ………………… 306

13.3　可解离型表面活性剂 ……………… 308

13.3.1　碱解型表面活性剂 ………… 308

13.3.2　酸解型表面活性剂 ………… 311

13.4　反应型表面活性剂 ………………… 313

第 14 章　高分子表面活性剂　　　　　315

14.1　高分子表面活性剂概述 ………… 315

14.1.1　高分子表面活性剂分类 …… 315

14.1.2　高分子表面活性剂的
基本性质 ………… 317

14.2　高分子表面活性剂溶液的
自组装 ………………… 321

14.2.1　胶束和聚合物胶束载体
的特点 ………… 321

14.2.2　聚合物胶束的自组装原理 …… 322

14.3　高分子聚合物化学改性 ………… 325

14.3.1　PVA 改性 ………………… 325

14.3.2　SMA 及改性 ……………… 325

14.3.3　芳基磺酸缩甲醛 …………… 327

14.3.4　烷基酚缩甲醛 …………… 327

14.3.5　天然高分子产物的
化学改性 ………… 328

14.4　新型高分子表面活性剂 ………… 330

14.4.1　接枝型高分子表面
活性剂 ………… 330

14.4.2　树枝状高分子表面
活性剂 ………… 332

14.5　非离子系高分子表面活性剂 …… 335

14.5.1　聚醚类 ………………… 335

14.5.2　糖基类表面活性剂 ………… 337

参考文献　　　　　339

第 1 章

表面活性剂概述

1.1 表面活性剂的分类

表面活性剂的品种很多，可以从不同角度进行分类，例如按照离子类型分类、按照亲水基结构和疏水基的种类分类、按照表面活性剂结构的特殊性分类等，此外还有其他分类方法。

（1）按离子类型分类

这是表面活性剂研究与应用过程中最常用的分类方法。大多数表面活性剂是水溶性的，根据它们在水溶液中的状态和离子类型，可以将其分为非离子型表面活性剂和离子型表面活性剂。非离子型表面活性剂在水中不能解离产生任何形式的离子，如脂肪醇聚氧乙烯醚，其结构式为：

$$RO(CH_2CH_2O)_n H$$

离子型表面活性剂在水溶液中能够发生电离，并产生带正电或带负电的离子。根据离子的类型，该类表面活性剂又可分为阴离子表面活性剂、阳离子表面活性剂和两性表面活性剂三种。

例如十二烷基苯磺酸钠在水中可以电离出磺酸根，属于阴离子表面活性剂；苄基三甲基氯化铵电离出季铵盐阳离子，属于阳离子表面活性剂。

十二烷基苯磺酸钠 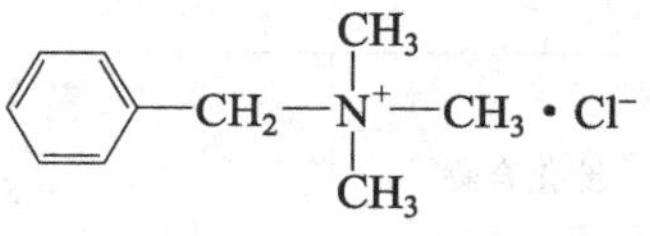　　　　　　　　　　苄基三甲基氯化铵

两性表面活性剂分子中同时存在酸性和碱性基团，如十二烷基甜菜碱。这类表面活性剂在水中的离子性质通常与溶液的 pH 值有关。

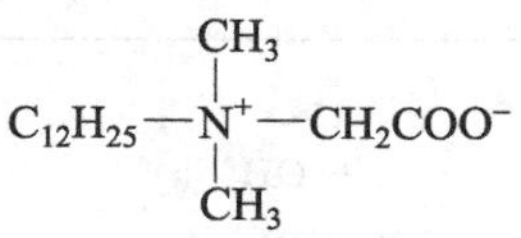

十二烷基甜菜碱

（2）按亲水基的结构分类

表面活性剂分子主要由亲水基团和疏水基团两部分构成，其中亲水基团的结构对表面活性剂的性质影响很大，因此人们也常常按亲水基团对表面活性剂进行分类。主要亲水基团的类型、结构及相关表面活性剂的实例如表 1-1 所示。

表 1-1　按亲水基结构分类的表面活性剂类型

亲水基团类型		亲水基团结构	表面活性剂实例
羧酸盐型		$-COO^- M^+$	$C_{17}H_{35}COONa$
磺酸盐型		$-SO_3^- M^+$	$C_{12}H_{25}$—⬡—SO_3Na
硫酸酯盐型		$-OSO_3^- M^+$	$C_{18}H_{37}OSO_3Na$
磷酸酯盐型	单酯	$-O-\overset{\overset{O}{\|\|}}{\underset{\underset{OM}{\|}}{P}}-OM$	$C_{12}H_{25}OPO_3Na_2$
	双酯	$\overset{\overset{O}{\|\|}}{\underset{-O}{-O}}{P}{-OM}$	$(C_{12}H_{25}O)_2PO_2Na$
胺盐型	伯胺盐	$-NH_2 \cdot HX$	$C_{18}H_{37}NH_2 \cdot HCl$
	仲胺盐	$-\underset{\|}{N}H \cdot HX$	$C_{12}H_{25}-\underset{\underset{CH_3}{\|}}{N}H \cdot HCl$
	叔胺盐	$-\overset{\|}{\underset{\|}{N}} \cdot HX$	$C_{12}H_{25}-\underset{\underset{CH_3}{\|}}{N}-CH_2 \cdot HCl$
	季铵盐	$-\overset{\|}{\underset{\|}{N}}{}^+ \cdot X^-$	$C_{12}H_{25}-\overset{\overset{CH_3}{\|}}{\underset{\underset{CH_3}{\|}}{N}}{}^+-CH_2 \cdot Cl$
鎓盐型	鏻化合物	$-\overset{\|}{\underset{\|}{P}}{}^+ \cdot X^-$	$C_{12}H_{25}-\overset{\overset{CH_3}{\|}}{\underset{\underset{CH_3}{\|}}{P}}{}^+-⬡ \cdot Br^-$
	钾化合物	$-\overset{\|}{As}{}^+ \cdot X^-$	$C_8H_{17}-\overset{\overset{CH_3}{\|}}{\underset{\underset{CH_3}{\|}}{As}}{}^+-CH_2-⬡ \cdot Br^-$
	锍化合物	$-\overset{\|}{S}{}^+ \cdot X^-$	$C_{12}H_{25}-\overset{\overset{CH_3}{\|}}{S}{}^+-CH_3 \cdot {}^-OSO_3CH_3$
	碘鎓化合物	$-\overset{+}{I} \cdot X^-$	$\left[⬡\overset{+}{\underset{I}{⬡}}\right] \cdot HSO_4^-$
多羟基型		$-OH$	$C_{15}H_{31}COOCH_2-\overset{\overset{CH_2OH}{\|}}{\underset{\underset{CH_2OH}{\|}}{C}}-CH_2OH$
聚氧乙烯型		$-(CH_2CH_2O)_n$	C_9H_{19}—⬡—$O(CH_2CH_2O)_nH$

注：M^+ 为金属离子或铵离子；X 为 Cl^-、Br^-、I^-、CH_3COOH 或 HSO_4^- 等。

　　在上述各种亲水基团中，羧酸盐、磺酸盐、硫酸酯盐和磷酸酯盐溶于水形成负离子，从离子类型上分属于阴离子型亲水基团；胺盐、季铵盐和锍盐为阳离子型亲水基团；而多羟基和聚氧乙烯基不发生解离，属于非离子型亲水基团。

（3）按疏水基种类分类

　　疏水基是表面活性剂的另一个重要组成部分，通常由烃基构成，其结构不同主要表现在碳氢链结构的差异上。重要的疏水基类型有以下几种：

① 直链烷基，$—C_nH_{2n+1}$，$n=8\sim20$；

② 支链烷基，$—C_nH_{2n+1}$，$n=8\sim20$；

③ 苯基，$R—\bigcirc—$，$R=C_nH_{2n+1}$，$n=8\sim16$；

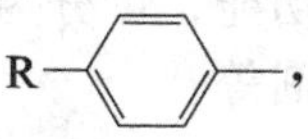

④ 烷基萘基，$R>3$，$R=C_nH_{2n+1}$，$n>3$；

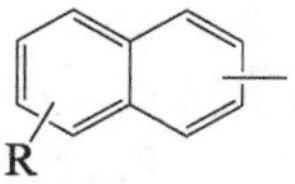

⑤ 松香衍生物，如松香酸、氢化松香酸、松香胺、氢化松香胺等；

⑥ 高分子量聚氧丙烯基，$—(CO_3H_7)_n—$；

⑦ 长链全氟代烷基，$—C_nF_{2n+1}$，$n=6\sim10$；

⑧ 聚硅氧烷基，$H_3C—\underset{CH_3}{\overset{CH_3}{Si}}—O—\underset{CH_3}{\overset{CH_3}{Si}}—O_n—\underset{CH_3}{\overset{CH_3}{Si}}$。

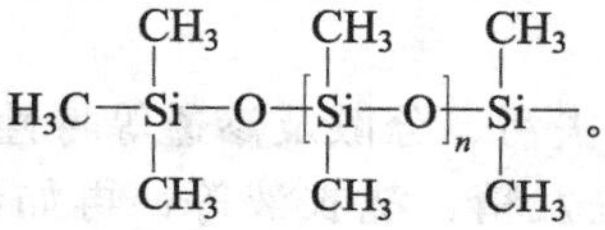

（4）按表面活性剂结构的特殊性分类

　　新型表面活性剂显示出十分优异的应用性能，它们的结构与传统表面活性剂不同，这些特殊类型的表面活性剂主要有以下几类。

　　① 碳氟表面活性剂　是指疏水基碳氢链上的氢原子部分或全部被氟原子取代的表面活性剂。这类活性剂表面活性很高，既具有疏水性，又具有疏油性，碳原子数一般不超过10。例如全氟代辛酸钠：

$$CF_3(CF_2)_6COONa$$

　　② 含硅表面活性剂　其活性介于碳氟表面活性利和传统碳氢表面活性剂之间。通常以硅烷基和硅氧烷基为疏水基，例如：

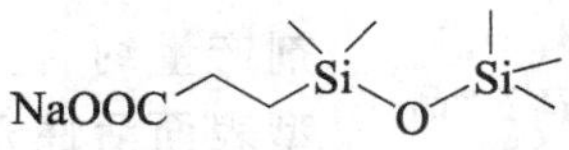

$$NaOOC—\overset{|}{Si}—O—\overset{|}{Si}—$$

　　③ 高分子表面活性剂　分子量高于1000的表面活性剂称为高分子表面活性剂。根据来源可以分为天然、合成和半合成三类，根据离子类型可以分为阴离子、阳离子、两性和非离子型四类。高分子表面活性剂起泡性小，洗涤效果差，但分散性、增溶性、絮凝性好，多用作乳化剂或分散剂等。例如聚乙烯醇、聚丙烯酰胺、聚丙烯酸酯等是其主要品种。

　　④ 生物表面活性剂　是细菌、酵母和真菌等微生物代谢过程中产生的具有表面活性的化合物，其疏水基多为烃基，亲水基可以是羧基、磷酸酯基及多羟基等。

　　⑤ 冠醚型表面活性剂　冠醚是以氧乙烯基为结构单元构成的大环状化合物，能够与金属离子络合，其某些方面的性质与非离子表面活性剂类似，例如：

烷基-12-冠-4

（5）其他分类方法

除上述分类方法外，按照表面活性剂的溶解性能，可将其分为水溶性和油溶性表面活性剂；按照分子量，可分为低分子和高分子表面活性剂；按照应用功能，可分为乳化剂、洗涤剂、润湿剂、发泡剂、消泡剂、分散剂、絮凝剂、渗透剂及增溶剂等。

1.2　表面活性剂的国内外发展状况

1.2.1　世界表面活性剂工业的发展状况

世界表面活性剂工业是在第二次世界大战期间，由于制皂的油脂十分匮乏而得以发展。第二次世界大战之后形成了独立的工业体系，并随着石油化学工业的发展而日趋完善，与合成橡胶、合成纤维一起称为新兴的化工产品，在品种、质量、产量等方面均得到了迅速发展。

由于表面活性剂具有优良的润湿、乳化、去污、分散及渗透等特性，它的应用领域不断扩大。与人们日常生活紧密相连的如香皂、洗发精、洗衣液等；再如纺织行业中从纤维精纺、整理到染色，均有不同种类的表面活性剂与这些加工过程配套；在造纸工业中表面活性剂则用作蒸煮剂、施胶剂、废纸脱墨剂、柔软剂和消泡剂等；在医药行业中用作消毒杀菌剂、药物的增溶剂、助悬剂等；在食品工业中用作清洗剂、乳化剂、分散剂和稳定剂等。此外在皮革加工、金属加工、石油开采与精制、建筑等工业中也起着十分重要的作用，有"工业味精"的美誉。

目前，全世界表面活性剂的品种有 6000 多种，商品牌号上万种，年产量接近 2500 万吨，年增长率为 3% 左右，呈缓慢、平稳的增长趋势。

2016 年全球表面活性剂产量接近 2300 万吨，其中阴离子表面活性剂产量接近 1100 万吨，占比 48.1%；阳离子表面活性剂产量约合 135 万吨，占比 5.9%；非离子表面活性剂产量约合 940 万吨，占比 41.1%；其他类型表面活性剂产品产量约合 110 万吨，占比 4.8%（图 1-1）。

全球表面活性剂市场消费主要集中在美国、中国、欧洲发达地区、南美大国等（图 1-2）。

表面活性剂包括家用、个人护理用及工业与公共设施用三部分，在不同时期各应用领域表面活性剂的消费量及所占市场份额有所变化。目前，家用表面活性剂占市场份额最大，约为 50%，个人护理用品约占 6%，工业与公共设施用表面活性剂占 40%～50%。

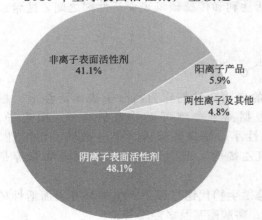

图 1-1　2016 年全球表面活性剂主要
产品平均产出占比统计

工业用表面活性剂所占比例的大小，从一个侧面反映了这个国家工业的发达程度，同时它也为工业的发展提供条件并起促进作用。发达国家的工业用表面活性剂几乎占整个表面活性剂产量的一半，例如日本在 20 世纪 80 年代初工业用表面活性剂占 62%，到 90 年代末期增加到 75% 以上。同时，表面活性剂在工业领域中的应用结构也发生着显著的变化。40 年代左右用于纤维工业的表面活性剂约占一半以上，进入 80 年代以后减至 30%～35%，而其他部分特别是在能源、造纸、橡胶、塑料、土木建筑工业等方面有较大的发展。其中增长最快的如水泥工业的减水剂、石油工业的破乳剂和合成树脂工业供乳液聚合的乳化剂等。

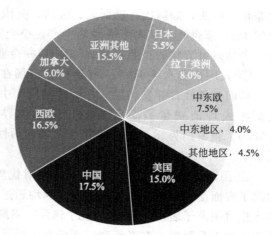

图 1-2　2016 年全球主要地区表面活性剂市场消费比重统计

最新研究数据统计，2016 年全球主要地区人均表面活性剂产品消费情况：中国约合 3.0kg/年；北美约合 9.5kg/年；欧洲约合 7.0kg/年；南美洲约合 3.5kg/年；印度和非洲部分地区不到 1kg/年，发达国家人均消费主要集中在个人和衣物清洁领域以及工业制造特殊化学品加工。

从品种上讲，世界表面活性剂市场以阴离子表面活性剂为主，其中直链烷基苯磺酸盐一种就占市场份额的 30% 以上。其次是非离子表面活性剂，主要品种为脂肪醇聚氧乙烯醚和烷基酚聚氧乙烯醚；阳离子和两性表面活性剂的消费量最少。目前国外科技发达国家的表面活性剂品种向专用性、功能性高度发展，并不断开发新技术，表面活性剂的理化性能亦受到了重视，理论研究已日趋完善。

1.2.2　我国表面活性剂工业的现状及未来

（1）我国表面活性剂的现状

我国的制造工业起步于 1903 年，而表面活性剂行业的发展则始于 20 世纪 50 年代末 60 年代初。1958 年中国科学院植物保护研究所开发成功我国第一个表面活性剂蓖麻油聚氧乙烯醚，标志着我国表面活性剂工业的形成。在最初阶段发展缓慢，为了改变这种状况，加快我国表面活性剂的发展，"七五"和"八五"期间都加大了研究开发和引进国外先进技术及设备的投资力度，通过引进三氧化硫连续磺化装置、乙氧基化装置、油脂水解装置以及脂肪醇、脂肪胺和烷基酚的生产装置，使我国多种表面活性剂基本原料的生产能力很快达到世界水平，解决了原料缺乏和质量低下的问题。进入 90 年代后品种增长较快，从 1990 年的 290 种增加至现在的 2000 多种，表面活性剂的产量也始终保持稳步增长。但同国外发达国家相比还存在较大差距，主要体现在以下几个方面。

① 表面活性剂的品种少，有国际影响的生产企业少　中国目前表面活性剂的品种有 2000 多种，仍远低于世界的 6000 多种。在产品的产量和质量上还不能满足国内日益增大的市场需求，特别是进入 21 世纪后大幅度增加，随着高新技术的发展，进口表面活性剂的需求大幅度增加，净进口量的年增长率达到 20% 左右。相比于海外表面活性剂的生产企业主

要是化工巨头，如陶氏、巴斯夫、宝洁、英国禾大、克莱恩、空气化学、斯泰潘和兰凯等。我国4000家企业从事表面活性剂生产，小企业众多，规模以上表面活性剂生产企业40余家，产销量过万吨的企业不足20家，单一企业对行业影响力较小。

② 人均消费水平低　2016年中国市场在全球消费占比已经达到17.5%，位列全球第一。然而与美欧日等发达国家和地区相比，中国人均消费量较低。2016年，美国的表面活性剂年人均消费量高达9.38kg，位居世界第一位；其次是日本，为7.31kg；欧盟为6.96kg，俄罗斯为3.71kg。我国目前表面活性剂的年人均消费量仅为3.04kg，处于世界较低水平。

③ 阴离子和非离子表面活性剂占绝对优势　目前在表面活性剂产品结构上，阴离子与非离子表面活性剂产量和应用占比之和均超过90%（2019年非离子表面活性剂产量和销量首次超过阴离子表面活性剂，达到56%，阴离子占37%），高档次的阳离子和两性型表面活性剂品种十分匮乏，在产量和市场份额上都低于美国、日本等国家。

④ 工业用表面活性剂占比低于世界平均水平　工业用表面活性剂在表面活性剂总产量的比例远远低于发达国家的水平，在一定程度上限制了我国化工产品的精细化加工和质量、档次的提高。2019年，我国家用表面活性剂的产量占总产量的51%（主要用作洗涤剂），化妆品11%，纺织和食品分别占8%和6%，而其他工业用表面活性剂占24%，低于世界平均水平。而西欧在1995年工业用表面活性剂的消费量就达到43%，美国在1997年达到44%，日本在1997年达到78%。

⑤ 基础理论研究比较薄弱　缺乏复配和深加工技术的理论指导，生产工艺落后。表面活性剂的发展将是今后我国精细化工发展的一个重要方向，关系着我国高技术领域新材料的发展。随着经济全球化和全球市场的形成，贸易竞争更加激烈，掌握好表面活性剂的发展趋势，才能处于竞争的优势。

(2) 今后我国表面活性剂的发展趋势

今后我国表面活性剂的发展主要有以下几方面。

① 调整产品结构　解决大宗表面活性剂品种的无序引进和生产过剩问题，使其形成系列化产品树，降低生产成本，提高产品质量和市场竞争力，提供适应国际化市场需求的全球统一质量标准的产品。

② 加强应用基础理论研究　包括表面活性剂的物理化学性质以及复配理论等，为表面活性剂的新品种开发、应用领域的拓宽和提高应用效果提供理论指导。

③ 应用基础研究与应用开发有机结合　不断开发市场潜力，向电子信息、能源、新材料、环境、生物工程与生命科学等高新技术领域扩展。

④ 开发专用化和功能化表面活性剂　如碳氟、含硅、冠醚等新型表面活性剂，提高产品的档次和应用性能，以满足特定的应用要求。例如为使颜料在油墨、涂料等应用介质中均匀地分散所使用的高分子分散剂，一方面，根据颜料的结构选择适当的极性基团——锚式基团，紧密地与颜料牢固结合；另一方面根据应用介质（通常是高分子黏结料）调整亲油部分即聚合物溶剂链的长短和类型，使其能与使用介质有良好的相容性。这样由于表面活性剂亲水、亲油部分分别与颜料和使用介质相匹配，能使细小的颜料粒子稳定地分散而不发生聚集，各项应用性能有较明显的提高。

⑤ 开发绿色环保产品　由于环保、安全和回归大自然的要求，表面活性剂的品种将向对环境有利的方向发展，大力开发绿色表面活性剂和生物表面活性剂。例如美国芝加哥伊利

诺伊州立大学开发研究用细菌制备新表面活性制的技术，得到的表面活性剂生物降解性好，可用于合成洗涤剂、餐具洗涤剂、食品乳化剂，在原油发生海上泄漏时将其撒在海岸边，能防止油膜附着，使油漂浮于海面上，便于净化。

今后，表面活性剂工业的竞争将日益激烈，为此我国只有不断提高全行业的技术创新能力、宏观调控能力、信息交流能力、市场调节能力和国际交往能力，实行强强联合，才能在国际市场上处于不败之地。

第 2 章

表面活性剂原料与中间体

表面活性剂由亲油基和亲水基两部分组成，因而其合成主要包括亲油基的制备和亲水基的引入两部分。本章首先讨论表面活性剂的亲油基部分以及非离子表面活性剂的原料环氧乙烷、环氧丙烷等。

当前生产表面活性剂亲油基部分的原料来源主要有两大类：一是矿物质（化石）资源，以石油为主；二是可再生的生物质资源。自 20 世纪 50 年代开始，石油产品开始用作表面活性剂疏水基的原料；到 70 年代，石油基表面活性剂的产量超过油脂基表面活性剂；90 年代以来，鉴于安全、环保及可持续发展等原因，石油基表面活性剂在表面活性剂总产量中所占的份额逐渐下降。

2002 年，Sasol 公司开发了一种以煤为原料生产脂肪醇的工艺，并在南非建立了年产 2 万吨脂肪醇的工厂。该工艺通过 Fischer-Tropsch 反应（费-托反应），用水煤气作原料，在催化剂作用下高温高压加氢，生成带甲基支链的烯烃，再转化为脂肪醇。该类脂肪醇为直链醇与带甲基支链醇的混合物。据称，该工艺成本低，产品质量稳定。由此可见，煤有望成为继石油、油脂之外的第 3 种表面活性剂疏水基的原料来源。

作为人类主要化工原料和能源的煤、石油和天然气等化石资源，为人类的经济繁荣、社会进步和生活水平的提高做出了巨大的贡献。但是，化石资源不可再生，又会造成环境污染。鉴于资源与环境的压力迫使人们寻找新型的可再生资源。目前，生物质资源被认为是替代化石资源的最佳选择之一。

生物质是指由植物、动物或微生物生命体所合成得到的物质的总称。以生物质替代化石资源发展化学工业是人类可持续发展的必经之路。尽管现在的研究仍处于初级阶段，但其强大的生命力已经显示出来，越来越多的国家重视这方面的研究。生物多样性决定了生物质的多样性。任何一种生物都有可能为人类提供一种或多种生物质。例如，水稻可以提供淀粉、木质素和纤维素，树木可以提供纤维素、木质素、单糖及多糖、松脂、单宁、生漆、植物油脂等。

开发其他生物资源作为表面活性剂原料已引起高度重视，其中最典型的是糖基表面活性剂和氨基酸类表面活性剂。淀粉、糖类的植物资源十分丰富，以糖类作为表面活性剂的亲水基取代环氧乙烷等化学品，已有许多成功的实例。目前我国已成为亚洲最大的氨基酸生产基地。随着生物技术的发展，企业的规模化经营，氨基酸的生产成本会逐步下降，已有可能成为表面活性剂工业及日用化学工业的原料。

从循环经济的角度开发以本领域或其他领域的副产物作为生产表面活性剂的原料，也是一种可持续发展的途径，例如造纸废水中含有大量的木质素，利用其开发市场需要的木质素类表面活性剂，不仅可为表面活性剂工业提供了原料，也可解决造纸工业的废水处理问题。

从可持续发展的角度选取原料还应尽可能选用无毒、无害的原料。判断其对环境是否友好，要建立科学的评价方法，如生命周期分析，只有这样才有可能对原料的选取得到一些切实的认识。

2.1 天然动植物油脂

天然油脂是最早用于生产表面活性剂（肥皂）的原料，至今仍是表面活性剂疏水基的主要来源之一。从 20 世纪 90 年代至今，石油价格逐渐上涨，人们的环境意识日益增强，可持续发展战略促使人们更多地使用可再生的天然资源，由油脂衍生的表面活性剂被誉为绿色表面活性剂，再度成为世界关注的热点之一。

（1）油脂的分类

常见的油脂分类方法主要有以下几种。

① 根据油脂来源的不同分类

a. 植物油脂：草本植物油脂、木本植物油脂（又可分为果仁油、果肉油等）。

b. 动物油脂：陆地动物油脂、海洋动物油脂（又可分为海洋哺乳类动物油脂、海洋非哺乳类动物油脂）、两栖动物油脂。

c. 微生物油脂：细菌油脂、酵母菌油脂、霉菌油脂、藻类油脂。

② 根据碘值的不同分类

a. 不干性油脂：碘值<100。

b. 半干性油脂：碘值在 100～130 之间。

c. 干性油脂：碘值>130。

③ 根据油脂存在状态和脂肪酸组成的不同分类

a. 固态油脂：可可脂、乌桕脂、牛脂、羊脂等。

b. 半固态油脂：乳脂、猪脂、椰子油、棕榈油等。

c. 液态油脂：油酸含量较多的油脂（茶油、橄榄油等），油酸和亚油酸为主的油脂（芝麻油、花生油、棉籽油、米糠油等），亚油酸含量较多的油脂（玉米油、豆油、葵花油、红花油等），亚麻酸含量较多的油脂（亚麻油等），含特种脂肪酸的油脂（以共轭酸为主的油脂如桐油、奥的锡卡油等，以芥酸为主的油脂如菜籽油等，以羟基酸为主的油脂如蓖麻油等，含二十碳以上多烯酸较多的油脂如鱼油、鱼肝油等）。

（2）油脂的组成

油脂是油和脂的总称，是一种取自动植物的物质，主要成分是甘油三脂肪酸酯，简称甘油三酸酯。一般来说，"油"是指常温下呈液体状态的，而"脂"是指常温下呈半固体或固体状态的，习惯上"油"和"脂"不做区分。甘油三酸酯从结构上可认为是由一个甘油分子与三个脂肪酸分子缩合而成。

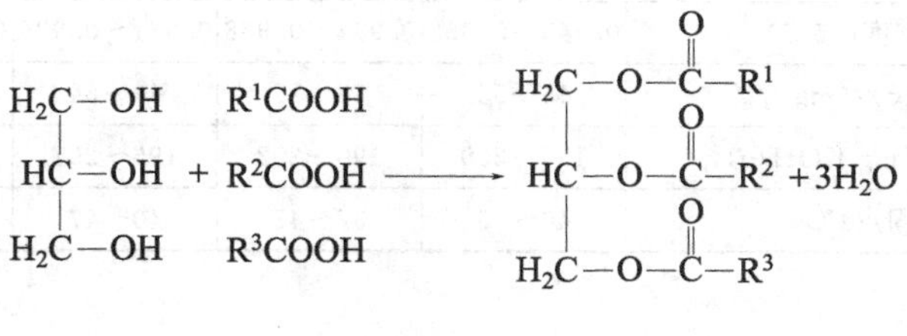

$$
\begin{array}{l}
H_2C-OH \quad\;\; R^1COOH \\
HC-OH \;+\; R^2COOH \;\longrightarrow\;
\begin{array}{l}
H_2C-O-\overset{\displaystyle O}{\underset{\displaystyle \|}{C}}-R^1 \\
HC-O-\overset{\displaystyle O}{\underset{\displaystyle \|}{C}}-R^2 \;+3H_2O \\
H_2C-O-\overset{\displaystyle O}{\underset{\displaystyle \|}{C}}-R^3
\end{array} \\
H_2C-OH \quad\;\; R^3COOH
\end{array}
$$

　　若三个脂肪酸相同，生成物为同酸甘油三酸酯；否则，生成异酸甘油三酸酯。天然油脂大多数是混合酸的甘油三酸酯。另外，油脂中还含有少量磷脂、蜡、甾醇、维生素、碳氢化合物、脂肪醇、游离脂肪酸、色素以及产生气味的挥发性脂肪酸、醛和酮等。

　　组成甘油三酸酯的脂肪酸绝大多数是含偶数碳原子的直链单羧基脂肪酸，仅在个别油脂中发现奇碳原子的以及带有支链的脂肪酸。如在海豚油中含有异戊酸，在乳脂及牛、羊的储存脂肪中既含有少量的带有一个甲基支链的奇碳数和偶碳数原子的脂肪酸，也含有奇碳数原子的饱和与不饱和的直链脂肪酸。

　　研究表明，油脂的组成非常复杂，到目前为止尚未发现两种完全相同的油脂产品。不同动物或微生物的同一部位所含油脂类型各不相同，同植物或动物的不同部位油脂类型也各有差异。这种差异不仅表现为脂肪酸组成的不同，也表现为甘油三酸酯结构上的不同，同时还反映出了脂肪酸源和生物合成规律的不同。常用天然油脂的脂肪酸组成见表2-1。

表 2-1　常用天然油脂的脂肪酸组成（质量分数）/%

常用名		中文名	分子式	牛油	猪油	棕榈油	椰子油	棕榈仁油
己酸		己烷酸	$C_6H_{12}O_2$				0.4	0.6
辛酸		辛烷酸	$C_8H_{16}O_2$				3.3	2.7
癸酸		癸烷酸	$C_{10}H_{20}O_2$				6.8	3.7
月桂酸		十二烷酸	$C_{12}H_{24}O_2$		T		49.1	47.6
肉豆蔻酸		十四烷酸	$C_{14}H_{28}O_2$	3	3	1	22	19
棕榈酸		十六烷酸	$C_{16}H_{32}O_2$	26	24	48	8.8	8.2
硬脂酸		十八烷酸	$C_{18}H_{36}O_2$	17	18	4	2.4	2.3
花生酸		二十烷酸	$C_{20}H_{40}O_2$	T	1			
山萮酸		二十二烷酸	$C_{22}H_{44}O_2$					
木焦油酸		二十四烷酸	$C_{24}H_{48}O_2$					
肉豆蔻脑酸		十四（碳）烯[9]酸	$C_{14}H_{26}O_2$	1				
棕榈油酸		十六（碳）烯[9]酸	$C_{16}H_{30}O_2$	6	3			
油酸		十八（碳）烯[9]酸	$C_{18}H_{34}O_2$	43	42	38	5.9	13.9
花生油酸		二十（碳）烯[9]酸	$C_{20}H_{38}O_2$					
		二十（碳）烯[11]酸	$C_{20}H_{38}O_2$					
芥酸		二十二（碳）烯[13]酸	$C_{22}H_{42}O_2$					
亚油酸		十八（碳）二烯[9,12]酸	$C_{18}H_{32}O_2$	4	9	9	1.3	2
亚麻酸		十八（碳）三烯[9,12,15]酸	$C_{18}H_{30}O_2$	T				
蓖麻醇酸		顺-12-羟基十八（碳）烯-[9]酸	$C_{18}H_{34}O_3$					
理化常数	相对密度(15℃)			0.943～0.952	0.934～0.938	0.921～0.925	0.925～0.927	0.925～0.935
	碘值(韦氏)/(mg I/g)			45～55	53～77	44～54	7.5～10.5	10～17
	皂化值/(mg KOH/g)			193～200	190～202	196～207	255～260	244～248
	凝固点/℃			40～46	32～43	40～47	21～25	20～28

续表

常用名	中文名	分子式	花生油	菜籽油	棉籽油	豆油	蓖麻油
己酸	己烷酸	$C_6H_{12}O_2$					
辛酸	辛烷酸	$C_8H_{16}O_2$					
癸酸	癸烷酸	$C_{10}H_{20}O_2$			T		
月桂酸	十二烷酸	$C_{12}H_{24}O_2$			T		
肉豆蔻酸	十四烷酸	$C_{14}H_{28}O_2$	T		1	T	
棕榈酸	十六烷酸	$C_{16}H_{32}O_2$	6	4	29	11	2
硬脂酸	十八烷酸	$C_{18}H_{36}O_2$	5	2	4	4	1
花生酸	二十烷酸	$C_{20}H_{40}O_2$	2		T	T	
山萮酸	二十二烷酸	$C_{22}H_{44}O_2$	3				
木焦油酸	二十四烷酸	$C_{24}H_{48}O_2$	1				
肉豆蔻脑酸	十四(碳)烯[9]酸	$C_{14}H_{26}O_2$			T		
棕榈油酸	十六(碳)烯[9]酸	$C_{16}H_{30}O_2$	T		2		
油酸	十八(碳)烯[9]酸	$C_{18}H_{34}O_2$	61	19	24	25	7
花生油酸	二十(碳)烯[9]酸	$C_{20}H_{38}O_2$				T	
	二十(碳)烯[11]酸	$C_{20}H_{38}O_2$		13			
芥酸	二十二(碳)烯[13]酸	$C_{22}H_{42}O_2$		40			
亚油酸	十八(碳)二烯[9,12]酸	$C_{18}H_{32}O_2$	22	14	40	51	3
亚麻酸	十八(碳)三烯[9,12,15]酸	$C_{18}H_{30}O_2$		8		9	
蓖麻醇酸	顺-12-羟基十八(碳)烯-[9]酸	$C_{18}H_{34}O_3$					87
理化常数	相对密度(15℃)		0.916~0.918	0.913~0.918	0.915~0.930	0.924~0.926	0.958~0.968
	碘值(韦氏)/(mg I/g)		84~100	97~108	102~112	120~141	80~91
	皂化值/(mg KOH/g)		185~190	168~180	189~197	190~195	178~186
	凝固点/℃		28~33	11.5~17	30~38	20~21	—

注：表中"T"表示微量。

(3) 油脂的物理化学性质

油脂不溶于水，除蓖麻油外，微溶于酒精。天然油脂都具有一些气味，有些油脂具有令人愉快的香味，如花生油、芝麻油和椰子油等，有些油脂具有令人作呕的恶臭气，如鱼油等。

凡氢氧化钾与中性油脂、氢氧化钾与脂肪酸或金属碳酸盐与脂肪酸反应生成肥皂的过程称为皂化。皂化 1g 油脂所需氢氧化钾的质量（以 mg 计）称为皂化值，也称皂化价。根据皂化值可以计算出油脂的平均分子量，皂化值越大，油脂的分子量越小。

$$平均分子量 = \frac{3 \times 56.1 \times 1000}{皂化值}$$

式中，"3"为1mol油脂需3mol氢氧化钾；56.1为氢氧化钾的分子量。

油脂在加工和储存过程中，由于水分和温度等的影响，会发生缓慢的水解作用，生成一部分游离脂肪酸。这可由油脂的酸值来表示，油脂的酸值越高，说明油脂的游离脂肪酸含量越高，油脂的质量越差。所谓油脂的酸值是指中和1g油脂中的游离脂肪酸所需氢氧化钾的质量（以mg计）。根据酸值可以计算出油脂中游离脂肪酸的含量。

中和1g脂肪酸所需氢氧化钾的质量（以mg计），称为中和值。皂化1g中性油脂所需氢氧化钾的质量（以mg计），称为酯值，相等于皂化值减去酸值。根据油脂的酯值可以计算出油脂中的脂肪酸的含量和甘油的含量。

油脂的不饱和程度由碘值表示。碘值是指100g油脂所能吸收碘的质量（以mg计），也称碘值。油脂中饱和脂肪酸含量高的以及脂肪酸碳氢链长的凝固点高；反之，不饱和程度高的以及脂肪酸碳氢链短的，则凝固点低。固体油脂受热熔化成液体时的温度叫做油脂的熔点。油脂中的主要甘油三酸酯的熔点和碘值列于表2-2中。

表2-2　主要甘油三酸酯的熔点和碘值

甘油三酸酯	熔点/℃	碘值/(mg I/g)	甘油三酸酯	熔点/℃	碘值/(mg I/g)
甘油三己酸酯	25.0	—	甘油三亚油酸酯	13.1	173.21
甘油三辛酸酯	8.3	—	甘油三亚麻酸酯	24.2	261.61
甘油三癸酸酯	31.5	—	甘油三癸烯酸酯		138.77
甘油三月桂酸酯	46.5	—	甘油三月桂油酸酯		120.32
甘油三肉豆蔻酸酯	57.0	—	甘油三肉豆蔻油酸酯		106.20
甘油三棕榈酸酯	65.5	—	甘油三棕榈油酸酯		95.04
甘油三硬脂酸酯	73.0	—	甘油三二十烯酸酯		78.54
甘油三油酸酯	5.5	86.01	甘油三蓖麻酸酯		81.58
甘油三芥酸酯	30.0	72.27			

油脂分子中碳链上的不饱和键可以发生加成、氧化、还原、异构化、成环及聚合等反应。油脂空气氧化后会产生分解和聚合。一般油脂仅产生分解，如在日常生活中，放置久的油脂产生酸败，这是油脂空气氧化不利的一面，而油脂氧化还可以使干性油氧化聚合成膜，形成涂料等的坚固保护层，这是油脂空气氧化有利的一面。

油脂空气氧化包括自动氧化、光氧化和酶促氧化。油脂在氧气、光、热、水分、金属离子、微生物等因素的激发下，脂肪酸C=C双键上的碳失去氢离子而形成脂肪酸自由基R·，此自由基极不稳定，很容易与氧发生反应，生成过氧自由基ROO，过氧自由基具有链传递作用，它从其他双键上夺取一个氢，生成氢过氧化物ROOH，随后分解生成短链的有机物如醇、醛、酮、酸等一系列产物，使油脂失去原有风味及营养价值，产生令人难以接受的气味和口感，油脂的这种氧化变质现象叫做酸败。油脂中的不饱和键越多越容易被氧化，在油脂加工、储存和使用过程中，要尽力避免油脂酸败现象的发生。

油脂分子中的酯基可以发生水解、酯交换、酰胺化、中和等反应。油脂经水解可制得相应的脂肪酸，经酯交换制得脂肪酸酯，经酰胺化制得烷醇酰胺，经中和制得脂肪酸盐等。

2.2　脂肪酸

脂肪酸的结构通式为 RCOOH，其中 R 代表烃链，链长可为 $C_1 \sim C_{22}$，作为表面活性剂的原料，以 $C_{12} \sim C_{18}$ 的脂肪酸最为重要。烃链也可分为饱和的和不饱和的两种，同时烃链的排列也可分为直链的和支链的两种。

按来源，脂肪酸分为天然脂肪酸和合成脂肪酸。天然脂肪酸通常以酯的形式广泛存在于油脂和蜡中，主要由动植物油脂、皂角及妥尔油制备。动植物油脂作为一种天然可再生资源与石油化工产品相比显示了良好的生态性，可获得既无支链又无环状结构的直链脂肪酸，是制取脂肪酸的主要原料。常用脂肪酸的物理化学性质见表 2-3。

表 2-3　脂肪酸的物理化学性质

脂肪酸名称	化学结构式	分子量	酸值/(mg/g)	熔点/℃	沸点/℃(压力/mmHg)	相对密度
壬酸	$CH_3(CH_2)_7COOH$	158	355	12.5	254(760)	0.906(20℃)
癸酸	$CH_3(CH_2)_8COOH$	172	326	31.4	160(15)	0.890(30℃)
月桂酸	$CH_3(CH_2)_{10}COOH$	200	280	43.9	176(15)	0.875(44℃)
肉豆蔻酸	$CH_3(CH_2)_{12}COOH$	228	246	54.1	197(15)	0.853(70℃)
棕榈酸	$CH_3(CH_2)_{14}COOH$	256	219	62.9	215(15)	0.853(62.6℃)
硬脂酸	$CH_3(CH_2)_{16}COOH$	284	197	69.3	238(17)	0.845(70℃)
花生酸	$CH_3(CH_2)_{18}COOH$	312	180	75.1	245(18)	
山萮酸	$CH_3(CH_2)_{20}COOH$	340	165	79.9	262(15)	

注：1mmHg= 133.32Pa，下同。

在合适的条件下，油脂与水反应分解成脂肪酸和甘油，这个反应称为油脂的水解。油脂水解的反应是逐步进行的，同时又是可逆的。其反应式如下：

$$
\begin{array}{l}
R^1COOCH_2 \\
| \\
R^2COOCH + H_2O \longrightarrow \begin{array}{l} R^1COOH \\ R^2COOH \\ R^3COOH \end{array} + \begin{array}{l} CH_2OH \\ | \\ CHOH \\ | \\ CH_2OH \end{array} \\
| \\
R^3COOCH_2
\end{array}
$$

水解反应分三步，首先是甘油三酸酯脱去一分子酰基生成甘油二酸酯，第二步是甘油二酸酯脱去一个酰基生成甘油一酸酯，最后由甘油一酸酯再脱酰基生成甘油和脂肪酸。其反应的特点是第一步水解反应速率缓慢，第二步反应速率很快，而第三步反应速率又降低。这是由于初级水解反应时，水在油脂中溶解度较低，且在后期反应过程中生成物脂肪酸对水解产生了抑制作用。

由于水解反应是可逆的，反应常需在高温高压及催化剂存在下进行。常用的催化剂有无机酸、碱、金属氧化物（ZnO、MgO）以及从动植物体中提取的脂肪酶等。

工业上油脂水解工艺有常压法、中压法、高压法和酶法等，其中中压法和高压法油脂水解率高、甘油浓度高、脂肪酸质量好，是目前普遍采用的方法。油脂水解得到的天然脂肪酸有饱和脂肪酸、不饱和脂肪酸、羟基脂肪酸等。

① 饱和脂肪酸　为偶数碳脂肪酸，如癸酸、月桂酸、肉豆蔻酸、棕榈酸、硬脂酸等。

② 不饱和脂肪酸　有油酸、亚油酸、亚麻酸及其同系物。

　　a. 油酸组：含有一个双键，双键的位置多在 9 位，此类不饱和酸在脂肪中分布甚广，如油酸、癸烯酸（羊油酸）。

　　b. 亚油酸组：含有两个双键的不饱和酸，在动植物油中的含量较多，分布较广的是十八碳原子的亚油酸。

　　c. 亚麻酸组：含有三个双键的不饱和酸属于亚麻酸组，多数为十八个碳原子，代表性的是亚麻酸和桐酸（$C_{18}H_{30}O_2$）。

　　③ 含有羟基的脂肪酸　自然界存在较多的是蓖麻油酸（12-羟基-9-十八烯酸）：

$$CH_3C_5H_{10}\overset{\displaystyle OH}{\underset{\displaystyle |}{C}}HCH_2CH{=}CHC_7H_{14}COOH$$

　　④ 奇数碳脂肪酸和支链脂肪酸　Weitkamp 及其合作者于 1947 年第一次发现了天然存在的奇数碳脂肪酸。某些天然脂肪如羊毛脂中含有支链脂肪酸。可分为两组：异构酸（烃链末端是异丙基）和反异构酸（烃链末端是仲丁基）。

　　⑤ 其他天然羧酸　如松香酸：

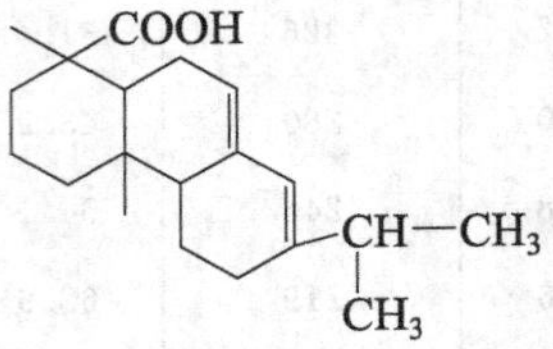

　　松香酸是一种三环二萜类含氧化合物，是最重要的树脂酸之一。不溶于水，溶于一般有机溶剂和稀氢氧化钠溶液，溶于醇、苯、氯仿、丙酮、醚和二硫化碳。工业用的松香酸是黄色玻璃状固体，熔点有时可低至 85℃。此外还有氢化松香，氢化松香是一种重要的松香改性产品，具有抗氧化性能好、脆性小、热稳定性高、颜色浅等特点，广泛应用于胶黏剂、合成橡胶、涂料、油墨、造纸、电子、食品等领域。氢化松香的传统生产方法是以松香为原料、Pd/C 为催化剂，在 210～270℃、10.0～25.0MPa 的高温高压下加氢制得。

2.3　脂肪酸甲酯

　　脂肪酸甲酯的结构通式为 $RCOOCH_3$，其中 R 因原料而异，一般为 C_9～C_{17}。可由脂肪酸与甲醇直接酯化或由天然油脂与甲醇酯交换反应而得，反应式如下：

$$RCOOH+CH_3OH \underset{\text{催化剂}}{\rightleftharpoons} RCOOCH_3+H_2O$$

$$\begin{matrix}RCOOCH_2\\RCOOCH\\RCOOCH_2\end{matrix} +3CH_3OH \underset{\text{催化剂}}{\rightleftharpoons} 3RCOOCH_3+ \begin{matrix}CH_2OH\\CHOH\\CH_2OH\end{matrix}$$

　　通常脂肪酸的直接酯化只有在无合适的甘油三脂肪酸酯的情况下才使用。用酯交换法生产脂肪酸甲酯，只需甘油三脂肪酸酯和甲醇，避免了油脂水解所需的苛刻条件，生产设备可采用普通碳素钢制造，反应中副产物少、产品的不饱和度与原料油脂的不饱和度差不多，甘油浓度比油脂水解高得多（可达 70％以上）。因此工业上通常采用酯交换法制取脂肪酸甲酯。

　　酯交换反应所用的催化剂有酸性催化剂和碱性催化剂两种。使用 H_2SO_4 或无水 HCl 等酸性催化剂，反应时间长、温度高，对设备有腐蚀，工业上通常不采用。工业上常用碱性催化剂如甲醇钠、氢氧化钠、氢氧化钾和无水碳酸钠等进行酯交换反应。酯交换反应既可加压、高温下进行，亦可在 50～70℃ 常压下进行。

常用工业天然脂肪酸甲酯的质量规格（德国汉高公司马来西亚厂）见表 2-4。

表 2-4　工业天然脂肪酸甲酯的质量规格

产品	碘值/(mgI/g)	皂化值/(mgKOH/g)	浊点/℃
椰子油脂肪酸甲酯($C_8 \sim C_{18}$)	8～13	235～245	约 3
棕榈仁油脂肪酸甲酯($C_{12} \sim C_{18}$)	14～20	230～240	约 7
棕榈油/硬脂酸甲酯	22～45	196～240	约 21
辛酸甲酯(98%)	0.5	352～358	约 28
月桂酸甲酯(98%)	0.3	260～263	约 5
肉豆蔻酸甲酯(92%)	0.5	227～236	15～18
棕榈酸甲酯(92%)	1.0	203～209	约 25
硬脂酸甲酯(92%)	1.0	187～191	约 36

脂肪酸甲酯经加氢可制成脂肪醇，与乙醇胺反应可生成烷醇酰胺，与氢氧化钠、氢氧化钾等碱反应可制得肥皂，经磺化可制得 α-磺基高级脂肪酸甲酯，是油脂化学品的重要原料。

2.4　脂肪醇

脂肪醇的结构通式为 ROH，R 为 $C_{12} \sim C_{18}$ 烃基，可以是饱和与不饱和烃基及直链和支链烃基。脂肪醇的理化性质见表 2-5。

表 2-5　脂肪醇的理化性质

名称	分子式	分子量	相对密度	熔点/℃	沸点/℃
己醇	$C_6H_{13}OH$	102.18	0.8204	—51.6	156
辛醇	$C_8H_{17}OH$	130.24	0.8278	—15	196～197
癸醇	$C_{10}H_{21}OH$	158.29	0.8297	7	231
月桂醇	$C_{12}H_{25}OH$	186.34	0.8362(25℃)	24	117(3.5mmHg)
肉豆蔻醇	$C_{14}H_{29}OH$	214.39	0.8240(38℃)	38	140(3mmHg)
棕榈醇	$C_{16}H_{33}OH$	242.45	0.8200(50℃)	49.5	165(3mmHg)
硬脂醇	$C_{18}H_{37}OH$	270.52	0.8145(59℃)	59	177(3mmHg)
油醇	$C_{18}H_{33}OH$	268.49	0.8496(20℃)	4.5～5	207(13mmHg)

脂肪醇按原料来源不同又分为天然醇和合成醇。

(1) 天然醇

由脂肪酸甲酯或脂肪酸加氢还原所得。反应式如下：

$$RCOOCH_3 + 2H_2 \longrightarrow RCH_2OH + CH_3OH$$
$$RCOOH + 2H_2 \longrightarrow RCH_2OH + H_2O$$

脂肪酸甲酯在催化剂存在下加氢是生产脂肪醇最好的方法，可制得高纯度的高碳数脂肪醇。用含铜催化剂（铬酸铜）可制得纯度很高的饱和脂肪醇，其中只有少量的烃及未反应的原料，酸值＜0.1；如用含锌催化剂，则不饱和起始原料中的双键可保留，因而可制得不饱和脂肪醇。天然醇为直链偶数碳的伯醇，醇的质量好，工艺成熟，设备定型生产，操作费用不大。缺点是加氢操作需要高压，设备投资高。

(2) 合成醇

以石油为原料制备合成醇的路线很多，但目前已在工业上形成大规模生产的路线主要有三条，即羰基合成法、齐格勒合成法及正构烷烃氧化法。

① 羰基合成法（OXO 法） 该法在羰基络合物催化剂存在下，由烯烃和一氧化碳、氢气反应，得到比原料烯烃多一个碳的醛，再将醛还原成脂肪醇。使用烯烃的种类不同，可以得到奇数碳醇、支链醇。OXO 法的优点是原料来源广泛，生产适应性强，可以在同一设备中生产不同的商品醇。合成路线如下：

$$RCH{=}CH_2 + H_2 + CO \xrightarrow{Co_2(CO)_8} R(CH_2)_2CHO + \underset{\underset{CHO}{|}}{RCHCH_3}$$

$$RCH_2CH_2CHO + \underset{\underset{CHO}{|}}{RCHCH_3} \xrightarrow[催化剂]{H_2} RCH_2CH_2CH_2OH + \underset{\underset{OH}{|}}{RCHCH_3}$$

经过改进的 OXO 法，可一步直接生产羰基合成醇，反应式如下：

$$2RCH{=}CH_2 + 2CO + 2H_2 \longrightarrow \underset{\underset{CH_3}{|}}{RCHCH_2OH} + RCH_2CH_2CH_2OH$$

② 齐格勒合成法 该法是在三乙基铝中将过量的乙烯聚合，成为高级烷基铝，然后用空气氧化，经水解得到高级醇。齐格勒醇是偶数碳直链伯醇，与天然脂肪醇的结构最类似，所得脂肪醇的质量优于其他合成路线。缺点是产品馏分宽，必须考虑综合利用，设备投资高，工艺复杂。

$$Al(C_2H_5)_3 + nC_2H_4 \longrightarrow \underset{\underset{CH_2CH_2R}{|}}{\overset{\overset{CH_2CH_2R}{|}}{Al}{-}CH_2CH_2R}$$

$$\underset{\underset{CH_2CH_2R}{|}}{\overset{\overset{CH_2CH_2R}{|}}{Al}{-}CH_2CH_2R} + 3/2O_2 \longrightarrow \underset{\underset{OCH_2CH_2R}{|}}{\overset{\overset{OCH_2CH_2R}{|}}{Al}{-}OCH_2CH_2R} \xrightarrow{H_2O} 3RCH_2CH_2OH$$

③ 正构烷烃氧化法 正构烷烃与氧在硼酸的存在下，经氧化反应生成脂肪醇。反应过程中硼酸的存在不仅使生成的醇通过酯化而达到稳定，防止醇进一步氧化，而且还能促使过氧化物分解，从而定向生成脂肪醇，硼酸酯水解、经精制分离得到产品仲醇。

$$CH_3(CH_2)_nCH_3 + H_3BO_3 \longrightarrow \left[\underset{\underset{CH_3(CH_2)_y}{|}}{\overset{\overset{CH_3(CH_2)_x}{|}}{C}}\overset{H}{\underset{O}{<}}\right]_3 B + 3H_2O \longrightarrow 3CH_3(CH_2)_x\underset{\underset{OH}{|}}{CH(CH_2)_y}CH_3 + H_3BO_3$$

该法优点是原料来源丰富，可大规模工业化生产，工艺设备较简单，常压操作，生产成本和能量消耗都低于其他路线。缺点是所得醇的质量比较差，仲醇含量为 75%～90%。

用脂肪醇为原料可以生产多种表面活性剂，主要品种如图 2-1 所示。产量最大、消耗脂肪醇最多的表面活性剂品种有 AEO（脂肪醇聚氧乙烯醚）、AES（脂肪醇聚氧乙烯醚硫酸钠）和 FAS（脂肪醇硫酸钠）。由于支链醇基表面活性剂如 FAS 的性能不如直链醇基产品，因此羰基合成醇主要用于生产 AEO 和 AES 等产品，而很少生产 FAS 等产品。

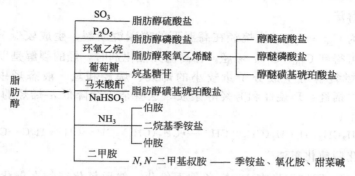

图 2-1　脂肪醇生产的表面活性剂主要品种

醇系表面活性剂一般具有生物降解性好、溶解度高、去污力强、耐硬水、低泡沫、低温洗涤性好、配伍性好等优点，因此其在日用化工、工农业等方面的应用越来越广泛。

2.5　α-烯烃及内烯烃

α-烯烃的结构通式为 $RCH=CH_2$，其中 $R=C_{10}\sim C_{14}$。

α-烯烃是制取羰基合成醇、烷基苯、烷基酚、氧化胺、烯基磺酸盐、烷基磺酸盐的原料。因此，α-烯烃是表面活性剂生产中一种极为重要的原料。另外，还可用于生产聚烯烃、增塑剂及合成润滑剂等，是重要的化工原料。

工业上制取 α-烯烃的方法有乙烯低聚法、石蜡裂解法等，正构氯代烷脱氯化氢法和正构烷烃脱氢法的产物为内烯烃。

(1) 乙烯低聚法

乙烯低聚法，亦称乙烯齐聚法，为 20 世纪 50 年代初德国化学家齐格勒（K. Ziegler）发现的制备 α-烯烃的方法。该法以烷基铝化合物为中间体，使乙烯聚合为直链单烯烃，其反应过程如下：

$$Al+3/2H_2+3C_2H_4 \longrightarrow Al(C_2H_5)_3$$

$$Al(C_2H_5)_3 + nC_2H_4 \longrightarrow Al{-}\begin{matrix} CH_2CH_2R \\ CH_2CH_2R \\ CH_2CH_2R \end{matrix}$$

$$Al{-}\begin{matrix} CH_2CH_2R \\ CH_2CH_2R^1 \\ CH_2CH_2R^2 \end{matrix} + 3C_2H_4 \overset{Ni}{\rightleftharpoons} Al(C_2H_5)_3 + \begin{matrix} R{-}CH=CH_2 \\ R^1{-}CH=CH_2 \\ R^2{-}CH=CH_2 \end{matrix}$$

采用乙烯、铝和氢为原料，合成工艺可分为五步：第一步为制备三乙基铝；第二步是有控制地将乙烯加成在三乙基铝上，即所谓"链增长反应"；第三步是"置换反应"，即由乙烯置换出在链增长反应中铝原子上生成的直链烷基；第四步为回收三乙基铝，先使其生成络合物，然后予以分解；第五步为将烯烃分离成目标馏分。

乙烯低聚法可分为高温一步法和低温二步法两种工艺。高温一步法由原美国海湾石油公司于 1965 年实现工业化；低温二步法由美国乙基公司研究开发，1971 年实现工业化。

SHOP 法工艺是由美国谢尔公司研究开发的 α-烯烃生产方法，于 1977 年实现工业化，目前的生产能力已达到 80×10^4 吨/年以上。

（2）石蜡裂解法

石蜡裂解法为 $C_{20} \sim C_{30}$ 正构烷烃在高温下的碳碳键断裂，生成较低分子量的 α-烯烃，然后经分馏精制可得到 $C_{10} \sim C_{14}$ α-烯烃。在高温无催化剂时，烃的裂解是以自由基的方式进行的。因此，烷烃裂解可生成分子量较小的烯烃、烷烃和氢，液态烃中 $C_{11} \sim C_{15}$ 约占 27%。还会生成二烯烃、环烷烃和芳烃等杂质，这些杂质会降低 α-烯烃的质量，不利于 α-烯烃的进一步加工。

$$CH_3(CH_2)_p CH_2 CH_2 CH_2 CH_2 (CH_2)_q CH_3 \longrightarrow CH_3(CH_2)_p CH = CH_2 + H_2 C = CH(CH_2)_q CH_3$$

（3）烷烃氯化脱氯化氢法

首先将 $C_{10} \sim C_{13}$ 正构烷烃在 120℃ 条件下氯化，然后氯化产物在催化剂铁存在下脱氯化氢，产物为内烯烃，但这种方法没有得到发展。

$$CH_3(CH_2)_p CH - (CH_2)_q CH_3 \xrightarrow{-HCl} \begin{cases} CH_3(CH_2)_p CH = CH(CH_2)_{q-1}CH_3 + HCl \\ \\ CH_3(CH_2)_{p-1} CH = CH(CH_2)_q CH_3 + HCl \end{cases}$$
$$\overset{|}{Cl}$$

（4）正构烷烃脱氢法

正构烷烃脱氢法由美国环球油品公司（UOP）研究成功，1968 年实现工业化。正构烷烃脱氢法是在选择性催化剂作用下，将高纯度的 $C_{10} \sim C_{14}$ 正构烷烃脱氢，得到双键在碳链内部任意分布的内烯烃，并将脱氢后的产物进行选择性加氢，使副产物二烯烃转化成单烯烃，提高了单烯烃的收率。反应式如下：

$$C_n H_{2n+2} \underset{458 \sim 480℃}{\overset{催化剂}{\rightleftharpoons}} C_n H_{2n} + H_2$$

各种不同方法制得的 $C_{14} \sim C_{16}$ α-烯烃的质量数据列于表 2-6。就目前来说，美国谢尔化学公司的乙烯低聚法和美国环球油品公司（UOP）的正构烷烃脱氢法是制取洗涤剂用高碳烯烃的较好方法。石蜡裂解法得到的烯烃，单烯烃含量不高，烷烃和二烯烃含量较高，使其应用受到一定的限制，不适合于制取 α-烯基磺酸盐（AOS）。

表 2-6　不同方法制得的 $C_{14} \sim C_{16}$ α-烯烃的质量数据

方法	质量分数/%					
	正构烯烃	亚乙烯基	内烯烃	单烯烃	二烯烃	烷烯
SHOP 法（美国谢尔公司）	96.1	2.2	1.7	99.9	—	0.1
齐格勒法（美国海湾石油公司）	96.1	2.2	0.5	98.7	—	1.3
改良齐格勒法（美国乙基公司）	80~85	10~16	4~5	99.5	—	0.2
石蜡裂解法（美国 Chevron 公司）	—	—	—	89~93	5	2
脱氢法	—	—	91.5($C_{10} \sim C_{14}$)	>95	—	—

2.6　高碳脂肪胺

高碳脂肪胺（含长链 $C_8 \sim C_{22}$ 的有机胺化合物）主要品种有伯胺 RCH_2NH_2、仲胺 $(RCH_2)_2NH$、双烷基甲基叔胺 $(RCH_2)_2NCH_3$、烷基二甲基叔胺 $RCH_2N(CH_3)_2$ 等。

高碳脂肪胺是三大油脂（脂肪醇、脂肪酸和脂肪胺）化学主要中间体之一，是工业上最有价值的脂肪酸衍生物品种之一，由它可以制得季铵盐、甜菜碱、氧化叔胺、醚胺、伯胺醋酸盐、二胺等衍生物。它们都是常用的表面活性剂，通过进一步深加工制得的产品可广泛用于轻纺、建材、采矿等工业部门及日常生活领域，是精细化工的重要基本原料之一。

工业上普遍使用的技术路线是以天然脂肪酸氨化法制脂肪腈，再加氢制得脂肪胺。约 93% 高级脂肪伯胺的生产以天然脂肪酸为原料，以合成脂肪酸为原料的只占 7% 左右，少量叔胺的生产以脂肪醇及 α-烯烃为原料。在天然油脂中，大多以牛脂和棕榈油为原料生产 $C_{16} \sim C_{18}$ 脂肪胺，而以椰子油和棕榈油生产 $C_{12} \sim C_{14}$ 脂肪酸。我国盛产菜籽油、棉籽油等，但前者因含 C_{22} 酸较高，一般不适用于洗涤、化妆品等，而棉籽油虽主要含 $C_{16} \sim C_{18}$ 酸，但其在脂肪酸生产过程中易发生堵塞水解塔等现象，因此也较少采用。不少工厂所用的原料（如棕榈油、椰子油等）主要从东南亚地区进口。以脂肪醇直接与低级胺一步法合成烷基二甲基叔胺具有产品质量好、"三废"少等优点，但对原料脂肪醇和低级胺的纯度则要求很高（均要求在 99% 以上）。因此，合成脂肪酸生产往往因环保问题及有异味，不易被人们所接受，而以 α-烯烃为原料则受原料烯烃质量的影响，得到的是直链和支链脂肪胺的混合物。

（1）高碳脂肪伯胺

工业上高碳脂肪伯胺的合成通常采用两步法，即首先由脂肪酸或天然油脂和氨在催化剂作用下反应制取脂肪腈，然后在催化剂存在下，脂肪腈还原制得脂肪伯胺。反应过程如下：

$$RCOOH + NH_3 \xrightarrow[-H_2O]{催化剂} RCONH_2 \xrightarrow{-H_2O} RCN$$

$$\begin{matrix} RCOOCH_2 \\ | \\ RCOOCH \\ | \\ RCOOCH_2 \end{matrix} + 3NH_3 \xrightarrow{催化剂} 3RCN + \begin{matrix} CH_2OH \\ | \\ CHOH \\ | \\ CH_2OH \end{matrix} + 3H_2O$$

$$RCN + 2H_2 \xrightarrow{Ni} RCH_2NH_2$$

脂肪腈在胺共存下在反应温度 $120 \sim 150℃$，反应压力 $310 \sim 710MPa$ 条件下还原，同时加水和氨可提高伯胺的选择性，抑制仲胺生成，从椰子油脂肪腈制伯胺产品得率可达 96%。脂肪腈加氢制伯胺时会副产一定量的仲胺和叔胺，在反应过程中加水、氨或氢氧化钠（钾）能抑制仲胺和叔胺的生成。

（2）高碳脂肪仲胺

仲胺可通过伯胺的歧化反应来制取。选择合适的催化剂可减少副产物的生成，提高仲胺的收率。

$$2RCH_2NH_2 \longrightarrow (RCH_2)_2NH + NH_3$$

控制适当的条件，以脂肪酸为原料经脂肪腈加氢还原可制得仲胺。

$$2RCN + 4H_2 \xrightarrow{Ni} (RCH_2)_2NH + NH_3$$

仲胺在工业上大多采用间歇法生产，将腈加入反应器，在催化剂存在下，加压加热并连续排气除氨，在一定反应时间后，产物泵入过滤器除去催化剂，然后蒸馏提纯得仲胺产品。连续法生产分两步进行，第一步是腈在反应器中连续转变为伯胺和部分仲胺；第二步是将第一步的反应产物在淤浆反应器中转化为仲胺，再滤出催化剂后再提纯得纯品。

制不对称仲胺，可用长链脂肪腈与短链胺反应：

$$C_{17}H_{35}CN + CH_3NH_2 + 2H_2 \xrightarrow{Ni} C_{18}H_{37}\overset{\overset{\displaystyle CH_3}{|}}{N}H + NH_3$$

仲胺也可用长链脂肪醇制备：

$$2ROH + NH_3 \xrightarrow{H_2/催化剂} R_2NH + 2H_2O$$

（3）烷基二甲基叔胺

合成烷基二甲基叔胺的工业方法有伯胺与甲醛或甲醇发生二甲基化的还原甲基化法、脂肪腈与二甲胺的催化加氢脱氨法和脂肪醇直接胺化法等。

① 甲醛催化加氢法

$$RCH_2NH_2 + 2HCHO + 2H_2 \xrightarrow[加压]{Ni} RCH_2N(CH_3)_2 + 2H_2O$$

② 甲醇催化加氢法

$$RNH_2 + 2CH_3OH \xrightarrow{H_2/催化剂} RN(CH_3)_2 + 2H_2O$$

③ 甲醛甲酸法

$$RNH_2 + 2HCHO + 2HCOOH \xrightarrow{丙醇} RN(CH_3)_2 + 2H_2O + 2CO_2$$

④ 脂肪腈与二甲胺的催化加氢脱氨法

$$RCN + (CH_3)_2NH + 2H_2 \xrightarrow{催化剂} RCH_2N(CH_3)_2 + NH_3$$

⑤ 脂肪醇直接胺化法

$$RCH_2OH + (CH_3)_2NH \xrightarrow{催化剂} RCH_2N(CH_3)_2 + H_2O$$

（4）双烷基甲基叔胺

双烷基甲基叔胺可以由伯胺制取，亦可由脂肪醇与甲胺直接胺化合成。

$$2RCH_2NH_2 \xrightarrow[-NH_3]{催化剂} \overset{RH_2C}{\underset{RH_2C}{>}}NH \xrightarrow[HCHO+H_2]{催化剂} \overset{RH_2C}{\underset{RH_2C}{>}}N-CH_3$$

$$2RCH_2OH + CH_3NH_2 \xrightarrow[\triangle]{催化剂} \overset{RH_2C}{\underset{RH_2C}{>}}N-CH_3 + 2H_2O$$

2.7 烷基苯

烷基苯分子式为 $R-C_6H_5$，其中以 C_{12} 和 C_{13} 烷基苯制得的表面活性剂的洗涤性能最为优良。烷基可以是直链，也可以是支链。由于支链烷基苯生物降解性差，故洗涤剂中使用的烷基苯为直链烷基苯（LAB），它是生产直链烷基苯磺酸盐类表面活性剂的重要原料。

工业上 LAB 主要由 α-烯烃、内烯烃或氯代正构烷烃与苯烷基化制取。不同烷基化工艺生产的 LAB 的物理性质见表 2-7。

表 2-7 不同烷基化工艺生产的 LAB 的物理性质

性质	氯化法（美国大陆石油公司）	脱氢法（美国 UOP 公司）	裂解法（美国谢尔公司）
分子量（平均）	243	242	243
相对密度	0.865	0.862	0.869
溴值	0.03	0.03	0.03

续表

性质	氯化法（美国大陆石油公司）	脱氢法（美国 UOP 公司）	裂解法（美国谢尔公司）
闪点/℃	＞150	140	146
可磺化物/%	＞97.5	＞98	98.7
色泽（赛氏）	30	30	30
气味	—	无	—
折射率		1.4835	1.4865
馏程/℃	290～324	284.5～296.7	283～313
2-苯基烷质量分数/%	—	15	—
黏度（37.8℃）/mPa·s	42	—	—

常用的工艺是以直链烯烃与苯在催化剂 HF 作用下反应制取烷基苯：

$$H_3C(CH_2)_9CH{=}CH_2 + \text{〈苯〉} \longrightarrow \text{〈苯〉}-C_{12}H_{25}$$

以直链氯代烷与苯在催化剂无水 $AlCl_3$ 作用下反应，反应结束后除去催化剂，然后用稀碱溶液去除副产物盐酸，再进行减压蒸馏得到十二烷基苯，反应式如下：

$$CH_3(CH_2)_{10}CH_2Cl + \text{〈苯〉} \longrightarrow \text{〈苯〉}-C_{12}H_{25}$$

目前绝大多数烷基苯生产采用 UOP 公司的烯烃/HF 工艺，UOP 公司多年来一直致力于对该工艺进行改进，如开发新型脱氢催化剂和 TCR 脱氢反应器、开发 Define 工艺等，目的在于挖掘现有装置潜力，提高烷基苯的质量与收率。另外，UOP 公司还开发了固定床烷基化工艺（Detal 工艺），并于 1995 年实现了工业化。Mobil 公司与印度 Tamilnadu Petroproducts 公司（TPL）联合开发了一种新型沸石烷基化催化剂及相应的固定床烷基化工艺（MOB-CAT），并建立了 2t/d LAB 的中试装置。意大利 Enichem Augusta 公司开发了一条以 Pacol-Olex 工艺生产的高质量 C_{10}～C_{13} 烯烃为原料、$AlCl_3$ 作催化剂的烯烃/$AlCl_3$ 工艺。据欧洲 LAB/LAS 研究中心（ECOSOL）分析，世界 LAB 产能的 75% 基于 HF 催化技术，15% 基于 Detal 工艺，10% 基于氯化铝催化技术。不同烷基化工艺生产的 LAB 的苯基异构体分布见表 2-8。

表 2-8　不同工艺生产的烷基苯（平均碳数为 12）的苯基异构体分布/%

项目	HF	AlCl₃	Detal	MOB-CAT	项目	HF	AlCl₃	Detal	MOB-CAT
2-苯烷	14	31	28～30	＞50	5-苯烷	28	19		
3-苯烷	16	19		＞30	7-/6-苯烷	23	15		
4-苯烷	19	16			二烷基四氢化萘	0.5	0.5	＜0.5	＜0.5

2.8　烷基酚

烷基酚是重要的精细化工原料，在表面活性剂、润滑油添加剂、油溶性酚醛树脂及绝缘材料、纺织印染造纸助剂、橡胶塑料的防老抗氧剂、油田及炼油厂用化学品等领域具有广泛用途。烷基酚中最重要的是壬基酚，其次是辛基酚、十二烷基酚和叔丁基酚。几种工业异构烷基酚的物理性质见表 2-9。

表 2-9　几种工业异构烷基酚的物理性质

性质	辛基酚	壬基酚	十二烷基酚
羟值	270	249～255	210～225
折射率	1.521	1.512～1.514	1.511
沸程/℃	150～175(1.3kPa)	175～188(12.7kPa)	185～217(3.05kPa)
相对密度	0.996	0.948～0.951	0.944
黏度/mPa·s			
20℃	8830	2000	12000
50℃	139	80	245
100℃	6.2	5	9.52
比热容/[kJ/(kg·K)]			
20℃	2.16	2.09	2.05
50℃	—	2.34	2.33
100℃	2.45	2.47	2.42

　　壬基酚是烷基酚中最重要的品种，是生产烷基酚系非离子表面活性剂（APE）的主要原料之一，壬基酚约占烷基酚总生产能力的 65%，用于制备壬基酚聚氧乙烯醚及磷酸酯和硫酸盐，作为乳化剂、洗涤剂、纺织造纸助剂、油田化学品等的有效组分；同时用于生产抗氧剂、润滑油添加剂和油溶性酚醛树脂及绝缘材料。十二烷基酚主要用于生产润滑油添加剂，少量用于生产非离子表面活性剂。

　　各种烷基酚的合成原理基本相同，见图 2-2，均为酸催化的芳环亲电取代反应，所用的原料为苯酚与烯烃，反应中烷基主要进入邻、对位，为提高对位烷基酚的产率，降低生产成本，改善产品色泽。必须有高性能的烷基化反应催化剂。

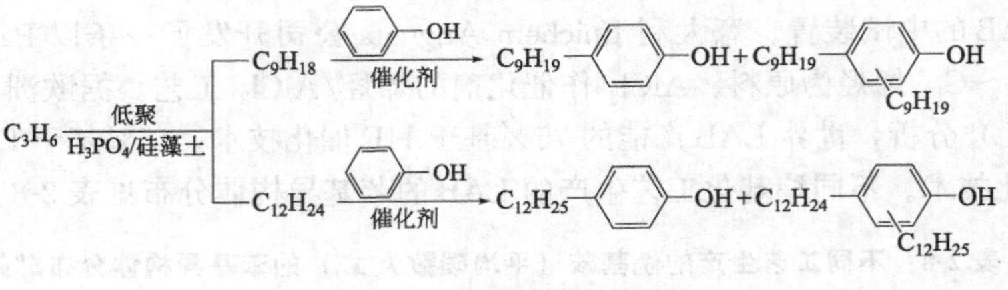

图 2-2　烷基酚合成反应

　　目前，国外生产壬基酚使用的催化剂主要有分子筛、活性白土、三氟化硼、阳离子交换树脂等，而在生产技术处于领先地位的美国 UOP、德国 Huls 公司、日本丸善石油化学公司的大规模、连续化装置中都采用阳离子交换树脂或改性离子交换树脂催化剂工艺法，其壬烯转化率为 92%～98%，壬基酚收率为 93%～94%（以壬烯计）。

　　烷基酚生产工艺有间歇法和连续法两种，其中白土催化大多采用间歇式操作，树脂催化采用连续式操作，较早还采用过 BF₃ 连续工艺。Calument 公司使用白土催化生产工艺，产品为十二烷基酚。

　　该工艺具有两个显著特点：一是烯烃有 25%～50% 从反应器中部进入，从而提高了反应初期的酚烯比；二是脱水靠反应物携带完成，这种办法比烘干好，因为烘干会使催化剂减活。目前，国外普遍采用离子交换树脂催化固定床连续工艺，其特点是反应速率快，生产能力高，产品质量好，色泽浅且稳定。

波兰的 Blachownia 化学厂利用阳离子交换的方法生产壬基酚，产量达 12 万吨/年。该技术是波兰有机合成研究所（ICSO）开发出来的，也可用于生产十二烷基酚。包括如下两个步骤：①丙烯低聚，接着分离三聚丙烯和四聚物；②苯酚与三聚丙烯烷基化，然后分离得到壬基酚；或是苯酚与四聚丙烯烷基化，再分离得到十二烷基酚。

低聚反应是在一个管式反应器中进行的。管里充满催化剂，管隙也填满换热介质。反应后混合物（包括丙烯二聚、三聚、四聚物和未转化的丙烯）用 5 个蒸馏塔分离。未转化的丙烯和二聚丙烯被送到低聚反应器循环使用。其余的气体被分为三聚丙烯和四聚丙烯使用。

壬基酚是在酸性离子交换树脂催化剂存在下，苯酚与三聚丙烯烷基化制得的。部分烷基化物被送到第二烷基化反应器（里面充满粗孔阳离子交换剂），使得壬烯补充反应和部分双烷基酚脱烷基化。不含壬烯的反应混合物经过连续蒸馏除去由原料带进的惰性气体和水，这样可以防止它们聚积在反应器里。混合在烷基化物气体里的未反应的原料在薄膜蒸发器中被分离出来并循环利用；粗壬基酚经真空蒸馏，以得到高纯度的成品。

ICSO 利用苯酚与丙烯合成壬基酚和十二烷基酚的技术有许多优点：由于采用 ICSO 开发的特殊磷催化剂，低聚反应选择性高；合适的离子交换催化剂体系的应用，提高了烷基化反应的选择性，减少了副产物的产生；高质量的壬基酚和十二烷基酚在性能的某些方面超过了其他生产者的同类产品；原料和公用工程消耗低；催化剂的寿命长；操作过程全自动化。

2.9　环氧乙烷

环氧乙烷也称为氧化乙烯（EO），分子式 C_2H_4O，分子量为 44.05。

环氧乙烷在低温下是具有乙醚味的无色透明液体，能与水按任何例混合。其液体不会爆炸，而气体既易燃又易爆，在空气中的爆炸范围为 3%～100%（体积分数）。环氧乙烷属中等爆炸毒性化合物，有刺激性。连续与液体环氧乙烷接触会引起皮肤烧伤，与 40%～80% 的环氧乙烷水溶液接触，易产生疱疹。环氧乙烷液体及其溶液如溅入眼睛，应立即用大量水冲洗，然后送医院诊治。环境保护条例规定：最大排放浓度 20mg/m³。车间卫生标准 5mg/m³。环氧乙烷的某些物理化学性能数据列于表 2-10 中。

表 2-10　环氧乙烷的物理化学性能数据

理化性能	数值	理化性能	数值
沸点(101.3kPa)/℃	10.5	表面张力(20℃)/(mN/m)	24.3
凝固点/℃	−112.5	生成热(25℃,101.3 kPa)	
熔点/℃	−112.51	蒸汽生成热/(kJ/mol)	71.2
闪点/℃	<18	液体生成热/(kJ/mol)	96.3
着火温度(0.101MPa 空气中)/℃	429	汽化热/(kJ/mol)	25.5
自燃温度(0.101MPa)/℃	571	溶解热/(kJ/mol)	6.28
密度(20℃)/(g/cm³)	0.8697	聚合热/(kJ/mol)	92.1
折射率	1.3597	比热容(液态)/[J/(g·℃)]	1.95
黏度/mPa·s	0.32		

目前环氧乙烷的生产方法有两种，即氯醇法和直接氧化法。氯醇法制取环氧乙烷有两个基本反应：首先乙烯与次氯酸作用生成氯乙醇，然后氯乙醇与碱作用生成环氧乙烷，反应过程如下：

$$H_2C{=}CH_2 + HOCl \rightleftharpoons \underset{\underset{Cl}{|}}{CH_2}{-}\underset{\underset{OH}{|}}{CH_2}$$

$$\underset{\underset{Cl}{|}}{CH_2}{-}\underset{\underset{OH}{|}}{CH_2} + NaOH \longrightarrow \underset{\diagdown O \diagup}{CH_2{-}CH_2} + NaCl + H_2O$$

氧化法是由乙烯和氧在银催化剂上催化氧化制取环氧乙烷的方法。

$$H_2C{=}CH_2 + 1/2\,O_2 \xrightarrow[\text{Ag}]{250^{\circ}\!C} \underset{\diagdown O \diagup}{CH_2{-}CH_2}$$

氧化法根据氧化剂的不同，又分为空气氧化法和氧气氧化法两种。由于氧气氧化法强化了生产过程，乙烯消耗定额低，且廉价的纯氧易于制得，颇受人们注意。氧化法生产环氧乙烷，与氯醇法相比生产过程中不用氯气，产品质量高，环氧乙烷含量＞99.7%，醛含量小于$100cm^3/m^3$，水分＜0.03%，生产费用低，因此适合大工业生产。目前，世界上 EO 工业化生产装置几乎全部采用以银为催化剂的乙烯直接氧化法。全球 EO 生产技术主要被 Shell 公司（英荷合资）、美国科学设计公司（SD）、美国 UCC 三家公司所垄断。90%以上的生产能力采用上述三家公司生产技术。此外拥有 EO 生产技术的还有日本触媒公司、美国 DOW 公司、德国赫斯公司等。

环氧乙烯的用途十分广泛，是合成许多产品的原料，如用于生产表面活性剂、乙二醇、乙醇胺等产品，以及应用于塑料、印染、电子、医药、农药、纺织、造纸、汽车、石油开采与冶炼等众多领域。极大部分非离子表面活性剂是环氧乙烷的衍生物，环氧乙烷的生产直接与非离子表面活性剂及其衍生物的发展有关。以 2002 年为例，世界 EO 主要消费领域为：用于生产乙二醇占 70.3%，表面活性剂占 10.7%，乙醇胺类占 5.5%，乙二醇醚占 3.8%，其他产品占 9.7%。

我国最早以传统的乙醇为原料经氯醇法生产 EO。20 世纪 70 年代我国开始引进以生产聚酯原料乙二醇为目的产物的环氧乙烷/乙二醇联产装置，至今已经引进十余套 EO 生产装置。2003 年我国 EO 生产能力约为 120 万吨/年。我国多数装置是 EO 与乙二醇联产，仅吉林联合化工厂是单独生产 EO 而没有生产乙二醇，而中石油吉化公司和独山子石化则全部用于生产乙二醇。

随着我国聚酯与表面活性剂等领域的迅猛发展，EO 产量远不能满足市场需求，因此，近年来，有多家企业如北京燕山石化、中海壳牌石化有限公司、上海石化、天津联化、独山子石化等建设或计划建设规模化 EO 生产装置。这些项目完成后，我国 EO 的生产能力将增至 216 万吨/年。

2.10 环氧丙烷

环氧丙烷或称氧化丙烯、甲基环氧乙烷，分子量 58.08，结构式为：

$$\underset{\diagdown O \diagup}{CH_2{-}CH}{-}CH_3$$

环氧丙烷是重要的有机化工产品之一。它主要用来制取聚氨酯、丙二醇、环氧树脂和合成硝酸纤维素等。与环氧乙烷嵌段共聚可以制取一系列特殊用途的非离子表面活性剂。

环氧丙烷是具有醚味的无色液体，其化学性质与环氧乙烷极为相似。在空气中的爆炸极限为 2.1%～21.5%（体积分数）。环氧丙烷是有毒的。环境保护条例要求最大排放浓度小

于 $150mg/m^3$（车间卫生标准）。制取环氧丙烷的主要方法是氯醇法与丙烯氧化法，其生产工艺和原理与环氧乙烷的制备相同。环氧丙烷的主要物理性质见表 2-11。

表 2-11　环氧丙烷的主要物理性质

物理性质	数值	物理性质	数值
沸点(0.1MPa)/℃	33.9	水在环氧丙烷中的溶解度(质量分数,20℃)/%	12.8
凝固点/℃	−104.4	密度(20℃)/(g/cm³)	0.8304
水中溶解度(质量分数,20℃)/%	40.5	折射率	1.3657

2.11　格尔伯特醇

格尔伯特醇（Guerbet alcohol）是一种在 β-位上有较长支链的脂肪醇，又称为 2-烷基-1-烷醇，是一类饱和伯醇。

格尔伯特醇具有脂肪伯醇的特性，在高温下氧化稳定性好。它的两个烷基基团均为 100% 直链烷基，产品呈网状结构，从而使它具有了低黏度、良好的生物降解能力、低色泽和优异的热稳定性等特殊性能。与相同分子量的直链伯醇相比，其凝固点要低得多。碳链长度在 $C_{12}\sim C_{24}$ 之间的格尔伯特醇在 0℃ 以下仍是白色透明液体；碳链长度在 C_{24} 以上的格尔伯特醇是白色蜡状产品，仍然具备很好的熔点特性，在化妆品、工业润滑剂、表面活性剂、印染印刷化学品、纤维树脂和石油化工等领域应用广泛。

格尔伯特醇通常有两种合成方法：一种是以 α-烯烃为原料，经羰基化反应得到醛，然后两分子的醛缩合生成碳数增加一倍的不饱和醛，最后加氢得到高碳数的醇；另一种方法是直接用醇在催化剂的作用下脱氢生成醛，然后经醛的缩合及加氢饱和得到相应碳数的格尔伯特醇。虽然这两种合成方法的原料不同，但其反应机理都是得到高碳数的脂肪醇后经过羟醛缩合生产烯醛，烯醛和醇在催化作用下氢化生产烯醇，烯醇饱和得到相应碳数的格尔伯特醇，格尔伯特醇合成反应机理如下所示。

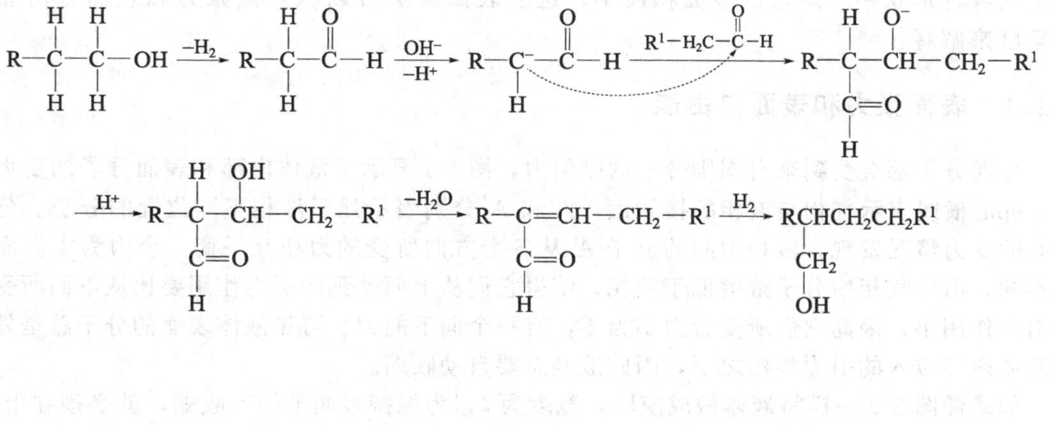

第 3 章

表面活性剂的作用原理

表面活性剂被称作"工业味精"，与人们的日常生活密不可分，在工业各个领域的发展中也起着重要的作用，这类物质具有良好的润湿、乳化、去污、分散及渗透等功能。从表面活性剂的定义可以看出，表面活性剂产生的特殊作用主要来源于两个方面：一方面是降低体系的表面张力；另一方面是胶束的形成。

3.1 表面张力与表面活性

在自然界中任何物质都以气体、液体或固体三种状态存在，它们之间不可避免地会发生相互之间的接触，两相接触便会产生接触面。通常把液体或固体与气体的接触面称为液体或固体的表面，而把液体与液体、固体与固体或液体与固体的接触面称为界面。

由于两相接触面上的分子与其体相内部的分子所处的状态不同，因此会产生很多特殊的现象。例如，在没有外力的影响或影响不大时，液体总是趋向于成为球状，如水银珠和植物叶子上的露珠。即使施加外力后能将水银珠压瘪，一旦外力消失，它便会自动恢复原状。可见液体总是有自动收缩而减少表面积，从而降低表面自由能的趋势。体积一定的各种形状中，球形的表面积最小，这一表面现象可以从表面张力和表面自由能两个角度来解释。

3.1.1 表面张力和表面自由能

任何分子都会受到来自周围分子的吸引力，图 3-1 显示了液体内部和表面分子的受力情况。mm' 横线表示气相与液相的接触面，A 和 A′ 分别表示处于液相不同位置的分子。分析它们的受力情况发现，液相中间的分子 A′ 从各个方向所受的力相互平衡，合力为零。而 A 则不同，由于气相中分子浓度低于液相，使得它们从上面受到的引力作用要比从下面所受到的引力作用小，因此它们所受合力不为零，有一个向下的力。可见液体表面的分子总是处在向液体内部拉入的引力作用之下，因此液滴总要自动收缩。

如果像图 3-2 一样将液体做成液膜，宽度为 l，为保持表面平衡不收缩，就必须在上 cd 施加一个与液面相切的力 f 于液膜上。可以想象在达到平衡时必然存在一个与 f 大小相等、方向相反的力，这个力来自液体本身，是它所固有的，即表面张力。

不难看出 l 越长，f 值越大，即 f 与 l 二者成正比例关系，由于液膜有两个平面，因此：

$$f = 2\gamma l \tag{3-1}$$

式中，γ 为比例系数，表示垂直通过液面上任一单位长度、与液面相切的收缩表面的力，简称为表面张力，其单位通常为 mN/m。

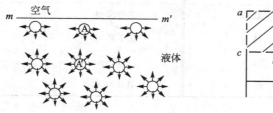 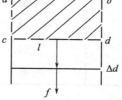

图 3-1　液体内部和表面分子的受力情况　　图 3-2　液体的表面张力

前面提到，液体自动收缩的表面现象还可以从能量的角度来理解。液体表面自发地缩小，则会减少自由能，如按相反的过程，使液体产生新表面 dA，则需要一定的功 dG，它们之间的关系可表示为：

$$dG = \gamma dA \tag{3-2}$$

式中，γ 为单位液体表面的表面自由能，单位为 J/m^2。此自由能单位也可用力的单位表示，因为 J＝N・m，所以 J/m^2＝N/m。

可见从力的角度讲是作用于表面单位长度边缘上的力，叫表面张力；从能量角度讲是单位表面的表面自由能，是增加单位表面积液体时自由能的增值，也就是单位表面上的液体分子比处于液体内部的同量分子的自由能过剩值，是液体本身固有的基本物理性质之一。一些常见液体的表面张力如表 3-1 所示。

表 3-1　常见液体的表面张力

液体	温度/℃	表面张力/(N/m)	液体	温度/℃	表面张力/(N/m)
全氟戊烷	20	9.9	三氯甲烷	25	26.7
全氟庚烷	20	13.2	乙醚	25	20.1
全氟环己烷	20	15.7	甲醇	20	22.5
正己烷	20	18.4	乙醇	20	22.4
正庚烷	20	20.3	硝基苯	20	43.4
正辛烷	20	21.8	环己烷	20	25.0
水	20	72.8	二甲基亚砜	20	43.5
丙酮	20	23.3	汞	20	486.5
异丁酸	20	25.2	铁	熔点	1880
苯	20	28.9	铂	熔点	1800
苯乙酮	20	39.8	铜	熔点	1300
甲苯	20	28.5	银	1100	878.5
四氯化碳	22	26.7	硝酸钠	308	116.5

表面张力现象和表面自由能不仅存在于液体表面，也存在于一切相界面上，特别是在互不混溶的两种液体的界面上更为普遍。例如油水两相分子间的相互作用存在一定的差异，但小于气相和水相的差异，因此油水表面张力一般小于水的表面张力。常见油水界面的表面张力如表 3-2 所示。

表 3-2　常见油水界面的表面张力（20℃）

液体	表面张力/(N/m)	液体	表面张力/(N/m)
苯-水	35.0	正辛醇-水	8.5
四氯化碳-水	45.1	正丁醇-水	1.8
正己烷-水	51.1	庚酸-水	7.0
正辛烷-水	50.8	硝基苯-水	25.2

通常液体的表面张力可以从手册中查到，这些数值一般是通过实验方法测得的。表面张力的测定方法主要有以下几种。

（1）滴重法

也叫做滴体积法，这种方法比较精确而且简便。其基本原理是：自一毛细管滴头滴下液体时，液滴的大小与液体的表面张力有关，即表面张力越大，滴下的液滴也越大，二者间存在关系式：

$$W = 2\pi R \gamma f \tag{3-3}$$

$$\gamma = \frac{W}{2\pi R f} \tag{3-4}$$

式中，W 为液满的重量；R 为毛细管的滴头半径，其值的大小由测量仪器决定；f 为校正系数。

一般实验室中测定液滴体积更为方便，因此式（3-4）又可写为：

$$\gamma = \frac{V \rho g}{R} \times \frac{1}{2\pi f} \tag{3-5}$$

式中，V 为液滴的体积；ρ 为液体的密度。令校正因子 $F = \dfrac{1}{2\pi f}$，则 γ 又可写为：

$$\gamma = \frac{V \rho g}{R} F \tag{3-6}$$

式（3-6）中的校正因子 F 可在手册中查到。对于特定的测量仪器和被测液体，ρ 和 R 是固定的，在测量过程中，由刻度移液管（图 3-3）读出液滴体积 V，查出校正因子 F 即可计算出该液体的表面张力 γ。

（2）毛细管上升法

其原理是当毛细管插入液体时（图 3-4），管中的弯液面会上升或下降一定的高度 h，测定 h 并按照式（3-7）计算表面张力。

$$\gamma = \frac{1}{2} R \Delta \rho g \left(h + \frac{r}{3} \right) \tag{3-7}$$

式中，R 为毛细管半径；$\Delta \rho$ 为界面两相的密度差；g 为重力加速度。这种方法理论上比较成熟，测定精度较高，是最常用的表面张力测定方法之一。

（3）环法

环法是把一圆环平置于液面上，测量将环拉离液面所需的最大力，并由此计算表面张力。因为当环向上拉时，环上就会带起一些液体，当提起液体的质量与沿环液体交界处的表面张力相等时，液体质量最大，再提升则液环断开，环脱离液面。表面张力 γ 的计算方法为：

$$\gamma = \frac{P}{4\pi R}F \tag{3-8}$$

式中，R 为环的平均半径；P 为由环法测定的拉力；F 为校正因子，可由手册查出。

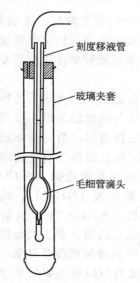
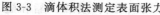
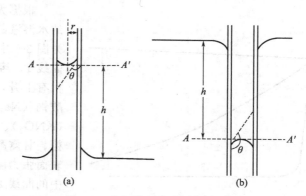

图 3-3　滴体积法测定表面张力　　　　图 3-4　毛细管上升法测定表面张力

（4）吊片法

将一个薄片如铂金片、云母片或盖玻片等悬于液面之上，使其刚好与液面接触，为维持此位置，就必须施加向上的拉力 P，此力与表面张力大小相同、方向相反。则可由式（3-9）计算表面张力：

$$\gamma = \frac{P}{2(l+d)} \tag{3-9}$$

式中，l 和 d 分别是吊片的宽度和厚度，由于吊片很薄，可忽略不计，因此式（3-9）又可写为式（3-10）。

$$\gamma = \frac{P}{2l} \tag{3-10}$$

（5）最大气泡压力法

将一毛细管端与液面接触，然后在管内逐渐加压，直至一最大值时，管端突然吹出气泡后压力降低。这个最大值是刚好克服毛细压力的最大压力，由测得的最大压力即可计算液体的表面张力。若毛细管孔足够小，则可按下式计算：

$$\gamma = \frac{\rho_{\mathrm{m}}}{2R} \tag{3-11}$$

式中，ρ_{m} 为最大压力；R 为毛细孔半径。

（6）滴外形法

对于表面吸附速率很慢的溶液只能采用滴外形法，上述五种常用的测定表面张力的方法则不适用。所谓滴外形法是利用液滴或气泡的形状与表面张力存在一定关系的特点，测定平衡表面张力及表面张力随时间变化的关系。

从以上各种方法可以看出，测定表面张力主要是根据表面张力与液体某些可测变量的对应关系，经过测量后计算得到。

3.1.2　表面活性与表面活性剂

纯液体中只含有一种分子，在恒温恒压下，其表面张力是一个恒定的数值，正如表 3-1 中所列的数据。而溶液中通常含有两种或两种以上的分子，这使得溶液表面的化学组成不同于纯溶剂表面的化学组成。溶质的性质和浓度不同，产生单位溶液表面积时体系所需的能量不同，溶液的表面张力也因此有所差异。

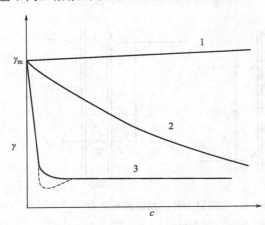

图 3-5　溶液表面张力随溶质性质和浓度变化曲线

根据大量的实验结果人们发现，各种物质的水溶液的表面张力与浓度的关系主要可以分为图 3-5 中所示的三种情况，第一类如图中的曲线 1，溶液的表面张力随溶质浓度的增加而稍有上升，这类溶质包括氯化钠（NaCl）、硫酸钠（Na_2SO_4）、氯化铵（NH_4Cl）、硝酸钾（KNO_3）、氢氧化钾（KOH）等无机盐和蔗糖、甘露醇等多羟基有机物。第二类是溶液的表面张力随溶质浓度的增加而逐渐降低，如图中的曲线 2，属于这类物质的主要是低分子量的极性有机物，如醇、酮、羧酸、酯和醚等。第三类物质（曲线 3）在浓度较低时，溶液的表面张力随溶质浓度的增加急剧降低，当溶液的浓度增加到一定值后，溶液的表面张力随溶质浓度的变化很小，这类物质通常是含 8 个碳以上的羧酸盐、磺酸盐、硫酸酯盐、季铵盐等。

不同类型的物质在溶液中的状态不同。当物质加入液体中后，它在液体表面层的浓度与液体内部的浓度不同。这种改变浓度的现象称为吸附现象。使表面层的浓度大于液体内部浓度的作用称为正吸附作用，相反则为负吸附作用，通常人们也习惯将正吸附称为吸附。因溶质在表面发生吸附（正吸附）而使溶液表面张力降低的性质称为表面活性，这类物质称为表面活性物质。从图 3-5 可以看到，第二、三类物质使溶液的表面张力降低，具有表面活性，属于表面活性物质，而第一类物质则不具有表面活性，称为非表面活性物质。

应当注意的是第二类物质，如乙醇、丁醇、乙酸等，虽然溶液的表面张力随其浓度的增加有所降低，但它们并不属于表面活性剂。只有具有图中曲线 3 性质的物质才能称为表面活性剂，它们在浓度极低时就能明显地降低溶液的表面张力，这是其他物质所不具备的，也是表面活性剂最根本的性质。

假如 γ_0 是水或溶剂的表面张力，γ 为加入表面活性剂后溶液的表面张力，则表面（界面）张力降低值 π 可表示为：

$$\pi = \gamma_0 - \gamma \tag{3-12}$$

特劳贝研究发现，在稀水溶液中可以用表面张力降低值与溶液浓度的比值来衡量溶质的表面活性，如图 3-6 所示，当物质的浓度 c 很小时，γ-c 略成直线，且乙酸、丙酸、丁酸和异戊酸的负斜率分别为 250、730、2150 和 6000，即每增加一个亚甲基（$—CH_2—$），便增加为原来的 3 倍，这就是著名的特劳贝规则。脂肪酸水溶液的 γ-c 曲线也具有相同的规律。

3.1.3　表面活性剂的结构特点

表面活性剂之所以能够在极低的浓度下显著降低溶液的表面张力是与其分子的结构特点密不可分的。表面活性剂分子通常由两部分构成：一部分是疏水基团（hydrophobic group），它是由疏水、亲油的非极性碳氢链构成，也可以是硅烷基、硅氧烷基或碳氟链；另一部分是亲水基团（hydrophilic　group），通常由亲水、疏油的极性基团构成。这两部分分别处于表面活性剂分子的两端，形成不对称的结构，因此，表面活性剂分子是一种双亲分子，既具有亲油、又具有亲水的双亲性质。

图 3-7 是阴离子、阳离子、非离子和两性表面活性剂典型品种的两亲分子结构示意图。它们的亲油基皆为长碳链的烷基，而亲水基则分别为—SO_4^-、—$N^+(CH_3)_3$、—$O(CH_2CH_2O)_6H$ 和—COO^-。

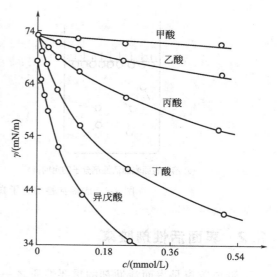

图 3-6　脂肪酸水溶液的 γ-c 曲线

阴离子表面活性剂

$CH_3CH_2\cdots CH_2CH_2—OSO_3^-—Na^+$

(a) 十二烷基硫酸钠

阳离子表面活性剂

$CH_3CH_2\cdots CH_2CH_2—N^+(CH_3)_3$　Cl^-

(b) 十二烷基三甲基氯化铵

非离子表面活性剂

$CH_3CH_2\cdots CH_2CH_2—O(CH_2CH_2O)_nH$

(c) 月桂醇聚氧乙烯醚

两性表面活性剂

$CH_3CH_2\cdots CH_2CH_2—N^+(CH_3)_2—CH_2COO^-$

(d) 十二烷基甜菜碱

图 3-7　表面活性剂两亲分子示意图

这样的分子结构使得它们一部分与水分子具有很强的亲和力，赋予表面活性剂分子的水溶性。而另一部分因疏水有自水中逃离的性质，因此表面活性剂分子会在水溶液体系中（包括表面、界面）发生定向排列。它们从溶液的内部转移至表面，以疏水基朝向气相（或油相），亲水基插入水中，形成紧密排列的单分子吸附层，见图 3-8（a），满足疏水基逃离水包围的要求，这个溶液表面富集表面活性剂分子的过程就是使溶液的表面张力急剧下降的过程。因为非极性物质往往具有较低的表面自由能，表面活性剂分子吸附于液体表面，用表面自由能低的分子覆盖了表面自由能高的溶剂分子，因此溶液的表面张力降低。

随着表面活性剂浓度的增加，水表面逐渐被覆盖。当溶液浓度增加到一定值后，水表面全部被活性剂分子占据，达到吸附饱和，表面张力不再继续明显降低，而是维持基本稳定。此时表面活性剂的浓度再增加，其分子会在溶液内部采取另外一种排列方式，即形成胶束，如图 3-8（b）所示。

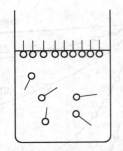
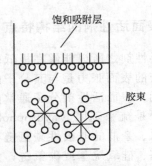

(a) 溶液表面表面活性剂分子的定向排列   (b) 溶液内部表面活性剂胶束的形成

图 3-8   表面活性剂分子在表面的吸附和胶束形成示意图

3.2   表面活性剂胶束

形成胶束是表面活性剂的重要性质之一，也是产生增溶、乳化、洗涤、分散和絮凝等作用的根本原因。

3.2.1   胶束的形成

表面活性剂分子的亲油基团之间因疏水性存在显著的吸引作用，易于相互靠拢、缔合，从而逃离水的包围。如图 3-8 所示，当表面活性剂在溶液表面的吸附达到饱和后，它们便在溶液内部由分子或离子分散状态缔合成由数个乃至数百个离子或分子所组成的稳定胶束。此时，再提高表面活性剂的浓度已不能显著增加溶液中单个分子或离子的浓度，而只能形成更多的胶束。

在水介质中，表面活性剂将极性的亲水基团朝外形成与水接触的外壳，将朝内排列的非极性基团包在其中，使它们不与水接触。可见，胶束的形成实际上是表面活性剂分子为缓和水和疏水基之间的排斥作用而采取的另一种稳定化方式，疏水作用导致表面活性剂在表面上的吸附和在溶液内部胶束的生成，其根本的决定因素是活性剂分子的双亲结构。

胶束的结构主要由内核和外壳两部分构成，对于离子型表面活性剂，外壳的外侧还有扩散双电层，如图 3-9 所示。

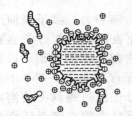
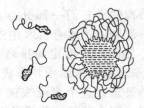

(a) 离子型表面活性剂的胶束结构示意图   (b) 聚氧乙烯型非离子表面活性剂的胶束结构示意图

图 3-9   胶束的结构示意图

表面活性剂胶束的内核由疏水的碳氢链构成，类似于液态烃，研究表明内核中还有部分水分子渗入。胶束的外壳也被称为胶束-水"界面"，该"界面"并非一般宏观的界面，而是指胶束与单体水溶液之间的一层区域。此部分主要由表面活性剂的极性基团构成，粗糙不平，变化不定。对于离子型表面活性剂，该界面由胶束双电层的最内层（Stern 层）组成，其中不仅包含表面活性剂的极性头，还固定有一部分与极性头结合的反离子和不足以铺满一单分子层的水化层。对于聚氧乙烯型非离子表面活性剂，胶束的外壳是一层相当厚的、柔顺的聚氧乙烯层，还包括大量与醚键相结合的水分子。在胶束-水"界面"区域之外，离子胶束有一反离子扩散层，即双电层外围的扩散层部分，由未与极性头离子结合的其余反离子组成，非离子胶束没有双电层结构。

在非水介质中，胶束有相似的结构，但内核由极性头构成，外壳则由憎水基与溶剂分子构成。

在表面活性剂的溶液中，胶束与分子或离子处于平衡状态，它起着表面活性剂分子仓库的作用，在其被消耗时能释放出单个分子或离子。另外，胶束自身能够产生乳化、分散及增溶等作用，因此表面活性剂通常在一定的浓度，即临界胶束浓度时使用。

3.2.2　临界胶束浓度

临界胶束浓度是衡量表面活性剂的表面活性和其应用中的一个重要物理量。如前所述，表面活性剂溶液的表面张力随着活性剂浓度的增加而降低，当浓度增加到一定值后，即使浓度再增加，其表面张力变化不大，此时表面活性剂从离子或分子分散状态缔合成稳定的胶束，从而引起溶液的高频电导、渗透压、电导率等各种性能发生明显的突变。例如，图 3-10 是表面活性剂的物理化学性质与浓度的关系曲线，这些性质均在阴影所示的狭窄的浓度范围内存在转折点。这个开始形成胶束的最低浓度称为临界胶束浓度（critical micelle concentration，*cmc*）。

临界胶束浓度越小，表明此种表面活性剂形成胶束和达到表面（界面）吸附饱和所需的浓度越低，从而改变表面（界面）性质，产生润湿、乳化、起泡和增溶等作用所需的浓度也越低。可见，临界胶束浓度是表面活性剂溶液性质发生显著变化的"分水岭"。

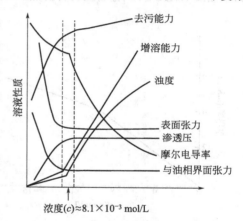

图 3-10　表面活性剂溶液的物理化学性质与浓度的关系曲线

3.2.2.1　临界胶束浓度的测定方法

临界胶束浓度附近，表面活性剂溶液的表面张力、渗透压、电导率、折射率和黏度等很多性质均发生明显的变化。根据这一特点，找到表面张力、电导率等性质随表面活性剂浓度的变化规律，其值发生突变时的浓度即为该种表面活性剂的临界胶束浓度。原则上讲，这些性质的突变皆可利用来测定临界胶束浓度，但不同性质随浓度的变化有不同的灵敏度和不同的环境条件。因而，利用不同性质和方法测定出的临界胶束浓度存在一定的差异。目前测定临界胶束浓度的方法主要有表面张力法、电导法、增溶作用法、染料法和光散射法等。

（1）表面张力法

表面活性剂水溶液的表面张力开始时随溶液浓度的增加急剧下降，到达一定浓度（即 *cmc*）后则变化缓慢或不再变化，以表面张力 γ 对浓度的对数 $\lg c$ 作图得到 γ-$\lg c$ 曲线，如图 3-11 所示，曲线的转折点所对应的表面活性剂的浓度即为临界胶束浓度。这种方法简单方便，对不同活性表面活性剂的临界胶束浓度的测定具有相似的灵敏度，不受无机盐存在的干扰。但微量极性有机杂质的存在会使 γ-$\lg c$ 曲线出现最低点，不易确定转折点和临界胶束浓度，因此需要对表面活性剂提纯后才能进行测定。

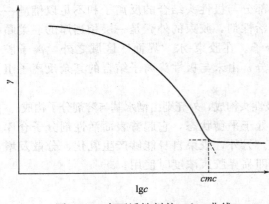

图 3-11 表面活性剂的 $\gamma\text{-}\lg c$ 曲线

(2) 电导法

适用于测定离子型表面活性剂临界胶束浓度的方法。测定表面活性剂溶液不同浓度时的电阻，计算出的电导率或摩尔电导率，作电导率或摩尔电导率对浓度的关系曲线，其转折点的浓度即为表面活性剂的临界胶束浓度。例如图 3-12 是十二烷基硫酸钠水溶液的电导率与浓度的关系曲线，由该图确定其临界胶束浓度为 9mmol/L。通常由电导率曲线能够直接得到临界胶束浓度，当转折点不明确时，可以使用摩尔电导率与浓度平方根的关系曲线，例如十二烷基硫酸钠水溶液的摩尔电导率与浓度平方根关系曲线（图 3-13）有明显的转折点，可以清楚地确定其临界胶束浓度为 1.4mmol/L。

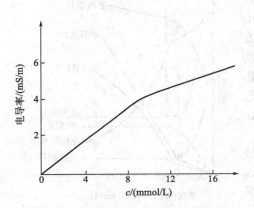

图 3-12 十二烷基硫酸钠水溶液的电导率与浓度关系曲线（30℃）

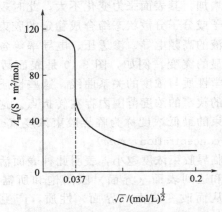

图 3-13 十二烷基硫酸钠水溶液的摩尔电导率与浓度平方根的关系曲线（30℃）

电导率法测定离子型表面活性剂临界胶束浓度方便、有效，准确度高，但由于电导受溶液中盐类的影响，因此盐的浓度越大，测定的准确度越低。

(3) 增溶作用法

利用烃类或某些染料等不溶或低溶解度的物质在表面活性溶液中溶解度的变化测定临界胶束浓度的方法。当表面活性剂的浓度超过临界胶束浓度并形成胶束时，烃类或不溶性染料的溶解度急剧增加。根据溶液浊度的变化即可比较容易地测定出临界胶束浓度。

(4) 染料法

这种方法是利用某些染料的颜色或荧光在水中和在胶团中具有明显的差别。例如氯化频哪氰醇在低浓度月桂酸钠水溶液中为红色，当月桂酸钠的浓度增加到临界胶束浓度以上时，染料在胶束中呈现蓝色。再如，曙红荧光染料在阳离子表面活性剂的胶束中显示强烈的荧光，而活性剂浓度较低时则没有荧光。

测定时先配制一浓度确定且高于临界胶束浓度的表面活性剂溶液，向其中加入很少量的染料，此时染料即被增溶于胶束中而呈现某种颜色。然后采用滴定的方法以水稀释此溶液，直至颜色发生显著的变化，此时溶液中表面活性剂的浓度即为其临界胶束浓度。

染料法的关键是根据表面活性剂的性质选择颜色或荧光变化明显的染料。以提高测定的精确性，一般要求染料离子与表面活性剂离子的电荷相反。

（5）光散射法

通常表面活性剂在溶液中缔合成胶束时，溶液的散射光强度增加，由此可从溶液光散射-浓度图中的突变点求出临界胶束浓度。

表面活性剂临界胶束浓度的测定方法很多，上述五种比较简单准确，特别是表面张力法和电导法最为常用。此外，常见表面活性剂的临界胶束浓度可以从有关手册中查到，表 3-3 列举了其中的一些，可见大部分表面活性剂的临界胶束浓度在 mol/L 的范围内。

表 3-3　部分表面活性剂的临界胶束浓度

表面活性剂	温度/℃	$cmc/(\text{mol/L})$	表面活性剂	温度/℃	$cmc/(\text{mol/L})$
$C_8H_{17}SO_4Na$	40	1.4×10^{-1}	$C_{18}H_{37}N(C_2H_5)_3Cl$	25	2.4×10^{-4}
$C_{10}H_{21}SO_4Na$	40	3.3×10^{-2}	$C_8H_{17}N^+(CH_3)_2COO^-$	27	2.5×10^{-1}
$C_{12}H_{25}SO_4Na$	40	8.7×10^{-3}	$C_8H_{17}CH(COO^-)N^+(CH_3)_3$	27	9.7×10^{-2}
$C_{14}H_{29}SO_4Na$	40	2.4×10^{-3}	$C_{10}H_{21}CH(COO^-)N^+(CH_3)_3$	27	1.3×10^{-2}
$C_{16}H_{33}SO_4Na$	40	5.8×10^{-4}	$C_{12}H_{25}CH(COO^-)N^+(CH_3)_3$	27	1.3×10^{-3}
$C_8H_{17}SO_3Na$	40	1.6×10^{-1}	$C_6H_{13}(OC_2H_4)_6OH$	40	5.2×10^{-2}
$C_{10}H_{21}SO_3Na$	40	4.1×10^{-2}	$C_6H_{13}(OC_2H_4)_6OH$	20	7.4×10^{-2}
$C_{12}H_{25}SO_3Na$	40	9.7×10^{-3}	$C_8H_{17}(OC_2H_4)_6OH$	25	9.9×10^{-3}
$C_{14}H_{29}SO_3Na$	40	2.5×10^{-3}	$C_{10}H_{21}(OC_2H_4)_6OH$	25	9×10^{-4}
$C_{16}H_{33}SO_3Na$	40	7×10^{-4}	$C_{12}H_{25}(OC_2H_4)_6OH$	25	8.7×10^{-5}
$p\text{-}n\text{-}C_6H_{13}C_6H_4SO_3Na$	75	3.7×10^{-2}	$C_{12}H_{25}(OC_2H_4)_{14}OH$	25	5.5×10^{-5}
$p\text{-}n\text{-}C_8H_{17}C_6H_4SO_3Na$	35	1.5×10^{-2}	$C_{12}H_{25}(OC_2H_4)_{23}OH$	25	6.0×10^{-5}
$p\text{-}n\text{-}C_{10}H_{21}C_6H_4SO_3Na$	50	3.1×10^{-3}	$C_{12}H_{25}(OC_2H_4)_{31}OH$	25	8.0×10^{-5}
$p\text{-}n\text{-}C_{12}H_{25}C_6H_4SO_3Na$	60	1.2×10^{-3}	$C_{16}H_{33}(OC_2H_4)_{15}OH$	25	3.1×10^{-6}
$p\text{-}n\text{-}C_{14}H_{29}C_6H_4SO_3Na$	75	6.6×10^{-4}	$C_{16}H_{33}(OC_2H_4)_{21}OH$	25	3.9×10^{-6}
$C_{12}H_{25}NH\cdot HCl$	30	1.4×10^{-2}	$p\text{-}t\text{-}C_8H_{17}C_6H_4(OC_2H_4)_2OH$	25	1.3×10^{-4}
$C_{14}H_{29}NH\cdot HCl$	55	8.5×10^{-4}	$p\text{-}t\text{-}C_8H_{17}C_6H_4(OC_2H_4)_4OH$	25	1.3×10^{-4}
$C_{18}H_{37}NH\cdot HCl$	60	5.5×10^{-4}	$p\text{-}t\text{-}C_8H_{17}C_6H_4(OC_2H_4)_6OH$	25	2.1×10^{-4}
$C_8H_{17}N(CH_3)_3Br$	25	2.6×10^{-1}	$p\text{-}t\text{-}C_8H_{17}C_6H_4(OC_2H_4)_8OH$	25	2.8×10^{-4}
$C_{10}H_{21}N(CH_3)_3Br$	25	6.8×10^{-2}	$p\text{-}t\text{-}C_8H_{17}C_6H_4(OC_2H_4)_{10}OH$	25	3.3×10^{-4}
$C_{12}H_{25}N(CH_3)_3Br$	25	1.6×10^{-2}	$C_9H_{19}C_6H_4(OC_2H_4)_{9.5}OH$	25	$(7.8\sim9.2)\times10^{-5}$
$C_{14}H_{29}N(CH_3)_3Br$	30	2.1×10^{-3}	$C_9H_{19}C_6H_4(OC_2H_4)_{15}OH$	25	$(1.1\sim1.3)\times10^{-4}$
$C_{16}H_{33}N(CH_3)_3Br$	25	9.2×10^{-4}	$C_9H_{19}C_6H_4(OC_2H_4)_{20}OH$	25	$(1.4\sim1.8)\times10^{-4}$
$C_{12}H_{25}N(C_2H_5)_3Cl$	25	1.5×10^{-2}	$C_9H_{19}C_6H_4(OC_2H_4)_{30}OH$	25	$(2.5\sim3.0)\times10^{-4}$
$C_{16}H_{33}N(C_2H_5)_3Cl$	25	9.0×10^{-4}	$C_9H_{19}C_6H_4(OC_2H_4)_{100}OH$	25	1.0×10^{-3}

3.2.2.2　影响临界胶束浓度的因素

由于临界胶束浓度是表面活性剂表面活性的一种量度，人们针对其影响因素进行了大量的研究工作。影响表面活性剂临界胶束浓度的内在因素主要是其分子结构，包括疏水基团碳氢链的长度、碳氢链的分支、极性基团的位置、碳氢链上的取代基、疏水链的性质以及亲水基团的种类等。此外，临界胶束浓度的大小还与温度、外加无机盐和有机添加剂等外界因素有关。

（1）碳氢链的长度

离子型表面活性剂碳氢链的碳原子数通常在 8～16 的范围内，其水溶液的临界胶束浓度随碳原子数的增加而降低。一般在同系物中，每增加一个碳原子，临界胶束浓度即下降约一半。例如，表 3-3 中列举了不同碳原子数的烷基硫酸钠和烷基磺酸钠两类重要阴离子表面活性剂的临界胶束浓度，可以看出基本符合上述规律。

对于非离子表面活性剂，增加疏水基中碳原子的个数，临界胶束浓度降低得更为明显，即每增加两个碳原子，临界胶束浓度下降至原来的 1/10。这一点也可以由表 3-3 中脂肪醇聚氧乙烯醚的临界胶束浓度得以证实。

可见，表面活性剂疏水基中碳原子数增加，碳链加长，其临界胶束浓度降低，这种规律可由下述经验公式表示：

$$\lg(cmc) = A - Bm \tag{3-13}$$

式中，m 为碳氢链的碳原子数；A 和 B 为经验常数，可由手册或书中查到。

（2）碳氢链的分支

通常情况下，疏水基团碳氢链带有分支的表面活性剂，比相同碳原子（CH_2 基团）数的直链化合物的临界胶束浓度大得多。例如，二辛基二甲基氯化铵 $[(C_8H_{17})_2N(CH_3)_2Cl]$ 和十六烷基三甲基氯化铵 $[C_{16}H_{33}N(CH_3)_3Cl]$ 的临界胶束浓度分别为 2.7×10^{-2} mol/L 和 1.4×10^{-3} mol/L。表 3-4 是部分二烷基琥珀酸酯磺酸钠的临界胶束浓度，其中二正丁基琥珀酸酯磺酸钠为 2.0×10^{-1} mol/L，而含有相同 CH_2 基团数（10 个）的癸烷基磺酸钠的临界胶束浓度要小得多，只有 4.1×10^{-2} mol/L（表 3-3）。此外，二正辛基琥珀酸酯磺酸钠的临界胶束浓度（6.8×10^{-4} mol/L）小于烷基带有支链的二(2-乙基己基)琥珀酸酯磺酸钠（2.5×10^{-3} mol/L）。

表 3-4　部分二烷基琥珀酸酯磺酸钠的临界胶束浓度

表面活性剂	cmc/(mol/L)	表面活性剂	cmc/(mol/L)
n-C$_4$H$_9$OCOCH$_2$ n-C$_4$H$_9$OCOCHSO$_3$Na	2.0×10^{-1}	n-C$_8$H$_{17}$OCOCH$_2$ n-C$_8$H$_{17}$OCOCHSO$_3$Na	6.8×10^{-4}
n-C$_5$H$_{11}$OCOCH$_2$ n-C$_5$H$_{11}$OCOCHSO$_3$Na	5.3×10^{-2}	CH$_3$(CH$_2$)$_3$CH(C$_2$H$_5$)CH$_2$OCOCH$_2$ CH$_3$(CH$_2$)$_3$CH(C$_2$H$_5$)CH$_2$OCOCHSO$_3$Na	2.5×10^{-3}

（3）极性基团的位置

从表 3-5 可以看出，极性基团越靠近碳氢链的中间位置，临界胶束浓度越大。

表 3-5　硫酸基位置不同的烷基硫酸钠的临界胶束浓度（40℃）

碳氢链碳原子个数	硫酸基在碳氢链上的位置	cmc/(mol/L)	碳氢链碳原子个数	硫酸基在碳氢链上的位置	cmc/(mol/L)
8	1	1.4×10^{-1}		1	5.8×10^{-4}
	2	1.8×10^{-1}	16	4	1.7×10^{-3}
14	1	2.4×10^{-3}		6	2.4×10^{-3}
	2	3.3×10^{-3}		8	4.3×10^{-3}
	3	4.3×10^{-3}		1	1.7×10^{-4}
	4	5.2×10^{-3}		2	2.6×10^{-4}
	5	6.8×10^{-3}	18	4	4.5×10^{-4}
	7	9.7×10^{-3}		6	7.2×10^{-4}

（4）碳氢链中其他取代基的影响

在疏水基团中除饱和碳氢链外含有其他基团时，表面活性剂的疏水性发生变化，从而影响其临界胶束浓度。例如，油酸钾与硬脂酸钾相比，碳氢链中带有一个不饱和双键，其临界胶束浓度为 1.2×10^{-3} mol/L，而后者为 4.5×10^{-4} mol/L。此外，在表面活性剂碳氢链中引入极性基团，也会使临界胶束浓度增大。如 9,10-二羟基硬脂酸钾的临界胶束浓度为 8×10^{-3} mol/L，比硬脂酸钾高出很多。因此，随碳氢链中极性基团数量的增加，亲水性提高，表面活性剂的临界胶束浓度增大。

（5）疏水链的性质

前面曾经介绍过表面活性剂疏水基团的种类、疏水基团结构不同，表面活性剂的表面活性不同，临界胶束浓度亦不相同。例如以长链氟代烷基为疏水基团的表面活性剂，特别是全氟代化合物，具有很高的表面活性，与相同碳原子数的普通表面活性剂相比，临界胶束浓度低得多，其水溶液所能达到的表面张力也低得多。

例如，辛基磺酸钠（$C_8H_{17}SO_3Na$）的临界胶束浓度为 1.6×10^{-1} mol/L。而全氟代辛基磺酸钠（$C_8F_{17}SO_3Na$）则只有 8.5×10^{-3} mol/L，这是由于后者疏水性很强，胶束容易生成而引起的。

（6）亲水基团的种类

在水溶液中，离子型表面活性剂的临界胶束浓度远比非离子型的大。当疏水基相同时，离子型表面活性剂的临界胶束浓度约为聚氧乙烯型非离子表面活性剂的 100 倍，两性型表面活性剂的临界胶束浓度则与相同碳数疏水基的离子型表面活性剂相近。

离子型表面活性剂亲水基团的种类对其临界胶束浓度影响不大。在疏水基相同时，聚氧乙烯型非离子表面活性剂的临界胶束浓度随氧乙烯单元数目的增加而有所提高（表 3-3）。

（7）温度对胶束形成的影响

温度高低会影响表面活性剂的溶解度，从而与胶束的形成有密不可分的关系。对于离子型表面活性剂，在温度较低时，表面活性剂的溶解度一般都较小，当达到某一温度时，表面活性剂的溶解度突然增大，这一温度称为 Krafft 点（详见 3.3.5）。溶解度的突然增加，是因为胶束的形成造成的，因此可以认为表面活性剂在 Krafft 点时的溶解度与其临界胶束浓度相当。温度高于 Krafft 点时，因胶束的大量形成而使增溶作用显著；低于 Krafft 点时，则没有增溶作用。

非离子表面活性剂则不同，它存在浊点，即一定浓度的表面活性剂溶液在加热过程中，表面活性剂突然析出使溶液浑浊的温度点。所以，非离子表面活性剂通常在其浊点以下使用（详见 3.3.5）。

除上述各种影响因素外，无机强电解质和有机物质的添加对表面活性剂的临界胶束浓度也有不同程度的影响。例如无机盐的添加会使离子型表面活性剂的临界胶束浓度降低，而对非离子型表面活性剂则影响不大。

3.2.3　胶束的形状和大小

胶束的形状从表观上是看不到的，通过光散射法对胶束进行研究，发现胶束主要有图 3-14 所示的几种形状。

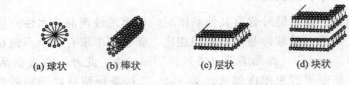

(a) 球状　　(b) 棒状　　(c) 层状　　(d) 块状

图 3-14　胶束的形状

应当说明的是并非某一种表面活性剂的胶束以某种特定的形状出现，事实上在一个表面活性剂溶液体系中往往是几种形状的胶束共存，并且胶束的主要形态与表面活性剂的浓度有很大关系。科学家多年的研究表明，当表面活性剂的浓度不很大时，胶团大多呈球状。当浓度在 10 倍于临界胶束浓度或更大时，会形成棒状胶束，其表面由亲水基构成，内核由疏水基构成，这种形式使碳氢链与水接触的面积更小。随着表面活性剂浓度的继续增加，棒状胶束聚集成束，甚至形成巨大的层状和块状胶束。

胶束的形状受无机盐和有机添加剂的影响，并与胶束的大小有着密切的关系。胶束的大小一般由胶束聚集数来度量。所谓胶束聚集数是指缔合成胶束的表面活性剂分子或离子的数量，可以通过光散射法、扩散法、X 射线衍射法、核磁共振法、渗透压法和超离心法等测得。其中最常用的是光散射法，这种方法测出的胶束的"分子量"即胶束量，再通过计算求得胶束的聚集数。

$$胶束聚集数 = \frac{胶束量}{表面活性剂的分子量} \tag{3-14}$$

通常亲油基碳原子数增加，表面活性剂在水介质中的聚集数增大。非离子表面活性剂亲水基团的极性较小，增加碳氢链长度引起的胶束聚集数的增加更为明显；亲油基相同时，聚氧乙烯基团数越大，胶束聚集数越小。总的来讲，无论是离子型或非离子型表面活性剂，在水介质中，表面活性剂与溶剂水之间的不相似性（即疏水性）越大，则聚集数越大。表 3-6 列举了部分表面活性剂的胶束聚集数。

表 3-6　部分表面活性剂的胶束聚集数（水介质，光散射法）

表面活性剂	温度/℃	胶束聚集数	表面活性剂	温度/℃	胶束聚集数
$C_8H_{17}SO_4Na$	室温	20	$C_8H_{17}(OC_2H_4)_6OH$	30	41
$C_{10}H_{21}SO_4Na$	室温	50	$C_8H_{17}(OC_2H_4)_6OH$	40	51
$C_{10}H_{21}SO_4Na$	23	50	$C_{10}H_{21}(OC_2H_4)_6OH$	35	260
$C_{12}H_{25}SO_4Na$	23	71	$C_{12}H_{25}(OC_2H_4)_6OH$	35	1400
$C_8H_{17}SO_3Na$	23	40	$C_{14}H_{29}(OC_2H_4)_6OH$	35	7500
$C_{10}H_{21}SO_3Na$	30	54	$C_{16}H_{33}(OC_2H_4)_6OH$	34	16600
$C_{12}H_{25}SO_3Na$	40	54	$C_{16}H_{33}(OC_2H_4)_6OH$	25	2430
$C_{14}H_{29}SO_3Na$	60	80	$C_{16}H_{33}(OC_2H_4)_7OH$	25	594
$C_{10}H_{21}N(CH_3)_3Br$	—	36.4	$C_{16}H_{33}(OC_2H_4)_9OH$	25	219
$C_{12}H_{25}N(CH_3)_3Br$	—	50	$C_{16}H_{33}(OC_2H_4)_{12}OH$	25	152
$C_{14}H_{29}N(CH_3)_3Br$	—	75	$C_{16}H_{33}(OC_2H_4)_{21}OH$	25	70

3.2.4　胶束作用

当表面活性剂在溶液中的浓度达到临界胶束浓度以后，便会在溶液内部由分子或离子分散状态聚集成胶束，改变了物系的界面状态，并产生乳化、起泡、分散、增溶及催化等作用。

① 乳化作用　所谓乳化是指将一种液体的细小颗粒分散于另一种不相溶的液体中，所得到的分散体系称为乳液。乳化剂是为增加乳液稳定性而添加的表面活性剂，在乳液中可以起到降低表面张力，使乳液容易生成并稳定的作用。乳化剂既可在被分散小颗粒上形成吸附层，使之不易因相互碰撞合并变大而发生破乳，还可使分散粒子的静电性质发生变化，有利于双电层的形成，依靠静电斥力的作用使乳液保持稳定。

② 起泡作用　泡沫实际是气体分散于液体中的分散体系，泡沫的形成涉及起泡和稳泡两个因素。起泡是指泡沫形成的难易，稳泡则是指生成泡沫的持久性。低的表面张力和高强度表面膜的形成是形成泡沫的基本条件。表面活性剂既可作为起泡剂，又可作为稳泡剂。例如肥皂、洗衣粉中的主要成分烷基苯磺酸钠、烷基硫酸钠是良好的起泡剂，月桂酰二乙醇胺则是良好的稳泡剂。

③ 分散作用　固体粒子在溶液中的分散也同样存在分散和分散稳定性问题。分散过程中，固体粒子体积变小，表面积增大，体系的自由能增大，处于不稳定状态。表面活性剂的加入，可在固液界面上形成吸附层，降低界面自由能，改变固体粒子的表面性质，使之容易分散。同时表面活性剂有利于粒子周围双电层的形成，通过静电斥力阻碍粒子聚集。

④ 增溶作用　指水溶液中表面活性剂的存在能使不溶或微溶于水的有机化合物的溶解度显著增加的现象，这种作用只有在表面活性剂的浓度超过临界胶束浓度后才显现出来。

⑤ 催化作用　表面活性剂胶束的直径通常为 3～5nm，其大小、结构和性质与含酶球状蛋白相似，因此具有与酶类似的催化作用，合理地选择表面活性剂可以使化学反应速率显著提高。多数实验结果表明，阳离子表面活性剂胶束能够增加亲核阴离子与未带电基质的反应速率，阴离子胶束则会使此类反应速率降低，而非离子和两性离子胶束对该反应速率的作用效果很小或没有作用。

表面活性剂结构不同，应用性能和应用领域不同，因此掌握其结构与性能的关系，对于深入理解和有效地应用表面活性剂具有十分重要的意义。

3.3　表面活性剂结构与性能的关系

表面活性剂分子的结构由亲水基团和亲油基团两部分组成，除此之外，分子的亲水性、分子的形态以及分子量都直接影响表面活性剂的性质，从而决定其应用领域和应用性能。

3.3.1　表面活性剂的亲水性

表面活性剂活性的强弱和临界胶束浓度的大小，与其亲水性密切相关。而表面活性剂的亲水性是由亲水、亲油基团相互作用共同决定的性质，为此 Griffin 提出了用亲水-亲油平衡值（hydrophile-lipophile balance，HLB）来表示表面活性剂的亲水性，它是亲水基和疏水基之间在大小和力量上平衡程度的量度。

3.3.1.1　HLB 值的确定

当亲水基相同时,亲油基的链越长,即碳氢链的碳原子数越多,表面活性剂的亲油性越大,因此亲油基的亲油(疏水)性可以用亲油基的质量表示。由于亲水基团种类较多,亲水性能差别较大,很难简单地用基团的质量来概括表面活性剂的亲水性。

但聚氧乙烯型非离子表面活性剂的亲水基为不同长度的聚氧乙烯链,亲油基相同时,分子量越大,聚氧乙烯链越长,亲水性也越强。因此这类表面活性剂的亲水性大小可以用分子量来表示,其亲水-亲油平衡值即 HLB 值可由下式计算:

$$\text{HLB} = \frac{\text{亲水基团质量}}{\text{表面活性剂的质量}} \times \frac{100}{5}$$
$$= \frac{\text{亲水基的质量}}{\text{亲水基的质量} + \text{亲油基的质量}} \times \frac{100}{5} \tag{3-15}$$

该计算公式可以进一步简化为:

$$\text{HLB} = E/5 \tag{3-16}$$

式中,E 代表合成表面活性剂时加入的环氧乙烷的质量分数。根据式(3-16)看出以下三点。

① 聚氧乙烯型非离子型表面活性剂的 HLB 值通常介于 0~20 之间。

② 只有亲水基,没有亲油基的化合物分子 HLB=20,如不同分子量的聚乙二醇。

③ 只有亲油部分,没有聚氧乙烯亲水基的石蜡烃等化合物,HLB=0。

由此可以进一步深入理解 HLB 值的实际含义,HLB 值代表亲水基和亲油基的平衡值。用来衡量亲水与亲油能力的强弱,实际上主要表征了表面活性剂的亲水性,HLB 值越高,亲水性越强;HLB 值越低,亲水性越弱。

大部分多元醇脂肪酸酯型非离子表面活性剂的 HLB 值可以采用下面的公式计算:

$$\text{HLB} = 20(1 - S/A) \tag{3-17}$$

式中,S 为多元醇酯表面活性剂的皂化值,是指 1g 酯完全皂化时所需氢氧化钾的质量,mg;A 为脂肪酸原料的酸值,是中和 1g 有机酸所需氢氧化钾的质量,mg。测定酸值和皂化值时采用氢氧化钾标准溶液滴定样品。

对于皂化值不易测得的非离子表面活性剂可以用式(3-18)计算:

$$\text{HLB} = (E + P)/5 \tag{3-18}$$

式中,P 为多元醇的质量分数。

对于离子型表面活性剂,随亲水基团种类的不同,亲水性差别较大,且单位质量亲水基的亲水性亦不相同,不成正比例,所以很难由统一的公式进行计算。总体上讲,HLB 值主要描述表面活性剂亲水性的强弱,而亲水性的大小可以用亲水基的亲水性与疏水基的亲油性的差值表示,即:

$$\text{表面活性剂的亲水性} = \sum \text{亲水基亲水性} - \sum \text{疏水基亲油性}$$

经过反复研究,Davies 将 HLB 值作为亲水基和亲油基各原子团的 HLB 值的代数和表示。他采用分割计算法,将表面活性剂结构分解为一些基团,每一个基团对 HLB 值均有确定的贡献,通过实验可以得到各种基团的 HLB 值,将其称为 HLB 基团数,并用式(3-19)计算表面活性剂的 HLB 值:

$$\text{HLB} = \sum \text{亲水基基团数} - \sum \text{亲油基基团数} + 7 \tag{3-19}$$

各原子团的 HLB 基团数可以从手册或书中查到,将查到的数值代入上式即可求得表面活性的 HLB 值。表 3-7 列举了部分基团的 HLB 基团数。

表 3-7　部分基团的 HLB 基团数

亲水基团	基团数	亲油基团	基团数
—SO$_4$Na	38.7	$-CH-$	0.475
—COOK	21.1	—CH$_2$—	0.475
—COONa	19.1	—CH$_3$	0.475
—SO$_3$Na	11	=CH—	0.475
$-N\big<$	9.4	$-CH_2CHO-$ (CH$_3$)	0.15
—COOH	2.1	—CF$_2$—	0.870
—OH	1.9	—CF$_3$	0.870
—O—	1.3		
—CH$_2$CH$_2$O—	0.33		

从表 3-7 中数据可以看出，$-CH$、—CH$_2$—、—CH$_3$ 和=CH—的 HLB 基团数均为 0.475，由于一般表面活性剂的亲油基为碳氢链，所以亲油基基团数可用 0.475 与亲油基碳原子数的乘积表示，则亲水基相同的表面活性剂同系物的 HLB 值计算方法为：

$$HLB = a - 0.475m \tag{3-20}$$

式中，m 为亲油基的碳原子数；a 为常数。在已知某种表面活性剂的 HLB 值时，利用式(3-20) 可以计算出不同碳链长度的同类表面活性剂的 HLB 值。

通过公式计算 HLB 值的方法比较简单，而实验测量则时间长且操作复杂。常用表面活性剂品种的 HLB 值可以在手册和有关书籍上查到，表 3-8 给出了部分重要品种的 HLB 值。

表 3-8　部分表面活性剂品种的 HLB 值

表面活性剂	商品名称	表面活性剂类型	HLB 值
烷基芳基磺酸盐	AtlasG-3300	阴离子	11.7
油酸钠		阴离子	18
油酸钾		阴离子	20
十二烷基硫酸钠	（纯化合物）	阴离子	40
N-十六烷基-N-乙基吗啉基乙基硫酸盐	AtlasG-263	阳离子	25～30
失水山梨醇三油酸酯	Span85	非离子	1.8
失水山梨醇三硬脂酸酯	Span65	非离子	2.1
失水山梨醇单油酸酯	Span80	非离子	4.3
失水山梨醇单硬脂酸酯	Span60	非离子	4.7
失水山梨醇单棕榈酸酯	Span40	非离子	6.7
失水山梨醇单月桂酸酯	Span20	非离子	8.6
聚氧乙烯失水山梨醇三硬脂酸酯	Tween65	非离子	10.5
聚氧乙烯失水山梨醇三油酸酯	Tween85	非离子	11

表面活性剂	商品名称	表面活性剂类型	HLB 值
聚氧乙烯失水山梨醇单硬脂酸酯	Tween60	非离子	14.9
聚氧乙烯失水山梨醇单油酸酯	Tween80	非离子	15
聚氧乙烯失水山梨醇单棕榈酸酯	Tween40	非离子	15.6
聚氧乙烯失水山梨醇单月桂酸酯	Tween20	非离子	16.7
聚醚 L31	PluroniL31	非离子	3.5
聚醚 F68	PluronicF68	非离子	29

为了获得良好的应用效果，常常需要根据特定的要求将两种或更多种表面活性剂混合复配使用。根据表面活性剂 HLB 值具有加和性的性质，可以预测混合表面活性剂的值，具体计算方法为：

$$\text{HLB}_{混} = \sum(\text{HLB}_i \times q_i) \tag{3-21}$$

式中，HLB_i 为混合体系中某种表面活性剂的 HLB 值；q_i 为该种表面活性剂在混合体系中的质量分数。例如，63%Span20 和 37%Tween20 混合得到的表面活性剂的 HLB 值应当为：

$$\text{HLB} = 8.6 \times 0.63 + 16.7 \times 0.37 = 11.6$$

3.3.1.2 HLB 值与表面活性剂应用性能的关系

引入和确定 HLB 值的根本目的是在表面活性剂的结构与应用之间建立一定的对应关系。从 HLB 值的计算方法可以看出，它与表面活性剂的化学结构有着紧密的关系，从一个方面体现了表面活性剂的性质。经过大量的研究和应用实验，发现 HLB 值与表面活性剂的用途有表 3-9 所示的对应关系。

表 3-9 HLB 值与表面活性剂用途的关系

HLB 值范围	表面活性剂的用途	HLB 值范围	表面活性剂的用途
1~3	消泡作用	12~15	润湿作用
3~6	乳化作用(W/O)	13~15	去污作用
7~15	渗透作用	15~18	增溶作用
8~18	乳化作用(O/W)		

根据上述对应关系，已知某种表面活性剂的 HLB 值，即可粗略地估计出该种表面活性剂的性质和主要应用领域。例如，1mol 月桂醇与 10mol 环氧乙烷（EO）通过加成反应可以制得非离子表面活性剂月桂醇聚氧乙烯醚，要确定该品种的主要用途，首先应当计算其 HLB 值。月桂醇的分子量为 186，环氧乙烷的分子量为 44，则根据式(3-15)，月桂醇聚氧乙烯醚的 HLB 值应当为：

$$\text{HLB} = \frac{44 \times 10}{186 + 44 \times 10} \times \frac{100}{5} = 14.1$$

根据表 3-9 可知，该种表面活性剂具有乳化、去污、润湿和渗透等作用。

可见，HLB 值是确定表面活性剂应用的重要依据，但仅靠这一方法来表征表面活性剂的性质是不够的，它不是衡量表面活性剂性质的唯一标准。因为 HLB 值相同的表面活性剂可以是不同离子类型、不同分子量的品种，甚至同一分子式的表面活性剂还会因是否带有支链、亲水基的位置等分子形态的不同，而使其性质有所差异。因此单独考虑 HLB 值，对于有效地使用表面活性剂是不充分的。正确的方法是在其基础上，综合考虑亲油基团、亲水基团、分子形态和分子量等其他因素。

3.3.2　亲油基团的影响

如前所述，表面活性剂的两个重要性质是降低表面张力和胶束的生成均是由于亲油基的疏水作用产生的，因此亲油基团对其分子的性质有着重要的影响，是在表面活性剂应用时需要考虑的仅次于 HLB 值的重要因素。

根据实际应用情况，可以把亲油基分为以下几种类型。

① 氟代烃基　含氟表面活性剂的亲油基为氟代烷基，其中全氟烷基疏水性最好，表面活性也最高。

② 硅氧烃基　是有机硅表面活性剂的亲油基。

③ 脂肪族烃基　包括脂肪族烷基和脂肪族烯基，如十二烷基、十六烷基、十八烯基（油基）等。

④ 芳香族烃基　如苯基、萘基、苯酚基等。

⑤ 脂肪基芳香烃基　如十二烷基苯基、二丁基萘基、辛基苯酚基等。

⑥ 环烷烃基　主要指环烷酸皂类中的环烷烃基。

⑦ 含弱亲水基的亲油基　如蓖麻油酸分子中除含有羧基外，还含有一个羟基，再如聚氧丙烯基团中带有一个醚键。

上述七类亲油基的疏水性大小的顺序为：

氟代烃基＞硅氧烃基＞脂肪族烷基≥环烷烃基＞脂肪族烯基＞脂肪基芳香烃基＞芳香族烃基＞含弱亲水基的亲油基

亲油基种类不同，表面活性剂的疏水性不同。此外在应用时还应考虑其他因素。例如，选择乳化剂时应使疏水基与油相分子的结构相近，二者的相容性和亲和性越强，乳液的稳定性越高。对于染料和颜料的分散，应以带芳香族烃基较多的或带弱亲水基的表面活性剂为宜，这主要是考虑结构上的近似，因为染料、颜料分子中有较多的芳环和极性取代基。

3.3.3　分子形态的影响

表面活性剂的分子形态通常有两方面的含义，即亲水基团的相对位置和亲油基团的分支情况。

(1) 亲水基的相对位置对表面活性剂性能的影响

表面活性剂分子中，亲水基所在位置对表面活性剂的性能具有不可忽视的影响，它对临界胶束浓度的影响已在前面介绍过（见 3.2.2.2）。研究结果表明，一般情况下，亲水基位于分子中间时，表面活性剂的润湿性能比位于分子末端的强；而亲水基在末端的，则去污力较强。例如，琥珀酸二异辛酯磺酸钠是一种效果非常好的润湿、渗透剂，其分子结构为

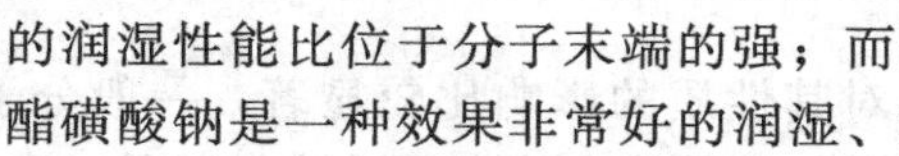

$$C_4H_9CHCH_2OCOCH_2CHCOOCH_2CHC_4H_9$$
$$\qquad C_2H_5 \qquad\qquad SO_3Na \qquad C_2H_5$$

琥珀酸二异辛酯磺酸钠

而分子量与之相近的单酯，即琥珀酸十六烷基酯磺酸钠和油醇硫酸酯钠盐，因亲水基团位于分子的端部，润湿和渗透性能较差，但去污能力优于琥珀酸二异辛酯磺酸钠。

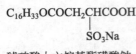

琥珀酸十六烷基酯磺酸钠

$$CH_3(CH_2)_7CH=CH(CH_2)_7CH_2OSO_3Na$$

油醇硫酸酯钠

再如，硫酸基在分子不同位置的十五烷基硫酸钠表面活性剂的润湿时间与浓度变化的关系如图 3-15 所示。可以看出，亲水基（—SO_4Na）位于中间的 15-8 化合物润湿时间最低，润湿能力最好，随着硫酸钠基团向碳氢链端部移动，润湿力逐渐下降。

（2）亲油基团结构中分支的影响

在表面活性剂类型和分子大小相同的情况下，带有分支结构的表面活性剂通常具有较好的润湿和渗透性能，但去污力较小。例如洗衣粉中的主要表面活性剂成分为十二烷基苯磺酸钠，具有相同碳原子数的正十二烷基苯磺酸钠和四聚丙烯基苯磺酸钠的性能却有较大差别，后者因有分支结构，虽然润湿、渗透能力较好，但去污能力较差。

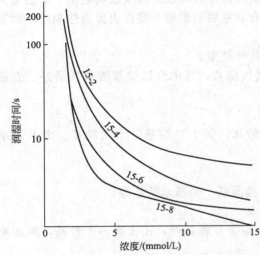

图 3-15 亲水基位于不同位置的十五烷基硫酸钠水溶液的润湿性能（43.3～46.7℃）

$$CH_3(CH_2)_{10}CH_2-\!\!\!\bigcirc\!\!\!-SO_3Na$$

正十二烷基苯磺酸钠

$$CH_3(CHCH_2)_3-HC-\!\!\!\bigcirc\!\!\!-SO_3Na$$
$$\qquad\quad CH_3 \qquad\quad CH_3$$

四聚丙烯基苯磺酸钠

又如琥珀酸二正辛酯磺酸钠和琥珀酸二（2-乙基己基）酯磺酸钠具有相同的分子量、亲水基的种类及数目，以及相同的 HLB 值，但其性质却有明显差别。后者有分支的，润湿和渗透力好，其临界胶束浓度（2.5×10^{-3} mol/L）也高于无分支的琥珀酸二正辛酯磺酸钠（6.8×10^{-4} mol/L），因不易形成胶束，故其去污性能较差。

$$n\text{-}C_8H_{17}OCOCH_2$$
$$n\text{-}C_8H_{17}OCOCHSO_3Na$$

琥珀酸二正辛酯磺酸钠

$$CH_3(CH_2)_3CH(C_2H_5)CH_2OCOCH_2$$
$$CH_3(CH_2)_3CH(C_2H_5)CH_2OCOCHSO_3Na$$

琥珀酸二(2-乙基己基)酯磺酸钠

3.3.4 分子量的影响

表面活性剂分子的大小对其性质的影响比较显著，一般分子量较大的表面活性剂的洗涤、分散、乳化性能较好，而分子量较小的表面活性剂润湿、渗透作用比较好。

例如在烷基硫酸钠阴离子表面活性剂中，洗涤性能有如下规律：

$$C_{16}H_{33}SO_4Na > C_{14}H_{29}SO_4Na > C_{12}H_{25}SO_4Na$$

在润湿性能方面，则是 $C_{12}H_{25}SO_4Na$ 为最好。

3.3.5 表面活性剂的溶解度

表面活性剂的溶解行为与一般有机化合物不同，有两种特殊的现象。

① Krafft 点　对离子型和部分非离子型表面活性剂存在着 Krafft 点，它是指 1% 的表面活性剂溶液在加热时由浑浊忽然变澄清时相应的温度。Krafft 点越低，说明该表面活性剂的低温水溶性越好；Krafft 点越高，其溶解度降低。在 Krafft 点时，表面活性剂单分子溶液和胶束平衡共存，此时活性剂的浓度等于临界胶束浓度。表面活性剂在低于 Krafft 点温度下使用时不可能形成胶束，因而也不可能存在由胶束派生的一系列胶体性质和应用性能。

② 浊点　对于大部分非离子表面活性剂（聚氧乙烯型）存在浊点，所谓浊点是指 1% 的聚氧乙烯醚型非离子表面活性剂溶液加热时由澄清变浑浊时的温度。温度高于浊点时，表面活性剂将发生分相，许多性质和效能均下降。非离子表面活性剂存在浊点的原因是其在水中的氢键被破坏所致。通常情况下聚氧乙烯醚分子以锯齿形存在，当其溶于水时，则转变为蜿曲形，将氧原子排在外侧与水分子形成氢键，从而使自身溶解在水中。

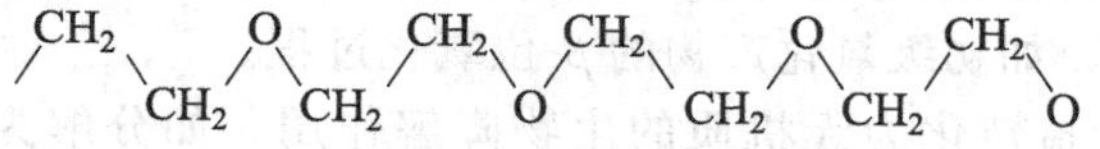

锯齿形结构

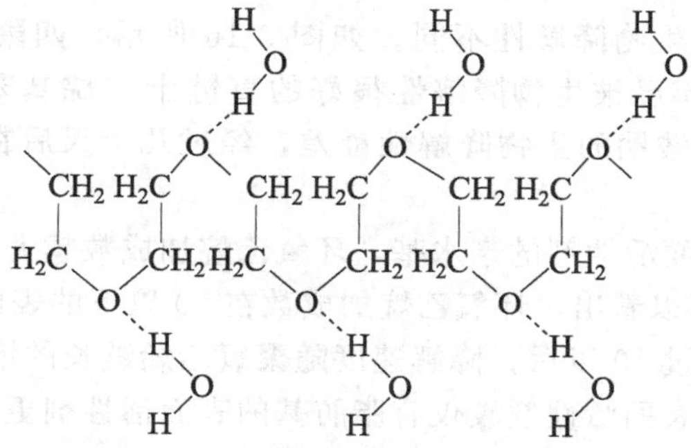

蜿曲形

当温度升高时，分子热运动加剧，氢键被破坏，使表面活性剂从溶液中析出，因此非离子表面活性剂通常在低于浊点温度下使用。表面活性剂的溶解度越高，浊点越高，其使用范围越广。

3.3.6　表面活性剂的安全性和温和性

表面活性剂的安全性和温和性是表面活性剂的自然属性，是人们对其使用性能的一般要求。表面活性剂的安全性主要包含如下三个方面：

① 表面活性剂的毒性，如急性、亚急性或慢性毒性、溶血性；

② 对生育繁殖的影响，如胚胎毒性和致畸性等；

③ 致突变性，主要是致癌性和致过敏性等。

实验表明，不同类型的表面活性剂的毒性大小顺序为非离子和两性型＜阴离子型＜阳离子型。

表面活性剂的温和性主要指对皮肤、眼睛等黏膜组织的刺激性和致敏性。通常情况下，表面活性剂因渗入皮肤、溶出黏膜中有效成分或与蛋白质发生反应等引发刺激和致敏性。与安全性一致，两性型和非离子型表面活性剂的温和性最好，其次是阴离子型，阳离子表面活性剂的温和性最差，刺激性最强，一般只用作外用消毒杀菌剂。

为了提高表面活性剂在洗涤剂和化妆品等日用品中使用的安全性，需要不断开发低刺激性的温和型新品种，也可以在使用前尽量脱除表面活性剂中的杂质或采用与低刺激性的品种复配的方式。

3.3.7　表面活性剂的生物降解性

生物降解性是指含碳有机化合物在微生物作用下转化为可供细胞代谢使用的碳源，分解成二氧化碳和水的现象。根据微生物作用的方式和作用阶段的差异，生物降解主要包含以下几方面。

① 初级生物降解　指改变物质特性所需最低程度的生物降解作用，例如直链烷基苯磺酸钠分子中长链烷基的 ω-位氧化。

② 达到环境能接受程度的生物降解　指含碳有机化合物被分解到对环境无不良影响程度的中级生物降解作用，如初级氧化产物的 β-位氧化过程。

③ 最终生物降解　指转化为无机质的生物降解作用，如分解为二氧化碳和水的过程。通过研究发现，表面活性剂的结构与其生物降解性之间存在一定的关系。

首先，对于疏水基碳氢链，直链比带有支链的易于生物降解。例如，烷基苯磺酸钠苯环上所带的烷基不同，生物降解性不同。如图 3-16 所示，四聚丙烯基苯磺酸钠（曲线 2）不易生物降解，近几年已被生物降解性很好的直链十二烷基苯磺酸钠（曲线 3）所替代，2,2-二甲基壬基苯磺酸钠的生物降解性最差，经过几十天后在溶液中仍然保持较高的浓度（曲线 1）。

其次，对于非离子表面活性剂的亲水基，环氧乙烷加成数越大，聚氧乙烯链越长，越不易生物降解。从图 3-17 可以看出，环氧乙烷加成数在 10 以下的表面活性剂，生物降解性普遍较好，无明显差别；超过 10 以后，降解速度随聚氧乙烯链长的增加明显减慢。

最后，含有芳香基的表面活性剂较仅有脂肪基的表面活性剂更难以生物降解。例如，十六烷基硫酸钠（$C_{16}H_{33}SO_4Na$）和十六醇聚氧乙烯醚硫酸钠 $[C_{16}H_{33}(OC_2H_4)_nSO_4Na]$ 的完全生物降解只需 2～3 天，而十二烷基苯磺酸钠（$n\text{-}C_{12}H_{25}C_6H_4SO_3Na$）的降解则需要 9 天。

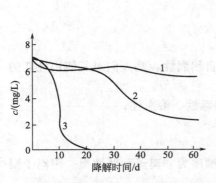

图 3-16　烷基苯磺酸钠的生物降解性曲线

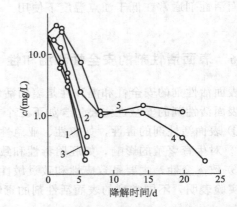

图 3-17　正十二醇聚氧乙烯醚的生物降解性曲线
1—$n=6$；2—$n=8$；3—$n=10$；4—$n=20$；5—$n=30$

表面活性剂使用后经下水道排放时会在水域里蓄积，造成泡沫堆积或对水生生物造成毒害，因此表面活性剂的生物降解性对减轻环境污染十分重要。一般若在法定试验时间（19d）内，初级生物降解达不到 80% 的表面性剂是被禁用或限制使用，如四聚丙烯基苯磺酸盐和烷基酚聚氧乙烯醚等就属于此类。几种常用的表面活性剂的初级生物降解性列于表3-10 中。

表 3-10　常用表面活性剂的初级生物降解性

表面活性剂	脂肪醇聚氧乙烯醚硫酸盐（LAS）	烯基磺酸盐（AOS）	烷基磺酸盐（SAS）	脂肪醇聚氧乙烯醚硫酸盐（AES）
初级生物降解性/%	95	99	96	98

从以上内容可以看出，表面活性剂的性质不仅仅是由一方面因素决定的，它是多种因素综合作用的结果，因此在应用时应该全面地考虑各方面因素的影响。

第4章

表面活性剂的功能与应用

表面活性剂能够显著降低体系的表面张力，当浓度超过临界胶束浓度（cmc）时，在溶液内部形成胶束，从而产生增溶、润湿、乳化、分散、起泡等多方面的功能。随着科学技术的发展和高新技术领域的不断开拓，表面活性剂的发展十分迅速。其应用领域从肥皂、洗涤剂和化妆品等日用化学工业逐步拓展到国民经济的各个部门，如食品、制药、纺织、金属加工、石油、建筑等行业。

4.1 增溶作用

4.1.1 增溶作用的定义和特点

所谓增溶作用是指由于表面活性剂胶束的存在，使得在溶剂中难溶乃至不溶的物质溶解度显著增加的作用。例如室温下苯在水中的溶解度很小，每 100g 水只能溶解 0.07g 苯，但在 10% 的油酸钠水溶液中，苯的溶解度达到 7g/100g，增加了 100 倍，这是通过油酸钠胶束的增溶作用实现的。增溶作用的基础是胶束的形成，表面活性剂浓度越大，形成的胶束越多，难溶物或不溶物溶解得越多，增溶量越大。例如乙苯基本不溶于水，但在 100mL、0.3mol/L 的十六酸钾（$cmc = 2.2 \times 10^{-3}$ mol/L）溶液中可溶解 3g 之多。表面活性剂的浓度明显高于其临界胶束浓度，形成大量的胶束，对乙苯产生增溶作用，使其溶解度增加。图 4-1 是 2-硝基二苯胺在月桂酸钾水溶液中的溶解度随月桂酸钾浓度的变化曲线。可以看出当表面活性剂浓度小于临界胶束浓度时，溶质 2-硝基二苯胺的溶解度很小，而且不随表面活性剂浓度发生改变。达到临界胶束浓度以后，溶质的溶解度显著提高，并随表面活性剂浓度的增加而增大。

增溶作用可使被增溶物的化学势降低，使体系更加稳定是自发进行的过程。与普通溶解过程不同的是增溶后溶液的沸点、凝固点和渗透压等没有明显改变，说明溶质并非以分子或离子形式存在，而是以分子团簇分散在表面活性剂的溶液中。此外，由于表面活性剂的用量很少，没有改变溶剂的性质，因此增溶作用与使用混合溶剂提高溶解度不同；增溶后没有两相界面存在，属热力学稳定体系，与乳化作用不同。

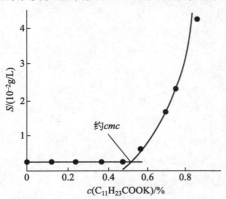

图 4-1 2-硝基二苯胺在月桂酸钾水溶液中的溶解度

4.1.2　增溶作用的方式

增溶作用是与胶束密切相关的现象，了解增溶的方式，掌握被增溶物与胶束之间的相互作用，对有效地应用增溶作用具有十分重要的意义。通过应用 X 射线衍射、紫外光谱及核磁共振等分析方法，研究发现增溶作用主要有四种方式。

① 非极性分子在胶束内核的增溶　饱和脂肪烃、环烷烃以及苯等不易极化的非极性有机化合物，通常被增溶于胶束内核中，就像溶于非极性烃类化合物液体中一样，如图 4-2(a) 所示。紫外光谱或核磁共振谱分析表明，被增溶的物质完全处于一个非极性环境中。X 射线衍射分析发现增溶后胶束体积变大。

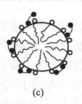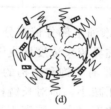

(a)　　　　　　　(b)　　　　　　　(c)　　　　　　　(d)

图 4-2　表面活性剂的增溶方式

② 表面活性剂分子间的增溶　对于分子结构与表面活性剂相似的极性有机化合物，如长链的醇、胺、脂肪酸和极性染料等两亲分子，则是增溶于胶束的"栅栏"之间，如图 4-2(b) 所示。被增溶物的非极性碳氢链插入胶束内部，其极性头插入表面活性剂极性基之间，通过氢键或偶极子相互作用联系起来。当极性有机物的碳氢链较长时，其分子插入胶束的程度增大，甚至将极性基也拉入胶束内核。这种方式增溶后胶束并不变大。

③ 胶束表面的吸附增溶　图 4-2(c) 所示是苯二甲酸二甲酯等既不溶于水、也不溶于油的小分子极性有机化合物在胶束表面的增溶。这些化合物被吸附于胶束表面区域或是分子"栅栏"靠近胶束表面的区域，光谱研究表明它们处于完全或接近完全极性的环境中。一些高分子物质、甘油、蔗糖以及某些染料也采用此种增溶方式。

④ 聚氧乙烯链间的增溶　以聚氧乙烯基为亲水基团的非离子表面活性剂，通常将被增溶物包藏在胶束外层的聚氧乙烯链中，如图 4-2(d) 所示。以这种方式被增溶的物质主要是较易极化的烃类化合物，如苯、乙苯、苯酚等短链芳香烃类化合物。在表面活性剂溶液中，上述四种形式的胶束增溶作用对被增溶物的增溶量是不相同的，递减顺序为：④＞②＞①＞③。

表面活性剂增溶量的测定方法与溶解度的测定方法相同，向 100mL 已标定浓度的表面活性剂溶液中由滴定管滴加被增溶物，当达到饱和时被增溶物析出，溶液变浑浊，此时已滴入溶液中的被增溶物的物质的量（mol）即为增溶量。增溶量除以表面活性剂的物质的量（mol）即得到增溶力，表面活性剂的增溶力表示其对难溶或不溶物增溶的能力，是衡量表面活性剂的重要指标之一。

4.1.3　增溶作用的主要影响因素

4.1.3.1　表面活性剂的化学结构

表面活性剂的化学结构不同，增溶能力不同，主要体现在以下几方面。

① 具有相同亲油基的表面活性剂，对烃类及极性有机物的增溶作用大小顺序一般为：非离子型＞阳离子型＞阴离子型。这是由于非离子表面活性剂临界胶束浓度较小，胶束易生成，因此胶束聚集数较大，增溶作用较强。阳离子表面活性剂的胶束比阴离子表面活性剂有

较为疏松的结构，因此增溶作用比后者强。

② 胶束越大，对于增溶到胶束内部的物质增溶量越大。如烃类、长链极性有机物，它们是被增溶于胶束内部，增溶量与胶束大小有关，形成的胶束越大，增溶量越大。在表面活性剂同系物中，胶束的大小随碳原子数增加而增大，因此碳原子数越大，临界胶束浓度越低，聚集数增加，增溶作用加强。例如表 4-1 中，羧酸钾溶液的浓度同为 0.5mol/L，但随碳氢链长度的增加，对乙苯增溶力逐渐增加。

表 4-1　乙苯在羧酸钾溶液（0.5mol/L）中的增溶作用（25℃）

表面活性剂	$C_9H_{19}COOK$	$C_{11}H_{23}COOK$	$C_{13}H_{27}COOK$
增溶力	0.174	0.424	0.855

③ 亲油基部分带有分支结构的表面活性剂增溶作用较直链的小。这是因为直链型表面活性剂临界胶束浓度比支链型低，胶束易形成，胶束聚集数较大。

④ 带有不饱和结构的表面活性剂，或在活性剂分子上引入第二极性基团时，对烃类的增溶作用减小，而对长链极性物增溶作用增加。这是由于该类表面活性剂的亲水性增加，临界胶束浓度变大，胶束不易形成且聚集数减小，因此对增溶于胶束内部的烃类的增溶能力降低。但由于极性基团之间的电斥力作用，使胶束"栅栏"的表面活性剂分子排斥力增加，分子间距增大，有更大的空间使极性物分子插入，因此其增溶量增加。

4.1.3.2　被增溶物的化学结构

脂肪烃与烷基芳烃被增溶的程度随其链长的增加而减小，随不饱和度及环化程度的增加而增大，带支链的饱和化合物与相应的直链异构体增溶量大致相同。例如，通常情况下萘的增溶量小于碳原子数相同的正丁基苯和正癸烷。图 4-3 是烷烃和烷基芳烃在 15％的月桂酸钾溶液中的增溶量，可以看出，烃类的分子量越大，增溶程度越小。

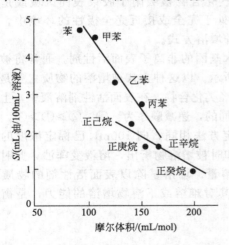

图 4-3　烷烃和烷基芳烃在月桂酸钾溶液（15％）中的增溶

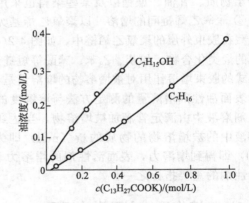

图 4-4　正庚烷与正庚醇在十四酸钾水溶液中的增溶

烷烃的氢原子被羟基、氨基等极性基团取代后，其被表面活性剂增溶的程度明显增加。正庚烷与正庚醇在十四酸钾水溶液中的增溶量随表面活性剂浓度的变化曲线见图 4-4，从图中可以看出，正庚烷的一个氢原子被羟基（—OH）取代成为正庚醇后，在十四酸钾水溶液中的增溶量明显增加。

4.1.3.3 温度的影响

温度对增溶作用的影响，随表面活性剂类型和被增溶物结构的不同而不同。多数情况下，温度升高，增溶作用加大。对于离子型表面活性剂，升高温度一般会引起分子热运动的加剧，使胶束中能发生增溶的空间加大，对极性和非极性化合物的增溶程度增加。

含有聚氧乙烯基的非离子表面活性剂，温度升高，聚氧乙烯基与水分子之间的氢键遭到破坏，水化作用减小，胶束容易生成，聚集数增加。特别是温度升至接近表面活性剂的浊点时，胶束聚集数急剧增加，对非极性碳氢化合物以及卤代烷烃等的增溶作用有很大提高。

4.1.3.4 添加无机电解质的影响

在离子型表面活性剂溶液中添加少量无机电解质，可增加烃类化合物的增溶程度，但却使极性有机物的增溶程度减少。

无机电解质的添加使离子型表面活性剂的临界胶束浓度大为降低，胶束聚集数增加，胶束变大，使得增溶于胶束内部的烃类化合物的增溶程度增加。电解质使胶束"栅栏"分子间的电斥力减弱，于是形成胶束的表面活性剂分子排列得更加紧密，从而减少了极性有机化合物在"栅栏"中增溶的空间，使其增溶量减少。

从图 4-5 可以看出，添加电解质氯化钠后，阳离子表面活性剂十六烷基氯化吡啶（CPC）对油溶性染料偶氮苯的增溶能力提高，且随氯化钠浓度的增加而增加。当水溶液中表面活性剂的浓度为 0.001mol/L 时，氯化钠浓度为 0.10mol/L，偶氮苯在该溶液中的增溶程度比无氯化钠时增加了 10 倍左右。电解质对烃类化合物增溶作用的影响一般与油溶性染料相似，也使增溶作用加大。

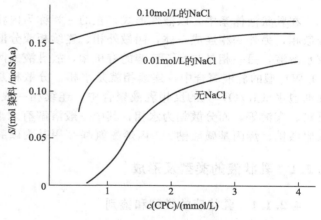

图 4-5 氯化钠对偶氮苯增溶作用的影响

4.1.4 增溶作用的应用

目前表面活性剂的增溶作用主要应用在油田二次采油、乳液聚合、胶片生产、清洁洗涤等方面。

在石油工业中，增溶作用被利用来"驱油"，以提高石油的开采率。利用表面活性剂在溶液中形成胶束的性质，将表面活性剂、助剂和原油混合在一起搅动，使之形成均匀的"胶束溶液"。这种溶液能溶解原油，且具有足够的黏度，能很好地润湿岩层，遇水不分层，当流过岩层时能有效地洗下黏附于砂石上的原油，达到提高开采率的目的。

乳液聚合是使油溶性的聚合单体组分分散于水中形成乳状液，在引发剂的作用下进行聚合的过程。在表面活性剂水溶液中，大部分单体原料存在于乳状液的液滴中，少部分溶于水相成为真溶液，还有一部分增溶于胶束内。乳液聚合通常使用水溶性的引发剂，在水相中起引发作用，聚合反应在胶束中进行，分散于水相的单体乳状液滴不断向胶束提供反应原料。随聚合反应的进行，胶束中的单体逐渐聚合为高分子产物，脱离胶束形成分散于水相中的高聚物液滴，最终成为乳胶粒，直至单体消失。

在胶片生产过程中，胶片上常常出现微小油脂杂质造成的斑点，在乳化剂中加入适当的表面活性剂，利用胶束的增溶作用可以使斑点消除。此外，增溶作用在洗涤去污中也发挥着重要作用。

在清洁洗涤领域，主要是利用表面活性剂的双亲性使油污和泥垢从织物上脱落下来，然后在表面活性剂的增溶作用下，油污和泥垢分散于水中。

4.2　乳化与破乳作用

乳状液是指一种或多种液体以液珠形式分散在与它不相混溶的液体中构成的分散体系，由于体系呈现乳白色而被称为乳状液，形成乳状液的过程叫做乳化。乳状液的颜色和外观与体系中液滴的大小有关（表 4-2），通常情况下乳状液的液珠直径在 $0.1\mu m$ 以上，属于粗分散体。

表 4-2　液滴大小对分散体系外观的影响

液滴大小	大滴	$>1\mu m$	$0.1\sim1\mu m$	$0.05\sim0.1\mu m$	$<0.05\mu m$
外观	可分辨的两相	白色乳状液	蓝白色乳状液	灰色半透明液	透明液

在乳状液体系中，以液珠形式存在的一相称为内相，由于其不连续性又称为不连续相或分散相，另外一相连成一体，叫做外相、连续相或分散介质。由于大部分乳状液有一相是水或水溶液，另一相是与水不互溶的有机相，故乳液的两相也分别称为水相和油相。在水包油（O/W）型的乳液聚合中，连续相就是水相，分散相是油相（也就是聚合反应单体相），而在油包水（W/O）型的反相乳液聚合中，连续相一般是惰性有机溶剂，如苯、甲苯、液体石蜡、煤油等，而分散相为水相，其中一般溶解有水溶性反应单体，如丙烯酸、丙烯酸钠、衣康酸钠、烯丙基磺酸钠、2-丙烯酰氨基-2-甲基丙磺酸（AMPS）等。

4.2.1　乳状液的类型及形成

4.2.1.1　乳状液的类型和鉴别

(1) 乳状液的类型

乳状液的类型通常有以下三种。

① 水包油型（O/W）　内相为油，外相为水，如人乳、牛奶等。

② 油包水型（W/O）　内相为水，外相为油，如原油、油性化妆品等。

③ 套圈型　由水相和油相一层一层交替分散形成的乳状液，主要有油包水再包油（O/W/O）和水包油再包水（W/O/W）两种形式。这种类型的乳液较为少见，一般存在于原油中，套圈型乳状液的存在，给原油的破乳带来很大困难。

(2) 乳状液类型的鉴别

乳状液类型的鉴别主要有稀释法、染料法、电导法和滤纸润湿法四种。

① 稀释法　利用乳状液能够与其外相液体混溶的特点，以水或油性液体稀释乳状液便可确定其类型。例如牛奶能够被水稀释，但不能与植物油混溶，可见牛奶是 O/W 型乳液。

② 染料法　将少量水溶性染料加入乳状液中，若整体被染上颜色，表明乳状液是 O/W 型；若只有分散的液滴带色，表明乳液是 W/O 型。如果使用油溶性染料，则情

况相反。

③ 电导法　O/W 型乳状液的导电性好，W/O 型乳状液导电性差，测定分散体系的导电性即可判断乳状液的类型。

④ 滤纸润湿法　将一滴乳状液滴于滤纸上，若液体迅速铺展，在中心留下油滴，则表明该乳状液为 O/W 型；若不能铺展，则该乳状液为 W/O 型。此法主要应用于某些重油与水形成的乳状液的鉴定，对苯、甲苯和环己烷等易在滤纸上铺展的油性物质形成的乳状液不适用。

4.2.1.2　影响乳状液类型的主要因素

两种不相混溶的液体在乳化过程中形成乳状液的类型，与多种因素有关，如两种液体的体积、乳化剂的结构和性质以及乳化器的材质等。下面就影响乳状液类型的主要因素进行简要介绍。

(1) 相体积

德国科学家奥斯特瓦尔德（Ostwald）从纯几何学出发，假设乳状液不连续相的液珠是大小均匀的刚性圆球，如图 4-6(a) 所示，于是可以计算出液珠最紧密堆积时，液珠相（分散相）的体积占总体积的 74.02%，连续相的体积占总体积的 25.98%。当液珠相的体积分数大于 74.02% 时，乳状液就会被破坏或发生转型。如果油相的体积分数大于 74.02% 时，只能形成 W/O 型乳状液；如果小于 25.98%，则只能形成 O/W 型乳状液；当其相体积分数在 25.98%~74.02% 时，则 O/W 型和 W/O 型乳状液均有可能生成。

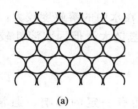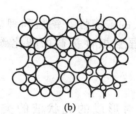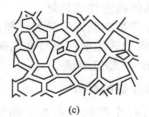

(a)　　　　　　　　(b)　　　　　　　　(c)

图 4-6　乳状液液珠的堆积方式

但事实上分散相的液珠并非大小相等，也并不是刚性圆球，而多数情况是大小不均匀，且在高浓度时可能发生形变而呈多面体型，如图 4-6(b) 和 (c) 所示，其体积分数有可能大大超过 74.02%。例如，石蜡油-水体系中，石蜡油的液珠被一层薄薄的水膜隔开，油相体积分数可高达 99%，而仍保持 O/W 型乳状液。

(2) 乳化剂的分子结构和性质

乳化剂是为促进乳状液的形成、维持乳液稳定而使用的表面活性剂，其分子亲水的极性头伸入水相，亲油的碳氢链伸入油相，在分散相液滴和分散介质之间的界面上形成定向的吸附层。通常乳化剂分子中的亲水基和疏水基的横截面积不相等，其分子犹如一头大一头小的楔子，小的一头可以插入液滴表面。

一价的金属盐极性头的横截面积大于非极性碳氢链的横截面积，在该类乳化剂的作用下容易生成 O/W 型乳状液，亲水的极性头向外伸进水相，使其成为分散介质，亲油的碳氢链向内伸入油相使其成为分散相，如图 4-7(a) 所示。而以二价的金属盐为乳化剂时容易生成 W/O 型乳状液。这是由于二价金属盐的亲油基由两个碳氢链组成，亲油基的截面积大于极性头的截面积，于是亲油基向外伸入油相，极性基向内伸入水相，如图 4-7(b) 所示。

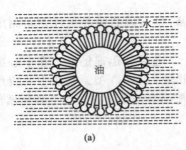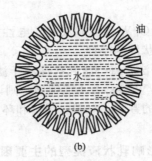

图 4-7   乳化剂分子在乳液液滴表面定向吸附示意图

（a）一价金属皂对 O/W 型乳液的稳定作用；（b）二价金属皂对 W/O 型乳液的稳定作用

这种理论形象地说明了乳化剂的分子形态对形成乳状液类型的影响，但它仍有局限性，因为在液滴界面上定向排列的乳化剂分子比乳液液滴小得多。例如以一价的银盐为乳化剂形成的是 W/O 型乳液，而不是 O/W 型；羧酸钠（—COONa）和羧酸钾（—COOK）极性头的截面积比碳氢链的截面积小，作为乳化剂却能够形成 O/W 型乳液。

经过进一步研究发现，除分子形态外，乳化剂的亲水性和溶解度的影响也是不可忽视的。通常易溶于水的乳化剂有助于形成 O/W 型乳状液，易溶于油的乳化剂有助于形成 W/O 型乳状液。班克罗夫特（Bancroft）提出，油、水两相中对乳化剂溶解度大的一相将成为外相，即分散介质。乳化剂在某相中的溶解度越大，表示二者的相容性越好，表面张力越低，体系的稳定性也越好。

这一原则被实践证明具有比较大的普遍性，钠盐和钾盐在水中的溶解度较大，是良好的 O/W 型乳液的乳化剂；银盐乳化剂虽然极性头截面积比碳氢链大，但因水溶性较小，通常只能形成 W/O 型乳状液。

（3）乳化器的材质

乳化过程中器壁的亲水亲油性对形成的乳状液的类型有一定的影响，通常情况下，器壁的亲水性强容易得到 O/W 型乳状液，而器壁的亲油性强则容易得到 W/O 型乳状液。这是因为润湿器壁的液体容易在器壁上附着，形成一层连续层，在乳化搅拌过程中很难分散成内相液滴。例如用石油、煤油和变压器油为油相，以蒸馏水和表面活性剂的水溶液为水相，在塑料和玻璃容器中得到乳液的类型如表 4-3 所示。可以看出，在亲水性较强的玻璃容器中得到的都是 O/W 型乳状液，而在亲水性较弱的塑料容器中形成的 W/O 型乳状液更多。

表 4-3   不同器壁对乳液类型的影响

水相	石油		煤油		变压器油	
	玻璃	塑料	玻璃	塑料	玻璃	塑料
蒸馏水	O/W	W/O	O/W	W/O	O/W	W/O
0.1mol/L 油酸钠	—	—	O/W	O/W 或 W/O	O/W	W/O
0.1%环烷酸钠	O/W	O/W	O/W	O/W	O/W	W/O
2%环烷酸钠	O/W	O/W	O/W	O/W	O/W	O/W

（4）两相的聚结速度

1957 年，Davies 经过研究提出，在乳化剂、油和水一起摇荡时，油相与水相都破裂成液滴，最终形成的乳状液的类型取决于两种液滴的聚结速度。液滴的聚结速度与乳化剂的亲水亲油性质有很大关系，当乳化剂的亲水性较强时，亲水部分对油滴的聚集有较大的阻碍作用，使油滴的聚结速度减慢，而水滴的聚结速度大于油滴的聚结速度，最终使水成为连续相，形成 O/W 型乳状液。反之，则形成 W/O 型乳状液。

4.2.2　影响乳状液稳定性的因素

乳状液的稳定性是指防止相同液滴聚结在一起导致两个液相分离的能力。在乳状液中油水界面很大，体系具有很大的自由能，为热力学不稳定体系。影响乳状液稳定性的因素主要有以下几个方面。

(1) 表面张力

乳状液是热力学不稳定体系，分散相液滴总有自发聚结，减少界面积，从而降低体系能量的倾向，因此低的油-水表面张力有助于体系的稳定。

例如石蜡油-水体系的表面张力为 41mN/m，由于表面张力较高，所以得到的乳状液极不稳定。在水相中加入少量油酸（浓度单位为 mmol/L），可使表面张力降至 31mN/m，仍然较高，乳状液不稳定。用氢氧化钠溶液将油酸中和成 HLB 值为 18.0 的油酸钠后，表面张力大幅度降低，只有 7.2mN/m，此时 O/W 型乳状液的稳定性也明显提高。

(2) 界面膜的性质

较低的表面张力主要表明乳状液容易生成，但并非是影响乳状液稳定的唯一因素。例如戊醇与水的表面张力只有 4.8mN/m，却不能形成稳定的乳状液；而羧甲基纤维素钠盐作为高分子化合物虽不能有效地降低油-水表面张力，但却有很强的乳化力，能使油和水形成稳定的乳状液。这是由于高分子化合物能吸附于油-水界面，形成结实的界面膜而阻止液滴间聚结的结果。

在乳状液中，乳化剂以亲水基伸进水中。亲油基伸进油中，定向排列在油水界面上形成界面吸附膜，对乳液起保护作用，防止液滴聚结。当乳化剂的浓度较低时，在界面上的吸附量较少，形成的界面膜强度较低，乳状液的稳定性较差；当乳化剂的浓度较高时，在界面上排列紧密，膜的强度增加，乳液的稳定性较高。可见，界面膜的强度和紧密程度是决定乳状液稳定性的重要因素之一。

为了得到高强度的界面膜和稳定的乳状液，应当注意以下两个方面。

① 使用足量的乳化剂　保证有足够的乳化剂分子吸附于油-水界面上，形成高强度的界面膜。

② 选择适宜分子结构的乳化剂　通常直链型乳化剂分子在界面上的排列比带有支链的乳化剂更为紧密，界面膜更加致密，有利于乳状液的稳定。

(3) 界面电荷

分散相液滴表面的电荷对乳液的稳定性起着十分重要的作用。大部分稳定的乳状液液滴表面都带有电荷，其来源主要有三条途径。

① 使用离子型表面活性剂作为乳化剂时，乳化剂分子吸附于油水界面，极性基团伸入水相发生解离而使液滴带电。如果乳化剂是阴离子表面活性剂，液滴表面带负电；如果是阳离子表面活性剂，液滴表面带正电。

② 使用不能发生解离的非离子表面活性剂为乳化剂时，液滴主要通过从水相中吸附离子使自身表面带电。

③ 液滴与分散介质发生摩擦，也可以使液滴表面带电。所带电荷的符号与两相的介电常数有关，介电常数大的相带正电荷，介电常数小的带负电荷，例如纯水比油的介电常数大很多，因此 O/W 型乳状液中的油滴带负电荷（图 4-8），而 W/O 型乳状液中的水滴带正电荷。

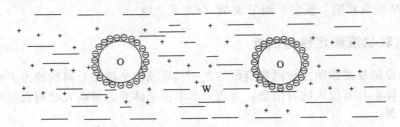

图 4-8　O/W 型乳状液中油滴表面带负电示意图

液滴表面带电后，在其周围会形成类似 Stern 模型的扩散双电层，当两个液滴互相靠近时，由于双电层之间的相互作用，阻止了液滴之间的聚结。因此，液滴表面的电荷密度越大，乳状液的稳定性越高。

(4) 乳状液分散介质的黏度

根据 Stocks 的沉降速度公式，液滴的运动速度可以 v 表示为：

$$v = \frac{2r^2(\rho_1 - \rho_2)g}{9\eta} \tag{4-1}$$

式中，r 为分散相液滴的半径；ρ_1 和 ρ_2 分别为分散相和分散介质的密度；η 是分散介质的黏度，g 为重力加速度。

可见，分散介质的黏度 η 越大，液滴布朗运动的速度越慢，减少了液滴之间相互碰撞的概率，有利于乳状液的稳定。因此，常常在乳状液中加入高分子化合物或其他能溶于分散介质的增稠剂，以提高乳液的稳定性。

(5) 固体粉末的加入

在乳状液中加入适当的固体粉末，对乳状液也能起到稳定作用。如图 4-9 所示，聚集于油水界面的固体粉末增加了界面膜的机械强度，而且，固体粉末排列得越紧密，乳状液越稳定。

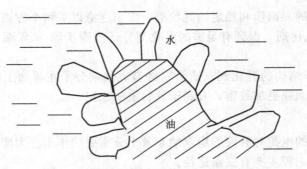

图 4-9　固体粉末对乳液状态的稳定作用

固体粉末只有处于油-水界面时才能起到稳定乳状液的作用，这要求它既能被水润湿，又能被油润湿，否则不能排列在液滴表面，而会完全处于水相或油相。在苯与水的乳化过程中，碳酸钙、二氧化硅和氢氧化铁等对 O/W 型乳状液有稳定作用，而炭黑、松香等对 W/O 型乳液有稳定作用。以固体颗粒作为乳化剂来制备乳液，则称为 Pickring 乳液（Pickering Emulsion）。Pickring 乳液的稳定性与固体颗粒的浓度、颗粒大小、润湿性等有关。乳状液的类型取决于哪一相优先润湿固体颗粒，通常优先润湿固体颗粒的一相为外相。如有时固体颗粒更易被油相所润湿，乳状液为 W/O（油包水）型；反之，如固体颗粒更易被水相所润湿，则乳状液为 O/W（水包油）型。

4.2.3　乳化剂及其选择依据

如前所述，乳化剂在乳状液的形成和稳定中起着十分重要的作用，乳化剂的品种很多，主要分为表面活性剂、高分子化合物、天然化合物和固体粉末四大类。其中表面活性剂类乳化剂主要是阴离子型和非离子型表面活性剂，阴离子型表面活性剂包括羧酸盐、磺酸盐、硫酸盐及磷酸酯盐型，非离子表面活性剂包括聚醚型和 Span、Tween 等聚酯型表面活性剂。

将指定的两种液体乳化制成稳定的乳状液，关键在于选择适宜的乳化剂。目前乳化剂的选择最常用的方法是 HLB 值法和 PIT（phase inversion temperature，相转变温度）法。

（1）HLB 值法　每一个乳化体系都可以通过实验确定其最为适宜的乳化剂的 HLB 值，根据此 HLB 值可以确定乳化剂的种类和比例。如果单一表面活性剂不能满足要求，可以根据 HLB 值的加和性，选择两种或多种表面活性剂混合使用。

此种方法容易掌握且使用方便，但存在一定的缺陷，即不能表明表面活性剂的乳化效率和能力，同时没有考虑分散介质及温度等其他因素对乳状液稳定性的影响。

（2）PIT 法　所谓相转变温度（PIT）是指在某一特定的体系中，表面活性剂的亲水、亲油性质达到平衡时的温度。它的确定方法是，在等量的油和水中加入 3%～5% 的表面活性剂，配制成 O/W 型乳状液。在不断搅拌和振荡下缓慢加热升温，当乳状液由 O/W 型转变为 W/O 型时的温度即为此体系的 PIT，即相转变温度。PIT 与乳化剂的分子结构和性质密切相关，与 HLB 值也有一定关系。用 PIT 确定乳化剂的方法充分考虑了温度对乳状液的影响。

4.2.4　乳状液的破乳

所谓破乳是指乳状液完全被破坏，发生油水分层的现象。破乳在原油开采上具有十分重要的意义，概括地讲，破乳的方法有机械法、物理法和化学法。

① 机械法　是利用外力使乳液破乳的方法，如离心分离法。

② 物理法　常用的方法有电沉积法、超声波法和过滤法。电沉积法利用高压静电场使分散相聚集，主要用于 W/O 型乳状液的破乳，如原油的破乳脱水。超声波破乳法使用的超声波强度不宜过大，否则会产生相反的效果。过滤法是使乳状液通过多孔性材料达到破乳的目的。

③ 化学法　化学法破乳主要是通过改变乳状液的类型或界面性质，降低乳液的稳定性，从而使其破乳。例如在 W/O 型乳状液中加入有利于 O/W 型乳状液生成的乳化剂，使乳液发生变性，从而破乳。

能够使乳状液破乳的表面活性剂称为破乳剂，使用破乳剂是重要的破乳方法之一，其基本原理可以从以下几个方面说明。

① 顶替作用　破乳剂本身具有较低的表面张力和很高的表面活性，容易吸附于油-水界面上，将原来的乳化剂从界面上顶替下来，而破乳剂不能形成高强度的界面膜，在加热或机械搅拌下，界面膜被破坏而破乳。

② 润湿作用　在以固体粉末为乳化剂的乳状液中，加入润湿性能良好的润湿剂，改变

固体粉末的亲水亲油性，使固体粉末从两相界面上进入水相或油相，降低乳状液的稳定性。

③ 絮凝-聚结作用 分子量较大的非离子表面活性剂，在加热和搅拌下能够引起细小的液滴絮凝、聚结，最终导致两相分离。

④ 破坏界面膜 在加热或搅拌条件下，破乳剂可能吸附于两相界面上，使界面膜发生褶皱和变形，也可能因碰撞将界面膜击破，使乳状液稳定性大大降低，发生絮凝。

破乳剂的种类主要包括阴离子型、非离子型和阳离子型。其中阴离子型使用最早，品种较多，但用量较大，污水带油严重，已逐渐被淘汰。阳离子和非离子型破乳剂的应用越来越广泛。

4.2.5 乳化和破乳的应用

乳状液在工农业生产及人们的日常生活中具有十分广泛的应用，如农药配剂、原油开采、纺织制革、食品、医药及日常用品等方面。

(1) 在农药中的应用

农药的制剂加工和应用中常遇到分散问题，在农药制剂中应用最广的一种体系就是乳状液。在田间使用农药时，一般要求经过简单搅拌，而且在短时间内能制成喷洒液。为了得到良好的使用效果，需要根据使用季节和地点、水温和水质以及喷洒方式（地面喷洒或飞机喷洒）等对浓度的不同要求，制成适于不同条件使用的乳状液。目前常遇到的农药乳状液主要有三类。

① 可溶解性乳状液 通常是由亲水性较大的原药组成的可溶解性乳油兑水而得，如敌百虫、敌敌畏、乐果、久效磷等。由于原药能与水混溶，形成类似真溶液的乳状液。乳化时加入适当的乳化剂，主要功能是稳定乳液，并赋予乳状液的铺展、润湿和渗透性能。

② 水包油型乳状液 由所谓增溶型乳油兑水而得，外观是透明或半透明呈蓝色或其他色，油滴粒径较小，一般是 $0.1\mu m$ 或更小，此类乳状液乳化稳定性好，对水质、温度及稀释倍数有好的适应能力，乳化剂用量较高，一般在 10% 以上。

③ 浓乳状液 通常由乳化性乳油或浓乳剂兑水而得。油滴粒径分布在 $0.1\sim1.0\mu m$，乳状液乳化稳定性较好。

(2) 在金属加工中的应用

在金属切削加工中，刀具切削金属时会发生变形，同时刀具与工件之间不断摩擦而产生的切削力及切削温度，严重影响刀具的寿命、切削效率及工作的质量。使用合适的金属切削液可以起到降低切削温度的冷却作用、减少切削力的润湿作用和去除切屑的清洗作用。在切削液中加入油溶性缓蚀剂还可对工件起防锈作用，如石油磺酸钡、十八胺等都是常用的缓蚀剂。切削液的种类很多，其中应用最广的是 O/W 型乳状液。其主要成分有矿物油、表面活性剂、防锈剂、防蚀剂和其他添加剂。其中表面活性剂主要起乳化作用，常用的是阴离子和非离子型表面活性剂，阴离子表面活性剂如脂肪酸钠、硫酸酯、环烷酸钠和石油磺酸盐等，非离子表面活性剂如烷基酚聚氧乙烯醚等。

(3) 在化妆品中的应用

化妆品有多种剂型，但以乳状液为主。主要原因如下：

① 将油性原料与水性原料混合使用，在感觉和外观上优于单独使用油性原料；

② 可以将互不混溶的原料配于同一配方中；

③ 可以调节对皮肤起主要作用的成分；

④ 改变乳化状态，制成满足使用要求的制品；

⑤ 可使微量成分在皮肤上均匀涂敷。

例如，护肤乳液（亦称液态膏霜）涂于皮肤上能铺展成一层薄而均匀的油脂膜，不仅能滋润皮肤，还能起到保持皮肤水分、防止水分蒸发的作用，是颇受消费者喜爱的一类化妆品。化妆品使用的乳化剂有合成乳化剂、天然乳化剂和固体粉末乳化剂。合成乳化剂包括阴离子、阳离子和非离子型。非离子乳化剂对水的硬度不敏感，不受介质 pH 值的限制，使用方便，因此是化妆品中应用最广泛的一类乳化剂。阴离子乳化剂主要有油酸及其钠盐和钾盐、烷基芳磺酸盐、三乙醇胺硫酸酯和月桂基硫酸钠等，阳离子乳化剂则使用很少。

（4）在原油开采中的应用

表面活性剂在石油开采中的应用十分广泛，在开发、钻采、集输等各个环节起着至关重要的作用，如堵水、破乳、发泡和降凝降黏等。

例如乳化钻井液是钻井中必须使用的，有 O/W 型和 W/O 型两类。钻井液的功能包括从井中清除岩屑、清洁井底、控制地下压力、冷却与润滑钻头和钻杆，以及防止地层坍塌等。

破乳在原油开采中也有重要应用。一次采油和二次采油采出的原油多是 W/O 型乳状液，而三次采油获得的主要是 O/W 型乳状液。原油中含水会增加泵、输油管线和储油罐的负荷，引起金属表面的腐蚀和结垢，增加原油的黏度，使集输能耗增大。因此原油外输前要进行破乳脱水，使用破乳剂是最主要的破乳方法。早期破乳剂以羧酸盐、硫酸酯盐和磺酸盐三类低分子阴离子表面活性剂为主，价格便宜，但用量大（1000mg/L）、效果差、易受电解质影响。低分子非离子表面活性剂是第二代 W/O 型乳化原油的破乳剂，它们耐酸、耐碱，受电解质影响很小，但用量仍然很大（300～500mg/L），破乳效果也不十分理想。20 世纪60 年代以后开发了高分子型非离子表面活性剂，主要是聚氧乙烯聚氧丙烯醚嵌段共聚物。这类破乳剂用量很少（5～50mg/L），破乳效果好，但专一性较强。为了进一步提高破乳效果和原油脱水效率，目前复配型破乳剂在油田中得到广泛的应用。

对于三次采油开采的 O/W 型乳化原油，主要采用电解质、低分子醇、聚合物和表面活性剂作为破乳剂。其中表面活性剂破乳剂主要是阳离子表面活性剂，如十二烷基二甲基苄基氯化铵、十四烷基三甲基氯化铵、双十烷基二甲基氯化铵等。

4.3　润湿功能

润湿，从宏观上讲是指一种流体从固体表面置换另一种流体的过程；从微观角度讲，后润湿固体的流体，在置换原来固体表面的流体后，其与固体表面是分子水平的接触，它们之间无被置换相的分子。润湿过程涉及三相，其中至少两相为流体。润湿是广泛存在于自然界的一种现象，最为普遍的润湿过程是固体表面的气体被液体取代，或是固-液界面上的一种液体被另一种液体所取代。例如洗涤、印染、润滑、农药的喷洒、胶片的涂布、原油的开采与集输以及颜料的分散等很多过程的顺利完成均以润湿为基础。也有一些场合不希望润湿的发生，例如防水、防油、泡沫选矿、防锈和防蚀等。

4.3.1　润湿过程

润湿过程主要分为三类，沾湿、浸湿和铺展，产生不同润湿过程所需条件不同。

① 沾湿　主要指液-气界面和固-气界面上的气体被液体取代的过程，如喷洒农药时农药

附着于植物的枝叶上。沾湿现象发生的条件为：

$$\gamma_{SG} - \gamma_{SL} + \gamma_{LG} \geqslant 0 \tag{4-2}$$

式中，γ_{SG}、γ_{SL} 和 γ_{LG} 分别为气-固、气-液和液-固界面的表面张力。

② 浸湿　浸湿是指固体浸入液体的过程，例如洗衣时将衣物泡在水中、织物染色前预先用水浸泡等过程。产生浸湿的条件是：

$$\gamma_{SG} - \gamma_{SL} \geqslant 0 \tag{4-3}$$

③ 铺展　液体取代固体表面上的气体，将固-气界面用固-液界面代替的同时，液体表面能够扩展的现象即为铺展。农药要能够在植物枝叶上铺展，以覆盖最大的表面积。铺展的条件为：

$$\gamma_{SG} - \gamma_{SL} - \gamma_{LG} \geqslant 0 \tag{4-4}$$

从三种润湿过程产生的条件可以看出，对于同一体系，如果液体能够在固体表面铺展，则沾湿和浸湿现象必然能够发生。从润湿方程可以看出，固体表面自由能越大，液体表面张力越低，对润湿越有利。

将液体滴于固体表面，液体有可能铺展，也可能形成液滴停留在固体表面。如果把固、液和气三相交界处，自固-液界面经过液体内部到气-液界面的夹角叫做接触角（以 θ 表示），则接触角 θ 与固-液、固-气和液-气表面张力的关系可表示为（图 4-10）。

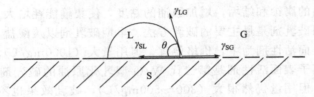

图 4-10　液滴的接触角

$$\gamma_{SG} - \gamma_{SL} = \gamma_{LG}\cos\theta \tag{4-5}$$

式（4-5）是由 T. Young 提出的润湿方程，也叫做杨氏方程。

通常人们习惯将润湿角 $\theta > 90\,℃$ 叫做不润湿，将 $\theta < 90\,℃$ 叫做润湿，θ 越小润湿性能越好，当 θ 为零或不存在时则叫做铺展。

4.3.2　表面活性剂的润湿作用

表面活性剂具有双亲分子结构，能够在界面发生定向吸附，降低液体的表面张力，因此常被用来改变体系的润湿性质，以满足实际应用的需要。表面活性剂的润湿作用使其为在固体表面发生定向吸附。表面活性剂以极性基团朝向固体，非极性基团朝向气体吸附于固体表面，形成定向排列的吸附层，使自由能较高的固体表面被碳氢链覆盖而转化为低能表面，达到改变润湿性能的目的。这种吸附通常发生在高能表面。例如，云母为硅酸盐矿物，表面自由能较高，水可以在其上铺展。把云母片浸入月桂酸钾溶液中，当溶液浓度增加到接近临界胶束浓度时，云母片表面变为疏水表面。这是由于月桂酸负离子（$C_{11}H_{23}COO^-$）以亲水的极性头吸附于云母的表面上，而以疏水的碳氢链伸入水中，以单分子层覆盖了云母的高能表面，使其自由能和与水的相容性降低，水不能在其上铺展，润湿性变差，如图 4-11(a) 所示。

但当月桂酸钾的浓度大于临界胶束浓度以后，表面又变得亲水，水可在其上铺展。这是因为月桂酸钾的浓度进一步增大时，月桂酸负离子的碳氢链可通过疏水基之间的相互作用（分子间力），在云母表面形成双分子吸附层，月桂酸的负离子极性头伸入水中，构成亲水表面，能够被水润湿，如图 4-11(b) 所示。

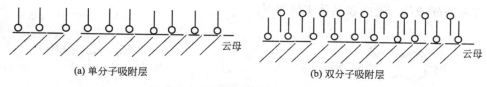

图 4-11 月桂酸钾在云母表面的吸附

可见，表面活性剂在固体表面的吸附状态是影响固体表面润湿性的重要因素，提高整体的润湿能力，水在低能固体表面不能铺展，为改善体系的润湿性质，常在水中加入表面活性剂，降低水的表面张力 γ_{LG}，使其能润湿固体的表面。

4.3.3 润湿剂分类

润湿剂是指能使液体润湿或加速固体表面润湿的表面活性剂。

一种好的润湿剂碳氢链中应具有分支结构，且亲水基位于长碳链的中部，如琥珀酸二异辛基酯磺酸钠是性能优异的润湿剂，它的亲水基磺酸基位于分子的中部，且疏水基为异辛基。

$$C_4H_9CHCH_2O-\overset{\overset{\displaystyle C_2H_5}{|}}{\underset{}{}}\;\overset{\overset{\displaystyle O}{\|}}{C}-\overset{|}{CH}-SO_3Na$$
$$C_4H_9CHCH_2O-\underset{\underset{\displaystyle C_2H_5}{|}}{\overset{\overset{\displaystyle O}{\|}}{C}}-CH_2$$

琥珀酸二异辛基酯磺酸钠

润湿剂不仅需要具有较高的表面活性，还应拥有良好的扩散和渗透性，能迅速地渗入固体颗粒的缝隙间或孔性固体的内表面并发生吸附。目前作为润湿剂的主要是阴离子型表面活性剂和非离子型表面活性剂。

(1) 阴离子型润湿剂

① 磺酸盐型

a. 烷基苯磺酸盐　通式为 R—〈 〉—SO₃M。

b. α-烯烃磺酸盐　由 α-烯烃经磺化制得，产品以双键位于不同碳原子的烯基磺酸盐为主，并含有一部分羟基磺酸盐。

c. 琥珀酸酯磺酸盐　包括琥珀酸单酯磺酸盐和琥珀酸双酯磺酸盐，前者如琥珀酸二异辛基酯磺酸钠，后者主要有脂肪醇聚氧乙烯醚琥珀酸酯磺酸钠和烷基酚聚氧乙烯醚琥珀酸酯磺酸钠，它们的结构式如下：

脂肪醇聚氧乙烯醚琥珀酸酯磺酸钠　　　　　　烷基酚聚氧乙烯醚琥珀酸酯磺酸钠

d. 高级脂肪酰胺磺酸盐　如 N-甲基-N-油酰基牛磺酸钠

$$C_{17}H_{33}-\overset{\overset{\displaystyle O}{\|}}{C}-\overset{\overset{\displaystyle CH_3}{|}}{N}-CH_2CH_2SO_3Na$$

e. 烷基萘磺酸盐　通式和品种实例如下。

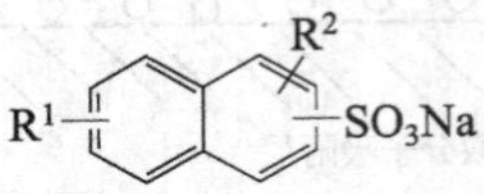

R^1 ⬡⬡ R^2 SO_3Na （通式）

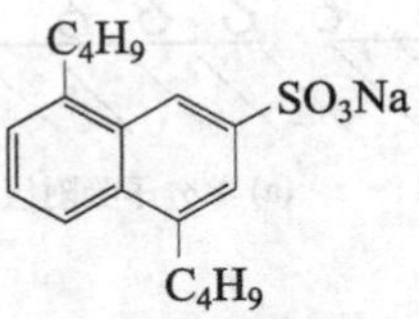

C_4H_9 ⬡⬡ SO_3Na，C_4H_9
4, 8-二丁基萘磺酸钠

② 硫酸酯盐　通式为 $R—OSO_3M$，具体品种如下。

$C_{12}H_{25}OSO_3Na$

月桂醇硫酸钠

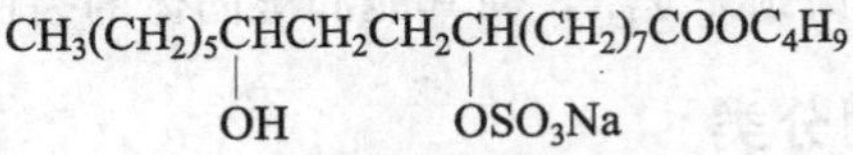

$CH_3(CH_2)_5CHCH_2CH_2CH(CH_2)_7COOC_4H_9$
　　　　　　$|$　　　　　　　$|$
　　　　　　OH　　　　　　OSO_3Na

蓖麻油酸丁酯硫酸钠

③ 羧酸盐　通式为 $RCOOM$，如硬脂酸钠、月桂酸钠等。

④ 磷酸酯　以磷酸单酯为主，如壬基酚聚氧乙烯醚磷酸酯，结构式为

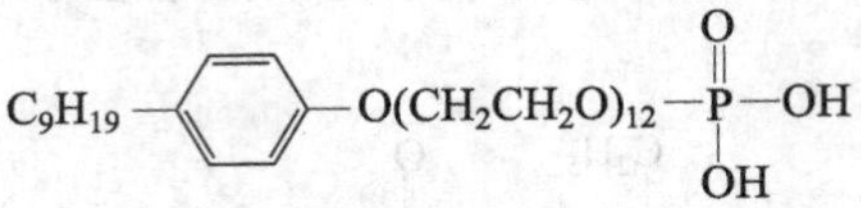

C_9H_{19}—⬡—$O(CH_2CH_2O)_{12}$—$\overset{O}{\overset{\|}{P}}$—$OH$，$OH$

(2) 非离子型润湿剂

① 烷基酚聚氧乙烯醚　结构通式为

R—⬡—$O(C_2H_4O)_nH$

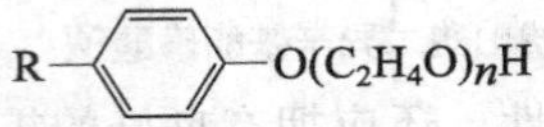

② 脂肪醇聚氧乙烯醚　结构通式为 $RO(C_2H_4O)_nH$。

③ 失水山梨醇聚氧乙烯醚单硬脂酸酯　结构通式为

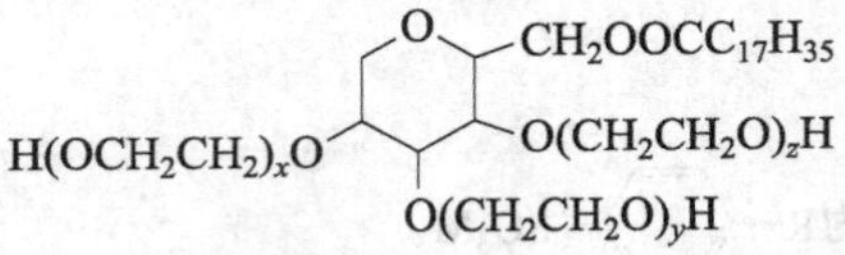

$H(OCH_2CH_2)_x O$⬠$CH_2OOCC_{17}H_{35}$ ，$O(CH_2CH_2O)_zH$，$O(CH_2CH_2O)_yH$

④ 聚氧乙烯聚氧丙烯嵌段共聚物　结构通式为

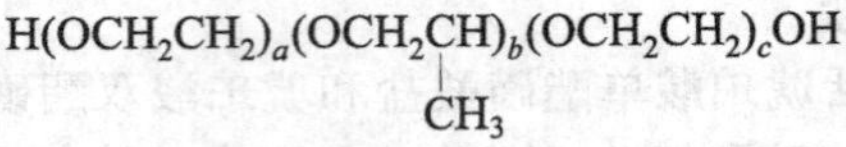

$H(OCH_2CH_2)_a(OCH_2\underset{CH_3}{CH})_b(OCH_2CH_2)_cOH$

4.3.4　表面活性剂在润湿方面的应用

(1) 矿物的泡沫浮选

所谓矿物的浮选法是指利用矿物表面疏水-亲水性的差别从矿浆中浮出矿物的富集过程，也叫作浮游选矿法。许多重要的金属在粗矿中的含量很低，在冶炼之前必须设法将金属同粗矿中的其他物质分离，以提高矿苗中金属的含量。目前，铜矿、钼矿、镍矿、金矿、方解石、萤石、重晶石、白鹤矿、碳酸锰、三氧化锰、氧化铁、石榴石、氧化铁钛、硅石和硅酸盐等，都采用浮选法对矿石进行处理。

浮选法的基本原理是借助气泡浮力来浮游矿石，实现矿石和脉石分离的选矿技术。浮选过程使用的浮选剂由捕集剂、起泡剂和调整剂组成，调整剂包括活化剂、抑制剂、pH调整

剂、絮凝剂和分散剂等。捕集剂和起泡剂主要是各种类型的表面活性剂。

捕集剂的作用是以其极性基团通过物理吸附、化学吸附和表面化学反应，在矿物表面发生选择性吸附，以其非极性基团或碳氢链向外伸展，将亲水的矿物表面变为疏水的表面，便于矿物与体系中的气泡结合。矿物捕集剂按照其离子性质可分为阴离子型、阳离子型、两性型和非离子型等四类，按照应用范围可分为硫化矿捕集剂、氧化矿捕集剂、非极性矿捕集剂、沉积金属捕集剂等。其中使用较多的是硫化矿捕集剂和氧化矿捕集剂，前者的极性基团中通常含有硫原子，后者的极性基团通常是含氧酸根，它们的非极性基团大多是含有 8～18 个碳原子的碳氢链。两类捕集剂的主要品种及结构如表 4-4 所示。各类捕集剂可以单独使用，也可以混合使用以提高捕集效果。

表 4-4　两类捕集剂的品种及结构

类型	名称	结构通式
硫化矿捕集剂	烷基二硫代碳酸盐	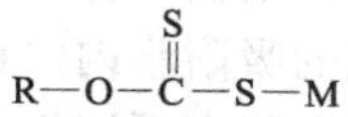 $R-O-\overset{S}{\underset{}{C}}-S-M$
	二烃基二硫代磷酸盐	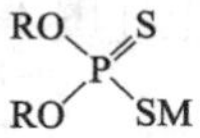 $\overset{RO}{\underset{RO}{}}P\overset{S}{\underset{SM}{}}$
	二苯基硫脲	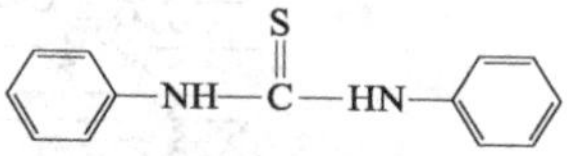 $\bigcirc-NH-\overset{S}{\underset{}{C}}-HN-\bigcirc$
	烷基异硫脲衍生物	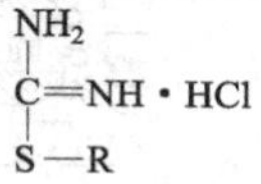 $\overset{NH_2}{\underset{S-R}{C}}=NH \cdot HCl$
	二烷基氨基二硫代甲酸盐	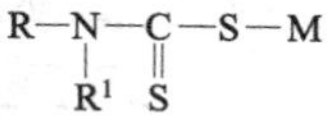 $R-\overset{}{\underset{R^1}{N}}-\overset{}{\underset{S}{C}}-S-M$
	巯基苯并噻唑	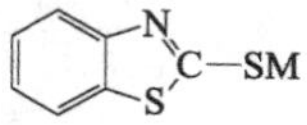 苯并噻唑-$C-SM$
氧化矿捕集剂	脂肪酸及其钠盐	$RCOOH(Na)$
	烷基磺酸盐	RSO_3M
	烷基硫酸盐	$ROSO_3M$
	羟肟酸及其盐	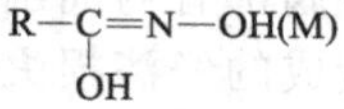 $R-\overset{}{\underset{OH}{C}}=N-OH(M)$
	磷酸酯和砷酸酯	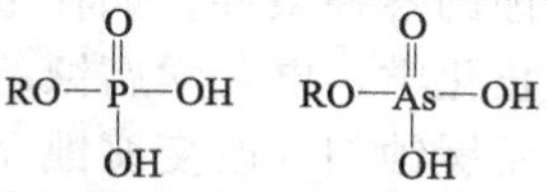 $RO-\overset{O}{\underset{OH}{P}}-OH \quad RO-\overset{O}{\underset{OH}{As}}-OH$
	脂肪胺（盐酸盐）	$RNH_2(HCl)$
	季铵盐	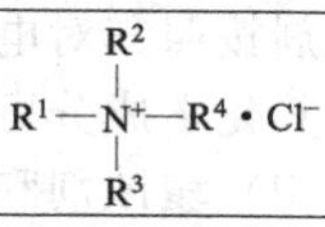 $R^1-\overset{R^2}{\underset{R^3}{N^+}}-R^4 \cdot Cl^-$
	烷基磺酸盐	RSO_3Na
	烷基羧酸钠	$R(CH_2)_{1\sim2}COONa$

起泡剂是矿物浮选过程中必不可少的药剂，利用起泡剂造成大量的界面，产生大量泡沫，可以使有用矿物有效地富集在空气与水的界面上。此外，起泡剂还具有防止气泡并聚、延长气泡在矿浆表面存在时间的作用。浮选过程不仅要求起泡剂具有良好的起泡性和选择性，来源广，价格低，还要具有适当的黏度和水溶性、良好的流动性和化学稳定性，并且要无毒、无臭味、无腐蚀性。

矿物的浮选过程涉及气、液、固三相。将粉碎好的矿粉倒入水中，加入捕集剂，捕集剂以亲水基吸附于矿粉表面，疏水基进入水相，矿粉亲水的高能表面被疏水的碳氢链形成的低能表面所替代，有力图逃离水包围的趋势，如图 4-12(a) 所示。向矿粉悬浮液中加入发泡剂并通空气，产生气泡，发泡剂的两亲分子会在气液界面作定向排列，将疏水基伸向气泡内，而亲水的极性头留在水中，在气液界面形成单分子膜并使气泡稳定。

吸附了捕集剂的矿粉由于表面疏水，会向气-液界面迁移与气泡发生"锁合"效应。即矿粉表面的捕集剂会以疏水的碳氢链插入气泡内，同时起泡剂也可以吸附在固-液界面上，进入捕集剂形成的吸附膜内。也就是说，在锁合过程中，由起泡剂吸附在气界面上形成的单分子膜和捕集剂吸附在固液界面上的单分子膜可以互相穿透，形成固-液-气三相稳定的接触，将矿粉吸附在气泡上 [图 4-12(b)]。于是，依靠气泡的浮力把矿粉带到水面上，达到选矿的目的。

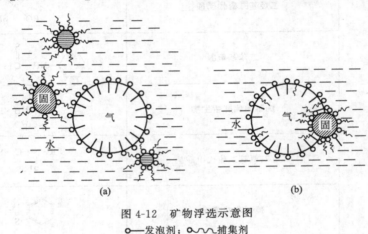

图 4-12　矿物浮选示意图
○—发泡剂；◠◡◠◡—捕集剂

(2) 金属的防锈与缓蚀

金属表面与周围介质发生化学或电化学作用而遭受破坏称为金属的化学或电化学腐蚀。绝大多数金属都有与周围介质发生作用，转变为离子的倾向，因此腐蚀现象是广泛存在的，由于腐蚀造成的经济损失也是十分巨大的。为了防止金属腐蚀的发生，最有效的办法是消除产生腐蚀的各种条件。如在金属表面包覆一层金属保护层或涂料保护层，可以良好地起到隔离和防止化学、电化学腐蚀的作用。

应用缓蚀剂、改变腐蚀介质的性质是防止金属电化学腐蚀的一种重要方法，其优点是：缓蚀剂用量少、设备简单、使用方便、投资少、见效快。因此缓蚀剂被广泛应用于各个工业部门。缓蚀剂按照其对电极过程发生的主要影响可分为阳极缓蚀剂、阴极缓蚀剂和混合型缓蚀剂，按照其化学成分可分为无机缓蚀剂和有机缓蚀剂，按照其形态可分为油溶性缓蚀剂、挥发性（气相）缓蚀剂和水溶性缓蚀剂。

有机缓蚀剂的极性基团通常含有电负性较大的 O、N、S 和 P 等原子，能够吸附于金属表面，改变双电层的结构，提高金属离子化过程的活化能；其非极性基团主要由烃基构成，在金属表面作定向排列，形成一层疏水的薄膜，使腐蚀反应受到抑制。在腐蚀性较强的酸性介质中，有机缓蚀剂具有很好的缓蚀作用。有机缓蚀剂的品种主要有胺及其衍生物、含氮杂环化合物及其衍生物、氨基酸型两性化合物以及硫脲衍生物等。

金属防锈常使用油溶性缓蚀剂，主要有羧酸、金属皂、磺酸盐、胺类化合物以及多元醇羧酸酯，如石油磺酸钡、石油磺酸钠、石油磺酸钙、失水山梨醇单油酸酯等。油溶性缓蚀剂与润滑油、防锈添加剂和其他添加剂共同组成液体防锈油，除了作为封存用外，还兼有防锈、润滑的功能。其原理如图 4-13 所示。

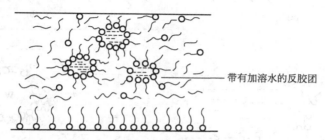

图 4-13　油溶性缓蚀剂的缓蚀原理

在金属表面涂上防锈油后，一方面，其中的油溶性缓蚀剂的两亲分子在金属-油界面上发生选择性吸附，以极性的亲水基吸附于金属表面，而非极性的亲油基伸向油中，形成定向排列的单分子膜，替代原来的金属高能表面，使水和腐蚀介质在金属表面的接触角变大，不能润湿。于是可以阻止水与金属表面的接触，对金属表面起到屏蔽作用。另一方面，当油相中缓蚀剂的浓度超过其临界胶束浓度后，缓蚀剂会自动聚集生成亲水基朝内、亲油基朝外的反胶团。这些反胶团能将油中的水或酸等腐蚀介质增溶在胶团中，从而显著地降低了油膜的透水率，减少了腐蚀介质与金属的接触。

有些油溶性缓蚀剂还具有水膜置换功能。将带有水膜的金属试片浸入含有某些缓蚀剂的矿物油中，水膜会被油膜取代，油膜黏附于金属表面，对金属起保护作用。

例如图 4-14(a) 所示，金属试片上有一接触角很小的水滴，当把试片浸入含有十八胺的矿物油中时，经过一段时间，试片上的水滴会出现图 4-14(b) 的现象，水滴逐渐收缩 [图 4-14 (c)]接触角变大。若将试片竖起，则水滴会从试片上脱落下来。十八胺在金属表面的定向吸附使固-油表面张力降低，在水滴周围的定向吸附使油-水表面张力不变，从而金属与水之间的表面张力不变，因此为了保持新的固-油-水三相间的平衡，根据杨氏方程：

$$\gamma_{sw} - \gamma_{so} = \gamma_{ow} \cos\theta_o \tag{4-6}$$

$\cos\theta_o$ 必须增大，θ_o 即必然减小，θ_w 必然增大，最终水膜被油膜置换。

(3) 织物的防水防油处理

① 织物的防水处理　塑料薄膜和油布制成的雨衣透气性不好，长时间穿着感觉很不舒服。将纤维织物用防水剂进行处理，可使处理后的纤维表面变得疏水，不易被水润湿，具有防水性，而空气和水蒸气的透过性不受影响。

对纤维进行防水处理的较好方法是在纤维表面形成极薄的强疏水性涂层。反应性表面活性剂能与纤维的亲水基发生反应，脂肪族长碳链使纤维表面疏水，达到防水处理的目的。

例如防水剂 Zelan 与纤维素纤维的羟基反应生成醚键，反应方程式如下。

$$C_{17}H_{35}CONHCH_2 - \overset{+}{N}\langle\ \rangle \cdot Cl^- + HO - Cell + CH_3COONa \xrightarrow{120\sim150℃}$$

$$C_{17}H_{35}CONHCH_2 - O - Cell + N\langle\ \rangle + CH_3COOH + NaCl$$

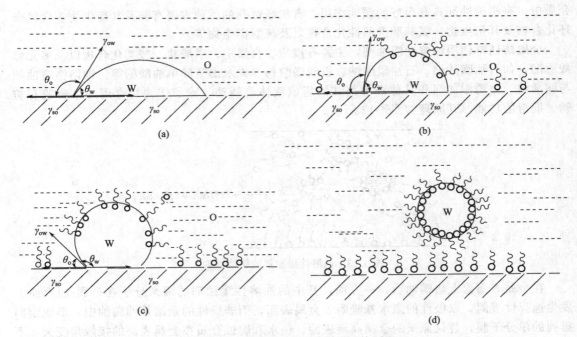

图 4-14　油溶性缓蚀剂的水膜置换原理

经过反应性表面活性剂处理后的织物具有持久性防水效果，所以又称为"永久性防水处理"。有机硅聚合物以聚硅氧链为疏水基，且具有烷基侧链，使用后为织物提供一种硅氧化合物的表面，它们能与织物牢固地结合，在纤维的缝隙发生交联反应，形成网状结构的表面层，使纤维表面变成疏水性，且保持一定的透气性。烷基硅氧链的结构为：

$$—O—\underset{R}{Si}—O—\underset{R}{Si}—$$

② 织物的防油处理　纤维的防油处理主要使用碳氟表面活性剂，在织物表面形成充填 —CF_3 基团的表面层，特别是全氟碳化合物可使处理后织物的临界表面张力显著低于油的表面张力，不易被油润湿。有代表性的处理剂是 1,1-二氢全氟烷基聚丙烯酸酯，其结构式为：

$$\left[\underset{H}{\overset{H}{C}}-\underset{F}{\overset{COOR}{C}}\right]_n$$

当烷基 R 为全氟丙基（—C_3F_7）时，处理后棉布的防油率可达 90（最高为 150），有防油效果；当烷基 R 为全氟壬基（—C_9F_{19}）时，防油率可达 130，防油效果显著。

(4) 在农药中的应用

许多植物、害虫和杂草表面常覆盖一层低表面能的疏水蜡质层，这使其表面不易被水和药液润湿。为此需要在药液中添加润湿剂和渗透剂，润湿剂会以疏水的碳氢链通过分子间力吸附在蜡质层的表面，而亲水基则伸入药液中形成定向吸附膜，取代了疏水的蜡质层。由于亲水基与药液间具有很好的相容性，药液能够在其表面铺展。

用作农药润湿剂和渗透剂的主要是阴离子表面活性剂和非离子表面活性剂。阴离子型表面活性剂包括烷基硫酸盐、烷基苯磺酸盐、烷基萘磺酸盐、α-烯基磺酸盐、木质素磺酸盐、二烷基琥珀酸酯磺酸盐、烷基琥珀酸单酯磺酸盐、N-脂肪酰基-N-甲基牛磺酸钠、脂肪醇聚氧乙烯醚硫酸钠、烷基酚聚氧乙烯醚硫酸钠以及烷基酚聚氧乙烯醚甲醛缩合物等。非离子型包括烷基酚聚氧乙烯醚、脂肪醇聚氧乙烯醚和聚氧乙烯聚氧丙烯嵌段型聚醚等。

4.4　起泡和消泡作用

4.4.1　泡沫的形成及其稳定性

泡沫是气体分散于液体中的分散体系，气体是分散相（不连续相），液体是分散介质（连续相）。由于气体比液体的密度小得多，液体中的气泡会上升至液面，形成以少量液体构成的液膜隔开的气泡聚集物，即泡沫，如图4-15所示。

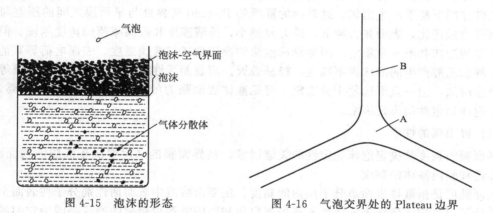

图 4-15　泡沫的形态　　　　　　图 4-16　气泡交界处的 Plateau 边界

在某些情况下，泡沫的产生是有利的，如矿物的浮选、泡沫灭火器等。但有些情况下，泡沫的产生是不利的，如家用洗涤剂的泡沫给污水处理带来麻烦，化学反应产生的泡沫造成反应不均匀、设备利用率降低等。因此，了解泡沫产生和破坏的条件、影响泡沫稳定性的因素对于实际生产具有重要的意义。

泡沫中的气泡被一层极薄的液膜隔开构成多面体，在气泡交界处形成了 Plateau 边界（图4-16）。所谓 Plateau 边界是指多面体泡沫为保持其力学上的稳定，总是按一定的方式相交，例如三个气泡相交时互成 120°最为稳定，其交界处称为 Plateau 边界，它在气泡之间的排液过程中起到渠道和储存器的作用。

根据 Laplace 公式

$$\Delta p = 2\gamma/R \tag{4-7}$$

液体内部与外部的压力差 Δp（附件压力）与液膜的曲率半径 R 成反比，与液体的表面张力 γ 成正比。图4-16中三个气泡的交界处 A 为凹液面，该点压力差 Δp 小于零；而 B 处液膜近乎平面，压力差为零。因此 B 处液体压力大于 A 处，液体会从 B 处向 A 处排液，使两个气泡间的液膜减薄，最终破裂。当膜之间的夹角为 120°时，A、B 间压力差最小，这就是多边形泡沫结构中大多数是六边形的原因。

此外受重力的影响，液体也会产生向下的排液现象，液膜厚度随之下降，遇外界扰动时容易破裂，但重力排液仅在液膜较厚时起主要作用。如果把液膜看作毛细管，那么液体从液膜排出的速度与其厚度的四次方成正比，因此随排液的进行，液膜厚度的减小，排液速度急剧减慢。

气泡内气体的扩散是导致泡沫破坏的另一个重要原因，由于泡沫中气泡的大小不一样，泡内气体的附加压力有所不同，根据 Laplace 式(4-7)，小气泡内气体的压力大于大气泡内的压力，因此小气泡会通过液膜向大气泡里排气，使小泡变小以致消失，大泡变大同时会使液膜更加变薄，最后破裂。此外，液面上的气泡也会因泡内压力比大气压大而通过液膜直接向大气排气，最后气泡破灭。

总之，泡沫是气体分散在液体中的粗分散体系，其内部存在着巨大的气-液界面，界面能很高，是热力学不稳定体系。影响泡沫稳定性的主要因素有液体的表面张力、界面膜的性质、表面张力的修复作用、表面电荷、泡内气体的扩散以及添加的表面活性剂的结构等。

(1) 表面张力

通常低的表面张力有利于泡沫的形成，例如乙醇的表面张力为 22.4mN/m（20℃），在外界条件作用下易于产生泡沫。这是因为液膜的 Plateau 交界处与平面膜之间的压差与液体的表面张力成正比，表面张力越低，压力差越小，排液速度和液膜减薄的速度越慢。但此类液体产生的泡沫并不一定稳定，因为形成泡沫的稳定性还与液膜强度、表面电荷等其他因素有关。例如乙醇产生的泡沫很不稳定，极易破灭。而表面活性不太高的蛋白质、明胶等虽然不易产生泡沫，但一旦形成便十分稳定。可见液体表面张力的大小是泡沫产生的重要条件，但不是泡沫稳定性的决定因素。

(2) 界面膜的性质

界面膜的强度是决定泡沫稳定性的关键因素，而界面膜的强度取决于液膜的表面黏度、液膜弹性和膜内液体的黏度。

表面黏度是指液体表面单分子层内的黏度。主要由溶液中表面活性剂分子在表面上所构成的单分子层决定。例如表面活性不高的蛋白质和明胶能形成稳定的泡沫是因为它们的水溶液有很高的表面黏度。表 4-5 给出了几种表面活性剂水溶液的表面黏度、表面张力与泡沫寿命的关系。可见，泡沫的寿命与溶液的表面张力没有确定的对应关系，而是随着表面黏度的增加明显提高。

表 4-5 部分表面活性剂水溶液（0.1%）的表面黏度、表面张力和泡沫寿命

表面活性剂	表面张力 γ/(mN/m)	表面黏度 η_s/Pa·s	泡沫寿命 t/min
Triton X-100	30.5	—	60
十二烷基硫酸钠（纯）	38.5	2×10^{-4}	69
Santomerse 3	32.5	3×10^{-4}	440
E607 L	25.6	4×10^{-4}	1650
月桂酸钾	35.0	39×10^{-4}	2200
十二烷基硫酸钠（含月桂醇）	23.5	55×10^{-4}	6100

从表 4-5 还可以看出，经石油醚或乙醚提纯后的十二烷基苯磺酸钠表面黏度和泡沫寿命都较低，而含有月桂醇的商品十二烷基苯磺酸钠表面黏度较高，泡沫寿命也大大提高。图 4-17 和图 4-18 分别表明了在月桂酸钠水溶液中添加月桂醇和月桂酰异丙醇胺对表面黏度和泡沫寿命的影响。

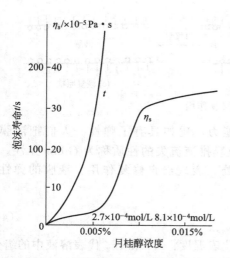

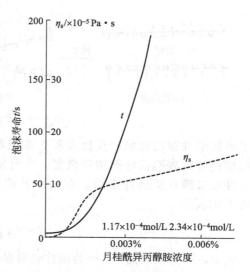

图 4-17 月桂醇对 0.1％月桂酸钠
（pH＝10）的表面黏度和泡沫寿命的影响

图 4-18 月桂酰异丙醇胺对 0.1％月桂酸钠
（pH＝10）的表面黏度和泡沫寿命的影响

在月桂酸钠溶液中加入月桂醇和月桂酰异丙醇胺后，随其加入的浓度增加，气-液界面的表面黏度增加，泡沫寿命明显上升，只是在添加物浓度较大时，表面黏度的上升变得缓慢，这进一步说明了表面黏度对泡沫寿命的重要影响作用。在月桂酸钠中加入月桂醇和月桂酰异丙醇胺后，可在气-液界面上生成混合分子膜，增大了吸附分子的密度，同时还可能在极性头间产生氢键等作用，使分子间相互作用和吸附膜强度增强，从而提高了泡沫的稳定性。

表面黏度是影响泡沫稳定性的重要条件，但不是唯一的，也并非越高越好，还需要考虑界面膜的弹性。例如，十六醇形成的液膜表面黏度和强度都很高，但却不能起到稳泡作用，这是因为它形成的液膜刚性很强，容易在外界扰动下脆裂，因此十六醇没有稳泡作用。理想的液膜应该是高黏度和高弹性的凝聚膜。

此外，液膜内液体的黏度也对泡沫的稳定性有一定的影响。当液膜液体本身的黏度较大时，液膜中的液体不易排出，液膜厚度变小的速度较慢，从而延缓了液膜的破裂时间，提高了泡沫的稳定性。

（3）表面张力的修复作用

所谓修复作用是指泡沫的液膜受外界扰动或自动排液变薄时，会通过自身收缩或由其他部位补充来恢复原状的现象。如图 4-19 所示，当液膜受到冲击或发生排液现象时，局部液膜变薄，同时变薄之处（A 点）的液膜表面积增大，表面吸附分子的密度减少，导致局部表面张力增加，即由于 B 处表面分子的密度高于 A 处，所以有力试图从 B 处向 A 处迁移的趋势，使 A 处表面分子的密度增大，从而表面张力恢复原来的较低的数值。在表面分子从 B 向 A 迁移过程的同时，会携带邻近的液体一起移动，使 A 处的液膜又变为原来的厚度。表面张力和液膜厚度的恢复，均使液膜强度复原，泡沫的稳定性提高。

从能量的角度看，当吸附了表面活性剂的泡沫受到外界冲击和扰动，或液膜受重力作用排液时，都会引起液膜局部变薄，面积增大，以及表面吸附分子浓度的降低，表面张力增大。如果进一步扩大液膜表面，则需要做更大的功。另一方面，液膜表面收缩，将使表面吸附分子的浓度增加，表面张力减小，也不利于表面的进一步收缩。因此，吸

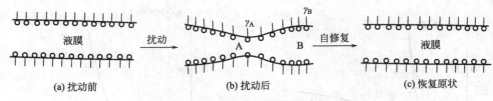

图 4-19 表面张力的修复作用

附了表面活性剂的液膜有反抗表面扩张或收缩的能力，犹如具有了弹性。人们把液膜通过收缩使该处表面活性剂浓度恢复，并且能阻碍液膜排液流失的性质称为 Gibbs 弹性。这种弹性使液膜在受到冲击后，自动修补液膜变薄处，表现出自修复作用。液膜的弹性 E 可由下式表示：

$$E = 2A \left(\frac{\mathrm{d}\gamma}{\mathrm{d}A}\right)_{T,N_1,N_2} \tag{4-8}$$

式中，A 为液膜面积；γ 为液体表面张力；T 代表温度；N_1 和 N_2 代表溶液中的组分。

对于提高泡沫的稳定性，液膜的弹性和自修复作用比降低表面张力更为重要。纯液体没有表面弹性，表面张力不会随表面积变化，因而不能形成稳定的泡沫。

（4）表面电荷

如果泡沫液膜的表面带有相同符号的电荷，当液膜受到挤压、气流冲击或重力排液使液膜变薄（厚度约为 100nm）时，液膜的两个表面将会产生静电斥力作用，以阻止继续排液减薄，延缓液膜变薄，提高泡沫的稳定性。

使用离子型表面活性剂为起泡剂时，表面活性剂在水中解离后会产生正离子或负离子，并在液膜表面发生吸附。例如十二烷基硫酸钠在水中电离生成十二烷基硫酸根负离子（$C_{12}H_{25}SO_4^-$），在液膜表面形成带负电荷的表面，反离子 Na^+ 分散于液膜溶液内，与 $C_{12}H_{25}SO_4^-$ 负离子在液膜上形成双电层，如图 4-20 所示。当液膜变薄至一定程度时，两个表面开始产生明显的静电斥力，防止液膜进一步减薄。这种静电斥力作用在液膜较厚时并不明显。

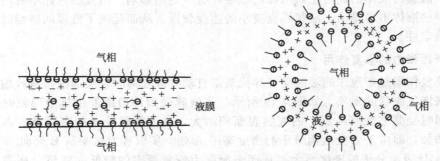

图 4-20 离子型表面活性剂的双电层结构

（5）泡内气体的扩散

通常泡沫中气泡的大小是不均匀的，小泡内气体压力较大，透过液膜向低压的大泡内扩散；同时，浮于液面的气泡通过液膜向大气排气。无论哪种排气方式，气泡内气体的扩散速度与液膜的性质和黏度有关，液膜黏度越高，表面吸附的分子排列越紧密，气体的相对透过率越低，气泡的排气越慢，泡沫越稳定。

表面活性剂分子吸附于泡沫的液膜上，形成紧密排列的吸附膜，使液膜的表面黏度升高，起到了阻止气泡排气的作用。如前所述，若在十二烷基硫酸钠溶液中加入月桂醇，吸附层分子排列更加紧密，液膜的透气性显著降低，泡沫的稳定性将大大提高。

综上所述，影响泡沫稳定性的因素是多方面的，但关键在于表面膜的性质和强度，作为起泡剂和稳泡剂的表面活性剂的分子结构对泡沫的稳定性起了很大作用。当疏水基碳链为长度适当的直链时，表面活性剂依靠分子间力在液膜表面形成紧密的吸附层，液膜强度和泡沫稳定性提高。碳链太短，表面膜的强度较低；碳链太长，膜的刚性太强，缺乏弹性。通常含 12～14 个碳原子的疏水链效果最佳，对于亲水基团，水化能力越强，亲水基周围形成的水化膜越厚，能将液膜中流动性强的自由水变成流动性差的束缚水，同时也提高了液膜的黏度，增加了泡沫的稳定性。此外，分子结构中带有羟基、氨基和酰氨基的表面活性剂在表面膜中可形成氢键，使表面膜黏度和强度增加，达到稳定泡沫的目的。

4.4.2　表面活性剂的起泡和稳泡作用

4.4.2.1　表面活性剂的起泡性

表面活性剂的起泡性是指表面活性剂溶液在外界作用下产生泡沫的难易程度。向含有表面活性剂的水溶液中充气或施以搅拌，便可形成被溶液包围的气泡。表面活性剂分子疏水的碳氢链伸入气泡的气相中，亲水的极性头伸入水中，在气泡的气-液界面形成定向吸附的单分子膜。当气泡上升至液面时，进一步吸附液体表面的表面活性剂分子，露出水面与空气接触的部分形成了位于液面两端的双分子膜，此时的气泡有较长的寿命，随着气泡不断地产生，堆积在液体表面形成泡沫，如图 4-15 所示。

这种带有表面活性剂双分子层水膜的气泡液膜强度较高，膜的厚度为几百纳米，具有光的波长等级，在阳光下可以看到七色光谱带。

在泡沫形成过程中，气-液界面的面积急剧增加，体系的能量也随之增加，因此需要外界对体系做功，如加压通气或搅拌等。外界所做功的大小可由式（4-9）表示。

$$W_外 = \Delta E = \gamma A \tag{4-9}$$

式中，ΔE 为泡沫产生前后体系的能量差。如果液体的表面张力越低，则施加相同的功所产生的气泡的面积 A 越大，泡沫体积就越大，说明此液体容易起泡。例如水的表面张力为 72.8mN/m，加入十二烷基硫酸钠后，表面张力可降至 39.5mN/m，容易产生泡沫。

因此作为起泡剂的表面活性剂要具有高的表面活性，表面活性剂的起泡性可以用其降低水的表面张力的能力来表征，降低水的表面张力的能力越强，越有利于产生泡沫。此外，起泡剂应当容易在气-液界面形成定向排列的吸附膜。研究和应用结果表明，具有良好起泡性的通常是阴离子表面活性剂，常用起泡剂的种类和结构列于表 4-6 中。

4.4.2.2　表面活性剂的稳泡性

表面活性剂的稳泡性和起泡性是两个不同的概念，稳泡性是指在表面活性剂水溶液产生泡沫之后，泡沫的持久性或泡沫"寿命"的长短。稳泡性与液膜的性质有密切的关系，作为稳泡剂的表面活性剂可提高液膜的表面黏度，增加泡沫的稳定性，延长泡沫的寿命。常用的稳泡剂主要有天然化合物、高分子化合物和合成表面活性剂三类。

表 4-6 常用起泡剂的种类和结构

种类		结构
羧酸盐类	脂肪酸盐	RCOOM （R 为 C_{12}～C_{14} 烷基，M 为 Na、K、NH_4）
	脂肪醇聚氧乙烯醚羧酸钠（AEC）	$RO(CH_2CH_2O)_nCH_2COOM$ （R 为 C_{12}～C_{14} 烷基，M 为 Na、K、NH_4）
	邻苯二甲酸单脂肪醇酯钠盐	⬡—COOR ⬡—COONa （R多为$C_{12}H_{25}$）
硫酸盐类	烷基硫酸盐	$ROSO_3M$ （R 为 C_{12}～C_{14} 烷基，M 为 Na、K、NH_4）
	脂肪醇聚氧乙烯醚硫酸钠（AES）	$RO(CH_2CH_2O)_nSO_3Na$ （R 多为 $C_{12}H_{25}$，$n=1$～2）
	烷基酚聚氧乙烯醚硫酸钠	R—⬡—O—$(CH_2CH_2O)_nSO_3Na$ （R=C_8H_{17}、C_9H_{19}，$n=5$～10）
	烷基硫酸乙醇胺盐	$ROSO_3H\cdot NH_2(CH_2CH_2OH)$（单乙醇胺盐） $ROSO_3H\cdot NH(CH_2CH_2OH)_2$（双乙醇胺盐） （R=$C_{12}H_{25}$）
磺酸盐类	烷基磺酸盐	$R(CH_2)_{1～2}SO_3Na$　（R=$C_{12}H_{25}$）
	烷基苯磺酸钠	R—⬡—SO_3Na　（R=$C_{12}H_{25}$）
琥珀酸单酯磺酸钠	N-脂肪酰基乙醇胺琥珀酸单酯磺酸二钠	$RCONH(C_2H_4O)OCCH_2CHCOONa$ $\quad\quad\quad\quad\quad\quad\quad\quad SO_3Na$
	脂肪酰氨基琥珀酸单酯磺酸二钠	$R^1CONHCHCHCOONa$ $\quad\quad ROOC\ \ SO_3Na$
	脂肪醇聚氧乙烯醚琥珀酸单酯铵盐磺酸钠	$RO(CH_2CH_2O)_nOCCH_2CHCOONH_4$ $\quad\quad\quad\quad\quad\quad\quad\quad SO_3Na$ （R=$C_{12}H_{25}$，$n=1$～3）
	脂肪醇聚氧乙烯醚单琥珀酰胺磺酸二钠	$RO(OCH_2CH_2)_nNHCOCH_2CHCOONa$ $\quad\quad\quad\quad\quad\quad\quad\quad SO_3Na$ （R=$C_{12}H_{25}$，$n=8$～12）

① 天然化合物　天然稳泡剂主要有明胶和皂素两种。这类物质虽然降低表面张力的能力不强，但能在泡沫的液膜表面形成高黏度和高弹性的界面膜，因此有很好的稳泡作用。明胶和皂素的分子间不存在范德华力，而且分子中还含有—COOH、—NH_2 和—OH 等。这些基团都有生成氢键的能力，因此，在泡沫体系中由于它们的存在，使表面膜的黏度和弹性得到提高，从而增强了表面膜的机械强度，起到稳定泡沫的作用。

② 高分子化合物　聚乙烯醇、甲基纤维素及改性淀粉、羟乙基淀粉等高分子化合物具

有良好的水溶性，不仅能提高液相黏度，阻止液膜排液，同时还能形成高强度的界面膜，因此具有较好的稳泡作用。

③ 合成表面活性剂　合成表面活性剂作为稳泡剂一般是非离子表面活性剂，其分子结构中大多含有氨基（—NH_2）、酰氨基（—CONH—）、羟基（—OH）、羧基（—COOH）、羰基（—CO—）、酯基（—COOR）、醚键（—O—）等能够生成氢键的基团，用于提高液膜的表面黏度，具体品种如表 4-7 所列。

表 4-7　主要合成稳泡剂的品种和结构

品种	结构	实例
脂肪酸乙醇酰胺	$RCNHCH_2CH_2OH$ （R=C_{11}～C_{17}烷基）	$C_{11}H_{23}CONHCH_2CH_2OH$ 月桂酰单乙醇酰胺
脂肪酸二乙醇胺	$RCON\big\langle\!\begin{smallmatrix}CH_2CH_2OH\\CH_2CH_2OH\end{smallmatrix}$ （R=C_{11}～C_{17}烷基）	$C_{11}H_{23}CON\big\langle\!\begin{smallmatrix}CH_2CH_2OH\\CH_2CH_2OH\end{smallmatrix}$ 月桂酰二乙醇酰胺
聚氧乙烯脂肪酰醇胺	$RCONH(CH_2CH_2O)_nH$ （R=C_{11}～C_{17} 烷基，n=5～25）	$C_{11}H_{23}CONH(CH_2CH_2O)_nH$ （n=5～25）聚氧乙烯月桂酰醇胺
氧化烷基二甲基胺（OA）	$R-\overset{CH_3}{\underset{CH_3}{N}}\!\!\rightarrow O$ （R=C_{12}～C_{18}烷基）	$C_{12}H_{25}-\overset{CH_3}{\underset{CH_3}{N}}\!\!\rightarrow O$ 氧化十二烷基二甲基胺
烷基葡萄糖苷（APG）	$\left[\text{HO}\!\!\begin{smallmatrix}CH_2OH\\ \end{smallmatrix}\!\!OH\right]_n\!\!-R$ （R=C_8～C_{18}烷基）	十二烷基葡萄糖苷
烷基酰胺	$RNHCOR^1$	$C_{12}H_{25}NHCOCH_3$ 乙酰十二胺
烷基苯磺酰二乙醇胺	$R-\langle\!\!\bigcirc\!\!\rangle-SO_2N\big\langle\!\begin{smallmatrix}CH_2CH_2OH\\CH_2CH_2OH\end{smallmatrix}$	$C_{12}H_{25}-\langle\!\!\bigcirc\!\!\rangle-SO_2N\big\langle\!\begin{smallmatrix}CH_2CH_2OH\\CH_2CH_2OH\end{smallmatrix}$ 十二烷基苯磺酰二乙醇胺

4.4.3　表面活性剂的消泡作用

尽管泡沫在很多方面具有重要的意义，但在有些场合下，也会给生产带来许多麻烦，如在微生物工业、发酵酿造工业、水处理以及减压蒸馏、溶液浓缩和机械洗涤等过程中，泡沫的存在都是有害的。因此研究泡沫的抑制和消除方法，防止泡沫的产生是十分必要的。

采用抑泡剂防止泡沫产生的方法叫做抑泡法。作为抑泡剂的表面活性剂不能在溶液表面形成紧密的吸附膜，分子间的作用力较小，并且形成的界面膜弹性适中。带短聚氧乙烯链的非离子表面活性剂和聚氧乙烯聚氧丙烯嵌段共聚物具有较好的抑泡性能，是常用的抑泡剂。但到目前为止还没有高效并且普遍适用的抑泡剂，需要具体情况具体分析。

在实际应用中，更多的情况是使用消泡剂消除已产生的泡沫，具有破坏泡沫能力的表面活性剂叫做消泡剂。一种好的消泡剂既能快速消除泡沫，又能在相当长的时间内防止泡沫生成。

4.4.3.1　泡沫的消除机理

消泡剂主要通过以下几种方式消除泡沫。

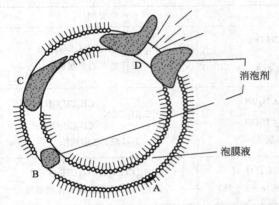

图 4-21　消泡剂降低局部液膜表面张力示意图

① 使液膜局部表面张力降低　如图 4-21 所示，将消泡剂加入泡沫体系中后，消泡剂微滴浸入气泡液膜，顶替了原来液膜表面上的表面活性剂分子，使此处的表面张力降低得比液膜其他处的表面张力更低。由于泡沫周围液膜的表面张力高，将产生收缩力，从而使低表面张力处的液膜被向四周牵引、延展而伸长、变薄，最后破裂（D 处）使气泡消除。

② 破坏界面膜弹性，使液膜失去自修复作用　界面膜的弹性是保证泡沫稳定的重要因素，弹性越大，液膜具有越强的自修复能力，泡沫越稳定。在泡沫体系中加入聚氧乙烯聚硅氧烷等表面张力极低的消泡剂，消泡剂进入泡沫液膜后，会使此处液膜的表面张力降至极低而失去弹性。当此处的液膜受到外界的扰动或冲击拉长，液膜面积增加，消泡剂的浓度降低，引起液膜的表面张力上升时，液膜不能产生有效的弹性收缩力来使自身的表面张力和厚度恢复，从而因失去自修复作用而被破坏。

③ 降低液膜黏度　泡沫液膜的表面黏度越高，其强度也越高，排液速度越慢；同时液膜的透气性越低，更能阻止泡内气体的打散作用，从而达到延长泡沫寿命、提高泡沫稳定性的作用。例如，含聚氧乙烯链的表面活性剂和蛋白质分子链间都能够形成氢键（图 4-22），提高了液膜的表面黏度。如果用不能产生氢键的消泡剂将前两种表面活性剂分子从液膜表面取代下来，就会减小液膜的表面黏度，使泡沫液膜的排液速度和气体扩散速度加快，减少泡沫的寿命而使泡沫消除。

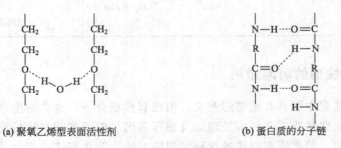

(a) 聚氧乙烯型表面活性剂　　　　　(b) 蛋白质的分子链

图 4-22　表面活性剂分子间氢键示意图

④ 固体颗粒的消泡作用　疏水性固体颗粒具有一定的消泡作用。当表面疏水的固体颗粒加入泡沫体系中时，原吸附于泡沫液膜表面的表面活性剂分子以其疏水基吸附于固

体颗粒的表面，其亲水基伸入液相，使固体颗粒表面转变为亲水性表面。于是，原泡沫液膜中的表面活性剂被固体颗粒携带进入液膜的水相，使液膜的表面活性剂浓度、表面黏度以及自修复能力降低，从而降低了泡沫的稳定性，缩短了泡沫的寿命。可见，固体颗粒通过对泡沫液膜上表面活性剂分子的吸附和转移起到消除泡沫的作用，该过程如图4-23 所示。

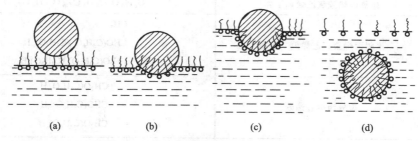

图 4-23　疏水性固体颗粒消泡过程示意图

4.4.3.2　消泡剂种类

消泡剂主要有天然油脂和矿物油、固体颗粒以及合成表面活性剂三类。

① 天然油脂和矿物油　天然油脂主要指动植物油和蜡，如棉籽油、蓖麻油、油酸、椰子油、猪油、牛油、羊油和棕榈蜡、蜂蜡、鲸蜡等，主要成分是脂肪酸及其酯和高级醇及其酯。天然油脂和矿物油类消泡剂价格低廉，为了提高它们在水中的分散性和消泡效果，可将其中两种或多种配合使用，也可与表面活性剂配合使用。

② 固体颗粒　此类消泡剂主要是常温下为固体、比表面积较高、具有疏水性表面的固体颗粒，如二氧化硅、膨润土、硅藻土、滑石粉、活性白土、二氧化钛、脂肪酰胺和重金属皂等。

③ 合成表面活性剂　用作消泡剂的表面活性剂主要是非离子表面活性剂，包括多元醇脂肪酸酯型、聚醚型和含硅表面活性剂三种。

多元醇脂肪酸酯类消泡剂是由乙二醇、丙三醇与硬脂酸经酯化反应制得，主要品种、结构和特点如表4-8 所示。

表 4-8　多元醇脂肪酸酯类消泡剂的品种、特点和结构

品种	特点	结构
乙二醇单硬脂酸酯	白色或乳白色固体或片状物，可用作金属加工、化妆品、洗涤剂和药品生产中的消泡剂	$HOCH_2CH_2OOCC_{17}H_{35}$
甘油单硬脂酸酯	白色至淡黄色蜡状固体，易溶于植物油，可作为糕点和豆浆的消泡剂	$\begin{array}{l} CH_2OH \\ \vert \\ CHOH \\ \vert \\ CH_2OOCC_{17}H_{35} \end{array}$

用作消泡剂的聚醚型非离子表面活性剂品种较多，这类消泡剂具有非离子表面活性剂的溶解性质，在低温下分子呈蜷曲形，与水分子形成氢键而溶解在水中。温度升高时，由于分子热运动加剧，氢键被破坏，表面活性剂的溶解度降低。当温度升到浊点之上时，会从水中析出并以油滴形式存在，是性能优良的水体系消泡剂。此类消泡剂主要有聚氧乙烯醚、聚氧乙烯聚氧丙烯嵌段共聚物、脂肪醇聚氧丙烯聚氧乙烯醚、甘油聚氧丙烯聚氧乙烯醚脂肪酸酯以及含氮聚氧丙烯聚氧乙烯醚等，它们的品种和结构如表4-9 所示。

表 4-9 聚醚型消泡剂的品种和结构

品种			结构
聚氧乙烯醚			$H(OCH_2CH_2)_nOH$
聚氧乙烯聚氧丙烯嵌段共聚物			$HO(C_2H_4O)_l(C_3H_6O)_m(C_2H_4O)_nH$ 或 $HO(C_3H_6O)_l(C_2H_4O)_m(C_3H_6O)_nH$
脂肪醇聚氧丙烯聚氧乙烯醚	聚氧丙烯聚氧乙烯单丁醚		$C_4H_9O(C_3H_6O)_m(C_2H_4O)_nH$
	聚氧丙烯聚氧乙烯丙二醇醚		$\begin{array}{l} CH_3 \\ | \\ CHO(C_3H_6O)_l(C_2H_4O)_mH \\ | \\ CH_2O(C_3H_6O)_n(C_2H_4O)_pH \end{array}$
	聚氧丙烯甘油醚		$\begin{array}{l} CH_2O(C_3H_6O)_lH \\ | \\ CHO(C_3H_6O)_mH \\ | \\ CH_2O(C_3H_6O)_nH \end{array}$
	聚氧丙烯聚氧乙烯甘油醚		$\begin{array}{l} CH_2O(C_3H_6O)_m(C_2H_4O)_nH \\ | \\ CH_2O(C_3H_6O)_{m_1}(C_2H_4O)_{n_1}H \\ | \\ CH_2O(C_3H_6O)_{m_2}(C_2H_4O)_{n_2}H \end{array}$
	聚氧丙烯聚氧乙烯季戊四醇醚		$\begin{array}{l} CH_2O(PO)_m(EO)_nH \\ | \\ H(EO)_{n3}(PO)_{m3}OH_2C-C-CH_2O(PO)_{m_1}(EO)_{n_1}H \\ | \\ CH_2O(PO)_{m_2}(EO)_{n_2}H \end{array}$ $(EO=C_2H_4O, PO=C_3H_6O)$
甘油聚氧丙烯聚氧乙烯醚脂肪酸酯	单酯		$\begin{array}{l} CH_2O(C_3H_6O)_m(C_2H_4O)_nOCR \\ | \\ CH_2O(C_3H_6O)_{m_1}(C_2H_4O)_{n_1}H \\ | \\ CH_2O(C_3H_6O)_{m_2}(C_2H_4O)_{n_2}H \end{array}$
	双酯		$\begin{array}{l} CH_2O(C_3H_6O)_m(C_2H_4O)_nOCR \\ | \\ CH_2O(C_3H_6O)_{m_1}(C_2H_4O)_{n_1}OCR \\ | \\ CH_2O(C_3H_6O)_{m_2}(C_2H_4O)_{n_2}H \end{array}$
	三酯		$\begin{array}{l} CH_2O(C_3H_6O)_m(C_2H_4O)_nOCR \\ | \\ CH_2O(C_3H_6O)_{m_1}(C_2H_4O)_{n_1}OCR \\ | \\ CH_2O(C_3H_6O)_{m_2}(C_2H_4O)_{n_2}OCR \end{array}$
含氮聚氧丙烯聚氧乙烯醚	三异丙醇胺聚氧丙烯聚氧乙烯醚		$\begin{array}{l} (C_3H_6O)_m(C_2H_4O)_nH \\ | \\ N-(C_3H_6O)_{m_1}(C_2H_4O)_{n_1}H \\ | \\ (C_3H_6O)_{m_2}(C_2H_4O)_{n_2}H \end{array}$
	Polxamine		$\begin{array}{l} HO(EO)_e(PO)_f \qquad (PO)_g(EO)_hH \\ \quad \backslash \qquad\qquad\qquad / \\ HO(EO)_a(PO)_b-N-CH_2CH_2-N-(PO)_c(EO)_dH \end{array}$ $(EO=C_2H_4O, PO=C_3H_6O)$

含硅表面活性剂的表面活性高，挥发性低，化学稳定性好而且无毒，具有较好的分散稳定性和较强的消泡效力。将聚硅氧烷液体乳化分散在水中制成的 O/W 型乳液可用作水体系的消泡剂，用量少，不易燃，使用安全性高。如消泡剂 ZP-20 是由二甲基硅油经乳化制得可用于铜版纸、抗生素和维生素等生产过程的消泡。

用于油体系的聚硅氧烷消泡剂可以是硅油在有机溶剂中的溶胶，也可以是硅油在矿物油等介质中的分散体系或与其他物质的混合物。这类消泡剂在水中的溶解度较低，应用受到限制，为此在聚硅氧烷分子上引入聚醚链段，成为聚醚聚硅氧烷型消泡剂，这类消泡剂具有一定的亲水性，消泡作用较强，应用较为广泛。

4.4.4　起泡与消泡的应用

矿物浮选是表面活性剂起泡作用的重要应用之一，选矿的机理和使用的起泡剂已在 4.3 节中进行了详细介绍。此处重点介绍起泡作用在泡沫灭火、原油开采中的应用，以及消泡作用在发酵工业和轻工业中的应用。

4.4.4.1　起泡作用在泡沫灭火中的应用

泡沫灭火是表面活性剂起泡作用的另一个十分重要的应用。其基本原理是产生大量的泡沫，借助泡沫中所含的水分起到冷却作用，或者在燃烧体的表面上覆盖一层泡沫层、胶束膜或凝胶层，使燃烧体与可燃气体氧隔绝，从而起到灭火的目的。对于木材、棉等固体物质燃烧引起的火灾，主要是通过表面活性剂的渗透和润湿作用，使泡沫中的水易于渗入燃烧体内部起到阻止燃烧的作用。对于油类等液体物质引起的火灾，则主要是通过表面活性剂加速油的乳化和凝胶化作用，以及泡沫在燃烧油表面的迅速铺展和隔离层的形成起到灭火的作用。

泡沫灭火剂主要是由高起泡能力的表面活性剂组成，大多是高级脂肪酸类或高碳醇类的阴离子、非离子和两性表面活性剂。为了提高生成泡沫的稳定性，可在泡沫灭火剂中添加月桂醇、乙醇胺及羧甲基纤维素等稳泡剂。

按照生产泡沫的膨胀率，泡沫灭火剂可分为低泡型和高泡型，前者泡沫膨胀率为 3～20 倍，后者为 1000 倍以下。根据主要成分的不同，泡沫灭火剂包括蛋白质泡沫灭火剂、合成表面活性剂泡沫灭火剂、碳氟表面活性剂泡沫灭火剂、水溶性液体火灾用泡沫灭火剂和化学泡沫灭火剂。

① 蛋白质泡沫灭火剂　这种灭火剂以天然蛋白质为原料，属于低泡型泡沫灭火剂，主要用于石油类火灾的消防，如大型油罐贮存场所用的固定泡沫灭火器。天然蛋白质主要来源于牛和马的蹄、角等粉末，近年来也使用甲醇蛋白质和酵母蛋白质等微生物蛋白质。将这些原料在 100℃ 的氢氧化钠或氢氧化钙等碱性溶液中水解数小时，再用盐酸、硫酸或有机酸中和。过滤后加入二价铁盐、防腐剂、防冻剂等即得到原液。经研究认为，这种泡沫灭火剂的主要成分可能是分子量为 5000～20000 的高起泡性的多肽，分子中含有大量的羧基、氨基和酰氨基（—$CONH_2$）或（—CONH—），属于天然两性表面活性剂。蛋白质角朊中还含有大量的二硫键（—S—S—）和巯基（—SH），与二价铁盐反应生成的化合物是消灭石油类火灾的有效成分，能够在高温的水-油界面形成稳定、耐热的吸附膜，起到隔绝空气的作用，以达到灭火的目的，灭火性能极佳。

② 合成表面活性剂灭火剂　这类泡沫灭火剂适用于石油、气体燃料和固体燃料火灾的消防，可以用在有限空间的室内灭火，也可用在坑道、地下道和高层建筑等场所，以高泡型灭火剂为主，也有部分属于低泡型。使用的表面活性剂大多具有较好的起泡性能，如十二烷基硫酸三乙醇胺、月桂醇聚氧乙烯醚硫酸盐、含 10～18 个碳原子的 α-烯基磺酸钠及含硅表面活性剂等。为提高泡沫的稳定性、耐硬水性、耐油性和耐低温性等，灭火剂中常常还需加入相应的添加剂。

$$(CH_3)_3SiO-(Si-O)_n-Si(CH_3)_3$$

$$\overset{\overset{\displaystyle R}{|}}{\underset{CH_2(CH_2)_2-OSO_3^- \cdot HN^+}{}}\begin{matrix}(CH_2CH_2O)H\\-(CH_2CH_2O)_mH\\(CH_2CH_2O)_pH\end{matrix}$$

阴离子型(R为烷基或硅烷基)

$$(CH_3)_3SiO-\overset{\overset{\displaystyle R^1}{|}}{(Si-O)}_n-Si(CH_3)_3$$

$$CH_2(CH_2)_2-Y_m\overset{+}{N}R_3\cdot Z^-$$

阳离子型

R为氢或烷基

R^1 为烷基或硅烷基

Y为—$NHCH_2CH_2$—或—OCH_2CH_2—

Z为卤素，如Cl

$$(CH_3)_3SiO-\overset{\overset{\displaystyle R}{|}}{(Si-O)}_n-Si(CH_3)_3$$

$$M-(CH_2CH_2O)_m-R^1$$

非离子型

R为烷基或硅烷基

R^1 为氢或烷基

M为—$(CH_2)_3$— 或 —$O-(CHCH_2O)$—
$\qquad\qquad\qquad\qquad\qquad\qquad\quad CH_3$

此外，水溶性液体火灾灭火剂可以采用上述天然蛋白质的水解物或合成表面活性剂为起泡剂，并添加其他成分以提高耐热性和灭火效果。化学泡沫灭火剂是利用碳酸氢钠与硫酸铝反应产生二氧化碳气体，用皂角苷、牛奶酪蛋白和合成表面活性剂等作起泡剂。通常此类灭火剂用于燃烧面积在 $1m^2$ 以内小规模油类火灾的消防，也常用于室内灭火器。碳氟表面活性剂型泡沫灭火剂性能优异，将在有关碳氟表面活性剂的章节中详细介绍。

4.4.4.2 起泡作用在原油开采中的应用

泡沫是气-液分散体系，密度小，质量小，内部压力仅为水压力的 1/50～1/20。而且泡沫具有一定的黏滞性，可连续流动，对水、油及沙石等有携带作用，在石油开采中得到极为广泛的应用。

① 泡沫钻井液　钻井液又称钻井泥浆，以黏土泥浆为主要成分，加入各种化学添加剂配制而成，具有携带和悬浮钻屑、稳定井壁、冷却和冲洗钻头、消除井底岩屑等功能，对钻井效率和防止事故起关键作用。泡沫钻井液也称充气钻井液，密度和压力低，泡沫细小，具有良好的黏滞性和携带钻屑的能力。在钻低压油层时，使用泡沫钻井液可防止因水基钻井液密度过高、压力过大导致将地层压漏、使大量钻井液流失的现象，能够提高原油开采的产量，防止地层的膨胀和钻井液的漏失。这不仅给石油开采带来很大的便利，显著提高钻井速度，而且有利于发现油层和保护油层，在该领域具有十分重要的应用价值。

常用的发泡剂有烷基苯磺酸盐、烷基硫酸盐、烷基苯磺酸异丙醇胺盐、脂肪醇聚氧乙烯醚硫酸钠、N-酰基-N-甲基牛磺酸盐、α-烯烃磺酸盐、伯醇和烯烃磺酸盐的混合物、月桂酰二乙醇胺、辛基酚聚氧乙烯醚、脂肪醇聚氧乙烯醚等，其中 α-烯烃磺酸盐的效果最佳。

② 泡沫驱油剂　驱油剂是指为了提高原油开采收率而从油田的注入井注入油层，将原油驱至油井的物质。目前世界各国的油田开发过程中，一次采油和二次采油的石油开采量仅能达到地下原油的 25%～50%。为进一步提高原油的开采收率，一般在三次采油中使用各

种驱油剂，可将采收率提高到 80%～85%。驱油剂的种类很多，泡沫驱油剂是其中十分重要的一种，具有良好的驱油效果，特别是对非均质油层的驱油效果更为显著。因为泡沫驱油剂能有效地改善驱动流体在非均质油层内的流动状况，提高注入流体的波及效率。油层的非均质程度越严重，泡沫驱油的效果越显著。一般情况下，泡沫驱油可提高采收率10%～25%。

由图 4-24 所示，在泡沫驱油的过程中，由于泡沫在多孔介质内的渗流特性，一方面进入流动阻力较小的高渗透大孔道。泡沫的视黏度随介质孔隙的增大而升高，并随剪切应力的增加而降低，这一点不利于泡沫在油层大孔道内的流动，而有利于泡沫进入小孔道。因此随着注入量的增多，泡沫的流动阻力逐渐增加而形成堵塞，阻止泡沫进一步流入大孔道。当大孔道内的流动阻力增大到超过小孔道中的流动阻力后，便迫使泡沫更多地进入低渗透小孔道驱油，而泡沫在小孔道中流动时视黏度低，阻力小。另一方面，泡沫遇到油后稳定性降低并导致破灭，而小孔道内原油的饱和度高于大孔道，泡沫的稳定性更低。因此两方面因素作用的结果最终导致泡沫在高、低渗透率油层内均匀推进，波及效率不断扩大，直到泡沫进入整个岩层孔隙。此后驱动流体便能比较均匀地推进，将大、小孔道内的原油全部驱至油井。

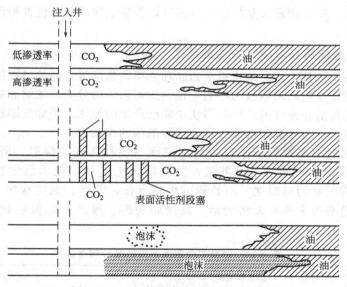

图 4-24　二氧化碳泡沫驱油过程示意图

泡沫驱油剂由气体、水、起泡剂、稳泡剂和电解质组成。其中的气体可以是空气、蒸汽、二氧化碳、天然气或氮气等。起泡剂可采用阴离子、非离子或复配型表面活性剂。常用的阴离子表面活性剂如烷基磺酸钠、烷基苯磺酸钠、甲苯磺酸盐、二甲苯磺酸盐、烷基萘磺酸钠、松香酸钠、低分子石油磺酸盐、α-烯烃磺酸盐、烷基硫酸盐、脂肪醇聚氧乙烯醚硫酸盐、烷基酚聚氧乙烯醚硫酸盐等。常用的非离子表面活性剂如脂肪醇聚氧乙烯醚、辛基酚聚氧乙烯醚、氢化松香醇聚氧乙烯醚、棕榈酸聚氧乙烯酯等。复配型表面活性剂主要用在钙、镁离子含量较高的地层中。稳泡剂主要选用羧甲基纤维素、部分水解的聚丙烯酰胺、聚乙烯醇、三乙醇胺、月桂醇和十二烷基二甲基氧化胺等。

③ 泡沫压裂液　石油开采中的压裂是用压力将地层压开，形成裂缝并用支撑剂将其支撑起来，以减小流动阻力的增产、增注措施。压裂液是压裂过程中使用的液体，主要作用是

向地层传递压力并携带支撑剂（如砂子等）。根据分散介质的不同，泡沫压裂液可分为水基泡沫压裂液和油基泡沫压裂液。

水基泡沫压裂液以水为分散介质，具有黏度低、摩擦阻力低、滤失量低、含水量低、携砂或悬砂能量强、造缝面积大、压裂后易排出以及对地层污染小等优点，压裂效果较好。此种压裂液主要由水、气体和起泡剂组成。水可以是淡水、盐水和稠化水；气体可以是二氧化碳、氮气和天然气等；常用的起泡剂有烷基磺酸盐、烷基苯磺酸盐、壬基酚聚氧乙烯醚以及脂肪醇聚氧乙烯醚等。

油基泡沫压裂液以油为分散介质，适应于水敏地层的压裂。使用的起泡剂与水基泡沫压裂液相似，但应具有较好的油溶性。为了提高泡沫的稳定性，可以使用聚硅氧烷和碳氟表面活性剂作为泡沫的稳定剂。

④ 泡沫冲砂洗井　油井经长期开采，地层压力下降，油层难免出砂，作业中也不可避免地将地面的机械杂质带入井中，造成产层不同程度的堵塞，使油井产量下降。早期采用清水冲砂和洗井作业，由于油层压力低于静水柱压力，造成大量液体漏入地层，使油层遭受污染，甚至使施工无法进行。

泡沫冲砂洗井是近年来发展起来的一项新技术，用泡沫流体代替清水进行低压漏失油井的冲砂和洗井作业。这种方法可通过调整泵入油井的气-液比或井口回压，控制井下泡沫衡度，实现负压作业，防止倒灌现象的发生；还可以依靠泡沫的黏滞性携带固体颗粒，大大改善净化井眼的效果。

4.4.4.3　消泡作用在发酵工业中的应用

在利用微生物生产抗生素、维生素等药品和酒类、酱油等食品的过程中，不可避免地会产生泡沫。泡沫对微生物的培养极为不利，也会妨碍菌体的分离、浓缩和制品的分离等后续工序，因此必须尽量防止泡沫的产生并尽快消除已产生的泡沫。消除发酵过程中起泡最有效的方法是加入消泡剂，起到抑制泡沫生成和消除泡沫的作用。

发酵过程使用的消泡剂除应具有较高的表面活性和良好的抑泡、消泡性能外，还应当满足一定的要求，如不能溶于培养液，能在液膜上铺展，化学稳定性和热稳定性好，不会降低微生物所需氧的溶解度，不妨碍微生物生长，无毒、无臭味等。根据上述要求，发酵工业使用的消泡剂主要有天然油脂、高级脂肪醇、聚硅氧烷树脂和有机极性化合物四类（表4-10）。

表 4-10　发酵工业用消泡剂的品种和性能

消泡剂类型	消泡剂品种	性能
天然油脂	大豆油、玉米油、橄榄油、亚麻仁油、蓖麻油、猪油等	价格低廉、易得、消泡效果不高
高级脂肪醇	戊醇、辛醇、月桂醇、十四醇、十六醇、十八醇等	消泡力不够理想
聚硅氧烷树脂	二甲基聚硅氧烷及其与乳化剂等的混合乳液	耐高温低温性好、物理稳定性高、无生物活性、消泡力强
有机极性化合物	聚丙二醇	抑泡性能很强、与发酵液的亲和性差、不易铺展、消泡作用不强
	聚氧乙烯聚氧丙烯嵌段型聚醚	亲水性强、消泡作用较好

4.4.4.4　消泡作用在轻工业中的应用

消泡作用在轻工业中的应用十分广泛，例如在乳胶生产过程中，会在胶料中混入大量气体。这些气体在乳胶中形成气泡，必须及时消除，否则将给后续的加工操作造成困难，甚至影响产品的质量。在胶料中添加消泡剂能起到消除泡沫的作用，使操作方便，保证了产品的质量。常用的消泡剂有仲辛醇、甲基环己醇、甘油单蓖麻酸酯、羊毛酯和丙二醇聚氧乙烯聚氧丙烯嵌段型聚醚等。

此外，在纺织工业中，从纺纱、织造到印染、后整理等工序中都要使用消泡剂，以提高织物的质量。在造纸工业的抄纸工序使用消泡剂可以改进操作和纸张的质量。

4.5　洗涤和去污作用

自浸在某种介质（一般为水）中的待洗物体表面去除污垢的过程称为洗涤。在洗涤过程中，需要加入洗涤剂以减弱污垢与固体表面的黏附作用并施以机械力搅动，使污垢与固体表面分离并悬浮于介质中，最后将污垢冲洗干净。在实际进行的各种洗涤过程中，洗涤体系是复杂的多相分散体系，分散介质是含有多种组分的复杂溶液，洗涤剂、污垢、待洗物体之间发生润湿、渗透、吸附、乳化、分散、增溶、解吸、起泡等一系列复杂的物理作用或化学反应，而且体系中涉及的表面或界面以及污垢的种类及性质千差万别，因此洗涤过程是相当复杂的过程。至今，现有的表面科学和胶体科学的基本理论仍难以对洗涤过程作出圆满的解释和分析。

一般情况下，洗涤的过程可以表示为：

物体表面·污垢＋洗涤剂＋介质 $\longleftrightarrow$ 物体表面·洗涤剂·介质＋污垢·洗涤剂·介质

可见，洗涤剂在洗涤过程中是不可缺少的，它有两方面的作用。降低水的表面张力，改善水对洗涤物表面的润湿性，从而去除固体表面的污垢。洗涤液对洗涤物品的润湿是洗涤过程能否完成的先决条件，不具备对洗涤物品的良好润湿性，洗涤液的洗涤作用将难以发挥。

表 4-11 列出了部分纤维的临界表面张力和水在其表面的接触角。从表中数据可以看出，水在聚四氟乙烯和聚丙烯、聚乙烯、聚苯乙烯等无极性基团的合成纤维表面的接触角均大于 $90°$，不能被水润湿，水在聚酯、尼龙 66、聚丙烯腈上也不能铺展。除聚四氟乙烯外，多数纤维的临界表面张力大于 $29mN/m$，从这一点也能看出水在纤维上不能得到良好的润湿性能。在水中加入洗涤剂后，通常都能使水的表面张力降至 $30mN/m$ 以下，因此除聚四氟乙烯外，洗涤剂的水溶液在上述各物品的表面都具有很好的润湿性，促使污垢脱离织物表面，发挥其洗涤作用。

表 4-11　一些纤维材料的临界表面张力和水在其表面的接触角

纤维材料	临界表面张力 γ_c /(mN/m)	接触角/(°)	纤维材料	临界表面张力 γ_c /(mN/m)	接触角/(°)
聚四氟乙烯	18	108	聚酯	43	81
聚丙烯	29	90	尼龙 66	46	70
聚乙烯	31	94	聚丙烯腈	44	48
聚苯乙烯	33	91	纤维素（再生）	44	0～42

洗涤剂的另一方面作用是对油污的分散和悬浮作用，也就是使已经从固体表面脱离下来

的污垢能很好地分散和悬浮在洗涤介质中，不再沉积在固体表面。洗涤剂具有乳化能力，能将从物品表面脱落下来的液体油污乳化成小液滴而分散、悬浮于水中，阴离子型表面活性剂不仅能使油水界面带电而阻止油珠的聚结，增加其在水中的稳定性，而且还能使已进入水相的固体污垢表面带电，依靠污垢表面同种电荷产生的静电斥力提高固体污垢在水中的分散稳定性，防止其重新沉积在固体表面。非离子型表面活性剂则可以通过较长的水化聚氧乙烯链产生空间位阻来使得油污和固体污垢的聚集，提高其在水中的分散稳定性。

待洗物体表面的污垢主要有液体污垢和固体污垢两类。液体污垢主要包括一般的动、植物油以及原油、燃料油、煤焦油等矿物油，固体污垢主要包括尘土、泥、灰、铁锈和炭黑等。液体污垢和固体污垢也常常同时出现，形成混合污垢。由于混合污垢常常是液体包住固体微粒黏附于物体表面，因此这类污垢与物体表面的黏附性质与液体污垢相似。不同类型的污垢在物理和化学性质上存在较大差异，自物体表面去除的机理也不同。

4.5.1　液体油污的去除

液体油污的去除主要是依靠洗涤液对固体表面的优先润湿，通过油污的"卷缩"机理实现的。在洗涤之前液体油污一般以铺展状态的油膜存在于物品的表面上，如图 4-25(a) 所示。此时，在固（S）、油（O）、气（G）三相界面上油污的接触角近于 0°。将物品置于洗涤液后，油污由处于固、油、气三相界面上变为处于固、油、水三相界面上，其表面张力由原来的 γ_{SG}、γ_{OG} 和 γ_{SO} 变为 γ_{SW}、γ_{OW}、γ_{SO}。根据杨氏方程，在水介质中存在如下关系式：

$$\gamma_{SO} - \gamma_{SW} = \gamma_{OW}\cos\theta_W \tag{4-10}$$

在洗涤剂的作用下，三个表面张力发生变化。在固-水界面上洗涤剂以疏水基吸附于固体表面，亲水基伸入水中，形成定向排列的吸附膜，使表面张力 γ_{SW} 降低；在油-水界面上洗涤剂则以疏水基伸入油相、亲水基伸入水相发生定向吸附，使表面张力 γ_{OW} 降低。由于水溶性洗涤剂不溶于油，不能在固-油界面发生定向吸附，因此表面张力 γ_{SO} 不发生变化。为使式(4-10) 平衡，$\cos\theta_W$ 必然增大，θ_W 即必然减小，于是铺展的油污逐渐发生"卷缩"，如图 4-25(b) 所示。

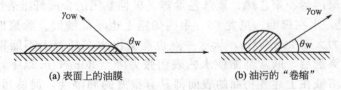

(a) 表面上的油膜　　　　　　　　(b) 油污的"卷缩"

图 4-25　液体油污的"卷缩"过程和卷缩力

液体污垢的去除程度与油污在固体表面的接触角有关。当液体油污与固体表面的接触角为 180° 时，污垢可以自发地脱离固体表面。若 θ_O 小于 180° 但大于 90° 时，污垢不能自发地脱离表面，但可被液流的水力冲走，如图 4-26(a) 所示。当 θ_O 小于 90° 时，即使有运动液流的冲击，仍然会有小部分油污残留于固体表面，如图 4-26(b) 所示。要去除此部分残留的油污，需要做更多的机械功，或使用更高浓度的洗涤剂溶液，利用表面活性剂的增溶作用将其去除。

4.5.2　固体污垢的去除

物体表面的固体污垢与扩大成一片的液体油污不同，往往仅在较少的一些点与表面接

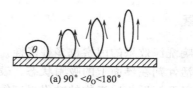 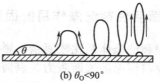

(a) $90°<\theta_O<180°$　　　　　　　　　(b) $\theta_O<90°$

图 4-26　不同接触角的油污去除示意图

触、黏附，发生黏附的主要作用是分子间的范德华力，其他力则弱得多。静电引力可以加速空气中灰尘在固体表面的黏附，但并不增加黏附强度。固体污垢与固体表面的黏附强度受多种因素的影响，例如，随接触时间的延长和空气湿度的增大而增强，处于水中的洗涤物品，其表面与固体污垢的黏附力比在空气中小得多。

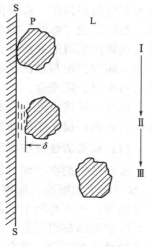

图 4-27　污垢离子从固体
表面到洗涤的分段去除

固体污垢的去除主要是由于表面活性剂在固体污垢及待洗物体表面的吸附，其过程可用兰格（Lange）的分段去污过程来表示，如图 4-27 所示。

图 4-27 中第 I 阶段为固体污垢 P 直接黏附于固体表面 S 的状态。第 II 阶段，洗涤液 L 在固体表面 S 与固体污垢 P 的固-固界面上铺展，这个过程是通过洗涤液在固-固界面中存在的毛细管微缝隙中的渗透完成的。第 III 阶段是固体污垢 P 分散、悬浮于洗涤液 L 中。

在第 II 阶段中，洗涤液能否在物体和污垢表面铺展或润湿与体系中各界面的表面张力有关。洗涤液在固体表面和污垢间的固-固界面 SP 的铺展系数 $S_{L/SP}$ 可以由式（4-11）表示：

$$S_{L/SP}=\gamma_{SP}-\gamma_{SL}-\gamma_{PL} \qquad (4\text{-}11)$$

当 $S_{L/SP}$ 大于零时，洗涤液可以在固-固界面上铺展。

表面活性剂作为洗涤剂在固体污垢去除中的作用，主要体现在分段去除过程的 II 段中，即洗涤液 L 在固体表面 S 与固体污垢 P 固-固界面上的铺展过程中。

当溶有表面活性剂的洗涤液渗入缝隙后，表面活性剂将以疏水基分别吸附于待洗固体和固体污垢的表面，其亲水基伸入洗涤液中，形成单分子吸附膜，把固体污垢的表面变成亲水性强的表面，从而与洗涤液有很好的相容性，导致洗涤液在固体表面与固体污垢间的固-固界面上铺展，形成一层水膜，使固体污垢与固体表面间的固-固界面变成两个新的固-液界面（图 4-28），即固体表面和洗涤液，固体污垢与洗涤液间的固-液界面，最终使固体污垢与固体表面完全脱离。

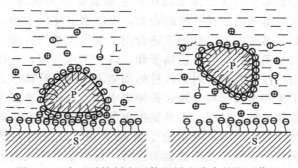

图 4-28　表面活性剂在固体污垢去除中的润湿作用

4.5.3　影响表面活性剂洗涤作用的因素

由于洗涤过程和洗涤体系比较复杂，影响洗涤效果的因素也多种多样，其中主要是洗涤液的表面或洗涤物与污垢的表面张力、表面活性剂在界面上的吸附状态、表面活性剂的分子结构、表面活性剂乳化、起泡和增溶作用，以及污垢与洗涤物的黏附强度等。

（1）表面或表面张力

表面活性剂是洗涤液的主要成分，降低体系的表面或表面张力是表面活性剂十分重要的性质，也是影响其洗涤作用的关键因素。大多数性能优良的表面活性剂均具有明显降低体系表（界）面张力的能力，在洗涤过程中使洗涤液具有较低的表面张力，从而使洗涤液能够有效地产生润湿作用。在液体污垢去除的"卷缩"过程中，表面活性剂将 γ_{OW} 和 γ_{SW} 降得越低，油污便被"卷缩"得越完全，于是越容易被去除干净。在固体污垢的去除过程中，表面活性剂将洗涤液的表面张力和织物与固体污垢之间的固-固表面张力降得越低，洗涤液越容易渗入固体污垢与被洗涤物之间的固-固界面中，也越有利于洗涤液在其界面的铺展，使固体污垢得以去除完全。

此外，洗涤液具有较低的表面张力还有利于液体油污的乳化和分散，防止油污再沉积于洗涤物表面，提高了洗涤效率。

（2）表面活性剂在界面上的吸附状态

表面活性剂在界面上的吸附状态也是影响洗涤效率的重要因素。表面活性剂在油-水和固-水界面上的吸附，能够降低表面张力，改变界面的各种性质，如电性质、化学性质和力学性能等，从而有利于液体污垢的去除。表面活性剂在固-固界面上的吸附，能够降低污垢在固体表面的黏附强度，从而有利于固体污垢的去除。可见，表面活性剂在界面上的吸附是洗涤的最基本原因，没有吸附就没有表面活性剂的洗涤功能。

表面活性剂在固-液界面的吸附态不仅与表面活性剂的类型有关，还与固体洗涤物和污垢的电性质有关。

阴离子型表面活性剂在水溶液中电离出负离子，它在界面上的吸附状态主要取决于固体表面的电性质。在水介质中，一般固体表面带负电，由于电斥力不利于阴离子表面活性剂的吸附。如果固体表面的非极性较强，则可通过固体分子与表面活性剂碳氢链间的范德华力克服电斥力，从而以疏水链吸附于固体表面、阴离子极性头伸入水中的状态吸附于固-液界面上。

非离子表面活性剂在非极性纤维上的吸附，是通过表面活性剂的疏水性碳氢链与纤维分子碳氢链间的范德华力作用实现的。非离子表面活性剂在亲水性强的棉纤维上的吸附，是通过聚氧乙烯链中的醚键氧原子与棉纤维表面的羟基形成氢键实现的，因此在纤维-水界面上表面活性剂以极性的亲水基吸附于棉纤维的表面，而疏水链朝向水中，使得原来亲水的纤维素表面变得疏水，因此非离子表面活性剂不适合用于洗涤天然棉纤维。

两性表面活性剂的分子中同时含有阴离子和阳离子亲水基团，它在洗涤物表面的吸附与离子型和非离子型表面活性剂相似，对非极性的固体表面通过范德华力以疏水基吸附于固体表面，以亲水的阴离子头和季铵阳离子极性头伸进水相。这使得非极性疏水表面变为亲水表面，有利于污垢的去除和分散、悬浮，不易发生再沉积，提高了洗涤效率。

可见，当表面活性剂处于以疏水基吸附于固-液界面、以极性头伸入水相的吸附态时能够提高固体表面的润湿性，有利于洗涤过程的进行。总体上讲，阴离子表面活性剂的洗涤性能最好，非离子表面活性剂次之，而阳离子型表面活性剂不宜用作洗涤剂。近 20 年才发展起来的两性离子表面活性剂由于具有耐硬水性好，对皮肤和眼睛的刺激性低，生物降解性、抗静电性和杀菌性优异等优点，在洗涤市场具有较强的竞争力，在洗涤剂行业中所占产品份额越来越大。

（3）表面活性剂的分子结构

表面活性剂的分子结构对洗涤效果有一定程度的影响，其中主要是非极性疏水链的长度，这种影响可由图 4-29 说明。

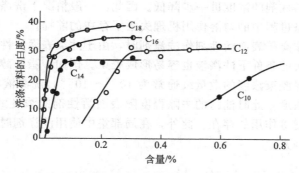

图 4-29　55℃下不同碳链长度的阴离子表面活性剂烷基硫酸钠的洗涤曲线

从图中曲线可以看出，十六烷基硫酸钠和十八烷基硫酸钠在很低含量下就能获得较好的洗涤效果，其次是十四烷基硫酸钠，而十二烷基硫酸钠和十烷基硫酸钠洗涤效果最差。可见，在温度为 55℃时，烷基硫酸钠的洗涤效果随疏水链长度的增加，洗涤效果增加。

（4）乳化与起泡作用

乳化作用在洗涤过程中起着相当重要的作用。当液体油污经"卷缩"成油珠，从固体表面脱离进入洗涤液后，还有很多与被洗物品表面相接触而再黏附于物品表面的机会。通过表面活性剂的乳化作用，可以使油污乳化并稳定地分散悬浮于洗涤液中，有效地阻止了液体油污再沉积过程的发生。要使乳化作用顺利进行，洗涤剂本身应具有很强的乳化性能，否则应适当添加乳化力强的 O/W 型乳状液的水溶性乳化剂，而且最好选用阴离子型乳化剂，这可使界面膜带电，有助于通过电斥力阻止油污液珠再吸附于固体表面。

在日常生活中，人们通常认为一种洗涤液的好坏取决于其起泡作用，洗涤过程中泡沫越多，洗涤效果越好。实际上并非如此，表面活性剂的起泡作用对洗涤效果有一定的影响，但二者之间并没有直接对应的关系。近年来，在各种洗涤过程中，常采用低泡型洗涤剂进行去污，洗涤效果也很好。但这并不说明泡沫在洗涤中毫无用处，在某些场合下泡沫对油污的去除具有很大的辅助作用。例如，洗涤液形成的泡沫可以将玻璃表面的油滴和地毯上的尘土带走，洗面奶、洗发液中丰富的泡沫在洗涤过程中还能给人带来润滑、柔软的舒适感觉，有时泡沫的存在还可作为确定洗涤液尚为有效的标志，因为脂肪性油污对洗涤剂的起泡力往往有抑制作用。

（5）表面活性剂的增溶作用

曾经有人提出，液体油污的去除是通过表面活性剂的增溶作用实现的，但事实上，这种说法并不完全符合实际情况。通常情况下，当洗涤过程使用临界胶束浓度较大的阴离子型表面活性剂作洗涤剂时，表面活性剂胶束的增溶作用不是影响液体油污去除的主要因素。当使用临界胶束浓度较小的非离子表面活性剂作为洗涤剂时，增溶作用则可能成为影响液体油污去除的重要因素。

表面活性剂的增溶作用只有当其在溶液中的浓度大于临界胶束浓度（*cmc*）并有表面活

性剂胶束存在时才能够发生。而在实际的洗涤过程中，表面活性剂的添加量并不多，其在洗涤液中的浓度很难达到临界胶束浓度。特别是洗涤剂中最常用的是阴离子型表面活性剂，它们的临界胶束浓度普遍较高，例如十二烷基硫酸钠、十四烷基硫酸钠和十二烷基苯磺酸钠在40℃时临界胶束浓度分别为 8.7×10^{-3} mol/L、2.4×10^{-3} mol/L 和 1.2×10^{-3} mol/L。在洗涤过程中，这些表面活性剂的用量较少，它们的浓度基本维持在临界胶束浓度以下。而且被洗涤的物品特别是纺织品，具有较大的比表面积，将从溶液中吸附相当数量的表面活性剂，这会使洗涤液中表面活性剂的浓度进一步降低。因此，一般情况下洗涤液中并不存在阴离子表面活性剂胶束，洗涤过程中的增溶作用机理失去了存在的前提。

当洗涤过程使用非离子表面活性剂作洗涤剂时，由于此类表面活性剂的临界胶束浓度普遍较低，在添加量不大的条件下洗涤液也容易形成胶束。例如，脂肪醇聚氧乙烯醚系列非离子型表面活性剂的临界胶束浓度的数量级通常为 $10^{-6} \sim 10^{-5}$，洗涤液中表面活性剂的浓度可以超过其临界胶束浓度，此时油污的去除程度随表面活性剂的浓度的增加而显著地增加，这表明了洗涤过程中增溶作用的存在。此外，在局部集中使用洗涤剂时，增溶作用也可能是清除表面油污的主要因素。

(6) 黏附强度

除表面活性剂自身的性质外，在洗涤过程中，固体表面与污垢、固体表面与洗涤剂以及洗涤剂与污垢等之间的黏附强度也对洗涤效果有较大的影响。固体表面与洗涤剂间的黏附作用越强，越有利于污垢从固体表面的去除。而洗涤剂与污垢的黏附作用越强，则越有利于阻止污垢的再沉积。此外，固体表面和污垢的性质不同，二者之间的黏附强度不同。例如，在水介质中，非极性污垢由于疏水性较强，不易被水洗净；非极性污垢由于可通过范德华力吸附于非极性物品表面上，二者间有较高的黏附强度，因此比在亲水的物品表面难以去除；而极性的污垢在疏水的非极性表面上比在极性强的亲水表面上容易去除。

4.5.4 表面活性剂在洗涤剂中的应用

表面活性剂在洗涤剂方面的应用是其最大和最重要的应用领域，涉及千家万户的日常生活，在各行各业和各种产品的生产中也得到越来越广泛的应用。表面活性剂是洗涤剂的主要活性物成分，用于合成洗涤剂的表面活性剂主要有三大类。

① 阴离子表面活性剂 是所有类型表面活性剂中最早使用的一类，也是应用最广泛的一种。目前需求量占所有表面活性剂的 50% 以上。作为洗涤剂的阴离子表面活性剂品种主要有脂肪酸盐（如肥皂）、烷基苯磺酸盐（ABS）、脂肪醇硫酸酯盐（AS）、脂肪醇聚氧乙烯醚硫酸酯（AES）、α-烯烃磺酸盐（AOS）、脂肪醇聚氧乙烯醚羧酸酯（AEC）和脂肪酸甲酯磺酸盐（MES）等。

② 非离子表面活性剂 具有较好的洗净力，对油性污垢的去污力良好，对合成纤维防止油污再沉积的能力强，耐硬水性和耐高浓度电解质的能力都比较强。聚氧乙烯型非离子表面活性剂最大优点是疏水基与亲水基部分的可调性，例如可通过改变环氧乙烷加成数来调节表面活性剂的亲水亲油平衡值（HLB值），以适应不同的洗涤物和污垢，达到最佳的洗涤效果。脂肪醇和烷基酚聚氧乙烯醚是两类最常用的非离子型洗涤剂。

③ 两性表面活性剂 其分子结构中既带正电荷，又带负电荷，由于分子结构的特殊性，这类活性剂在用作洗涤剂方面具有如下优点：低毒性和对皮肤、眼睛的低刺激性，良好的生物降解性和配伍性，良好的润湿性、洗涤性和发泡性等。氨基酸型、甜菜碱型和咪唑型两性表面活性剂都可用作洗涤剂。

目前，市场上的洗涤剂产品种类繁多，从洗涤剂的形态上分，主要有粉状和液状洗涤剂两类，下面分别作简要介绍。

4.6 分散和絮凝作用

分散和絮凝是现代工业中的重要过程，在许多生产工艺过程中，常常涉及固体微粒的分散与絮凝问题。有时固体微粒需要均匀地分散在液体介质中，以获得稳定的固液分散体系，例如涂料、印刷油墨和钻井泥浆等。有时又恰恰相反，需要使均匀和稳定的固液分散体系迅速破坏，使固体微粒尽快地聚集沉降，例如在湿法冶金、污水处理和原水澄清等方面。

固体微粒的分散和絮凝主要是通过使用表面活性剂来实现的。用于使固体微粒均匀、稳定地分散于液体介质中的低分子表面活性剂或高分子表面活性剂统称为分散剂，用于使固体微粒从分散体系中聚集或絮凝的分散剂叫做絮凝剂。

影响固液悬浮体分散稳定性的因素很多，所以固体粒子的分散与絮凝是一个相当复杂的过程。体系中存在多种相互作用，如质点与质点之间的相互吸引与排斥作用、质点与介质之间的相容性、质点与表面活性剂之间的各种相互作用、介质与表面活性剂之间的相互作用等。除此之外，还有固体质点的粒径大小以及它们的表面性质等因素的影响。

4.6.1 表面活性剂对固体微粒的分散作用

将固体以微小粒子形式分布于分散介质中，形成具有相对稳定性体系的过程叫做分散。固体微粒在液体介质中的分散过程一般分为三个阶段，即固体粒子的润湿、粒子团的分散和碎裂、分散体的稳定。

(1) 固体粒子的润湿

润湿是固体粒子分散最基本的条件，若要把固体粒子均匀地分散在介质中，首先必须使每个固体微粒或粒子团能被介质充分地润湿。在此过程中表面活性剂具有两方面的作用：一方面是表面活性剂在介质表面的定向吸附，如在水介质中以亲水基伸入水相，而疏水基朝向气相，使液体与气体的表面张力降低；另一方面在液-固界面上以疏水链吸附于固体粒子表面，而亲水基伸入水相。这种吸附排列方式使固-液表面张力降低。根据液体在固体表面铺展的条件 [式(4-12)]，两者均有利于润湿的发生。

$$\gamma_{SG} - \gamma_{SL} - \gamma_{LG} \geqslant 0 \tag{4-12}$$

(2) 粒子团的分散和碎裂

粒子团分散和碎裂实际是将粒子团内部的固-固界面分离。在固体粒子团的形成过程中往往存在缝隙，另外粒子晶体由于应力作用也会造成微缝隙，粒子团的碎裂就发生在这些地方。可以将这些微缝隙看作毛细管，分散介质将可能在这些缝隙中渗透。当加入表面活性剂后，其在固-液界面上以疏水基吸附于毛细管壁，亲水基伸入液相中，使固体微粒与分散介质的相容性得以改善，加速了液体在缝隙中渗透。

(3) 分散体的稳定

固体微粒在外力作用下分散于液体介质中，得到的是一个均匀的分散体系。但分散体系是否稳定，则要看分散的固体微粒能否重新聚集成聚集体。固体分散体系的不稳定性主要来源于两方面原因：一方面受重力影响粒子会发生沉积，多数情况下分散相中粒子较小，布朗运动可在一定程度上阻止粒子下沉，但一经碰撞仍会使其聚集；另一方面，由于具有大的相界面和界面能，固体微粒总有自动相互聚集、减少界面的趋势，即所谓热力学不稳定性。

表面活性剂在固体微粒表面的吸附能够增加防止微粒重新聚集的能障，降低了粒子聚集的倾向，提高了分散体系的稳定性。在水介质中，表面活性剂主要通过范德华力以疏水基吸附于粒子表面，而以亲水基如离子基团、聚氧乙烯链伸向水介质，以静电斥力或空间熵效应使分散体系稳定。在有机介质中，表面活性剂则以极性的亲水基团与粒子通过氢键、离子键等结合，而非极性碳氢链伸向介质中，其分散作用主要是靠空间位阻产生熵斥力来实现的。表面活性剂在粒子分散过程中的稳定作用可由图 4-30 表示。

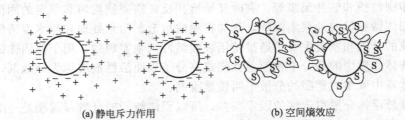

(a) 静电斥力作用   (b) 空间熵效应

图 4-30   表面活性剂在粒子分散过程中的稳定作用

对固体粒子起分散作用的分散剂主要有阴离子表面活性剂、非离子表面活性剂和有机胺类阳离子表面活性剂。也有的采用高分子表面活性剂，以获得更大的空间稳定效应。例如，在油墨、涂料、塑料等领域为使颜料粒子均匀、稳定地分散，使其保持一定的颗粒大小，确保产品质量，也必须针对不同分散体系的特点，选择适当的分散剂。

4.6.2   表面活性剂的絮凝作用

分散相粒子以任意方式或受任何因素的作用而结合在一起，形成有结构或无特定结构的基团的作用称为聚集作用，形成的这些基团称为聚集体。聚集体的形成称为聚沉或絮凝。聚沉形成的聚集体较为紧密，絮凝形成的聚集体较为疏松，易于再分散，但通常二者是通用的。

分散体系中固体微粒的絮凝包括两个过程，即被分散粒子的去稳定作用（导致粒子间的排斥作用减弱）和去稳定粒子的相互聚集。为使固体微粒絮凝，主要是在体系中加入有机高分子絮凝剂。絮凝剂吸附于质点表面，在质点间进行桥连形成体积庞大的絮状沉淀而与水溶液分离。絮凝剂与固体质点的结合方式既可以通过自身的极性基或离子基团与固体质点形成氢键或离子对，也可以通过范德华引力以疏水基吸附固体微粒。

絮凝作用的特点是絮凝剂用量少，体积增大的速度快，形成絮凝体的速度快，絮凝效率高。絮凝剂的分子量大小和分布、分子结构、所带电荷的性质、电荷密度的大小以及在质点表面的吸附状态均会对絮凝效率产生影响。因此为达到良好的絮凝效果，絮凝剂分子应具备以下特点。

① 能够溶解在固体微粒的分散介质中。

② 在高分子的链节上应具有能与固液粒子间产生桥连的吸附基团。例如，阳离子型表面活性剂的季铵阳离子，阴离子表面活性剂的羧基、磺酸基等，以及非离子表面活性剂的羟基和酰氨基等。

③ 絮凝剂大分子应具有线形结构，并有适合于分子伸展的条件。

④ 分子链应有一定的长度，使其能将一部分吸附于颗粒上，而另一部分则伸进溶液中，以便吸附另外的颗粒，产生桥连作用。

⑤ 固液悬浮体中的固体微粒表面必须具有可供高分子絮凝剂架桥的部位。

　　具体使用的高分子絮凝剂的类型主要有丙烯酰胺共聚物型阳离子絮凝剂和聚乙烯醇、聚乙烯基甲基醚型非离子表面活性剂等。

　　表面活性剂絮凝作用的主要应用之一是在废水和污水处理方面，高分子絮凝剂使用方便，絮凝效率高、絮凝和沉降速度快，污泥脱水效率高，而且兼有设备简单、占地面积小、成本低、废水能回收循环利用等优点。因此在工业居民用水的净化、采矿、冶金、制糖、石油炼制、造纸、国防、建筑、食品等各领域得到广泛应用。

4.7　表面活性剂的其他功能

（1）柔软平滑作用

　　柔软平滑性主要是针对纤维织品和毛发而言，通过表面活性剂的吸附，降低纤维物质的动、静摩擦系数，从而获得平滑柔软的手感。在实际应用中，通常总是将表面活性剂和油剂一起混合作用，表面活性剂可有效降低纤维物质的静摩擦系数，油剂则可以降低纤维物质的动摩擦系数。柔软平滑的效果可以用静摩擦系数和动摩擦系数的差值来表示，差值越小，柔软平滑性越强。

　　表面活性剂之所以能降低纤维物质的静摩擦系数，是因为它们能在纤维表面形成疏水基向外的反向吸附。增大了彼此间的润滑性，同时也与吸湿和再润湿性有关。各种离子类型的柔软剂适用于不同类型的纤维表面，使用时视具体情况选择合适的品种。

（2）抗静电作用

　　合成纤维、塑料等导电性能差的材料因摩擦很容易在材料表面聚集静电荷，从而给生产过程、安全性、穿着舒适性等带来不良影响。经表面活性剂作暂时或永久性处理后，摩擦减弱，表面导电性增大，从而不易聚集静电荷。作为抗静电剂的表面活性剂，首先在材料表面形成正向吸附，以疏水基朝向材料表面，亲水基伸向空间，纤维的离子导电性和吸湿导电性增加，产生了放电现象，使表面电阻下降，从而防止了静电积累。

　　作为抗静电剂使用，一般要求表面活性剂有比较大的疏水基和比较强的亲水基团。使用最多、性能最好的是阳离子表面活性剂，两性表面活性利抗静电性较差，但可克服前者毒性和刺激性大，配伍性差、织物易泛黄等缺点，因而用途不断扩大，阴离子表面活性剂中的部分品种也是优良的抗静电剂，如碳链较长的烷基磺酸盐、烷基硫酸盐等，特别是高碳磷酸酯盐的抗静电性可以与阳离子相比，并且还可以与油剂或与其他阴离子表面活性剂同时使用，因而在化纤油剂中应用广泛。

（3）杀菌功能

　　杀菌抑霉作用是表面活性剂的派生性质，阳离子和两性表面活性剂在这方面的作用比较显著。表面活性剂杀菌抑霉的机理尚不完全清楚，有人提出这种作用是由于表面活性剂的阳离子电荷吸附于微生物的细胞壁，破坏细胞壁内的某种酶；与蛋白质发生某种反应并影响微生物正常的代谢过程，最终导致微生物死亡。一般情况下，阳离子表面活性剂，特别是分子结构中带苄基的季铵盐具有较强的杀菌性。但对于存在其他蛋白质或重金属离子的场合，某些两性表面活性剂的杀菌能力将超过阳离子表面活性剂，特别是与阴离子表面活性剂复配时，更显示出两性表面活性剂的优越性。

第 5 章

阴离子表面活性剂

阴离子表面活性剂是表面活性剂中发展历史最悠久、产量最大、品种最多的一类产品，其特点是溶于水后能解离出具有表面活性的带负电荷的基团。由于阴离子表面活性剂的价格低廉，性能优异，用途广泛，因此在整个表面活性剂生产中占有相当大的比重。据统计，阴离子表面活性剂约占世界表面活性剂总产量的 40%。这类表面活性剂主要用作洗涤剂、润湿剂、发泡剂和乳化剂等。

5.1 阴离子表面活性剂概述

从古代的草本灰到肥皂，揭开了阴离子洗涤剂的发展史和近代表面活性剂工业的序幕。接着，首次出现合成表面活性剂红油（磺化蓖麻油），红油虽不适用于家庭洗涤，但长期以来应用于纤维的染色、整理。后来出现了高级脂肪醇硫酸酯盐、烷基苯磺酸盐等阴离子型表面活性剂。随着人们研究的不断深入，阴离子表面活性剂的种类不断增多，性能不断提高，应用更加广泛，产量不断增加。2018 年全球表面活性剂消费总量超 1680 万吨，市值约为390 亿美元，其中一半以上为阴离子表面活性剂。未来 3 年，市场有望以 2.6% 的年平均增长率增长，到 2023 年总量超过 1900 万吨。2018 年国内表面活性剂产量为 243.22 万吨，销量为 242.11 万吨，其中阴离子表面活性剂销量为 120.7 万吨，产出占比达 49.5%。可见阴离子表面活性剂品种多、用途广，当然也是应用最早和最重要的表面活性剂品种。阴离子表面活性剂主要包括磺酸盐、羧酸盐、烷基硫酸盐和磷酸酯盐等种类。

阴离子表面活性剂是具有阴离子亲水基团的表面活性剂。按照亲水基结构的不同，阴离子表面活性剂主要分为羧酸盐型、磺酸盐型、硫酸酯盐型和磷酸酯盐型四类。

① 羧酸盐型（—COOM） 这类表面活性剂以羧酸钠盐为主，在水中能够电离出羧酸负离子，代表品种如硬脂酸钠、N-甲基酰胺羧酸盐、雷米邦 A 和脂肪醇聚氧乙烯醚羧酸钠（AEC）等。

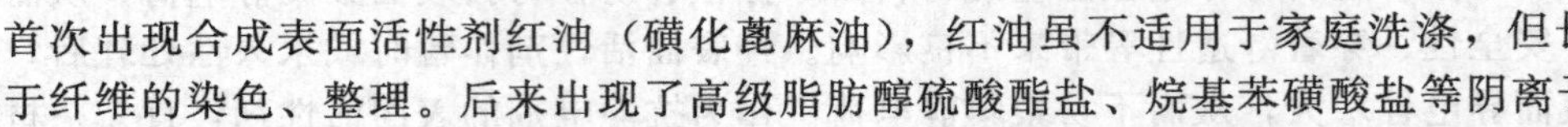

$$C_{17}H_{35}COONa \qquad\qquad RCONCH_2COONa \qquad\qquad RCON(CON)_nCOONa$$

$$\overset{CH_3}{} \qquad\qquad\qquad\qquad\qquad \overset{R^1\ R^2}{}$$

硬脂酸钠　　　　　　　　　N-甲基酰胺羧酸盐　　　　　　　　　雷米邦A

② 磺酸盐型（—SO₃M） 磺酸盐型阴离子表面活性剂是该类表面活性剂中最重要的品种，主要包括烷基苯磺酸盐、烷基磺酸盐、α-烯基磺酸盐、N-甲基油酰胺牛磺酸盐和琥珀酸酯磺酸盐等。

$$R—\!\!\!\!\bigcirc\!\!\!\!—SO_3Na \qquad\qquad R—SO_3Na \qquad\qquad R—CH=CH—CH_2SO_3Na$$

$$烷基苯磺酸盐 \qquad\qquad\qquad 烷基磺酸盐 \qquad\qquad\qquad\quad \alpha\text{-}烯基磺酸盐$$

$$\underset{C_{17}H_{33}CONCH_2CH_2SO_3Na}{\overset{CH_3}{}} \qquad\qquad\qquad \underset{NaO_3S—CH—COOR}{\overset{CH_2—COOR}{}}$$

$$N\text{-}甲基油酰胺牛磺酸盐 \qquad\qquad\qquad 琥珀酸酯磺酸盐$$

③ 硫酸酯盐型（—OSO_3M）　脂肪醇硫酸钠盐和脂肪醇聚氧乙烯醚硫酸钠盐（AES）是最常用的两类硫酸酯盐型阴离子表面活性剂。

$$ROSO_3Na \qquad\qquad\qquad RO(CH_2CH_2O)_nSO_3Na$$

$$脂肪醇硫酸钠 \qquad\qquad\qquad 脂肪醇聚氧乙烯醚硫酸钠$$

④ 磷酸酯盐型（—OPO_3Na）　磷酸酯盐型阴离子表面活性剂有单酯和双酯两种类型，脂肪醇磷酸单酯双钠盐和磷酸双酯钠盐的结构式如下：

$$单酯 \qquad\qquad\qquad\qquad\qquad\qquad 双酯$$

目前在上述各类阴离子表面活性剂中，以磺酸盐型品种最多、用量最大，本章将重点介绍该类表面活性剂。因此讨论磺化反应、研究磺酸基的引入方法对阴离子表面活性剂是极为重要的。

5.2　烷基苯磺酸盐

烷基芳磺酸盐型阴离子表面活性剂中使用最广泛的是烷基苯磺酸盐，它最早是由石油馏分经过硫酸处理后作为产品并得到应用的。人们将石油、煤焦油等馏分中比较复杂的烷基芳烃或其他天然烃类经磺化制得的产物称为"天然磺酸盐"，随着这些粗产品应用的不断扩大，合成产品便发展起来了。

20 世纪 30 年代末期，人们将苯与氯化石油进行烷基化，然后将生成的烷基苯进行磺化制得烷基苯磺酸盐。这便是烷基芳磺酸盐的第一批工业产品，当时绝大多数产品用于纺织工业，随后家用配方也很快出现了。

第二次世界大战后，出现了十二烷基苯磺酸盐，它是由石油催化裂化的副产品四聚丙烯作为烷基化试剂与苯反应，再经磺化制得的。由于石油化学品公司能够将大量的四聚丙烯转化为十二烷基苯，产品质量高，价格低廉，因此以十二烷基苯为原料合成的洗涤剂迅速地取代了肥皂，而且十二烷基苯磺酸盐很快便成为美国用量最大的有机表面活性剂。

此时使用的表面活性剂品种虽然应用性能良好，但普遍存在一个严重的缺点，便是它们在污水处理装置中的生物降解速率很低，而且降解不完全，给环境造成了很大的污染。为了解决这一问题，20 世纪 60 年代早期，洗涤剂工业便开始由支链烷基苯磺酸盐的生产转向直链烷基苯磺酸盐。由于直链产品具有良好的生物降解性，解决了 50 年代洗涤剂行业的焦点问题，也就是洗涤剂泡沫造成的污染问题。在此之后，烷基芳磺酸盐型阴离子表面活性剂的应用领域不断扩大，产品的需求量和销售额不断提高。

烷基苯磺酸钠是目前生产和销售量最大的阴离子表面活性剂之一，其结构通式为：

$$C_nH_{2n+1} \underset{}{\underline{}} SO_3Na$$

通常烷基取代其的碳原子数 n 为 12～18，该表面活性剂的亲油基为烷基苯，分子链细而长，链长为 1.3～2nm，直径小于 0.49nm。

烷基苯磺酸钠类表面活性剂主要有两类产品，其中一类烷基上带有分支，通常用 ABS 表示，也称为分支 ABS 或硬 ABS，这类表面活性剂不容易生物降解，环境污染较为严重，具有一定的公害，目前很多品种已经被禁止使用和生产。另一类是现在大多数国家使用的直链烷基苯磺酸盐，用 LAS 表示，也称为直链 ABS 或软 ABS，这类产品容易生物降解，不产生公害。我国目前基本上生产和使用的都是直链烷基苯磺酸盐。

通常工业上生产的以及人们使用的烷基苯磺酸钠并不是单一的组分，造成这种结果的原因主要有以下三点。

① 原料的合成工艺不同，使得烷基取代基的链长以及所含支链的情况不同。

② 磺酸基和烷基链相连的位置不同，即磺化时磺酸基进入苯环位置不同，导致烷基链与磺酸基的相对位置不同。

③ 磺酸基进入苯环的个数不同，例如反应中可能发生多磺化而引入两个或多个磺酸基。

可见烷基苯磺酸钠表面活性剂产品是一个比较复杂的体系，这一体系结构和组成的差异往往会对产品的性能产生很大的影响。

5.2.1　烷基苯磺酸钠结构与性能的关系

为了便于理解烷基苯碳酸钠结构与性能的关系，首先将此类表面活性剂主要品种的取代基、缩写及结构式列于表 5-1 中。

表 5-1　烷基苯磺酸钠主要品种的取代基、缩写及结构式

取代基	缩写	表面活性剂结构式	取代基	缩写	表面活性剂结构式
正丙基	3n	C_3H_7—C_6H_4—SO_3Na	2-丁基辛基	12v	C_6H_{13}—CH—CH_2—C_6H_4—SO_3Na ，$\mid$ C_4H_9
十二烷基	12n	$C_{12}H_{25}$—C_6H_4—SO_3Na	2-戊基壬基	14v	C_7H_{15}—CH—CH_2—C_6H_4—SO_3Na ，$\mid$ C_5H_{11}
十八烷基	18n	$C_{18}H_{37}$—C_6H_4—SO_3Na	1-戊基庚基	12iso	C_6H_{13}—CH—C_6H_4—SO_3Na ，$\mid$ C_5H_{11}
2-乙基己基	8v	C_4H_9—CH—CH_2—C_6H_4—SO_3Na ，$\overset{\mid}{C_2H_5}$	四聚丙烯基	12tetra	CH_3，CH_3—$\overset{CH_3}{\underset{}{\mid}}$$($$)_2$$\overset{\mid}{CH_3}$—CH—$C_6H_4$—$SO_3Na$
2-丙基庚基	10v	C_5H_{11}—CH—CH_2—C_6H_4—SO_3Na ，$\overset{\mid}{C_3H_7}$			

(1) 溶解度

对于直链烷基苯磺酸钠，烷基取代基的碳原子数越少，烷基链越短，疏水性越差，在室温下越容易溶解在水中。反之，碳原子数越多，烷基链越长，疏水性越强，越难溶解。从图 5-1 所示的直链烷基苯磺酸钠的溶解度曲线可以看出，随着烷基链碳原子数的增加，表面活性剂达到相同溶解度所需要的温度越高。例如，直链十八烷基苯磺酸钠在 55～60℃时较易溶于水，而十烷基苯磺酸钠在 40℃时便具有更高的溶解度。

此外，图中各条曲线的变化趋势相似，即先随着温度的升高，表面活性剂的溶解度逐渐增大，当达到某一温度时，溶解度显著增加。此时的温度相当于表面活性剂的 Krafft 点，

此时的溶解度则相当于该表面活性剂的临界胶束浓度。从图 5-1 可以看到，从直链的十碳烷基升至十六碳烷基，随烷基链的增长表面活性剂的临界胶束浓度呈下降趋势，而 Krafft 点则逐渐升高。

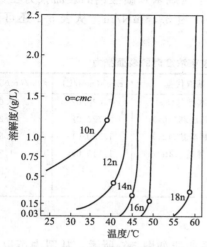

图 5-1　直链烷基苯磺酸钠的
溶解度曲线

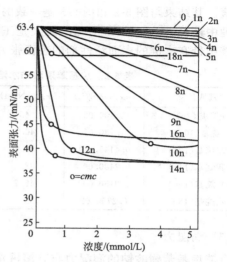

图 5-2　直链烷基苯磺酸钠的表面
张力与浓度的关系曲线

（2）表面张力

这里所提到的表面张力是指表面活性剂的浓度高于其临界胶束浓度时溶液的表面张力。从直链烷基苯磺酸钠表面张力与表面活性剂链长和浓度的关系曲线（图 5-2）可以看出，在相同浓度下，十四烷基苯磺酸钠溶液的表面张力最低，其次是十二烷基苯磺酸钠。而在 2-位带有分支链的烷基苯磺酸钠表面活性剂中，以 2-丁基辛基（12v）苯磺酸钠的表面张力最低（图 5-3）。

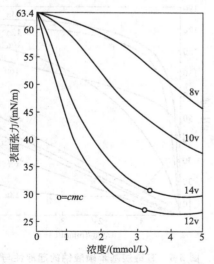

图 5-3　2-位支链烷基苯磺酸钠的表面张力

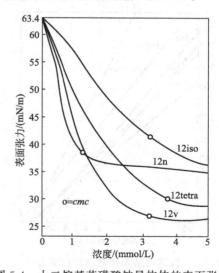

图 5-4　十二烷基苯磺酸钠异构体的表面张力

图 5-4 中的曲线代表碳原子数同为 12 的烷基苯磺酸钠异构体的表面张力。可以看出，在正十二烷基苯磺酸钠、2-丁基辛基苯磺酸钠、1-戊基庚基苯磺酸钠和四聚丙烯基苯磺酸钠

四种表面活性剂中，正十二烷基苯磺酸钠的临界胶束浓度最低，其次是2-丁基辛基苯磺酸钠和1-戊基庚基苯磺酸钠。在临界胶束浓度下，2-丁基辛基苯磺酸钠的表面张力最低。

表5-2列出了烷基苯磺酸钠主要品种的临界胶束浓度和该浓度时表面活性剂溶液的表面张力值。其结果与图5-2和图5-3是一致的，例如正十四烷基苯磺酸钠的表面张力在直链烷基品种中最低，为38.6mN/m，其次是正十二烷基，为39.3mN/m。从表5-2还可看出，烷基链中带有支链的表面活性剂的表面张力普遍较低。

表 5-2　烷基苯磺酸钠水溶液在临界胶束浓度时的表面张力

烷基取代基	cmc/(mol/L)	r/(mN/m)	烷基取代基	cmc/(mol/L)	r/(mN/m)
正辛基(8n)	3.100.05	45	2-乙基己基(8v)	7.420.02	30.0
十烷基(10n)	1.180.01	40.3	2-丙基庚基(10v)	2.720.02	30.2
十二烷基(12n)	0.4140.004	39.3	2-丁基辛基(12v)	1.120.01	27.8
十四烷基(14n)	0.2480.001	38.6	四聚丙烯基(12tetra)	1.310.01	31.2
十六烷基(16n)	0.2150.003	45.2			
十八烷基(18n)	0.2750.02	59.1			

(3) 润湿力

直链烷基苯磺酸钠的润湿力与其溶液浓度的关系曲线如图5-5所示。从图中可以看出，以正十烷基苯磺酸钠的润湿力为最好，所需要的润湿时间最短，十二烷基苯磺酸钠和十四烷基苯磺酸钠次之，而十六烷基苯磺酸钠和十八烷基苯磺酸钠的润湿力较差。可见，总体上讲，随着直链烷基苯磺酸钠烷基碳原子数的增加，表面活性剂的润湿力呈下降趋势。

(4) 起泡性

从图5-6可以看出，相同浓度下，带有十四烷基的直链烷基苯磺酸钠起泡性能最好，泡沫高度最高，其次是十二烷基苯磺酸钠。而十八烷基苯磺酸钠由于在水中的溶解度较低，起泡性较差。

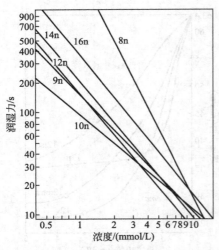

图 5-5　直链烷基苯磺酸钠的润湿力与浓度的关系曲线

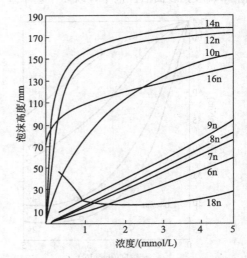

图 5-6　直链烷基苯磺酸钠的起泡性与浓度的关系曲线

(5) 洗净力

随着直链烷基中碳原子数的增多，表面活性剂的洗净力逐渐提高。从图5-7可以看出，十八烷基苯磺酸钠的洗净力最高，其次是十六烷基苯磺酸钠，以后依次为十四烷基苯磺酸钠、十二烷基苯磺酸钠和十烷基苯磺酸钠等。在不同异构体的十二烷基苯磺酸钠中，带有正十二烷基的表面活性剂洗净力最高，如图 5-8 所示。

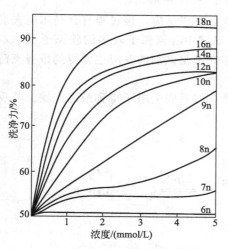

图 5-7　直链烷基苯磺酸钠的洗净力

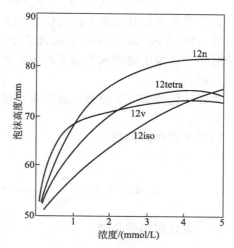

图 5-8　十二烷基苯磺酸钠异构体的洗净力

除苯环上烷基取代基的碳原子数和支链程度外，苯环在烷基链上的位置以及磺酸基与烷基取代基的相对位置也会对表面活性剂的性能产生影响。例如，对于润湿性和起泡性而言，以苯环处于烷基链中心位置的活性剂为最好，而对于洗净力而言，以 3-苯基异构体为最佳。此外，磺酸基位于烷基对位的表面活性剂综合性能最佳。

5.2.2　烷基芳烃的生产过程

烷基芳烃是制备烷基苯磺酸盐阴离子表面活性剂的主要原料，其中主要是长链烷基苯，因此重点介绍此类烷基芳烃的生产方法。概括地讲，长链烷基苯的合成方法是在酸性催化剂作用下苯的烷基化反应，即傅氏烷基化反应（Friedel-Crafts reaction），其反应历程为亲电取代反应。主要的烷基化试剂为烯烃和卤代烷等，其中以烯烃作为烷基化试剂合成的是带有支链的烷基苯，用于生产具有分支结构的烷基苯磺酸钠（ABS）。而以氯代烷等卤代烷烃为烷基化试剂合成的是直链烷基苯，用于生产生物降解性较好的直链烷基苯磺酸钠（LAS）。

烷基化反应中所使用的酸性催化剂主要有两种，即质子酸催化剂和路易斯酸催化剂，前者比较常用的有硫酸、磷酸和氢氟酸等，后者如三氯化铝（$AlCl_3$）、三氟化硼（BF_3）、氯化锌（$ZnCl_2$）和四氯化锡（$SnCl_4$）等。在两类催化剂中使用最多的是硫酸、氢氟酸和三氯化铝。催化剂的作用是将烷化剂转变为活泼的亲电质点，即烷基正离子，以使烷基化反应容易进行。下面分别介绍以烯烃和卤代烷作为烷基化试剂的烷基苯的生产方法。

5.2.2.1　以烯烃为烷基化试剂合成长链烷基苯

（1）反应历程

烯烃在酸性催化剂的作用下发生极化，并转变为亲电质点，该过程可由下式表示。

以质子酸作催化剂：

$$R-CH=CH_2 + H^+ \rightleftharpoons R-\overset{+}{C}H-CH_3$$

以三氯化铝作催化剂：

$$HCl + AlCl_3 \rightleftharpoons H^{\delta^+}—Cl^{\delta^-} \cdot AlCl_3$$

$$RCH=CH_2 + H^{\delta^+}—Cl^{\delta^-} \cdot AlCl_3 \rightleftharpoons R—^+CH—CH_3 \cdots AlCl_4^-$$

烯烃转化为烷基正离子的过程实际上是质子的亲电加成反应，该过程符合马尔柯夫尼柯夫规则（Markovnikov Rule），因此质子总是加成到双键中含氢原子较多的碳原子上，双键中的另一个碳原子转化成为碳正离子，所以用烯烃作烷基化试剂的反应主要得到带有支链的烷基芳烃。

烯烃转化为亲电质点后，进攻苯环形成 σ-配合物，然后脱去质子得到最终产物。其反应过程如下。

以质子酸作催化剂：

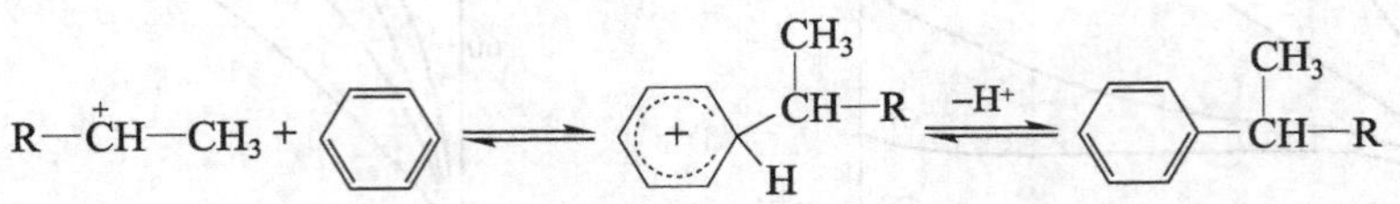

以三氯化铝作催化剂：

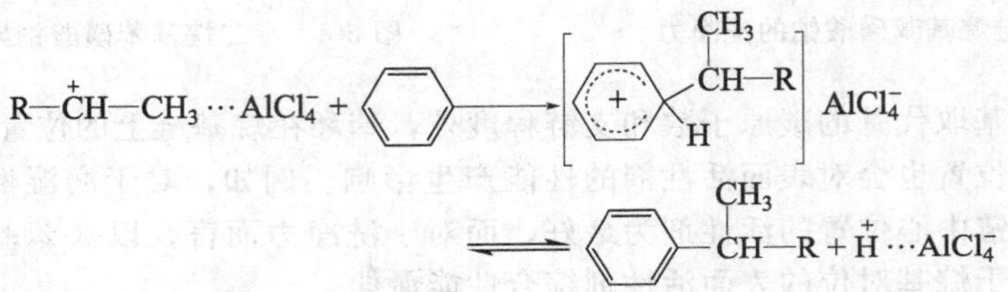

（2）反应条件及影响因素

① 原材料的配比 烷基化反应是亲电取代反应，而烷基是供电子基团，因此在苯环上引入烷基生成烷基苯后，苯环更容易发生进一步的烷基化，即因串联反应的发生而生成多烷基化产物。为了减少此类副产物的生成，工业生产中大多采用苯过量的方法抑制副反应。当以三氯化铝作催化剂时，苯与烯烃的物质的量比一般为 1:1；而以氢氟酸作催化剂时，二者的物质的量比达到 10:1。

② 反应温度 温度升高可使反应速率加快，物料黏度降低，有利于反应的进行。但是当温度升高到一定程度后，反应转化率提高不明显，过高的温度反而会使副反应的速率大大加快。因此，以氢氟酸作催化剂时，通常控制反应温度为 30~40℃。

③ 催化剂用量 从反应历程可以看出，催化剂在反应过程中并不消耗，所以对于反应本身而言，催化剂的用量无需很大。因此，以三氯化铝作催化剂时，其用量不超过每摩尔烯烃 0.1mol。例如，在 α-烯烃与苯的烷基化反应中，原料的实际配比为 α-烯烃：苯：三氯化铝＝1:7:0.045。但当采用氢氟酸作催化剂时，氢氟酸往往大大过量，这一方面可以保证反应体系中催化剂的浓度，另一方面利用氢氟酸对高沸点副产物的抽提作用，达到提高产品质量的目的。

④ 反应压力的影响 通常苯环上引入长链烷基的反应是液相反应，受压力的影响较小。但当使用氟化氢时，由于氟化氢的沸点只有 19.4℃，反应应在 0.5~0.7MPa 的低压下进行，其目的是防止氟化氢和苯的汽化。

（3）生产过程

以烯烃为原料、氟化氢为催化剂，苯的烷基化反应方程式为：

$$RCH_2-CH=CH-R^1 + \underset{}{\bigcirc} \xrightarrow{HF} RCH_2-CH_2-\underset{\underset{\bigcirc}{|}}{C}H-R^1$$

除烷基苯外，反应体系中还可能存在二烷基苯、烷基苯的异构化及氟化氢与烯烃的加成副产物。反应装置主要为塔式反应器。

5.2.2.2　以氯代烷为烷基化试剂、三氯化铝为催化剂合成长链烷基苯

(1) 反应历程

氯化烷烃在三氯化铝的作用下发生极化，形成离子配合物 $\overset{+}{R}\cdots AlCl_4^-$，该亲电质点进攻苯环形成 δ-配合物，脱去氢质子后得到烷基苯产物，该反应历程可表示如下：

$$R-Cl + AlCl_3 \rightleftharpoons R^{\delta+}-Cl^{\delta-}[AlCl_3] \rightleftharpoons \overset{+}{R}\cdots AlCl_4^-$$

$$\overset{+}{R}\cdots AlCl_4^- + \bigcirc \rightleftharpoons \left[\underset{H}{\overset{R}{\bigcirc_{+}}} \right] AlCl_4^- \rightleftharpoons \bigcirc-R + AlCl_3 + HCl$$

(2) 反应条件及影响因素

① 原材料的配比　此生产过程仍以苯大大过量以减少多烷基化副产物的生成，通常苯与氯代烷的物质的量比为 (5~10)∶1。

② 反应温度　在此反应中，随着温度的升高，转化率逐渐提高，但当温度超过 75℃时，转化率提高不明显，反而使副反应加剧，因此反应温度宜控制在 65~75℃。

③ 催化剂　用量多数情况下，三氯化铝与氯代烷烃的物质的量比为 (0.05~0.1)∶1。

④ 反应压力的影响　使用三氯化铝作催化剂时不存在催化剂的汽化问题，但从操作方便上考虑多采用微负压下反应。

(3) 生产过程

以氯代烷作烷基化剂、三氯化铝作催化剂的烷基化反应方程式如下：

$$R-Cl + \bigcirc \xrightarrow{AlCl_3} \bigcirc-R + HCl$$

除此主反应外，也存在多烷基化副反应。此法生产长链烷基苯可以采取两种工艺法，一种是连续塔式反应，另一种是多釜串联反应。

连续塔式反应装置与前面 5.2.2.1 介绍的烯烃作烷基化试剂生产烷基苯的反应装置类似，可采用二塔或三塔串联，原材料的投料比为氯代烷∶苯∶三氯化铝＝1∶(5~10)∶(0.05~0.1)(摩尔比)，反应温度为 65~75℃，物料在各塔中的总停留时间约为 0.5h。

多釜串联装置一般采用三锅串联，总投料量中的一部分氯代烷和全部的苯与催化剂混合后用泵打入第一反应釜底部，反应物料从第一釜上部流出，与剩余部分氯化烷一起进入第二釜下部，最后经第三釜进入分离器。三个反应釜的温度应控制在 100℃，压力应分别控制在 0.15MPa、0.13MPa 和 0.1MPa。这种多釜串联的生产方法中，氯代烷分批加入，可减少多烷基苯的生成，有利于提高单烷基苯的收率和质量。由于在较高的温度（100℃）和压力下反应，使烷基化反应速率提高。但此套设备比塔式串联装置复杂，而且动力消耗有所增加。

由烯烃或卤代烷作烷基化试剂与苯在催化剂的作用下发生亲电取代反应，生成支链或直链烷基苯，进一步经过磺化反应便可制得烷基苯磺酸钠表面活性剂。

5.2.3　烷基芳烃的磺化

5.2.3.1　烷基苯磺化机理

(1) 磺化试剂及其性质

工业生产上常用的磺化剂有硫酸（H_2SO_4）、发烟硫酸（$SO_3 \cdot H_2SO_4$）、三氧化硫（SO_3）和氯磺酸（$ClSO_3H$）等，此外还有氨基磺酸（H_2NSO_3H）和亚硫酸盐等其他磺化剂。

磺化剂发烟硫酸和 100％硫酸都略能导电，这是因为它们存在下列电离平衡。

发烟硫酸：

$$SO_3 + H_2SO_4 \rightleftharpoons H_2S_2O_7$$
$$H_2S_2O_7 + H_2SO_4 \rightleftharpoons H_3SO_4^+ + HS_2O_7^-$$

100％硫酸：

$$2H_2SO_4 \rightleftharpoons SO_3 + H_3O^+ + HSO_4^-$$
$$3H_2SO_4 \rightleftharpoons H_2S_2O_7 + H_3O^+ + HSO_4^-$$
$$3H_2SO_4 \rightleftharpoons HSO_3^+ + H_3O^+ + 2HSO_4^-$$

在 100％硫酸中，有 0.2％～0.3％的硫酸按上述平衡反应式电离。若在其中加入少量水，则大部分转化为水合阳离子（H_3O^+）和硫酸氢根离子（HSO_4^-），即：

$$H_2O + H_2SO_4 \rightleftharpoons H_3O^+ + HSO_4^-$$

上述平衡式可以看出，在浓硫酸和发烟硫酸中可能存在的亲电质点有 SO_3、H_2SO_4、$H_2S_2O_7$、HSO_3^+ 和 $H_3SO_4^+$ 等。除三氧化硫外，其余硫化质点都可以看作是三氧化硫的溶剂化形式，例如 $H_2S_2O_7$ 可以看作是三氧化硫与硫酸的溶剂化形式，HSO_3^+ 和 $H_3SO_4^+$ 则可以分别看作是三氧化硫与氢质子 H^+ 和水合阳离子 H_3O^+ 的溶剂化形式。

磺化质点都可以进攻苯环参与磺化反应，但它们的反应活性差别较大，从而影响磺化反应的反应速率及产物。此外，上述各种亲电质点的含量随硫酸浓度的改变而改变。研究结果表明，在发烟硫酸中，主要磺化质点是 SO_3；在浓硫酸中，磺化质点主要是 $H_2S_2O_7$；随着磺化反应的进行和水的生成，当硫酸降低至 80％～85％时，则磺化质点以 $H_3SO_4^+$ 为主。因此对不同的被磺化物选择不同浓度的硫酸进行磺化反应时，主要的亲电质点是不同的。

(2) 芳烃的磺化反应历程和动力学

用不同的磺化试剂对芳烃进行磺化时，可得到不同的磺化动力学方程。

三氧化硫的凝固点（β 体 32.5℃，γ 体 16.8℃）较高，纯液态时容易发生自身的聚合，且大部分为三聚物。当使用四氯化碳、三氯甲烷等对质子呈惰性的无水溶剂时，三氧化硫主要以单体形式存在，此时，反应速率与被磺化物和三氧化硫的浓度成正比，即：

$$\text{反应速率 } v = \kappa[ArH][SO_3]$$

若以发烟硫酸为磺化剂，磺化质点主要是 SO_3，其反应速率可近似用下式表示：

$$\text{反应速率 } v = \kappa[ArH][SO_3][H^+]$$

当使用浓硫酸或含量为 85％～95％的含水硫酸作磺化剂时，磺化反应亲电质点主要是 $H_2S_2O_7$，其反应速率表示如下：

$$\text{反应速率 } v = \kappa[ArH][H_2S_2O_7]$$

当硫酸低于 85％时，磺化质点主要是 $H_3SO_4^+$，其反应速率表示如：

$$\text{反应速率 } v = \kappa[\text{ArH}][\text{H}_3\text{SO}_4^+]$$

由动力学方程可以看出，芳烃的磺化反应随磺化试剂及其浓度不同，反应速率不同。但无论使用何种磺化试剂，其反应历程相似，即都是经过 σ-配合物的两步历程。

第一步，磺化亲电质点进攻苯环，与其结合生成 σ-配合物：

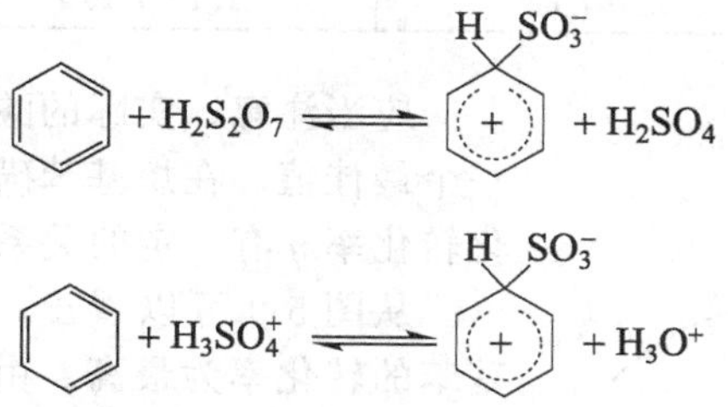

第二步，σ-配合物脱掉质子形成产物，即：

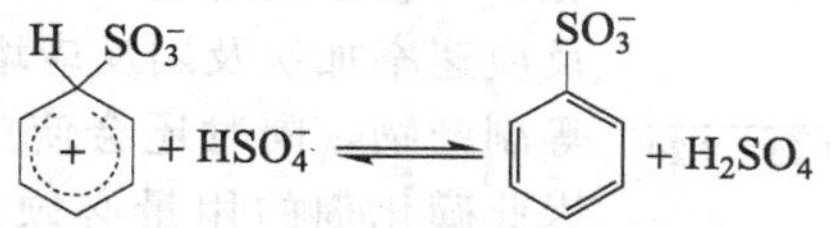

磺化剂不同，磺化质点也不同，它们的反应活性也不同。例如在硫酸中，随浓度不同可有 $\text{H}_2\text{S}_2\text{O}_7$ 和 H_3SO_4^+ 两种亲电质点。一般情况下，可以认为 $\text{H}_2\text{S}_2\text{O}_7$ 的反应活性要比 H_3SO_4^+ 高，因此 H_3SO_4^+ 比 $\text{H}_2\text{S}_2\text{O}_7$ 有更高的磺化选择性，而且更容易受到空间位阻的影响。这主要表现在以 $\text{H}_2\text{S}_2\text{O}_7$ 为亲电质点进行的磺化的定位受温度和浓度的影响较大。

在长链烷基苯进行磺化时，由于烷基的空间效应较大，生成的磺化产物几乎都是对位取代物。此外，在低温条件下磺化时，受动力学控制，磺酸基主要进入电子云密度较高、活化能较低的位置，主要是对位；而高温磺化则是热力学控制，磺酸基可以异构化，而转移到空间位阻较小或不易水解的热力学稳定的位置，如间位。

5.2.3.2　烷基芳烃磺化的主要影响因素

(1) 磺化试剂的用量

以三氧化硫作磺化剂时，反应几乎是定量进行的。反应过程中不生成水，不产生废酸，磺化能力强，反应速率快，产品质量好。但由于放热集中，因此常将三氧化硫用空气稀释到含量 3‰～5‰后使用。此外，还可以采用在有机溶剂中的三氧化硫磺化或用三氧化硫的有机配合物进行磺化，对于亲电反应活性较弱的芳烃，则可以采用液态三氧化硫磺化法。

而以硫酸作磺化剂时，磺化反应可逆，且有水生成，其反应方程式为

$$\text{ArH} + \text{H}_2\text{SO}_4 \Longrightarrow \text{ArSO}_3\text{H} + \text{H}_2\text{O}$$

根据前面介绍的硫酸的电离平衡可知，磺化反应过程中生成的水将会使电离平衡移动，增加 H_3O^+ 和 HSO_4^- 离子的浓度，即：

$$\text{H}_2\text{O} + \text{H}_2\text{SO}_4 \Longrightarrow \text{H}_3\text{O}^+ + \text{HSO}_4^-$$

同时，水的生成会使 H_3SO_4^+、SO_3 和 $\text{H}_2\text{S}_2\text{O}_7$ 等磺化活性质点的浓度显著降低，磺化剂的活性明显下降。当水量逐渐增多，酸的浓度下降到一定的数值时，磺化反应便会终止。为使磺化反应向生成物也就是磺化产物的方向进行，必须使硫酸的浓度保持在此极限浓度之上。为此，在实际生产中常常使用高于理论量的磺化剂。

例如烷基苯磺化时的理论酸烃比（磺化剂与被磺化物之比）φ_1 和实际酸烃比 φ 如表 5-3 所示。

表 5-3　烷基苯磺化的酸烃比（质量比）

硫酸含量/%	理论酸烃比 φ_1	实际酸烃比 φ	
		精烷基苯	粗烷基苯
98	0.4：1	(1.5～1.6)：1	(1.7～1.8)：1
104.5	0.37：1	(1.1～1.2)：1	(1.25～1.3)：1

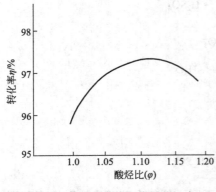

图 5-9　烷基苯磺化反应酸烃比与
转化率的关系曲线

应当注意，实际的酸烃比并非越高越好，而是有一个最佳值。在烷基苯磺化中，实际的酸烃比 φ 与磺化转化率 η 有一定的关系（图 5-9）。

从图 5-9 可以看出，当酸烃比为 1.1：1 时，烷基苯的转化率为最高。由此可见磺化剂的用量过多或过少对反应都是不利的。酸烃比过小会导致反应不完全，有较多的烷基苯未被磺化。但酸烃比过大会导致反应速率加快及副反应增多，生成多磺化物以及砜类等副产物，同时还会使产品的颜色加深，影响质量。因此磺化剂的用量必须依据被磺化物的反应活性高低、所用磺化剂的种类以及对副反应的抑制程度来适当地选择和确定。

此外，在实际生产中，除采用高浓度和过量较多的硫酸来保证磺化反应进行完全外，还可以采用共沸去水磺化的方法，该法也叫做气相磺化法，即随着反应的进行，不断地移除体系中生成的水，使磺化质点始终保持一定的浓度，从而减少磺化剂用量。

（2）温度的影响

磺化反应需控制适宜的温度范围，温度太低影响磺化反应速率，太高又会引起副反应的发生及多磺化物、砜及树脂物的生成，同时也会影响磺基进入芳环的位置和异构体的生成比例，即反应的选择性。通常，当苯环上有供电子取代基时，低温有利于磺基进入邻位，高温则有利于进入对位或更稳定的间位。这是由于低温时磺化反应由动力学控制，磺酸基主要进入电子云密度较高、活化能较低的位置，即邻位和对位。而高温时磺化反应为热力学控制，磺酸基可以异构化而转移到空间位阻较小或不易水解、热力学稳定的位置，如间位。

由于空间位阻的影响，长链烷基苯的磺化几乎只产生对位异构体。例如十二烷基苯磺化时邻、对位产物的比例为 7：90，此时若适当提高温度还可提高对位异构体的百分含量。温度对十二烷基苯磺化反应的另一个作用是降低磺化反应物料的黏度，有利于磺化反应热量的传递及物料的混合，对促进反应完全和防止局部磺化反应过热是有利的。

一般情况下，用发烟硫酸作磺化剂时，精烷基苯磺化温度宜控制在 35～40℃，粗烷基苯则为 45～50℃。用三氧化硫作磺化剂时，适宜的反应温度为 30～50℃。

（3）传质的影响

烷基苯磺化反应的物料黏度较大，而且随着反应深度的增加而急剧提高，因此强化传质过程对反应的顺利进行是十分必要的。对于不同的工艺方法，应采用不同的强化传质的方法。

5.2.3.3　用发烟硫酸磺化的生产过程

烷基苯用发烟硫酸磺化时多采用泵式连续磺化的工艺，主要设备包括反应泵、冷却器、老化器和循环管等。反应过程中，烷基苯和发烟硫酸由各自的贮罐进入高位槽，分别经流量计按适当的比例与循环物料一起进入磺化反应泵。在泵内两相充分混合并发生反应，使磺化基本完成。反应物料大部分经冷却器循环回流，另一部分则经盘管式老化器进一步完成磺化反应，产物接下来送去分酸和中和。磺化的温度为 35～45℃，酸烃比为 (1.1～1.2)∶1。

5.2.3.4　用三氧化硫磺化的生产过程

用三氧化硫作磺化剂的磺化反应速率快，放热量大，磺化物料黏度高达 1.2Pa·s，因此强化传质更为重要。在工业生产中，用三氧化硫对烷基苯的磺化有两种生产工艺，即多釜串联连续磺化和膜式连续磺化。

① 多釜串联连续磺化工艺　该工艺一般采用 2～5 个反应釜串联，烷基苯由第一釜加入，物料依次溢流至下一釜继续进行反应。三氧化硫被空气按一定比例稀释后从各反应器底部的分布器通入，第一釜通入量最多，以便大部分反应在物料黏度较低的第一釜中完成。

这种工艺中，反应釜必须使用高转速的涡轮搅拌器，并配有导流筒及气体分布装置来促进气-液相间的充分接触，以达到良好传质的效果。

② 膜式连续磺化工艺　在该工艺过程中，烷基苯由供应泵输送，从反应器大约中部位置进入反应器，被空气稀释至 3%～5% 的三氧化硫由反应器顶部进入，在磺化反应器中二者发生磺化反应。磺化产物经循环泵、冷却器后，部分回到反应器底部用于磺酸的冷却，部分送入老化器、水化器，经中和得到钠盐。

采用膜式反应器进行的三氧化硫磺化工艺，由于液体烷基苯具有薄而均匀的液膜，且三氧化硫与空气的混合气体以每秒数十米的速度流经反应区，在剧烈的气液接触条件下，传质效果较好，可使反应在极短的时间内达到较高的转化率。因此要求膜式反应器具有良好的成膜装置，以确保传质效果。

膜式反应器除可用于生产烷基苯磺酸钠（LAS）外，还可用于生产脂肪醇硫酸酯盐（AS）、α-烯烃磺酸盐（AOS）以及脂肪醇聚氧乙烯醚硫酸酯盐（AES）等。

5.2.4　烷基苯磺酸的后处理

烷基苯磺化生成的烷基苯磺酸需要进行后处理，主要包括分酸和中和两个过程。

(1) 分酸

① 分酸的目的和原理　当采用发烟硫酸或浓硫酸作磺化剂对烷基苯进行磺化时，磺化产物中含有烷基苯磺酸及硫酸（即废酸），需要将二者进行分离。分出产物中废酸的目的在于提高烷基苯磺酸的含量和产量，除去杂质，提高产品的质量，同时也可以减少下一步中和时碱的用量。

分酸的原理是利用硫酸比烷基苯磺酸更易溶于水的性质，通过向磺化产物中加入少量水来降低硫酸和烷基苯磺酸的互溶性，并借助它们之间的密度差进行分离。

分酸效果的好坏与磺化产物中硫酸的浓度有关，实践证明，当硫酸含量为 76%～78% 时，烷基苯磺酸和硫酸的互溶度最小。

② 温度对分酸的影响　分酸的温度对烷基苯磺酸与硫酸之间的密度差有一定的影响。温度升高时，两者的密度差增大，这一点可由表 5-4 中不同温度下磺化物稀释后硫酸和磺酸两相的密度差看出。

表 5-4　磺化物稀释后硫酸相和磺酸相的密度差

温度/℃	硫酸相密度/(g/cm³)	磺化物稀释至 75%		磺化物稀释至 80%	
		磺酸相密度/(g/cm³)	密度差/(g/cm³)	磺酸相密度/(g/cm³)	密度差/(g/cm³)
20	1.270	1.670	0.400	1.727	0.457
30	1.102	1.660	0.558	1.719	0.615
40	1.081	1.650	0.569	1.707	0.626
50	1.070	1.640	0.570	1.697	0.627
60	1.055	1.631	0.576	1.687	0.632

可见，随着温度的升高，磺酸相与硫酸相的密度差逐渐增大。但温度太高时，会导致烷基苯磺酸的再磺化，并使烷基苯磺酸产品色泽加深。因此，分酸过程较为适宜的温度为 40~60℃。此时，所分出的烷基苯磺酸的中和值为每克产品消耗氢氧化钠 160~170mg，而分出的废酸的中和值为每克消耗氢氧化钠 620~638mg，硫酸的含量为 76%~78%，分离效果比较理想。

(2) 中和

中和是将烷基苯磺酸转化为烷基苯磺酸钠的过程，可采用间歇法、半连续法或连续法的工艺流程。由于烷基苯磺酸的表面性质，中和过程中可能出现胶体现象。在烷基苯磺酸钠的浓度较高时，其分子间有两种不同的排列形式，一种是胶束状排列，另一种是非胶束状排列。前者为理想的排列形式，活性物含量高，液动性好，后者则呈絮状，稠厚而且流动性差。为了获得良好的中和效果和性能良好的高质量产品，在中和时应特别注意选择适宜的工艺条件，例如碱的浓度以及中和温度等。

中和时碱的浓度过高，会由于强电解质的凝结作用而使表面活性剂单体由隐凝结剧变为显凝结，从而形成米粒状沉淀，这种现象叫做"结瘤现象"。避免这种情况发生的最主要方法是选择适当的碱浓度。

中和温度对体系的黏度和流动性均有影响。在一定的温度范围内，溶液黏度随温度的升高而下降；但超过某一温度后，又随温度的升高而升高，即存在一个最佳值。实践表明中和温度一般应控制在 40~50℃ 为好。

此外，无机盐对胶体具有凝结作用，因此当体系中有无机盐存在时，可使中和时生成的烷基苯磺酸钠胶体的结构变得更加紧密，从而使溶液的流动性得到改善，有所提高。

总之，要使中和顺利完成，应保持整个体系处于适当的碱性状态下，具有一定的水量，维持温度在 40~50℃。此外，还应具有良好的传质条件和足够的传热面积，以保证中和反应放出热量的及时移除。

5.2.5　烷基苯磺酸盐的应用

(1) 家用洗涤剂配方

烷基苯磺酸盐几乎在所有家用清洁剂中都可以作为组分原料，其最大应用领域是洗衣剂，而洗衣剂可能是所有家用洗涤剂配方中最复杂的。十二烷基苯磺酸盐、十三烷基苯磺酸盐、十四烷基苯磺酸盐的混合物便是用于洗衣剂配方的阴离子表面活性制，对这些产品的要求是能够在各种不同的洗衣机和各种类型的水中有效地发挥作用，能够将液体油污或固体污垢从具有各种各样特性的织物上清洗下去，同时又要保证洗衣机和织物安全。因此家用洗涤剂配方中包含许多组分以满足这些要求。

为了获得良好的洗涤效果，烷基苯磺酸盐常常与其他表面活性剂或助剂混合在一起复配使用，以使各种性质得到平衡，并有利于污垢的清除、悬浮和乳化。

轻垢型洗涤剂通常只含很少的或者根本不含助剂，其承担的清洁任务通常是不太严格的，因为经常与手接触，所以不使用碱性配料。商品中常用的是分子量相当于十一烷基或十二烷基的直链烷基苯磺酸钠和直链脂肪醇聚氧乙烯醚硫酸酯盐的混合物，再加入烷基酰醇胺和氧化胺等泡沫促进剂。使用几种表面活性剂的混合物来配制液体洗涤剂可以得到理想的物理特性，并使清洁作用和对皮肤的温和性达到最佳程度。

直链烷基苯磺酸钠还可用于其他洗涤剂的配方中，如炉灶清洁剂、地毯清洁剂、漂白剂、风罩清洁剂以及卫生洗涤剂等。有时，该类表面活性剂也用于美容、化妆用品中，如皮肤清洁剂、护发产品和刮须膏等。

（2）工业表面活性剂

烷基苯磺酸盐在工业上的应用范围十分广泛，变化繁多，包括石油破乳剂、油井空气钻孔用发泡剂、石墨和颜料的分散剂、防结块剂以及工业用清洁剂等，有关内容已在第 4 章中进行了详细介绍。

（3）农业应用

烷基苯磺酸盐在农业中能发挥许多有益的作用，它们可用作化肥中的防结块剂。十二烷基苯磺酸钠、丁基萘磺酸钠（拉开粉 BX）和其他表面活性剂与聚乙酸乙烯酯混合即能抑制尿素结块现象，对某些复合化肥也有较好的防结块作用。此外，该类表面活性剂也常在农药配方中用作乳化剂和润湿剂等。

5.3　α-烯烃磺酸盐

α-烯烃磺酸盐（简称 AOS）是由 α-烯烃与强磺化剂直接反应得到的阴离子表面活性剂。早在 20 世纪 30 年代，人们已经知道 α-烯烃可以通过直接磺化的方法转化为具有表面活性的产品。但直至 20 世纪 60 年代，石油资源的丰富使 α-烯烃作为原料的价格变得低廉，薄膜反应器技术的广泛采用，促进 α-烯烃磺酸盐连续生产工艺的发展，并在 1968 年实现该产品的工业化。

α-烯烃磺酸盐具有生物降解性能好、能在硬水中去污、起泡性好以及对皮肤刺激性小等优点，其生产工艺流程短，使用的原料简单易得。这种表面活性剂产品的主要成分是链烯磺酸盐和羟基链烷磺酸盐，但实际上其组成相当复杂，存在双键和羟基在不同位置的多种异构体，以及其他产物。α-烯烃磺酸盐的主要成分及比例如表 5-5 所示。

表 5-5　α-烯烃磺酸盐产品的组成

化合物名称	结构式	比例/%
烯基磺酸盐	$RCH=CH(CH_2)_nSO_3Na$	64～72
羟基磺酸盐	$RCHOHCH_2CH_2SO_3Na$	21～26
二磺酸盐		7～11

上述各种磺酸盐的相对数量和异构物的分布随生产过程的工艺条件和投料量的不同而有变化。同时，α-烯烃磺酸盐的表面活性和应用性能与其碳链的长度、双键的位置、各组分的比例以及杂质的含量等因素有关。

5.3.1   α-烯烃磺酸盐的性质和特点

为了说明 α-烯烃磺酸盐（AOS）的性质和特点，选择了另外几类阴离子表面活性剂进行比较，它们是直链烷基苯磺酸钠（LAS）、脂肪醇硫酸酯盐（AS）、脂肪醇聚氧乙烯醚硫酸酯盐（AES）等，这些品种应用都比较广泛。

（1）溶解性

从不同碳链长度的 α-烯烃磺酸盐的溶解度随温度的变化关系曲线（图 5-10）可以看出，疏水基碳链越长，溶解度越低。在具有实用价值的表面活性剂中，含十二个碳原子的烯基磺酸盐溶解度最高，含十八个碳原子的产品溶解度最低。

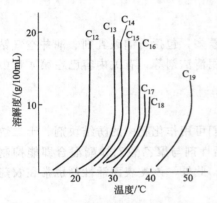

图 5-10   AOS 温度与溶解度的关系

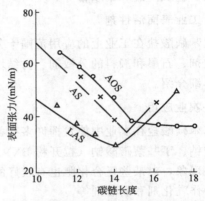

图 5-11   阴离子表面活性剂碳链长度与表面张力的关系

（2）表面张力

图 5-11 是 α-烯烃磺酸盐、直链烷基苯磺酸盐和脂肪醇硫酸酯盐三类阴离子表面活性剂溶液的表面张力与其疏水基碳链长度的关系曲线。可以看出，当 α-烯烃磺酸盐碳氢链含有 15～18 个碳原子时，其溶液的表面张力较低。从图中还可以看出，脂肪醇硫酸酯盐和直链烷基苯磺酸盐在碳氢链的碳原子数为 14～15 时，其溶液的表面张力出现最低值，表面活性最高。在碳氢链较短（碳原子数小于 15）的表面活性剂中，相同碳原子数的三类产品，直链烷基苯磺酸盐的表面张力最低，其次是脂肪醇硫酸酯盐，α-烯烃磺酸盐最高。

（3）去污力

从图 5-12 可以看出，α-烯烃磺酸盐的去污力在碳原子大于 12 时明显提高，在 15～18 范围内保持较高的水平，超过 18 个又呈下降趋势，其中以碳原子数为 16 的活性剂去污力最高。对于直链烷基苯磺酸盐，含 10～14 个碳原子的烷基苯磺酸盐的去污力相对较高，碳链继续加长，去污力降低。而脂肪醇硫酸酯盐在碳氢链含 13～16 个碳原子时，去污效果较好。比较三种不同类型表面活性剂的去污力，含 15～18 个碳原子的 α-烯烃磺酸盐优于含 13～16 个碳原子的脂肪醇硫酸酯盐，优于直链烷基苯磺酸盐。

表面活性剂在硬水中的去污力往往会受到水硬度的影响，图 5-13 表示的是表面活性剂的去污力随水硬度的变化规律。可以看出，α-烯烃磺酸盐的去污力随水硬度的增加呈现降低趋势，但仍保持较好的去污效果，且仅次于脂肪醇聚氧乙烯醚硫酸酯盐，并优于脂肪醇硫酸酯盐和直链烷基苯磺酸盐。

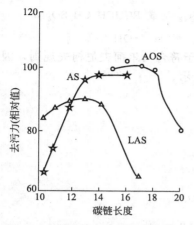

图 5-12　碳链长度和去污力的关系

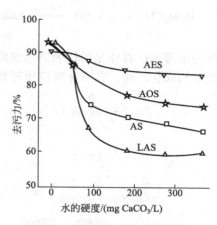

图 5-13　水的硬度对去污力的影响

（4）起泡力

从不同表面活性剂的泡沫高度（图 5-14）可以看出，碳氢链含 14～16 个碳原子的 α-烯烃磺酸盐、含 10～13 个碳原子的直链烷基苯磺酸盐和十四碳醇硫酸酯盐均具有较好的起泡力。

在硬水中各类表面活性剂的起泡力都会发生不同程度的变化（图 5-15）。商品 α-烯烃磺酸盐在硬度较广范围内（50～40m CaCO$_3$/L）的硬水中泡沫高度变化不大，起泡力保持良好。

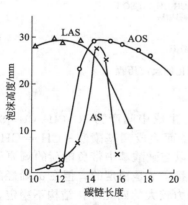

图 5-14　阴离子表面活性剂碳链长度与泡沫高度的关系

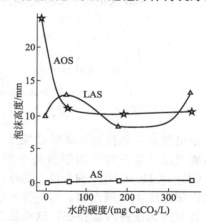

图 5-15　水的硬度对起泡力的影响

（5）生物降解性

α-烯烃磺酸盐的生物降解性较高，其生物降解速率比直链烷基苯磺酸盐快，而且降解更为完全，只需 5 天即可完全消失而不污染环境。在 α-烯烃磺酸盐的各种组分中，生物降解速率按烯基磺酸盐、羟基链烷基磺酸盐和二磺酸盐的顺序呈下降趋势，因此该产品中所含各组分的比例对其生物降解性有较大的影响。α-烯烃磺酸盐的毒性比直链烷基苯磺酸盐低，刺激性较小。

5.3.2　α-烯烃的磺化历程

α-烯烃用三氧化硫磺化可以制备烯基磺酸盐，同时有羟基磺酸盐生成，该过程的反应式如下：

$$RCH_2CH=CH_2 + SO_3 \xrightarrow{NaOH} RCH=CHCH_2SO_3Na \ \text{或} \ RCHCH_2CH_2SO_3Na$$
$$\underset{\displaystyle OH}{|}$$

其反应历程可以看作是烯烃的亲电加成反应，由于符合马尔柯夫尼柯夫规则，因此磺化主要生成末端磺化产物。其磺化反应历程如图 5-16 所示。

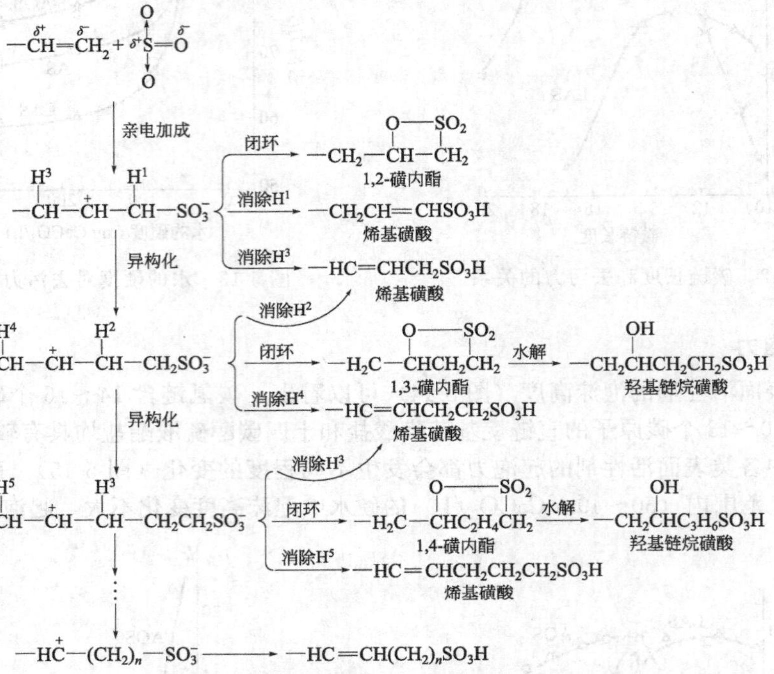

图 5-16 α-烯烃用三氧化硫磺化的反应历程

亲电质点三氧化硫和链烯烃发生亲电加成反应，生成中间产物 $R-\overset{\overset{\displaystyle H}{\displaystyle +}}{CH}-CH-SO_3^-$ 。该化合物可以从碳正离子相邻的两个碳原子上消去质子而生成烯基磺酸—CH=CH—SO_3H 或—CH=CH—CH_2—SO_3H。此外，碳正离子还可以与磺酸基中带负电荷的氧原子一起经环化作用生成 1,2-磺内酯。1,2-磺内酯在低温、无水状态下是稳定的，但在 α-烯烃的最终磺化产物中并无该种内酯存在，这可能是由于其具有张力较大的四元环，结构不稳定，在放置和反应过程中转化为烯基磺酸等其他物质。

由于碳正离子的异构化作用，可以得到一系列双键位置不同的链烯基磺酸以及 1,3-磺内酯和 1,4-磺内酯。例如 1-十六烯用空气稀释的三氧化硫进行磺化时，得到的烯基磺酸的混合物中，双键在第一到第十个碳原子上的产物都有。

尽管在 α-烯烃的最终磺化产物中只鉴定出五元环 1,3-磺内酯，但反应过程中还可能生成 1,4-磺内酯和二磺内酯。1,3-磺内酯和 1,4-磺内酯均不溶于水，在工业生产中常采用碱性水解的方法将其转化为羟基烷基磺酸。其反应历程如下：

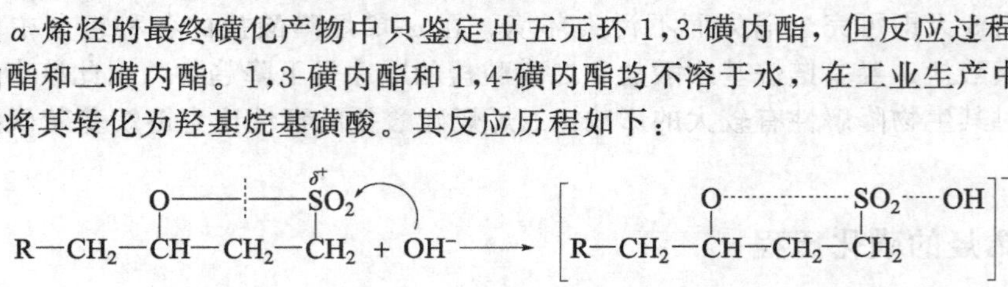

也有人研究认为 1,3-磺内酯和 1,4-磺内酯水解时主要是 C—O 键发生断裂，即

$$R-\overset{\delta^+}{\underset{\underset{SO_2}{\underset{|}{O}}}{CH}}-CH_2-CH_2 + OH^- \longrightarrow R-\underset{OH}{\underset{|}{CH}}CH_2CH_2SO_3^-$$

　　二磺内酯在碱性条件下水解发生消去反应，产物以烯基磺酸盐为主。而在酸性条件下水解则会生成难溶的 2-羟基磺酸，不能作为表面活性剂使用。

$$\begin{array}{c} RHC\overset{O-SO_2}{\underset{}{}}\overset{}{\underset{}{CH_2}} \\ H_2C\underset{O_2S-O}{\overset{}{}}\overset{}{\underset{}{CH}}-R \end{array} \begin{array}{l} \xrightarrow{OH^-} RCH=CH-CH_2SO_3Na \\ \\ \xrightarrow{H^+} RCHCH_2SO_3H \\ \qquad\quad |\\ \qquad\quad OH \end{array}$$

　　此外，α-烯烃用三氧化硫磺化时还会生成烯烃磺酸酐和二聚-1,4-磺内酯。烯烃磺酸酐是在磺化剂三氧化硫过量时产生的，它在酸性条件下水解生成难以溶解且不具有表面活性的 2-羟基磺酸。将其在较高的温度（150℃）和强碱性条件下水解，则大部分转化为烯基磺酸，但仍有 26% 转化为 2-羟基磺酸。

$$\begin{array}{c} RH_2C-\underset{\underset{\underset{O}{\overset{|}{}}}{\overset{|}{O}}}{CH}-CH_2 \\ \quad\; S_2O \qquad SO_2 \end{array} \begin{array}{l} \xrightarrow{H^+} R-CH_2\underset{OH}{\overset{\overset{OH}{|}}{C}}HCH_2SO_3H \\ \\ \xrightarrow{OH^-} RCH=CHCH_2SO_3H \end{array}$$

　　二聚-1,4-磺内酯是在烯烃过量时生成的，其产生和水解过程如下式所示。

$$\underset{R}{\overset{CH_2}{\underset{|}{CH}}} + O + SO_2 + \underset{R}{\overset{CH_2}{\underset{|}{CH}}} \longrightarrow RHC\overset{CH_2}{\underset{O-O_2S}{\overset{\overset{R}{\overset{|}{CH}}}{}}}\overset{}{\underset{}{\underset{R}{\overset{|}{CH_2}}}} \xrightarrow{水解} RCHCH_2\overset{OH}{\underset{R}{\overset{\overset{OH}{|}}{CH}}}CH_2SO_3Na$$

　　二聚-1,4-磺内酯在碱的作用下水解成为二烷基羟基磺酸盐，此类物质的分子量较大，不溶于水，也不能做表面活性剂使用。

　　通过上述对烯烃磺化机理的讨论可以看出，α-烯烃的磺化反应历程比较复杂，所得到的磺化产物也是多种物质的混合物，组成复杂。因此这一类表面活性剂的商品也是多种组分的混合物。

5.3.3　α-烯基磺酸盐生产工艺

　　α-烯基磺酸盐的生产主要由磺化和水解两个主要反应过程构成。

　　第一步，α-烯烃与三氧化硫反应，经磺化生成烯烃磺酸盐 1,3-磺内酯、1,4-磺内酯以及二磺内酯等的混合物，它们的含量分别为 40%、40% 以及 20%。

　　第二步，磺化混合物经水解得到以烯基磺酸盐、羟基烷基磺酸盐和二磺酸盐为主的最终产品。由于磺内酯不溶于水，没有表面活性，因此一般采用在碱性条件下使其水解为烯烃磺酸盐和羟基磺酸盐。该过程可表示如下：

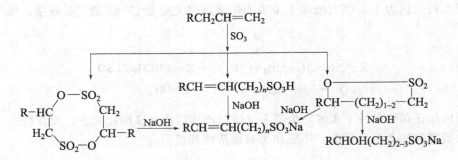

5.3.3.1　三氧化硫与α-烯烃的物质的量比的选择

三氧化硫与α-烯烃的物质的量比对磺化反应中烯烃的转化率和产物的组成有较大的影响。

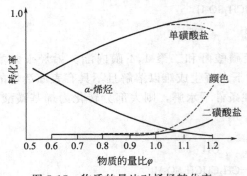

图 5-17　物质的量比对烯烃转化率、产物组成及性能的影响

从图 5-17 所示的结果可以看出：

① 当 $\varphi < 1.05$ 时，随着三氧化硫用量的增加，α-烯烃的转化率和反应体系中单磺酸的含量同时增加，二磺酸含量的增加和产品颜色的加深均不十分明显，只在物质的量比超过 0.9 后分别略有提高和变深；

② 当 $\varphi > 1.05$ 时，二磺酸含量增加较快，而单磺酸含量明显下降，产品的颜色显著加深。

因此为使反应顺利进行，同时确保产品的质量，三氧化硫不宜过量太多，其与α-烯烃适宜的物质的量比 φ 应为 1.05∶1。

5.3.3.2　磺化温度和时间的选择

反应温度升高，反应速率加快，转化率升高。但α-烯烃的单磺化产物在 50℃ 时出现最大值，这可能是过高的温度导致α-烯烃的异构化或其他副反应的发生，主产物的收率减少。而且在 50℃ 以下，二磺酸的含量始终保持较低的水平，而且几乎不随温度的升高而增加。因此在磺化反应过程中，反应温度不宜高于 50℃。

而在 50℃ 以下，适当提高反应温度对反应是有利的。从表 5-6 所示的 30℃ 和 40℃ 时磺化混合物的组成可以看出，较高的反应温度有利于烯基磺酸盐的生成，同时可以减少二磺内酯和 1,2-磺内酯的含量。例如，当温度为 40℃ 时，二磺内酯的含量为 6%，低于 30℃ 时的 8%，1,2-磺内酯含量也比 30℃ 时减少了 12%。这可能是由于 1,2-磺内酯不稳定，高温有利于促使其开环并转化为烯基磺酸。此外，1,3-磺内酯和 1,4-磺内酯以及烯基磺酸的含量均在 40℃ 时有所提高，因此反应温度控制在 40℃ 左右比较理想。

表 5-6　温度对磺化反应的影响

反应温度/℃	磺内酯/%		二磺内酯/%	烯基磺酸/%
	1,2-磺内酯	1,3-磺内酯和 1,4-磺内酯		
30	32	32	8	28
40	20	36	6	38

在适宜的反应温度下，适当延长反应时间，也可提高α-烯烃的转化率，同时减少 1,2-磺内酯的生成量，如表 5-7 所示。

表 5-7　温度、时间对磺化反应的影响

反应时间/s	反应温度/℃	α-烯烃的转化率/%	1,2-磺内酯生成量/%
7	30	58	74
11	30	73	72
11	45	75	40

综上所述，随着反应时间的延长和反应温度适当的升高。可提高 α-烯烃的转化率，降低 1,2-磺内酯的含量。因此适当范围延长反应时间和提高反应温度对反应是有利的。

5.3.3.3　反应设备的选择

α-烯烃与三氧化硫的磺化反应速率较快，放热量较大（$-\Delta H = 209.2\text{kJ/mol}$）。特别是转化反应器在反应初始阶段，反应十分剧烈，在膜式反应器中，膜的温度可高达 120℃的最高值。这将导致二磺酸产物含量较高，产品颜色加深，反应不易控制。为此在工业生产中从两个方面采取措施以保证反应安全、顺利地进行。

第一，将三氧化硫用惰性气体稀释至 3%～5%（体积分数）的较低含量，以减缓反应速率。

第二，在膜式反应器中引入二次保护风，对三氧化硫与 α-烯烃液膜进行隔离，降低液膜内三氧化硫的浓度。这种措施对减缓磺化初期反应的激烈程度十分有效。

通过上述措施，可控制磺化反应在 40℃左右平稳地进行。

5.3.3.4　磺内酯水解条件的选择

对于难溶于水且不具有表面活性的磺内酯，通常使用氢氧化钠将其水解，转化为可溶于水且具有表面活性的羟基烷基磺酸盐。表 5-8 列举了不同水解温度和水解时间下磺内酯的残存量。

表 5-8　水解温度、时间和磺内酯残存量的关系

水解温度/℃	水解时间/min	磺内酯残存量/(mg/L)	水解温度/℃	水解时间/min	磺内酯残存量/(mg/L)
140	20	568	170	20	80
140	60	327	180	20	30
165	20	200			

根据上述结果可以看出，升高水解温度和延长水解时间可降低磺内酯的残存量。在实际工业生产中，经常使用的水解条件为：160～170℃、1MPa 压力下水解 20min。

5.4　烷基磺酸盐

烷基磺酸盐（SAS）的商品实际上是不同碳数的饱和烷基磺酸盐的混合物，其通式为 RSO_3M，其中 M 代表碱金属或碱土金属，R 代表碳原子数为 13～17 的烷基。目前表面活性剂行业生产该产品的主要方法为氧磺化法和氯磺化法。

氧磺化反应是在 20 世纪 40 年代被发现的，50 年代开始发展，近几十年来发展很快。用这种方法生产的烷基磺酸以带有支链的产物为主，伯烷基磺酸仅占 2%。氯磺化法的反应产物则以伯烷基磺酸盐为主，同时含有一定量的二磺酸。早在第二次世界大战期间，德国便采用氯磺化法生产了烷基磺酸钠，并将其用作洗涤剂和渗透剂。

5.4.1　烷基磺酸盐的性质和特点

烷基磺酸盐在碱性、中性和弱酸性溶液中均较为稳定，其脱脂力、润湿力、临界胶束浓度、溶解度等各项性能如图 5-18 所示。

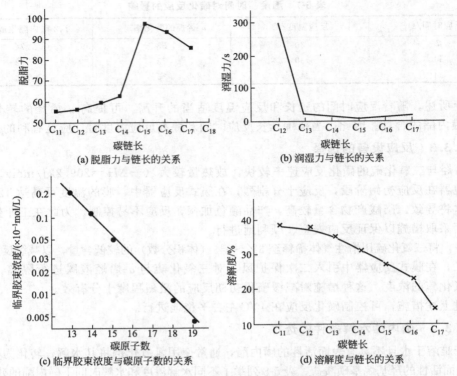

(a) 脱脂力与链长的关系

(b) 润湿力与链长的关系

(c) 临界胶束浓度与碳原子数的关系

(d) 溶解度与链长的关系

图 5-18　SAS 各种性能与链长的关系

可见，烷基磺酸盐的溶解度和临界胶束浓度随烷基链碳原子数的增加而降低，其在硬水中也具有良好的润湿、乳化、分散和去污能力。

此外，这类表面活性剂的生物降解性很好，在 20℃下、2 天后生物降解率即可达到 99.7%，而且没有有毒代谢产物生成，对皮肤的刺激性也较小。

5.4.2　氧磺化法生产烷基磺酸盐

由正构烷烃与二氧化硫和氧反应制备烷基磺酸钠的反应方程式为

$$RCH_2CH_3 + SO_2 + 1/2O_2 \longrightarrow \underset{RCHCH_3}{\overset{SO_3H}{|}} \xrightarrow{NaOH} \underset{RCHCH_3}{\overset{SO_3Na}{|}}$$

5.4.2.1　长链烷烃的氧磺化机理

烷烃的氧磺化是自由基反应，其反应过程包括链的引发、链的增长和链的终止三个步骤。

首先，烷烃在紫外线或射线的照射下吸收能量生成烷基自由基 R·，引发反应的进行。

$$RH \xrightarrow{h\nu} R· + H·$$

在自由基反应的引发阶段，紫外线或射线除可以激发烷烃生成烷基自由基引发反应外，还可以激发二氧化硫，使之处于激发态而引发链反应。在紫外线照射下，二氧化硫（SO_2）可吸收 289nm 波长的光成为激发态，它能够将能量转移给烷烃，并使之生成烷基自由基，自身则失去能量而回到基态。

$$SO_2（基态）\xrightarrow{h\nu} SO_2^*（激发态）$$

$$RH + SO_2^* \longrightarrow R \cdot + H \cdot + SO_2$$

烷基自由基 R· 与二氧化硫反应生成烷基磺酰自由基 RSO₂·，在氧的存在下，该自由基与氧作用得到烷基过氧磺酰自由基 RSO₂OO·，它能夺取烷烃中的氢生成烷基过氧磺酸，同时产生烷基自由基 R·，进一步引发自由基反应的进行。该过程可表示如下：

$$R \cdot + SO_2 \longrightarrow RSO_2 \cdot$$
$$RSO_2 \cdot + O_2 \longrightarrow RSO_2OO \cdot$$
$$RSO_2OO \cdot + RH \longrightarrow RSO_2OOH + R \cdot$$

烷基过氧化磺酸在水的存在下，与二氧化硫和水反应生成烷基磺酸和硫酸，从而使链反应终止：

$$RSO_2OOH + SO_2 + H_2O \longrightarrow RSO_3H + H_2SO_4$$

由于正构烷烃链上的伯碳原子与仲碳原子上的氢原子的相对活性比值为 1∶3，因此氧磺化反应的产物绝大部分为仲位取代物。

此外，实践证明，氧磺化反应对于低链烷烃是一个自动催化的反应，即一旦引发后，即使不再提供能量或引发剂，反应也可自动地进行下去。而对于长链烷烃，则需要连续不断地提供引发剂，如自始至终用紫外线照射，才能使氧磺化反应顺利进行。

控制此反应过程的关键中间产物是烷基过氧磺酸（RSO₂OOH），它与醋酐或水的反应速率较快，因而可以通过向反应体系中加入醋酐或水，使过氧磺酸进一步转化为磺酸而在体系中的浓度不至于过高，从而达到控制反应进程的目的。向反应器中加入水的方法通常称为水-光氧磺化法，这种方法生产成本较低，工艺较为成熟。

5.4.2.2　水-光氧磺化法生产烷基磺酸盐的工艺过程

该生产工艺包括氧磺化反应和后处理两部分，后处理又包括分离和中和等过程。其工艺流程如图 5-19 所示。

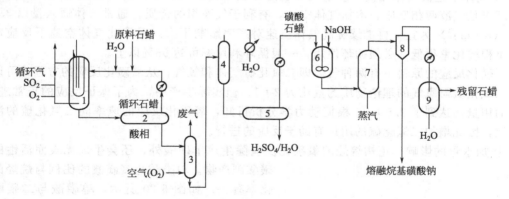

图 5-19　水-光氧磺化法生产烷基磺酸盐工艺流程
1—反应器；2,5,8—分离器；3—气体分离器；4,7—蒸发器；6—中和釜；9—油水分离器

原料正构烷烃和水组成的液相由上部进入装有高压汞灯的反应器中，二氧化硫和氧气通过气体分布器由反应器的底部进入，并很好地分布在液相中。反应器的温度控制在 40℃ 以下，液体物料在反应器中停留时间为 6～7min。之后反应物料由反应器的下部进入分离器，分离器上层分出的油相经冷却器冷却后和原料正构烷烃及水一起返回反应器循环使用。

二氧化硫和氧气的单程转化率较低，大量未反应的气体由反应器顶部排出后，经加压返回反应器循环使用。

由分离器底部分出的磺酸液中含有烷基磺酸 19％～23％、烷烃 30％～38％、硫酸

6%～9%及少量水等。磺酸液从气体分离器的顶部进入，用空气吹脱去除残留的二氧化硫后，由底部流出并进入蒸发器，废气由气体分离器上部排出。

物料在蒸发器中蒸发脱去部分水后，从其底部流出进入分离器中静置分层，分去下层含量为60%左右的硫酸。上层的磺酸液经冷却后，用泵打入中和釜中，用50%的氢氧化钠溶液中和，中和后的物料中约含45%的烷基磺酸钠和部分正构烷烃。

中和物料从中和釜底部流出，再从底部进入蒸发器，经蒸汽汽提去除未反应的烷烃，再打入分离器中静置分层。由分离器顶部溢出的物料经冷凝器冷却后，在油水分离器中分离出油相（残余的正构烷烃）及水相。而分离器底部得到的是含量为60%的烷基磺酸盐产品。通过此工艺过程制得的烷基磺酸钠产品经进一步蒸发处理可得高浓度产品，其商品组成为：烷基单磺酸钠85%～87%、烷基二磺酸钠7%～9%、硫酸钠5%、未反应烷烃1%。

5.4.2.3　影响反应的因素

① 正构烷烃的质量要求　正构烷烃通常采用尿素络合或分子筛吸附法分离得到，这种方法得到的正构烷烃中芳烃含量较高，为0.4%～1.0%，同时含有一定量的烯烃和异构烷烃，它们均会对氧磺化反应产生不利影响。其中芳烃会参与氧磺化反应，其产物在反应液中积累到一定浓度时，会对主反应产生较强的抑制作用，还会导致产品色泽变深。烯烃、异构烷烃和醇等杂质会降低反应的初始速率，使反应出现诱导期。因此氧磺化反应前要对原料进行精制和预处理，尽可能减少杂质的含量，一般要求控制原料中芳烃的含量低于0.005%。

② 温度的影响　光化学反应的活化能主要取决于光的吸收，受温度的影响较小。但温度太高时，会降低二氧化硫和氧气在烷烃中的溶解度，从而影响反应速率和磺酸的生成量，还可能使副反应增加。温度太低时，反应速率缓慢，因此反应温度应适宜，一般控制在30～40℃较为理想。

③ 气体空速及气体比例　所谓气体空速是指单位面积、单位时间通过的气体的量。氧磺化反应是气液两相反应，增加气体空速，有利于气液相的传质。通常气体通入量以3.5～5.5L/(h·cm^2)为宜，再继续提高气体空速对产率影响不大。采用此气体空速下反应，气体的单程转化率很低，必须循环使用，一般循环利用率可达95%以上。

氧磺化反应的原料中有两种气体即二氧化硫气体和氧气，从氧磺化反应的方程式可以看出，二氧化硫与氧气的理论物质的量比为2:1。但实际生产中，为了保证反应的正常进行，二者的用量比达到了2.5:1。根据动力学分析可知，氧磺化反应的速率同二氧化硫的浓度成正比，因此增加二氧化硫的用量有助于反应的进行。

④ 加水量的影响　正构烷烃的氧磺化反应除生成单磺酸外，还会生成无表面活性的多磺酸副产物。单磺酸与多磺酸的比例与烷烃的转化率有关。如图5-20所示，单磺酸与二磺酸含量的比值随烷烃转化率的提高而降低。即转化率越高，单磺酸在产物中所占的比例越小，而多磺酸所占比例越大，这种变化趋势在烷烃的转化率较低时更为明显。可见一味提高单程转化率，会使副反应增多，二磺酸含量增加，单磺酸产品的产率降低，产品质量下降。

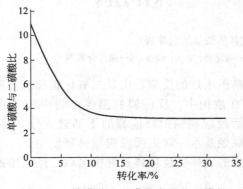

图5-20　单磺酸、二磺酸含量的比值与
烷烃转化率的关系

为解决此问题，可在反应过程中向反应体系中加入适量的水，使单磺酸产物溶解在水中，而从反应区抽出，避免其继续参与氧磺化反应而生成二磺酸或多磺酸。同时由于反应区内单磺酸的含量降低，有利于反应向正方向，从而使产品的收率和质量都得以提高。

水的加入量应当适宜，可根据单磺酸的产量而定，一般应为磺酸量的 2～2.5 倍。加水过多，会导致物料乳化，难于分出磺酸；加水量太少，反应混合物仍处于互溶状态，磺酸不易分离出来。

5.4.2.4　其他氧磺化法简述

目前水-光氧磺化法已实现工业化，是烷烃磺化制备烷基磺酸盐的重要方法，反应采用紫外线引发。除此之外还有采用其他引发方式制备烷基磺酸盐的工艺方法，如射线法、臭氧法和促进剂法等。

所谓射线法就是采用射线引发氧磺化反应的方法。通过研究和实践发现，能引发氧磺化反应的射线的剂量必须大于 2Gy。这种方法的优点是受抑制剂的影响较小，当反应激发后，烷基过氧磺酸的浓度超过某数值时，即使在无射线照射的条件下，反应也能自动进行下去直到结束。这种方法也存在一定的缺点。首先，要想使射线的能量在设备中分布均匀，必须使用多个放射源，致使射线的防护设备投资较大。其次，用射线法所得到的产品中二磺酸含量较多，产品质量较差。

在以臭氧（O$_3$）为引发剂的氧磺化反应中，臭氧的浓度是影响反应速率和磺酸产率的重要因素。一般情况下，氧气中臭氧的含量以 0.5％（质量分数）最为合适，此时生产 1t 磺酸约需臭氧 24kg。由于扩大生产时，所需要的臭氧发生装置很大，目前在工业上还很难解决，因此用此法进行大生产受到限制。

促进剂法是在反应中加入促进剂，这不仅能够提高反应速率，并且可在中断射线、紫外线等引发剂的情况下，使反应持续进行，这样可以提高产品质量并降低能量的消耗。常用的促进剂有醋酐、含氯化合物及含氧氮化物等。其中，加入醋酐的作用是与烷基过氧磺酸反应，其产物经进一步与烷烃、二氧化硫和氧气反应生成烷基磺酸。

$$2RSO_2OOH + (CH_3CO)_2O \longrightarrow 2RSO_2OOCOCH_3 + H_2O$$
$$RSO_2OOCOCH_3 + 7RH + 7SO_2 + 3O_2 + H_2O \longrightarrow 8RSO_3H + CH_3COOH$$

作为促进剂的含氯化合物有三氯甲烷（CHCl$_3$）、四氯乙烷（Cl$_2$CHCHCl$_2$）、五氯乙烷（Cl$_2$CHCCl$_3$）以及氯代烃（RCl）和醋酐的混合物等。作为促进剂的含氧氮化物主要是硝酸钠（NaNO$_3$）、亚硝酸钠（NaNO$_2$）、硝酸戊酯（C$_5$H$_{11}$NO$_3$）以及亚硝酸环己酯（C$_6$H$_{11}$NO$_2$）等。

5.4.3　氯磺化法制备烷基磺酸盐

氯磺化反应通常也称为 Reed 反应，是由烷烃与二氧化硫和氯气反应生成烷基磺酰氯，进一步与氢氧化钠反应，水解生成烷基磺酸盐。直链烷烃的氯磺化反应方程式如下：

$$RH + SO_2 + Cl_2 \longrightarrow RSO_2Cl + HCl\uparrow$$
$$RSO_2Cl + 2NaOH \longrightarrow RSO_3Na + H_2O + NaCl$$

反应结束后要除去未反应的物料、盐及水等杂质。链烷烃的氯磺化和氧磺化反应是制备烷基磺酸盐（RSO$_3$Na）的主要方法，这两个反应都要求在氧化剂即氧气或氯气的存在下，用二氧化硫与烷烃反应从而引入磺酸基，且均为自由基链反应。

5.4.3.1　氯磺化反应机理

直链烷烃的氯磺化反应通常是在紫外线的照射下，反应混合物中的氯吸收光能，引发了氯自由基的产生，即

$$Cl_2 \xrightarrow{h\nu} 2Cl\cdot$$

氯自由基夺取烷烃 RH 的氢生成氯化氢，从而生成了烷基自由基 R·

$$Cl· + RH \longrightarrow R· + HCl$$

由于烷基自由基 R· 与二氧化硫的反应速率比与氯气的反应速率快 100 倍，因此更容易与前者反应生成烷基磺酰自由基，而很少与氯气反应生成卤化物。该过程可表示为

主反应： $$R· + SO_2 \longrightarrow RSO_2·$$

副反应： $$R· + Cl_2 \longrightarrow RCl + Cl·$$

值得注意的是烷基自由基 R· 与氧气的反应速率比其与二氧化硫的反应还快 10^4 倍，因此反应体系中应控制氧含量最小。烷基磺酰自由基 $RSO_2·$ 进一步与氯反应得到磺酰氯和氯自由基 Cl·，从而引发新的自由基反应。

$$RSO_2· + Cl_2 \longrightarrow RSO_2Cl + Cl·$$

氯自由基 Cl· 之间反应生成氯气，从而使自由基链反应终止。

$$Cl· + Cl· \longrightarrow Cl_2$$

5.4.3.2 烷烃的氯磺化生产过程

氯磺化法制取烷基磺酸钠的工艺过程包括氯磺化反应、脱气、皂化、后处理等工序，其工艺流程如图 5-21 所示。

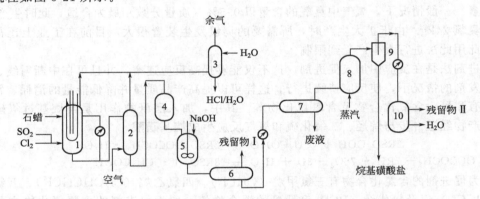

图 5-21 氯磺化法制取烷基磺酸钠的工艺流程
1—反应器；2—脱气塔；3—气体吸收塔；4—中间存储罐；5—皂化器；
6,7—分离器；8—蒸发器；9—磺酸盐分离器；10—油水分离器

① 氯磺化反应 经过预处理的石蜡烃（主要是正构烷烃）从反应器上部进入，氧气和二氧化硫气体从反应器的底部引入，在紫外线照射下发生紫外线引发的氯磺化反应。反应后的物料由底部流出后，一部分经冷却器冷却回到反应器中，使反应器内的温度保持在 30℃ 左右，另一部分氯磺化产物进入脱气塔。

② 脱气 在脱气塔内，氯磺化反应物料经空气气提脱除氯化氢气体，由反应器上部和脱气塔上部放出的氯化氢气体进入气体吸收塔用水吸收。

③ 皂化 脱气后的氯磺化产物进入中间贮罐，再由顶部进入皂化器中与氢氧化钠反应，生成烷基磺酸钠，同时产生水和氯化钠。

④ 后处理 包括脱烃、脱盐和脱油。皂化后的物料在分离器中分出残留的石蜡烃。磺酸钠则在分离器的下层，由其底部流出，经冷却进入分离器进行脱盐处理，下层是含盐废液。上层物料进入蒸发器，蒸去大量的水和残留的石蜡烃后，在磺酸盐分离器中分出磺酸盐，得到产物烷基磺酸盐的熔融物。蒸出的水和残余石蜡烃在油水分离器中静置分层使二者分离。

在氯磺化反应过程中，原料的质量、反应温度、气体用量以及反应深度等都会对产品的

质量产生重要的影响。

5.4.3.3　反应的影响因素

① 原料的质量要求　由于原料石蜡烃中所含的芳烃、烯烃、醇、醛、酮及含氧化合物等杂质会抑制自由基链反应的进行，因此必须对其进行预处理和精制。用发烟硫酸处理可以除去正构烷烃中的芳烃、烯烃、异构烷烃、环烷烃等杂质。此外，还应严格控制二氧化硫气体和氯气中的氧含量小于 0.2%。

② 温度的影响　氯磺化反应为放热反应，反应热为 54kJ/mol，反应产生的热量必须及时移除，否则会因温度过高而导致生成较多的氯代烷烃。研究发现，当温度高于 120℃ 时，烷基磺酰氯将全部分解为氯代烷烃，因此反应温度不宜过高。但太低的反应温度会使反应速率降低，产率下降，对反应不利。为此反应温度应控制在 30℃ 左右。

③ 二氧化硫与氯气混合比的影响　根据氯磺化反应方程式，二氧化硫与氯气的理论物质的量比为 1∶1。但在反应过程中存在烷基自由基与氯气反应生成氯代烷烃的副反应，因此，提高二氧化硫的比例，有利于氯磺化主反应的进行，同时降低氯气的浓度，还可以起到抑制氯化副反应的作用。

在生产中，一般均采用二氧化硫与氯气的体积比为 1.1∶1，此时反应产物中的总氯量与皂化氯量的比值维持在较低的数值。所谓总氯量是指产品中氯元素的总含量。而皂化氯则是指可以与碱发生皂化反应的氯的含量。目的产物磺酰氯（RSO_2Cl）中的氯元素即为可皂化氯，它能与氢氧化钠发生反应，生成烷基磺酸钠。而氯代烃（RCl）中的氯为不可皂化氯，但在测定总氯量时，能被测出。可见，对于正构烷烃的氯磺化反应，总氯量与可皂化氯量的比值越接近于 1，产物中的含氯副产品越少，即氯代烃的含量越低。

从图 5-22 中可以看出，当二氧化硫与氯气的体积比小于 1.1∶1 时，随着比例的增加，总氯量与皂化氯量比值明显降低；而大于 1.1∶1 时，下降趋势不明显，采用过大的比例没有必要。因此两种气体适宜的体积比为 $SO_2∶Cl_2 = 1.1∶1$。

④ 反应深度的影响　氯磺化反应属于典型的串联反应，其反应深度对产物的组成有较大影响，而且反应深度不同，反应液相对密度也不同，因此可以通过测定反应液的相对密度来控制反应深度。烷烃氯磺化的反应深度、反应液的组成和相对密度的关系如表 5-9 所示。

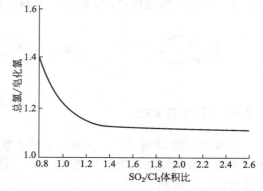

图 5-22　总氯/皂化氯与 SO_2/Cl_2 体积比的关系

表 5-9　烷烃氯磺化反应深度和反应液组成、相对密度的关系

产品名称	反应深度/%	磺酰氯的产品组成		未反应烷烃/%	链上含氯量/%	相对密度
		单磺酰氯/%	多磺酰氯/%			
M30	约 30	95	5	70	0.5	0.83～0.84
M50	45～55	85	15	55～45	1.5	0.88～0.9
M80	80～82	60	40	20～18	4～6	1.02～1.03

从表中数据可以看出，随烷烃的单程转化率和反应深度的增加，多磺酰氯的含量明显提高，反应液的相对密度也逐渐增大。

产品 M30 反应深度较低，多磺酰氯等副产品少，产品质量较好。但烷烃只反应了30%，反应液中含油量较多，需要脱去大量未反应的烷烃。根据反应液中含油量的多少，脱油方法也略有差异。对于含油量较大的 M30 的皂化液，一般采用静置分层脱油、冷冻降温脱盐，然后再蒸发脱油除去不皂化物的方法。

M50 的皂化液的处理方法是先采用静置分层脱油和冷却脱盐工艺，然后再用甲醇和水在 60℃下萃取除油。另外也可以与 M30 相同，在静置脱油后再采用蒸发脱油的方法。

M80 的皂化液中因反应深度较高，未反应烷烃的含量较少，其后处理的方法与前两种产品有所不同。先静置分层脱油，下层的浆状物冷却后用离心法脱盐，离心分离得到的清液在 102～105℃加热，然后用水稀释使残余油层析出。

5.4.4 拉开粉 BX

丁基萘磺酸钠，既有正丁基萘磺酸钠又有异丁基萘磺酸钠。为米白色或微黄色粉末，易溶于水。对酸、碱和硬水都较稳定。固体加热到 110℃时不熔化而炭化，并逸出碱性蒸气。阴离子表面活性剂，具有优良的渗透性、乳化起泡性。能显著降低水的表面张力，具有优良的渗透力与湿润性，再湿润性也良好，并具有乳化、扩散和起泡性能。广泛应用于纺织印染各道工序，主要用作渗透及湿润剂和橡胶工业的乳化剂和软化剂，造纸工业湿润剂以及色淀工业的湿润剂等。

制备方法：将萘 426 份溶解在 478 份正丁醇中，在搅拌下滴加浓硫酸 1060 份，再滴加发烟硫酸 320 份。加毕缓慢升温至 50～55℃，保温 6h。静置后放出下层酸。上层反应液用碱中和，再用次氯酸钠漂白，沉降，过滤，喷雾，干燥得成品。反应式如下：

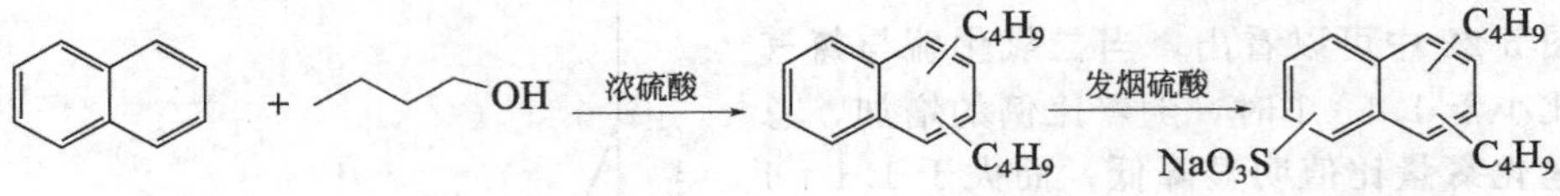

5.4.5 分散剂 BZS

分散剂 BZS 可溶于水，具有优良的扩散性、匀染性。常用作分散染料染涤纶的匀染剂。还可用于涤纶的洗涤、染色后的皂洗浴，可洗去浮色而提高牢度。亦可用于配制羊毛、黏胶等纤维用的柔软剂。

合成原理：由邻苯二胺、硬脂酰氯在一定条件下缩合而得。反应路线如下：

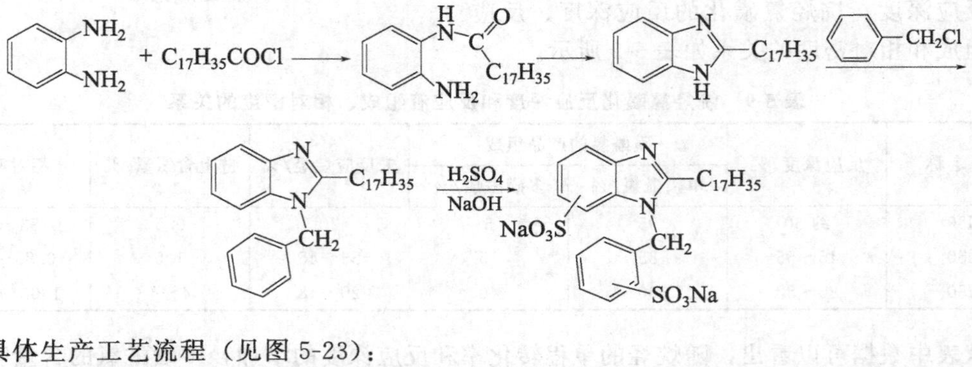

具体生产工艺流程（见图 5-23）：

① 将等摩尔的邻苯二胺与硬脂酰氯依次加入缩合釜中，并在 0～5℃搅拌下进行酰基化

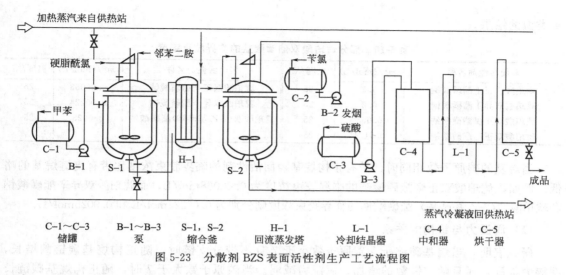

图 5-23　分散剂 BZS 表面活性剂生产工艺流程图

反应，反应在 pH 值为 8～9 时进行。

② 待反应完毕加入带水剂甲苯，在回流蒸发塔内不断地蒸出水和甲苯的共沸液，反应数小时后检查邻苯二胺的残留量，以苯胺完全转化为终点。

③ 将生成物压入缩合釜内，滴加苄氯进行烷基化反应。

④ 反应物料用发烟硫酸在中和器内进行磺化中和反应。

⑤ 将反应物料在冷却结晶器内进行冷却结晶，并在烘干器内进行烘干即得成品。

5.5　琥珀酸酯磺酸盐

琥珀酸即丁二酸 $[HOOC(CH_2)_2COOH]$，按照琥珀酸结构上两个羧基的酯化情况，可以将琥珀酸酯磺酸盐型阴离子表面活性剂分为琥珀酸单酯磺酸盐和琥珀酸双酯磺酸盐。在实际应用中，琥珀酸双酯磺酸盐比其单酯磺酸盐更为重要。这类表面活性剂分子中磺酸基的引入方法是通过亚硫酸氢钠（$NaHSO_3$）与马来酸（顺丁烯二酸）酯双键的加成反应进行的，该反应方程式为：

$$
\begin{array}{c}
\underset{\displaystyle\|}{\overset{\displaystyle O}{}} \\
HC\!-\!\overset{\displaystyle\|}{C}\!-\!ONa(R') \\[2pt]
\| \\
HC\!-\!\overset{}{C}\!-\!OR \\
\underset{\displaystyle O}{\|}
\end{array}
\;+\; NaHSO_3 \longrightarrow
\begin{array}{c}
\underset{\displaystyle\|}{\overset{\displaystyle O}{}} \\
NaO_3S\!-\!HC\!-\!\overset{}{C}\!-\!ONa(R') \\[2pt]
H_2C\!-\!\overset{}{C}\!-\!OR \\
\underset{\displaystyle O}{\|}
\end{array}
$$

表面活性剂分子中的 R 和 R^1 均为烷基，二者可以相同也可以不同，随其碳链长度和结构的不同，可得到一系列性能不同的表面活性剂品种。表面活性剂的结构与其性能之间有着十分密切的关系。

5.5.1　琥珀酸酯磺酸盐结构与性能的关系

(1) 临界胶束浓度与琥珀酸双酯磺酸盐结构的关系

表 5-10 列出了部分琥珀酸双酯磺酸盐的临界胶束浓度，从表中数据可以看出，随琥珀酸双酯磺酸盐的碳原子数增加，其临界胶束浓度降低。测定上述表面活性剂的表面张力也得

到类似的结果。

表 5-10　部分琥珀酸双酯磺酸盐的临界胶束浓度

表面活性剂名称	cmc/(mol/L)	温度/℃	表面活性剂名称	cmc/(mol/L)	温度/℃
琥珀酸双正丁酯磺酸钠	0.2	25	琥珀酸双正辛酯磺酸钠	0.00068	25
琥珀酸双异丁酯磺酸钠	0.2	25	琥珀酸双异辛酯磺酸钠	0.00224	25
琥珀酸双正戊酯磺酸钠	0.053	25	琥珀酸双(2-乙基己基)酯磺酸钠	0.0025	25
琥珀酸双正己酯磺酸钠	0.0124	25			

当烷基的碳原子数相同时，带有正构烷基表面活性剂的临界胶束浓度比带有支链烷基的略低。例如，琥珀酸双正辛酯磺酸钠的临界胶束浓度为 0.00068mol/L，而琥珀酸双异辛酯磺酸钠和琥珀酸二(2-乙基己基)酯磺酸钠的临界胶束浓度则分别为 0.00224mol/L 和 0.0025mol/L。

(2) 润湿力与结构的关系

研究表明，当烷基碳链所含碳原子数小于 7 且不带分支链时，随正构烷基碳链的增长，润湿力提高，而且随支链数的增加，润湿力减弱。当碳原子数大于 7 时，随正构烷基碳链长度的增加，润湿力下降，而且随支链数的增加，润湿力增加。

5.5.2　Aerosol OT 的合成与性能

Aerosol OT 是琥珀酸酯磺酸盐类表面活性剂中最为重要的品种之一，其分子结构式为

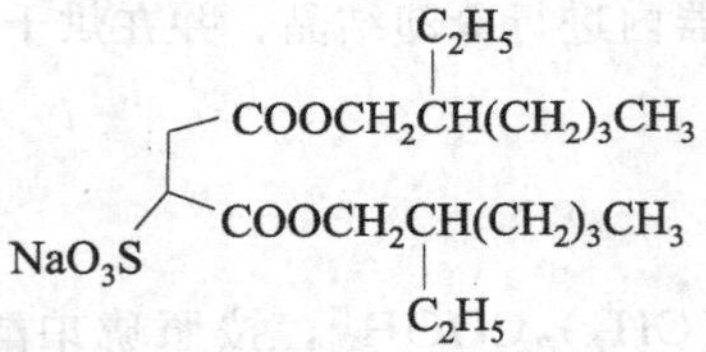

$$
\begin{array}{c}
\quad\quad\quad C_2H_5 \\
\mathrm{COOCH_2CH(CH_2)_3CH_3} \\
\mathrm{COOCH_2CH(CH_2)_3CH_3} \\
\mathrm{NaO_3S}\quad\quad\quad C_2H_5
\end{array}
$$

Aerosol OT 商品为无色或浅黄色液体，总活性物的含量为 70%～75%，相对密度 1.8，闪点 85℃，能溶于极性和非极性有机溶剂中，不溶于水，临界胶束浓度为 0.0025mol/L，最小溶液表面张力为 26.0mN/m，产品 pH 值为 5～10。

该产品是一种渗透十分快速、均匀，乳化和润湿性能均良好的渗透剂，广泛用作织物处理剂及农药乳化剂。具有相同结构和相似性能的国内产品的商品牌号为渗透剂 T。

Aerosol OT 的合成主要是酯化和磺化反应，它是由马来酸酐与 2-乙基己醇发生酯化反应，生成马来酸双酯，然后再与亚硫酸氢钠（NaHSO₃）在双键上加成磺化制得。其反应过程的方程式如下：

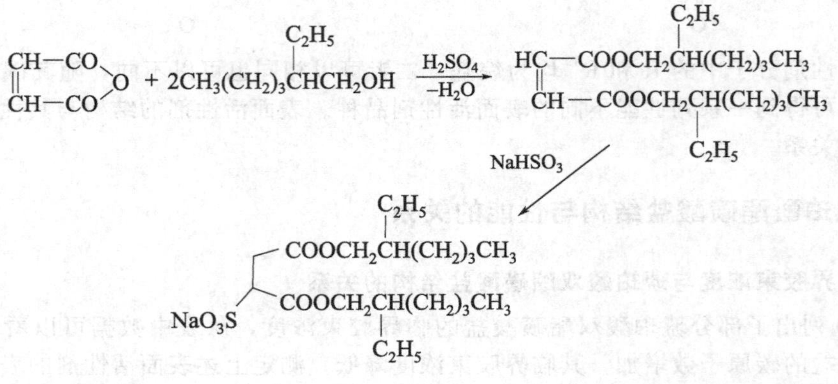

上述两个反应的工艺过程和反应条件如下。

（1）酯化反应

将马来酸酐与 2-乙基己醇，在硫酸的存在和真空条件下加热，控制好升温速度和真空度，脱水使缩合反应顺利进行，直至蒸出来的水已很少时即为反应终点。一般酯化收率可达 95％以上。

酯化反应结束后，用稀碱液中和物料中的硫酸，并用水洗至中性，同时除去生成的无机盐，最后在真空下蒸馏脱去未反应的醇。

（2）磺化反应

经过脱醇处理的马来酸双（2-乙基己基）酯与亚硫酸氢钠按物质的量比 1：1.05 投料，并加入一定量的乙醇作溶剂，在 110～120℃、0.1～0.2MPa 压力下反应 6h，即可得到 Aerosol OT 产品。

改变酯化反应的原料脂肪醇，按照上述同样方法可以制备含不同碳氢链的马来酸酯，经磺化后可得到一系列不同牌号的 Aerosol 型阴离子表面活性剂。这类产品的表面张力性能如表 5-11 所示，可以看出，随碳链长度的增加和分子量的增大，Aerosol 型表面活性剂 0.1％ 和 1％的溶液对矿物油的表面张力均呈下降趋势。

表 5-11　Aerosol 型表面活性剂化学结构和表面张力

商品牌号	化学名称	分子量	对矿物油的表面张力/(mN/m)	
			0.1%	1%
Aerosol OT	琥珀酸双(2-乙基己基)酯磺酸钠	444	5.86	1.84
Aerosol MA	琥珀酸双己基酯磺酸钠	388	20.1	4.18
Aerosol AY	琥珀酸双戊基酯磺酸钠	360	27.5	7.03
Aerosol IB	琥珀酸双异丁基酯磺酸钠	332	41.3	31.2

琥珀酸双酯磺酸盐是一类重要的渗透剂，应用十分广泛。此外，还有部分琥珀酸单酯磺酸盐也是比较重要的品种。

5.5.3　脂肪醇聚氧乙烯醚琥珀酸单酯磺酸钠

脂肪醇聚氧乙烯醚琥珀酸单酯磺酸钠，简称 AESM 或 AESS，具有良好的乳化、分散、润湿及增溶等性能，其结构通式如下：

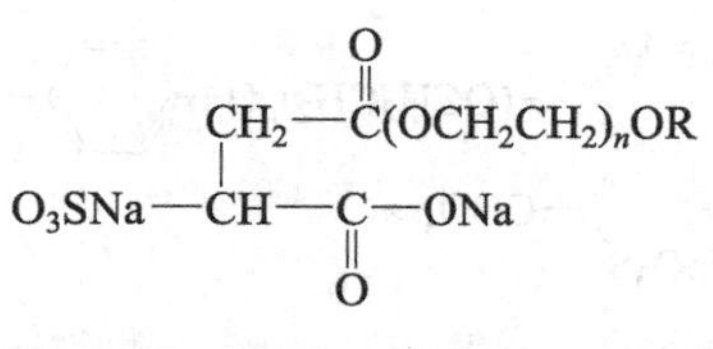

$$CH_2\!\!-\!\!\overset{\displaystyle O}{\overset{\|}{C}}(OCH_2CH_2)_nOR$$
$$O_3SNa\!\!-\!\!CH\!\!-\!\!\underset{\displaystyle O}{\overset{\|}{C}}\!\!-\!\!ONa$$

该类表面活性剂中的典型品种如月桂醇聚氧乙烯（3）醚琥珀酸单酯磺酸钠，化学结构式为：

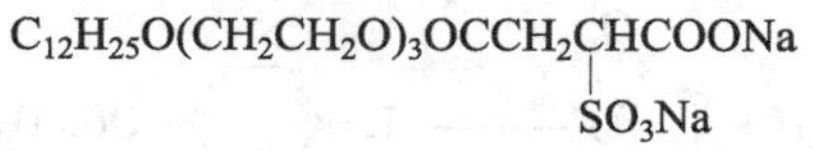

$$C_{12}H_{25}O(CH_2CH_2O)_3OCCH_2CHCOONa$$
$$SO_3Na$$

该产品通常为无色至淡黄色透明液体，具有十分优异的润湿性、抗硬水性和增溶性，脱脂力很弱。非常适用于与人体皮肤直接接触的日用化学品，现在已在调理香波、婴幼儿香波、浴液、洗面奶、洗手液等日用品的配方中使用。

脂肪醇聚氧乙烯醚琥珀酸单酯磺酸钠的合成也分为酯化和磺化两步，其合成过程如下：

$$C_{12}H_{25}O(CH_2CH_2O)_3H + \overset{CH-CO}{\underset{CH-CO}{\Big|}}O \xrightarrow{\text{催化剂}} C_{12}H_{25}O(CH_2CH_2O)_3CCH=CHCOOH$$

$$C_{12}H_{25}O(CH_2CH_2O)_3CCH=CHCOOH + Na_2SO_3 \longrightarrow C_{12}H_{25}O(CH_2CH_2O)_3CCH_2\underset{SO_3Na}{CHCOONa}$$

合成反应的最佳工艺条件为：脂肪醇聚氧乙烯醚与马来酸酐的投料比为 1∶1.05，酯化反应温度 70℃，酯化时间大约 6h；磺化反应的温度宜控制在 80℃，磺化时间 1h，单酯与亚硫酸氢钠的投料比 1∶1.05。按照上述条件进行反应，表面活性剂的最终收率可达 98% 以上。

5.5.4 磺基琥珀酸-酰基聚氧乙烯醚单酯钠盐

这类表面活性剂是以烷氧基化的含氮化合物为原料合成的，是配制香波的重要组分，其结构为：

$$RCONH(CH_2CH_2O)_n\overset{SO_3Na}{COCHCH_2COONa}$$

它的合成过程是先由 N-酰基乙醇和环氧乙烷反应合成 N-酰基乙氧基化物，然后与顺丁烯二酸酐作用生成单酯，最后与亚硫酸氢钠在氢氧化钠存在的碱性条件下加成而得。各步反应式如下：

$$RCONHCH_2CH_2OH + (n-1)CH_2-CH_2 \longrightarrow RCONH(CH_2CH_2O)_nH \xrightarrow{CH-CO} O$$

$$RCONH(CH_2CH_2O)_nCOCH=CHCOOH \xrightarrow[\text{$-H_2O$}]{NaHSO_3} RCONH(CH_2CH_2O)_n\underset{SO_3Na}{COCHCH_2COONa}$$

农乳 2000 即是这类结构的产品，农乳 2000 化学名为烷基酚聚氧乙烯醚磺化琥珀酸酯，可用作农药可湿粉剂、胶囊剂和水剂的助剂，胶悬浮剂的特效助剂，亦可作金属加工、纺织印染助剂。

$$\underset{NaO_3S}{\overset{O}{\underset{COONa}{C-(OCH_2CH_2)_nO-\!\!\!\left\langle\!\!\bigcirc\!\!\right\rangle\!\!-R}}}$$

合成路线：

$$R-\!\!\left\langle\!\!\bigcirc\!\!\right\rangle\!\!-O(C_2H_4O)_nH + \overset{O}{\underset{O}{\bigcirc}} \longrightarrow R-\!\!\left\langle\!\!\bigcirc\!\!\right\rangle\!\!-O(C_2H_4O)_n\overset{O}{C}-CH=CHCOOH$$

$$\xrightarrow{Na_2SO_3} R-\!\!\left\langle\!\!\bigcirc\!\!\right\rangle\!\!-O(C_2H_4O)_n\overset{O}{C}-CH_2\underset{SO_3Na}{CHCOONa}$$

生产工艺如下：

① 酯化　将烷基酚聚氧乙烯醚（1mol）投入酯化釜中，加入少量的抗氧催化剂乙酸钠。在强力搅拌下，分批加入顺丁烯二酸酐（1.05mol），加毕后逐渐升温至 70℃，反应 6h，得烷基酚聚氧乙烯醚琥珀酸酯。

② 将烷基酚聚氧乙烯醚琥珀酸酯投入磺化釜中，在强力搅拌下滴加亚硫酸钠水溶液（Na_2SO_3 1.05mol）。滴毕后在 80℃左右搅拌 1h，得磺化产物。

5.6　高级脂肪酰胺磺酸盐

高级脂肪酰胺磺酸盐型阴离子表面活性剂的特点是在分子中引入了酰氨基，其结构通式如下：

$$\overset{R}{\underset{}{R^1CON(CH_2)_n SO_3Na}} \qquad R^1 = H \text{ 或烷基}$$

该类表面活性剂的磺酸基大多通过间接法引入，也就是采用带有磺酸基的原料，而不是直接磺化制得，下面介绍高级脂肪酰胺磺酸盐的一般制法。

5.6.1　高级脂肪酰胺磺酸盐的一般制法

高级脂肪酰胺磺酸盐需通过带有磺酸基的原料羟基磺酸盐先后与脂肪胺和酰氯等其他中间体反应制得，因此首先要合成羟基磺酸盐。

（1）羟基磺酸盐的合成

羟基磺酸盐可由亚硫酸氢钠（$NaHSO_3$）与醛或环氧化合物反应生成，例如

$$NaHSO_3 + HCHO \longrightarrow HOCH_2SO_3Na$$

$$NaHSO_3 + CH_2\overset{O}{\underset{}{-}}CH_2 \longrightarrow HOCH_2CH_2SO_3Na$$

$$NaHSO_3 + CH_2\overset{O}{\underset{}{-}}CH-CH_2Cl \longrightarrow ClCH_2\overset{OH}{\underset{}{C}}HCH_2SO_3Na$$

（2）氨基烷基磺酸盐的合成

用以上方法制得的羟基磺酸盐在高温高压下与有机胺反应，可制得相应的氨基烷基磺酸盐。

$$RNH_2 + HOCH_2SO_3Na \longrightarrow RNHCH_2SO_3Na + H_2O$$

$$RNH_2 + HOCH_2CH_2SO_3Na \longrightarrow RNHCH_2CH_2SO_3Na + H_2O$$

$$RNH_2 + ClCH_2\overset{OH}{\underset{}{C}}HCH_2SO_3Na \longrightarrow RNHCH_2\overset{OH}{\underset{}{C}}HCH_2SO_3Na + HCl$$

此外，氨基烷基磺酸盐也可用卤代烷来合成，例如，N-烷基牛磺酸钠的另一种合成方法为

$$ClCH_2CH_2Cl + Na_2SO_3 \longrightarrow ClCH_2CH_2SO_3Na \xrightarrow[-HCl]{RNH_2} RNHCH_2CH_2SO_3Na$$

（3）脂肪酰胺磺酸盐的合成

由氨基烷基磺酸盐与脂肪酰氯（R^1COCl）进行 N-酰化反应可得到相应的高级脂肪酰胺磺酸盐，即：

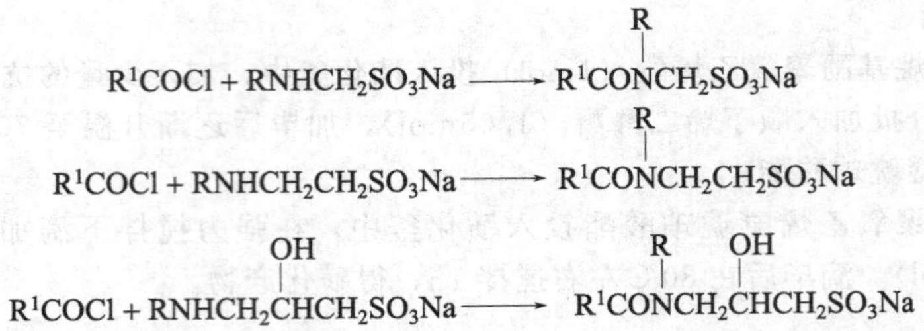

$$R^1COCl + RNHCH_2SO_3Na \longrightarrow R^1CON\overset{R}{\underset{}{C}}H_2SO_3Na$$

$$R^1COCl + RNHCH_2CH_2SO_3Na \longrightarrow R^1CON\overset{R}{\underset{}{C}}H_2CH_2SO_3Na$$

$$R^1COCl + RNHCH_2\overset{OH}{\underset{}{C}}HCH_2SO_3Na \longrightarrow R^1CONCH_2\overset{R}{\underset{}{C}}H\overset{OH}{\underset{}{C}}H_2SO_3Na$$

以上介绍的是高级脂肪酰胺磺酸盐的一般合成方法。除此之外，该类产品还可以以脂肪酰胺 $RCONH_2$ 为原料来合成。例如：

$$RCONH_2 + HCHO + NaHSO_3 \longrightarrow RCONHCH_2SO_3Na$$

$$RCONH_2 + HCHO + CH_3NHCH_2CH_2SO_3Na \longrightarrow RCONHCH_2\overset{CH_3}{\underset{}{N}}CH_2CH_2SO_3Na$$

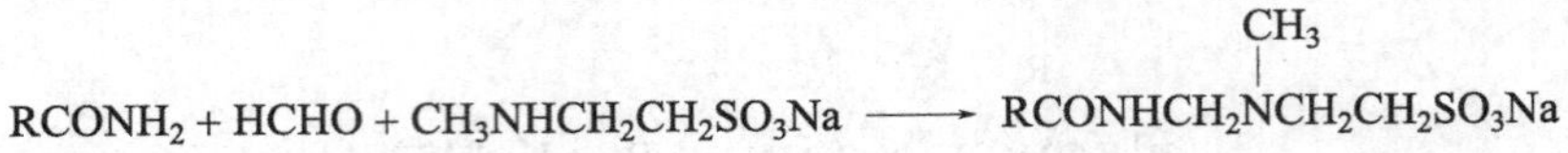

5.6.2　净洗剂 209 的性能与合成

在高级脂肪酰胺磺酸盐型阴离子表面活性剂中，最典型的系列商品是依加邦（Igepon），即 *N*-酰基-*N*-烷基牛磺酸钠，其结构通式如下：

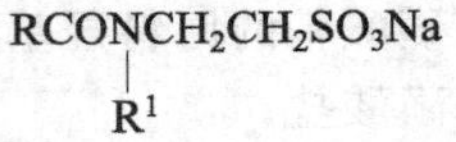

$$RCON\overset{}{\underset{R^1}{C}}H_2CH_2SO_3Na$$

通过改变式中 R 和 R^1，可制得系列不同牌号的 Igepon 产品。

其中 IgeponT 是十分重要的表面活性剂品种，其化学名称为 *N*-油酰基-*N*-甲基牛磺酸钠，化学结构式为

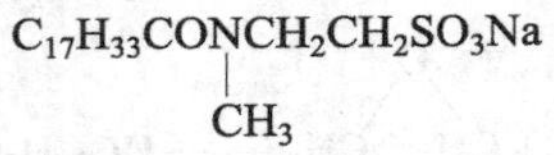

$$C_{17}H_{33}CON\overset{}{\underset{CH_3}{C}}H_2CH_2SO_3Na$$

国产相同结构的表面活性剂商品牌号为净洗剂 209，这是一种性能比较优良的阴离子表面活性剂，主要性能如下：

① 产品稳定性好，在酸性、碱性、硬水、金属盐和氧化剂等的溶液中均比较稳定；

② 优异的去污、渗透、乳化和扩散能力，而且其去污能力在有电解质存在时尤为明显，泡沫丰富而且稳定；

③ 洗涤毛织物和化纤织物后，能赋予其柔软性、光泽性和良好的手感；

④ 生物降解性好。

生产净洗剂 209 的主要原料包括油酸、三氯化磷（PCl_3）、甲胺、环氧乙烷及亚硫酸氢钠，其合成过程主要包括四步：

第一步，羟乙基磺酸钠的制备。

此步反应方程式为：

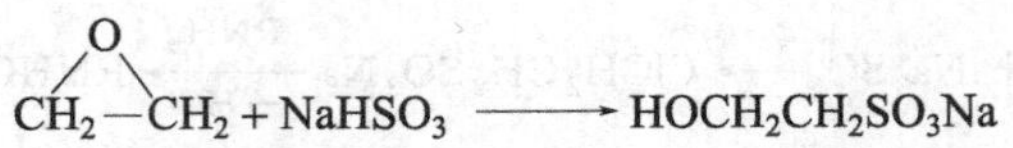

$$\overset{O}{\overset{}{CH_2-CH_2}} + NaHSO_3 \longrightarrow HOCH_2CH_2SO_3Na$$

反应要求在氮气保护下于搪瓷釜中进行，反应温度为 $70\sim80℃$，反应器内的压力不超过 26.7kPa。反应到达终点后，还需升温至 110℃保温反应 1.5h。

第二步，*N*-甲基牛磺酸钠的制备。

$$HOCH_2CH_2SO_3Na + CH_3NH_2 \longrightarrow CH_3NHCH_2CH_2SO_3Na$$

N-甲基牛磺酸钠的生产方法有间歇法和连续法两种,目前工业上应用的一般是连续法。

连续法的生产过程是在 Cr-Mo 不锈钢制成的管式反应器中进行的,物料在管内保持 260℃左右的反应温度和 $18\sim22MPa$ 的压力。反应结束后在常压薄膜蒸发器中除去未反应的甲胺,最后得到含量为 $25\%\sim30\%$ 的 N-甲基牛磺酸钠的淡黄色水溶液。

在此工艺方法中原料甲胺的用量大大超过其理论配比,其目的是为了抑制甲胺的双烷基化产物——N,N-双(2-磺基乙基)甲胺二钠盐 $[CH_3N(CH_2CH_2SO_3Na)_2]$ 的生成,确保主产物有比较高的收率。

第三步,油酰氯的制备。

油酰氯的生产大多采用间歇反应,在搪瓷锅内、于 50℃下由油酸和三氯化磷反应制得,其反应方程式为:

$$3C_{17}H_{33}COOH + PCl_3 \xrightarrow{-H_3PO_3} 3C_{17}H_{33}COCl$$

第四步,油酰氯与牛磺酸钠反应制备表面活性剂。

最后,表面活性剂由油酰氯和牛磺酸钠经 N-酰化(缩合)反应制得。该合成工艺有间歇法和连续法两种,其中连续法优于间歇法,其特点是操作方便,反应过程中油酰氯水解量少,产品质量好,设备利用率高。

$$C_{17}H_{33}COCl + CH_3NHCH_2CH_2SO_3Na \longrightarrow C_{17}H_{33}CON\overset{\textstyle CH_3}{\text{|}}CH_2CH_2SO_3Na$$

油酰氯和 N-甲基牛磺酸钠连续缩合生产工艺流程如图 5-24 所示。

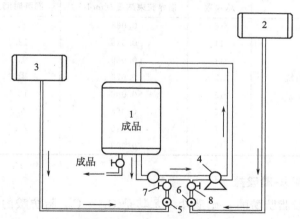

图 5-24　油酰氯和 N-甲基牛磺酸钠连续缩合生产工艺流程

1—贮槽;2—油酰氯贮槽;3—N-甲基牛磺酸、碱及水贮槽;4—循环泵;5,6—计量泵;7,8—控制阀

反应过程中 N-甲基牛磺酸钠、油酰氯和氢氧化钠按照物质的量比为 $1:1:(1.25\sim1.3)$ 的配比投料。N-甲基牛磺酸钠的碱溶液和油酰氯由贮罐经流量计进入反应管道,通过循环泵连续混合并发生反应。反应温度控制在 $60\sim80℃$,所得产品为含量 20% 左右的溶液,溶液的 pH 值为 8 左右,N-甲基牛磺酸钠的转化率可达 90% 以上。

5.6.3　净洗剂 LS 的合成

净洗剂 LS,即 N-(3-磺基-4-甲氧基苯基)油酰胺钠盐,具有较好的润湿、分散和乳化等性能,其结构式为:

$$C_{17}H_{33}CONH-\!\!\!\left\langle\begin{array}{c}\\\end{array}\right\rangle\!\!\!-OCH_3$$
$$SO_3Na$$

该表面活性剂与净洗剂 209 的合成方法相同，只是在合成表面活性剂时引入磺酸基所使用的中间体不同，它是由油酰氯与 4-甲氧基苯胺-3-磺酸反应制得。

$$3C_{17}H_{33}COOH + PCl_3 \xrightarrow{-H_3PO_3} 3C_{17}H_{33}COCl$$

$$H_2N-\!\!\!\left\langle\begin{array}{c}\\\end{array}\right\rangle\!\!\!-OCH_3 + SO_3 \longrightarrow H_2N-\!\!\!\left\langle\begin{array}{c}\\\end{array}\right\rangle\!\!\!-OCH_3$$
$$SO_3Na$$

$$H_2N-\!\!\!\left\langle\begin{array}{c}\\\end{array}\right\rangle\!\!\!-OCH_3 + C_{17}H_{33}COCl \xrightarrow{NaOH} C_{17}H_{33}CONH-\!\!\!\left\langle\begin{array}{c}\\\end{array}\right\rangle\!\!\!-OCH_3$$
$$SO_3Na \qquad\qquad\qquad\qquad SO_3Na$$

5.7 脂肪酸酯 α-磺酸盐

此类表面活性剂包括高级脂肪酸酯 α-磺酸盐和低碳脂肪酸高碳醇酯 α-磺酸盐。典型的脂肪酸酯 α-磺酸盐见表 5-12。

表 5-12　典型的脂肪酸酯 α-磺酸盐

种类	总碳数	临界胶束浓度/(mol/L)	润湿时间/s	钙皂分散力/%
丁酸十二醇酯 α-磺酸钠盐	16	0.068	5.5	14
壬酸戊醇酯 α-磺酸钠盐	14	0.515	12.1	＞100
壬酸辛醇酯 α-磺酸钠盐	17	0.080	1.3	14
壬酸 2-乙基己基酯 α-磺酸钠盐	17	0.070	瞬时	24
肉豆蔻酸甲酯 α-磺酸钠盐	15	0.096	12.5	9
肉豆蔻酸乙酯 α-磺酸钠盐	16	0.068	6.7	8
棕榈酸甲酯 α-磺酸钠盐	17	0.015	25.0	9
硬脂酸甲酯 α-磺酸钠盐	19	0.003	47	9

(1) 高级脂肪酸酯 α-磺酸盐

较高分子量的高级脂肪酸酯 α-磺酸盐，尤其是 $C_{12} \sim C_{20}$ 脂肪酸的产品，都具有良好的表面活性。特别是月桂酸、棕榈酸、硬脂酸经酯化制成低碳醇酯，再通过磺化合成的 α-磺基高碳脂肪酸低碳醇酯的钠盐，是一类重要的阴离子表面活性剂。

高级脂肪酸酯 α-磺酸盐中最具代表性的产品为脂肪酸甲酯 α-磺酸钠盐，又称为 α-磺基脂肪酸甲酯钠盐（MES），通式为 $RCH(SO_3Na)COOCH_3$。MES 是目前国内外密切关注的最有发展前途的廉价、高效的阴离子表面活性剂之一，是公认的替代烷基苯磺酸钠（LAS）的第 3 代表面活性剂，被誉为真正绿色环保的表面活性剂。MES 由于以下突出的环保优点引起人们的关注：

① 原料来源于可再生的天然植物油脂资源；

② 产品使用后排出洗涤废水后易于被生物降解；

③ 出色的抗硬水功能，可配制无磷或低磷洗衣粉或洗衣液，可消除或减少因三聚磷酸钠等磷助剂的使用而造成的水体污染；

④ 在 MES 的加工过程中,只使用烧碱和过氧化氢等常规的化工原料,不使用对环境有毒有害的物料。

MES 去污能力强,相同的去污力时,MES 的用量仅为烷基苯磺酸盐(LAS)的 30%;抗硬水能力强,在硬水和无磷条件下 MES 的去污能力远高于 LAS。此类表面活性剂包括高级脂肪酸酯 α-磺酸盐和低碳脂肪酸高碳醇酯 α-磺酸盐。MES 可用于块状肥皂、肥皂粉等钙皂分散剂,在粉状、液体和硬表面清洗剂中具有很好的应用前景,尤其适用于加酶浓缩洗衣粉的制造。还可作为乳化剂,矿石浮选剂,皮革加工助剂,橡胶与弹性体的脱模剂,化纤纺纱的整理剂,涂料与润滑油的分散剂,纺织印染助剂,农药的润湿剂、分散剂等。

MES 的生产方法有以下几种。

① 以脂肪酸为原料,先酯化,再磺化、中和得 MES。

$$RCH_2COOH \longrightarrow RCH_2COOCH_3 \longrightarrow RCH(SO_3H)COOCH_3 \longrightarrow RCH(SO_3Na)COOCH_3$$

② 以脂肪酸为原料,先磺化、酯化,然后进行中和得 MES。

$$RCH_2COOH \longrightarrow RCH(SO_3H)COOH \longrightarrow RCH(SO_3H)COOCH_3 \longrightarrow RCH(SO_3Na)COOCH_3$$

③ 油脂与甲醇反应,制得脂肪酸甲酯,经磺化、中和得 MES。

$$RCH_2COOCH_3 + SO_3 \longrightarrow RCH(SO_3H)COOCH_3$$

$$RCH(SO_3H)COOCH_3 + NaOH \longrightarrow RCH(SO_3Na)COOCH_3 + RCH(SO_3Na)COONa$$

三种生产工艺都会产生副产物二钠盐,由于其表面活性差,反应中应控制工艺条件,尽量减少二钠盐的生成。第 3 种方法生产 MES,虽然投资大,但成本低,适合大规模工业生产。可采用膜式磺化反应器,经老化、再酯化和漂白、中和得 MES,见图 5-25。

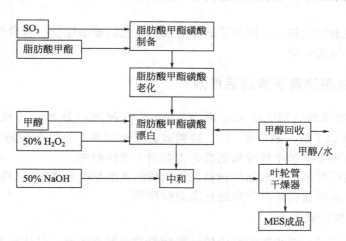

图 5-25 MES 表面活性剂生产工艺流程图

MES 中的酯键在碱性条件下易水解,但由于酯基附近存在磺酸基,大大减弱了酯的水解活性。在 pH=3.5~9、温度 80℃时水解极少。如配入洗衣粉,由于 pH 值高,存放过程中二钠盐含量会增加。为防止在洗涤和制皂过程中 MES 水解成二钠盐,可采用如下措施:加入 $NaHCO_3$,控制 pH 值;添加羧酸盐、硼酸盐等抑制水解;将 MES 和碱性助剂在喷粉塔内分别喷雾干燥等。

(2) 低碳脂肪酸高碳醇酯 α-磺酸盐

低碳脂肪酸高碳醇酯 α-磺酸盐的化学通式为:$RCH(SO_3M)COOR'$,其中 R 为 $C_1 \sim C_4$ 的烷基,R' 为 $C_{10} \sim C_{18}$ 的烷基,M 为碱金属或碱土金属离子。

低分子量的 α-磺基单羧酸本身不具有表面活性,但是通过酯化或酰胺化生成较高分子量的衍生物则具有表面活性，例如 α-磺基乙酸十二烷基酯的钠盐。磺基乙酸月桂醇酯用于牙膏、香波、化妆品和洗涤剂中，其钠盐对粗糙、皲裂或破损的皮肤具有恢复作用。磺基乙酸与支链醇或醇醚生成的酯可以作为食品乳化剂使用。代表性产品如下。

① 磺基乙酸高碳醇酯钠盐：

$$ClCH_2COONa + Na_2SO_3 \longrightarrow NaOOCCH_2SO_3Na + NaCl$$

$$NaOOCCH_2SO_3Na + ROH \longrightarrow NaSO_3CH_2COOR + NaOH$$

ROH 为高碳脂肪醇，如月桂醇、椰油醇等。

② 磺基乙酸胆甾醇酯钠盐：

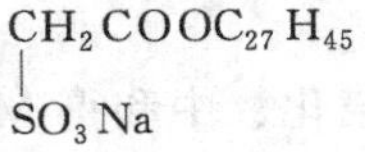

$$\begin{array}{c} CH_2COOC_{27}H_{45} \\ | \\ SO_3Na \end{array}$$

③ 磺基乙酸的单硬脂酸甘油酯钠盐：

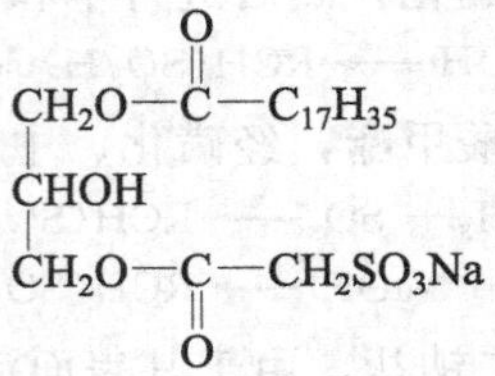

$$\begin{array}{c} \quad\quad\quad O \\ \quad\quad\quad \| \\ CH_2O-C-C_{17}H_{35} \\ | \\ CHOH \\ | \\ CH_2O-C-CH_2SO_3Na \\ \quad\quad\quad \| \\ \quad\quad\quad O \end{array}$$

5.8　其他类型阴离子表面活性剂

除磺酸盐型表面活性剂外，阴离子表面活性剂还包括硫酸酯盐、磷酸酯盐和羧酸盐型三大类，下面分别作简要介绍。

5.8.1　硫酸酯盐型阴离子表面活性剂

硫酸酯盐表面活性剂的化学通式为 $ROSO_3M$，其中 M 可以是 Na、K 或 $N(CH_2CH_2OH)_3$ 等，烃基 R 中的碳原子数一般为 8～18。这类表面活性剂具有良好的发泡能力和洗涤性能，在硬水中稳定，其水溶液呈中性或微碱性，主要用于洗涤剂中。

硫酸酯盐表面活性剂的主要品种包括高级脂肪醇硫酸酯盐和高级脂肪醇醚硫酸酯盐，此外还有硫酸化油、硫酸化脂肪酸和硫酸化脂肪酸酯等。

（1）高级脂肪醇硫酸酯盐

将具有长链烷基的高级脂肪醇与硫酸、发烟硫酸、氯磺酸及三氧化硫等硫酸化试剂反应便可制得高级脂肪醇硫酸酯盐（AS）。当原料高级醇的碳原子数为 12～18 时，表面活性剂性能最佳。十二烷基硫酸钠（$C_{12}H_{25}SO_3Na$）即为这类活性剂主要代表产品之一。

十二烷基硫酸钠又名月桂醇硫酸钠，俗名 K12、FAS-12，其产品有液状和粉状两种形式。液状产品为无色至淡黄色浆状物，粉状产品为纯白色且有特征气味的粉末。该产品最突出的性能是易溶于水，在硬水中的起泡力强，而且泡沫细腻丰富、稳定持久，具有较强的去污能力。主要用作起泡剂、洗涤剂、乳化剂及某些有色金属选矿时的起泡剂和捕集剂等。

十二烷基硫酸钠的合成反应为：

$$C_{12}H_{25}OH + H_2SO_4 \longrightarrow C_{12}H_{25}OSO_3H + H_2O$$

（2）高级脂肪醇聚氧乙烯醚硫酸酯盐

高级脂肪醇醚硫酸酯盐是高级脂肪醇聚氧乙烯醚硫酸酯盐（AES）的简称，它是由高级脂肪醇和环氧乙烷加成后再经硫酸化制得。此类表面活性剂中性能较好的如月桂醇聚氧乙烯醚硫酸酯钠，该产品的水溶性优于十二烷基硫酸钠，而且具有较好的钙皂分散能力和抗盐能力，低温下透明，适宜制造透明液体香波。其合成方法如下：

$$C_{12}H_{25}OH + nCH_2\text{—}CH_2 \longrightarrow C_{12}H_{25}O(CH_2CH_2O)_nH \xrightarrow{\text{硫酸化剂}}$$

$$C_{12}H_{25}O(CH_2CH_2O)_nSO_3H \xrightarrow{NaOH} C_{12}H_{25}O(CH_2CH_2O)_nSO_3Na$$

通常环氧乙烷加成数 n 为 $2\sim4$，由于亲水性醚键的存在使表面活性剂的水溶性大大提高，在硬水中的起泡性也非常好。

(3) 取代酚聚氧乙烯醚硫酸酯盐

匀染剂 GS，又名 XH-821 匀染剂、匀染剂 SE、匀染剂 XPR-101、东邦盐 VF-350。匀染剂 GS 为红棕色液体，相对密度 1.002，易溶于水，能溶于醇类、脂肪烃类、卤代烃类等有机溶剂。制备方法：将 1mol 苯酚加入反应釜，加入催化剂量的硫酸，在搅拌下加热至 80℃，缓缓加入 3mol 苯乙烯，在 120~150℃下反应 6h，静置，分出酸层，油层水洗，分出水层，油层转移至聚合釜，加入催化剂量的 KOH，然后减压脱水。用氮气置换釜中空气，加热至 100℃左右通环氧乙烷 25mol，在 0.15~0.20MPa，150~180℃下反应 4h。冷却，将料液转移至磺化釜中，用浓硫酸磺化，反应温度控制在 120~125℃，最后用氨水中和即可。反应式如下：

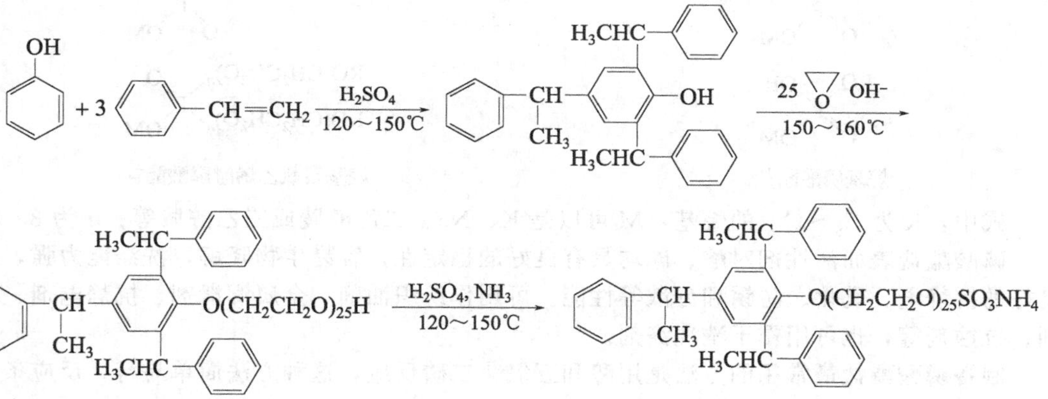

(4) 其他类型

硫酸化油是天然不饱和油脂或不饱和蜡经硫酸化、中和后所得产物的总称，硫酸化脂肪酸由不饱和脂肪酸直接硫酸化制得，而硫酸化脂肪酸酯是不饱和脂肪酸的低级醇酯，经硫酸化后所得的表面活性剂。这几类表面活性剂因硫酸基靠近分子中间，洗涤能力较差，很少用作洗涤剂，但渗透性良好，多用作染色助剂、纤维整理剂和纺织油剂等，如土耳其红油：

$$\underset{\underset{OSO_3Na}{|}}{CH_3(CH_2)_5CHCH_2CH}\text{=}CH(CH_2)_7COONa$$

土耳其红油，又称为太古油、茜草油、红油、渗透油、CTH 磺化蓖麻油，主要成分为蓖麻酸硫酸酯钠盐，是由蓖麻油和浓硫酸在较低的温度下反应，再经过氢氧化钠中和而成。具有一定程度的抗硬水能力，但用量较大，一般占乳油的 14%~20%，曾作为 DDT 乳油的乳化剂。

土耳其红油为黄色或棕色稠厚油状透明液体，属于阴离子表面活性剂，具有优良的乳化性、渗透性、扩散性和润湿性，易溶于水形成乳浊液，露于空气中会变质。其性能与作用类似于肥皂，耐硬水性比肥皂高，耐酸性、耐金属盐及润湿力都必须胜过肥皂。土耳其红油还可用作纤维织物油剂、纤维处理剂、柔软剂、平滑剂、润湿剂、染色助剂；皮鞋工业用作柔软剂、光滑剂和染色润湿剂；还可用于农药乳化剂、机械切削及拉丝制冷剂、工业乳化剂。

制备方法：将 100 份蓖麻油加入反应釜中，在 30℃ 左右滴加 25 份浓硫酸，滴毕后搅拌 2h。然后用 40～50℃ 温水洗涤，静置分水后，再用 10%～15% 的 NaOH 水溶液中和，当反应液由乳状转为澄清时，停止加碱，出料即得产品。反应式如下：

$$[CH_3(CH_2)_5\underset{\underset{OH}{|}}{CH}CH_2CH{=}CH(CH_2)_7COO]_3C_3H_5 \xrightarrow[H_2O]{H^+} CH_3(CH_2)_5\underset{\underset{OH}{|}}{CH}CH_2CH{=}CH(CH_2)_7COOH$$

$$\xrightarrow[30\sim40℃]{H_2SO_4} CH_3(CH_2)_5\underset{\underset{OSO_3H}{|}}{CH}CH_2CH{=}CH(CH_2)_7COOH \xrightarrow{NaOH} CH_3(CH_2)_5\underset{\underset{OSO_3Na}{|}}{CH}CH_2CH{=}CH(CH_2)_7COONa$$

5.8.2   磷酸酯盐型阴离子表面活性剂

磷酸酯盐表面活性剂是含磷表面活性剂的重要品种，它包括烷基磷酸酯盐和烷基聚氧乙烯醚磷酸酯盐，根据酯基的数目又可分为单酯和双酯，它们的结构可分别表示如下：

$$RO{-}\underset{\underset{O}{\|}}{P}{-}OM \qquad\qquad RO(CH_2CH_2O)_n{-}\underset{\underset{O}{\|}}{P}{-}OM$$
$$\qquad\qquad\quad OM \qquad\qquad\qquad\qquad\qquad OM$$

$$RO{-}\underset{\underset{O}{\|}}{P}{-}OR \qquad\qquad RO(CH_2CH_2O)_n{-}\underset{\underset{OM}{|}}{\overset{O}{\|}}{P}{-}$$
$$\qquad\qquad\quad OM \qquad\qquad RO(CH_2CH_2O)_n{-}$$

烷基磷酸酯盐   烷基聚氧乙烯醚磷酸酯盐

式中，R 为 $C_8 \sim C_{18}$ 的烷基；M 可以是 K、Na、二乙醇胺或三乙醇胺等；n 为 3～5。

磷酸酯盐表面活性剂对酸、碱均具有良好的稳定性，容易生物降解，洗涤能力强，具有良好的抗静电、乳化、防锈和分散等性能。可用作纺织油剂、金属润滑剂、抗静电剂、乳化剂、抗蚀剂等，也可用作干洗洗涤剂。

制备磷酸酯盐最常用的方法是用醇和五氧化二磷反应，这种方法简单易行，反应条件温和，不需要特殊设备，反应收率高，成本低。

$$4ROH + P_2O_5 \longrightarrow 2(RO)_2PO(OH) + H_2O$$
$$2ROH + P_2O_5 + H_2O \longrightarrow 2ROPO(OH)_2$$
$$3ROH + P_2O_5 \longrightarrow ROPO(OH)_2 + (RO)_2PO(OH)$$

由上述反应可以看出，反应产物主要是单酯及双酯的混合物，且反应配比、温度等对产品的组成有较大的影响。通常当醇与五氧化二磷的配比为 （2～4）：1（物质的量比）时，产物中单烷基磷酸酯为 45%～70%，双烷基磷酸酯为 30%～55%。

此外，还可用醇与三氯氧磷反应制取单酯、与三氯化磷反应制取双酯，其反应式如下：

$$ROH + POCl_3 \longrightarrow RO{-}\underset{\underset{Cl}{|}}{\overset{\overset{O}{\|}}{P}}{-}Cl + HCl$$

$$RO{-}\underset{\underset{Cl}{|}}{\overset{\overset{O}{\|}}{P}}{-}Cl + H_2O \longrightarrow RO{-}\underset{\underset{OH}{|}}{\overset{\overset{O}{\|}}{P}}{-}OH + 2HCl$$

$$3ROH + PCl_3 \longrightarrow \underset{RO}{\overset{RO}{>}}P\overset{O}{-}H + 2HCl + RCl$$

$$\underset{RO}{\overset{RO}{>}}P\overset{O}{-}H + Cl_2 \longrightarrow \underset{RO}{\overset{RO}{>}}P\overset{O}{-}Cl + HCl$$

$$\underset{RO}{\overset{RO}{>}}P\overset{O}{-}Cl + H_2O \longrightarrow \underset{RO}{\overset{RO}{>}}P\overset{O}{-}OH + HCl$$

5.8.3　膦酸盐阴离子表面活性剂

膦酸盐阴离子表面活性剂可以用于乳液聚合、抗腐蚀涂层涂料等领域。

在膦酸衍生物的合成反应中 Arbuzov 反应较为简单，其收率良好。烷基亚磷酸酯与卤代烷在 110～140℃下进行反应，然后在酸性或碱性条件下水解制备长链烷基磷酸盐，如下式：

$$(RO)_3P + R'X \longrightarrow \underset{OR}{\overset{OR}{>}}P\overset{O}{-}R' + RX \xrightarrow{NaOH} \underset{NaO}{\overset{NaO}{>}}P\overset{O}{-}R'$$

Michealis-Becker 反应也可以用于制备膦酸盐，其是由二烷基亚磷酸酯的阴离子和卤代烷反应。

$$(RO)_2PO^-Na^+ + R'X \xrightarrow[25℃]{乙醇} \underset{OR}{\overset{OR}{>}}P\overset{O}{-}R' + NaX$$

此反应溶剂还可以用醇、四氢呋喃、液氨及惰性溶剂。二烷基亚磷酸酯可用醇与亚磷酸酐（P_4O_6）或三氯化磷制备。

此外，Abramov 反应和 Conant 反应等可以用于制备膦酸盐阴离子表面活性剂。如 Abramov 反应：

$$(RO)_2PH + \underset{R^1}{\overset{R^2}{>}}C=O \xrightarrow[100℃]{乙醇钠} (RO)_2\overset{O}{\underset{OH}{P}}\underset{R^1}{\overset{R^2}{<}} \xrightarrow{NaOH} (NaO)_2\overset{O}{\underset{OH}{P}}\underset{R^1}{\overset{R^2}{<}}$$

脂肪族、脂环族及芳香族羰基化合物均能发生此反应，羰基周围吸电子基团的存在能促进反应的进行。

Conant 反应是醛类与三氯化磷在醋酸或醋酸酐中作用，然后水解，中和可得到 α-羟基烷基膦酸盐。

$$\underset{HC=O}{\overset{R}{|}} + PCl_3 \xrightarrow[CH_3COOH]{<35℃} \xrightarrow{NaOH} \underset{CH}{\overset{R}{|}}\underset{OH}{|}\overset{O}{\underset{ONa}{\overset{||}{P}}}\overset{ONa}{}$$

5.8.4　羧酸盐类阴离子表面活性剂

目前使用的羧酸盐类阴离子表面活性剂主要是饱和及不饱和高级脂肪酸的盐类以及取代的羧酸盐类，前者以皂类为主，后者则以 N-甲基酰胺羧酸盐为代表品种，其结构为：

$$\begin{array}{ccc} & O & CH_3 \\ & \| & | \\ R-C-N-CH_2COONa \end{array}$$

肥皂是最重要的羧酸盐类阴离子表面活性剂，其化学式为 RCOOM，其中 R 是含 8~22 个碳原子的烷基，M 为 Na、K，但多数为 Na。

肥皂是以天然动、植物油脂与碱的水溶液加热发生皂化反应制得的，其反应式为：

$$\begin{array}{ccc} RCOOCH_2 & & CH_2OH \\ | & & | \\ RCOOCH & + 3NaOH \longrightarrow 3RCOONa + CHOH \\ | & & | \\ RCOOCH_2 & & CH_2OH \end{array}$$

式中的 R 可以相同，也可以不同。皂化反应所用的碱可以是氢氧化钠或氢氧化钾。用氢氧化钠皂化油脂得到的肥皂称为钠皂，一般用作洗涤用肥皂；用氢氧化钾皂化油脂得到的肥皂称为钾皂，一般用作化妆用肥皂。

肥皂的性质与其金属离子的种类有关，钠皂质地较钾皂硬，铵皂最软。此外肥皂的性质还与脂肪酸部分的烃基组成有很大关系：脂肪酸的碳链越长，饱和度越大，凝固点越高，用其制成的肥皂越硬。例如用硬脂酸、月桂酸和油酸制成的三种肥皂，硬脂酸皂最硬，月桂酸皂次之，油酸皂最软。

5.8.4.1　N-脂肪酰基氨基酸盐

N-脂肪酰基氨基酸盐是一类温和的多功能表面活性剂，它与高级脂肪酸盐比较起来，可以看做是在亲油基与羧基之间插入了酰氨基，改变了脂肪酸盐的性质。除具有表面活性外，还具有抗硬水、螯合性、缓蚀防锈、抑菌等功能。

N-酰基肌氨酸盐（商品名梅迪兰，Medialan），性能优良，可用于牙膏、洗面奶、香波、沐浴露、液体洗涤剂、高档洗涤剂等配方中。其合成路线如下：

$$3C_{17}H_{33}COOH + PCl_3 \xrightarrow{40\sim45℃} 3C_{17}H_{33}COCl + H_3PO_3$$

$$\begin{array}{ccc} & & O \\ & & \| \\ C_{17}H_{33}COCl + NHCH_2COOH \xrightarrow{NaOH} C_{17}H_{33}C-NCH_2COONa \\ \quad\quad\quad\quad\quad | & & | \\ \quad\quad\quad\quad\quad CH_3 & & CH_3 \end{array}$$

肌氨酸可有甲胺与氯乙酸钠合成得到。

N-酰基多缩氨基酸盐，商品名雷米邦 A（Lamepon -A），国内商品名又称 613 洗涤剂，由多肽混合物代替氨基酸与油酰氯缩合制得。多肽混合物为动物或植物蛋白质水解产物，可选用蚕蛹、废旧皮革、鸡毛、骨胶、豆饼、头发等，产品可以用在印染行业作洗涤剂、乳化剂和分散剂，也可以用作金属清洗剂。其操作流程如图 5-26。

5.8.4.2　脂肪醇醚羧酸盐（AEC）

脂肪醇醚羧酸盐阴离子表面活性剂（AEC），AEC 作为新型的表面活性剂，其一般结构为：$R(OCH_2CH_2)_nOCH_2COONa$，其结构与肥皂十分相仿，但在酸性条件下呈现出非离子表面活性剂的特性，因而具有优良的性能和广泛的用途，使用前景十分广阔。

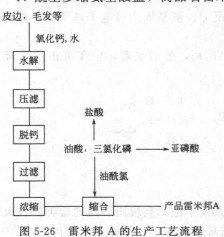

图 5-26　雷米邦 A 的生产工艺流程

AEC 具有优良的去污性能，没有刺激性，对眼睛和皮肤温和优良的润湿性和渗透性以及良好的发泡力和泡沫稳定性，发泡力不受水硬度和 pH 值的影响；由于分子中含有聚醚链而具有优良的抗硬水性和钙皂分散力；具有优良的配伍性能，能与阴离子及阳离子表面活性剂进行复配。可用于家用及工业清洗剂、化妆品、纺织助剂以及石油工业中的乳化剂、缓蚀剂、降黏剂等。

醇醚羧酸盐（AEC）系列产品是一类具有阴离子和非离子双重性质的新型表面活性剂，属于 20 世纪 90 年代 3 大绿色表面活性剂之一，集温和性、使用安全性、易生物降解性于一身，是目前公认的功能型新产品。AEC 与同类产品皂比较，在皂的亲水基和疏水基之间嵌入了聚氧乙烯链，可以改善抗硬水性、钙皂分散能力和水溶性，因此在硬水中的稳定性、洗涤能力和钙皂分散能力很强，而且能产生像皂一样的乳状泡沫。

与同类产品 AEO 比较，AEC 在 AEO 的分子末端引入羧基后，对酸、碱、电解质和氧化剂的稳定性更好，而其优良的去污力却得以保留。与同类产品 AES 比较，AEC 分子中的醚键结构比 AES 的酯键更稳定，具有更好的耐温稳定性和优异的抗分解能力，可以适用于更广泛的工业应用领域，能够作为良好的去污剂、润湿剂、分散剂、发泡剂、温和改良剂等应用于化妆品、家庭及工业清洗、纺织、化工、医药、能源、材料等行业。AEC 具有良好的配伍性能，能与任何离子型和非离子型助剂配伍，尤其对阳离子的调理性能没有干扰，对油脂的乳化性能优异，抗灰变能力强。

目前，英国、美国、德国及日本等发达国家均已将醇醚羧酸盐系列化产品推向市场，其中工艺成熟、技术力量较强的企业代表有赫斯特、汉高、巴斯夫、花王以及壳牌等。相对来说，国内对醇醚羧酸盐的研究较晚，中国日用化学工业研究院是国内最早对醇醚羧酸盐进行研究的院所。醇醚羧酸盐的合成方法主要有以下几种。

（1）羧甲基化法

1934 年，首次用醇醚、氯乙酸钠和钠合成醇醚羧酸钠。羧甲基化法是最早合成醇醚羧酸盐的方法，同时也是国内外工业化生产醇醚羧酸盐的主要方法。羧甲基化法反应过程包括两个方面，首先是醇醚与无机碱作用，醇醚去质子化形成醇醚钠的碱处理过程，之后醇醚钠再与氯乙酸或者氯乙酸盐发生羧甲基化，最终形成醇醚羧酸盐产物，后经酸化处理除去杂质得到最终产品。

羧甲基化法生产醇醚羧酸盐的文献和专利多采用一氯乙酸或盐为原料，在一定碱性条件下醇醚发生羧甲基化反应，获得一定产率的醇醚羧酸盐产品。该方法合成醇醚羧酸盐，若以化学计量比加入反应各原料难以反应完全。若要获得高转化率需要很长的反应时间，同时氯乙酸或盐需要超过理论量的 1.5 倍以上。

$$R-(OCH_2CH_2)_n OH \xrightarrow{NaOH} R-(OCH_2CH_2)_n ONa \xrightarrow{ClCH_2COONa} R-(OCH_2CH_2)_n OCH_2COONa$$

脂肪醇聚氧乙烯醚（AEO$_3$）和 ClCH$_2$COONa 反应的工艺为：在搅拌下加入一定量 NaOH 溶液和相转移催化剂，升温并保持于 70℃下反应 5～6h。反应产物经蒸去溶剂后为半透明黏稠膏体。此方法的残留物氯乙酸钠对人体有毒，将逐步被淘汰。

氧化法是利用空气或氧气直接氧化或用硝酸、铬酸进行氧化，将末端的—CH$_2$OH 氧化成—COOH。其方法是将醇醚在碱的水溶液中，在催化剂的作用下，用空气或氧气氧化制备醇醚羧酸盐。催化氧化法合成 AEC 主要有氮氧自由基（TEMPO）催化氧化法和贵金属催化氧化法。

（2）氮氧自由基催化氧化法

首先提出采用氮氧自由基作为催化剂的是 Rozautsev 和 Rassat 等人，之后氮氧自由基催化氧化醇醚制备醇醚羧酸盐的专利主要被壳牌石油公司申请。从反应催化剂来看，采用的氮氧自由基主要为 2，2，6，6-四甲基哌啶类氮氧自由基（TEMPO），这类自由基在常温下常年放置仍稳定，结构式如下：

$$\text{（结构式）}$$

常用的 3 种催化剂体系为：氮氧自由基-硝酸-氧气、氮氧自由基-次氯酸盐、氮氧自由基-助催化剂-硝酸-氧气，其中助催化剂为 Cl^-、Br^-、Cu^+、Fe^{2+} 等，这些离子的存在可以加快反应的进行，因为这些离子在硝酸存在条件下有利于促进氮氧自由基氧化为催化态。从工艺条件来看，反应原料主要为 AEO_4 及少量的烷基酚醚、支链醇醚、十二醇等，反应均在 60℃ 以下，反应条件较温和。低温条件使反应变慢，反应时间较长，选择性较差。这是由于在酸性条件下，产物与原料发生酯化反应生成了酯类物质，因此需要增加自由基的加入量，从而增加了成本。

$$R\text{—}(OCH_2CH_2)_n OH + \text{（结构式）} \longrightarrow R\text{—}(OCH_2CH_2)_{n-1}CH_2COOH + \text{（结构式）}$$

（3）贵金属催化氧化法

贵金属催化氧化法合成醇醚羧酸盐具有明显的优势，从反应方程式可以看出，反应过程简单，属于原子经济性反应，反应过程不产生有害物质。反应方程式为：

$$R\text{—}(OCH_2CH_2)_n OH + O_2 \xrightarrow{Pd/C \text{ 或 } Pt/C} R\text{—}(OCH_2CH_2)_{n-1}CH_2COOH + H_2O$$

上述反应由醇醚、氢氧化钠和 Pd/C 多组分催化剂的混合物在 50～90℃ 下通入氧气进行反应，反应结束后将催化剂滤出即得 AEC 产品。由于羧甲基化法和氮氧自由基氧化法存在不可避免的缺点，日本花王公司开始寻求新的合成方法。最早采用贵金属催化剂成功催化氧化醇醚合成醇醚羧酸盐，并于 1975 年申请了第一个采用贵金属催化氧化合成醇醚羧酸盐的专利，反应温度 100～270℃，采用空气及含氧气体作为氧化剂合成醇醚羧酸盐。

贵金属催化氧化法的合成工艺是在贵金属如钯、铂等为催化剂，在高温下醇醚液相脱氢氧化为醇醚羧酸盐。同时为了便于催化剂的回收，常常把催化剂负载在负载体上来增大比表面积，提高催化效率。用于醇醚的氧化反应的常用负载型催化剂是 Pd/C 和 Pt/C。

此工艺条件复杂，还涉及催化剂的制备及回收、催化工艺等方面的问题。

（4）丙烯腈和丙烯酸甲酯法

丙烯腈和丙烯酸甲酯加成法主要是利用丙烯腈（或丙烯酸甲酯）与醇醚发生迈克尔加成反应，制备脂肪醇醚腈（或脂肪醇醚丙酸甲酯），再在强碱性水溶液中水解生成醇醚羧酸盐的方法，反应式如下：

$$R\text{—}(OCH_2CH_2)_n OH + \underset{\text{丙烯腈}}{\diagup^{CN}} \longrightarrow R\text{—}(OCH_2CH_2)_n OCH_2CH_2CN$$

$$R\text{—}(OCH_2CH_2)_n OCH_2CH_2COONa \xleftarrow{\text{NaOH 溶液}}$$

$$R\text{—}(OCH_2CH_2)_n OH + \underset{\text{丙烯酸甲酯}}{\diagup^{COOCH_3}} \longrightarrow R\text{—}(OCH_2CH_2)_n OCH_2CH_2COOCH_3$$

除了丙烯酸酯、丙烯腈方法，采用甲基丙烯酸甲酯、马来酸酐等，经加成反应和酯基水解，也可制备 AEC 表面活性剂：

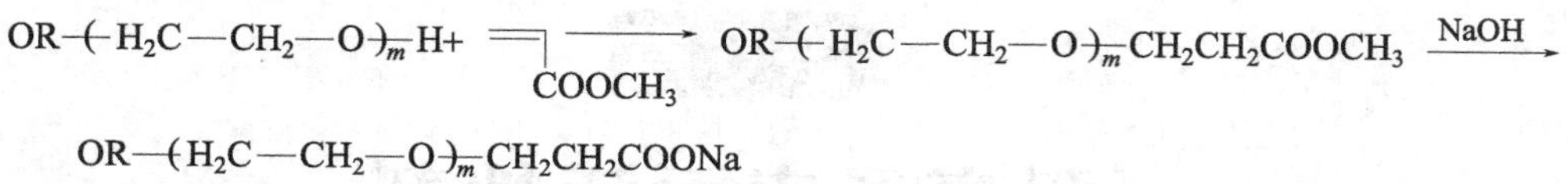

$$OR{-}(H_2C{-}CH_2{-}O)_m H + \underset{COOCH_3}{\diagup\!\!=} \longrightarrow OR{-}(H_2C{-}CH_2{-}O)_m CH_2CH_2COOCH_3 \xrightarrow{NaOH}$$

$$OR{-}(H_2C{-}CH_2{-}O)_m CH_2CH_2COONa$$

采用马来酸制备脂肪醇聚氧乙烯醚双羧基表面活性剂：

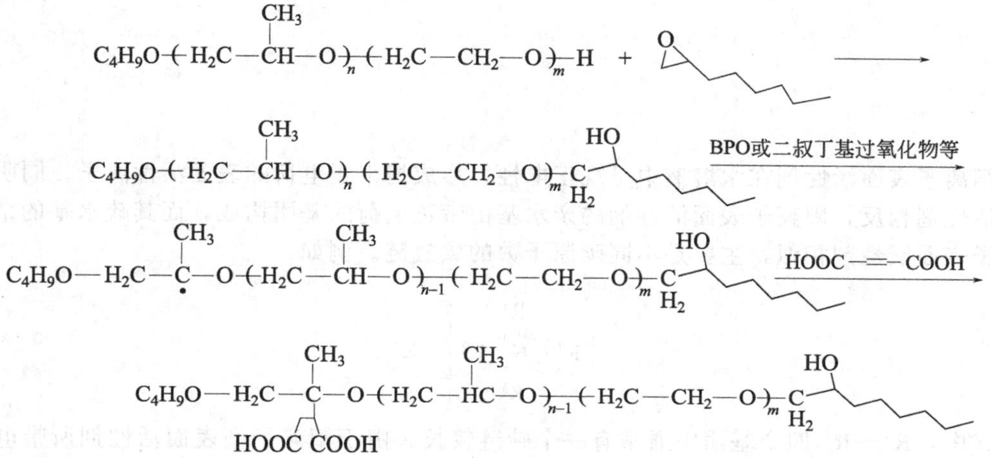

5.8.5 二苯醚磺酸盐类阴离子表面活性剂

烷基二苯醚二磺酸钠是一类具有广泛应用前景和经济性的特殊双亲水基型阴离子表面活性剂。其优异性能包括优良的水溶性、偶联性和表面活性，在强酸、强碱及浓盐溶液中的稳定性，良好的螯合钙镁离子的能力，优良的低温洗涤性能和在硬水中的洗涤性能等。其结构通式为

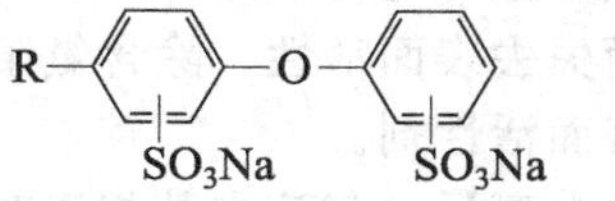

R=C_6\~C_{16} 烷基

其反应方程式为：
① 烷基化反应

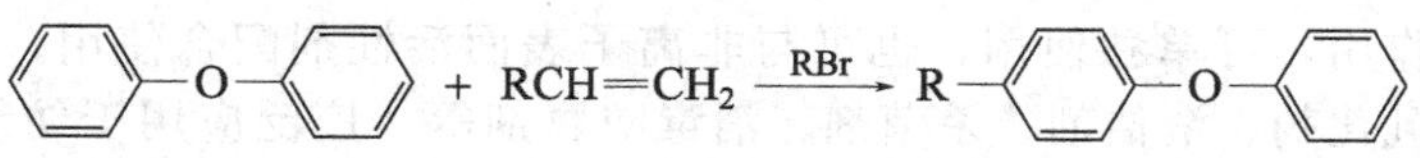

② 磺化反应

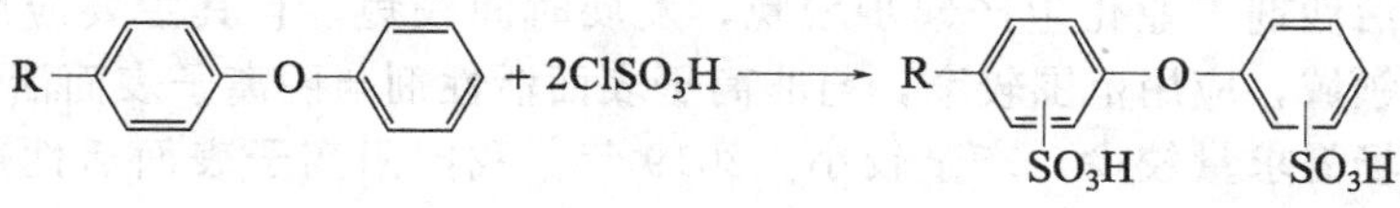

③ 中和反应

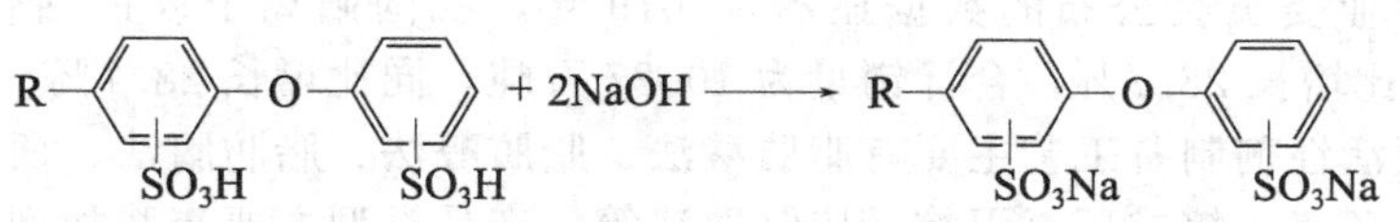

第 6 章

阳离子表面活性剂

阳离子表面活性剂在水溶液中呈现正电性，形成携带正电荷的表面活性离子。同阴离子表面活性剂相反，阳离子表面活性剂的亲水基由带正电荷的基团构成，而其疏水基的结构与阴离子表面活性剂相似，主要是不同碳原子数的碳氢链。例如：

$$\left[R^4 \!-\! \overset{\displaystyle R^1}{\underset{\displaystyle R^3}{N^+}} \!-\! R^2 \right] \cdot X^-$$

式中，$R^1 \sim R^4$ 四个基团中通常有一个碳链较长。由于阳离子型表面活性剂所带电荷正好与阴离子型所带电荷相反，因此常称之阳性皂或逆性肥皂，阴离子表面活性剂则称为阴性皂。

6.1 阳离子表面活性剂概述

阳离子表面活性剂主要是含氮的有机胺衍生物，由于其分子中的氮原子含有孤对电子，故能以氢键与酸分子中的氢结合，使氨基带上正电荷。因此，它们在酸性介质中才具有良好的表面活性；而在碱性介质中容易析出而失去表面活性。除含氮阳离子表面活性剂外，还有一小部分含硫、磷、砷等元素的阳离子表面活性剂。

阳离子表面活性剂是分子溶于水发生电离后，与疏水基相连的亲水基带有正电荷的表面活性剂。阳离子表面活性剂主要是含氮的有机胺衍生物，还有部分阳离子表面活性剂含有硫、磷、砷、碘等元素。阳离子表面活性剂具有洗涤、乳化、分散、润湿、柔软、杀菌、抗静电、抗腐蚀等作用，可单独使用，也可与非离子表面活性剂配合使用，可用作织物柔软剂、抗静电剂、乳化剂、清洁剂、杀菌剂、消毒防腐剂等，广泛应用于纺织、印染、皮革、涂料、油墨、沥青、造纸、农药、个护用品、洗涤用品、化妆品等行业。

阳离子表面活性剂工业化生产起步较晚，发展时间较短，且其主要应用在柔软、抗静电、杀菌等特殊领域，应用范围较窄，与非离子表面活性剂与阴离子表面活性剂相比，阳离子表面活性剂市场需求量较少，产量较小。2019 年，我国阳离子表面活性剂产量在表面活性剂行业总产量中的占比仅为 3.1%，但其产销量增长极为迅速。根据中国洗涤用品工业协会表面活性剂专业委员会公布的数据显示，2019 年，我国阳离子表面活性剂合计产量为10.18 万吨，同比增长 28.7%，合计销量为 10.27 万吨，同比增长 28.7%。

阳离子表面活性剂制备工艺主要有脂肪酸法、脂肪醇法、脂肪腈法、卤代烷法、α-烯烃制取法、伯胺与环氧乙烷或环氧丙烷反应制取法等，产品类型主要有胺盐型、季铵盐型、杂环型和镓盐型四大类，其中季铵盐型是主要产品种类。2019 年，我国阳离子表面活性剂产品中烷基季铵盐占据主导地位，产量占比达到 56.8％，销量占比达到 58.4％，主要产品有十六烷基三甲基溴化铵、十八烷基二甲基苄基氯化铵等。此外，酯基季铵盐、双烷基季铵盐市场占比也在逐步扩大，我国市场中，阳离子表面活性剂供应种类日益丰富。

经过不断发展，我国阳离子表面活性剂相关生产企业不断增多，实力较好的企业主要有宜兴市基耐化学科技有限公司、湖南丽臣实业有限责任公司、安美特（中国）化学有限公司、科宁化工（中国）有限公司、三江化工有限公司、沙索（中国）化学有限公司、浙江皇马化工集团有限公司、无锡罗地亚精细化工有限公司、上海花王化工有限公司、中轻化工股份有限公司等，国内企业与国外企业并存。

阳离子表面活性剂是我国表面活性剂产品中应用范围窄、市场占比小的品类，但其优点突出，应用需求快速增长，成为我国表面活性剂产品中产销量增长最为快速的品类，行业发展势头强劲。随着技术不断进步，我国新型阳离子表面活性剂产品种类不断增多，其应用场景正在不断扩大，预计未来 5 年，我国阳离子表面活性剂市场份额占比将不断攀升。

6.1.1 阳离子表面活性剂的分类

目前，具有商业价值的阳离子表面活性剂大多是有机胺化合物的衍生物。其正离子电荷由氮原子携带，也有一些新型阳离子表面活性剂的正离子电荷由磷、硫、碘和砷等原子携带。按照阳离子表面活性剂的化学结构，主要可分胺盐型、季铵盐型、杂环型和镓盐型四类。

（1）胺盐型

胺盐型阳离子表面活性剂是伯胺盐、仲胺盐和叔胺盐表面活性剂的总称。它们的性质极其相似，且很多产品是伯胺与仲胺的混合物。这类表面活性剂主要是脂肪胺与无机酸形成的盐，只溶于酸性溶液中。而在碱性条件下，胺盐容易与碱作用生成游离胺而使其溶解度降低，因此使用范围受到一定的限制。

表 6-1 是胺盐型阳离子表面活性剂主要类型的结构通式和实例。

表 6-1　胺盐型阳离子表面活性剂主要类型的结构通式及实例

类型	结构通式	实例
伯胺盐	$RNH_2 \cdot HCl$	$C_{18}H_{37}NH_2 \cdot HCl$ 十八烷基胺（硬脂胺）盐酸盐
仲胺盐	$R^1NHR^2 \cdot HCl$	$(C_{18}H_{37})_2NH \cdot HCl$ 双十八烷基胺盐酸盐
叔胺盐	$R^1NR^2(R^3) \cdot HCl$	$C_{18}H_{37}N(CH_3)_2 \cdot HCl$ N,N-二甲基十八烷基胺盐酸盐

（2）季铵盐型

季铵盐型阳离子表面活性剂是最为重要的阳离子表面活性剂品种，其性质和制法均与胺盐型不同。此类表面活性剂既可溶于酸性溶液，又可溶于碱性溶液，具有一系列优良的性质，而且与其他类型的表面活性剂相容性好，因此，使用范围比较广泛。季铵盐型阳离子表面活性剂结构通式如下：

$$\left[R^4 - \overset{\overset{\textstyle R^1}{|}}{\underset{\underset{\textstyle R^3}{|}}{N^+}} - R^2 \right] \cdot X^-$$

具体品种实例如缓染剂 DC，即十八烷基二甲基苄基氯化铵。

$$\left[C_{18}H_{37} - \overset{\overset{\displaystyle CH_3}{|}}{\underset{\underset{\displaystyle CH_3}{|}}{N^+}} - CH_2 - \bigcirc \right] \cdot Cl^-$$

季铵盐型阳离子表面活性剂主要是通过叔胺与烷基化试剂反应制得，关于其合成将在 6.2 节中详细介绍。

（3）杂环型

阳离子表面活性剂分子中所含的杂环主要是含氮的吗啉环、吡啶环、咪唑环、哌嗪环和喹啉环等。表 6-2 是杂环型阳离子表面活性剂的主要类型和结构通式。

表 6-2　杂环型阳离子表面活性剂的主要类型和结构通式

类型	结构通式
吗啉型	$C_{16}H_{33}-N\begin{smallmatrix}CH_2CH_2\\ \\CH_2CH_2\end{smallmatrix}O$　$R-\overset{+}{N}\begin{smallmatrix}CH_2CH_2\\R^1\\CH_2CH_2\end{smallmatrix}O \cdot X^-$
吡啶型	$\left[R-\overset{+}{N}\bigcirc \right] \cdot Cl^-$
咪唑型	$R-C\begin{smallmatrix}N=CH_2\\ \\N-CH_2\\ \\R^1\ R^2\end{smallmatrix} \cdot X^-$　$R-C\begin{smallmatrix}N=CH_2\\ \\N-CH_2\\ \\R^1\end{smallmatrix}$
哌嗪型	$R-\overset{+}{N}\begin{smallmatrix}CH_2CH_2\\R^1\\CH_2CH_2\end{smallmatrix}NH \cdot X^-$
喹啉型	$\overset{+}{\underset{R}{N}} \cdot X^-$

（4）鎓盐型

阳离子表面活性剂按照携带正电荷的原子不同，阳离子表面活性剂包括磷盐、锍盐、碘鎓和钟盐化合物等。

① 磷盐化合物　该类阳离子表面活性剂具有良好的杀菌性能，主要用作乳化剂、杀虫剂、杀菌剂等。此外，四羟甲基氯化磷还具有优良的阻燃性能，可用作织物阻燃整理剂。磷盐化合物多是由带有三个取代基的膦与卤代烷反应制得。例如，十二烷基二甲苯基溴化磷的合成反应方程式如下：

$$\bigcirc-\overset{\overset{\displaystyle CH_3}{|}}{\underset{\underset{\displaystyle CH_3}{|}}{P}} + C_{12}H_{25}Br \xrightarrow[\text{乙醇}]{110℃, 3h} \left[\bigcirc-\overset{\overset{\displaystyle CH_3}{|}}{\underset{\underset{\displaystyle CH_3}{|}}{\overset{+}{P}}} - C_{12}H_{25} \right] \cdot Br^-$$

产品的收率为 85%。

② 锍盐化合物　这类鎓盐类表面活性剂的通式为：

$$\left[\begin{smallmatrix}R\\ \\R^1\end{smallmatrix}\overset{+}{S}-R^2 \right] \cdot X^-$$

　　锍盐化合物可溶于水，具有除草、杀灭软体动物、杀菌和杀真菌等作用，是有效的杀菌剂，而且对皮肤的刺激小，因此使用性能优于传统的季铵盐化合物。这类表面活性剂可通过硫醚与卤代烷反应制得，例如：

$$C_{16}H_{33}SC_2H_5 + CH_3X \longrightarrow \left[\begin{matrix} C_{16}H_{33}\overset{+}{S}C_2H_5 \\ CH_3 \end{matrix} \right] \cdot X^-$$

　　氧化锍衍生物是锍盐型阳离子表面活性剂中性能十分优异的品种，它在阴离子洗涤剂和传统的松香皂配方中均能保持良好的杀菌性。它的合成方法是以带有一个或两个长链烷基的亚砜为原料，通过烷基化反应制得。例如，十二烷基甲基亚砜与硫酸二甲酯进行季铵化反应，便可合成出具有表面活性的产品。

$$\underset{O}{\overset{|}{C_{12}H_{25}SCH_3}} + (CH_3)_2SO_4 \longrightarrow \underset{O}{\overset{\overset{\displaystyle CH_3}{\overset{+}{|}}}{C_{12}H_{25}SCH_3}} \cdot CH_3SO_4^-$$

　　③ 碘鎓化合物　碘鎓化合物的优点是同阴离子型洗涤剂和肥皂具有较好的相容性，抗微生物效果好，而且对次氯酸盐的漂白作用有较好的稳定性。其结构通式为

$$\left[R^1 \overset{+}{-} I - R^2 \right] \cdot X^-$$

　　碘鎓化合物的合成是通过环合反应，将碘原子转化成杂环的组成部分得到。例如活性剂联苯碘鎓硫酸盐的合成方法为

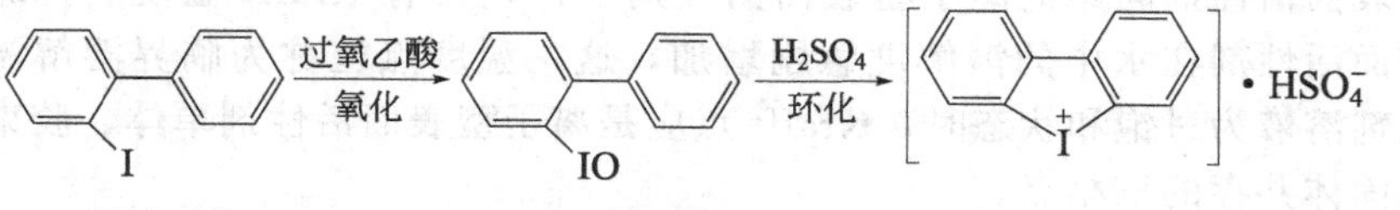

邻碘联苯　　　　　　　亚碘酰联苯

　　再如，氯气同碘二苯烷反应生成二氯化碘二苯烷，然后水解成亚碘酰二苯烷，最后闭合成环，其反应过程为

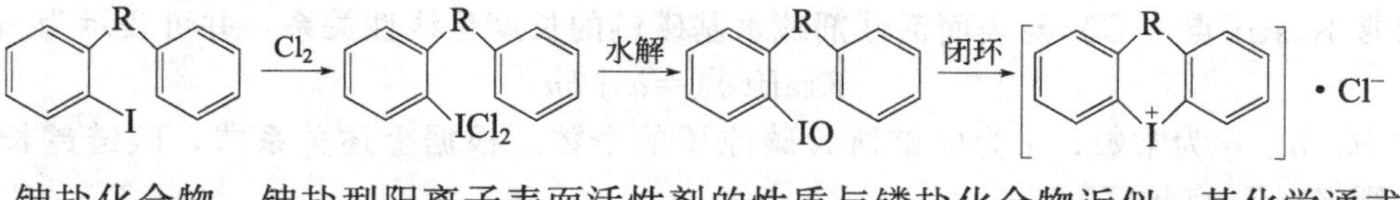

　　④ 钟盐化合物　钟盐型阳离子表面活性剂的性质与膦盐化合物近似，其化学通式为

$$\left[\begin{matrix} R^3 \\ R^1 - \overset{+}{As} - R^4 \\ R^2 \end{matrix} \right] \cdot Cl^-$$

　　上述几种主要的鎓盐型阳离子表面活性剂大都具有优良的杀菌、抑菌性能，可广泛用作杀菌剂，但是现有表面活性剂的种类少，产量也较小，一般工业上没有大生产。

6.1.2　阳离子表面活性剂的性质

　　季铵盐型阳离子表面活性剂是阳离子表面活性剂的主要类别，应用最为广泛，且具有代表性，是人们研究阳离子表面活性剂结构与性能关系的重点。

（1）溶解性

　　一般情况下，阳离子表面活性剂的水溶性很好，但随着烷基碳链长度的增加，水溶性呈下降趋势。例如长链烷基二甲基苄基氯化铵在水和 95% 的乙醇中的溶解度数据如表 6-3 所示。

$$\left[R-\overset{\overset{\displaystyle CH_3}{|}}{\underset{\underset{\displaystyle CH_3}{|}}{N^+}}-CH_2-\bigcirc \right] \cdot Cl^-$$

表 6-3 烷基二甲基苄基氯化铵的溶解性 （25℃）

烷基 R 的碳原子数	11	12	13	14	15	16	17	18	19
水中溶解度/(g/100mL)	70	50~75	52	26.7	16.1	0.85	0.48	0.10	0.096
95%乙醇中溶解度/(g/100mL)	84	75	74.5	74.5	74	62	72	52.6	54

通过表 6-3 中的数据可以看出，随着季铵盐型阳离子表面活性剂碳链长度的增加，其水溶性和醇溶性均呈下降趋势。从水中的溶解度数据可以看出，烷基链的碳原子数在 15 个以下时表面活性剂易溶于水，超过 15 个碳原子，水溶性急剧降低。

此外，疏水性烷基链的个数和链上的取代基对表面活性剂的溶解性能也有影响。例如季铵盐分子中含有单个长链烷基时，该化合物能溶于极性溶剂，但不溶于非极性溶剂；而含有两个长链烷基的季铵盐几乎不溶于水，但溶于非极性溶剂。而且，当季铵盐的烷基链上带有亲水性或不饱和基团时，能增加其水溶性。

（2） Krafft 点

阳离子表面活性剂同其他离子型表面活性剂一样，具有 Krafft 温度点，即当达到某一温度时，表面活性剂在水中的溶解度急剧增加，这一温度点也称为临界溶解温度（CST）。当表面活性剂溶液为过饱和状态时，Krafft 点应是离子型表面活性剂单体、胶束和未溶解的表面活性剂固体共存的三相点。

阳离子表面活性剂的 Krafft 点是表征其在水溶液中溶解性能的特征指标。Krafft 点越高，表明该表面活性剂越难溶，溶解度越低；反之，Krafft 点越低，说明该表面活性剂越容易溶解，溶解性能越好。

通常 Krafft 点 （℃） 与表面活性剂疏水基碳链的长度呈线性关系，并可表示为

$$\text{Krafft 点} = a + bn \tag{6-1}$$

式中，a、b 为常数；n 为碳链所含碳原子的个数。根据上述关系式，碳链越长，n 值越大，则 Krafft 点越高。

除碳链长度的影响较大外，表面活性剂的 Krafft 点还与成盐的配对阴离子有关。例加十六烷基吡啶型阳离子表面活性剂 （$C_{16}H_{33}-N^+\bigcirc \cdot X^-$） 的 Krafft 点，随配对阴离子的不同而有所差别，如表 6-4 所示。

表 6-4 配对阴离子对十六烷基吡啶 Krafft 点的影响

X	Cl	Br	I
Krafft 点/℃	17	28	45

从这组数据可以看出，按照 Cl、Br、I 的次序，表面活性剂的 Krafft 点温度升高，由此可知，其溶解性能将按此顺序依次降低。

（3） 表面活性

通常表面活性剂的活性是用其稀溶液的表面张力比纯水的表面张力的下降程度来衡量的，可见，表面张力是表面活性剂的重要性能之一。季铵盐型阳离子表面活性剂的表面张力

有如下规律。

① 随着烷基碳链长度的增加，表面活性剂的表面张力逐渐下降，这一点可用不同碳链长度的烷基二甲基苄基氯化铵的表面张力加以说明，见表 6-5。

表 6-5 烷基二甲基苄基氯化铵的表面张力

烷基 R 的碳原子数	8	9	10	11	12	13	14	15	16	17	18	19
γ(0.1%溶液)/(mN/m)	67.5	64.3	60.6	53.9	47.6	43.6	43.6	43.5	43.5	43.2	43.0	43.0
γ(0.01%溶液)/(mN/m)	72.3	72.2	71.9	70.9	68.7	67.1	62.4	53.9	43.7	43.2	43.4	43.6

② 分子结构相同时，表面张力的大小还与溶液的浓度有关。通常情况下，在一定范围内表面张力随表面活性剂溶液的浓度升高而降低，降低到一定数值时又随溶液浓度的升高而增加。例如十六烷基三甲基氯化铵的表面张力与其溶液浓度的关系如表 6-6 所示。

表 6-6 十六烷基三甲基氯化铵的表面张力与其溶液浓度的关系

溶液浓度/(mol/L)	0.002	0.005	0.01	0.025	0.04	0.05	0.1
表面张力/(mN/m)	69.8	59.4	41.3	38.0	31.3	35.0	35.6

可见，表面活性剂溶液的浓度低于 0.04mol/L 时，随溶液浓度的升高，表面张力逐渐降低；超过此浓度值，表面张力反而略有升高。

(4) 临界胶束浓度

表 6-7 给出了几种季铵盐型阳离子表面活性剂的临界胶束浓度，从表中数据可以看出，随着烷基碳链长度的增加，临界胶束浓度降低。

表 6-7 几种季铵盐型阳离子表面活性剂的临界胶束浓度 (25℃)

表面活性剂结构	cmc/(mol/L)	表面活性剂结构	cmc/(mol/L)
$[C_{12}H_{25}-\overset{+}{N}(CH_3)_3]\cdot Cl^-$	1.5×10^{-2}	$[C_{14}H_{29}-\overset{+}{N}(CH_3)_3]\cdot Cl^-$	3.5×10^{-3}
$[C_{12}H_{25}-\overset{+}{N}(CH_3)_2-CH_2-C_6H_5]\cdot Cl^-$	7.8×10^{-3}	$[C_{16}H_{33}-\overset{+}{N}(CH_3)_3]\cdot Cl^-$	9.2×10^{-4}

6.2 阳离子表面活性剂的合成

合成阳离子表面活性剂的主要反应是 N-烷基化反应，其中叔胺与烷基化试剂作用，生成季铵盐的反应也叫季铵化反应。本书将重点介绍具有不同结构特点的季铵盐型阳离子表面活性剂的合成。

6.2.1 烷基季铵盐的合成

烷基季铵盐是季铵盐型阳离子表面活性剂的重要品种之一，已作为杀菌剂、纤维柔软剂、矿物浮选剂、乳化剂等被广泛地应用。其结构特点是氮原子上连有四个烷基，即铵离子的四个氢原子全部被烷基所取代，通常这个烷基中只有一个或两个是长链烷基，其余烷基的碳原子数为一个或两个。根据其结构特点，烷基季铵盐的合成方法主要有三种，即由高级卤代烷与低级叔胺反应制得、由高级烷基胺和低级卤代烷反应制得和通过甲醛-甲酸法制得。

(1) 高级卤代烷与低级叔胺反应

由高级卤代烷与低级叔胺反应合成烷基季铵盐是目前使用比较多的方法，该方法的反应通式为

$$RX + \underset{R^3}{\overset{R^1}{N}}-R^2 \longrightarrow \left[R-\underset{R^3}{\overset{R^1}{\overset{+}{N}}}-R^2 \right] \cdot X^-$$

在这一反应中，卤代烷的结构对反应的影响主要表现在以下两个方面。

① 卤离子的影响　当以低级叔胺为进攻试剂时，此反应为亲核置换反应，卤离子越容易离去，反应越容易进行。因此当烷基相同时，卤代烷的反应活性顺序为

$$R-I > R-Br > R-Cl$$

可见，使用碘代烷与叔胺反应效果最佳，反应速率快，产品收率高。但碘代烷的合成需要碘单质作原料，成本偏高，因此在合成烷基季铵盐时较少使用。多数情况下采用氯代烷与叔胺反应。

② 烷基链的影响　卤原子相同时，烷基链越长，卤代烷的反应活性越弱。

此外，叔胺的碱性和空间效应对反应也有影响。叔胺的碱性越强，亲核性活性越大，季铵化反应越易于进行。当叔胺上烷基取代基存在较大的空间位阻作用时，对季铵化反应不利。用高级卤代烷与低级叔胺反应合成的烷基季铵盐表面活性剂如十二烷基三甲基溴化铵和十六烷基三甲基溴化铵等。十二烷基三甲基溴化铵，即 1231 阳离子表面活性剂，主要用作杀菌剂和抗静电剂。它是由溴代十二烷与三甲胺按物质的量比 1∶(1.2~1.6)、在水介质中于 60~80℃反应制得的。反应中使用过量的三甲胺是为了保证溴代烷反应完全。

$$C_{12}H_{25}Br + (CH_3)_3N \xrightarrow[\text{水介质}]{60\sim80℃} [C_{12}H_{25}-\overset{+}{N}(CH_3)_3] \cdot Br^-$$

十六烷基三甲基溴化铵即 1631 阳离子表面活性剂，是一种性能优良的杀菌剂，也可用作织物柔软剂。它的合成是在醇溶剂中进行的，反应中要求三甲胺至少过量 50% 以上。

$$C_{16}H_{33}Br + (CH_3)_3N \xrightarrow[\text{回流}]{\text{醇介质}} [C_{16}H_{33}-\overset{+}{N}(CH_3)_3] \cdot Br^-$$

(2) 高级烷基胺与低级卤代烷反应

这种方法是由高级脂肪族伯胺与氯甲烷反应先生成叔胺，再进一步经季铵化反应得到季铵盐。例如十二烷基三甲基氯化铵的合成即可采用此种方法。

$$C_{12}H_{25}NH_2 + 2CH_3Cl + 2NaOH \longrightarrow C_{12}H_{25}-\underset{CH_3}{\overset{CH_3}{N}} + 2NaCl + 2H_2O$$

$$C_{12}H_{25}-\underset{CH_3}{\overset{CH_3}{N}} + CH_3Cl \xrightarrow[\text{加压}]{\text{加热}} \left[C_{12}H_{25}-\underset{CH_3}{\overset{CH_3}{\overset{|}{\overset{+}{N}}}}-CH_3 \right] \cdot Cl^-$$

这种表面活性剂也称为乳胶防粘剂 DT，易溶于水，溶液呈透明状，具有良好的表面活性，主要用于乳胶的防粘和杀菌。

再如，十六烷基二甲基胺与氯甲烷在石油醚溶剂中于 80℃加压反应 1h，再经重结晶可以制得纤维柔软剂 CTAC，即十六烷基三甲基氯化铵。

$$C_{16}H_{33}-\underset{CH_3}{\overset{CH_3}{N}} + CH_3Cl \xrightarrow[\text{加压，80℃，1h}]{\text{石油醚溶剂}} \left[C_{16}H_{33}-\underset{CH_3}{\overset{CH_3}{\overset{|}{\overset{+}{N}}}}-CH_3 \right] \cdot Cl^-$$

（3）甲醛-甲酸法

甲醛-甲酸法是制备二甲基烷基胺最古老的方法，这种方法工艺简单，成本低廉，因此在工业上得到广泛的应用，占有重要的地位。但是用该法生产的产品质量略差。

甲醛-甲酸法是以椰子油或大豆油等油脂的脂肪酸为原料，与氨反应经脱水制成脂肪腈，再经催化加氢还原制得脂肪族伯胺，这两步反应的方程式为

$$RCOOH \xrightarrow{NH_3} RCOONH_4 \xrightarrow[360℃]{-H_2O} RCONH_2 \xrightarrow[360℃]{-H_2O} RCN$$

$$RCN + 2H_2 \xrightarrow[瑞尼镍催化加氢]{150℃,\ 1.38×10^7Pa} RCH_2NH_2$$

然后以此脂肪族伯胺为原料，先将其溶于甲醇溶剂中，在 35℃下加入甲酸，升温至50℃后再加入甲醛溶液，最后在 80℃回流反应数小时即可得到二甲基烷基胺，产物中叔胺的含量为 85％～95％。

$$RNH_2 + 2HCHO + 2HCOOH \xrightarrow[加热]{甲醇溶剂} R-N\begin{matrix}CH_3\\CH_3\end{matrix} + 2CO_2\uparrow + 2H_2O$$

甲醛-甲酸法的反应历程是伯胺首先与甲醛反应，生成席夫碱，后经甲酸还原得到脂肪族仲胺。仲胺再进一步与甲醛缩合，被甲酸还原便可制得脂肪族叔胺，即

$$RCH_2NH_2 + HCHO \xrightleftharpoons{缩合} RCH_2NHCH_2OH \xrightleftharpoons{脱水} RCH_2N{=}CH_2 \xrightarrow[-CO_2]{HCOOH还原}$$

$$RCH_2NHCH_3 \xrightleftharpoons{再缩合\ HCHO} RCH_2-N\underset{CH_2OH}{-CH_3} \xrightleftharpoons{脱水} RCH_2-\overset{+}{N}{=}CH_2 \underset{CH_3}{} \xrightarrow[-CO_2]{HCOOH还原} RCH_2N\begin{matrix}CH_3\\CH_3\end{matrix}$$

反应过程中的中间产物席夫碱在一定条件下有可能发生异构化，并水解生成醛和甲胺，这一副反应将导致叔胺收率的降低。

$$RCH_2N{=}CH_2 \xrightleftharpoons{异构化} RCH{=}N-CH_3 \xrightarrow{水解} RCHO + CH_3NH_2$$

为了提高反应的收率，应当控制适宜的原料配比。研究表明，提高甲酸的投料量有助于主产物收率的提高。例如，当脂肪胺、甲酸和甲醛的物质的量（mol）比为 1：5.2：2.2时，叔胺的收率可达到 95％。

由甲醛-甲酸法制得的叔胺氯甲烷反应便可制得烷基季铵盐阳离子表面活性剂。

$$R-N\begin{matrix}CH_3\\CH_3\end{matrix} + CH_3Cl \xrightarrow{加热} \left[R-\overset{CH_3}{\underset{CH_3}{\overset{+}{N}}}-CH_3\right]\cdot Cl^-$$

通过此种方法合成的季铵盐阳离子表面活性剂的主要品种和性能如表 6-8 所示。

6.2.2　含杂原子的季铵盐的合成

这里所谓的含杂原子的季铵盐一般是指疏水性碳氢链中含有 O、N、S 等杂原子的季铵盐，也就是指亲油基中含有酰氨键、醚键、酯键或硫醚键的表面活性剂。由于亲水基团季铵阳离子与烷基疏水基是通过酰胺、酯、醚或硫醚等基团相连，而不是直接连接在一起，故也有人将这类季铵盐称作间接连接型阳离子表面活性剂。

表 6-8　甲醛-甲酸法合成的部分烷基季铵盐

结构通式	X	商品名称	主要应用
$[C_{12}H_{25}-\overset{+}{N}(CH_3)_3]\cdot X^-$	Cl	乳胶防粘剂 DT	浮选剂、杀菌剂
	Br	1231 阳离子表面活性剂	抗静电剂、杀菌剂
$[C_{16}H_{33}-\overset{+}{N}(CH_3)_3]\cdot X^-$	Cl	纤维柔软剂 CTAC	纤维柔软剂
	Br	1631 阳离子表面活性剂	纤维柔软剂、直接染料固色剂
	（四氯苯氧基结构）	Hyamine 3258	杀菌剂

6.2.2.1　含氧原子

含氧原子的季铵盐多是指疏水链中带有酰氨基或醚基的季铵盐。

① 含酰氨基的季铵盐　酰氨基的引入一般是通过酰氯与胺反应实现的。在表面活性剂的合成过程中，先制备含有酰氨基的叔胺，最后进行季铵化反应得到目的产品。

例如表面活性剂 Sapamine MS 的合成主要有三步反应。

第一步，油酸与三氯化磷反应制得油酰氯。

$$3C_{17}H_{33}COOH + PCl_3 \xrightarrow{NaOH} 3C_{17}H_{33}COCl + H_3PO_4$$

第二步，油酰氯与 N,N-二乙基乙二胺缩合制得带有酰氨基的叔胺 N,N-二乙基-2-油酰氨基乙胺。

$$C_{17}H_{33}COCl + H_2N-CH_2CH_2-N\diagdown^{C_2H_5}_{C_2H_5} \longrightarrow C_{17}H_{33}CONHCH_2CH_2N\diagdown^{C_2H_5}_{C_2H_5}$$

第三步，N,N-二乙基-2-油酰氨基乙胺与硫酸二甲酯剧烈搅拌反应 1h 左右，分离后得到产品 Sapamine MS。

$$C_{17}H_{33}CONHCH_2CH_2N\diagdown^{C_2H_5}_{C_2H_5} + (CH_3O)_2SO_2 \longrightarrow \left[C_{17}H_{33}CONHCH_2CH_2\overset{C_2H_5}{\underset{C_2H_5}{\overset{+}{N}}}-CH_3\right]\cdot CH_3SO_4^-$$

此外，由脂肪酸和伯胺直接进行 N-酰化反应是获得酰氨基化合物的另一种方法。例如柔软剂 ES 是硬脂酸双酰胺的典型产品。它的制备方法是先由硬脂酸与二亚乙基三胺按物质的量（mol）比 1:0.5、在氮气保护和 $140\sim170℃$ 的温度下以熔融状态脱水反应数小时制得双酰胺，然后再在 $110\sim120℃$ 同环氧氯丙烷反应，在氮原子上引入环氧基团。其合成反应方程式如下：

$$2C_{17}H_{35}COOH + H_2NCH_2CH_2NHCH_2CH_2NH_2 \xrightarrow[-2H_2O]{140\sim170℃,\ N_2}$$

$$C_{17}H_{35}CONHCH_2CH_2NHCH_2CH_2NHCOC_{17}H_{35} \xrightarrow[110\sim120℃]{\overset{O}{H_2C-CH-CH_2Cl}}$$

$$C_{17}H_{35}CONHCH_2CH_2\overset{+}{N}HCH_2CH_2NHCOC_{17}H_{35}\cdot Cl^-$$
$$|$$
$$CH_2-CH-CH_2$$
$$\diagdown O \diagup$$

② 含醚基的季铵盐　含有醚基的季铵盐型表面活性剂通常具有类似如下化合物的结构：

$$[C_{18}H_{37}OCH_2\overset{+}{N}(CH_3)_3] \cdot Cl^-$$

该表面活性剂的合成方法是：在苯溶剂中将十八醇与三聚甲醛和氯化氢充分反应，分离并除去水，减压蒸馏得到十八烷基氯甲基醚。以此化合物为烷基化试剂，同三甲胺进行 N-烷基化反应制得产品。

$$C_{18}H_{37}OH + HCHO + HCl \xrightarrow{5\sim10℃} C_{18}H_{37}OCH_2Cl$$

$$C_{18}H_{37}OCH_2Cl + N(CH_3)_3 \longrightarrow [C_{18}H_{37}OCH_2\overset{+}{N}(CH_3)_3] \cdot Cl^-$$

6.2.2.2　含氮原子

在亲油基团长链烷基中含有氮原子的表面活性剂如 N-甲基-N-十烷基氨基乙基三甲基溴化铵，它是由 N-甲基-N-十烷基溴乙胺与三甲胺在苯溶剂中、于密闭条件下 120℃ 反应 12h，经冷却、加水稀释得到的透明状液体产品。

$$C_{10}H_{21}-\overset{\overset{\displaystyle CH_3}{|}}{N}-CH_2CH_2Br + N(CH_3)_3 \xrightarrow[120℃,\ 12h]{苯溶剂300份} [C_{10}H_{21}-\overset{\overset{\displaystyle CH_3}{|}}{N}-CH_2CH_2-\overset{+}{N}(CH_3)_3] \cdot Br^-$$

类似的产品还有以碘负离子作为配对阴离子的表面活性剂，即

$$[C_{12}H_{25}-\overset{\overset{\displaystyle CH_3}{|}}{N}-CH_2CH_2-\overset{+}{N}(CH_3)_3] \cdot I^-$$

6.2.2.3　含硫原子

合成长链烷基中含有硫原子的季铵盐，首先要制备长链烷基甲基硫醚的卤化物，即具有烷化能力的含硫疏水基，并以此为烷基化试剂进行季铵化反应。

长链烷基甲基硫醚的卤化物的合成通常采用长链烷基硫醇与甲醛和氯化氢反应的方法。例如，十二烷基氯甲基硫醚的合成反应如下所示：

$$C_{12}H_{25}SH + HCHO + HCl \xrightarrow{-H_2O} C_{12}H_{25}SCH_2Cl$$

反应中向十二烷基硫醇与 40% 甲醛溶液的混合物中通入氯化氢气体，脱水后即可得到无色液态的产品。将生成的硫醚与三甲胺在苯溶剂中于 70～80℃ 加热反应 2h 即到达反应终点，分离、纯化，可以制得无色光亮的板状结晶产品。其反应式为

$$C_{12}H_{25}SCH_2Cl + N(CH_3)_3 \xrightarrow[70\sim80℃,\ 2h]{苯溶剂350份} [C_{12}H_{25}SCH_2\overset{+}{N}(CH_3)_3] \cdot Cl^-$$

用十二烷基氯甲基醚与 N,N-二甲基月桂胺和 N,N-二甲基氨基乙醇反应还可分别合成如下两种含硫的季铵盐型阳离子表面活性剂。

$$[C_{12}H_{25}SCH_2\overset{+}{N}(CH_3)_2] \cdot Cl^- \atop \qquad\quad C_{12}H_{25} \qquad\qquad\qquad\qquad [C_{12}H_{25}SCH_2\overset{+}{N}(CH_3)_2] \cdot Cl^- \atop \qquad\qquad\qquad\qquad\qquad\qquad\quad CH_2CH_2OH$$

6.2.3　含有苯环的季铵盐的合成

含有苯环的季铵盐类表面活性剂主要用作杀菌剂、起泡剂、润湿剂和染料固色剂等。在合成过程中，引入芳环的主要方法是用氯化苄作烷基化试剂与叔胺反应。氯化苄是由甲苯的侧链氯化反应制得的，其反应式为

$$\text{C}_6\text{H}_5-CH_3 + Cl_2 \xrightarrow{100℃} \text{C}_6\text{H}_5-CH_2Cl + HCl$$

为了避免苯环上的氯化，要求该反应在搪瓷釜或搪玻璃塔式反应器中进行。

以氯化苄为原料合成的含苯环的季铵盐型阳离子表面活性剂的种类较多，这里仅就代表性品种做简要介绍。

(1) 洁尔灭

$$\left[C_{12}H_{25} - \overset{\overset{\displaystyle CH_3}{|}}{\underset{\underset{\displaystyle CH_3}{|}}{N^+}} - CH_2 - \bigcirc \right] \cdot Cl^-$$

洁尔灭的化学名称为十二烷基二甲基苄基氯化铵，又叫 1227 阳离子表面活性剂。该表面活性剂易溶于水，呈透明溶液状，质量分数为万分之几的溶液即具有消毒杀菌的能力，对皮肤无刺激，无毒性，对金属不腐蚀，是一种十分重要的消毒杀菌剂。使用时将其配制成 20% 的水溶液应用，主要用于外科手术器械、创伤的消毒杀菌和农村养蚕的杀菌。此外，该产品还具有良好的发泡能力，也可用作聚丙烯腈的缓染剂。

它是由氯化苄与 N,N-二甲基月桂胺在 80～90℃ 下反应 3h 制得的。

$$C_{12}H_{25} - \overset{\overset{\displaystyle CH_3}{|}}{\underset{\underset{\displaystyle CH_3}{|}}{N}} + ClCH_2 - \bigcirc \xrightarrow[3h]{80\sim90℃} \left[C_{12}H_{25} - \overset{\overset{\displaystyle CH_3}{|}}{\underset{\underset{\displaystyle CH_3}{|}}{N^+}} - CH_2 - \bigcirc \right] \cdot Cl^-$$

如果将配对的负离子由氯变为溴，则得到的表面活性剂称为新洁尔灭，是性能更加优异的杀菌剂。值得注意的是其合成方法与洁尔灭有所不同。它是由氯化苄先与六亚甲基四胺（乌洛托品）反应，得到的中间产物再先后与甲酸和溴代十二烷反应制得的，其合成过程如下：

$$\bigcirc - CH_2Cl + (CH_2)_6N_4 \xrightarrow{40\sim60℃} \bigcirc - CH_2[(CH_2)_6N_4]Cl$$

$$\xrightarrow[\text{水解}]{+4HCOOH} \bigcirc - CH_2N(CH_3)_2 \xrightarrow{C_{12}H_{25}Br} \left[\bigcirc - H_2C - \overset{\overset{\displaystyle CH_3}{|}}{\underset{\underset{\displaystyle CH_3}{|}}{N^+}} - C_{12}H_{25} \right] \cdot Br^-$$

(2) NTN

NTN 即 N,N-二乙基（3′-甲氧基苯氧乙基）苄基氯化铵，也可命名为 N,N-二乙基-(3′-甲氧基苯氧乙基) 苯甲胺氯化物，这是一种杀菌剂，其结构式如下：

$$\left[\underset{CH_3O}{\bigcirc} - OCH_2CH_2 - \overset{\overset{\displaystyle C_2H_5}{|}}{\underset{\underset{\displaystyle C_2H_5}{|}}{N^+}} - CH_2 - \bigcirc \right] \cdot Cl^-$$

该表面活性剂的疏水部分含有醚基，因此首先应合成含有醚基的叔胺，再与氯化苄反应，具体反应步骤如下：

$$\underset{CH_3O}{\bigcirc} - OH \xrightarrow{NaOH} \underset{CH_3O}{\bigcirc} - ONa \xrightarrow[-NaCl]{ClCH_2CH_2N(C_2H_5)_2} \underset{CH_3O}{\bigcirc} - OCH_2CH_2 - \overset{\overset{\displaystyle C_2H_5}{|}}{\underset{\underset{\displaystyle C_2H_5}{|}}{N}}$$

$$\xrightarrow[\text{高压釜中100℃, 24h}]{\bigcirc - CH_2Cl} \left[\underset{CH_3O}{\bigcirc} - OCH_2CH_2 - \overset{\overset{\displaystyle C_2H_5}{|}}{\underset{\underset{\displaystyle C_2H_5}{|}}{N^+}} - CH_2 - \bigcirc \right] \cdot Cl^-$$

(3) Zephirol M

Zephirol M 的分子中疏水基团部分含有磺酰胺基团，其合成过程如下：

$$NC-CH=CH_2 + \underset{H_3C}{\overset{H_3C}{}}NH \xrightarrow{\text{加成}} CNCH_2CH_2N\underset{CH_3}{\overset{CH_3}{}} \xrightarrow[\text{加氢还原}]{H_2} H_2NCH_2CH_2CH_2-N\underset{CH_3}{\overset{CH_3}{}}$$

$$\xrightarrow[\text{HCl}]{\overset{SO_2Cl}{RCHCH_3}} \underset{CH_3}{\overset{}{RCHSO_2NH(CH_2)_3N}}\underset{CH_3}{\overset{CH_3}{}} \xrightarrow{\text{季铵化}} \left[\underset{CH_3}{\overset{}{RCHSO_2NH(CH_2)_3}}\overset{+}{\underset{CH_3}{\overset{CH_3}{N}}}-CH_2-\bigcirc \right] \cdot Cl^-$$

(4) Hyamine1622

Hyamine1622 表面活性剂，又叫苄索氯铵，是新型的防腐剂，具有较好的表面活性，广泛用于日化、医药等领域做防腐、杀菌剂。结构式较为复杂，如下式：

$$\left[\underset{H_3C}{\overset{H_3C}{}}\underset{H_3C}{\overset{}{C}}-CH_2-\underset{CH_3}{\overset{CH_3}{C}}-\bigcirc-OCH_2CH_2OCH_2CH_2-\overset{+}{N}\underset{CH_3}{\overset{CH_3}{}}-CH_2-\bigcirc \right] \cdot Cl^-$$

合成此产品的关键是对叔辛基苯氧乙基氯乙基醚的合成，它可以以对叔辛基苯酚和二氯二乙基醚为原料制备。对叔辛基苯酚、氢氧化钠、二氯二乙基醚和少量水在 115～120℃下加热反应 6.5h，经脱除食盐、减压蒸馏后制得无色油状的对叔辛基苯氧乙基氯乙基醚。反应式为

$$H_3C-\underset{CH_3}{\overset{CH_3}{C}}-CH_2-\underset{CH_3}{\overset{CH_3}{C}}-\bigcirc-OH + ClCH_2CH_2OCH_2CH_2Cl \xrightarrow[115～120℃, 6.5h]{H_2O, 20mL; NaOH, 22g}$$

$$H_3C-\underset{CH_3}{\overset{CH_3}{C}}-CH_2-\underset{CH_3}{\overset{CH_3}{C}}-\bigcirc-OCH_2CH_2OCH_2CH_2Cl$$

将上述产品与 N,N-二甲基苯甲胺在油浴加热下于 120～135℃回流反应 15.5h，经分离、精制后得到的黄色黏稠状液体便是最终产品表面活性剂 Hyamine1622。

$$H_3C-\underset{CH_3}{\overset{CH_3}{C}}-CH_2-\underset{CH_3}{\overset{CH_3}{C}}-\bigcirc-OCH_2CH_2OCH_2CH_2Cl + \underset{H_3C}{\overset{H_3C}{}}N-CH_2-\bigcirc \xrightarrow[120～135℃, 15.5h]{\text{油浴加热, 回流}} Hyamine\ 1622$$

与 Hyamine1622 结构类似的表面活性剂还有润湿起泡剂 Phemerol 型表面活性剂，即

$$\left[H_3C-\underset{CH_3}{\overset{CH_3}{C}}-CH_2-\underset{CH_3}{\overset{CH_3}{C}}-\bigcirc-OCH_2CH_2OCH_2CH_2-\overset{+}{\underset{C_2H_5}{N}}\overset{CH_2CH_2OH}{\underset{CH_2CH_2OH}{}} \right] \cdot OSO_2OC_2H_5^-$$

(5) 苯并咪唑阳离子表面活性剂

杂环类表面活性剂是一类重要的表面活性剂。杂环中含有氮、硫、氧等杂原子，具有配位功能，因此杂环类表面活性剂往往也具有独特的性能。有咪唑啉类杂环表面活性剂的开发及应用较为成熟。

苯并咪唑、长链卤代烷、硫酸二甲酯为原料合成苯并咪唑阳离子的表面活性剂如下：

$$\bigcirc\hspace{-1em}\underset{N}{\overset{N}{}}\hspace{-0.5em}\underset{H}{} \xrightarrow{R-X} \bigcirc\hspace{-1em}\underset{R}{\overset{N}{}}\hspace{-0.5em}\underset{N}{} \xrightarrow{(CH_3O)_2SO_2} \left[\bigcirc\hspace{-1em}\underset{R}{\overset{N}{}}\hspace{-0.5em}\overset{+}{\underset{}{N}}_{CH_3} \right] \cdot CH_3SO_4^-$$

由于表面活性剂的残留所引起的环境污染问题，越来越引起人们的重视。一些具有特殊结构的降解性好、表面活性能力强、无毒性、无刺激性的新型表面活性剂被相继开发。缩醛型可分解表面活性剂由于分子中含有在一定条件下可分解（裂解）的缩醛弱键，是一类新型环保型表面活性剂，含有缩醛的苯并咪唑阳离子表面活性剂的合成路线如下：

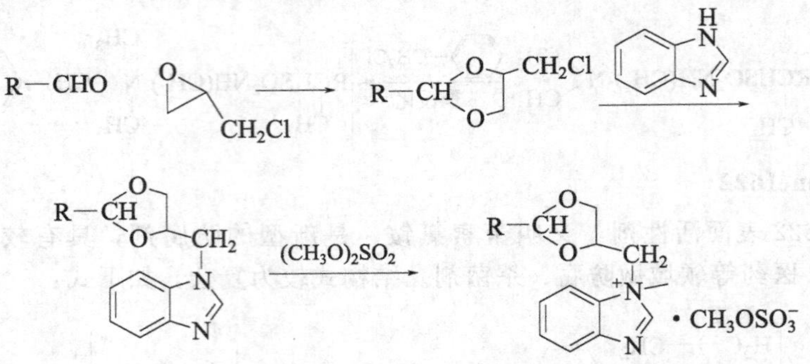

6.2.4 含杂环的季铵盐

在阳离子表面活性剂的分类中已经提到，季铵盐分子中所含的杂环主要是吗啉环、哌嗪环、吡啶环、喹啉环和咪唑环等（见 6.1.1），本节主要介绍此类表面活性剂的合成。

6.2.4.1 含有吗啉环的季铵盐

合成含吗啉环的季铵盐型阳离子表面活性剂可以先在特定的化合物分子中引入吗啉环，再经季铵化反应制得。

其代表品种如 N-甲基-N-十六烷基吗啉的甲基硫酸酯盐，该表面活性剂是由 N-十六烷基吗啉与硫酸二甲酯反应制得。

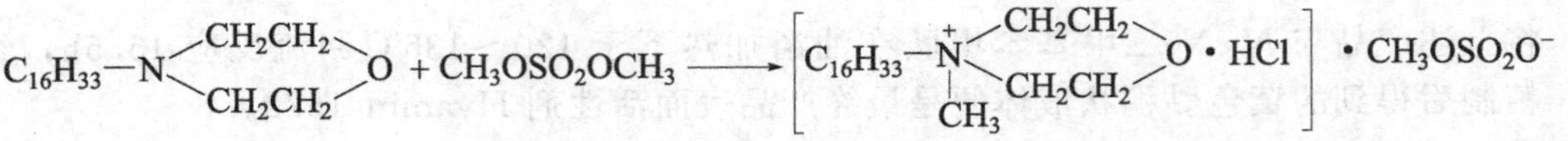

再如，前面提到的中间体对叔辛基苯氧乙基氯乙基醚与吗啉在 $100\sim120℃$ 下回流反应7h，用氢氧化钠水溶液中和至碱性，经分离、减压蒸馏，得到淡黄色的对叔辛基苯氧乙基吗啉-N-乙基醚。该中间体继续与硫酸二乙酯反应可制得含吗啉环的季铵盐型阳离子表面活性剂，这种活性剂主要用作起泡剂。其合成的各步反应为：

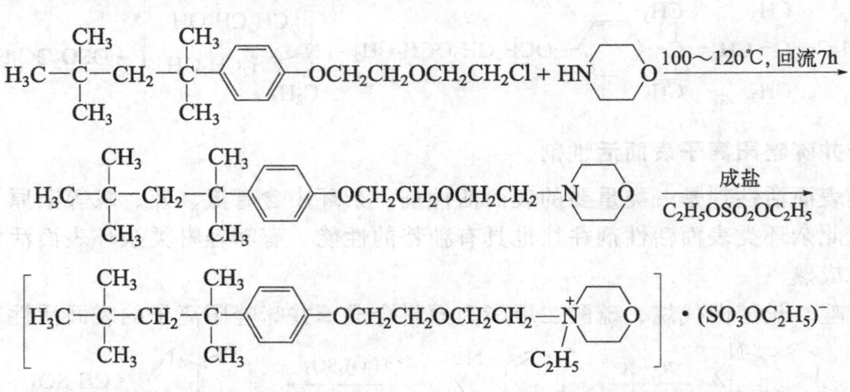

另外，利用仲胺与双(2-氯乙基)醚反应可以一步合成季铵化的吗啉衍生物。反应既可以在溶剂中进行，也可以不加溶剂，同时用无机碱或过量的胺作缩合剂进行反应。生成的吗啉季铵

盐可以作为润湿剂、洗净剂、杀菌剂，还可用作润滑油的成分之一。

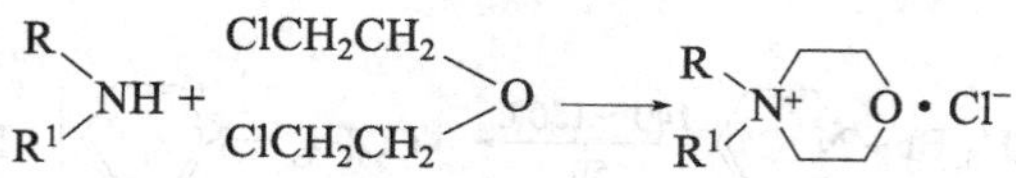

利用类似的反应，由脂肪族伯胺同双(2-氯乙基)硫醚反应，生成烷基硫代吗啉，脂肪族仲胺同双(2-氯乙基)硫醚反应，可直接合成硫代吗啉季铵盐。

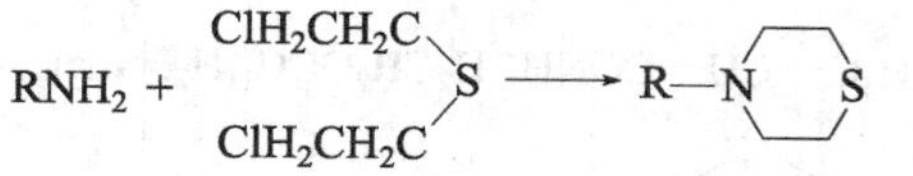

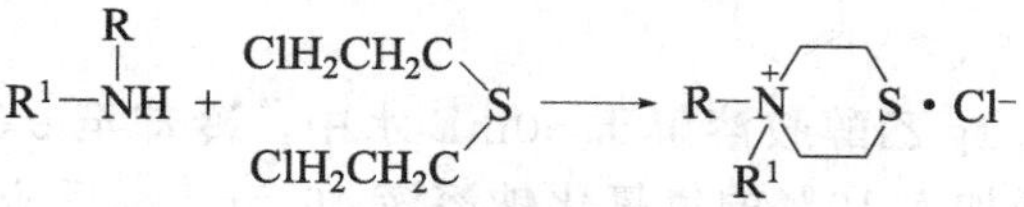

6.2.4.2　含哌嗪环的季铵盐

含哌嗪环的季铵盐阳离子表面活性剂的合成方法与含吗啉环的产品十分类似。例如，对叔辛基苯氧乙基氯乙基醚与哌嗪反应的产物进一步与氯化苄反应，可以合成对叔辛基苯氧乙基-N-苄基哌嗪-N-乙基醚氯化物，这是一种杀菌剂的分散剂。

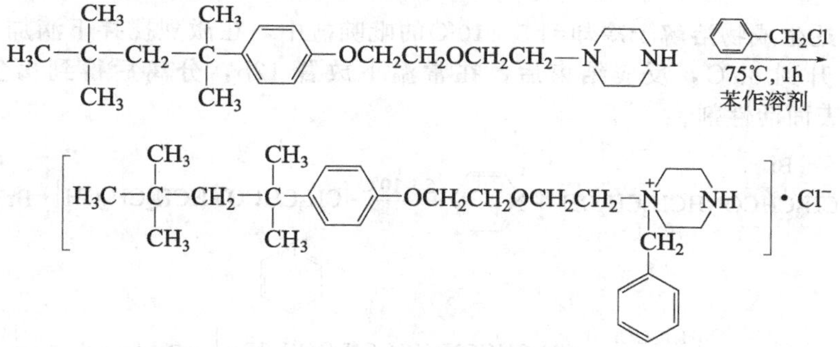

6.2.4.3　含吡啶环的季铵盐

含吡啶环的季铵盐类表面活性剂是 1932 年由 Bohme 发明的，可以用作分散剂、润湿剂和固色剂等，由于吡啶具有刺激性异味，使这类表面活性剂的应用受到较大限制。其代表品种有氯化十二烷基吡啶、氯化十六烷基吡啶、溴化十六烷基吡啶和氯化硬脂酰甲氨基吡啶等。这些表面活性剂主要用作纤维防水剂，也可用作染色助剂和杀菌剂，但用量都很少。

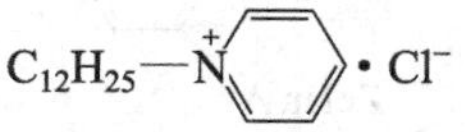

氯化十二烷基吡啶 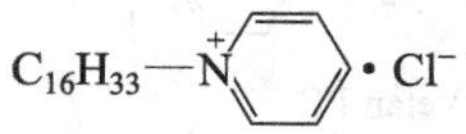　　　　　　　　　　　氯化十六烷基吡啶

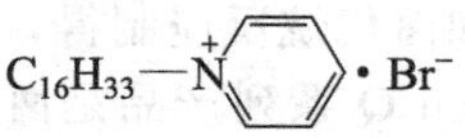

溴化十六烷基吡啶 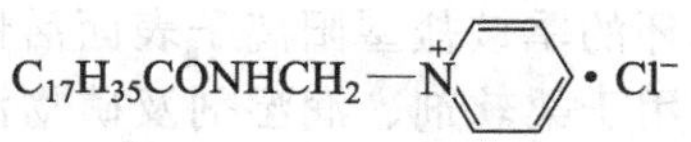　　　　　　　　　　　氯化硬脂酰甲氨基吡啶

含吡啶环的季铵盐表面活性剂多采用卤代烷与吡啶或烷基吡啶在加热条件下反应的合成方法，其反应式如下：

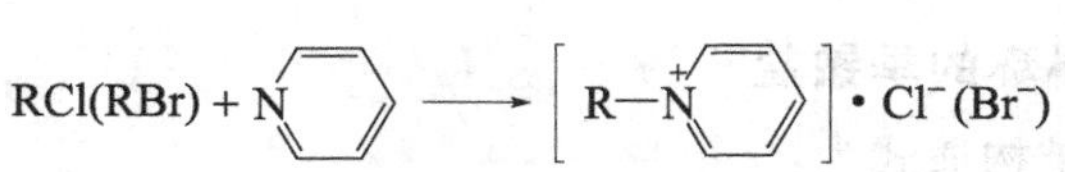

例如，溴代十六烷与吡啶在 $140 \sim 150 ℃$ 下反应 $5h$ 生成溴化十六烷基吡啶，冷却后得到肥皂样的无色块状产品。

$$C_{16}H_{33}Br + N \underset{5h}{\overset{140 \sim 150℃}{\longrightarrow}} \left[C_{16}H_{33} - \overset{+}{N} \right] \cdot Br^-$$

含有吡啶环的季铵盐表面活性剂中另一个比较重要的品种是 EmcolE-607，这是一种矿物浮选剂，该表面活性剂的分子中还含有酯键，其结构式为

$$\left[H_3C-CH-CONHCH_2CH_2O\underset{O}{\overset{}{C}}C_{11}H_{23} \right] \cdot Cl^-$$

其实验室制法是将 $6.1g$ 乙醇胺溶解于 $50mL$ 水中，冷却至 $0℃$，在激烈搅拌下缓慢加入 α-溴丙酰溴，同时缓慢加入 10% 的氢氧化钠溶液 $46.5mL$。反应 $15min$ 后，用 $500mL$ 热的异丙醇萃取出生成物，滤掉萃取液中的溴化钠等无机盐，蒸掉溶剂，得到黏稠状液体 α-溴丙酰氨基乙醇。

$$\overset{Br}{\underset{}{CH_3CHCOBr}} + H_2NCH_2CH_2OH \underset{异丙醇萃取}{\overset{-NaBr}{\longrightarrow}} \overset{Br}{\underset{}{CH_3CHCONHCH_2CH_2OH}}$$

将 $10g$ 上述生成物溶解于冷却到 $5 \sim 10℃$ 的吡啶盐中，在激烈搅拌下滴加 $8g$ 月桂酰氯。反应中温度上升到 $85℃$，反应结束后，在常温下放置 $12h$，分离后得到褐色黏稠状液体 Emcol E-607 表面活性剂。

$$\overset{Br}{\underset{}{CH_3CHCONHCH_2CH_2OH}} + N \overset{5 \sim 10℃}{\longrightarrow} \left[CH_3CHCONHCH_2CH_2OH \right] \cdot Br^-$$

$$\overset{C_{11}H_{23}COCl}{\longrightarrow} \left[CH_3CHCONHCH_2CH_2O\underset{O}{\overset{}{C}}C_{11}H_{23} \right] \cdot Br^-$$

此外，含有醚键和酰氨键的吡啶型阳离子表面活性剂还有 Velan PF、Zelan A 等。

$$\left[C_{16}H_{33}OCH_2 - \overset{+}{N} \right] \cdot Cl^-$$
Velan PF

$$\left[C_{12}H_{25}CONHCH_2 - \overset{+}{N} \right] \cdot Cl^-$$
Zelan A

6.2.4.4 含喹啉环的季铵盐

含喹啉环的季铵盐型阳离子表面活性剂由喹啉或异喹啉和卤代烷反应制得，主要用作杀菌剂，也可用于柔软剂、润湿剂及矿物浮选剂等。例如 Isothan Q 系列产品是卤代烷与异喹啉反应制得，其中代表性品种为：

$$\left[C_{12}H_{25} - \overset{+}{N} \right] \cdot Cl^-$$

6.2.4.5 含咪唑啉环的季铵盐

该类表面活性剂的结构通式为：

$$\left[\begin{array}{c} R-\overset{N}{\underset{\underset{C_2H_4OH}{N^+}}{\diagdown}} \end{array}\right]\cdot Cl^-$$

式中，取代基 R 是含 8～22 个碳原子的长链烷基；R^1 是低级烷基或苄基等。此类表面活性剂主要用作优良的纤维柔软剂和平滑剂，能赋予腈纶、棉、尼龙等织物优异的柔软性，并能提高织物的使用性能。也常用作性能优异的起泡剂和直接染料固色剂。

它的合成方法一般分为两步，即成环和季铵化。

(1) 成环

这一步反应主要是用脂肪酸与 N-羟乙基乙二胺缩合，然后脱水成环制备烷基-N-羟乙基咪唑啉。反应式为

$$RCOOH + H_2NCH_2CH_2NHCH_2CH_2OH \xrightarrow[-H_2O]{150\sim180℃} RCONHCH_2CH_2 \text{ 或 } RCON\begin{array}{l}CH_2CH_2OH\\CH_2CH_2NH_2\end{array}$$

(with HOCH_2CH_2NH)

$$\begin{array}{c} RCONHCH_2CH_2 \\ HOCH_2CH_2NH \\ \text{酮式} \end{array} \underset{\text{异构化}}{\rightleftharpoons} \begin{array}{c} OH \\ RC=NCH_2CH_2 \\ HOCH_2CH_2NH \\ \text{烯醇式} \\ RCONCH_2CH_2NH_2 \\ CH_2CH_2OH \end{array} \left.\right\} \xrightarrow[-H_2O]{250\sim300℃}{\text{成环}} R-\overset{N}{\underset{\underset{CH_2CH_2OH}{N}}{\diagdown}}$$

(2) 季铵化

烷基-N-羟乙基咪唑啉与氯甲烷、硫酸二甲酯、硫酸二乙酯、氯化苄和环氧氯丙烷等进行季铵化反应并成盐，得到含咪唑啉环的季铵盐。咪唑啉季铵化反应属于双分子亲核取代反应，其反应速率取决于亲核试剂的强弱和离去基团的离去能力。该步反应的方程式如下：

$$R-\overset{N}{\underset{\underset{CH_2CH_2OH}{N}}{\diagdown}} \xrightarrow[CH_3Cl]{\text{季铵化}} \left[R-\overset{N}{\underset{\underset{H_3C\quad CH_2CH_2OH}{N^+}}{\diagdown}}\right]\cdot Cl^-$$

采用不同的季铵化试剂所得表面活性剂的结构如表 6-9 所示。

表 6-9　不同季铵化试剂合成的表面活性剂的结构

$$\left[R-\overset{N}{\underset{\underset{R^1\quad CH_2CH_2OH}{N^+}}{\diagdown}}\right]\cdot X^-$$

季铵化试剂	R^1	X
$(CH_3O)_2SO_2$	CH_3	CH_3OSO_2O
$(C_2H_5O)_2SO_2$	C_2H_5	$C_2H_5OSO_2O$
⬡—CH_2Cl	⬡—CH_2	Cl

此类表面活性剂中，以十四酸为原料，经成环并与氯化苄反应成盐制得的产品 Alrosopt MB 是一种强力杀菌剂，其结构式如下：

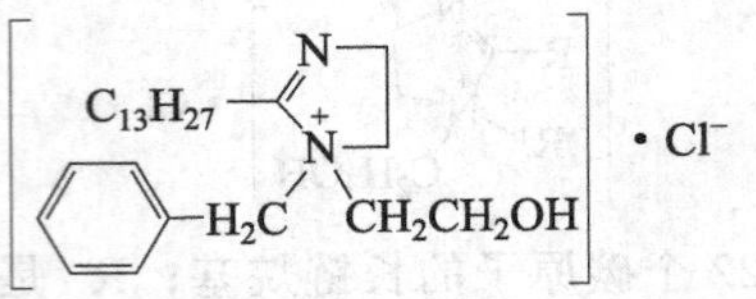

$$\left[\begin{array}{c} C_{13}H_{27} \\ \\ \end{array}\right] \cdot Cl^-$$

（结构式：C₁₃H₂₇取代的咪唑啉环，N上连H₂C苯基和CH₂CH₂OH，外加·Cl⁻）

使用不同的脂肪酸原料与 *N*-羟乙基乙二胺反应成环可以得到含不同碳原子数的烷基 R，例如，使用月桂酸（$C_{11}H_{23}COOH$）、软脂酸（$C_{15}H_{31}COOH$）、油酸（$C_{17}H_{33}COOH$）和硬脂酸（$C_{17}H_{35}COOH$）为原料制得的产品，对应的烷基取代基 R 分别为 $C_{11}H_{23}$—、$C_{15}H_{31}$—、$C_{17}H_{33}$—和 $C_{17}H_{35}$—。

6.2.4.6　含其他杂环的季铵盐

含噁唑环的季铵盐可以分为两类：一类是长链烷基连接在噁唑环的 2-位上，是由脂肪酸与烷醇酰胺通过缩合反应合成的；另一类是长链烷基直接连接在噁唑环的氮原子上，是由卤代烷与噁唑反应合成的。这两类物质的结构如下：

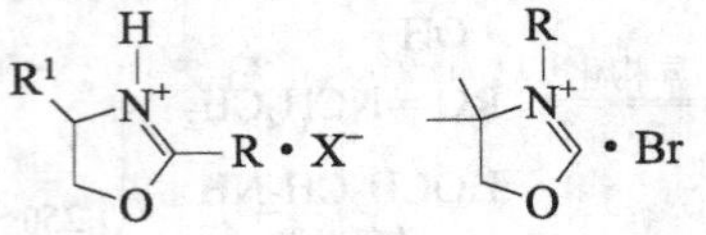

（两个噁唑环结构式：左侧 R^1 取代，N⁺上连 $R \cdot X^-$；右侧 R 取代，$\cdot Br$）

$$R = C_9H_{19} \sim C_{13}H_{27}, \ C_{12}H_{25} \sim C_{16}H_{33}$$

$$R^1 = H, \ CH_3$$

$$X = CH_3COO, \ CH_3CHOCOO$$

噁唑类季铵盐类在碱性条件下易于开环形成开链季铵盐表面活性剂：

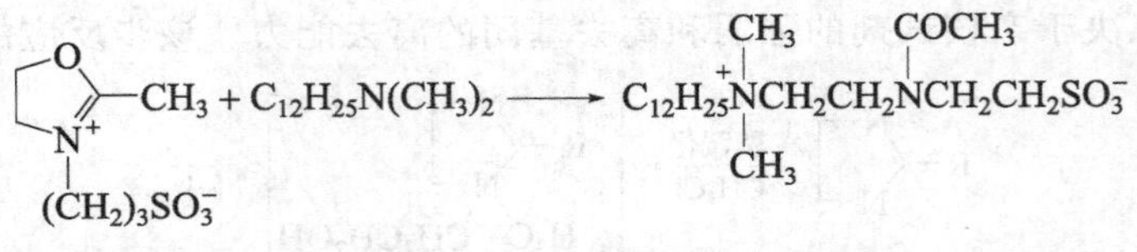

$$
\begin{array}{c}
\text{（噁唑环结构，2位连 } CH_3\text{，N}^+\text{连 }(CH_2)_3SO_3^-\text{）} + C_{12}H_{25}N(CH_3)_2 \longrightarrow \\
C_{12}H_{25}\overset{+}{N}(CH_3)CH_2CH_2N(COCH_3)CH_2CH_2SO_3^-
\end{array}
$$

含嘧啶环的季铵盐主要由取代的嘧啶与卤代烷反应合成，如 4-氨基-5-苯基嘧啶和卤代烷反应生成的季铵盐：

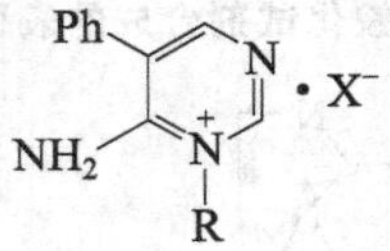

（嘧啶环结构式：5位 Ph，4位 NH_2，N⁺连 R，外加 $\cdot X^-$）

此类季铵盐的结构较为稳定，不易分解。

6.2.5　胺盐型

胺盐型阳离子表面活性剂主要有长链烷基伯胺盐、仲胺盐和叔胺盐三大类。

（1）长链烷基伯胺盐

这类表面活性剂的合成是用长碳链的伯胺与无机酸的反应制得。所用的原料是以椰子油、棉籽油、大豆油或牛脂等油脂制得的胺类的混合物，结构和合成均比较简单，主要用作纤维柔软剂和矿物浮选剂等。

$$RNH_2 + HCl \longrightarrow RNH_2 \cdot HCl$$

（2）仲胺盐

仲胺盐型表面活性剂的产品种类不多，目前市售商品主要是 Priminox 系列，此类产品的结构通式如下：

$$C_{12}H_{25}NH(CH_2CH_2O)_nCH_2CH_2OH$$

其中，$n=0$，商品牌号为 Priminox 43；$n=4$，商品牌号为 Priminox 10；$n=14$，商品牌号为 Priminox 20；$n=24$，商业牌号为 Priminox 32。

Priminox 表面活性剂可以有两种合成方法。一种是由高级卤代烷与乙醇胺的多乙氧基物反应制备，即

$$C_{12}H_{25}Br + H_2N(CH_2CH_2O)_nCH_2CH_2OH \longrightarrow C_{12}H_{25}NH(CH_2CH_2O)_nCH_2CH_2OH$$

另一种是由高级脂肪胺与环氧乙烷反应制备。

$$C_{12}H_{25}NH_2 + (n+1)CH_2\overset{O}{-}CH_2 \longrightarrow C_{12}H_{25}NH(CH_2CH_2O)_nCH_2CH_2OH$$

（3）叔胺盐

叔胺盐型阳离子表面活性剂中最重要的品种是亲油基中含有酯基的 Soromine 系列和含有酰氨基的 Ninol、Sapamine、Ahcovel 等系列产品。

① Soromine 系列 该系列表面活性剂中最重要的品种为 Soromine A，是由 IG 公司开发生产的，其国内商品牌号为乳化剂 FM，具有良好的渗透性和匀染性。其结构式为

$$C_{17}H_{35}COOCH_2CH_2-N\begin{smallmatrix} CH_2CH_2OH \\ \\ CH_2CH_2OH \end{smallmatrix}$$

它是由脂肪酸和三乙醇胺在 160～180℃下长时间加热缩合制得的。

$$C_{17}H_{35}COOH + N(CH_2CH_2OH)_3 \xrightarrow{160\sim180℃} C_{17}H_{35}COOCH_2CH_2N(CH_2CH_2OH)_2$$

Soromine 系列其他产品还有 Soromine DB、Soromine AF 和 Soromine A 等。

$$C_{17}H_{35}COOCH_2CH_2N(C_4H_9)_2 \qquad\qquad C_{17}H_{35}COOCH_2CH_2NHCH_2CH_2O(CH_2CH_2O)_{2\sim3}H$$

Soromine DB　　　　　　　　　　　　　　　　Soromine AF

$$C_{17}H_{35}CON\overset{CH_3}{\underset{}{C}}H_2COOCH_2CH_2N(CH_2CH_2OH)_2$$

Soromine A

② Ninol（尼诺尔）系列 该系列产品结构通式为：

$$RCON\begin{smallmatrix} CH_2CH_2OH \\ \\ CH_2CH_2OH \end{smallmatrix}$$

此类产品的长碳链烷基和酰氨键相连，抗水解性能较好。日本战后最初生产的柔软剂即采用此化合物。它的合成方法是由脂肪酸与二乙醇胺反应制得，例如：

$$C_{17}H_{35}COOH + NH(CH_2CH_2OH)_2 \xrightarrow[-H_2O]{150\sim175℃} C_{17}H_{35}CON(CH_2CH_2OH)_2$$

③ Sapamine 系列 这一系列产品由瑞士汽巴-嘉基公司最先投产，其分子中烷基和酰氨基相连，具有一定的稳定性，不易水解。其价格高于 Soromine 系列产品。此类表面活性剂主要用作纤维柔软剂和直接染料的固色剂等。其结构通式为：

$$C_{17}H_{33}CONHCH_2CH_2N(C_2H_5)_2 \cdot HX$$

根据成盐所使用的酸（HX）不同，可以得到不同牌号的产品，如当分别采用 CH_3COOH、HCl、$CH_3CHOHCOOH$ 时，对应的商品牌号分别为：Sapamine A、Sapamine CH、Sapamine L。

该类表面活性剂由油酸与三氯化磷反应生成油酰氯，再与 N,N-二乙基乙二胺缩合，最后用酸处理制得，其反应式为：

$$3C_{17}H_{33}COOH + PCl_3 \longrightarrow 3C_{17}H_{33}COCl$$

$$C_{17}H_{33}COCl + H_2NCH_2CH_2N(C_2H_5)_2 \xrightarrow[-HCl]{\text{缩合}} C_{17}H_{33}CONHCH_2CH_2N(C_2H_5)_2$$

$$\xrightarrow{\text{酸处理}} C_{17}H_{33}CONHCH_2CH_2N(C_2H_5)_2 \cdot HX$$

④ Ahcovel 系列

Ahcovel 系列表面活性剂主要有两个代表品种，即 Ahcovel F 和 Ahcovel G。

Ahcovel F 是一种纤维柔软剂，它是由硬脂酸和二亚乙基三胺反应，在 $160\sim180℃$ 下脱水生成酰胺，然后与尿素发生脱氨缩合，最后用盐酸中和制得。其反应式为：

$$C_{17}H_{35}COOH + H_2NCH_2CH_2NHCH_2CH_2NH_2 \xrightarrow[-H_2O]{160\sim180℃} C_{17}H_{35}CONHCH_2CH_2NHCH_2CH_2NH_2$$

$$2C_{17}H_{35}CONHCH_2CH_2NHCH_2CH_2NH_2 + 2H_2N\overset{\overset{\displaystyle O}{\|}}{C}-NH_2 \xrightarrow[-4NH_3]{180\sim190℃} \xrightarrow{2HCl}_{\text{中和}}$$

$$\begin{array}{c} C_{17}H_{35}CONHCH_2CH_2N-CH_2CH_2-NH \\ | \qquad\qquad\qquad | \\ C=O \qquad\qquad C=O \cdot 2HCl \\ | \qquad\qquad\qquad | \\ C_{17}H_{35}CONHCH_2CH_2-N-H_2CH_2C-NH \end{array}$$

Ahcovel F

这种表面活性剂的缺点是耐热性差，易变黄，容易使染料变色。如果在反应中增加尿素的比例，并在反应后加入乳酸使其成盐，则可以提高产品的耐热性，从而减轻处理织物因熨烫受热而发黄的现象。

Ahcovel G 是一种溶于水的纤维柔软剂，大多产于日本。它比 Ahcovel F 的耐热性和耐日光性好，长时间保存不变黄、不发臭，性质稳定。其结构通式为

$$\begin{array}{c} C_{17}H_{35}CONHCH_2CH_2NCH_2CH_2OH \\ | \\ C=NH \qquad\qquad \cdot 2CH_3COOH \\ | \\ C_{17}H_{35}CONHCH_2CH_2-N-CH_2CH_2OH \end{array}$$

其合成方法是先由硬脂酸与羟乙基乙二胺缩合，缩合产物再与碳酸胍混合并缓慢加热到 $185\sim190℃$，脱去两分子氨，最后用醋酸处理成盐得到。其反应式为：

$$C_{17}H_{35}COOH + H_2NCH_2CH_2NHCH_2CH_2OH \xrightarrow{\text{缩合}} C_{17}H_{35}CONHCH_2CH_2NHCH_2CH_2OH$$

$$4C_{17}H_{35}CONHCH_2CH_2NHCH_2CH_2OH + (H_2N\overset{\overset{\displaystyle NH}{\|}}{C}-NH_2)_2 \cdot H_2CO_3 \xrightarrow{185\sim190℃}_{-4NH_3}$$

$$\xrightarrow{4CH_3COOH} 2 \begin{array}{c} C_{17}H_{35}CONHCH_2CH_2NCH_2CH_2OH \\ | \\ C=NH \qquad \cdot 2CH_3COOH \\ | \\ C_{17}H_{35}CONHCH_2CH_2NCH_2CH_2OH \end{array}$$

Ahcovel G

类似的产品还有用月桂酸与羟乙基乙二胺的缩合产物在 $185℃$ 下与硫脲反应，得到的褐

色黏稠液体：

$$2C_{11}H_{23}CONHCH_2CH_2NHCH_2CH_2OH + S=C\begin{matrix} NH_2 \\ NH_2 \end{matrix} \xrightarrow[-2NH_3]{185\sim190℃}$$

$$\xrightarrow[\text{(酸处理)}]{\text{中和}} \begin{matrix} C_{11}H_{23}CONHCH_2CH_2N+CH_2CH_2OH \\ | \\ C=S \\ | \\ C_{11}H_{23}CONHCH_2CH_2N+CH_2CH_2OH \end{matrix} \cdot 2HX$$

该产品可使处理后的纤维织物耐洗涤，有羊毛似的手感，经加热和长时间保存后不变色，是性能优异的纤维处理剂。因分子含有硫原子。既可溶于水又可溶于酸，用作蛋白质纤维的处理剂具有防虫蛀作用。

6.3　阳离子表面活性剂的应用

阳离子表面活性剂具有良好的杀菌、柔软抗静电、抗腐蚀等作用和一定的乳化、润湿性能，也常常用作相转移催化剂。但这类表面活性剂很少单独用作洗涤剂，因为很多基质的表面在水溶液中，特别是在碱性水溶液中通常带有负电荷，在应用过程中，带正电荷的表面活性剂会在基质表面形成亲水基向内、疏水基向外的排列，使基质表面疏水而不利于洗涤，甚至产生负面作用。此外，这类表面活性剂的主要应用领域也不像其他表面活性剂，用来降低表面张力，而是利用其结构上的特点，用于其他特殊方面。

（1）消毒杀菌剂

阳离子表面活性剂最突出的特点是具有消毒杀菌作用，常用于医药、原油开采等的消毒杀菌。代表品种如洁尔灭，这种带有苄基的季铵盐型阳离子表面活性剂具有较强的消毒杀菌作用，其 10% 的水溶液的杀菌能力相当于苯酚杀菌能力的 50～60 倍，因此广泛用作外科手术和医疗器械等的消毒杀菌剂。此外，它还能杀死蚕业生产中的败血菌、白僵菌和曲霉菌等。在石油开采和化工设备中，水中的铁细菌和硫酸盐还原菌对铁质及不锈钢质设备和管路有腐蚀性，使用洁尔灭作杀菌剂可以杀灭细菌并起到防止金属腐蚀的作用。

（2）腈纶匀染剂

腈纶（聚丙烯腈）分子的主链上往往含有少量的衣康酸或乙烯磺酸之类的化学组分，它们使纤维带有一定的负电荷；在用阳离子染料染色时，纤维与染料之间产生较强的电荷作用。在染色过程中，如果染料的吸附和上染速度太快容易将织物染花。因此在染色初期需要加入阳离子表面活性剂，抢先占领染席，然后随温度的升高，染料再缓慢地把表面活性剂取代下来，达到匀染的目的。通常使用的匀染剂如：

$$\begin{bmatrix} CH_3 \\ | \\ C_{18}H_{37}-N^+-CH_3 \\ | \\ CH_3 \end{bmatrix} \cdot Cl^- \qquad \begin{bmatrix} CH_3 \\ | \\ C_{18}H_{37}-N^+-CH_2-\bigcirc \\ | \\ CH_3 \end{bmatrix} \cdot Cl^-$$

季铵盐阳离子表面活性剂匀染作用的大小随烷基链长度的增大而上升，并受与氮原子相连的各基团大小和种类的影响。

此外，由于阳离子表面活性剂带有正电荷，对于通常带有负电荷的纺织品、金属、玻璃、塑料、矿物、动物或人体组织等具有较强的吸附能力，易在这些基质的表面上形成亲油性膜或产生正电性，因此可广泛用作纺织品的防水剂、柔软剂、抗静电剂、染料匀染剂、固色剂等。

（3）抗静电剂

高分子材料大多是电的不良导体，但又容易产生静电而不能传导，生成的静电给使用和加工带来困难。阳离子表面活性剂可以将其分子的非极性部分吸附于高分子材料上，极性基则朝向空气一侧，形成离子导电层，从而使电荷得以传导起到抗静电的作用。

（4）矿物浮选剂

在采矿工业中，矿石杂质较多，要去除矿石中的杂质，需要进行矿物的泡沫浮选，表面活性剂可以作为矿物浮选的发泡剂和捕集剂。阳离子表面活性剂一般用作捕集剂，其特点是和矿物的反应迅速，有时甚至不需要搅拌槽，在短时间内即可浮选完毕。

矿物浮选中常用的阳离子捕获剂主要是脂肪胺及其盐、松香胺、季铵盐、二元胺及多元胺类化合物等阳离子表面活性剂。胺类阳离子表面活性剂，如正十四胺、十六胺等是有色金属氧化矿、石英矿、长石、云母等硅铝酸盐和钾盐的捕获剂，伯、仲、叔胺及季铵盐都可以作铬铁矿的捕获剂，作为浮选捕获剂的季铵盐类主要是十六烷基三甲基氯化铵、十八烷基三甲基溴化铵等烷基季铵盐及烷基吡啶盐两类。

（5）相转移催化剂

相转移催化剂是指用少量试剂（如季铵盐）作为一种反应物的载体，将反应物通过界面转移至另一相，使非均相反应顺利进行，此种试剂在反应中无消耗，实际是起催化剂的作用，通常称为相转移催化剂。

相转移催化剂（PTC）在有机合成反应中的应用范围相当广泛，主要集中在烷基化反应、二卤卡宾加成反应、氧化还原反应及其他特殊反应四个方面。作为相转移催化剂的阳离子表面活性剂以季铵盐为主，还有叔胺和聚醚等；例如冠醚亦是相转移催化剂的一种。

广泛使用且有代表性的季铵盐相转移催化剂有四正丁基氯化铵、三正辛基甲基氯化铵、十六烷基三甲基溴化铵和苄基三乙基氯化铵等。反应类型不同，需要选用不同结构的相转移催化剂。

（6）织物柔软剂

当衣物被重复洗涤时，棉花的微小纤维容易发生断裂和拆散，加之洗涤过程中的机械摩擦产生静电，使变干的微纤维与纤维束垂直，这些微纤维像一个个"倒钩"，抑制了纤维与纤维间的滑动，从而干扰纤维的柔性，当纤维经过皮肤时，便会使人产生粗糙的感觉。

向这些织物中加入柔软剂后，柔软剂通过化学作用和物理作用吸附在织物上，能够降低织物表面的静电积累，改善纤维-纤维间的相互作用，使得微纤维躺倒与纤维束平行，消除了"倒钩"，并且通过覆盖和润滑纤维束，减少了纤维间的摩擦，得到了更柔软、易弯曲的纤维。

目前，用于织物柔软剂的主要阳离子表面活性剂如下：

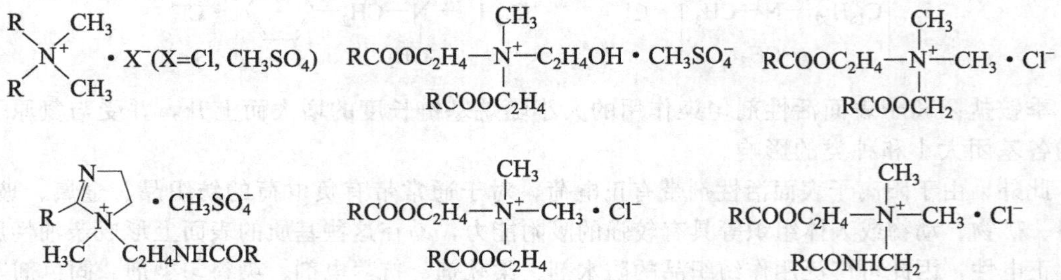

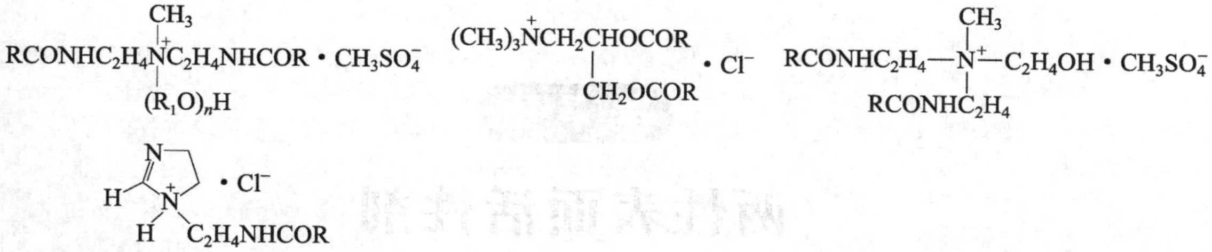

$$RCONHC_2H_4\overset{CH_3}{\underset{(R_1O)_nH}{\overset{+}{N}}}C_2H_4NHCOR \cdot CH_3SO_4^-$$

$$(CH_3)_3\overset{+}{N}CH_2\underset{CH_2OCOR}{\overset{}{CHOCOR}} \cdot Cl^-$$

$$RCONHC_2H_4\overset{CH_3}{\underset{RCONHC_2H_4}{\overset{+}{N}}}C_2H_4OH \cdot CH_3SO_4^-$$

$$\underset{\underset{C_2H_4NHCOR}{H}}{\overset{H}{\underset{}{N}}}\cdots \cdot Cl^-$$

　　除上述应用外，阳离子表面活性剂的其他用途还包括金属防腐剂、头发调整剂、沥青乳化剂、农药杀虫剂、化妆品添加剂、抗氧剂和发泡剂等。

第 7 章

两性表面活性剂

两性表面活性剂是 20 世纪 40 年代中期由 H. S. Mannheimer 第一次提出的，是表面活性剂的重要组成部分。同阴离子、阳离子和非离子等类型的表面活性剂相比，两性表面活性剂开发较晚。1937 年，美国率先开始了这类化合物的报道。1940 年，美国杜邦公司研究开发了甜菜碱（Betaine）型两性表面活性剂。1948 年，德国人 Adolf Schmitz 发表了关于氨基酸型两性表面活性剂在电解质溶液中的性质以及该表面活性剂应用于外科消毒杀菌等方面的研究成果。1950 年以后，各国才逐渐开始重视两性表面活性剂的研究和开发工作，商品化的品种逐渐增多。20 世纪 80 年代，美国生产的两性表面活性剂有 20 多种，而日本的产品则达到 170 余种，总产量达 1.9 万吨。90 年代以来，两性表面活性剂的新品种开发较少，产量增加不多，但也能占到表面活性剂总产量的 2%～3%。

从产量上讲，两性表面活性剂远不如阴离子、非离子和阳离子表面活性剂。但是由于该类表面活性剂具有许多优异的性能，加上近年来环境保护要求日益严峻，人们对消费品的要求越来越高，促进了这类表面活性剂的快速发展。从增长率来看，它的发展速度高于表面活性剂行业的总体增长率。

我国是在 20 世纪 70 年代前后开始对两性表面活性剂进行研究和生产的，到 20 世纪 90 年代初期，仅有 3 个系列 4 种产品投放市场，产量仅 1000t 左右，主要是甜菜碱型、氨基酸型和咪唑啉型两性表面活性剂。2002 年，我国两性表面活性剂的品种达到 200 余种，年产量为 5000t。到 2005 年其品种增加到 370 余个，占全部表面活性剂品种数的 7.87%，产量 1 万吨左右，在表面活性剂总产量中不到 1% 的份额。根据中国日用化学工业信息中心统计，2019 年中国表面活性剂生产企业产品产量合计为 340.77 万吨，销量为 336.65 万吨，其中两性及其他类表面活性剂产品生产量和销售量分别为 14.93 万吨和 14.3 万吨，分别占 4.38% 和 4.25%。

由于两性表面活性剂的产量少，价格贵，在一定程度上限制了它的推广和应用，同国外发达国家相比，发展速度比较缓慢。因此，从总体上讲，我国两性表面活性剂的研究和应用与发达国家比仍有较大的差距。

由于两性表面活性剂性能优异，而且低毒、基本上无公害和污染，因此这类表面活性剂的发展前景相当广阔，社会需求量将不断增加。国际上目前两性表面活性剂的研究开发非常活跃，而且取得了一定进展，研究工作主要集中在以下几方面：

① 改造原有两性表面活性剂的分子结构，使其各项性能更加优异，产品更加实用；

② 设计和合成新型结构的两性表面活性剂，利用其能与所有其他类型的表面活性剂复配的特性，产生各种加和增效作用，达到最佳的配方效果；

③ 深入研究两性表面活性剂结构与性能的关系，为开拓具新型结构的两性表面活性剂

品种，扩大其应用领域提供理论指导。

总之，两性表面活性剂的发展速度将会越来越快，在整个表面活性剂中所占的比重也将日益增加，因此我国应重视对此类表面活性剂的理论研究和新产品开发，尽快缩小与国际先进水平的差距。

7.1　两性表面活性剂概述

从广义上讲，两性表面活性剂是指在分子结构中，同时具有阴离子、阳离子和非离子中的两种或两种以上离子性质的表面活性剂。根据分子中所含的离子类型和种类，可以将两性表面活性剂分为以下四种类型。

① 同时具有阴离子和阳离子亲水基团的两性表面活性剂，如

$$R-NH-CH_2-COOH \qquad R-\overset{\overset{\displaystyle CH_3}{|}}{\underset{\underset{\displaystyle CH_3}{|}}{N^+}}-CH_2COO^-$$

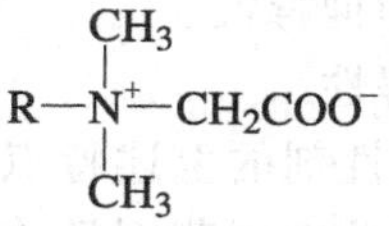

式中，R 为长碳链烷基或烃基。

② 同时具有阴离子和非离子亲水基团的两性表面活性剂，如

$$R-O-(CH_2CH_2O)_n^-SO_3^- \, Na^+ \qquad R-O-(CH_2CH_2O)_n^- CH_2COO^- Na^+$$

③ 同时具有阳离子和非离子亲水基团的两性表面活性剂，如

$$R-\overset{\overset{\displaystyle (CH_2CH_2O)_pH}{|}}{\underset{\underset{\displaystyle (CH_2CH_2O)_qH}{|}}{N^+}}-CH_3$$

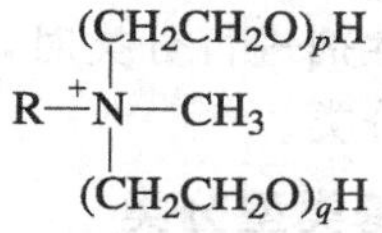

④ 同时具有阳离子、阴离子和非离子亲水基团的两性表面活性剂，如

$$R-O(CH_2CH_2O)_nCH_2-HC-H_2C-\overset{\overset{\displaystyle CH_3}{|}}{\underset{\underset{\displaystyle CH_3}{|}}{N^+}}-CH_2-COO^-$$
$$\qquad\qquad\qquad\qquad OH$$

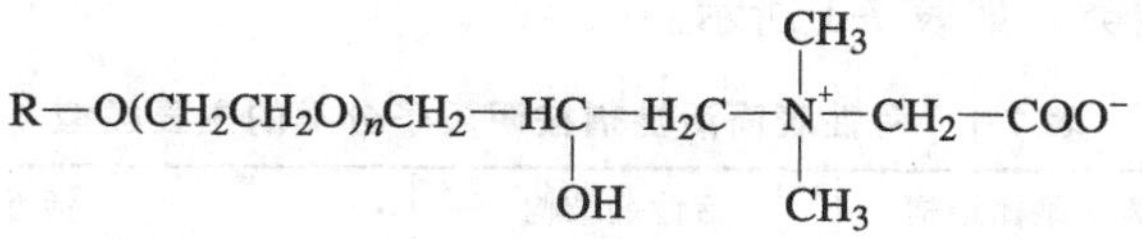

通常情况下人们所提到的两性表面活性剂大多是狭义的两性表面活性剂，主要指分子中同时具有阳离子和阴离子亲水基团的表面活性剂，也就是前面提到的①和④类型的表面活性剂，而其余两种则分别归属于阴离子和阳离子表面活性剂。

两性表面活性剂的正电荷绝大多数负载在氮原子上，少数是磷或硫原子。负电荷一般负载在酸性基团上，如羧基、磺酸基、硫酸酯基（$-OSO_3^-$）、磷酸酯基（$-OPO_3^-$）等。其结构的特殊性决定了两性表面活性剂具有独特的性质与功能。

7.1.1　两性表面活性剂的特性

根据狭义的定义，两性表面活性剂的分子中带有阴、阳两种亲水基团，兼有两种离子类型表面活性剂的表面活性。它们在水溶液中能够发生电离，在某种介质条件下可以表现出阴离子表面活性剂的特性，而在另一种介质条件下，又可以表现出阳离子表面活性剂的特性。

近年来，两性表面活性剂之所以发展较快，主要是由于它们具有以下几个方面的特性。

① 两性表面活性剂具有等电点，在 pH 值低于等电点的溶液中带正电荷，表现为阳离子表面活性剂的性能；而在 pH 值高于等电点的溶液中带负电荷，表现为阴离子表面活性剂

的性质。因此，该类表面活性剂在相当宽的 pH 值范围内都有良好的表面活性。

② 几乎可以同所有其他类型的表面活性剂进行复配，而且在一般情况下都会产生加和增效作用。

③ 具有较低的毒性和对皮肤、眼睛刺激性。磺酸盐和硫酸酯盐型阴离子表面活性剂对人的皮肤和眼睛都有较强的刺激性，而两性表面活性剂的刺激性非常小，因此可以用在化妆品和洗发香波中。

④ 具有极好的耐硬水性和耐高浓度电解质性，甚至在海水中也可以有效地使用。

⑤ 对织物有优异的柔软平滑性和抗静电性。

⑥ 具有良好的乳化性和分散性。

⑦ 可以吸附在带有负电荷或正电荷的物质表面，而不产生憎水薄层，因此有很好的润湿性和发泡性。

⑧ 有一定的杀菌性和抑霉性。

⑨ 有良好的生物降解性。

正是由于两性表面活性剂的上述特点，它在日用化工、纺织工业、染料、颜料、食品、制药、机械及冶金等方面的应用范围日益扩大。

7.1.2　两性表面活性剂的分类

在两性表面活性剂中，已经实用化的品种相对于其他类型的表面活性剂而言仍然较少。在大多数情况下，两性表面活性剂的阳离子部分都是由胺盐或季铵盐作为亲水基，而阴离子部分则有所不同，因此对两性表面活性剂进行分类时，可以按照阴离子部分的种类分类，也可以按照表面活性剂的整体化学结构分类。

7.1.2.1　按阴离子部分的亲水基类型分类

按照阴离子部分亲水基的种类，可以将两性表面活性剂分为羧酸盐型、磺酸盐型、硫酸酯盐型和磷酸酯盐型四类，如表 7-1 所示。

表 7-1　两性表面活性剂按阴离子分类的主要类型

阴离子类型	阴离子基团结构	活性剂结构	活性剂结构通式
羧酸盐型	—COOM	氨基酸型	$RNHCH_2CH_2COOH$
		甜菜碱型	$R-\overset{CH_3}{\underset{CH_3}{N^+}}-CH_2COO^-$
		咪唑啉型	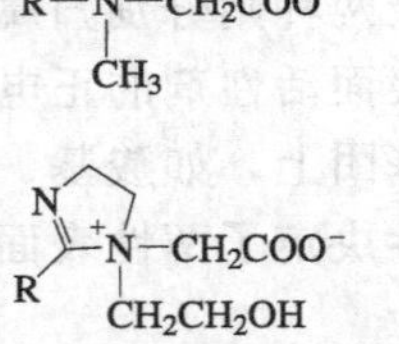 $\underset{CH_2CH_2OH}{R-\overset{N}{\underset{N}{\bigcirc}}-CH_2COO^-}$
磺酸盐型	—SO$_3$M	氨基酸型	$R\overset{+}{N}H_2(CH_2)_xCH_2SO_3^-$
		甜菜碱型	$R-\overset{CH_3}{\underset{CH_3}{N^+}}-CH_2CH_2CH_2SO_3^-$
		咪唑啉型	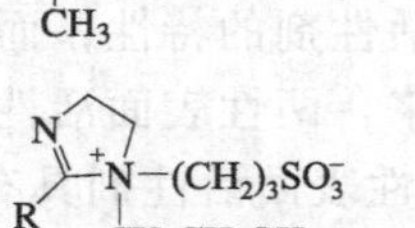 $\underset{CH_2CH_2OH}{R-\overset{N}{\underset{N}{\bigcirc}}-(CH_2)_3SO_3^-}$

续表

阴离子类型	阴离子基团结构	活性剂结构	活性剂结构通式
硫酸酯盐型	—OSO₃M	氨基酸型	$\overset{+}{R}NH_2(CH_2)_xCH_2OSO_3^-$
		甜菜碱型	$R-\overset{CH_3}{\underset{CH_3}{N^+}}-CH_2CH_2OSO_3^-$
		咪唑啉型	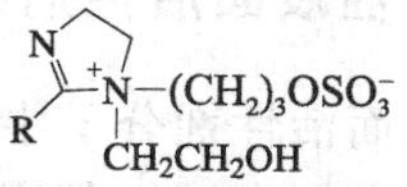 咪唑啉环结构 $-(CH_2)_3OSO_3^-$，CH₂CH₂OH
磷酸酯盐型	$RO-\overset{O}{\underset{OM}{P}}-OM$	单酯	$R-\overset{R^2}{\underset{R^1}{N}}-CH_2CH_2O-\overset{O}{\underset{O^-}{P}}-OH$
	$RO-\overset{O}{\underset{OM}{P}}-OR$	双酯	$R-\overset{R^2}{\underset{R^1}{N}}-CH_2CH_2O-\overset{O}{\underset{O^-}{P}}-OR$

7.1.2.2 按整体化学结构分类

按照整体化学结构，两性表面活性剂主要分为甜菜碱型、咪唑啉型、氨基酸型和氧化胺型四类。

① 甜菜碱型 甜菜碱型两性表面活性剂的分子结构如下式所示：

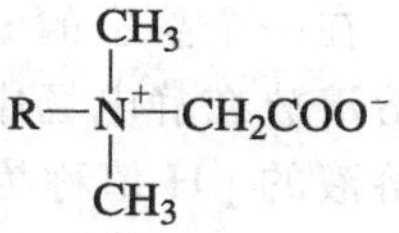

$$R-\overset{CH_3}{\underset{CH_3}{N^+}}-CH_2COO^-$$

其中阴离子部分可以是磺酸基、硫酸酯基等，阳离子可以是磷和硫等。

② 咪唑啉型 分子中含有咪唑啉环，如：

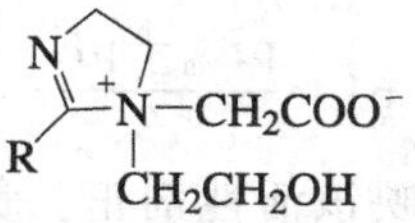

$$\text{咪唑啉环} \quad N-CH_2COO^-, \quad CH_2CH_2OH$$

③ 氨基酸型 此类表面活性剂的结构主要是 β-氨基丙酸型和 α-亚氨基羧酸型，它们的分子结构如下：

$$R\overset{+}{N}H_2-CH_2CH_2COO^- \qquad \underset{\overset{+}{N}H_2R}{RCHCOO^-}$$

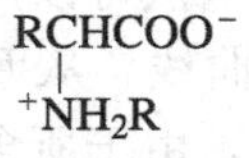

N-烷基-β-氨基丙酸　　　　　N-烷基-α-亚氨基羧酸

④ 氧化胺型 氧化胺型两性表面活性剂的分子结构通式如下：

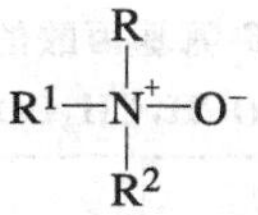

$$R^1-\overset{R}{\underset{R^2}{N^+}}-O^-$$

在上述两种分类方法中，按整体结构分类的方法比较常用，其中最重要的表面活性剂品种是甜菜碱型和咪唑啉型两类。

7.2 两性表面活性剂的性质

与其他类型的表面活性剂相比，两性表面活性剂具有很多特殊的性质，例如作为两性物质存在等电点，介质的 pH 值对表面活性剂的离子性质有较大影响等。

7.2.1 两性表面活性剂的等电点

两性表面活性剂分子中同时具有阴离子和阳离子亲水基团，也就是说它的分子中同时含有酸性基团和碱性基团。因此两性表面活性剂最突出的特性之一是它具有两性化合物所共同具有的等电点的性质，这是两性表面活性剂区别于其他类型表面活性剂的重要特点。其正电荷中心显碱性，负电荷中心显酸性，这决定了它在溶液中既能给出质子，又能接受质子。

例如，N-烷基-β-氨基羧酸型两性表面活性剂在酸性和碱性介质中呈现如下的电离平衡：

$$\underset{pH>4}{RNHCH_2CH_2COO^-} \underset{OH^-}{\overset{H^+}{\rightleftharpoons}} \underset{pH=4}{RNHCH_2CH_2COOH} \underset{OH^-}{\overset{H^+}{\rightleftharpoons}} \underset{pH<4}{\overset{+}{R}NH_2CH_2CH_2COOH}$$

在 pH 值大于 4 的介质，如氢氧化钠溶液中，该物质以负离子形式存在，呈现阴离子表面活性剂的特征；在 pH 值小于 4 的介质，如盐酸溶液中，则以正离子形式存在，呈现阳离子表面活性剂的特征；而在 pH 值为 4 左右的介质中，表面活性剂以内盐的形式存在。可见两性表面活性剂所带电荷随其应用介质或溶液的 pH 值的变化而不同。

在静电场中，由于电荷作用，阴离子形式存在的两性表面活性剂离子将向阳极移动，以阳离子形式存在的离子将向阴极移动。在一个狭窄的 pH 值范围内，两性表面活性剂以内盐的形式存在，此时将该表面活性剂的溶液放在静电场中时，溶液中的双离子将不向任何方向移动，即分子内的净电荷为零。此时溶液的 pH 值称为该表面活性剂的等电点。如 N-烷基-β-氨基羧酸型两性表面活性剂的等电点为 4.0 左右。

若以 pK_a 和 pK_b 分别表示两性表面活性剂酸性基团和氨基的解离常数，那么该表面活性剂的等电点（pI）可由下式表示：

$$pI = \frac{pK_a + pK_b}{2}$$

两性表面活性剂的等电点可以反映该活性剂正、负电荷中心的相对解离强度。若 $pI < 7.0$，则表明负电荷中心解离强度大于正电荷中心解离强度；若 $pI > 7.0$，表明正电荷中心解离强度较大。

两性表面活性剂的等电点可以用酸碱滴定的方法确定。即用盐酸或氢氧化钠标准溶液滴定，并测定 pH 值的变化曲线，从而确定等电点。

对于两性表面活性剂，由于所含阳离子基团的种类、数量及位置的不同，它们的等电点也有很大差别，大部分两性表面活性剂的等电点在 2～9 之间。例如 N-烷基-β-氨基丙酸的等电点 pH 值因烷基链的不同而不同，如表 7-2 所示。

表 7-2 N-烷基-β-氨基丙酸的等电点（pH 值）

$$RNHCH_2CH_2COOH$$

R	$C_{12} \sim C_{14}$ 的混合物	纯 C_{12}	纯 C_{18}
等电点 pH 值	2～4.5	6.6～7.2	6.8～7.5

羧酸咪唑啉型两性表面活性剂的等电点 pH 值为 6～8（大约为 7）。甜菜碱型两性表面活性剂的等电点 pH 值根据其结构不同而有所差别，如表 7-3 所示。

表 7-3　甜菜碱型两性表面活性剂的等电点 pH 值

活性剂结构	$R-\overset{\overset{CH_3}{\mid}}{\underset{\underset{CH_3}{\mid}}{N^+}}-CH_2CH_2COO^-$		$R-\overset{\overset{CH_2CH_2OH}{\mid}}{\underset{\underset{CH_2CH_2OH}{\mid}}{N^+}}-CH_2COO^-$		$H_3C-\overset{\overset{CH_3}{\mid}}{\underset{\underset{CH_3}{\mid}}{N^+}}-\overset{\mid}{\underset{\underset{R}{\mid}}{CH}}COO^-$		
R	C_{12}	C_{18}	C_{12}	C_{18}	C_8	C_{10}	C_{12}
等电点 pH 值	5.1～6.1	4.8～6.8	4.7～7.5	4.6～7.6	5.5～9.5	6.1～9.5	6.7～9.5

从以上数据可以看出，等电点确切地说应称为等电区或等电带，也就是说它在某一 pH 值范围内呈电中性。由于 pH 值的变化会引起两性表面活性剂所带电荷和离子性质的不同，因此在使用过程中，介质或溶液 pH 值的变化将引起表面活性剂性质的很大变化。

7.2.2　临界胶束浓度与 pH 值的关系

一般两性表面活性剂的临界胶束浓度随着溶液 pH 值的增加而增大。例如 N-十二烷基-N,N-双乙氧基氨基乙酸钠的临界胶束浓度随其溶液的 pH 值有表 7-4 所示的变化。

表 7-4　N-十二烷基-N,N-双乙氧基氨基乙酸钠的临界胶束浓度（25℃）

溶液 pH 值	2	4	7	9	11
$cmc/(g/100mL)$	0.25	0.50	0.75	0.94	100

7.2.3　溶解度和发泡性与 pH 值的关系

两性表面活性剂的溶解度和发泡性也会随着溶液 pH 值的不同而发生变化。N-十二烷基-β-氨基丙酸的溶解度和发泡性与 pH 值的关系如图 7-1 所示。

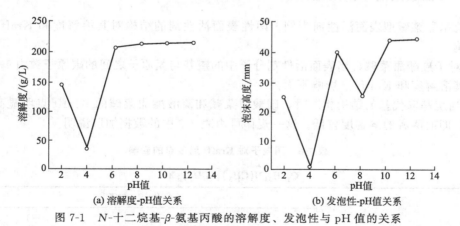

(a) 溶解度-pH值关系　　(b) 发泡性-pH值关系

图 7-1　N-十二烷基-β-氨基丙酸的溶解度、发泡性与 pH 值的关系

可以看出 N-十二烷基-β-氨基丙酸的溶解度和泡沫量随 pH 值的变化有如下规律：

① 该表面活性剂等电点时溶液的 pH 值约为 4，在等电点时，由于活性剂以内盐形式存在，其溶解度及泡沫量最低；

② 当介质的 pH 值大于 4，即高于等电点时，呈现阴离子表面活性剂的特征，发泡快，

泡沫丰富而且松大，溶解度迅速增加；

③ 当介质的 pH 值小于 4，即低于等电点时，呈现阳离子表面活性剂的特征，泡沫量和溶解度也较高。

7.2.4 临界胶束浓度与碳链长度的关系

对于甜菜碱型两性表面活性剂，其临界胶束浓度与烷基 R 碳链长度的关系可用下式表示。

$$lgcmc = A - Bn \tag{7-1}$$

式中，n 为烷基长碳链中碳原子的个数；常数 $A=1.5 \sim 2$，$B=29$。

此类表面活性剂的临界胶束浓度除可由式(7-1)计算外，也可以由实验测得。表 7-5 给出了部分甜菜碱型两性表面活性剂的临界胶束浓度，从表中数据可以看出，随着烷基链碳数的增加，临界胶束浓度明显降低。

表 7-5　甜菜碱型两性表面活性剂的临界胶束浓度（23℃）

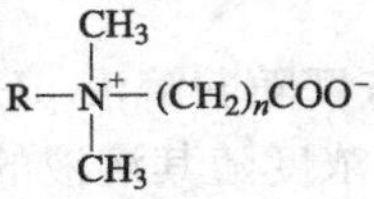

$$R-\overset{CH_3}{\underset{CH_3}{N^+}}-(CH_2)_nCOO^-$$

R 的碳原子数	11	13	15
$cmc/(mmol/L)$	1.8	0.17	0.015

此外，改变两性表面活性剂中的阳离子或阴离子基团，也会对临界胶束浓度产生影响，例如含季铵阳离子的两性表面活性剂的临界胶束浓度高于含季磷阳离子的品种，而带有不同的阴离子的表面活性剂的临界胶束浓度按照下述顺序递减。

$$-COO^- > -SO_3^- > -OSO_3^-$$

7.2.5 两性表面活性剂的溶解度和 Krafft 点

以烷基甜菜碱型表面活性剂为例，两性表面活性剂的结构对其溶解度和 Krafft 点产生如下影响。

① 对于羧酸甜菜碱，当表面活性剂分子中的羧基与氮原子之间的碳原子数由 1 增加至 3 时，对其溶解度和 Krafft 点影响不大。

② 当烷基取代基的结构相同时，磺酸甜菜碱和硫酸酯甜菜碱的 Krafft 点明显高于羧酸甜菜碱，即前两者的溶解度较低。这一规律可由表 7-6 中的数据加以说明。

表 7-6　阴离子对 Krafft 温度点的影响

$$C_{16}H_{33}\overset{+}{N}(CH_3)_2(CH_2)_nX^-$$

X⁻	Krafft 点/℃	
	$n=2$	$n=3$
COO^-	<4	<4
SO_3^-	—	27
OSO_3^-	>90	—

通常羧基甜菜碱型两性表面活性剂的 Krafft 点低于 4~18℃，而大部分磺酸甜菜碱的

Krafft 点为 20~89℃，硫酸酯甜菜碱则均高于 90℃。

除自身结构外，电解质的存在对表面活性剂的 Krafft 点也有影响。通常电解质在阴离子或阳离子表面活性剂溶液中会起盐析作用，从而使表面活性剂的溶解度降低，Krafft 点温度上升。在非离子表面活性剂中，这种影响不十分明显，会使溶解度略有降低，Krafft 点略有提高。而在两性表面活性剂溶液中，加入电解质所产生的作用是使溶解度提高，Krafft 点降低。

7.2.6　表面活性剂结构对钙皂分散力的影响

钙皂分散力（lime soap disporsing rate，LSDR）或钙皂分散性是指 100g 油酸钠在硬度为 333mg $CaCO_3$/L 的硬水中维持分散，恰好无钙皂沉淀发生时所需钙皂分散剂的质量（g）。所谓钙皂分散剂是指具有能防止在硬水中形成皂垢悬浮物功能的物质。可见，LSDR 数值越低，表面活性剂对钙皂的分散能力越高。

① 两性表面活性剂烷基 R 的碳链增长，或氮原子与羧基间的碳原子数 n 由 1 增加至 3 时，活性剂的钙皂分散力有所提高，LSDR 值降低。例如表面活性剂结构不同（表 7-7），其 LSDR 值不同。

表 7-7　烷基链对表面活性剂钙皂分散力的影响

$$C_{12}H_{25}\overset{+}{N}(CH_3)_2(CH_2)_nCOO^-$$

n	1	2	3
LSDR/g	20	17	11

② 当表面活性剂分子中引入酰氨基或将羧基转换成磺酸基或硫酸酯基时，会使钙皂分散力大大改善，LSDR 数值降低（表 7-8）。

表 7-8　部分两性表面活性剂的钙皂分散力

两性表面活性剂	LSDR/g	两性表面活性剂	LSDR/g
$C_{12}H_{25}\overset{+}{N}(CH_3)_2CH_2CH_2COO^-$	17	$C_{12}H_{25}\overset{+}{N}(CH_3)_2CH_2COO^-$	20
$C_{12}H_{25}\overset{+}{N}(CH_3)_2CH_2CH_2SO_3^-$	4	$C_{11}H_{23}CONHC_3H_6\overset{+}{N}(CH_3)_2CH_2COO^-$	7
$C_{16}H_{33}\overset{+}{N}(CH_3)_2CH_2CH_2COO^-$	16	$C_{16}H_{33}\overset{+}{N}(CH_3)_2CH_2COO^-$	16
$C_{16}H_{33}\overset{+}{N}(CH_3)_2CH_2CH_2OSO_3^-$	4	$C_{15}H_{31}CONHC_3H_6\overset{+}{N}(CH_3)_2CH_2COO^-$	6

7.2.7　去污力

表面活性剂 N-烷基-N,N-二甲基磺酸甜菜碱的结构式如下：

$$RN(CH_3)_2CH_2CH_2CH_2SO_3^-$$

该表面活性剂在棉和聚酯/棉混纺织物上的去污力同其分子中烷基 R 碳链长度的关系如图 7-2 所示。

从图中可以看出，该表面活性剂对棉或聚酯/棉混纺织物的去污力均随烷基链碳数的不同而有所变化，且均在含 12~16 个碳原子时去污效果最佳。

两性表面活性剂在 pH 值低于等电点的溶液中，由于显示阳离子表面活性剂的特征，在羊毛和毛发上的吸附量大，亲和力强，杀菌力也比较强。而在 pH 值高于等电点的溶液中以

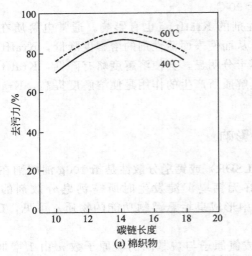
(a) 棉织物

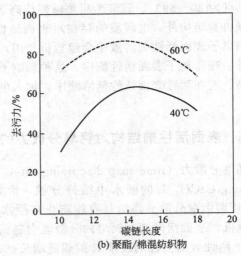
(b) 聚酯/棉混纺织物

图 7-2　在不同织物上的去污力与 R 碳链长度的关系

阴离子的形式存在，上述性能不理想。

除上述特性外，两性表面活性剂还具有较好的抗静电能力和很好的生物降解性。例如咪唑啉型两性表面活性剂的水溶液在 12h 之内的生物降解率可以达到 90％以上，不产生公害。

7.3　两性表面活性剂的合成

本节重点介绍甜菜碱型和咪唑啉型两性表面活性剂的合成。

7.3.1　羧酸甜菜碱型两性表面活性剂的合成

甜菜碱型两性表面活性剂多用于抗静电剂、纤维加工助剂、干洗剂或香波中的表面活性剂成分。天然甜菜碱主要存在于甜菜中，其结构是三甲胺乙（酸）内酯，即

$$(CH_3)_3 \overset{+}{N} CH_2 COO^-$$

甜菜碱型两性表面活性剂的分子结构便是以它为主要参照设计出来的。根据甜菜碱表面活性剂中阴离子的不同，该类表面活性剂可分为羧酸甜菜碱、磺酸甜菜碱和硫酸酯甜菜碱等。

羧酸甜菜碱型两性表面活性剂最典型的结构为 N-烷基二甲基甜菜碱，其结构通式为

$$R - \overset{\overset{\displaystyle CH_3}{|}}{\underset{\underset{\displaystyle CH_3}{|}}{N^+}} - CH_2 COO^-$$

其中最常用、最重要的品种是十二烷基甜菜碱，商品名为 BS-12，它的合成大多采用氯乙酸钠法制备。

7.3.1.1　氯乙酸钠法合成羧酸甜菜碱

所谓氯乙酸钠法是用氯乙酸钠与叔胺反应制备羧基甜菜碱。在制备过程中先用等摩尔的氢氧化钠溶液将氯乙酸中和至 pH 值为 7，使其转化成为氯乙酸的钠盐，该步反应方程式为：

$$ClCH_2COOH + NaOH \xrightarrow{pH \approx 4} ClCH_2COONa + H_2O$$

然后氯乙酸钠与十二烷基二甲胺在 50～150℃反应 5～10h 即可制得产品，反应式为：

$$C_{12}H_{25}-\overset{\underset{|}{CH_3}}{\underset{\underset{|}{CH_3}}{N}} + ClCH_2COONa \xrightarrow[5\sim10h]{50\sim150℃} C_{12}H_{25}-\overset{\underset{|}{CH_3}}{\underset{\underset{|}{CH_3}}{N^+}}-CH_2COO^- + NaCl$$

反应结束后向反应混合物中加入异丙醇，过滤除去反应生成的盐氯化钠，再蒸馏除去异丙醇后即可得含量约为 30％的产品，该商品呈透明状液体。这种表面活性剂具有良好的润湿性和洗涤性，对钙、镁离子具有良好的螯合能力，可在硬水中使用。

改变叔胺中的长碳链烷基，可以合成一系列带有不同烷基的 N-烷基二甲基甜菜碱，例如用十四烷基二甲胺、十六烷基二甲胺与氯乙酸钠反应，可分别合成十四烷基甜菜碱和十六烷基甜菜碱。

为了合成烷基链中带有酰氨基或醚基的羧基甜菜碱，首先应合成含有酰氨基和醚基的叔胺，再进一步与氯乙酸钠反应。例如由脂肪酸与氨基烷基叔胺反应合成酰氨基叔胺，即

$$RCOOH + H_2NCH_2CH_2CH_2N(CH_3)_2 \xrightarrow{-H_2O} RCONHCH_2CH_2CH_2N(CH_3)_2$$

$$\xrightarrow{ClCH_2COONa} RCONHCH_2CH_2CH_2-\overset{\underset{|}{CH_3}}{\underset{\underset{|}{CH_3}}{N^+}}-CH_2COO^-$$

再如，通过下列反应可以合成疏水基部分含有醚基的羧酸甜菜碱。

$$H_3C-\overset{\underset{|}{CH_3}}{\underset{\underset{|}{CH_3}}{C}}-CH_2-\overset{\underset{|}{CH_3}}{\underset{\underset{|}{CH_3}}{C}}-\text{(苯环)}-OCH_2CH_2OCH_2CH_2Cl \xrightarrow{NH(CH_3)_2}$$

$$H_3C-\overset{\underset{|}{CH_3}}{\underset{\underset{|}{CH_3}}{C}}-CH_2-\overset{\underset{|}{CH_3}}{\underset{\underset{|}{CH_3}}{C}}-\text{(苯环)}-OCH_2CH_2OCH_2CH_2-\overset{\underset{|}{CH_3}}{N}-CH_3 \xrightarrow{ClCH_2COONa}$$

$$H_3C-\overset{\underset{|}{CH_3}}{\underset{\underset{|}{CH_3}}{C}}-CH_2-\overset{\underset{|}{CH_3}}{\underset{\underset{|}{CH_3}}{C}}-\text{(苯环)}-OCH_2CH_2OCH_2CH_2-\overset{\underset{|}{CH_3}}{\underset{\underset{|}{CH_3}}{N^+}}-CH_2COO^-$$

用烷基二乙醇胺与氯乙酸钠反应制得的羧基甜菜碱，分子中的羟乙基直接连在亲水基的氮原子上，即

$$C_{12}H_{25}-\overset{\underset{|}{CH_2CH_2OH}}{\underset{\underset{|}{CH_2CH_2OH}}{N}} + ClCH_2COONa \longrightarrow C_{12}H_{25}-\overset{\underset{|}{CH_2CH_2OH}}{\underset{\underset{|}{CH_2CH_2OH}}{N^+}}-CH_2COO^-$$

此外，还有的表面活性剂分子以苄基作为疏水基，例如：

$$(C_{12}H_{25}-\text{(苯环)}-CH_2)_2\overset{\underset{|}{CH_2CH_2OH}}{\underset{\underset{|}{CH_2COO^-}}{N^+}}$$

该表面活性剂的合成首先是对十二烷基氯化苄和乙醇胺在碳酸氢钠的异丙醇溶液中回流反应 2h，过滤、干燥浓缩，制得双十二烷基苄基乙醇胺。然后该中间体和氯乙酸钠在异丙醇中、碘化钾的催化下回流反应 12h，反应结束经后处理可得最终产品。其合成反应式为：

$$2C_{12}H_{25}-\!\!\!\bigcirc\!\!\!-CH_2Cl + H_2NCH_2CH_2OH \xrightarrow[\text{异丙醇}]{NaHCO_3} (C_{12}H_{25}-\!\!\!\bigcirc\!\!\!-CH_2)_2NCH_2CH_2OH$$

$$\xrightarrow[\text{KI,异丙醇}]{ClCH_2COONa} (C_{12}H_{25}-\!\!\!\bigcirc\!\!\!-CH_2)_2\overset{+}{N}\!\!\begin{array}{l}CH_2CH_2OH\\ CH_2COO^-\end{array}$$

氯乙酸钠法是合成羧酸甜菜碱型两性表面活性剂最重要的方法之一，使用最为广泛，除此之外还有其他五种合成方法。

7.3.1.2　卤代烷和氨基酸钠反应合成羧酸甜菜碱

卤代烷和氨基酸钠反应的第一步是由胺与氯乙酸钠反应制备氨基酸钠，然后再与卤代烷反应制备甜菜碱。例如，N-烷基-N-苄基-N-甲基甘氨酸的合成反应式如下：

$$\bigcirc\!\!\!-CH_2NHCH_3 + ClCH_2COONa \xrightarrow[40℃]{95\%乙醇} \bigcirc\!\!\!-CH_2\overset{CH_3}{\underset{}{N}}CH_2COONa \xrightarrow[\text{回流}]{RBr, 无水乙醇} R-\overset{CH_3}{\underset{CH_2}{\overset{|}{\underset{|}{N}}}}\!\!\!-CH_2COO^-$$

N-甲基苄基胺与氯乙酸钠按物质的量比 3∶1 投料，在 95％的乙醇中于 40℃反应过夜，脱掉一分子氯化氢。反应结束后用碳酸钠处理反应液，并蒸出过量的 N-甲基苄基胺，经脱水后得到 N-甲基-N-苄基甘氨酸钠。该中间体溶于无水乙醇中，与过量的溴代烷 RBr 在回流条件下反应，蒸出溶剂，分离出未反应的溴代烷即可得到所需产品。

7.3.1.3　卤代烷与氨基酸酯反应再经水解合成羧酸甜菜碱

卤代烷与氨基酸酯反应再经水解合成的方法可用于制备长碳链中含有酰氨基的甜菜碱，如 N,N,N-三甲基-N-酰基赖氨酸等，这种表面活性剂的结构为：

$$\overset{\overset{+}{N}(CH_3)_3}{RCONH(CH_2)_4CHCOO^-}$$

它的合成主要包括以下五个步骤。

第一步，由脂肪酸与赖氨酸经 N-酰化反应制备 N'-酰基赖氨酸。

$$RCOOH + H_2N(CH_2)_4\overset{}{\underset{\underset{NH_2}{|}}{CH}}COOH \longrightarrow RCONH(CH_2)_4\overset{\overset{NH_2}{|}}{CH}COOH$$

第二步，用甲醇将羧基酯化。

$$RCONH(CH_2)_4\overset{\overset{NH_2}{|}}{CH}COOH \xrightarrow[-H_2O]{CH_3OH} RCONH(CH_2)_4\overset{\overset{NH_2}{|}}{CH}COOCH_3$$

第三步，用甲醛和氢气与 N'-酰基赖氨酸甲酯反应进行 N-烷基化反应，生成 N,N-二甲基-N'-酰基赖氨酸甲酯。

$$RCONH(CH_2)_4\overset{\overset{NH_2}{|}}{CH}COOCH_3 + 2HCHO + H_2 \longrightarrow RCONH(CH_2)_4\overset{\overset{N(CH_3)_2}{|}}{CH}COOCH_3$$

第四步，用碘甲烷季铵化。

$$RCONH(CH_2)_4\overset{\overset{N(CH_3)_2}{|}}{CH}COOCH_3 + CH_3I \longrightarrow [RCONH(CH_2)_4\overset{\overset{+}{N}(CH_3)_3}{\underset{}{CH}}COOCH_3]I^-$$

第五步，季铵化反应的产物用氢氧化钠在碱性条件下水解，使酯基水解为羧基即得到最终产品。

$$[RCONH(CH_2)_4\overset{\overset{+}{N}(CH_3)_3}{\underset{}{CH}}COOCH_3]I^- \xrightarrow[\text{水解}]{NaOH} RCONH(CH_2)_4\overset{\overset{+}{N}(CH_3)_3}{\underset{}{CH}}COO^-$$

7.3.1.4　α-溴代脂肪酸与叔胺反应合成羧酸甜菜碱

用 α-溴代脂肪酸与叔胺反应制备的甜菜碱型两性表面活性剂为 α-烷基取代的甜菜碱。例如 α-十四烷基-N,N,N-三甲基甘氨酸的合成。

$$C_{14}H_{29}\overset{}{\underset{\overset{|}{\overset{+}{N}(CH_3)_3}}{CH}}COO^-$$

首先，十六碳酸和三氯化磷用水浴加热，在 90℃下缓慢滴加溴，加完后继续搅拌 6h。然后加入水，并通入二氧化硫，使反应液由暗褐色逐渐变为浅黄色。分去水分得到 α-溴代十六酸，即

$$C_{14}H_{29}CH_2COOH + Br_2 \xrightarrow[-HBr]{90℃,6h} C_{14}H_{29}\overset{\overset{Br}{|}}{CH}COOH$$

然后，由 α-溴代十六酸与过量的三甲胺反应制得表面活性剂，即

$$C_{14}H_{29}\overset{\overset{Br}{|}}{CH}COOH + N(CH_3)_3 \xrightarrow[48h]{25\%三甲胺} C_{14}H_{29}\overset{\overset{+}{N}(CH_3)_3}{\underset{}{CH}}COO^-$$

利用此法以不同的叔胺或脂肪酸为原料还可制备其他结构相似的产品，例如

$$R\overset{\overset{Br}{|}}{CH}COOH + N \bigcirc \longrightarrow \overset{R-CHCOO^-}{\underset{}{\bigcirc N^+}}$$

7.3.1.5　长链烷基氯甲基醚与叔氨基乙酸反应合成羧酸甜菜碱

长链烷基氯甲基醚与叔氨基乙酸反应主要用于制备含有醚基的甜菜碱，其结构通式为

$$ROH_2C-\overset{\overset{CH_3}{|}}{\underset{\underset{CH_3}{|}}{N^+}}-CH_2COO^-$$

该表面活性剂的合成分两步进行。

第一步，高碳醇的氯甲基化，即高碳醇与甲醛、氯化氢反应制取烷基氯甲醚。

$$ROH + HCHO + HCl \xrightarrow[\text{苯溶剂}]{5\sim10℃} ROCH_2Cl$$

第二步，烷基氯甲醚与 N,N-二甲氨基乙酸反应，制得长碳链中含有醚基的甜菜碱型两性表面活性剂。

$$ROCH_2Cl + \overset{\overset{CH_3}{|}}{\underset{\underset{CH_3}{|}}{N}}-CH_2COOH \xrightarrow[NaOH]{\text{醇溶剂}} ROCH_2-\overset{\overset{CH_3}{|}}{\underset{\underset{CH_3}{|}}{N^+}}-CH_2COO^-$$

7.3.1.6 不饱和羧酸与叔胺反应合成羧酸甜菜碱

以带有一个或两个长碳链烷基的叔胺为原料，以丙烯酸、顺丁烯二酸等不饱和羧酸为烷基化试剂，经 N-烷基化反应可制备羧酸甜菜碱。例如，丙烯酸与十二烷基二甲基胺的反应方程式如下：

$$C_{12}H_{25}N(CH_3)_2 + H_2C=CHCOOH \longrightarrow C_{12}H_{25}-\overset{\overset{\displaystyle CH_3}{|}}{\underset{\underset{\displaystyle CH_3}{|}}{N^+}}-CH_2CH_2COO^-$$

又如，利用烷基胺与 α-烷基丙烯酸甲酯进行反应，然后在氢氧化钠溶液中将酯基水解，可得到一种 pH 响应的两性表面活性剂。

$$R-NH_2 + \overset{\overset{\displaystyle R^2}{|}}{\underset{\underset{\displaystyle COOCH_3}{}}{}} \longrightarrow R-\overset{\overset{\displaystyle H}{|}}{\underset{}{N}}\overset{\overset{\displaystyle R^2}{|}}{\underset{\underset{\displaystyle COOCH_3}{}}{}} \longrightarrow R-\overset{\overset{\displaystyle H}{|}}{\underset{}{N}}\overset{\overset{\displaystyle R^2}{|}}{\underset{\underset{\displaystyle COONa}{}}{}}$$

再如，叔胺与顺丁烯二酸反应可制得含有两个羧基的表面活性剂：

$$R^2-\overset{\overset{\displaystyle R}{|}}{\underset{\underset{\displaystyle R^1}{|}}{N}} + \overset{\displaystyle HC-COOH}{\underset{\displaystyle HC-COOH}{\|}} \longrightarrow R^2-\overset{\overset{\displaystyle R}{|}}{\underset{\underset{\displaystyle R^1}{|}}{N^+}}-\overset{\overset{\displaystyle H}{|}}{\underset{\underset{\displaystyle H_2C-COOH}{|}}{C}}-COO^-$$

N-羟乙基-N-羟烷基-β-氨基丙酸

$$R-\overset{}{\underset{\underset{\displaystyle OH}{|}}{CHCH_2}}N\overset{\displaystyle CH_2CH_2OH}{\underset{\displaystyle CH_2CH_2COOH}{}} \qquad R=C_{12}H_{25}\sim C_{18}H_{37}$$

N-羟乙基-N-羟烷基-β-氨基丙酸用作发泡剂、纺织助剂、乳化剂、缓蚀剂等。其制备方法如下：

① 将 1.9mol 乙醇胺加入反应釜中，用氮气置换釜中空气后，滴加 1mol 烷基环氧乙烷，在 80～90℃下加热回流 2h。蒸出过量的乙醇胺得 N-(2-羟乙基)-N-(2-羟烷基)胺。

② 取 1mol N-(2-羟乙基)-N-(2-羟烷基)胺加入反应釜中，再加入 1.2mol 丙烯酸甲酯，搅拌混匀，升温至 70℃，在 70～80℃下反应 6h。蒸出过量的丙烯酸甲酯，得 N-(2-羟乙基)-N-(2-羟烷基)-β-氨基丙酸酯。加入氢氧化钠溶液将其在 80～90℃下皂化，反应 4h。蒸出副产物甲醇和水，冷却结晶得 N-(2-羟乙基)-N-(2-羟烷基)-β-氨基丙酸钠。将其溶解在甲醇中，用浓盐酸酸化。当 pH 值到 6 左右停止加酸，静置，过滤掉无机盐。蒸出乙醇，冷却结晶得产品。反应式如下：

$$R-\overset{\displaystyle CH-CH_2}{\underset{\displaystyle O}{\diagdown\diagup}} + NH_2CH_2CH_2OH \longrightarrow R\overset{}{\underset{\underset{\displaystyle OH}{|}}{CHCH_2}}NHCH_2CH_2OH$$

$$\overset{\displaystyle H_2C=CHCOOCH_3}{\longrightarrow} R-\overset{}{\underset{\underset{\displaystyle OH}{|}}{CHCH_2}}N\overset{\displaystyle CH_2CH_2OH}{\underset{\displaystyle CH_2CH_2COOCH_3}{}} \overset{\displaystyle NaOH}{\longrightarrow}$$

$$R-\overset{}{\underset{\underset{\displaystyle OH}{|}}{CHCH_2}}N\overset{\displaystyle CH_2CH_2OH}{\underset{\displaystyle CH_2CH_2COONa}{}} \overset{\displaystyle HCl}{\longrightarrow} R-\overset{}{\underset{\underset{\displaystyle OH}{|}}{CHCH_2}}N\overset{\displaystyle CH_2CH_2OH}{\underset{\displaystyle CH_2CH_2COOH}{}}$$

7.3.2　磺酸甜菜碱的合成

磺酸甜菜碱这类表面活性剂最早由 James 在 1885 年合成出来，当时他采用三甲胺和氯乙基磺酸反应制得表面活性剂 2-三甲基氨乙基磺酸盐 $[(CH_3)^3CH_2CH_2]$。后来人们逐渐使用带有长碳链烷基的叔胺与氯乙基磺酸钠反应，制得很多品种的磺酸甜菜碱型两性表面活性剂。

这类表面活性剂最典型的结构通式如下：

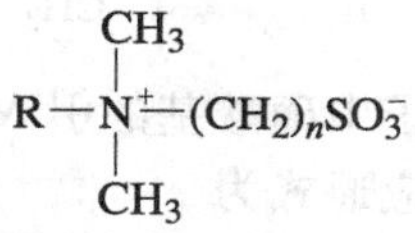

$$R-\overset{\overset{\displaystyle CH_3}{|}}{\underset{\underset{\displaystyle CH_3}{|}}{N^+}}-(CH_2)_nSO_3^-$$

它的合成方法有很多种，关键在于磺酸基的引入。

与合成羧酸甜菜碱的氯乙酸钠法类似，叔胺与氯乙基磺酸钠反应是制备磺酸甜菜碱的传统方法，这一反应可以用来合成磺酸基和季铵盐之间相隔两个亚甲基基团的磺基甜菜碱。其合成主要过程包括氯乙基磺酸钠的制备及其与叔胺的反应。

氯乙基磺酸钠通过二氯乙烷与亚硫酸钠的反应制得。

$$ClCH_2CH_2Cl + Na_2SO_3 \longrightarrow ClCH_2CH_2SO_3Na$$

由氯乙基磺酸钠与特定结构的叔胺反应，便可合成出所需的磺基甜菜碱型两性表面活性剂，即

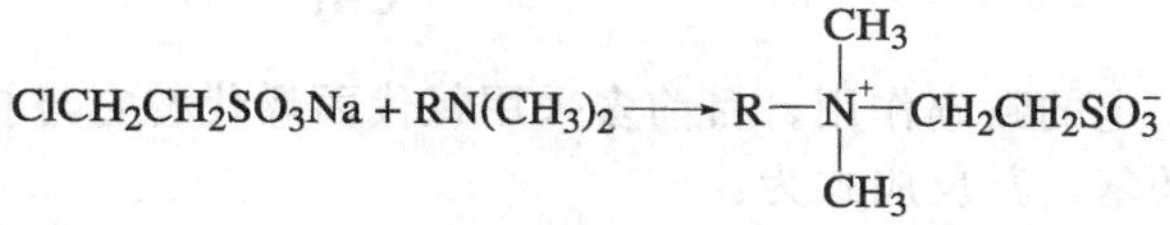

$$ClCH_2CH_2SO_3Na + RN(CH_3)_2 \longrightarrow R-\overset{\overset{\displaystyle CH_3}{|}}{\underset{\underset{\displaystyle CH_3}{|}}{N^+}}-CH_2CH_2SO_3^-$$

带有苄基的磺酸甜菜碱是此类表面活性剂中的常见品种，如 N-烷基-N-甲基-N-苄基氨乙基磺酸：

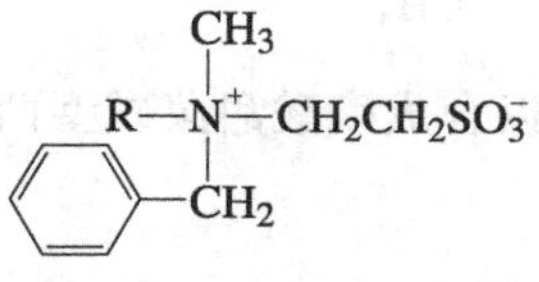

$$R-\overset{\overset{\displaystyle CH_3}{|}}{\underset{\underset{\displaystyle CH_2}{|}}{N^+}}-CH_2CH_2SO_3^-$$

该表面活性剂的合成关键是 N-苄基牛磺酸的制备。N-甲基苄基胺与氯乙基磺酸钠反应制得 N-甲基-N-苄基牛磺酸钠，再进一步与溴代烷进行季铵化反应制得上述结构的表面活性剂。

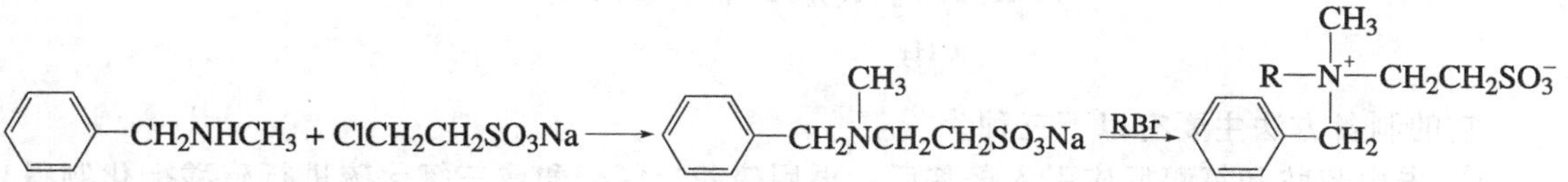

$$\text{苯}-CH_2NHCH_3 + ClCH_2CH_2SO_3Na \longrightarrow \text{苯}-CH_2N(CH_3)CH_2CH_2SO_3Na \xrightarrow{RBr} \text{苯}-CH_2\overset{\displaystyle CH_3}{N^+}(R)CH_2CH_2SO_3^-$$

为了满足应用性能的要求，磺酸甜菜碱两性表面活性剂的分子中还常常含有羟基，例如

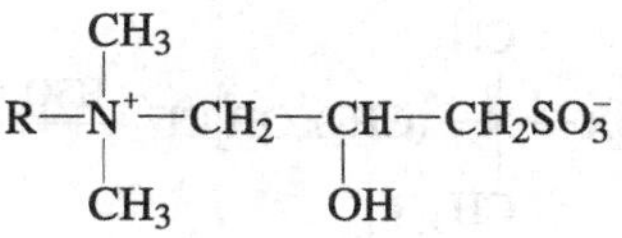

$$R-\overset{\overset{\displaystyle CH_3}{|}}{\underset{\underset{\displaystyle CH_3}{|}}{N^+}}-CH_2-\overset{}{\underset{\underset{\displaystyle OH}{|}}{CH}}-CH_2SO_3^-$$

该表面活性剂的合成与氯乙基磺酸钠法类似，只是将与叔胺反应的原料由氯乙基磺酸钠改为 2-羟基-3-氯丙基磺酸钠反应，该中间体是由环氧氯丙烷与亚硫酸氢钠反应。

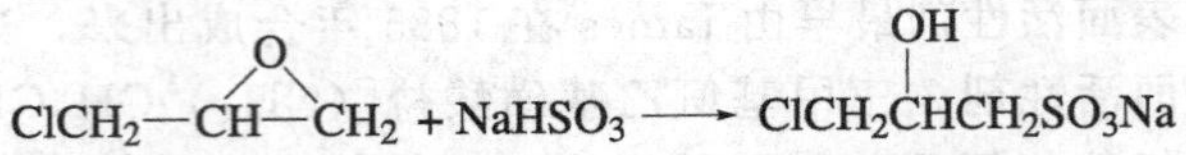

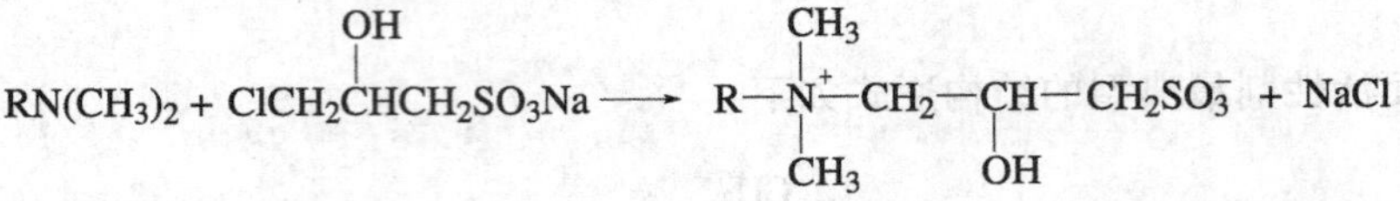

$$ClCH_2-CH-CH_2 + NaHSO_3 \longrightarrow ClCH_2CHCH_2SO_3Na$$

$$RN(CH_3)_2 + ClCH_2CHCH_2SO_3Na \longrightarrow R-\overset{CH_3}{\underset{CH_3}{N^+}}-CH_2-CH-CH_2SO_3^- + NaCl$$

磺酸甜菜碱型两性表面活性剂分子中磺酸基的引入方法除采用氯乙基磺酸外，还可通过叔胺和磺酸环内酯反应来实现，其反应通式为

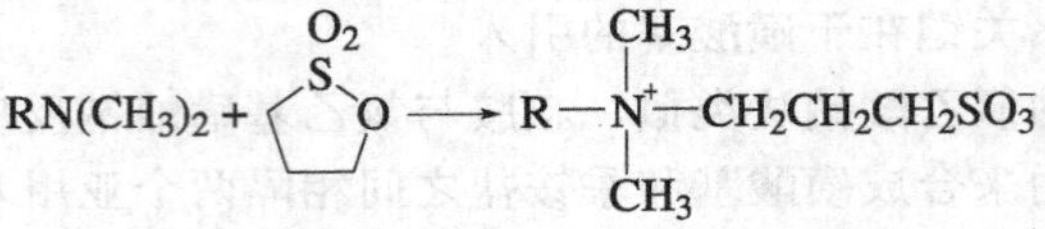

$$RN(CH_3)_2 + \underset{O_2}{\overset{S}{\bigcirc}}O \longrightarrow R-\overset{CH_3}{\underset{CH_3}{N^+}}-CH_2CH_2CH_2SO_3^-$$

例如，表面活性剂 N-十六烷基-N-（3-磺基亚丙基）二甲基甜菜碱的合成就采用此种方法。

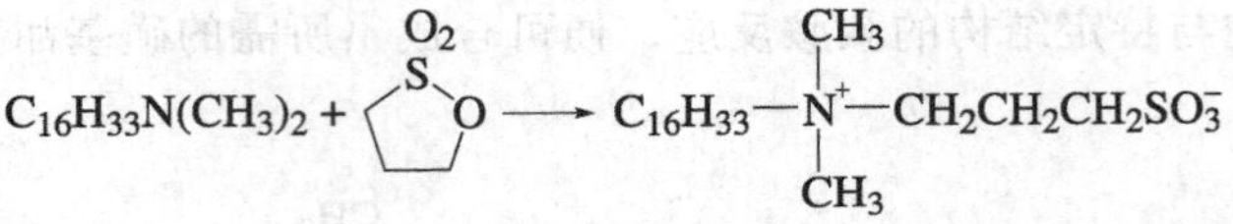

$$C_{16}H_{33}N(CH_3)_2 + \underset{O_2}{\overset{S}{\bigcirc}}O \longrightarrow C_{16}H_{33}-\overset{CH_3}{\underset{CH_3}{N^+}}-CH_2CH_2CH_2SO_3^-$$

磺酸环内酯具有一定的致癌作用，目前多采用氯代丙烯代替它与叔胺反应，然后再与亚硫酸氢钠反应引入磺酸基。其反应式为：

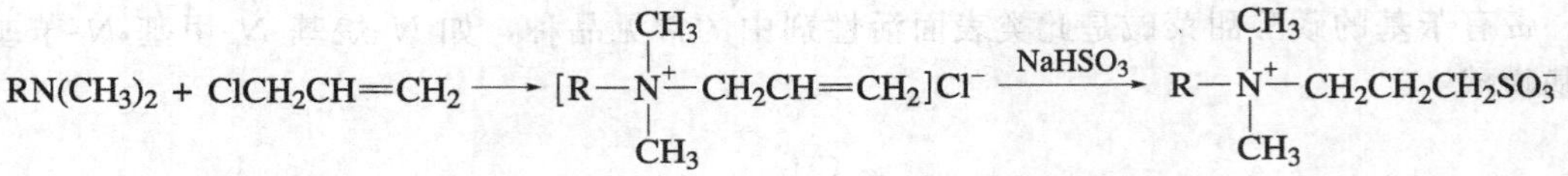

$$RN(CH_3)_2 + ClCH_2CH=CH_2 \longrightarrow [R-\overset{CH_3}{\underset{CH_3}{N^+}}-CH_2CH=CH_2]Cl^- \xrightarrow{NaHSO_3} R-\overset{CH_3}{\underset{CH_3}{N^+}}-CH_2CH_2CH_2SO_3^-$$

除以上方法外还有其他方法可以合成磺酸甜菜碱型两性表面活性剂，这里不一一介绍。

7.3.3 硫酸酯甜菜碱的合成

硫酸酯甜菜碱两性表面活性剂的典型结构为：

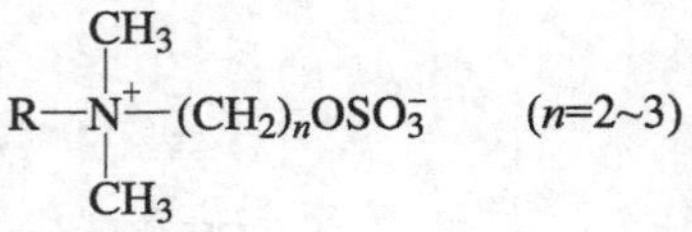

$$R-\overset{CH_3}{\underset{CH_3}{N^+}}-(CH_2)_nOSO_3^- \quad (n=2\sim3)$$

它的制备方法主要有以下三种。

① 先由叔胺和氯醇反应引入羟基后，再用硫酸、氯磺酸或三氧化硫进行硫酸酯化制得，其反应式为

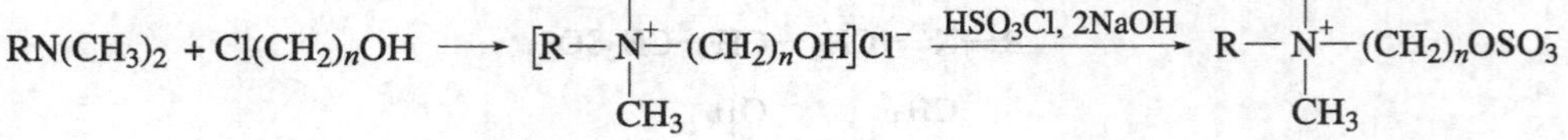

$$RN(CH_3)_2 + Cl(CH_2)_nOH \longrightarrow [R-\overset{CH_3}{\underset{CH_3}{N^+}}-(CH_2)_nOH]Cl^- \xrightarrow{HSO_3Cl, 2NaOH} R-\overset{CH_3}{\underset{CH_3}{N^+}}-(CH_2)_nOSO_3^-$$

以 *N*-(4-硫酸酯亚丁基)二甲基十六烷基铵为例,其制备过程是用十六烷基二甲基胺与氯丁醇反应制得 *N*-(4-羟基丁基)二甲基十六烷基氯化铵,然后与氯磺酸反应,再用氢氧化钠中和,最后经后处理得到产品。

$$C_{16}H_{33}N(CH_3)_2 + Cl(CH_2)_4OH \longrightarrow \left[C_{16}H_{33} - \overset{\overset{\displaystyle CH_3}{|}}{\underset{\underset{\displaystyle CH_3}{|}}{N^+}} - (CH_2)_4OH \right] Cl^- \xrightarrow{HSO_3Cl,\ NaOH} C_{16}H_{33} - \overset{\overset{\displaystyle CH_3}{|}}{\underset{\underset{\displaystyle CH_3}{|}}{N^+}} - (CH_2)_4OSO_3^-$$

② 由卤代烷与带有羟基的叔胺反应,然后用三氧化硫酯化制得。

例如,用对十二烷基氯化苄和羟乙基叔胺反应,制得含有羟基的季铵盐,然后用三氧化硫酯化便合成出含有苄基的硫酸酯甜菜碱,其反应式为:

$$C_{12}H_{25}\!\!-\!\!\bigcirc\!\!-\!\!CH_2Cl + \overset{\overset{\displaystyle CH_3}{|}}{\underset{\underset{\displaystyle CH_3}{|}}{N}}\!\!-\!\!CH_2CH_2OH \longrightarrow \left[C_{12}H_{25}\!\!-\!\!\bigcirc\!\!-\!\!H_2C\!-\!\overset{\overset{\displaystyle CH_3}{|}}{\underset{\underset{\displaystyle CH_3}{|}}{N^+}}\!-\!CH_2CH_2OH \right] Cl^-$$

$$\xrightarrow{SO_3酯化} C_{12}H_{25}\!\!-\!\!\bigcirc\!\!-\!\!H_2C\!-\!\overset{\overset{\displaystyle CH_3}{|}}{\underset{\underset{\displaystyle CH_3}{|}}{N^+}}\!-\!CH_2CH_2OSO_3^-$$

③ 先由高级脂肪族伯胺与环氧乙烷反应,再经卤代烷季铵化和三氧化硫酯化制得。

$$RNH_2 + (m+n)CH_2\overset{\displaystyle O}{-}CH_2 \longrightarrow R\!-\!\overset{\overset{\displaystyle}{}}{\underset{\underset{\displaystyle (CH_2CH_2O)_nH}{|}}{N}}\!-\!(CH_2CH_2O)_mH$$

$$\xrightarrow{R^1X} R\!-\!\overset{\overset{\displaystyle R^1}{|}}{\underset{\underset{\displaystyle (CH_2CH_2O)_nH}{|}}{N^+}}\!-\!(CH_2CH_2O)_mH \cdot X^- \xrightarrow{SO_3酯化} R\!-\!\overset{\overset{\displaystyle R^1}{|}}{\underset{\underset{\displaystyle (CH_2CH_2O)_nSO_3^-}{|}}{N^+}}\!-\!(CH_2CH_2O)_mH$$

该反应合成的产品是一种毛纺织品的匀染剂。

7.3.4　含磷甜菜碱的合成

含磷甜菜碱型两性表面活性剂可用来改进洗涤功能。例如叔膦和磺酸丙内酯反应可制得下列含磷的表面活性剂,该表面活性剂由于磷元素的引入而使洗涤效果有所提高。

$$R^2\!-\!\overset{\overset{\displaystyle R}{|}}{\underset{\underset{\displaystyle R^1}{|}}{P}} + \overset{O_2}{\underset{O}{S}} \longrightarrow R^2\!-\!\overset{\overset{\displaystyle R}{|}}{\underset{\underset{\displaystyle R^1}{|}}{P^+}}\!-\!CH_2CH_2CH_2SO_3^-$$

$$C_{12}H_{25}Br + \overset{\displaystyle}{N}\!\!\diagup\!\!OH \longrightarrow C_{12}H_{25}\!-\!\underset{\underset{\displaystyle Br^-}{}}{N^+}\!\!\diagup\!\!OH \xrightarrow{P_2O_5} C_{12}H_{25}\!-\!N^+\!\!\diagup\!\!O\!-\!\overset{\overset{\displaystyle O}{\|}}{\underset{\underset{\displaystyle O^-}{}}{P}}\!-\!OH$$

综上所述,甜菜碱型两性表面活性剂的合成在一定程度上与季铵盐型阳离子表面活性剂的合成类似,可以借鉴季铵盐阳离子表面活性剂的合成路线和方法,但关键是羧基、磺酸基或硫酸酯基等阴离子的引入。

7.3.5　咪唑啉型两性表面活性剂的合成

　　咪唑啉型两性表面活性剂是开发较晚的品种，属于改良型和平衡型两性表面活性剂。由于它结构特殊，具有独特的性质和突出的性能，在两性表面活性剂中占有相当重要的地位。近几年来，国外对咪唑啉型表面活性剂新品种的研制和开发新应用领域进展较快，文献报道也较多。据统计，美国生产的两性表面活性剂中，咪唑啉衍生物占其总量的60%以上。

　　咪唑啉型两性表面活性剂最突出的优点是极好的生物降解性能，能迅速完全地降解，无公害产生；而且对皮肤和眼睛的刺激性极小，发泡性很好，因此较多地用在化妆品助剂、香波、纺织助剂等方面。此外，在石油工业、冶金工业、煤炭工业等中可作为金属缓蚀剂、清洗剂以及破乳剂等使用。

　　该类表面活性剂的代表品种是 2-烷基-N-羧甲基-N′-羟乙基咪唑啉和 2-烷基-N-羧甲基-N-羟乙基咪唑啉，它们的结构通式为

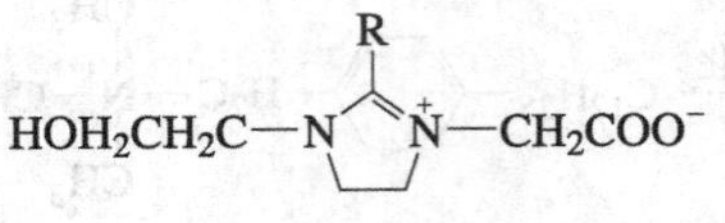

2-烷基-N-羧甲基-N′-羟乙基咪唑啉 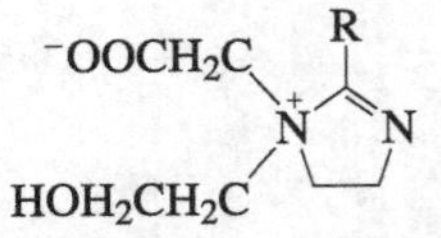　　　　2-烷基-N-羧甲基-N-羟乙基咪唑啉

式中，R 是含 12～18 个碳原子的烷基。

　　合成咪唑啉型两性表面活性剂的反应分三步进行。

　　第一步，脂肪酸和羟乙基乙二胺（AEEA）发生酰化反应，同时得到两种酰胺，其反应式为

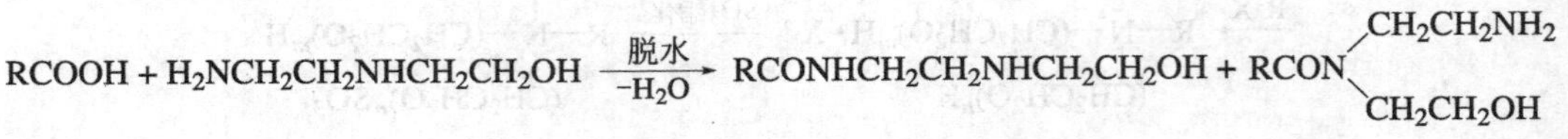

　　第二步，酰胺脱水成环生成 2-烷基-N-羟乙基咪唑啉（HEAI）。

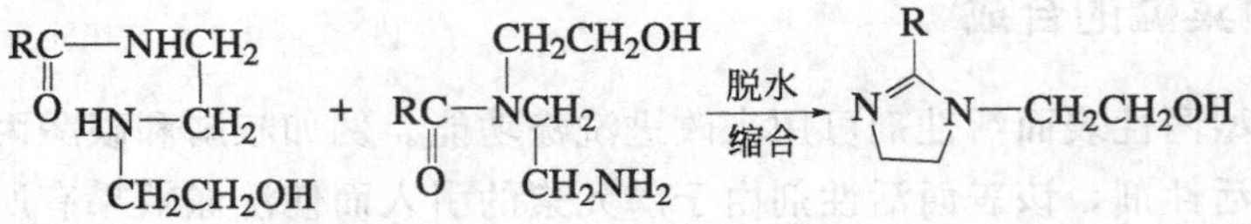

　　第三步，2-烷基-N-羟乙基咪唑啉与氯乙酸钠反应，得到两性表面活性剂产品。

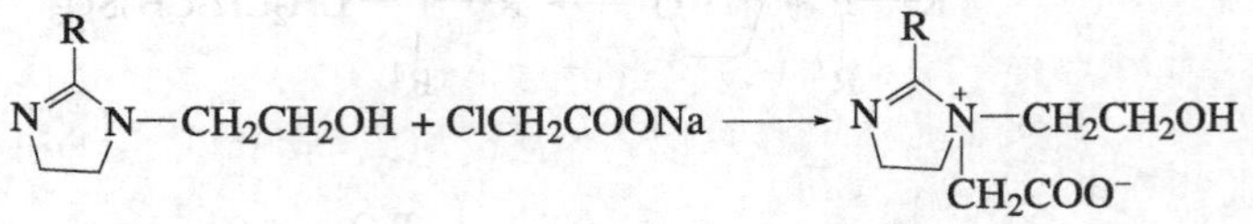

　　应当注意的是，经研究证实由 2-烷基-N-羟乙基咪唑啉和氯乙酸钠合成的咪唑啉型两性表面活性剂并非像如上结构那样以环状存在，而是复杂的线状结构的混合体系。这一现象可以从该反应的历程进行说明。

　　一般认为咪唑啉型两性表面活性剂的复杂体系是由 2-烷基-N-羟乙基咪唑啉（HEAI）与氯乙酸钠（CIA）反应的复杂历程以及外部条件造成的。其反应历程如下。

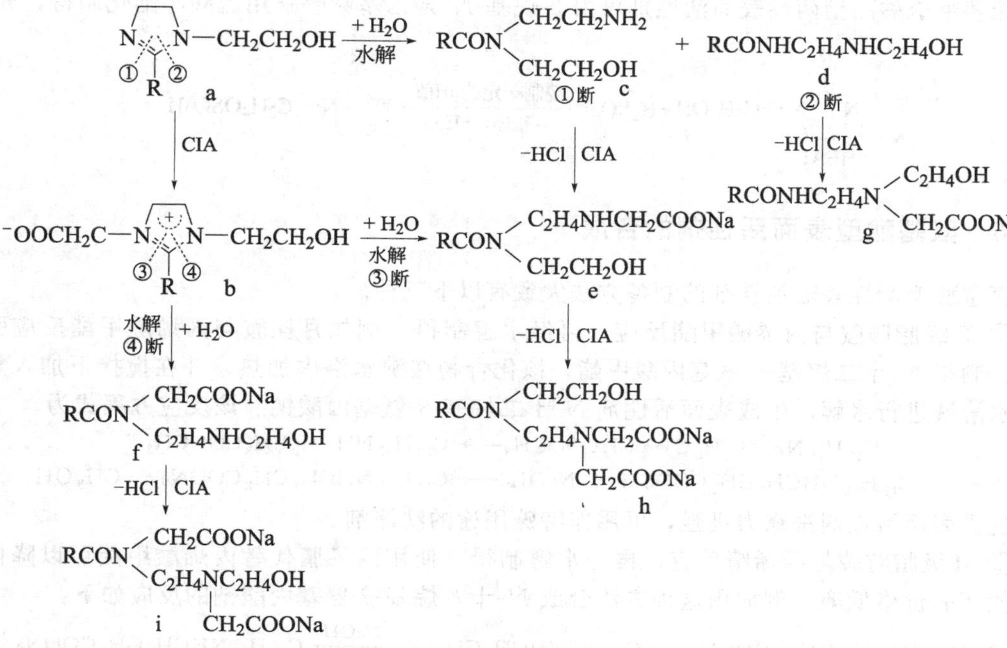

在反应过程中，结构 b 可能存在是因为咪唑啉环上 1-位和 3-位的氮原子可以处于共振状态，结构稳定。正是由于它的存在，其水解最终得到 e 和 f 两种异构体。它们分别与氯乙酸钠反应得到产物 h 和 i。

咪唑啉在酸性条件下通常是稳定的，但在碱性条件下容易水解开环而形成线状结构。特别是当介质的 pH 值大于 10 时，其开环水解速率迅速增大。在合成咪唑啉型两性表面活性剂时，反应介质的 pH 值达到 13，在这种条件下合成产物大部分会转化为线状结构。2-烷基-N-羟乙基咪唑啉在此条件下水解，造成①和②两个化学键的断裂，生成 c 和 d 两种异构体，它们与氯乙酸钠反应分别得到产物 e 和 g。

由此可见，咪唑啉型两性表面活性剂产品是一个由多种组分混合而成的复杂体系，因此商品咪唑啉型两性表面活性剂很难用某一具体结构来表征。事实上，一般市售商品的主要活性组分是 e 和 g 两种化合物。

2-烷基-N-羟乙基咪唑啉用氯乙基磺酸、2-羟基-3-氯丙基磺酸和磺酸环内酯等进行季铵化可分别制得下列咪唑啉磺酸盐型表面活性剂。

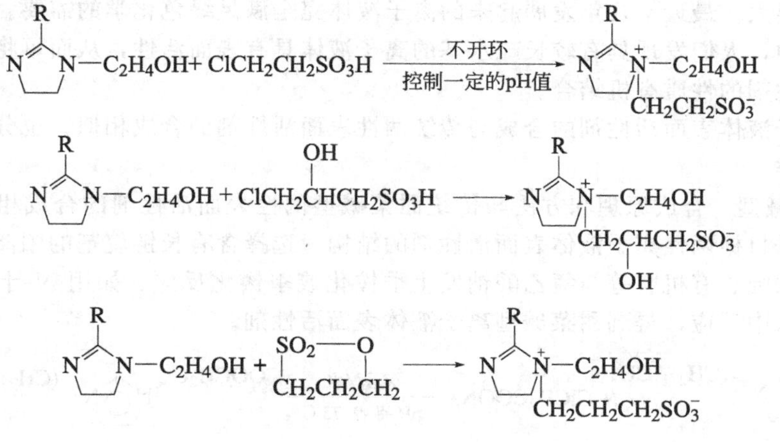

咪唑啉硫酸酯型两性表面活性剂可由 2-烷基-N-羟乙基咪唑啉用硫酸等酯化制得，即

$$\underset{\text{HEAI}}{\text{N}\diagdown\text{N}}\!\!-\!C_2H_4OH + H_2SO_4 \xrightarrow[\text{不开环，} -H_2O]{\text{控制一定的pH值}} \text{N}\diagdown\text{N}\!\!-\!C_2H_4OSO_3H$$

7.3.6　氨基酸型表面活性剂的合成

氨基酸型两性表面活性剂的制备方法大致有以下三种。

① 高级脂肪胺与丙烯酸甲酯反应，再经水解制得　例如月桂胺与丙烯酸甲酯反应引入羧基，制得 N-十二烷基-β-氨基丙酸甲酯，该化合物在沸水浴中加热，并在搅拌下加入氢氧化钠水溶液进行水解，生成表面活性剂 N-十二烷基-β-氨基丙酸钠。该反应方程式为

$$C_{12}H_{25}NH_2 + H_2C\!=\!CHCOOCH_3 \longrightarrow C_{12}H_{25}NHCH_2CH_2COOCH_3$$

$$C_{12}H_{25}NHCH_2CH_2COOCH_3 + NaOH \longrightarrow C_{12}H_{25}NHCH_2CH_2COONa + CH_3OH$$

这类表面活性剂洗涤力极强，可用作特殊用途的洗涤剂。

② 高级脂肪胺与丙烯腈反应，再经水解制得　使用丙烯腈代替丙烯酸甲酯可以降低成本，使产品价格低廉。例如用这种方法合成 N-十八烷基-β-氨基丙酸钠的反应如下：

$$C_{18}H_{37}NH_2 + H_2C\!=\!CHCN \longrightarrow C_{18}H_{37}NHCH_2CH_2CN \xrightarrow[H_2O]{NaOH} C_{18}H_{37}NHCH_2CH_2COONa$$

以上两种方法合成的均是烷基胺丙酸型两性表面活性剂，若合成氨基与羧基之间只有一个亚甲基的品种时，可采用高级脂肪胺与氯乙酸反应的方法。

③ 高级脂肪胺与氯乙酸钠反应制得烷基甘氨酸（$RNHCH_2COOH$）　它是最简单的氨基酸型两性表面活性剂，其氨基与羧基之间相隔一个亚甲基（—CH_2—），其制备方法是由脂肪胺与氯乙酸钠直接反应制得。

$$RNH_2 + ClCH_2COONa \longrightarrow RNHCH_2COONa$$

合成过程是先将氯乙酸钠溶于水，然后加入脂肪胺，在 70～80℃下加热搅拌反应即可制得 N-烷基甘氨酸钠。

7.3.7　离子液体型表面活性剂的合成

绿色化学已成为当前化学研究的热点和前沿，是 21 世纪化学发展的重要方向之一。人们把传统的有机溶剂列入危害最大的化学物质之一，原因在于其具有很强的挥发性，并且它们的使用量很大。最近十几年发展起来的离子液体完全满足绿色化学的需要。在离子液体功能化的过程中，人们发现具有较长疏水基的离子液体具有表面活性，从而可将离子液体的特色和表面活性剂的性质有机结合。

两性离子液体表面活性剂的合成与传统两性表面活性剂的合成相似，也分为甜菜碱和磺基甜菜碱两类。

① 甜菜碱型　合成原理和方法与传统甜菜碱型两性表面活性剂的合成相似，唯一不同的是需要根据目标两性离子液体表面活性剂的结构，选择含有长链烷基的阳离子母体，如咪唑、吡咯、哌啶、有机膦等与氯乙酸钠发生季铵化或季鳞化反应。如用 N-十二烷基咪唑与氯乙酸钠在水中反应，得到甜菜碱型离子液体表面活性剂。

$$\text{N}\diagdown\text{N}\!\!-\!(CH_2)_{11}CH_3 + ClCH_2COONa \xrightarrow[\text{pH=8~9, 75℃}]{\text{乙醇/水}} {}^-OOCH_2C\!-\!\overset{+}{\text{N}}\diagdown\text{N}\!\!-\!(CH_2)_{11}CH_3$$

② 磺基甜菜碱型 采用含有长链烷基的阳离子母体，如咪唑、吡咯、哌啶、有机膦等与 3-氯代丙磺酸钠、3-氯-2-羟基丙磺酸钠或磺内酯进行季铵化反应，得到 1-(丙基磺基)-3-烷基咪唑内盐磺基甜菜碱型离子液体表面活性剂。反应方程式如下：

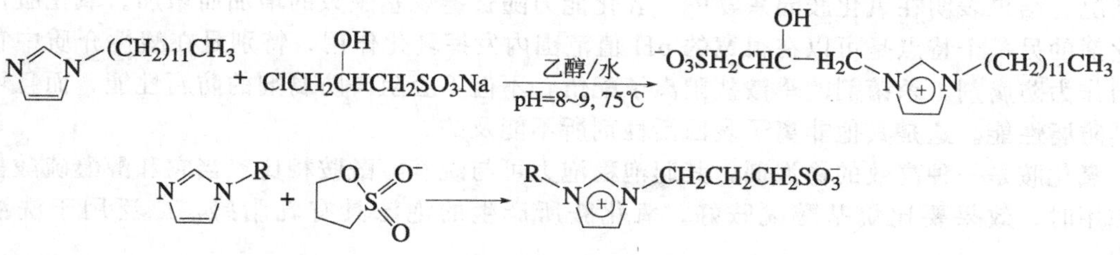

7.3.8 氧化胺型两性表面活性剂的合成

氧化胺的化学通式为：

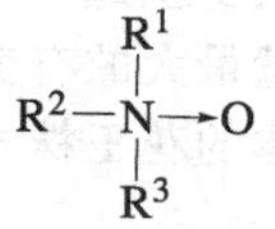

$$R^2—\overset{R^1}{\underset{R^3}{N}}→O$$

根据所连的疏水基不同可分为三大类：

第一类为长链脂肪族氧化胺。该类氧化胺所需的叔胺原料易得，价格较低，是氧化胺系列最大宗的产品，其主要代表产品有：N,N-二甲基十二（十四／十六／十八）烷基氧化胺、N,N-二羟乙基十二（十四／十六）烷基氧化胺、N,N-二甲基十二烷基酰丙基氧化胺和 N,N-二聚氧乙烯基醚基十四烷基氧化胺。

第二类为疏水基中含芳香族的氧化胺。主要代表产品有：N,N-二甲基邻甲酚氧化胺和 N,N-二甲基烷基苯磺酰基丙基氧化胺。

第三类为杂环类氧化胺。主要代表产品有：N-十二烷基氧化吗啉和 1-羟乙基-2-十八烷基咪啉氧化物。

氧化胺分子中存在极性键 N→O，偶极矩为 4.38D，所以该化合物具有极性大、熔点高的特性，易溶于水和低碳醇等极性溶剂中，而难溶于矿物油、苯等非极性溶剂。在水溶液中氧化胺大量地以水合物的形式存在：

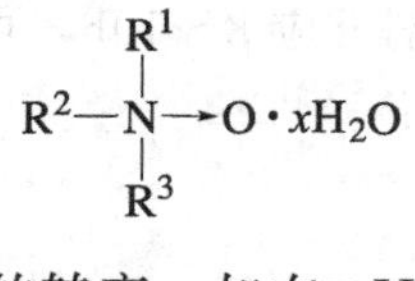

$$R^2—\overset{R^1}{\underset{R^3}{N}}→O·xH_2O$$

但随 pH 值的变化，会发生极性的转变。如在 pH＞7 的碱性溶液中，主要呈非离子表面活性剂性质。但在 pH＜3 时的酸性溶液中，氧化胺主要以阳离子的形式存在：

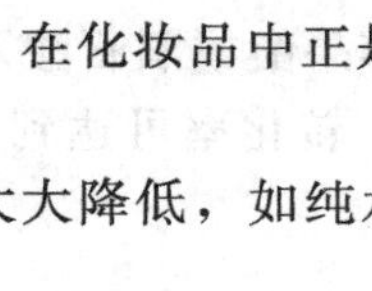

$$\left[R^2—\overset{R^1}{\underset{R^3}{N}}→OH\right]^+$$

氧化胺水溶液具有微弱的氧化性，在化妆品中正是利用其微弱的氧化性使皮肤达到美白的效果。

加入氧化胺后，水的表面张力会大大降低，如纯水的表面张力为 72.80mN/m。在各种氧化胺的临界胶束浓度（cmc）时的表面张力均在 30mN/m 左右。在 cmc 时的表面张力氧化胺比季铵盐低得多，所以氧化胺的表面活性比季铵盐好得多。

将氧化胺水溶液和石油溶剂在 70℃ 下以同等条件乳化，然后静置观察乳化后体积的变化情况。结果表明在氧化胺同系物中，乳化能力随长链烷基碳数的增加而增加。氧化胺作为乳化剂的另一个特点是可以在很宽的 pH 值范围内发挥乳化作用，特别是在酸性介质中它可以与作为防腐剂、杀菌剂的季铵盐阳离子配伍，不但不会阻碍防腐剂的防腐性能，而且可增强其防腐性能。这是其他非离子表面活性剂所不能及的。

氧化胺是一种高效的稳泡剂，其起泡稳泡力可与烷基醇酰胺相比。当它和醇醚硫酸盐一起使用时，效果要比烷基醇酰胺好。氧化胺所产生的泡沫具有乳脂感，广泛用于洗浴制品中。

氧化胺表面活性剂基本无毒，它对皮肤和眼睛的刺激性极低。据报道，氧化胺的 LD_{50} 为 2～6g/kg，这几乎与食盐相当。氧化胺在和其他活性剂混用时，具有抗刺激性。可用于去头屑香波中，以减轻 PTO 锌的刺激。另外氧化胺在酸性香波和酸性溶液中，能与头发和皮肤角朊上的羧基作用，能调理头发，减少飘逸，易于湿梳，并改善皮肤的粗糙感。

目前，生产氧化胺的厂家很多，产量最大的有美国的 P&G 公司、欧洲的 AKZO 化学公司、英国的帝国化学工业有限公司、日本的花王株式会社和油脂株式会社等。它们生产氧化胺主要有两种工艺路线。

(1) 空气或纯氧氧化法

生产方法是在放有水、溶剂和叔胺的高压釜中，通入空气或氧气。用八氰基铜酸盐作催化剂，在 100～150℃、15～70MPa 条件下反应 16～64h，可制得含量为 30%～80% 的氧化胺产品，产率在 50% 以上。所用溶剂为甲醇、乙醇、异丙醇等。该法采用廉价的空气为原料，成本低，易于控制，并能获得高浓度的产品，但对设备的工艺条件要求较高，操作费用相对提高。主要反应式为：

$$R^2-\underset{\underset{R^3}{|}}{\overset{\overset{R^1}{|}}{N}} + O_2 \longrightarrow R^2-\underset{\underset{R^3}{|}}{\overset{\overset{R^1}{|}}{N}}{\rightarrow}O$$

(2) 过氧化氢法

叔胺与过量的 20%～90% 过氧化氢溶液于 60～90℃ 温度下，以环烷酸盐、二乙胺四乙酸盐、二亚乙基三胺五乙酸盐为催化剂反应 8～10h，可制得浓度为 15%～30% 的氧化胺溶液，转化率为 90% 以上。反应式如下：

$$R^2-\underset{\underset{R^3}{|}}{\overset{\overset{R^1}{|}}{N}} + H_2O_2 \longrightarrow R^2-\underset{\underset{R^3}{|}}{\overset{\overset{R^1}{|}}{N}}{\rightarrow}O$$

$$RC-NHCH_2CH_2CH_2-\underset{\underset{CH_3}{|}}{\overset{\overset{CH_3}{|}}{N}} + H_2O_2 \longrightarrow RC-NHCH_2CH_2CH_2-\underset{\underset{CH_3}{|}}{\overset{\overset{CH_3}{|}}{N}}{\rightarrow}O$$

反应时适当添加少量的柠檬酸、苹果酸或酒石酸及其盐（0.01%～5%），不仅可抑制氧化胺的分解，而且可促进反应的进行，转化率可达到 99% 以上。反应后过剩的过氧化氢用二氧化镁除去。

芳香族氧化胺的生产一般采用过氧化有机酸生产。可以用来生产氧化胺的过氧化有机酸有：过氧苯甲酸和单过氧邻苯二甲酸等。

7.4　两性表面活性剂的应用

两性表面活性剂具有许多优异的性质，使其应用范围近年来不断扩大，涉及洗涤用品、化妆品、合成纤维等众多领域。

(1) 洗涤剂及香波组分

两性表面活性剂大多配用在液体洗涤剂中，包括衣用洗涤剂、厨房用洗涤剂和住宅家具用洗涤剂等。由于两性表面活性剂的结构特点，使其具有良好的配伍性，能与其他离子或非离子类型的表面活性剂复配使用，产生很好的协同效应，提高洗涤剂的洗净力和起泡力。此外，两性表面活性剂具有很好的安全性，毒性低，对皮肤和眼睛刺激性也很小，因此是洗发香精和婴儿香波的理想原料之一。

用于洗涤剂中的两性表面活性剂包括甜菜碱型和咪唑啉型，前者具有水溶性好、洗涤效果好、适用的温度范围宽、刺激性低等优点，而后者则具有对皮肤和眼睛的刺激性小、发泡性好及性质温和等优点。

(2) 杀菌剂

两性表面活性剂用作消毒杀菌剂近年来报道较多，大多应用在外科手术、医疗器具等方面。最早用于杀菌的两性表面活性剂是氨基羧酸型表面活性剂。例如 Tego 系列两性表面活性剂对革兰氏菌具有很强的杀菌能力，而其自身的毒性大大低于阳离子表面活性剂和苯酚类消毒杀菌剂，此类表面活性剂如：

$$RNHCH_2CH_2NHCH_2CH_2NHCH_2COOH \cdot HCl(Tego51)$$

(3) 纤维柔软剂

纤维的柔软加工是在其精练、漂白、染色等加工整理后，为赋予织物柔软感和平滑感，以满足最终成品所要求的性能而对纤维实施的处理过程。两性表面活性剂用作纤维柔软剂效果良好，且适用范围广，既能用于棉、羊毛等天然纤维，也适用于合成纤维制品。该种表面活性剂不与其他后整理助剂发生有害的相互作用，能在广泛的 pH 值范围内使用，不影响纤维的色光，不易使之泛黄，也不产生污染，应用效果良好。

据报道甜菜碱型、氨基酸型及咪唑啉型两性表面活性剂均可用作纤维柔软剂。

(4) 缩绒剂

羊毛织成呢后，需要进行缩绒，目的是使织物在长度和亮度上达到一定程度的收缩，同时使其厚度增加，手感柔软厚实，这样可使保暖性更好。使用两性表面活性剂作缩绒剂可以产生显著的效果。

(5) 抗静电剂

由于合成纤维本身绝缘性能较好，静电产生的电荷就很难泄漏，因而更容易产生静电。在纺织过程中，静电的存在会引起丝束发散、断头较多等现象，给生产带来困难，影响产品产量和质量，甚至造成事故。

消除静电最简单的方法是使用抗静电剂。两性表面活性剂是一类理想的抗静电剂，特别是甜菜碱型两性表面活性剂。这类表面活性剂用作抗静电剂的特点是选择限制性小，几乎对各种纤维都能适用，而且抗静电能力普遍强于阴离子型和非离子型表面活性剂。

（6）金属防锈剂

金属在空气或加工过程中极易生锈腐蚀造成重大损失，使用金属防锈剂可以控制腐蚀的速度，防止大气腐蚀而引起的生锈。氨基酸、咪唑啉型两性表面活性剂均可作为有机缓蚀剂的成分，起到减缓金属腐蚀的作用。

（7）电镀助剂

电镀是用电解的方法在金属表面覆盖一层其他金属，以防止制品的腐蚀、增加其表面硬度或达到装饰的目的。添加表面活性剂可以得到致密的微晶，使电镀层光亮平整均匀，与金属结合力强，无麻点，提高镀件质量。两性表面活性剂用于电镀液中，是一种性能良好的电镀助剂。

总之，随着两性表面活性剂研究的不断深入和性能优良的新品种的不断开发，它在国民经济各个领域中的应用将会越来越广泛。

第 8 章

非离子表面活性剂

非离子表面活性剂在产量上是仅次于阴离子表面活性剂的重要品种，在各种工业和民用领域被大量使用。这类表面活性剂在结构上的特点是含有能与水生成氢键的醚基、自由羟基等亲水基。非离子型表面活性剂因其结构上的特点，而具有不同于离子型表面活性剂的物理化学性质。随着石油化工的发展，合成这类表面活性剂所用的原料——环氧乙烷等的成本不断降低，因此消费量正在逐渐增长。

8.1 非离子表面活性剂概述

8.1.1 非离子表面活性剂的发展状况

非离子表面活性剂是较晚应用于工业生产中的一类表面活性剂，始于 20 世纪 30 年代，最早由德国学者 C.肖勒（C.Schuller）发现，并于 1930 年 1 月申请德国专利。在此之后美国先后开发了烷基酚聚氧乙烯醚、聚醚以及脂肪醇聚氧乙烯醚等产品。在 20 世纪 50～60 年代，又开发了多元醇型非离子表面活性剂。

随着石油化学工业的发展，环氧乙烷供应量大大增加，促进了聚氧乙烯型非离子表面活性剂生产的迅速发展。20 世纪 50 年代开始在民用市场应用。60 年代人们对非离子表面活性剂的反应机理、制造方法、基本物性等进行了深入研究，为该类表面活性剂的迅速发展奠定了基础。

非离子表面活性剂自 20 世纪 30 年代开始应用以来，发展非常迅速，由于它的很多性能优于离子型表面活性剂，所以应用非常广泛而且应用领域不断扩大，很快就成为仅次于阴离子表面活性剂的另一大类表面活性剂，在表面活性剂总量中所占的比重越来越大（其产量占表面活性剂总产量的百分比越来越高），逐渐有超过其他表面活性剂的趋势。例如，2018 年世界表面活性剂产量达到 1680 万吨，2020 年全球表面活性剂市场规模有望达到 540 亿美元，消费量超 1700 万吨。2019 年表面活性剂第一大品种为非离子表面活性剂。与全球市场相比，我国表面活性剂的消费中非离子占比更高，据中国洗协表委会统计，2019 年非离子表面活性剂消费占比约为 56%，其次是阴离子表面活性剂，占比约为 37%。预计2020 年国内非离子表面活性剂消费量约为 170 万吨，阴离子表面活性剂消费量约为 110 万吨。

2018 年和 2019 年各种类型产品的份额如表 8-1 所示。非离子型表面活性剂产量较大，产值高，而且年增长率高于阴离子表面活性剂。

表 8-1   2018 年、2019 年表面活性剂各产品产出占比

表面活性剂种类	份额/%		表面活性剂种类	份额/%	
	2018 年	2019 年		2018 年	2019 年
阴离子型	49.5	37	阳离子型	4.8	3
非离子型	42.5	56	两性及其他类型	3.2	4

注：资料来源于中国洗协表委会。

我国从 1958 年开始生产非离子表面活性剂，但品种少、产量低，主要是脂肪醇聚氧乙烯醚，用作纺织助剂。所以那时仍然是阴离子表面活性剂一统天下，和国际上的发展状况相比存在着明显的差距。基于这种状况以及工业发展的要求，国家在"七五""八五"期间引进了高碳醇的生产装置，以及数套百万吨乙烯装置。2010～2015 年，我国环氧乙烷步入一个快速发展期，多家企业建设规模化环氧乙烷生产装置，环氧乙烷生产能力及下游产业均快速增加，2015 年我国环氧乙烷的生产能力达到 381.4 万吨/年，商品量达到 129.5 万吨，国内环氧乙烷需求量超过 118 万吨，为发展性能优良的非离子型表面活性剂奠定了较好的基础。到 2019 年，我国非离子表面活性剂品种已达 1696 个，产量（含聚醚及减水剂大单体）达 189.94 万吨，占全部表面活性剂品种的 55.74%。

由此可见，非离子表面活性剂是发展十分迅速的一类表面活性剂，它具有洗涤、分散、乳化、发泡（泡沫）、润湿、增溶、抗静电、保护胶体、匀染、防腐蚀、杀菌等多方面作用。除大量用于合成洗涤剂和化妆品工业的洗涤活性物外，还广泛应用于纺织、造纸、食品、塑料、皮革、玻璃、石油、化纤、医药、农药、涂料、染料、化肥、胶片、照相、金属加工、选矿、环保、消防等工业部门。

8.1.2   非离子表面活性剂的定义

前面几章介绍离子型表面活性剂，包括阴离子型、阳离子型和两性型表面活性剂，它们的一个共同特点是在水溶液中发生电离，而两性表面活性剂还存在一个等电点的电离平衡，它们的亲水基团均是由带正电荷或负电荷的离子构成。而非离子表面活性剂与它们不同，这类表面活性剂在水溶液中不会形成离子，亲水基主要由具有一定数量的含氧基团（一般为醚基或羟基）构成亲水性，靠与水分子形成氢键实现溶解。

由于非离子表面活性剂在水中不电离，不以离子形式存在，因此决定了它在某些方面比离子型表面活性剂优越，具体特点如下：

① 稳定性高，不易受强电解质无机盐类存在的影响；

② 不易受 Mg^{2+}、Ca^{2+} 的影响，在硬水中使用性能好；

③ 不易受酸碱的影响；

④ 与其他类型表面活性剂的相容性好；

⑤ 在水和有机溶剂中皆有较好的溶解性能；

⑥ 此类表面活性剂的产品大部分呈液态和浆态，使用方便。

随着温度的升高，很多种类的非离子表面活性剂变得不溶于水，存在"浊点"，这也是这类表面活性剂的一个重要特点。

8.1.3   非离子表面活性剂的分类

非离子表面活性剂的疏水基多是由含有活泼氢原子的疏水基团（非离子表面活性剂的疏水基来源是具有活泼氢原子的疏水化合物），如高碳脂肪醇、脂肪酸、高碳脂肪胺、脂肪酰

胺等物质。目前使用量最大的是高碳脂肪醇。亲水基的来源主要有环氧乙烷、聚乙二醇、多元醇、氨基醇等物质。

按其亲水基结构的不同，非离子表面活性剂主要分为聚乙二醇型和多元醇型两大类，其他还有聚醚型、配位键型非离子表面活性剂。

（1）聚乙二醇型

聚乙二醇型非离子表面活性剂包括高级醇环氧乙烷加成物、烷基酚环氧乙烷加成物、脂肪酸环氧乙烷加成物、高级脂肪酰胺环氧乙烷加成物。

（2）多元醇型

多元醇型非离子表面活性剂主要有甘油的脂肪酸酯、季戊四醇的脂肪酸酯、山梨醇及失水山梨醇的脂肪酸酯。

进一步按化学结构可以分为以下几类。

① 脂肪醇聚氧乙烯醚 $RO(CH_2CH_2O)_{\overline{n}}H$，$n=1\sim30$，$R=C_{10}\sim C_{18}$，平平加（商品名）。

② 烷基酚聚氧乙烯醚 $R—\phenyl—O—(CH_2CH_2O)_{\overline{n}}H$，$n=1\sim30$，$R=C_{10}\sim C_{18}$，OP 系列。

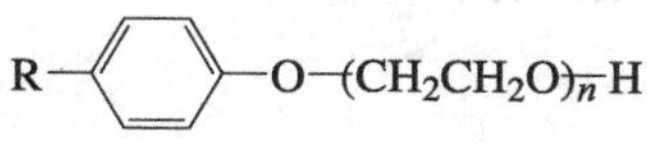

如 $C_9H_{19}—\phenyl—O—(CH_2CH_2O)_{\overline{n}}H$，壬基酚聚氧乙烯醚（OP-10）。

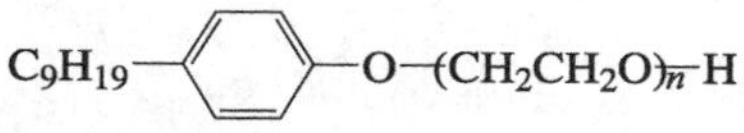

③ 聚氧乙烯烷基酰醇胺

$$RCONH(CH_2CH_2O)_nH \quad RCON{<}^{(CH_2CH_2O)_xH}_{(CH_2CH_2O)_yH}$$

当 x、y、n 均为 1 时，则有如下表面活性剂

$$RCONHCH_2CH_2OH \quad RCON{<}^{CH_2CH_2OH}_{CH_2CH_2OH}$$

④ 脂肪酸聚氧乙烯酯　$RCOO(CH_2CH_2O)_nH$，如 $R=C_{17}H_{33}$（油酸聚氧乙烯酯），或 $R=C_{17}H_{35}$（硬脂酸聚氧乙烯酯）。

⑤ 聚氧乙烯烷基胺 $RN{<}^{(CH_2CH_2O)_xH}_{(CH_2CH_2O)_yH}$

⑥ 多元醇表面活性剂　这类表面活性剂主要是脂肪酸与多羟基物作用而生成的酯，如

单硬脂酸甘油酯 $\left(\begin{array}{l}C_{17}H_{35}COOCH_2\\ CHOH\\ CH_2OH\end{array}\right)$、单硬脂酸季戊四醇酯 $\left(\begin{array}{l}CH_2OH\\ C_{17}H_{35}OOCH_2C—C—CH_2OH\\ CH_2OH\end{array}\right)$ 和单

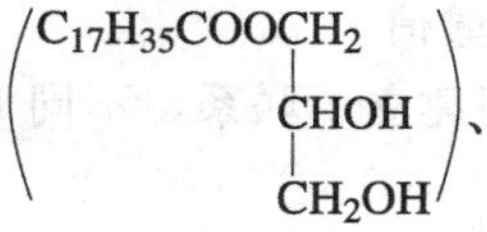

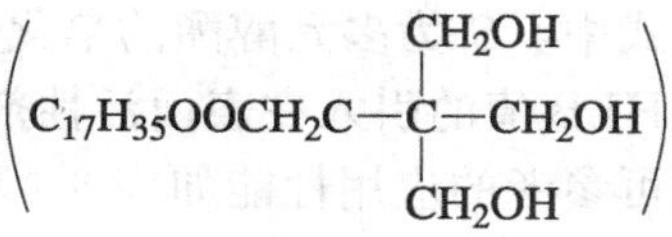

硬脂酸失水山梨醇酯 $\left(\begin{array}{c}C_{17}H_{35}COOCH_2CH \overset{O}{\diagup\diagdown} CH_2\\ HO—CH \quad CHOH\\ CH\\ OH\end{array}\right)$ 等。

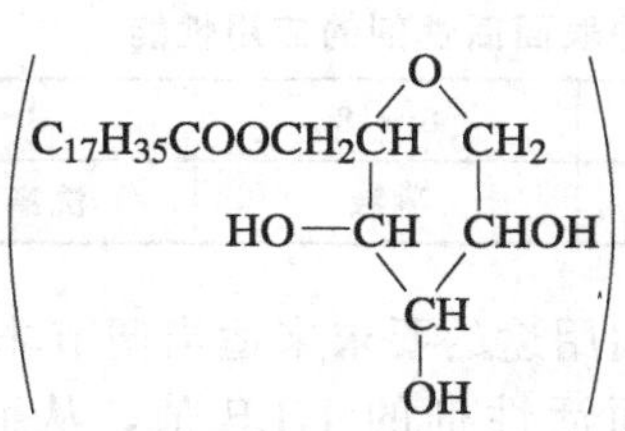

⑦ 聚醚（聚氧乙烯-聚氧丙烯共聚）型表面活性剂　是环氧乙烷及环氧丙烷的嵌段聚合物。

$$HO(CH_2CH_2O)_b(CHCH_2O)_a(CH_2CH_2O)_cH$$
$$\underset{CH_3}{|}$$

这类表面活性剂商品名为 Pluronie，是应用比较广泛的一种表面活性剂，其中 $a \geqslant 15$，$(CH_2CH_2O)_{b+c}$ 含量占 20%～90%。

⑧ 其他　包括高级硫醇 $RS(CH_2CH_2O)_nH$、冠醚 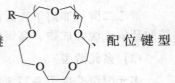、配位键型

$$\underset{\underset{CH_3}{|}}{\overset{\overset{CH_3}{|}}{C_{12}H_{25}-P}} \to O，其中 P 也可由 N、As 等代替。$$

以上是非离子表面活性剂的主要类型，将在 8.4 节非离子表面活性剂的合成及应用中选择重要品种进行较详细的介绍。

8.2　非离子表面活性剂的性质

非离子表面活性剂在水中不电离，其表面活性是由中性分子体现出来的。该类表面活性剂具有较高的表面活性，其水溶液的表面张力低，临界胶束浓度亦低于离子型表面活性剂；胶束聚集数大，导致其增溶作用强，并具有良好的乳化能力和润湿能力。

8.2.1　HLB 值

HLB 值是亲水亲油平衡值，表示表面活性剂亲水性与亲油性的强弱，但主要用于描述亲水性，HLB 值越高，亲水性越强。表面活性剂的 HLB 值一般在 0～20 之间。

非离子型表面活性剂 HLB 值的计算方法如下。

① 聚乙二醇型非离子表面活性剂

$$HLB = E/5$$

式中，E 为加成环氧乙烷的质量分数。

② 多元醇型非离子表面活性剂

$$HLB = 20(1 - S/A)$$

式中，S 为多元醇酯的皂化值；A 为原料脂肪酸的酸值。

HLB 值的引入在表面活性剂分子的性质和应用之间建立了联系，不同 HLB 值的表面活性剂可参考的应用性能如表 8-2 所示。

表 8-2　不同 HLB 值的表面活性剂的应用性能

HLB 值	3～6	7～15	8～18	13～15	15～18
用途	乳液	润湿渗透	乳液	洗涤去污	增溶

因此在实际生产和应用中，可以根据不同用途的要求来适当调节非离子表面活性剂的聚合度，即环氧乙烷的加成数，就可改变表面活性剂的 HLB 值，从而达到比较好的应用性能。

8.2.2　浊点及亲水性

(1) 浊点的定义和意义

环氧乙烷加成数量越多，表面活性剂的亲水性就越好。因此为了达到一定的 HLB 值及应用性能，需要改变环氧乙烷的加成数。

非离子表面活性剂的亲水性是通过表面活性剂与水分子之间形成氢键的形式体现出来的。在无水状态下，通常聚氧乙烯链呈锯齿形，而在水溶液中则呈现蜿曲形，如下所示：

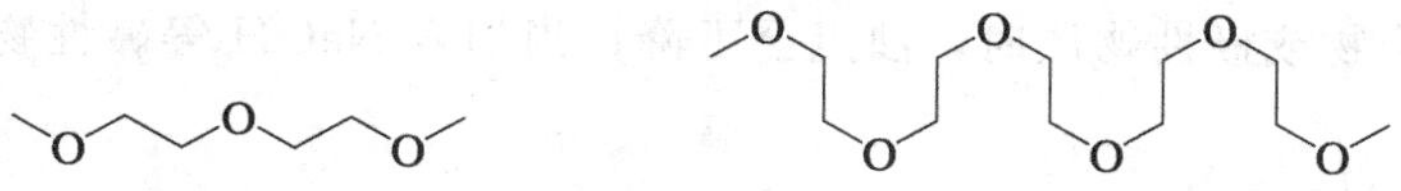

锯齿形　　　　　　　　　　蜿曲形

当非离子表面活性剂在水溶液中以蜿曲形式存在时，聚氧乙烯基中亲水的氧原子均处于分子链的外侧，疏水性的—CH$_2$—基团被围在内侧，有利于水与氧原子形成氢键，从而使表面活性剂能够溶解在水中。

氢键的键能较低，结构松弛。当表面活性剂的水溶液温度升高时，分子的热运动加剧，结合在氧原子上的水分子脱落，形成的氢键遭到破坏，使其亲水性降低，表面活性利在水中的溶解度下降。当温度升高到一定程度时，表面活性剂就会从溶液中析出，使原来透明的溶液变浑浊，这时的温度称为非离子表面活性剂的浊点。

非离子表面活性剂的浊点与离子型表面活性剂的 Krafft 点有所不同。离子型表面活性剂在温度高于 Krafft 点时，溶解度显著增加，而非离子表面活性剂只有当温度低于浊点时，在水中才有较大的溶解度。如果温度高于浊点，非离子表面活性剂就不能很好地溶解并发挥作用。

因此浊点是非离子表面活性剂的一个重要指标，可以用它来表示非离子表面活性剂亲水性的高低。非离子表面活性剂的浊点越高，表面活性剂越不易自水中析出，亲水性越好。实际上非离子表面活性剂的质量和使用等都要靠其浊点的测定来指导。

(2) 影响非离子型表面活性剂浊点的因素

① 疏水基的种类　疏水基种类不同，即使环氧乙烷（EO）加成数相同，表面活性剂的浊点也不相间，疏水基即亲油基的亲油性越大，所得表面活性剂的亲水性越低，浊点就低；反之，由亲油性小的疏水基构成的表面活性剂水溶性较大，其浊点较高。

例如月桂胺、月桂醇和月桂酸酯的 10mol 环氧乙烷加成物的浊点分别为 98℃、88℃和 32℃。可见疏水基种类不同，表面活性剂的浊点不同，按照月桂胺、月桂醇和月桂酸酯的顺序，由它们制得的非离子表面活性剂浊点降低，即亲水性（或水溶性）降低。

② 疏水基碳链的长度　同族化合物或者同类型亲油基中，疏水基愈长，碳数愈多，疏水性愈强，相应的亲水性就愈弱，则浊点降低，这点可由表 8-3 中的数据（10mol 环氧乙烷加成物）看出。由月桂醇到十八醇，碳原子数增加 6，浊点降低了 20℃，亲水性明显下降。

表 8-3　疏水基碳链的长度对浊点的影响

疏水基	月桂醇(C_{12})	十四醇(C_{14})	十六醇(C_{16})	十八醇(C_{18})
浊点/℃	88	78	74	68

③ 亲水基的影响　聚氧乙烯以及其他一些类型的非离子表面活性剂的亲水基主要是聚氧乙烯链。当疏水基固定时，浊点随环氧乙烷加成数或聚氧乙烯链长的增加而升高，亲水性增强。例如月桂基聚乙二醇醚的氧乙烯基化程度和浊点有如表 8-4 所示的关系。

表 8-4　$C_{12}H_{25}(OCH_2CH_2)_nOH$ 的浊点

n	4	5	6	7	8	9	10	11	12
cmc/(mol/L)	7.0	31.0	51.6	67.2	79.0	87.8	94.8	100.3	>100

④ 添加剂的影响　通常向非离子表面活性剂的溶液中添加非极性物质，浊点会升高；而添加芳香族化合物或极性物质时，浊点会下降；当加入 NaOH 等碱性物质时，浊点会急剧下降。

(3) 水数

水数是用来表示非离子表面活性剂性能的另一个概念，它的含义是：将 1.0g 非离子表面活性剂溶于 30mL 二氧六环中，向得到的溶液中滴加水直到溶液浑浊，这时所消耗的水的体积（mL），即称为水数。水数也可用来表示非离子表面活性剂的亲水性，即水数上升，亲水性增强。

8.2.3　临界胶束浓度

非离子表面活性剂的临界胶束浓度较低，一般比阴离子型表面活性剂低 1～2 个数量级。例如，同以十六烷基为疏水基的阴离子表面活性剂和非离子表面活性剂，其 cmc 相差较多，十六烷基硫酸钠的 cmc 为 5.8×10^{-4} mol/L，而十六醇的 6mol 环氧乙烷加成物的 cmc 为 1.0×10^{-6} mol/L。

非离子表面活性剂具有较低的临界胶束浓度主要有以下两个原因：

① 非离子表面活性剂本身不发生电离，不带电荷，没有静电斥力，易形成胶束；

② 分子中的亲水部分体积较大，只靠极性原子形成氢键溶于水，与离子型表面活性剂相比，与溶剂作用力较弱，易形成胶束。

影响非离子表面活性剂临界胶束浓度的因素符合表面活性剂的一般规律，即随着疏水基碳链长度的增加，表面活性剂的亲水性下降，cmc 降低；随着聚氧乙烯聚合度的增加，表面活性剂的亲水性增强，cmc 提高。

例如，表 8-5 和表 8-6 两组数据充分说明了疏水基碳链长度和聚氧乙烯聚合度对临界胶束浓度的影响。

表 8-5　$C_nH_{2n+1}O(CH_2CH_2O)_6H$ 的临界胶束浓度（20℃）

疏水基	正丁醇(C_4)	正己醇(C_6)	正辛醇(C_8)	正癸醇(C_{10})	十二醇(C_{12})
cmc/(mol/L)	8.0×10^{-1}	10^{-1}	1.1×10^{-2}	9.2×10^{-4}	8.2×10^{-5}

表 8-6　$C_{16}H_{33}O(CH_2CH_2O)_nH$ 的临界胶束浓度（25℃）

n	6	7	9	12	15	21
cmc/(mol/L)	1.0×10^{-6}	1.7×10^{-6}	2.1×10^{-6}	2.3×10^{-6}	3.1×10^{-6}	3.9×10^{-6}

8.2.4　表面张力

表面活性剂最重要的性能就是有效地降低表面张力，非离子表面活性剂，影响其表面张力的因素主要有三个。

①　疏水基官能团的影响　同为聚氧乙烯亲水基团的表面活性剂，当疏水基种类不同时，其溶液表面张力不同，如表 8-7 中不同疏水基的表面活性剂具有不同的表面张力。

表 8-7　不同疏水基对表面张力的影响

疏水基种类	异辛基酚聚氧乙烯醚	月桂酸聚乙二醇酯	油醇聚乙二醇醚	聚氧乙烯聚氧丙烯醚
γ/(mN/m)	29.7	32.0	37.2	45.2

②　亲水基的影响　随聚氧乙烯链长度的增加，即环氧乙烷加成数的增加，表面张力升高，从图 8-1 各种烷基酚聚氧乙烯醚表面张力与含量的关系可以看出，相同含量时，环氧乙烷（EO）加成数越低，表面张力也越低。

③　温度的影响　通常随温度的升高，表面张力下降。

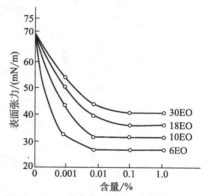

图 8-1　烷基酚聚氧乙烯醚含量与表面张力的关系

8.2.5　润湿性

润湿性的测定方法一般采用纱带沉降法。所谓纱带沉降法，即在给定的温度下，一定的时间内，使纱带下降所需要的表面活性剂的浓度。浓度越低，说明表面活性剂的润湿性越高。例如，25℃时 25s 内使纱带下沉时表面活性剂的含量变化如表 8-8 所示。

表 8-8　25s 内使纱带下沉时表面活性剂的含量变化（25℃）

脂肪醇碳数	10			12			14		
EO 加成数	2.9	8.8	19.1	4.4	11.2	23.5	4.9	13.9	26.4
含量/%	0.03	0.05	2.0	0.05	0.09	3.5	0.21	0.4	6.25

从表 8-8 中可以看出，非离子表面活性剂的润湿性具有如下规律：

①　随碳数的增加，亲油基碳链长度的增长，使纱带下沉所需表面活性剂的含量增高，即润湿性降低；

②　在疏水基相同时，环氧乙烷（EO）加成数越多，亲水性越强，润湿力越差，使纱带下沉所需的表面活性剂含量越高。

8.2.6　起泡性和洗涤性

聚醚型非离子表面活性剂的起泡性通常比离子型低，而且因为不能电离出离子，对硬水不敏感。此外，它的起泡性随 EO 加成数的不同而发生变化，并出现最高值。例如，十三醇聚氧乙烯醚的起泡性如图 8-2 所示，其中以环氧乙烷加成数为 9.5mol 时最高。

在低温时，非离子表面活性剂的临界胶束浓度低于离子型表面活性剂的临界胶束浓度，因此其低温洗涤性较好。此外，用于不同纤维的洗涤时，得到最佳洗涤效果的表面活性剂的 EO 加成数不同，例如壬基酚聚氧乙烯醚用于羊毛洗涤时，EO 加成数以 6~12 为最好；而用于棉布洗涤时，则以 10 为最好。但十二醇聚氧乙烯醚在 EO 加成数为 7~8 时，对羊毛和棉布均显示最高的洗涤效果。

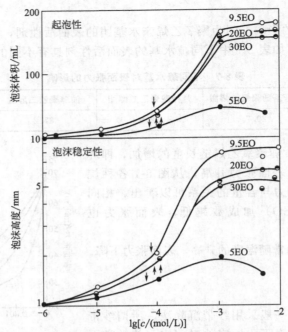

图 8-2   十三醇聚氧乙烯醚的起泡性（55℃）（箭头处为 cmc）

8.2.7   生物降解性和毒性

非离子表面活性剂不带电荷，不会与蛋白质结合，对皮肤的刺激性较小，毒性也较低。生物降解性一般以直链烷基为好，烷基酚类则较差；此外 EO 加成数越多，生物降解性越差。

8.3   氧乙基化反应

合成聚氧乙烯型表面活性剂的基本反应是氧乙基化反应，也叫环氧乙烷加成聚合反应。这一反应包括环氧乙烷与脂肪醇、酚类、硫醇、羧酸、酰胺以及脂肪胺等含有活泼氢原子的化合物的反应。其反应式可表示为：

$$\text{RXH}^* + n\text{H}_2\text{C}\!\!-\!\!\text{CH}_2 \xrightarrow[\text{催化}]{\text{OH}^- \text{或 H}^+} \text{RX(CH}_2\text{CH}_2\text{O)}_n\text{H}^*$$

式中，RXH^* 为脂肪醇等含有活泼氢原子的物质；X 为使氢原子致活的杂原子，如 O、N、S 等；R 为疏水基团，如烷基、烷基芳烃、酯和醚等；n 则代表平均聚合度，例如产品标明 $n=8$，实际上聚合度 n 的范围在 $0\sim20$ 之间，平均聚合度为 8。下面详细介绍氧乙基化反应的机理。

8.3.1   反应机理

环氧乙烷因自身结构的特点具有很大的活泼性，易发生开环反应，与含有活泼氢的化合物发生加成反应。这一反应多数采用碱性条件下 EO 开环加成，即碱催化的氧乙基化反应。少数情况下采用酸性条件即酸催化的氧乙基化反应。采用的催化剂不同，反应机理也不同，因此将分别介绍碱催化和酸催化的氧乙基化反应机理。

8.3.1.1 无机碱作催化剂的环氧开环反应

碱性条件下的 EO 开环加成反应是工业上合成非离子表面活性剂的常用方法。反应分两步进行：第一步是 EO 开环加成，得到一元加成物；第二步则是聚合反应，得到表面活性剂。

① 环氧乙烷（EO）开环

$$RXH^* + NaOH(LiOH, KOH) \xrightarrow{\text{快}} RX^- + Na^+(K^+, Li^+) + H^*OH$$

$$RX^- + \underset{O}{H_2C\!-\!CH_2} \xrightarrow{\text{慢}} RXCH_2CH_2O^-$$

$$RXCH_2CH_2O^- + RXH^* \xrightarrow{\text{快}} RX^- + RXCH_2CH_2OH$$

在这一反应机理中，第二步慢反应是反应的控制步骤，它是二级亲核加成取代反应，反应速率取决于 RX^- 和 EO 的浓度。

该反应生成的氧乙基化阴离子 $RXCH_2CH_2O^-$ 与原料 RXH^* 经历一个很快的质子交换反应得到环氧乙烷的一元加成物 $RXCH_2CH_2OH^*$。

② 聚合　根据以上的机理，氧乙基化阴离子 $RXCH_2CH_2O^-$ 除可以与 RXH^* 发生质子交换反应而终止反应外，还可以同 EO 进一步聚合形成聚氧乙烯链亲水部分，即发生下列一系列反应。

$$RXCH_2CH_2O^- + \underset{O}{H_2C\!-\!CH_2} \longrightarrow RXCH_2CH_2OCH_2CH_2O^-$$

$$RXCH_2CH_2OCH_2CH_2O^- + RXH^* \longrightarrow RX^- + RXCH_2CH_2OCH_2CH_2OH^*$$

$$RX(CH_2CH_2O)_{n-2}CH_2CH_2O^- + \underset{O}{H_2C\!-\!CH_2} \longrightarrow RX(CH_2CH_2O)_{n-1}CH_2CH_2O^-$$

$$RX(CH_2CH_2O)_{n-1}CH_2CH_2O^- + RXH^* \longrightarrow RX(CH_2CH_2O)_nH^* + RX^-$$

从以上反应历程可以看出，反应过程中可生成不同聚合度的化合物，因此一般所指的环氧乙烷加成数实际上是一个平均值。

8.3.1.2 Lewis 酸及质子酸作催化剂的环氧开环反应

酸性条件下的开环机理尚不十分清楚，多数认为是 S_N1 型亲核取代反应，即反应按下列过程进行：

$$\underset{O}{H_2C\!-\!CH_2} + H^+ \xrightarrow{\text{快}} \underset{\overset{+}{O}H}{H_2C\!-\!CH_2}$$

$$\underset{\overset{+}{O}H}{H_2C\!-\!CH_2} \xrightarrow{\text{慢}} (HOCH_2CH_2)^+$$

$$(HOCH_2CH_2)^+ + RXH \xrightarrow{\text{快}} RXCH_2CH_2OH + H^+$$

当以 BF_3 为催化剂时反应机理如下：

$$ROH + BF_3 \longrightarrow RO^- + HBF_3^+$$

$$\underset{O}{H_2C\!-\!CH_2} + HBF_3^+ \longrightarrow \underset{\overset{+}{O}H}{H_2C\!-\!CH_2} + BF_3$$

接下去反应可以按②和③继续进行。

在上面介绍的酸催化机制中，第二步反应是整个反应的速率控制步骤。反应中生成的 EO 一元加成物还可以继续反应得到多分子加成物，即

$$RXCH_2CH_2OH + (HOCH_2CH_2)^+ \longrightarrow RX(CH_2CH_2O)_2H + H^+$$

$$RX(CH_2CH_2O)_{n-1}H + (HOCH_2CH_2)^+ \longrightarrow RX(CH_2CH_2O)_nH + H^+$$

酸催化反应在非离子表面活性剂的制备中不常采用，其中一个重要原因就是会有较多的副产物生成。副产物的生成过程如下：

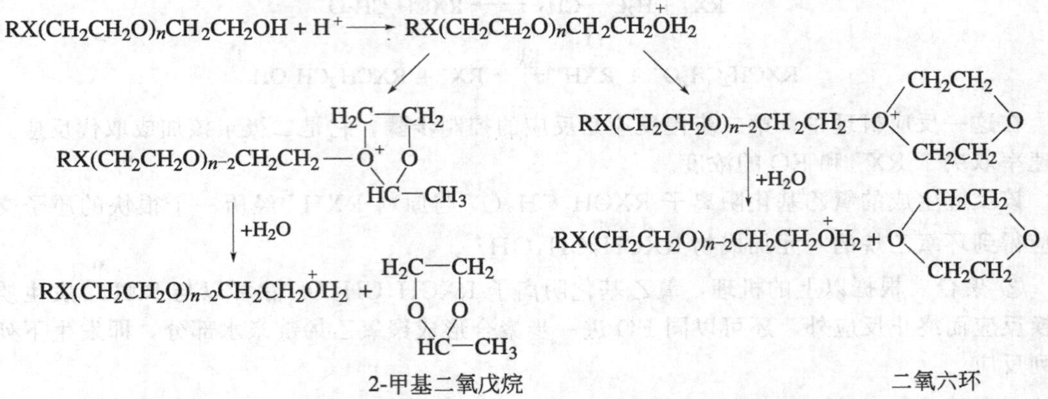

2-甲基二氧戊烷　　　　　　　　　　　　　二氧六环

除此之外还有聚乙二醇副产物生成，这些副反应会影响表面活性剂的合成产率及产品的质量。因此，工业上一般多使用碱作催化剂，而不采用酸作催化剂。

8.3.1.3　采用双金属氰化物催化剂（DMC）的环氧开环反应

双金属氰化物催化剂（DMC）是 20 世纪 60 年代由美国通用轮胎橡胶公司研究人员发现的一种用于环氧化物聚合的高效催化剂。经过几十年的努力，在 90 年代初期，它已成功地应用于高分子量、低不饱和度聚醚多元醇的工业化生产。

与传统的环氧化物催化剂（如 KOH）相比，DMC 催化剂制得的聚醚多元醇具有分子量高、不饱和度低、分子量分布窄、平均官能度高等优点。DMC 催化剂对环氧化物的催化活性高，使它能在很低浓度下（小于 $100\mu g/g$）催化环氧化物聚合。这种催化剂制得的聚醚多元醇可应用于生产聚氨酯涂料、弹性体、密封胶、泡沫和胶黏剂。由其合成的聚醚（简称 DMC 醚）广泛用于聚氨酯、非离子表面活性剂及燃油清净剂等领域，有代表性的产品是 Bayer 公司的 Acclaim、Actaclear 系列产品。

DMC 催化剂可用式 $M_u^{I}[M^{II}(CN)_6]_y \cdot xM^{I}X_w \cdot yH_2O \cdot zR_y$ 表示，M^{I}、M^{II} 为金属离子，可以分别为 Zn^{2+}、Co^{2+} 等，$M^{I}X_w$ 为水溶性金属盐，R 为有机配体，通常为含杂原子的水溶性化合物，如醇、醛、酮、醚等。它是在有机配体存在下，一种金属氰化物络合物盐的水溶液与一种式为 $M^{I}X_w$ 的金属盐水溶液反应制成的。

用 DMC 合成聚醚的关键在于催化剂的制备，有关 DMC 的专利很多，但是早期 DMC 的专利具有如下特点：①一种金属盐水溶液与另一种金属氰化物水溶液制备；②制备 DMC 的原料主要是 $Zn_3[Co(CN)_6]_2$ 和 $Zn_3[Fe(CN)_6]_2$；③要用有机配体处理 DMC；④制备工艺较长，需多次沉淀和洗涤。此类催化剂的主要缺点是：制备周期长、生产成本高、催化环氧化物时诱导期长（几个小时）、活性不够高导致催化剂用量大，最终聚醚产品中催化剂需进行分离。

对 DMC 改性的关键是提高其催化活性，影响其活性的因素有：金属离子种类及含量、配体的类型、制备工艺等，其中有机配体对 DMC 催化剂的活性影响最大。作为 DMC 催化

剂的配体，必须含有一定的富电子基团如含 O、N、S 等的基团，且必须能溶于水。富电子基团的存在有利于形成无定形的 DMC。由于一般认为无定形的 DMC 催化剂对环氧化物聚合的活性更高，所以有利于 DMC 形成无定形态有机配体是合适的配体。

通过使用不同的有机配体，可以合成多种高活性 DMC 催化剂。20 世纪 70 年代，最常见的 DMC 催化剂为 $Zn_3[Co(CN)_6]_2 \cdot xZnCl_2 \cdot yH_2O \cdot zDME$（DME 为乙二醇二甲醚），采用的有机配体主要是乙二醇二甲醚。90 年代后更多地使用叔丁醇为有机配体。叔丁醇 DMC 具有潜在的催化环氧化物的更高活性。就单个氧原子来说，叔丁醇上的氧原子电负性最强。由它制备的催化剂具有很高的无定形态，因而活性很高。有研究发现，合适的有机配体为水溶性的脂肪醇，如乙醇、正丁醇、叔丁醇等，其中叔丁醇效果最佳。使用叔丁醇为有机配体可以制备一系列 DMC 催化剂，DMC 的催化活性强烈依赖于催化剂的形态及组分，无定形的 DMC 具有很高的催化活性。

DMC 催化剂配体的选择采用如下方法。

(1) 加入聚醚多元醇

DMC 催化剂中引入聚醚多元醇后，会影响 DMC 催化剂的晶相结构，使催化剂中的非晶体组分含量增大，活性因此得到提高。DMC 催化剂中加入不同分子量的聚醚多元醇作为螯合剂的应用已有许多报道。Le-khac 制备了含有分子量大于 500 的聚醚 DMC 催化剂。聚醚多元醇的加入提高了 DMC 催化剂的活性，由这种催化剂合成的聚醚不饱和度很低。另外，以 $Zn_3[Co(CN)]_2$、叔丁醇和分子量为 200～400 的聚乙二醇制得的新型 DMC，与常规催化剂相比，催化剂活性大为提高。

Kim 等在 DMC 催化剂中使用不同类型的配体，如分子量为 700 的聚醚、分子量为 1800 的聚四亚甲基乙二醇醚等，发现当向 DMC 催化剂中引入聚四亚甲基乙二醇醚时，聚合制得的聚醚不饱和度只有 0.003～0.006meq/g，同时分子量分布很窄（分子量分布系数为 1.02～1.1）。

(2) 加入含官能团的化合物

Le-khac 在 DMC 催化剂中加入了含有 2%～80%官能团的聚合物，并发现该催化剂除具有高活性外，还易分离，易成粉末，合成的聚醚无超高分子量拖尾现象。一种 DMC 催化剂，加入了羟烷基取代的内酰胺或内酯类环状二齿化合物。有专利公布的 DMC 催化剂，含有离子型表面活性剂或者缩水甘油醚、多元醇的碳酸酯等有机配体成分。这些催化剂中引入聚合物组分，具有非常高的催化活性，催化剂用量很少。由于在最终的聚醚产品中金属离子的含量极低（$<5\times10^{-6}$），所以不需要后处理。即使对产物纯度要求很高时，也可以通过过滤的方法将催化剂去除。在 DMC 催化剂中加入了季铵盐，结果表明 DMC 与 4-十二烷基氯化铵复配后催化活性很高，催化环氧丙烷聚合时诱导时间只有 10 min。有研究采用 N,N,N',N'-四甲基乙二胺作为螯合剂，使用铁氰化钾和氯化锌等为原料，制备了新型的 Zn-Fe 氰化物配合物催化剂，其合成步骤及结构如下：

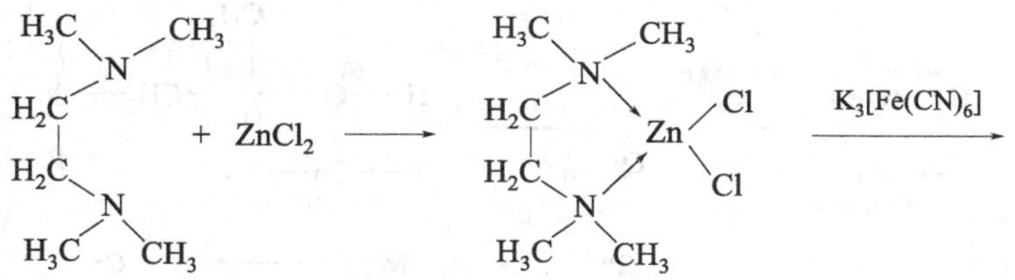

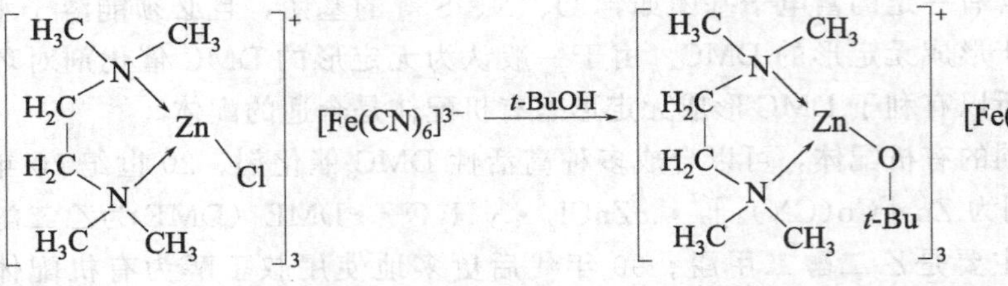

DMC 催化环氧化合物开环的机理研究较多。早期认为 DMC 催化剂合成聚醚的主要反应历程如下：催化剂中形成以二价金属为主的活性中心，然后环氧化物单体靠近该金属离子发生配合，继而开环插入包含此金属离子的一个化学键中，从而实现聚合物的链增长。

在聚醚链增长过程中单体插入方式含有 a、b 两种方式。一级插入使取代较多的碳原子和氧原子间的键打开形成伯羟基（b）。相反是二级插入，最后形成仲羟基（a）。有研究发现，对于环氧丙烷，一级插入与二级插入之比为 1∶10，主要产生仲羟基。对于无取代基的环氧乙烷，则只能得到伯羟基，如下图所示：

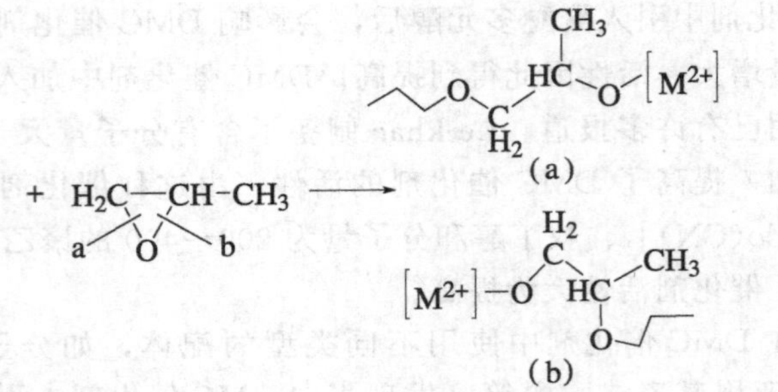

DMC 合成聚醚分子量分布较窄，这是由于体系中羟基与活性中心存在高速链转移，同时也消除了聚合中的端基的重排，避免了羟基官能度的降低。多年来人们一直致力于改进 DMC 的催化性能，对它催化环氧化物的聚合机理研究较少。目前普遍认为 DMC 催化环氧化物的聚合机理属于配位阳离子聚合，DMC 催化剂的活性中心是螯合的金属离子，属于阳离子型。这种配位聚合机理如下式（1）～（4）所示，P 表示 $CH_2CH(CH_3)O$ 链节。首先在催化剂表面形成活性中心 S^*，然后与环氧丙烷单体反应生成聚合中心 C^*，单体开始不断插入聚合中心，实现链增长。

引发：

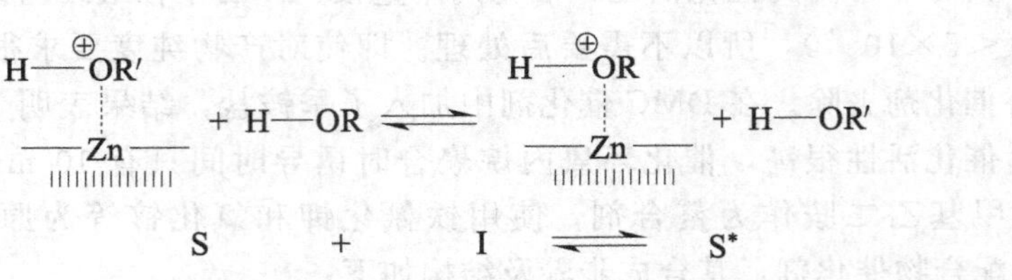

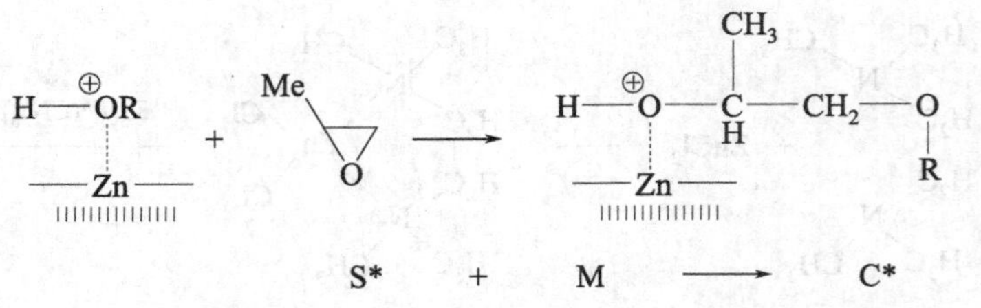

增长：

$$
H\!-\!\overset{\oplus}{\underset{\underset{\overline{\;\;\;\;\;}}{Zn}}{O}}P_n \;+\; \text{Me}\underset{O}{\triangle} \longrightarrow H\!-\!\overset{\oplus}{\underset{\underset{\overline{\;\;\;\;\;}}{Zn}}{O}}P_{n+1} \tag{3}
$$

$$
C^*(P_n) \;+\; M \longrightarrow C^*(P_{n+1})
$$

交换：

$$
H\!-\!\overset{\oplus}{\underset{\underset{\overline{\;\;\;\;\;}}{Zn}}{O}}P_n \;+\; H\!-\!OR'' \rightleftharpoons H\!-\!\overset{\oplus}{\underset{\underset{\overline{\;\;\;\;\;}}{Zn}}{O}}R'' \;+\; P_nOH \tag{4}
$$

$$
C^*(P_n) \;+\; H\!-\!OR'' \rightleftharpoons S' \;+\; P_n
$$

一般认为，在环氧丙烷的聚合过程中，DMC 首先在环氧丙烷的作用下被激活形成活性结构，然后再与起始剂发生置换反应，使分子链增长。

吴立传等研究了 DMC 用于环氧丙烷的聚合，认为聚合过程中 DMC 催化剂不可能自行活化，它必须在与环氧单体的相互作用中才能形成活性中心而完成链引发反应。理论上存在着增长链中的活性中心通过解配合而钝化的可能性，钝化的逆反应为活性中心的再生。但在起始剂存在下，含活性中心的聚合链更容易与之反应形成非活性的聚合物，同时释放出原始的催化活性中心。

8.3.2　影响反应的主要因素

8.3.2.1　原料的影响

（1）环氧化物的影响

环氧化合物结构不同，反应活性不同。表 8-9 列出了不同环氧化合物的反应速率。

表 8-9　不同环氧化合物对反应速率的影响

环氧化物种类	环氧乙烷	环氧丙烷	环氧丁烷
相对反应速率	1	0.4	0.1

可以看出环氧乙烷反应速率最快，反应活性高。这一点可以这样来理解，由于环氧乙烷开环反应属于亲核取代反应，被进攻的质点为 $H_2\overset{\delta^+}{C}\underset{\underset{\delta^-}{O}}{-}CH\!-\!R$，进攻位置为 $\overset{\delta^+}{C}H_2$。烷基 R 是供电子基团，使 $\overset{\delta^+}{C}H_2$ 正电荷分布下降，因此影响了反应速率，而且 R 越长，反应速率越低。

（2）含活泼氢原料的影响

一般的规律是，给出氢原子的能力越强，反应活性越高。因此有如下几点结论：
① 碳链长度增加，醇的活性降低，反应速率减慢；
② 按羟基的位置不同，氧乙基化反应速率为伯醇＞仲醇＞叔醇；
③ 在酚类反应物中，取代基也对乙氧基化反应速率有影响，并按下列顺序递减：

$$CH_3O-\!>\!-CH_3>H>\!-Br>\!-NO_2$$

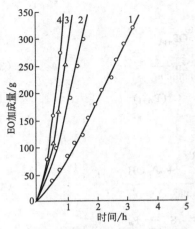

图 8-3　催化剂 KOH 浓度
对 EO 加成速率的影响

十三醇物质的量＝1mol，KOH 物质的量：
1—0.018mol；2—0.036mol；
3—0.072mol；4—0.143mol

8.3.2.2　催化剂的影响

氧乙基化反应的催化剂有酸性催化剂和碱性催化剂两类，但一般用碱性催化剂，只有在某些局部的场合才使用酸性催化剂。碱性催化剂中比较常用的有金属钠、甲醇钠、氢氧化钠、碳酸钾、碳酸钠、醋酸钠等。

关于催化剂对反应的影响可以归纳为以下几条结论。

① 使用酸性催化剂比使用碱性催化剂时的反应速率快 80～100 倍。

② 碱性催化剂碱性的强弱会影响反应速率，即碱性越强，催化反应速率越快，不同的碱性催化剂催化下的反应速率为：$KOH > CH_3ONa > C_2H_5ONa > NaOH > K_2CO_3 > Na_2CO_3$。

③ 一般情况下，催化剂浓度增高，反应速率加快，且随浓度增高，在低浓度时反应速率的增加高于高浓度。例如催化剂 KOH 浓度对 EO 加成速率有较大的影响，如图 8-3 所示。

④ 采用不同催化剂会影响产物的组成，即环氧乙烷加成数或聚合度 n 的分布。一般情况下采用酸催化剂的 n 符合泊松（Poisson）分布，而采用碱催化剂的 n 符合韦伯（Weibull）分布。二者性质对比见表 8-10。

表 8-10　不同催化剂对产物组成的影响

催化剂种类	聚合度 n 分布	产品性能	反应速率	其他	有无工业用途
酸催化剂	窄	好	快	有副产物	无
碱催化剂	宽	差	慢	无副产物	有

由此可以看出，尽管酸催化剂存在许多优点，但因副产物的生成且其用途不大，故工业生产上主要应用的仍是碱性催化剂。

8.3.2.3　温度的影响

温度是影响环氧乙烷加成速率的一个重要因素，一般随着温度的升高，反应速率加快。但这一变化规律并不是呈线性关系，而是在不同的温度范围内，反应速率随温度升高而加快的幅度不同。

图 8-4 是在甲醇钠催化下，用 1mol 十三醇与 220g 环氧乙烷反应生成 $C_{13}H_{27}O(CH_2CH_2O)_5H$ 的反应时间与反应温度关系图。从图中结果可以看出，在相同温度增量下，环氧乙烷加成速率曲线在高温下的斜率比在低温时的斜率大。

图 8-4 中四条线每相邻两条线的温度差别即温度升高量均为 30℃，当在 105～110℃反应时，需要 3.5h 左右，而在 135～140℃反应，到结束时需要 1.2h。当反应温度分别为 165～170℃和 195～200℃时，反应时间则分别仅需要 0.6h 和 0.4h。

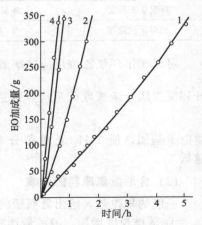

图 8-4　温度对 EO 加成速率的影响
1mol 十三醇；0.036mol KOH；反应
温度 1—105～110℃；2—135～140℃；
3—165～170℃；4—195～200℃

8.3.2.4 压力的影响

通常情况下，随着反应体系压力的升高，反应速率加快，这是因为在反应体系中反应压力与环氧乙烷的浓度成正比，压力升高，则环氧乙烷浓度加大，因此反应速率加快。例如 1mol 的十三醇与 350g 环氧乙烷在不同压力下的反应完成时间，其结果列在表 8-11 中。

表 8-11 1mol 的十三醇与 350g 环氧乙烷反应压力对反应时间的影响

反应压力 p/kPa	6	4	2	1
反应时间/h	1.4~1.5	约 2	约 1.6	约 2.6

8.4 非离子表面活性剂的合成

非离子表面活性剂的工业品种很多，国外的商品牌号有千余种，是仅次于阴离子表面活性剂的重要品种。本书选择工业上常用的一些典型品种作介绍，对它们的合成方法、应用性能及其原料的制备进行说明。在介绍合成的过程中，主要按化学结构分类进行介绍。

8.4.1 脂肪醇聚氧乙烯醚

脂肪醇聚氧乙烯醚（AEO）的结构通式为 $RO(CH_2CH_2O)_nH$，是最重要的非离子表面活性剂品种之一，商品名为平平加。它具有润湿性好、乳化性好、耐硬水、能用于低温洗涤、易生物降解以及价格低廉等优点。其物理形态随聚氧乙烯基聚合度的增加从液体到蜡状固体，但一般情况下以液体形式存在，不易加工成颗粒状。

脂肪醇聚氧乙烯醚按其脂肪链和环氧乙烷加成数的不同，可以得到多种性能不同的产品，表 8-12 是国内生产的主要商品的性能及用途。

表 8-12 脂肪醇聚氧乙烯醚主要商品的性能及用途

商品名	HLB 值	脂肪链长	引入乙氧基数(n)	用途
乳化剂 FO		12	2	乳化剂
乳化剂 MOA	5		4	液体洗涤剂、合纤油剂
净化剂 FAE			8	印染渗透剂
渗透剂 JFC	12	7~9	5	渗透剂
乳百灵 A	13			矿油乳化剂
平平加 OS-15	14.5			匀染剂
平平加 0~20	16.5	12		乳化剂
平平加 O		12~16	15~22	匀染剂、乳化剂
匀染剂 102			25~30	匀染剂、石油乳化剂

（1）脂肪醇聚氧乙烯醚的合成

现以 Peregal O（平平加 O）为例介绍脂肪醇聚氧乙烯醚的具体合成方法。月桂醇 186g（1mol）与催化剂 NaOH 1g 加热至 150~180℃，在良好搅拌下通入环氧乙烷，则反应不断进行，其反应式如下。

$$C_{12}H_{25}OH + n CH_2—CH_2 \xrightarrow[150~180℃]{NaOH催化} C_{12}H_{25}O(CH_2CH_2O)_nH$$
$$\underset{O}{}$$

控制通入环氧乙烷的量，则 150～180℃ 可以得到不同摩尔比的加成物。工业上一般采用加压聚合法，以提高反应速率。

脂肪醇聚氧乙烯醚的合成可认为是由如下两反应阶段完成：

$$C_{12}H_{25}OH + CH_2\!-\!CH_2 \xrightarrow{NaOH} C_{12}H_{25}OCH_2CH_2OH$$

$$C_{12}H_{25}OCH_2CH_2OH + nCH_2\!-\!CH_2 \xrightarrow{NaOH} C_{12}H_{25}O(CH_2CH_2O)_nCH_2CH_2OH$$

这两个阶段具有不同的反应速率。第一阶段反应速率略慢，当形成一分子环氧乙烷加成物（$C_{12}H_{25}OCH_2CH_2OH$）后，反应速率迅速增加。

（2）脂肪醇聚氧乙烯醚的应用

脂肪醇聚氧乙烯醚类非离子表面活性剂品种较多，应用广泛，一般可以用做液体洗涤剂、乳化剂、匀染剂、泡沫稳定剂、增白剂、增调剂以及皮革助剂等。

8.4.2 烷基酚聚氧乙烯醚

烷基酚聚氧乙烯醚是非离子表面活性剂早期开发的品种之一，商品名为 OP 系列，其结构通式为：

$$R\!-\!\!\!\langle\ \rangle\!\!\!-\!O(CH_2CH_2O)_nH$$

式中，R 为碳氢链烷基，一般为八碳烷基（C_8H_{17}）或九碳烷基（C_9H_{19}），很少有十二个碳原子以上的烷基做取代基。苯酚也可以用其他酚如萘酚、甲苯酚等代替，但这些取代物很少用。

8.4.2.1 烷基酚聚氧乙烯醚的合成

例如壬基酚聚氧乙烯醚的合成反应如下：

$$C_9H_{19}\!-\!\!\!\langle\ \rangle\!\!\!-\!OH + nCH_2\!-\!CH_2 \longrightarrow C_9H_{19}\!-\!\!\!\langle\ \rangle\!\!\!-\!O(CH_2CH_2O)_nH$$

该反应为两个阶段，第一阶段是壬基酚与等摩尔量的环氧乙烷加成，直到壬基酚全部转化为其单一的加成物后，才开始第二阶段即环氧乙烷的聚合反应。反应过程如下：

$$C_9H_{19}\!-\!\!\!\langle\ \rangle\!\!\!-\!OH + CH_2\!-\!CH_2 \longrightarrow C_9H_{19}\!-\!\!\!\langle\ \rangle\!\!\!-\!OCH_2CH_2OH$$

$$C_9H_{19}\!-\!\!\!\langle\ \rangle\!\!\!-\!OCH_2CH_2OH + mCH_2\!-\!CH_2 \longrightarrow C_9H_{19}\!-\!\!\!\langle\ \rangle\!\!\!-\!OCH_2CH_2O(CH_2CH_2O)_mH$$

这类表面活性剂的生产大多采用间歇法，在不锈钢高压釜中进行氧乙基化反应，反应器内装有搅拌和蛇管，釜外带有夹套。

在生产过程中，首先将烷基酚和 NaOH 或 KOH 催化剂（用量为烷基酚用量的 0.1%～0.5%）加入反应釜内，抽真空并用氮气保护，在无水无氧条件下，用氮气将环氧乙烷加入釜内，维持 0.15～0.3MPa 压力和 170℃±30℃ 的温度进行氧乙烯化加成反应，直至环氧乙烷加完为止。冷却后用乙酸或柠檬酸中和反应物，再用双氧水（H_2O_2）漂白或活性炭脱色以改善产品颜色，最终制得烷基酚聚氧乙烯醚产品。

按应用需要，烷基酚中的烷基可用芳香族取代基替换，如二苄基联苯基聚氧乙烯醚，是很好的乳化剂。其合成路线如下：

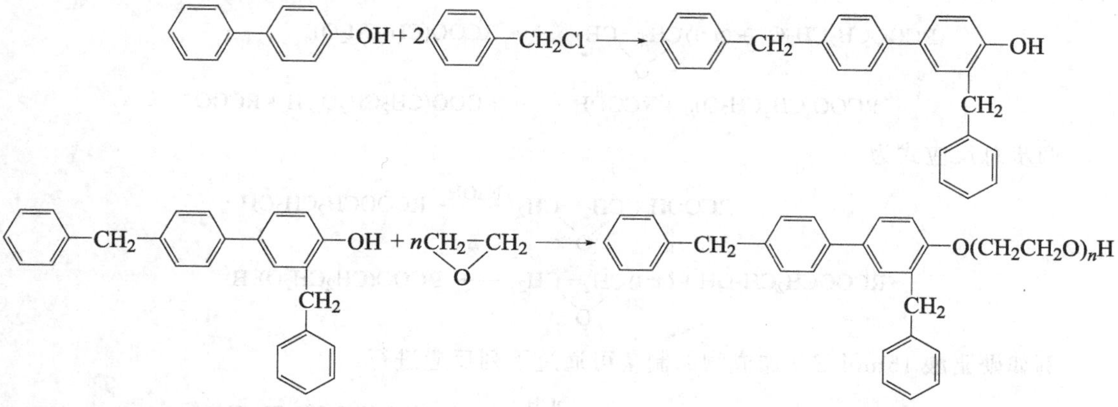

8.4.2.2 性质与用途

烷基酚聚氧乙烯醚类表面活性剂具有如下特性。

① 由于环氧乙烷加入量不同，可制得油溶性、弱亲水性及浊点达 100℃ 以上的强亲水性化合物，例如：

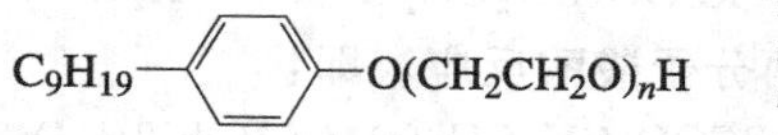

$n=1\sim6$ 油溶性，不溶于水
$n>8$ 可溶于水，浊点 $>50℃$
$n=8\sim9$ 润湿性，去污力、乳化性皆好，应用极广
$n>10$ 润湿、去污力下降，浊点升高

② 表面张力随环氧乙烷加成数不同发生变化。$n=8\sim10$ 时，水溶液润湿性好，表面张力低。$n>15$，可在强电解质溶液中使用。随着 n 的增加，水溶液的表面张力逐渐升高。

③ 化学性质稳定，耐酸和强碱，在高温时亦不容易被破坏。

④ 可用于金属酸洗及强碱性洗净剂中。

⑤ 还可用作渗透剂、乳化剂、洗涤剂及染色中的剥色剂等。

⑥ 对氧化剂稳定，遇某些氧化剂如次氯酸钠、高硼酸盐及过氧化物等不易被氧化。

⑦ 不易生物降解。

8.4.3 聚乙二醇脂肪酸酯

聚乙二醇脂肪酸酯（工业上也称脂肪酸聚乙二醇酯）的合成方法有：脂肪酸与环氧乙烷酯化、脂肪酸与聚乙二醇酯化、脂肪酸酐与聚乙二醇反应、脂肪酸金属盐与聚乙二醇反应、脂肪酸酯与聚乙二醇酯交换五种方法。其中前两种方法原料价廉，易得、工艺简单，在工业上经常使用。

8.4.3.1 脂肪酸与环氧乙烷反应

脂肪酸聚乙二醇酯的通式为 $RCOO(CH_2CH_2O)_nH$，脂肪酸与环氧乙烷在碱性条件下发生氧乙基化反应，制备此种表面活性剂，其反应过程分两阶段进行。

第一阶段，是在碱的作用下脂肪酸与 1mol 环氧乙烷反应生成脂肪酸酯。此阶段也可叫做引发阶段，其反应式为：

$$RCOOH + OH^- \longrightarrow RCOO^- + H_2O$$

$$RCOO^- + CH_2{-}CH_2 \longrightarrow RCOOCH_2CH_2O^-$$

$$RCOOCH_2CH_2O^- + RCOOH \longrightarrow RCOOCH_2CH_2OH + RCOO^-$$

第二阶段，是聚合阶段，由于醇盐负离子碱性高于羧酸盐离子，因此它可以不断地从脂肪酸分子中夺取质子，生成羧酸盐离子，直至脂肪酸全部耗尽，便迅速发生聚合反应。反应式为：

$$RCOOCH_2CH_2O^- + (n-1)CH_2\!\!-\!\!CH_2 \underset{O}{\overset{}{\longrightarrow}} RCOO(CH_2CH_2O)_n^-$$

$$RCOO(CH_2CH_2O)_n^- + RCOOH \longrightarrow RCOO(CH_2CH_2O)_nH + RCOO^-$$

两步总反应式为：

$$RCOOH + CH_2\!\!-\!\!CH_2 \underset{O}{\overset{NaOH}{\longrightarrow}} RCOOCH_2CH_2OH$$

$$RCOOCH_2CH_2OH + (n-1)CH_2\!\!-\!\!CH_2 \underset{O}{\overset{}{\longrightarrow}} RCOO(CH_2CH_2O)_nH$$

例如硬脂酸 15mol EO 加成物的制备可通过下列反应进行：

$$C_{17}H_{35}COOH + 15CH_2\!\!-\!\!CH_2 \underset{O}{\overset{NaOH}{\longrightarrow}} C_{17}H_{35}COO(CH_2CH_2O)_{15}H$$

8.4.3.2 脂肪酸与聚乙二醇反应

由脂肪酸与聚乙二醇直接酯化制备脂肪酸聚乙二醇酯的反应为：

$$RCOOH + HO(CH_2CH_2O)_nH \rightleftharpoons RCOO(CH_2CH_2O)_nH + H_2O$$

由于聚乙二醇两端均有羟基，因此可以同两分子羧酸反应，即：

$$2RCOOH + HO(CH_2CH_2O)_nH \rightleftharpoons RCOO(CH_2CH_2O)_nOCR + 2H_2O$$

为了主要获得单酯，通常要加入过量的聚乙二醇。这一酯化反应常采用酸性催化剂如硫酸、苯磺酸等。

以月桂酸聚乙二醇酯为例，其合成反应式为：

$$C_{11}H_{23}COOH + HO(CH_2CH_2O)_{14}H \xrightarrow[H_2SO_4]{\begin{subarray}{c}110\sim120℃\\2\sim3h\end{subarray}} C_{11}H_{23}COO(CH_2CH_2O)_{14}H + H_2O$$

月桂酸 200g（1mol）和分子量约为 600 的聚乙二醇 600g（1mol，EO 聚合度约为 14mol），加入催化剂浓硫酸 1.6g。在搅拌下于 110～130℃反应 2～3h，经酯化制得羧酸酯，中和残留的硫酸，再经脱色、脱臭等处理即可制得产品。

（1）匀染剂 SE

匀染剂 SE，化学名丙三醇聚氧乙烯醚油酸酯，可用作涤纶纤维高温高压染色的匀染剂，尤其适用作快速染色助剂。其制备方法为将 1mol 的甘油加入反应釜中，加入催化剂 KOH。搅拌，用氮气置换釜中空气，加热至 100℃左右，开始通环氧乙烷 18mol，0.15～0.20MPa，150～170℃下反应，通完环氧乙烷后继续搅拌至压力不再下降。中和后将料液转移至磺化釜中，在搅拌下加入催化剂对甲基苯磺酸和 3mol 油酸。在 120～150℃下，进行酯化反应。反应毕，用 Na_2CO_3 水溶液中和即可。反应式如下：

$$\begin{array}{l} CH_2OH \\ CHOH \\ CH_2OH \end{array} + 18\,\underset{O}{\triangledown} \xrightarrow[150\sim170℃]{OH^-} \begin{array}{l} CH_2O(CH_2CH_2O)_lH \\ CHO(CH_2CH_2O)_mH \\ CH_2O(CH_2CH_2O)_nH \end{array}$$

$$\xrightarrow[\text{cat, }120\sim130℃]{3HOOC(CH_2)_7CH=CH(CH_2)_7CH_3} \begin{array}{l} CH_2O(CH_2CH_2O)_lCO(CH_2)_7CH=CH(CH_2)_7CH_3 \\ CHO(CH_2CH_2O)_mCO(CH_2)_7CH=CH(CH_2)_7CH_3 \\ CH_2O(CH_2CH_2O)_nCO(CH_2)_7CH=CH(CH_2)_7CH_3 \end{array}$$

（2）乳化剂 EL

乳化剂 EL 又名聚氧乙烯蓖麻油。

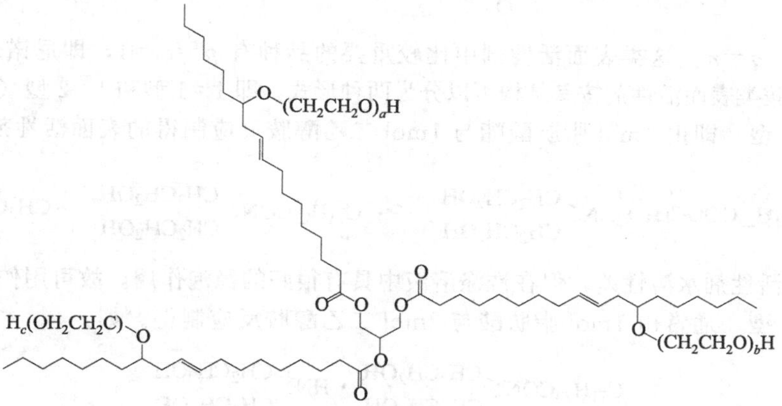

$$a+b+c=40\sim80$$

根据缩合的氧化乙烯数目的逐渐增加，从稀薄油状液体逐步变黏以至成为蜡状半固体。易溶于水，可溶于油脂、脂肪酸及多种有机溶剂。1％水溶液 pH 值 6.8。耐酸、耐硬水和无机盐，低温时耐碱。遇强碱水解。在氢氧化钠存在下由蓖麻油与环氧乙烷缩合制得。主要用作农药乳化剂、印花涂料扩散剂和抗静电纺丝油剂。

制备工艺：将 360kg 蓖麻油、9.6kg 50％的 KOH 水溶液依次加入反应釜中。开启搅拌，逐渐升温，抽真空脱水，在 110～120℃下把水脱净，然后用氮气置换釜中的空气，驱净空气后，通入 900kg 环氧乙烷。反应温度维持在 160～180℃，压力不超过 0.2MPa。通完环氧乙烷后，取样测浊点，1％水溶液浊点到 100℃时反应完毕。冷却到 100℃，加冰醋酸调 pH 值至 6.0～8.0，加入适量的双氧水漂白，冷却到 50℃，出料包装得成品。反应式如下：

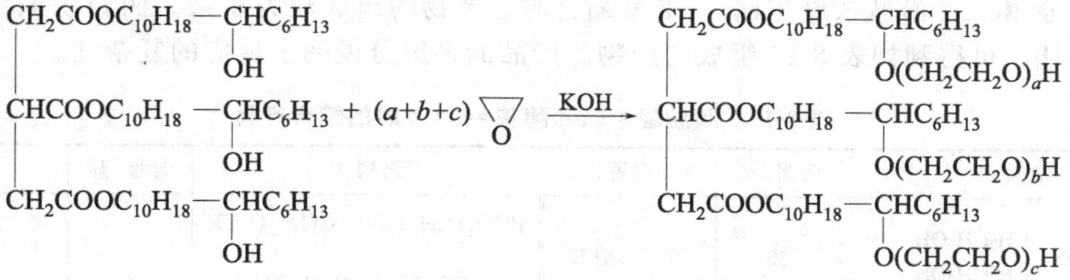

8.4.3.3 产品的性质和应用

此类产品与高级醇或烷基酚的环氧乙烷加成物相比，一般渗透力和去污力较差，但具有低泡和生物降解性好的特点。主要用作乳化剂、分散剂、纤维油剂（纺织用或整理用）和染料助剂等使用，此外在皮革、橡胶、制药等部门也有应用。

8.4.4 脂肪酰醇胺（聚氧乙烯酰胺）

脂肪酰醇胺或聚氧乙烯酰胺的结构通式为

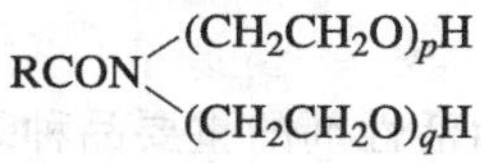

$$RCON\begin{matrix}(CH_2CH_2O)_pH\\(CH_2CH_2O)_qH\end{matrix}$$

制备该类表面活性剂的主要反应为：

$$C_{17}H_{33}CONH_2 + nCH_2-CH_2 \xrightarrow{NaOH} C_{17}H_{33}CON \begin{array}{l} (CH_2CH_2O)_pH \\ (CH_2CH_2O)_qH \end{array}$$

式中，$p+q=n$。这类表面活性剂中比较重要的品种有 $p=q=1$，即尼诺尔系列。

脂肪酰醇胺类表面活性剂按其结构可以分为两种形式，即 1：1 型和 1：2 型（Ninol 产品）。

(1) 1：1 型　即由 1mol 脂肪酸酯与 1mol 二乙醇胺反应制得的表面活性剂，如：

$$C_{11}H_{23}COOCH_3 + HN \begin{array}{l} CH_2CH_2OH \\ CH_2CH_2OH \end{array} \longrightarrow C_{11}H_{23}CON \begin{array}{l} CH_2CH_2OH \\ CH_2CH_2OH \end{array} + CH_3OH$$

这类表面活性剂水溶性差，但在洗涤溶液中具有很好的稳泡作用，故可用作泡沫稳定剂。

(2) 1：2 型　通常由 1mol 脂肪酸与 2mol 二乙醇胺反应制得。如：

$$C_{11}H_{23}CON \begin{array}{l} CH_2CH_2OH \\ CH_2CH_2OH \end{array} \cdot HN \begin{array}{l} CH_2CH_2OH \\ CH_2CH_2OH \end{array}$$

它也是脂肪酰醇胺型表面活性剂中的一类重要品种，其水溶性优于 1：1 型。它的制备方法是将 1mol 月桂酸或椰子油脂肪酸与 2mol 乙醇胺在氮气保护条件下脱水缩合制得。

$$C_{11}H_{23}COOH + 2HN \begin{array}{l} CH_2CH_2OH \\ CH_2CH_2OH \end{array} \xrightarrow[-H_2O]{N_2} C_{11}H_{23}CON \begin{array}{l} CH_2CH_2OH \\ CH_2CH_2OH \end{array} \cdot HN \begin{array}{l} CH_2CH_2OH \\ CH_2CH_2OH \end{array}$$

对于这类表面活性剂，有人认为可能形成下列化合物，也有人认为是二乙醇酰胺与铵皂的共胶束现象造成。

$$C_{11}H_{23}CON \begin{array}{l} CH_2CH_2OH \\ CH_2CH_2\overset{+}{N}H-CH_2CH_2OH \\ CH_2CH_2OH \cdot OH^- \end{array}$$

脂肪酸和二乙醇胺按摩尔比 1：2 来缩合时，产物的组成较为复杂。例如在 160～180℃ 反应 2～4h，可得到如表 8-13 组成的产物。产品的多组分说明了反应的复杂性。

表 8-13　脂肪酸：二乙醇胺＝1：2 时的缩合产物

结构式	含量/%	名称	结构式	含量/%	名称
RCON(CH_2CH_2OH)(CH_2CH_2OH)	65	脂肪酰醇胺	$RCO_2(CH_2)_2NH(CH_2)_2O_2CR$	5	二酯胺
			$RCO_2^- N^+H_2(C_2H_4OH)_2$	2	铵皂
$RCO_2(CH_2)_2NH(CH_2)_2OH$	5	单酯胺	$HN(CH_2CH_2OH)_2$	23	游离二乙醇胺

这类表面活性剂的特点是水溶性好，起泡力强，而且泡沫稳定洗净力强，另外还可作为增稠剂使用。

对于脂肪酰醇胺类表面活性剂可使用的脂肪酸还有：油酸、硬脂酸、软脂（鲸、蜡、棕榈）酸、肉豆蔻酸及月桂酸。

8.4.5　聚氧乙烯烷基胺

聚氧乙烯烷基胺也是非离子表面活性剂的重要品种之一，是国外 20 世纪 60 年代开始兴起的化学品，具有洗涤、渗透、乳化和分散等多种功能，广泛用作洗涤剂、乳化剂、起泡剂、润湿剂、染料匀染剂及纺织整理剂。

这类表面活性剂同时具有非离子和阳离子表面活性剂的性质，聚氧乙烯基链越长，非离子表面活性剂的性质越突出。这类表面活性剂的通式如下。

$$RN \underset{(CH_2CH_2O)_nH}{\overset{(CH_2CH_2O)_nH}{\diagdown}} \quad 或 \quad \underset{R^1}{\overset{R}{\diagup}} N{-}(CH_2CH_2O)_nH$$

它们分别由脂肪族伯胺和仲胺同环氧乙烷反应制得。

由于高级脂肪胺极易同环氧乙烷反应，故可进行无催化剂反应。反应分两个阶段进行，即脂肪胺先与 2mol 环氧乙烷反应，在无催化剂作用下可制得 N,N-二羟乙基胺。然后在氢氧化钠或醇钠等催化剂作用下，发生聚氧乙烯链增长反应，其反应式可表示如下。

$$C_{12}H_{25}NH_2 + 2CH_2{-}CH_2 \xrightarrow[\quad]{无催化剂} C_{12}H_{25}N\underset{CH_2CH_2OH}{\overset{CH_2CH_2OH}{\diagdown}} \xrightarrow[NaOH或NaOR]{nEO} C_{12}H_{25}N\underset{(CH_2CH_2O)_qH}{\overset{(CH_2CH_2O)_pH}{\diagdown}}$$
$$(p+q=n+2)$$

用伯胺为起始原料，同环氧乙烷进行加成反应，可获得 Ethomeens 聚氧乙烯脂肪胺产品，其结构和性能见表 8-14。

表 8-14　Ethomeens 的结构和性能

名称	平均分子量	烷基来源	环氧乙烷加成数	相对密度（25℃/25℃）	表面张力/(mN/m)	
					0.1%	1%
Ethomeens C/12	285	椰油胺	2	0.874		
Ethomeens C/15	422	椰油胺	5	0.976	33	33
Ethomeens C/20	645	椰油胺	10	1.017	39	38
Ethomeens C/25	860	椰油胺	15	1.042	41	41
Ethomeens S/15	483	豆油胺	5	0.951	33	33
Ethomeens S/20	710	豆油胺	10	1.020	40	39
Ethomeens S/25	930	豆油胺	15	1.040	43	43
Ethomeens T/20	482	牛脂胺	5	0.966	34	33
Ethomeens T/20	925	牛脂胺	15	1.028	41	40

仲胺和环氧乙烷的反应式如下：

$$\underset{R^2}{\overset{R^1}{\diagup}}NH + n\,\underset{O}{\triangle} \longrightarrow \underset{R^2}{\overset{R^1}{\diagup}}N(CH_2CH_2O)_nH$$

但反应较为困难，反应中有聚乙二醇生成。

由叔碳胺和环氧乙烷加成可得到商品 Priminox。反应方程式如下：

$$R{-}\underset{CH_3}{\overset{CH_3}{\underset{|}{\overset{|}{C}}}}{-}NH_2 + nCH_2{-}CH_2 \longrightarrow R{-}\underset{CH_3}{\overset{CH_3}{\underset{|}{\overset{|}{C}}}}{-}NH(CH_2CH_2O)_nH$$

空气化学公司（Air Products）的 Tomamine® Ether Amines 系列产品为长链脂肪醇先与丙烯腈进行迈克尔加成反应，然后加氢还原制备醚胺化合物，最后再通环氧乙烷得到的产品。这类产品因为在疏水链中引入了醚键，所得产品的倾点很低，在极低的温度下仍然能保持液体状态，方便使用。其合成路线如下：

$$ROH + \quad H_2C{=}CH \longrightarrow RO{-}CH_2CH_2CN \xrightarrow{[H]}$$

$$RO{-}CH_2CH_2CH_2NH_2 \xrightarrow{\triangle O} RO{-}CH_2CH_2CH_2N{\Big\langle}{}^{(CH_2CH_2O)_nH}_{(CH_2CH_2O)_mH}$$

聚氧乙烯脱氢松香胺是由脱氢松香胺制备的一种表面活性物质。由于脱氢松香胺是含有两个活性氢的物质，均可同环氧乙烷发生加成反应，得到商品 Polyrad。反应式如下：

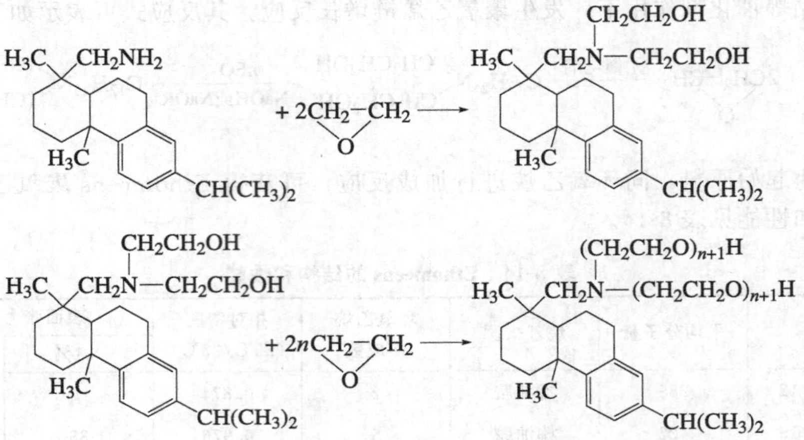

8.4.6 聚醚

这里所讲的聚醚型非离子表面活性剂是指整嵌型聚醚，它们是环氧乙烷和环氧丙烷的整体共聚物。其中主要品种有以乙二醇为引发剂的 Pluronic 和以乙二胺为引发剂的 Tetronic 两类。

8.4.6.1 Pluronic 类聚醚型非离子表面活性剂

Pluronic 类非离子表面活性剂的结构如下：

$$HO(CH_2CH_2O)_b(\overset{\overset{\textstyle CH_3}{|}}{CHCH_2O})_a(CH_2CH_2O)_cH$$

其中聚氧丙烯基为疏水基团，且 $a \geqslant 15$，两端的聚氧乙烯基为亲水基团，占化合物总量的 $10\% \sim 80\%$。

这类表面活性剂的合成方法如下列方程式所示：

$$HO\overset{\overset{\textstyle CH_3}{|}}{CH}CH_2OH + (a{-}1)\overset{\overset{\textstyle CH_3}{|}}{CH}{-}CH_2 \xrightarrow[\text{碱催化}]{\substack{120\sim150\text{℃} \\ (2.03\sim5.07)\times10^5\text{Pa}}} HO(\overset{\overset{\textstyle CH_3}{|}}{CH}CH_2O)_aH$$

$$\xrightarrow[]{(b+c)\overset{CH_2-CH_2}{\underset{O}{\diagdown\diagup}}} HO(CH_2CH_2O)_b(\overset{\overset{\textstyle CH_3}{|}}{CHCH_2O})_a(CH_2CH_2O)_cH$$

首先将丙二醇与氢氧化钠加热至 120℃，当 NaOH 全部溶解后通入环氧丙烷，控制通入速度，维持反应温度在 120～135℃，直至加完环氧丙烷。然后再通入规定量的环氧乙烷，反应完毕后经中和及后处理即可得到所需产品。

Pluronic 产品分子量范围为 1000～16000，吸湿性差，在水中的溶解度随 EO 加成量的增多而增加，随 PO 加成量的增加而下降。此系列产品的组成可以从它的商品格子图中查找。

图 8-5 即为 Pluronic 表面活性剂的商品格子图。图中横轴表示分子中聚氧乙烯的质量分数，纵轴是聚氧丙烯的分子量。格子图中的符号如 L101、P75 和 F77 等均表示商品的牌号。其中 L（liquid）表示产品状态为液状，P（past）表示膏状，F（flakable solid）表示片状固体。字母后面的数字个位数表示分子中聚氧乙烯的质量分数，十位和百位表示分子中聚氧丙烯的分子量。

通过 Pluronic 商品的牌号，即可在格子图中找到该产品的位置，从而查到其分子组成，例 PluronicP85，从格子图可知其产品聚氧乙烯含量为 50%，聚氧丙烯分子量为 2250，该产品为膏状（或浆状）产品。

Pluronic 系列非离子表面活性剂主要用在石油工业中，且在此范围内用途很广泛，其中主要用于以下两个方面。

① 二次采油　一次采油后，一部分原油仍牢固地吸附在沙层和岩石的表面，加入表面活性剂后，可降低原油的附着力，使原油能很容易地采出，一般二次采油量为 40%～50%。

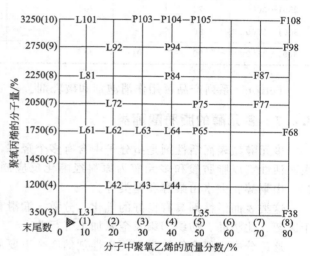

图 8-5　Pluronic 的商品格子图

② 原油破乳　水能够以细微的水珠分散在原油中，形成稳定的油包水乳液，加重运输负担，同时也会给炼油带来困难。加入 0.5% 的表面活性剂，就能使乳液破乳，破乳后油的含水量可降至 1%，污水采油量（可理解为水中油的含量）可降至 0.3% 以下。

8.4.6.2　Tetronic 类聚醚型非离子表面活性剂

Tetronic 类非离子表面活性剂的通式如下：

$$H(CH_2CH_2O)_y(CHCH_2O)_x \quad\quad (CH_2CH_2O)_x(CH_2CH_2O)_yH$$
$$CH_3 \quad\quad\quad\quad\quad\quad CH_3$$
$$NCH_2CH_2N$$
$$H(CH_2CH_2O)_y(CHCH_2O)_x \quad\quad (CHCH_2O)_x(CH_2CH_2O)_yH$$
$$CH_3 \quad\quad\quad\quad\quad\quad CH_3$$

Tetronic 的产品系列列于表 8-15。

Tetronic 的商品常用三位数字表示，第一、二位常表示为憎水基的平均分子量，第三位数字是亲水基占总分子量的质量分数的 1/10，例如 501 表示憎水基的平均分子量在 1501～2000 的范围，亲水基占总分子量的 10%～19%。

此类商品和 Pluronic 的区别：除引发剂的活泼氢有 4 和 2 的区别之外，Tetronic 具有较高的分子量，可达 30000，而 Pluronic 最大分子量则为 13000；Tetronic 由于氨原子上的未共用电子对有弱氧离子的效应，但分子量较大时，氮原子上的未共用电子对被掩盖，而失去氧离子的效应。

表 8-15　Tetronic 商品网格表

憎水基分子量	第一、二位数字	第三位数字							
		10~19	20~29	30~39	40~49	50~59	60~69	70~79	80~89
		1	2	3	4	5	6	7	8
501~1000	30	—	—	—	304	—	—	—	—
1001~1500	40	—	—	—	—	—	—	—	—
1501~2000	50	501	—	—	504	—	—	—	—
2001~2500	60	—	—	—	—	—	—	—	—
2501~3000	70	701	702	—	704	—	—	707	—
3001~3600	80	—	—	—	—	—	—	—	—
3601~4500	90	901	—	—	904	—	—	—	908

Tetronic 系列产品可用作消泡剂和破乳剂。

8.4.7　多元醇的脂肪酸酯类

多元醇型表面活性剂是指分子中含有多个羟基，并以之作为亲水基的表面活性剂。该类表面活性剂以脂肪酸和多元醇为原料经酯化反应制得。所用的多元醇主要指甘油、季戊四醇、山梨醇、失水山梨醇和糖类等。

这类表面活性剂具有良好的乳化、分散、润滑和增溶性能，而且毒性低，因此广泛应用于医药、化妆品、纺织印染及金属加工等行业。

这部分中主要介绍该类表面活性剂的四个重要品种，即失水山梨醇的脂肪酸酯、甘油或季戊四醇的脂肪酸酯以及蔗糖的脂肪酸酯。

(1) 脂肪酸失水山梨醇酯

这类表面活性剂商品名为 Span，具有润湿性好的特点，但水溶性差。它是由脂肪酸与失水山梨醇酯化制得。

① 失水山梨醇的制备　山梨醇在硫酸存在下，于 140℃ 加热处理可得到 1,4-位脱水的 1,4-失水山梨醇和 1,4-位脱水后 3,6-位再脱水的异山梨醇，其反应式为

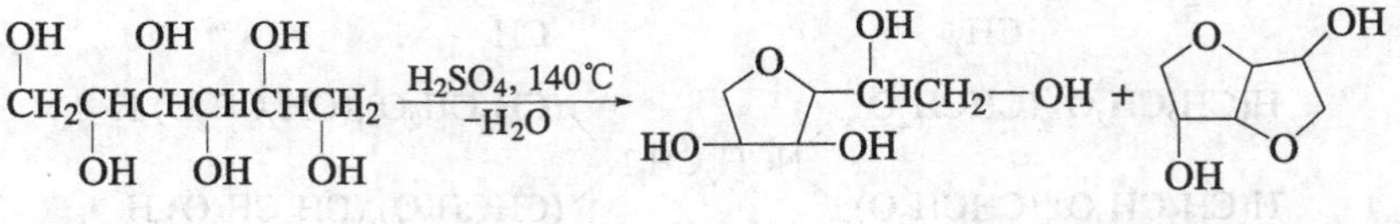

② 羧酸酯的制备　由于山梨醇羟基失水位置不定，所以一般所说的失水山梨醇是各种失水山梨醇的混合物，因此可由下列反应式表示其与羧酸的酯化反应，即

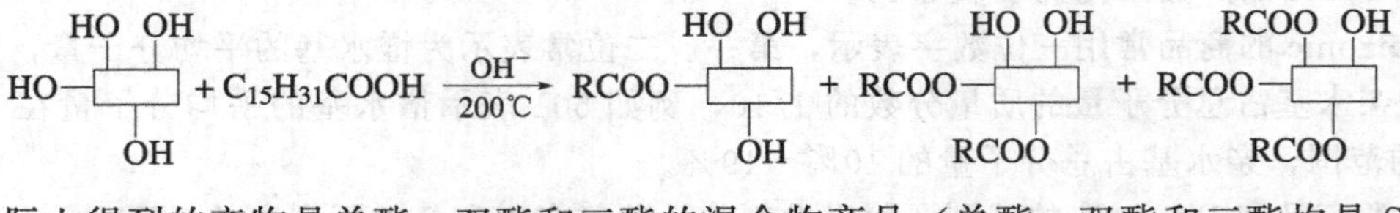

实际上得到的产物是单酯、双酯和三酯的混合物商品（单酯、双酯和三酯均是 Span 的系列商品），可以用作润滑剂、抗静电剂等。

Span 产品水溶性较差，为改进其溶解性能，可以将其聚氧乙烯化，在分子中引入亲水性聚氧乙烯基，得到商品名为 Tween 系列的表面活性剂产品，从而大大改进其应用性能。

Tween 系列表面活性剂的结构式和制备方法为

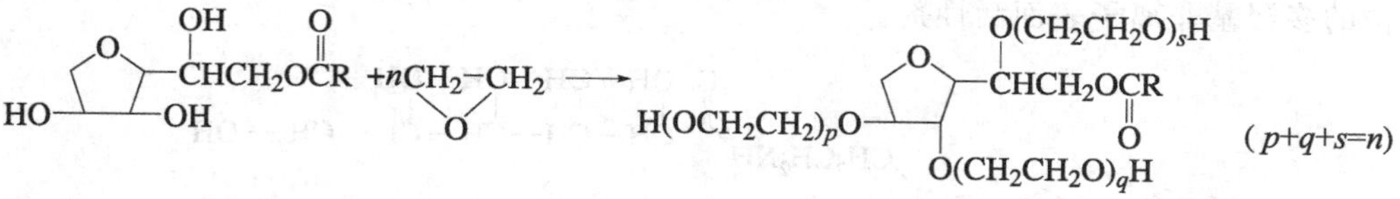

$$(p+q+s=n)$$

（2）脂肪酸甘油酯和脂肪酸季戊四醇酯

可以由脂肪酸与甘油或季戊四醇酯化制得，但工业上多采用酯交换法生产，这种方法简单而且价廉，成本较低。

例如，将甘油与椰子油或牛脂等按 2：1 的配料比投料，以 0.5%～1% 的氢氧化钠作催化剂，在 200～240℃ 下搅拌反应 2～3h，即可发生酯交换反应，生成甘油单月桂酸酯，其反应式为

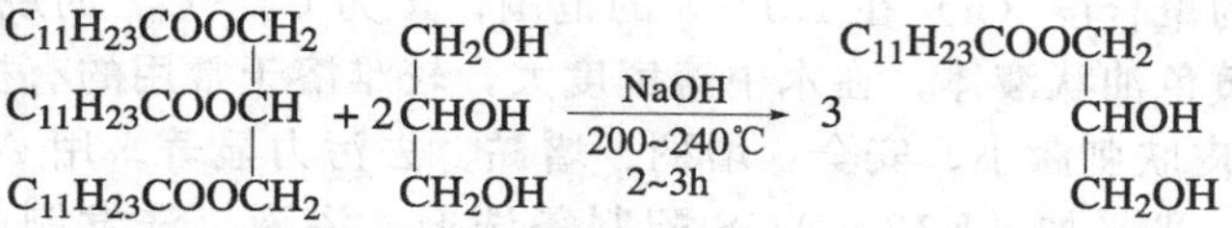

类似地，季戊四醇和牛脂反应可制得季戊四醇单硬脂酸酯，同时副产甘油单硬脂酸酯，反应式为：

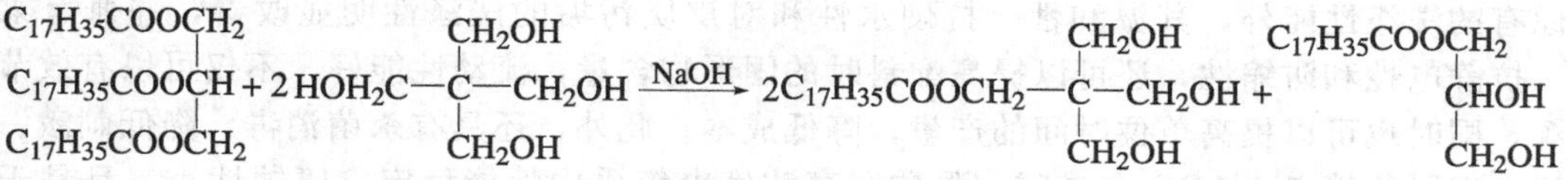

这两种表面活性剂主要用作乳化剂及纤维油剂，同时因对人体无害，也常用作食品及化妆品的乳化剂。

（3）蔗糖的脂肪酸酯

蔗糖的脂肪酸酯类表面活性剂的制备方法是将原料脂肪酸甲酯和蔗糖用溶剂溶解后，在碱催化下加热发生酯交换反应，即可制得。

例如，将硬脂酸甲酯 1mol 与蔗糖 3mol、碳酸钾 0.1mol 溶解于 DMF 中，减压至 80～90mmHg（1mmHg＝133.322Pa）下，维持 90～100℃ 反应 3～6h，所得的产品是单酯和双酯的混合物。然后加水使双酯水解为单酯。

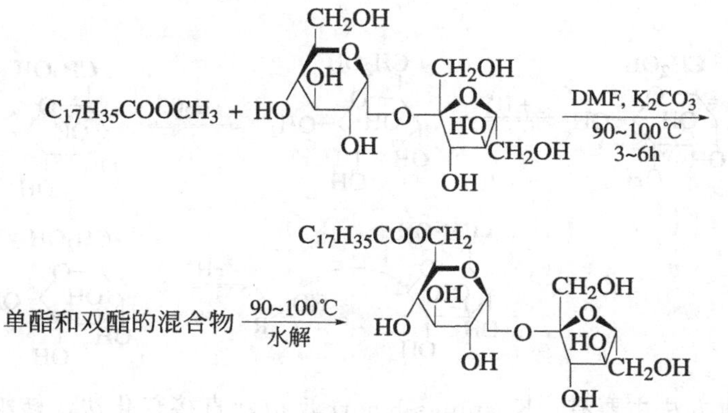

这种表面活性剂无毒、无味，用后可消化为脂肪酸和蔗糖，生物降解性好，是表面活性剂向天然化发展的一种趋势，可以用作洗涤剂及食品乳化剂等。

此外，还有王晨晨等利用腰果酚缩水甘油醚与二[2-(D-葡萄糖酰氨基)乙基]胺合成了如下结构的多羟基非离子表面活性剂。

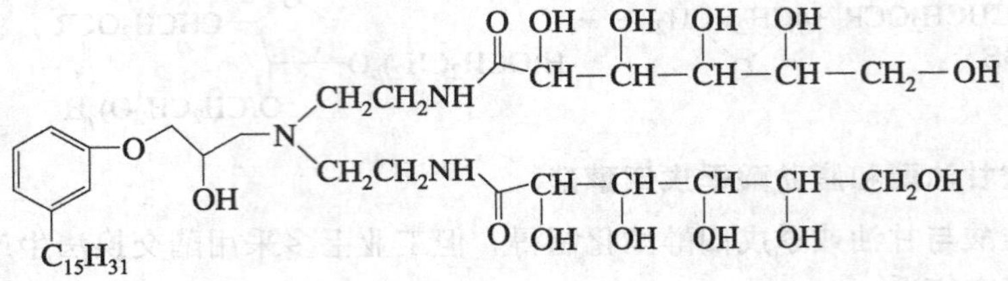

（4）烷基糖苷（APG）

烷基糖苷是指用葡萄糖和脂肪醇合成的烷基糖苷（Alkyl Polyglycoside，简称 APG），是指复杂糖苷化合物中糖单元大于等于 2 的糖苷，统称为烷基多糖苷（或烷基多苷）。一般情况下，烷基多苷的聚合度（n）在 1.1～3 的范围，R 为 C_8～C_{16} 的烷基。APG 常温下呈白色固体粉末或淡黄色油状液体，在水中溶解度大，较难溶于常用的有机溶剂。

APG 无毒，对皮肤刺激小、安全，增稠、增黏、去污力显著。用 APG 替代部分 AES、LAS、6501、AEO、平平加、K12、AOS 配制餐洗剂、浴液、洗发制品、硬表面清洗剂、洗面奶、洗衣粉等，效果显著。由 APG 制成的洗涤剂具有良好的溶解性、温和性和脱脂能力，对皮肤刺激小，无毒，而且易漂洗。在洗衣粉中加入 APG，代替 AEO、LAS，能在保持原有的洗涤性能外，其温和性、抗硬水性和对皮质污垢的洗涤性明显改善，并兼有柔软性、抗静电性和防缩性，还可以提高配料时的固形物含量，流动性能好，不仅可以有效节省能源，同时也可以提高单位时间的产量，降低成本。此外，还具有杀菌消毒、降低刺激、泡沫洁白细腻等特点。APG 在强碱、强酸和高浓度电解质中性能稳定，腐蚀性小，且易于生物降解不会造成对环境的污染，因此可用于配制工业清洗剂，如金属清洗和运输工具清洗等领域。

葡萄糖在溶液中主要以氧环式结构存在，而氧环式葡萄糖是一个环状半缩醛，具有半缩醛的特性。在酸催化剂存在下，很易于与 ROH 作用生成缩醛物——糖苷。

烷基糖苷的合成反应机理如下图所示，葡萄糖苷羟基上氧原子受酸催化剂进攻而迅速质子化（H^+），带正电后氧电负性更大，从而快速增加了异头碳原子的正电性，很快脱一分子水形成异头碳正离子，然后 ROH 上羟基的氧原子对异头碳正离子亲核进行，脱出一个质子（H^+），生成 APG。由于亲核试剂 ROH 进攻能力较弱，所以该步骤是决定反应快慢的重要一步。

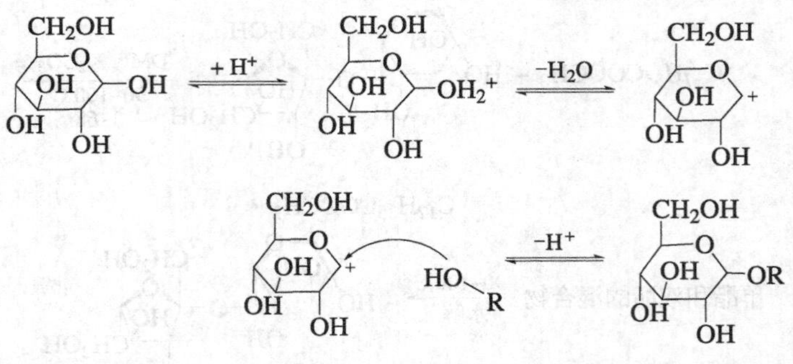

烷基糖苷合成方法主要有：Koenings-Knorr 反应、直接苷化法、转糖苷法、酶催化法、原酯法和糖的缩酮物的醇解法。其中 Koenings-Knorr 反应合成 APG 由于所用的催化剂银化合物价格太贵，近年来这方面做的工作越来越少；酶催化法早在 1913 年 Bourquelot 就报

道了，1989 年此法合成 APG 取得了专利权，它不仅具有人们所希望的益处，而且也有望用于烷基糖苷的生产实践中，原酯法和糖的缩酮物的醇解法。目前工业界的 APG 合成有直接苷化法（一步法）和转苷法（二步法）。其中一步法的合成工艺如下：

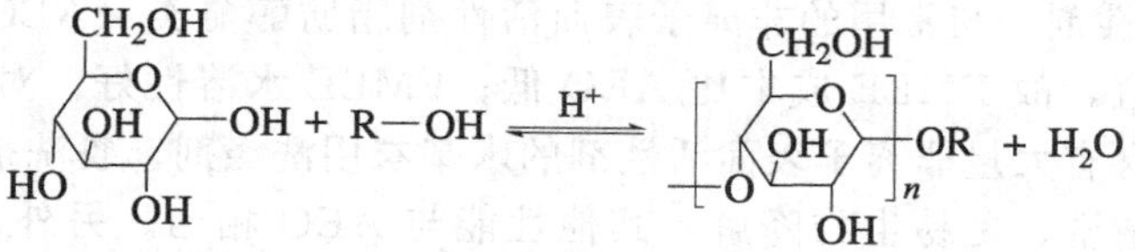

二步法又叫转苷法，其是先制备丁基糖苷，然后与长链脂肪醇进行醇交换而制备，如下图：

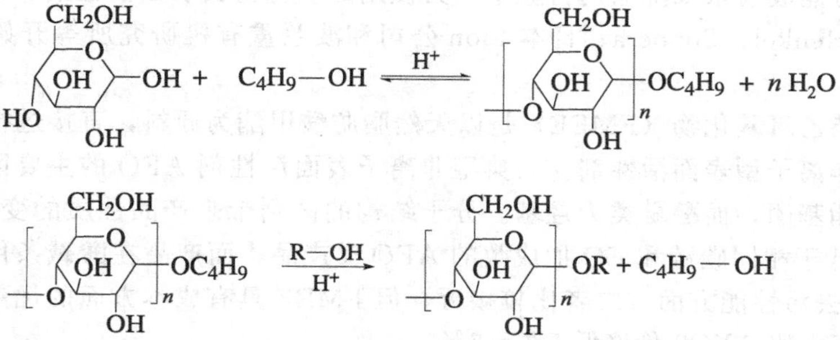

一步法是人们研究最多的一种烷基糖苷合成法，由于葡萄糖和十二醇相溶性差、易分层，利用这种方法合成过程比较复杂。二步法由于使用一定量的正丁醇，不仅增加了原料费用，而且产品的分离也带来了许多麻烦。从目前国内外研究现状发现，无论一步法还是二步法合成烷基糖苷，均通过改变各种工艺参数，以调整烷基糖苷产物分布和平均聚合度来达到产品要求。工艺的最后一步均为反应产物的精制，可以通过减压蒸馏、精馏、萃取、结晶等手段，来获得色泽浅、对化学和微生物稳定的烷基糖苷产品。

本章重点介绍了非离子表面活性剂的基本反应及重要品种，可以看出聚乙二醇型非离子表面活性剂多易溶于水，主要用作洗涤剂染色助剂、乳化剂等，很少用作纤维柔软剂。它和阴离子表面活性剂的性能比较如表 8-16 所示。

表 8-16　阴离子与非离子表面活性剂主要性能比较

特性	阴离子表面活性剂	聚乙二醇型非离子表面活性剂
发泡性	一般较大	一般较小（在工业上有利）
渗透性	以渗透剂 OT 为最好	可制成同等程度或更好的渗透剂
去污性	中等程度	易制成高去污程度的产品
乳化性、分散性	良好	可变换 EO 聚合度制成适合各种用途的产品
用作染色助剂	酸性染料匀染剂	士林染料的匀染剂
低浓度时使用效果	性能下降	性能良好
产品状态	多为粒状物，部分为粉状	主要为液状，使用方便
价格	最低	部分品种比阴离子型高

可以看出，聚乙二醇型非离子表面活性剂在许多方面存在着优异的性能，但其弱点是价格较阴离子表面活性剂高。但是随着石油工业的日益发展，非离子型表面活性剂必将越来越多地应用于日常生活和工业中。

8.4.8　脂肪酸甲酯乙氧基化物

脂肪酸甲酯乙氧基化物（FMEE）是近年国际上研究开发的新品种，属于一种新型的醚-酯型非离子表面活性剂。与常用的非离子表面活性剂脂肪醇醚类（AEO）相比：脂肪酸甲酯价格比脂肪醇便宜，故 FMEE 成本比 AEO 低；FMEE 水溶性好，对于配制必须在使用前才用水稀释的、含有大量非离子表面活性剂的水基衣用洗涤剂、餐洗剂和清洁剂浓缩物特别有利；泡沫低易清洗、更易生物降解，其他性能与 AEO 相当。另外，FMEE 用途广泛，如乙氧基十八烷硬脂酸酯可用作分散剂、乳化剂、化妆品或工业产品的油相调整剂，是配制衣用洗涤剂、餐具洗涤剂、清洁剂等的安全、高效优质原料。因此近些年来 FMEE 受到高度重视，极有可能成为未来洗涤剂行业中广为使用的一种优良表面活性剂。

目前国外 Henkel、Condera、日本 Lion 公司和波兰重有机研究所等开始了小批量生产试用。

脂肪酸甲酯乙氧基化物（FMEE）是以天然脂肪酸甲酯为原料，直接进行乙氧基化反应而生产的一种非离子型表面活性剂。与典型非离子表面活性剂 AEO 的主要区别是，亲水基团的末端为甲酯基团，而醇醚类为羟基。分子结构的区别带来产品性质的变化主要表现在：FMEE 的泡沫低于相同碳链和 EO 加成数的 AEO 类产品，而产品在酸碱条件下的稳定性则不如 AEO；在去污性能方面，二者比较接近，但 FMEE 具有成本方面的优势。从目前的市场价看，FMEE-8 比 AEO9 价格低 5%～8%。

FMEE 的物化性能如表面张力、临界胶束浓度（cmc）、润湿力、浊点等与醇醚相当，但有一些性能优于醇醚，如水溶速度非常快，易于配成液体产品；属低泡产品，消泡速度快，易于漂洗，尤其适合工业清洗；对油脂增溶能力强，特别适合于硬表面清洗；对化妆品污垢的去污能力优异，可用于个人洗涤用品的复配；对皮肤的刺激性小、毒性低，其刺激性与烷基糖苷（APG）或氨基酸类表面活性剂相等或略低；生物降解性好，对环境无污染。FMEE 可用于液体洗涤剂、硬表面清洗剂、农药乳化剂、个人洗涤用品等，建议使用时 pH<10。

FMEE 的合成传统方法有两种，在传统乙氧基催化剂作用下分别以甲醇和脂肪酸经过两步反应得到 FMEE。这两种方法都必须在高温、高压下进行，能耗大，且副产物多（如二酯、聚乙二醇），在实际工业生产中价值不大。两种传统合成方法的具体反应式如下：

$$CH_3OH \xrightarrow{\text{O}} CH_3O(CH_2CH_2O)_nH \xrightarrow[\text{高温高压}]{RCOOCH_3或RCOOH} CH_3O(CH_2CH_2O)_n\overset{\displaystyle O}{\overset{\|}{C}}R$$

$$RCOOH \xrightarrow{\text{O}} RCOO(CH_2CH_2O)_nH \xrightarrow[\text{高温高压}]{CH_3OH} RCOO(CH_2CH_2O)_nCH_3$$

在新型复合氧化物催化剂存在下，由脂肪酸甲酯和环氧乙烷经一步反应直接制备FMEE，反应条件与醇类乙氧基化的条件相当（170～180℃，5bar），这种合成 FMEE 的新方法，可利用传统的乙氧基化装置直接以脂肪酸甲酯为原料来制备 FMEE，克服了两步法反应的缺点，既节省资金又可减少向环境中排放的废气量，对工业生产和环保都非常有利：

$$RCOOCH_3 + n \text{O} \longrightarrow RCOO(CH_2CH_2O)_nCH_3$$

其反应机理为阴离子聚合机理，反应是在酰基和甲氧基之间断裂，然后发生加成聚合反应，即首先由于催化剂表面的氧化镁所产生的基位与外加铝离子酸性中心所导致的双官能团效应，FMEE 分裂成酰基阳离子和甲氧基阴离子，形成中间吸附物，接着 EO 被极化，与酸

性中心铝之间产生强烈吸引，从而甲氧基亲核进攻，环氧乙烷开环聚合。另外通过
—OCH$_2$CH$_2$OCH$_3$ 阴离子重新成键、酰基阳离子从催化剂表面化学解吸，脂肪酸直接乙氧
基化，即通过阴离子聚合机理，环氧乙烷与脂肪酸甲酯进行加成聚合反应生成均相 FMEE，
反应机理如下：

$$RCOOCH_3 \rightleftharpoons \begin{array}{c} O \\ \parallel \\ RC_\oplus \quad \overset{\ominus}{O}CH_3 \\ | \quad \vdots \\ -O-Al-O-Mg \end{array}$$

$$\downarrow EO$$

$$\left[\begin{array}{c} O \\ \parallel \\ RC_\oplus \quad \overset{\ominus}{O}CH_3 \quad O \\ | \quad \vdots \quad \vdots \\ -O-Al-O-Mg \end{array} \right]$$

$$\downarrow$$

$$RCOOCH_2CH_2OCH_3 \rightleftharpoons \begin{array}{c} O \\ \parallel \\ RC_\oplus \quad \overset{\ominus}{O}CH_2CH_2OCH_3 \\ | \quad \vdots \\ -O-Al-O-Mg \end{array}$$

$$\downarrow (n\text{-}1)EO$$

$$RCO(OCH_2CH_2)_nOCH_3 \rightleftharpoons \begin{array}{c} O \\ \parallel \\ RC_\oplus \quad (OCH_2CH_2)_nOCH_3 \\ | \quad \vdots \\ -O-Al-O-Mg \end{array}$$

　　乙氧基化反应的快慢、反应程度以及产物 EO 数分布宽窄在很大程度上取决于催化剂活
性，因此正确地选取合适催化剂体系非常重要。有工业实用价值的催化剂体系一般是主催化
剂和助催化剂组成的混合体系。对催化剂要求：有足够的活性、无毒、窄分布明显，最好是
工业产品，易得、成本低。传统催化剂按性质可分为酸性、强碱性以及碱土金属催化剂三
类。酸性催化剂主要有质子酸和 Lewis 酸（如 B、Fe、Zn、Al 等的卤化物及有机复合物）、
金属硫酸盐、磷酸盐、碱金属氟硼酸盐、H$_2$SO$_4$、H$_3$PO$_4$ 等。酸性催化剂有显著的窄分布
作用，但在乙氧基化反应时副反应较多；强碱性催化剂主要是目前工业上采用的传统乙氧
化催化剂，如 NaOH、KOH、C$_2$H$_5$ONa 等，活性不高，产品分布宽；碱土金属碱性盐催
化剂，如醋酸钙、氢氧化钡、羧酸镁、烷氧基铝等，碱性较 NaOH、KOH 弱，具有明显的
窄分布效果。这些传统的催化剂如甲醇钠或氢氧化钾，只能用于分子中含有活泼氢的原料，
例如醇类、胺类和酸类的乙氧基化，如果原料中不含任何活泼氢原子，例如甘油三脂肪酸酯
或脂肪酸甲酯，因其反应微弱，必须加入辅助的醇如甘油以利于它们和环氧乙烷的反应，经
济价值不高，这也是长期以来 FMEE 没有引起人们重视的主要原因。

　　近年来，新型催化剂水云母以及复合氧化物催化剂（一般是氧化镁与其他金属离子的复
合物）的出现弥补了传统催化剂的缺点，新型催化剂不要求原料中一定含有末端活泼氢，从
而使 FMEE 的合成成为现实，并实现了商业化，目前所用的一般都是复合催化剂体系，合
成出的 FMEE 具有明显窄分布。

第 9 章

特殊类型的表面活性剂

前面几章主要对工业上广泛应用的四大类表面活性剂进行了介绍，它们是按亲水基的种类进行分类的，分别是阴离子、阳离子、非离子和两性表面活性剂。上述表面活性剂的亲油基均为含不同碳原子数的碳氢链，分子量一般低于 500 或在 500 左右，这些常规表面活性剂的性质及应用在一定程度上受到其分子大小和分子组成的限制。本章将重点介绍具有特殊的结构特点、特殊的用途或特别优异的性能的表面活性剂，主要包括碳氟表面活性剂、含硅表面活性剂以及高分子型、冠醚型、反应型和生物表面活性剂等。

9.1 碳氟表面活性剂

碳氟表面活性剂是 20 世纪 60 年代研制开发的一类特种表面活性剂，有的书中称作含氟表面活性剂 （fluorine containing surfactant）、氟化表面活性剂 （florinated surfactant） 或全氟表面活性剂 （perfluoro surfactant） 等。传统类型表面活性剂的亲油基是由碳氢链组成的，而碳氟表面活性剂中的亲油基主要是由碳、氟两种元素组成。氟原子部分或全部代替碳氢链中的氢原子形成碳氟化学键，其中部分取代的碳氟表面活性剂较少，不是研究和应用的重点。

碳氟表面活性剂通常情况下是固体或黏稠状液体产物，不易挥发，对大气、环境无明显的影响，也没有明显的毒性，可以像普通表面活性剂一样安全使用。碳氟表面活性剂与碳氢表面活性剂的差别主要在于非极性亲油基的结构，传统碳氢表面活性剂的碳原子数通常为 8～20，而碳氟表面活性剂分子中的非极性基则由碳氟链组成，而且氟原子的数量和位置对碳氟表面活性剂的性质有重要的影响。由于氟原子代替氢原子，即碳氟键代替了碳氢键，因此，表面活性剂的非极性基不仅具有疏水性质，而且具有疏油的性能。由于氟原子电负性大，碳氟键的键能大，氟原子的原子半径也比氢原子大，所以碳氟表面活性剂具有很多独特的性能。

9.1.1 碳氟表面活性剂的性质

(1) 化学稳定性和热稳定性

由于氟是自然界中电负性最大的元素，使碳氟共价键具有离子键的性能，碳氟键的键能可达 452kJ/mol，又因为氟原子半径比氢原子大，屏蔽碳原子的能力较强 （图 9-1），使原来键能不太高的碳碳键的稳定性有所提高，因此碳氟表面活性剂与碳氢表面活性剂相比，具有良好的化学稳定性和热稳定性。如固态的全氟壬基磺酸钾加热到 420℃ 以上才开始分解。碳氟表面活性剂在使用中还表现出很好的化学稳定性，不会因与各种氧化剂、强酸和强碱反应而分解。

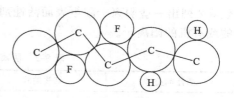

图 9-1　氟原子在 C—C 上的立体效应

（2）溶解性

由于氟原子既能对全氟化的碳原子形成屏蔽，又不出现立体障碍，所以由全氟甲基或全氟亚甲基形成的化合物分子间作用力非常弱，其结果是不溶于普通的有机溶剂。因而在碳氢表面活性剂中碳氢链称为疏水亲油基，而碳氟表面活性剂中碳氟链则称为疏水疏油基。例如甲烷在水中的溶解度是四氟甲烷的 7 倍。

碳氟表面活性剂在水中的溶解度取决于极性基团和碳氟基的结构。与传统表面活性剂类似，其溶解度随着链长的增加而降低。总的来讲，碳氟表面活性剂具有高熔点、高 Krafft 点和在溶剂中溶解度低的特点。

由于碳氟链不但憎水，而且憎油，难溶于极性和非极性有机溶剂，因此它在固体表面的单分子层不能被非极性液体所润湿，从而使全氟表面活性剂不但能大大降低水的表面张力，也能降低碳氢化合物液体或其他有机溶剂的表面张力。

（3）表面活性

具有相同的极性基团和相同碳数的碳氟表面活性剂与常规的碳氢表面活性剂相比，由于碳氟链的憎水性比碳氢链强，因此碳氟表面活性剂的表面活性强于常规的碳氢链表面活性剂。例如，一般碳氢表面活性剂的表面张力在 $30\sim40\text{mN/m}$ 范围内，而碳氟表面活性剂的表面张力大部分在 $15\sim20\text{mN/m}$ 之间，有的甚至可达 12mN/m。

常规表面活性剂一般在碳氢链的碳原子数达到 12 以上才具有很好的活性，而碳氟表面活性剂在 6 个碳原子时即能呈现较好的表面活性，以 $8\sim12$ 个碳原子为最佳，而且碳氟链不宜过长，否则会因在水中的溶解度太低而不能使用。

（4）临界胶束浓度

碳氟表面活性剂的临界胶束浓度要比结构相似的碳氢表面活性剂低 $10\sim100$ 倍。例如脂肪酸钾（RCOOK）和全氟羧酸（$C_nF_{2n+1}COOH$）的临界胶束浓度如表 9-1 所示。

表 9-1　脂肪酸钾和全氟羧酸的临界胶束浓度/（mol/L）

表面活性剂名称	C_6	C_8	C_{10}
脂肪酸钾	1.68	0.39	0.095
全氟羧酸	0.054	0.0056	0.00048

9.1.2　碳氟表面活性剂的分类

与碳氢表面活性剂相同，碳氟表面活性剂也分为离子型和非离子型两大类，离子型碳氟表面活性剂又可分为阴离子、阳离子和两性碳氟表面活性剂。

（1）阴离子型碳氟表面活性剂

阴离子型碳氟表面活性剂是该类表面活性剂中很重要的一种类型，也是应用比较早的一种碳氟表面活性剂，其表面活性离子带有负电荷。按其极性基的结构不同，又可分为羧酸盐、磺酸盐、硫酸酯盐和磷酸酯盐四类。有些阴离子碳氟表面活性剂中含有非离子的聚氧乙烯基片段，而增加碳氟表面活性剂的水溶性及其与阳离子或两性表面活性剂的兼容性。

表 9-2 列出一些阴离子碳氟表面活性剂，其中 R_F 为碳氟疏水基（也是疏油基），M^+ 为无机的或有机的阳离子。

表 9-2　阴离子碳氟表面活性剂的主要品种

活性剂类型		结构通式	品种举例
羧酸盐型		$R_F COO^- M^+$	$CF_3(CF_2)_6COONa$ $C_8F_{17}CH_2CH_2OCH_2CH_2COONa$ $CF_3(CF_2)_2OCF(CF_3)CF_2OCF(CF_3)COONa$ $C_{19}F_{19}CH_2CH(OH)CH_2N(CH_3)CH_2COOK$
磺酸盐型		$R_F SO_3^- M^+$	$(C_2F_5)_3CO(CH_2)_3SO_3K$ $CF_3CF_2OCF_2CF(CF_3)OCF_2CF(CF_3)OCF_2CF_2SO_3Na$ $(CF_3)_2CFO(CH_2)_6OSO_3Na$
硫酸酯盐型		$R_F OSO_3^- M^+$	$C_7F_{15}CH_2OSO_3Na$ $CF_3(CF_2CF_2)_nCH_2(OCH_2CH_2)_mOSO_3NH_4$ $(CF_3)_2CFO(CH_2)_6OSO_3Na$
磷酸酯盐型	单酯	$R_F OP(O)O_2^{2-} M_2^+$	$CF_3(CF_2)_nCH_2OP(O)(ONa)_2$
	双酯	$(R_F O)_2P(O)O^- M^+$	$[CF_3(CF_2)_nCH_2CH_2O]_2P(O)(ONH_4)$

从上述四种阴离子碳氟表面活性剂的分子结构可以看出，碳氟非极性基是通过羧基、磺酸基、硫酸酯基或磷酸酯基与阳离子相连。如果 M^+ 是有机阳离子，碳氟非极性基通常是通过羧酸酰氨基或磺酸酰氨基连接表面活性剂分子的架构。虽然碳氟羧酸比相应的碳氢羧酸具有更强的酸性，但碳氟羧酸盐在强酸或含有二价或三价金属离子的水中溶解度仍很小。

与羧酸盐型比较，磺酸盐型碳氟表面活性剂在实际应用中具有更强的耐氧化性能，对强酸性介质、电解质及钙离子敏感性小。硫酸酯盐型碳氟表面活性剂与磺酸盐型碳氟表面活性剂相比有更优良的水溶性，而且可方便地从含氟醇制备，但是硫酸酯盐型碳氟表面活性剂对水解的稳定性低，从而限制了其应用。通常磷酸酯盐型碳氟表面活性剂比其他阴离子碳氟表面活性剂的起泡性低，故有些磷酸酯盐是很好的抗泡沫剂。

（2）阳离子型碳氟表面活性剂

阳离子型碳氟表面活性剂几乎都是含氮的化合物，也就是有机胺的衍生物，碳氟非极性基直接或间接与季铵基团、质子化氨基或杂环碱相连接，有些阳离子碳氟表面活性剂含有季铵基和仲氨基及碳酰氨键或磺酰氨键等。此类碳氟表面活性剂在水中解离形成带正电荷的表面活性离子和带负电荷的配对离子，所以阳离子碳氟表面活性剂和阴离子碳氟表面活性剂一样，对电解质和介质的 pH 值比较敏感。

（3）两性型碳氟表面活性剂

在两性型碳氟表面活性剂分子中同时存在酸性基团和碱性基团，碱性基团主要是氨基或季铵基，酸性基主要是羧酸基、磺酸基、磷酸基等。

两性碳氟表面活性剂根据应用时介质 pH 值的不同，既可表现为阴离子表面活性剂的特性，也可表现为阳离子表面活性剂的特性。处于同一两性碳氟表面活性剂分子中的阳离子基和阴离子基在等电点附近呈电中性，在等电点范围以外则依据介质的 pH 值而作为阳离子或阴离子碳氟表面活性剂显示其表面活性。

两性型碳氟表面活性剂的主要类型如表 9-3 所示。

表 9-3　两性型碳氟表面活性剂的主要类型

表面活性剂类型		品种举例
甜菜碱型	羧酸甜菜碱	$R_FCH_2CH(OH)CH_2N^+(CH_3)_3CH_2COO^-$
	磺酸甜菜碱	$C_8F_{17}CH_2CH_2CONH(CH_2)_3N^+(CH_3)_3SO_3^-$
	硫酸甜菜碱	$R_FCH_2CH_2SCH_2CH(OSO_3^-)CH_2N^+(CH_3)_3$
氨基酸型		$R_FN^+H_2CH_2CH_2COO^-$

（4）非离子型碳氟表面活性剂

非离子型碳氟表面活性剂在水溶液中不电离，其极性基通常由一定数量的含氧醚键或羟基构成。含氧醚键通常由聚氧乙烯链或聚氧丙烯链组成。这些基团的长度是可以调节的，通过链长度的改变可以调整非离子碳氟表面活性剂的亲水亲油平衡值，而非离子碳氟表面活性剂的 HLB 值对其所在体系的界面性质及乳液的稳定性有很大的影响。常用的非离子型碳氟表面活性剂如下。

$$CF_3(CF_2)_nCH_2O(CH_2CH_2O)_mH$$
$$C_9F_{19}CH_2CH(OH)CH_2OC_2H_5$$
$$C_6F_{13}CH_2CH_2S(CH_2CH_2O)_3H$$
$$C_nF_{2n+1}CONH(CH_2CH_2O)_mH(n=6\sim9,\ m=2\sim4)$$
$$C_8H_{17}CH_2CH_2SO_2N(CH_3)CH_2CH_2OH$$

9.1.3　碳氟表面活性剂的应用

（1）碳氟表面活性剂在高效灭火剂中的应用

所谓高效灭火剂泛指比传统灭火剂在灭火速度、灭火效果方面更快更有效的灭火剂，一些传统灭火剂灭火较困难的火灾也适用。目前碳氟表面活性剂中效果最佳的是氟蛋白泡沫灭火剂。

普通蛋白泡沫灭火剂的应用已经有很长时间，其主要成分是从动物蹄、角、鸡皮或鱼粉水解得到的动物水解蛋白液和来自豆饼等的植物水解蛋白液。这种灭火剂的灭火效果并不理想，特别是对油类火灾的灭火效果较差。将碳氟表面活性剂添加到此类蛋白泡沫液中得到的蛋白泡沫灭火剂称为氟蛋白灭火剂。其灭火速度比不添加碳氟表面活性剂的普通蛋白泡沫提高 3～4 倍，而且即使在已喷射覆盖氟蛋白泡沫灭火剂泡沫的油面上有局部燃烧的火苗，也不会扩散成新的火灾，而且泡沫有自封作用，能很快地将局部的燃烧火苗自行扑灭，不复燃，从而大大提高了蛋白泡沫的灭火速度和效果。

例如，如下结构的磺酸盐型阴离子碳氟表面活性剂的水溶液表面张力为 22mN/m，在蛋白泡沫中的添加量小于 1% 时即可得到令人满意的效果。

$$\begin{array}{c}
F_3C \quad CF_3 \\
C_2F_5 \quad C=C \\
F_3C \quad \quad O \\
C_2F_5 \\
\end{array}\text{—}\bigcirc\text{—}SO_3Na$$

氟蛋白泡沫灭火剂最显著的优势是可用作大型储油罐的液下喷射泡沫灭火剂。过去大型储油罐的灭火喷射装置都安装在油罐的最顶端，而油罐最常见的火灾都是从顶部开始的。因此，设在罐顶上的喷射装置很容易被烧毁。为了保护灭火剂喷射装置，考虑将喷射口装在油罐底部，当油罐罐顶起火时开启罐底喷射装置，将泡沫送到罐顶油面，隔绝空气，达到灭火的目的。但是由于使用的蛋白泡沫或其他泡沫在从罐底到达罐顶的过程中必须通过油罐中的油层，泡沫中携带大量的油浮在油面继续燃烧，不仅不能隔绝空气，更无法灭火。

将碳氟表面活性剂加到蛋白泡沫液中，利用其分子中碳氟链独特的疏油性能，使氟蛋白泡沫通过油层到达油罐顶部油面时，几乎不受油的污染，能够在油面形成一层基本不带油、且不会继续燃烧的泡沫层，将油与空气隔开，达到灭火的目的。

由于碳氟表面活性剂具有很低的表面张力，以及与其他类型表面活性剂良好的配伍性和加和增效作用，因此可以与其他成分配制成轻水泡沫灭火剂。这类灭火剂使很多油类，特别是轻油类火灾的扑灭效果得以提高。除了泡沫性能以外，能否在环己烷和汽油等油类表面迅速铺展成膜是决定轻水泡沫灭火剂灭火效果的另一个重要的因素。

将碳氟表面活性剂添加到其他化学泡沫灭火剂中，如酸碱泡沫灭火剂、化学泡沫灭火剂等，也能大大提高其灭火效果，有助于灭火液在燃料油表面形成泡沫，且能在油面铺展成水膜，从而大大缩短灭火时间，提高灭火性能，而且具有很强的抗复燃性。

（2）碳氟表面活性剂在电镀方面的应用

电镀是应用碳氟表面活性剂比较早且成功的领域。传统的表面活性剂无法适应电镀过程中苛刻的工艺条件，如强酸、强氧化还原介质，电镀液配方的严格配比等，从而难以满足镀层的质量要求。碳氟表面活性剂则以其很高的热稳定性和化学稳定性、很高的表面活性在电解液中迅速得到应用。例如，镀铬的电镀槽在电镀过程会逸出大量的铬酸雾，对操作人员身体造成很大伤害，也会造成严重的环境污染。非氟表面活性剂在电镀液表面形成的泡沫不能抵御电镀槽中强烈的氧化还原作用和很强的酸性介质，在很短时间内便遭到破坏。

使用全氟烷基醚磺酸盐作为抑铬雾剂效果良好，在标准铬镀液中添加 $0.02 \sim 0.04 \mathrm{g/L}$ 抑铬雾剂后，三氧化铬的逸出浓度可以降低到 $0.005 \sim 0.23 \mathrm{mg/m^3}$，只有国家标准的 $1/50 \sim 1/30$，不仅不影响装饰铬、硬铬的镀层质量，而且在硬度和裂纹方面还有所改善。全氟烷基醚磺酸钾抑铬雾剂的结构为：

$$\mathrm{F(CF_2CF_2)_{\mathit{n}}OCF_2CF_2SO_3K} \ (n=2,3,4)$$

（3）碳氟表面活性剂在织物整理方面的应用

碳氟表面活性剂在织物整理剂中应用的目的是达到防油防水的效果。早期使用的橡胶类涂层虽能起到防水和一定的防油作用，但经涂层处理的织物透气性差，穿着不舒适。有机硅化合物防水效果较好，但防油性能较差。而碳氟防油防水整理剂不仅具有较其他整理剂更优良的防油防水性能，而且保持了织物原有的透气性。

为了达到最大的防油防水效果，用作纤维防油防水整理剂的碳氟表面活性剂通常含有 $8 \sim 10$ 个全氟化碳原子的烷基链。相同数量的碳原子，直链全氟烷基的防油防水性能比支链的更好。此外，全氟烷基链的结构对其性能也有影响。相同条件下，有着三氟甲基（$-\mathrm{CF_3}$）密堆积的表面将具有较低的表面能和较高的防油防水性。例如，$1H,1H$-聚七氟丁基丙烯酸酯和聚七氟异丙基丙烯酸酯两种表面活性剂，可以发现后者的临界表面张力较低。

选择纤维防油防水整理剂不仅仅要考虑经整理过纤维的起始防油防水性能，还必须考虑其耐干洗、水洗的牢度，防止磨损、污染的能力，使用或穿着的舒适感以及价格等重要因素。

（4）碳氟表面活性剂作为高聚物添加剂的应用

碳氟表面活性剂广泛应用于高聚物材料，作为添加剂具有各种不同的作用。例如，非离子碳氟表面活性剂可作为硫化或未硫化橡胶的防结块剂；聚氯乙烯薄膜或皂化乙烯-醋酸乙烯共聚物用碳氟表面活性剂 $[C_8F_{17}SO_2NHCH_2CH_2O(CH_2CH_2O)_{10}H]$ 处理后，可降低摩擦力和结块程度。用阳离子碳氟表面活性剂作表面处理可以增加聚合物透析胶的水穿透性。聚苯乙烯和聚甲基丙烯酸甲酯等高聚物用如下结构的碳氟表面活性剂处理后临界表面张力明显降低。

$$\begin{array}{cc} CF_3 & CF_3 \\ | & | \end{array}$$
$$F(CFCF_2O)_9CFCOOCH_2CH_2(OCH_2CH_2)_6OCH_3$$

此外，碳氟表面活性剂还能够改善纤维或复合树脂用填料的润湿性，使黏性树脂中包含的空气气泡更容易离开树脂本体；阳离子碳氟表面活性剂吸附在聚合物颗粒表面能使其表面带正电荷，更容易进行共电镀；阴离子碳氟表面活性剂可防止氰基橡胶密封剂周围的矿物油泄漏；两性碳氟表面活性剂可以使硅橡胶密封剂具有防污性能。

（5）碳氟表面活性剂在感光材料中的应用

碳氟表面活性剂在感光材料的光敏涂层中起润湿剂、乳液乳化剂、乳液稳定剂等的作用，并提供感光材料抗静电和不发黏的性质，防止斑点的形成。还能防止由于静电引起的雾翳和条纹，而且其添加对于光敏卤化银乳液没有不良影响。

此外，碳氟表面活性剂在医疗材料中可用于配制抗过敏剂、止咳剂、抗心绞痛剂等的自喷气溶胶，起分散剂的作用。在杀虫剂配方中可帮助杀虫剂在昆虫表面润湿并穿透进入昆虫体内。在石油开采中可起稳定泡沫、强化开采、增加石油回收的作用。在矿物浮选、涂料、化妆品、纸和皮革制品、玻璃材料等中的应用也表现了突出的性能。

9.1.4　碳氟表面活性剂的主要合成方法

碳氟表面活性剂的合成一般包括两步，即含氟非极性基的合成及亲水基团的引入。其中疏水基中间体即疏水、疏油碳氟链的合成，亲水基的引入同常规表面活性剂的合成反应比较简单。目前合成碳氟化合物的主要方法有三种，即电解氟化法、调聚法和离子低聚法。

9.1.4.1　电解氟化法

电解氟化法是较早用于合成疏水疏油碳氟链的方法，它是通过碳氢羧酸或碳氢磺酸与电解产生的活泼氟原子直接置换氢原子完成的。这种方法最先由 Simons 开发，因此又称 Simons 法，至今已有近半个世纪，而且已经广泛应用于工业和实验室合成碳氟链。

这种方法是将无水氟化氢和碳氢有机化合物在 Simons 电解槽中电解氟化，控制极间电压在 $4 \sim 6V$，在阳极碳氢链上的氢原子被氟原子取代，同时在阴极上产生氢气。采用这种方法生产的一般是含 8 个碳原子的羧酰氟和磺酰氟，其反应式为：

$$C_7H_{15}COCl + HF \longrightarrow C_7H_{15}COF + HCl$$
$$C_8H_{17}SO_2Cl + HF \longrightarrow C_8F_{17}SO_2F + HCl$$

所得产物全氟辛酰氟和全氟辛基磺酰氟在阳极上产生。由于电解氟化过程中副反应较多，因此两种产物的收率较低，前者为 $10\% \sim 40\%$，后者也只有 $20\% \sim 50\%$，近年来通过改进，收率有所提高。

电解氟化法的优点是原料氟化氢价廉易得，而且可直接合成碳氟表面活性剂的反应性基团，如羧酰氟（—COF）或磺酰氟（—SO_2F）等，经进一步反应引入亲水基即可制得碳氟表面活性剂。例如，经过电解氟化制得的全氟辛酰氟及全氟辛基磺酰氟可以经过下列三个反应制取表面活性剂：

① 经水解、中和生成相应的羧酸盐或磺酸盐型阴离子表面活性剂；

② 与二烷基丙二胺反应制得酰胺，进一步经季铵化反应制备阳离子表面活性剂；

③ 与脂肪胺或醇反应生成酰胺或酯，再经进一步反应制备非离子表面活性剂。全氟辛酰氟和全氟辛基磺酰氟经以上三步反应制取表面活性剂的过程如下：

$$A \xrightarrow[\text{水解}]{H_2O} C_nF_{2n+1}COOH \xrightarrow[\text{中和}]{OH^-} C_nF_{2n+1}COO^-$$

$$C_nF_{2n+1}COF$$

$$B \xrightarrow[\text{酰化}]{H_2NC_3H_6N(CH_3)_2} C_nF_{2n+1}CONHC_3H_6N(CH_3)_2$$

$$\xdownarrow{\text{季铵化} \mid RX}$$

$$C_nF_{2n+1}CONHC_3H_6\overset{+}{N}(CH_3)_2X^-$$
$$\mid$$
$$R$$

$$C \xrightarrow[\text{酯化}]{ROH} C_nF_{2n+1}COOR \xrightarrow[\text{还原}]{LiAlH_4} C_nF_{2n+1}CO_2OH$$

$$\xdownarrow[\text{氧乙基化}]{m\ H_2C\overset{\displaystyle -CH_2}{\underset{O}{}}}$$

$$C_nF_{2n+1}CH_2O(CH_2CH_2O)_mH$$

$$A \xrightarrow[\text{水解}]{OH^-} C_nF_{2n+1}SO_3^-$$

$$C_nF_{2n+1}SO_2F$$

$$B \xrightarrow[\text{酰化}]{H_2NC_3H_6N(CH_3)_2} C_nF_{2n+1}SO_2NHC_3H_6N(CH_3)_2$$

$$\xdownarrow{\text{季铵化} \mid RX}$$

$$C_nF_{2n+1}SO_2NHC_3H_6\overset{+}{N}(CH_3)_2X^-$$
$$\mid$$
$$R$$

$$C \xrightarrow[\text{酯化}]{ROH} C_nF_{2n+1}SO_2NHR \xrightarrow[\text{缩合}]{ClCH_2CH_2OH} C_nF_{2n+1}SO_2\overset{R}{\overset{\mid}{N}}C_2H_4OH$$

$$\xdownarrow[\text{氧乙基化}]{m\ H_2C\overset{\displaystyle -CH_2}{\underset{O}{}}}$$

$$C_nF_{2n+1}SO_2N(CH_2CH_2O)_mC_2H_4OH$$

电解氟化法的缺点是氟化产率低、成本高，因此近几十年来主要研究如何提高氟化收率。

9.1.4.2　调聚法

调聚法是利用氟烯烃的调聚反应制取长链氟烷基中间体的反应，反应物包括调聚剂和调聚单体，二者反应可以得到不同链长的含氟中间体的混合物，然后根据需要进行分离，再经下一步反应便可合成表面活性剂。

调聚反应实际是自由基聚合反应，有时使用过氧化物作为引发剂。以光化催化下三氟碘甲烷与四氟乙烯的反应为例，调聚反应经过如下过程。

$$CF_3I \xrightarrow{h\nu} CF_3 \cdot + I \cdot$$
$$CF_3 \cdot + F_2C{=}CF_2 \longrightarrow CF_3CF_2CF_2 \cdot$$
$$CF_3CF_2CF_2 \cdot + F_2C{=}CF_2 \longrightarrow CF_3CF_2CF_2CF_2CF_2 \cdot$$
$$CF_3CF_2CF_2 \cdot + CF_3I \longrightarrow CF_3CF_2CF_2I + CF_3 \cdot$$
$$CF_3(CF_2CF_2)_n \cdot + CF_3I \longrightarrow CF_3(CF_2CF_2)_nI + CF_3 \cdot$$
$$2CF_3 \cdot \longrightarrow CF_3CF_3$$

反应的调聚单体主要是四氟乙烯，调聚剂主要有全氟烷基碘和低级醇等，前者如三氟碘甲烷和五氟碘乙烷等，后者如甲醇等。根据调聚法所用调聚剂的不同，可以制得全氟碘化物、ω-氢碳氟化物以及含氧杂原子的氟烷基碘。

（1）全氟碘化物的合成

合成这类中间体时，工业上常用的调聚剂为五氟碘乙烷，它同四氟乙烯的反应式如下。

$$IF_5 + 2I_2 \longrightarrow 5FI$$

$$F_2C{=}CF_2 + IF \longrightarrow CF_3CF_2I \quad 五氟碘乙烷$$

$$CF_3CF_2I + nF_2C{=}CF_2 \longrightarrow CF_3CF_2(CF_2CF_2)_nI$$
$$全氟碘化物$$

式中，产物全氟碘化物分子式的 n 为 $0\sim15$，是直链型全氟碘化物。此外，还可采用下列方法制备链端具有分支链的化合物，即

$$KF + I_2 \longrightarrow IF + KI$$

$$F_3CFC{=}CF_2 + IF \xrightarrow{CH_3CN} (CF_3)_2CFI(调聚剂)$$

$$(CF_3)_2CFI + nF_2C{=}CF_2 \longrightarrow (CF_3)_2CF(CF_2CF_2)_nI (n=0\sim10)$$

氟链具有强烈的吸电子性，在其分子上引入亲水基团的反应较难进行，因此还需采用去引入反应性基团后再用于制备表面活性剂。例如全氟碘化物 $[R_f(CF_2CF_2)_nI]$ 可以同乙烯、发烟硫酸及亚硫酰氯反应，生成容易进行下一步反应的中间体，即

$$R_f(CF_2CF_2)_nI \begin{cases} \xrightarrow{H_2C{=}CH_2} R_f(CF_2CF_2)_nCH_2CH_2I \\ \xrightarrow{H_2SO_4\cdot SO_3} R_f(CF_2CF_2)_{n-1}CF_2COF \\ \xrightarrow{SO_2Cl_2} R_f(CF_2CF_2)_nSO_2Cl \end{cases}$$

这些中间体可以进一步反应，制备表面活性剂，例如：

$$R_f(CF_2CF_2)_nCH_2CH_2I \begin{cases} \xrightarrow{H_2SO_4\cdot SO_3} R'_fCH_2CH_2OH \xrightarrow{nCH_2{-}CH_2(O)} R'_fCH_2CH_2O(CH_2CH_2O)_nH \\ \qquad\qquad\qquad 非离子表面活性剂 \\ \qquad\qquad \xrightarrow{P_2O_5\cdot NH_3} (R'_fCH_2CH_2O)_{1.5}P(ONH_4)_{1.5} \\ \xrightarrow[-NaI]{+NaHS} R'_fCH_2CH_2SH \xrightarrow{H_2C{=}CHCONHCH_2CH_2SO_3M} \\ \qquad\qquad R'_fCH_2CH_2SCH_2CH_2CONHCH_2CH_2SO_3M \\ \qquad\qquad\qquad 阴离子表面活性剂 \\ \xrightarrow[CH_3I]{H_2C{=}CHCOOCH_2CH_2N(CH_3)_2} R'_fCH_2CH_2SCH_2CH_2COOC_2H_4\overset{+}{N}(CH_3)_3\cdot I^- \\ \qquad\qquad\qquad 阳离子表面活性剂 \end{cases}$$

（2）ω-氢碳氟化合物的合成

该化合物的合成可由四氟乙烯和甲醇、乙醇、异丙醇等低级醇类调聚剂经调聚法反应制得，其反应式如下：

$$CH_3OH + nF_2C{=}CF_2 \longrightarrow H(CF_2CF_2)_nCH_2OH$$

$$CH_3CH_2OH + nF_2C{=}CF_2 \longrightarrow H(CF_2CF_2)_nCH(CH_3)OH$$

$$(CH_3)_2CHOH + nF_2C{=}CF_2 \longrightarrow H(CF_2CF_2)_n{-}\overset{\displaystyle CH_3}{\underset{\displaystyle CH_3}{COH}}$$

在以上合成的 ω-氢碳氟化合物中，$n=0\sim8$。这样 ω-氢碳氟化合物可进一步氧化得到羧酸，也可与环氧乙烷反应制得表面活性剂。例如：

$$H(CF_2CF_2)CH_2OH \begin{cases} \xrightarrow{\text{氧化}} H(CF_2CF_2)_nCOOH \xrightarrow[\text{酰化}]{SO_2Cl_2} H(CF_2CF_2)_nCOCl \\ \\ \xrightarrow[nCH_2\text{—}CH_2]{\overset{O}{\frown}} H(CF_2CF_2)_nCH_2O(CH_2CH_2O)_nH \end{cases}$$

(3) 含氧杂原子的氟烷基碘的合成

这类化合物可由全氟丙酮为原料合成，其反应式为

$$(CF_3)_2C\!=\!O + KF \longrightarrow (CF_3)_2CFO^-K^+ \xrightarrow{I_2,\,F_2C=CF_2} (CF_3)_2CFO(CF_2CF_2)_nI + KI$$

也可通过以下反应合成带有反应性基团磺酰氟基的含氧氟烷基碘。

$$F_2C\!=\!CF_2 + SO_3 \longrightarrow \underset{\underset{O\text{——}SO_2}{|\quad\quad|}}{F_2C\text{——}CF_2} \xrightarrow{\underset{ICl + KF(IF)}{nF_2C=CF_2}} I(CF_2CF_2)_nOCF_2CF_2SO_2F + KCl$$

9.1.4.3 离子低聚法

这种方法是采用四氟乙烯、六氟丙烯或相应的环氧化合物（四氟环氧乙烯、六氟环氧丙烯）在氟离子催化下发生阴离子聚合反应，合成碳原子数为 6～14 的碳氟表面活性剂中间体。以四氟乙烯、六氟丙烯合成的中间体为多支链烯烃，这是该法与电解氟化法和调聚法的区别。

① 四氟乙烯聚合产品　四氟乙烯在氟离子催化下发生低聚反应制得的产品有 90% 左右是含 8～12 个碳原子的全氟烯烃，这种小分子量的化合物叫做低聚物或寡聚物，其组成如表 9-4 所示。

表 9-4　低聚物的组成

碳原子数	结构式	沸点/℃	比例/%
8	$\underset{F_3C}{\overset{F_3C}{>}}C\!=\!C\underset{C_2F_5}{\overset{C_2F_5}{<}}$	95	15
10	$C_2F_5\text{—}\underset{C_2H_5}{\overset{CF_3}{\underset{|}{\overset{|}{C}}}}\text{—}\overset{CF_3}{\overset{|}{C}}\!=\!CFCF_3$	137	65
12	$C_2F_5\text{—}\underset{C_2F_5}{\overset{CF_3}{\underset{|}{\overset{|}{C}}}}\!=\!\underset{CF_3}{\overset{CF_2}{\underset{|}{\overset{|}{C}}}}\text{—}\underset{C_2F_5}{\overset{|}{CF}}\longrightarrow C_2F_5\text{—}\underset{C_2F_5}{\overset{CF_3}{\underset{|}{\overset{|}{C}}}}\text{—}\underset{CF_3}{\overset{CF_3}{\underset{|}{\overset{|}{C}}}}\!=\!C\text{—}C_2F_5$	167～176	10

② 六氟丙烯聚合产品　六氟丙烯在氟离子存在下首先发生亲核反应，得到负离子中间体，该中间产物继续与六氟丙烷反应，最终生成含 9 个碳原子的支链碳氟中间体。该反应过程如下：

$$F_2C\!=\!CFCF_3 \xrightarrow{F^-} \underset{F_3C}{\overset{F_3C}{>}}CF^- \xrightarrow{F_2C=CFCF_3} \underset{F_3C}{\overset{F_3C}{>}}CF\text{—}\overset{F_2}{\underset{}{C}}\text{—}\bar{C}FCF_3$$

$$\Big\downarrow {-F^-}$$

$$F_3C{-}\overset{\displaystyle F_3C}{\underset{\displaystyle F_3C}{C}}{=}CF{-}C_2F_5 \rightleftharpoons \overset{\displaystyle F_3C}{\underset{\displaystyle F_3C}{CF}}{-}FC{=}CF{-}CF_3$$

$$\Big\downarrow \overset{\displaystyle F_3C}{\underset{\displaystyle F_3C}{CF^-}}$$

$$\overset{\displaystyle F_3C}{\underset{\displaystyle F_3C}{C}}{=}CF{-}FC\underset{\displaystyle CF_3}{-}FC\overset{\displaystyle CF_3}{\underset{\displaystyle CF_3}{}} \xleftarrow{-F^-} \overset{\displaystyle F_3C}{\underset{\displaystyle F_3C}{CF}}{-}F\overset{}{C}{-}FC\underset{\displaystyle CF_3}{-}FC\overset{\displaystyle CF_3}{\underset{\displaystyle CF_3}{}}$$

$$\Big\downarrow -F^-$$

$$\overset{\displaystyle F_3C}{\underset{\displaystyle F_3C}{CF}}{-}CF_2{-}C{=}C\underset{\displaystyle CF_3}{\overset{\displaystyle CF_3}{}} \xleftarrow{\ \rightleftharpoons\ } \overset{\displaystyle F_3C}{\underset{\displaystyle F_3C}{CF}}{-}FC{=}C\underset{\displaystyle CF_3}{-}FC\overset{\displaystyle CF_3}{\underset{\displaystyle CF_3}{}}$$

沸点114℃   沸点110℃

用上述支链碳氟中间体合成表面活性剂的方法合成简单，产品价格低廉，但性能较差。由该中间体合成阴离子、阳离子和非离子表面活性剂的过程如下式所示，所得表面活性剂分子中均含有较多支链。

③ 由六氟环氧丙烷制备的碳氟中间体及表面活性剂　六氟环氧丙烷是由六氟丙烯制得，它可以通过如下反应制备含有氧杂原子的碳氟中间体。

$$(n+2)F_3CFC{-}CF_2 \xrightarrow{F^-} CF_3CF_2CF_2O(\underset{\displaystyle CF_3}{CFCF_2O})_n\underset{\displaystyle CF_3}{CFCOF}$$

该中间体经进一步反应可分别制得阴离子、阳离子和非离子表面活性剂。

$$CF_3CF_2CF_2O(\underset{\displaystyle CF_3}{CFCF_2O})_n\underset{\displaystyle CF_3}{CFCOO^-}\overset{+}{N}H_4$$

$$CF_3CF_2CF_2O(\underset{\displaystyle CF_3}{CFCF_2O})_n\underset{\displaystyle CF_3}{CFCONH(CH_2)_3}\overset{+}{N}(CH_3)_3\cdot I^-$$

$$CF_3CF_2CF_2O(CFCF_2O)_nCFCOO(CH_2CH_2O)_nR$$
$$CF_3CF_3$$

以上讨论了合成碳氟表面活性剂疏水、疏油碳氟链的各种方法，它们各有特点，也都有工业化生产。综合比较各种因素可以看出，调聚法是比较理想的方法，该法不仅能生产碳氟表面活性剂，还可以生产一系列用于各种领域的全氟化合物，如全氟辛烷（C_8F_{18}）是眼科手术不可缺少的医疗材料，溴代全氟辛烷（$C_8F_{17}Br$）是 X 光造影剂。

9.2　含硅表面活性剂

简单地讲，含硅表面活性剂就是含有硅原子的表面活性剂，是 20 世纪 60 年代问世的一种新型特殊表面活性剂。此类表面活性剂的分子结构也是由亲水基和亲油基两部分构成，与传统碳氢表面活性剂不同的是其亲油基部分含有硅烷基链或硅氧烷基链。

9.2.1　含硅表面活性剂的分类

与传统表面活性剂类似，含硅表面活性剂按亲水基的结构可以分为阴离子型、阳离子型、两性型和非离子型四类。如果按照疏水基的结构分类，则可分为硅烷基型和硅氧烷基型两类。

① 硅烷基型　此类表面活性剂疏水部分的结构通式为

$$-\overset{|}{\underset{|}{Si}}-CH_2-\cdots-\overset{|}{\underset{|}{Si}}-$$

表面活性剂的品种如：

$$(CH_3)_3Si(CH_2)_3COOH \qquad C_6H_5(CH_3)_2Si(CH_2)_2COOH$$

② 硅氧烷基型　疏水基的结构为

$$-\overset{|}{\underset{|}{Si}}-O-CH_2\cdots$$

表面活性剂的品种如：

$$[(CH_3)_3SiO]_3Si(CH_2)_3NH(CH_2)_2NH_2$$

由于硅烷基和硅氧烷基均具有很强的憎水性，因此它们成为除碳氟表面活性剂以外的另一类性能优异的表面活性剂，具有较高的热稳定性和耐气候性，以及良好的表面活性、润湿性、分散性、抗静电性、消泡和乳化性能。

正是由于具有以上这些性质，含硅表面活性剂用途十分广泛。主要用于纤维和织物的防水、柔软和平滑整理以及化妆品中，阳离子型含硅表面活性剂还具有很强的杀菌能力。随着硅化学研究的逐渐深入，这类表面活性剂的开发和应用将会进一步的发展。

9.2.2　含硅表面活性剂的合成

含硅表面活性剂的合成方法同碳氟表面活性剂的合成方法类似，通常也分为两步，即含硅疏水基中间体的合成及亲水基团的引入。含硅疏水基中间体一般由专业有机硅生产厂家完成，因此对于表面活性剂的合成，亲水基团的引入更为重要。

(1) 含硅非离子表面活性剂的合成

含硅非离子表面活性剂的合成，即亲水基团的引入主要有以下三种方法，以聚醚为原料合成、通过环氧乙烷加成反应合成和通过烯基聚醚的加成反应合成。

① 以聚醚为原料的合成方法　使用聚醚 $RO(CH_2CH_2O)_nH$ 为原料合成此类表面活性剂主要是基于酯交换反应或置换反应等。例如

$$C_2H_5O\underset{\underset{CH_3}{|}}{\overset{\overset{CH_3}{|}}{Si}}-(OSi)_n-OC_2H_5 + RO(CH_2CH_2O)_pH \xrightarrow[\text{酯交换反应}]{CF_3COOH催化}$$

$$C_2H_5O\underset{\underset{CH_3}{|}}{\overset{\overset{CH_3}{|}}{Si}}-(OSi)_n-(OCH_2CH_2)_pOR + C_2H_5OH$$

$$-\underset{\underset{CH_3}{|}}{\overset{\overset{CH_3}{|}}{(OSi)_n}}-NH_2 + HO(CH_2CH_2O)_pR \xrightarrow[-NH_3]{\text{置换反应}} -(OSi)_n-O(CH_2CH_2O)_pR$$

此外，带有环氧乙基的硅烷基中间体也可与聚醚反应，经环氧乙基开环引入聚氧乙烯基，其反应式为

$$-Si-(CH_2)_3-OCH_2-HC-CH_2 + HO(CH_2CH_2O)_pR \longrightarrow -Si-(CH_2)_3-OCH_2-HC-CH_2O(CH_2CH_2O)_pR$$

② 通过环氧乙烷加成反应合成　含有羟基的硅烷基化合物直接与环氧乙烷进行氧乙基化反应可制得非离子型含硅表面活性剂。反应式为

$$H_3C\underset{\underset{CH_3}{|}}{\overset{\overset{CH_3}{|}}{Si}}-(CH_2)_3OH + pH_2C-CH_2 \xrightarrow{KOH} H_3C\underset{\underset{CH_3}{|}}{\overset{\overset{CH_3}{|}}{Si}}-(CH_2)_3O(CH_2CH_2O)_pH$$

③ 通过烯基聚醚的加成反应合成　含氢硅氧烷与烯基聚醚发生加成反应也可以引入非离子亲水基团，例如

$$(CH_3)_3Si-(OSi)-OSi-H + H_2C=CHCH_2O(CH_2CH_2O)_p-CH_3 \longrightarrow$$

$$(CH_3)_3Si-(OSi)-OSi-CH_2CH_2CH_2O(CH_2CH_2O)_p-CH_3$$

（2）含硅阳离子表面活性剂的合成

含硅阳离子表面活性剂的合成主要有以下两种方法。

① 由含卤素的硅烷或硅氧烷与胺反应制得　例如，三甲氧基氯丙基硅烷与 N,N-二甲基十八胺反应可以制得如下结构的阳离子表面活性剂。

$$(CH_3O)_3Si(CH_2)_3Cl + C_{18}H_{37}N(CH_3)_2 \longrightarrow [(CH_3O)_3-Si(H_2C)_3-\underset{\underset{CH_3}{|}}{\overset{\overset{CH_3}{|}}{N}}-C_{18}H_{37}]^+ \cdot Cl^-$$

这是一种很好的抑菌剂，作用时间长，可用于袜品、内衣及寝具的卫生处理等。

再如，用上述反应还可以合成以下表面活性剂。

$$2C_{18}H_{37}N(CH_3)_2 + (RO)_2SiCl_2 \longrightarrow \begin{array}{c} CH_3 \\ | \\ [(C_{18}H_{37}N)_2Si(OR)_2]^{2+} \cdot 2Cl^- \\ | \\ CH_3 \end{array}$$

$$4C_{12}H_{25}NH_2 + SiCl_4 \longrightarrow [(C_{12}H_{25}NH_2)_4Si]^{4+} \cdot 4Cl^-$$

$$2C_{18}H_{37}N(CH_3)_2 + (C_2H_5)_2SiCl_2 \longrightarrow \begin{array}{c} CH_3 \\ | \\ [(C_{18}H_{37}N)_2Si(C_2H_5)_2]^{2+} \cdot 2Cl^- \\ | \\ CH_3 \end{array}$$

$$R_2SiC_nH_{2n}X + N(CH_3)_3 \longrightarrow R_2SiC_nH_{2n}\overset{+}{N}(CH_3)_3 \cdot X^-$$

上述反应中使用的含卤素的硅烷或硅氧烷原料可用下述方法合成，即先由卤代硅烷与含卤素的丙烯反应制得含卤素的硅烷，再由含卤素的硅烷与脂肪醇反应制得。

$$R_3SiX + H_2C=CHCH_2X \longrightarrow R_3Si(CH_2)_3X$$

$$R_3Si(CH_2)_3X + ROH \longrightarrow (RO)_3Si(CH_2)_3X$$

② 由含烯烃的胺与硅烷加成制得　含有烯烃的胺如 $CH_2=CHCH_2N(CH_3)_2$ 加成到硅烷（Si—H）上即可制得季铵盐型阳离子表面活性剂，如

$$\begin{array}{c} | \\ -SiH \\ | \end{array} + H_2C=CHCH_2N(CH_3)_2 \longrightarrow \begin{array}{c} | \\ -SiCH_2CH_2CH_2N(CH_3)_2 \\ | \end{array} \xrightarrow{CH_3Cl} \begin{array}{c} | \\ -SiCH_2CH_2CH_2\overset{+}{N}(CH_3)_3 \cdot Cl^- \\ | \end{array}$$

用这种方法合成的产品还有

$$(H_3C)_3Si\!-\!\!\underset{\underset{CH_3}{|}}{\overset{\overset{CH_3}{|}}{(OSi)}}\!\!_n\!-\!CH_2CH_2CH_2\overset{+}{N}(CH_3)_3 \cdot Cl^- \qquad [(CH_3)_3SiO]_3SiCH_2CH_2CH_2\overset{+}{N}(CH_3)_3 \cdot Cl^-$$

(3) 含硅阴离子表面活性剂的合成

阴离子亲水基团的引入主要是通过含卤素的硅烷与活泼氢反应和通过环氧基有机硅化合物与亚硫酸盐反应两种方式完成。

① 由含卤素的硅烷与活泼氢反应　含卤素的硅烷，如 $R_3SiC_nH_{2n}X$ 同丙二酸酯中的活泼氢反应，然后经水解可制得含硅的羧酸盐型阴离子表面活性剂。其反应式为

$$R_3SiC_nH_{2n}X + H\!-\!HC\!\!\begin{array}{c} COOC_2H_5 \\ \\ COOC_2H_5 \end{array} \xrightarrow[-HX]{缩合} R_3SiC_nH_{2n}CH\!\!\begin{array}{c} COOC_2H_5 \\ \\ COOC_2H_5 \end{array}$$

$$\xrightarrow[\substack{-C_2H_5OH \\ -CO_2}]{\substack{水解脱羧 \\ \triangle}} R_3SiC_nH_{2n}COOH \xrightarrow[NaOH]{中和} R_3SiC_nH_{2n}COO^-Na^+$$

② 由环氧基有机硅化合物与亚硫酸盐反应　通过含有环氧基的有机硅化合物与亚硫酸盐反应可以在表面活性剂分子中引入磺酸盐型阴离子亲水基，例如：

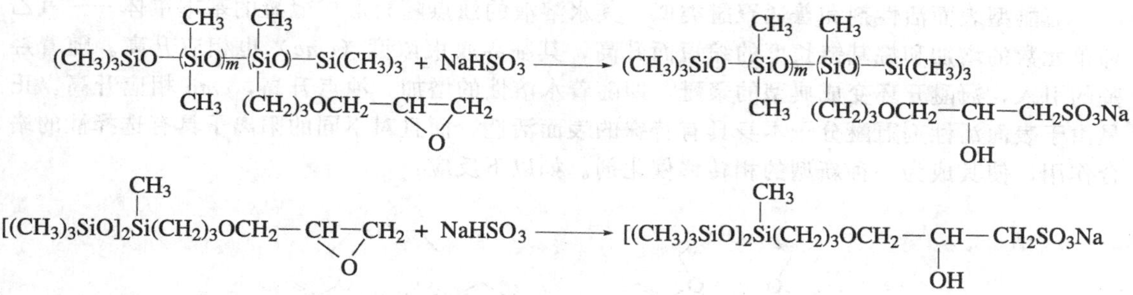

$$(CH_3)_3SiO{-}(SiO)_m{-}(SiO){-}Si(CH_3)_3 + NaHSO_3 \longrightarrow (CH_3)_3SiO{-}(SiO)_m{-}(SiO){-}Si(CH_3)_3$$

（图式：硅氧烷结构，左侧含环氧基 $(CH_2)_3OCH_2{-}CH{-}CH_2$（环氧 O），右侧产物含 $(CH_2)_3OCH_2{-}CH{-}CH_2SO_3Na$，OH）

$$[(CH_3)_3SiO]_2Si(CH_2)_3OCH_2{-}CH{-}CH_2 + NaHSO_3 \longrightarrow [(CH_3)_3SiO]_2Si(CH_2)_3OCH_2{-}CH{-}CH_2SO_3Na$$

（环氧 O，产物含 OH）

（4）含氟硅氧烷表面活性剂

含氟硅氧烷表面活性剂是指普通硅氧烷表面活性剂中的部分氢原子被氟取代后得到的品种，这类表面活性剂具有以下特点：

① 良好的耐热稳定性和化学稳定性；

② 较低的表面张力和较好的表面活性；

③ 合成方法与普通硅氧烷相似，比较简单，大多采用含氢硅烷与不饱和化合物加成制得；

④ 可用于织物的防水、防污和防油整理，制造"三防"材料，而普通硅氧烷则不具有防油的能力；

⑤ 良好的消泡作用，可用作消泡剂，例如 3,3,3-三氟丙基（甲基）三聚硅氧烷在 0.005% 的浓度时即可产生消泡效果。

9.3　冠醚型表面活性剂

近年来迅速发展起来的冠醚类大环化合物，具有与金属离子络合，形成可溶于有机溶剂相的络合物的特性，因而广泛地用作"相转移催化剂"。由于冠醚大环主要由聚氧乙烯构成，与非离子表面活性剂极性基相似，因此在冠醚大环上引入烷基取代基后，则可得到与非离子表面活性剂类似，但又具有独特性质的新型表面活性剂，其基本结构为：

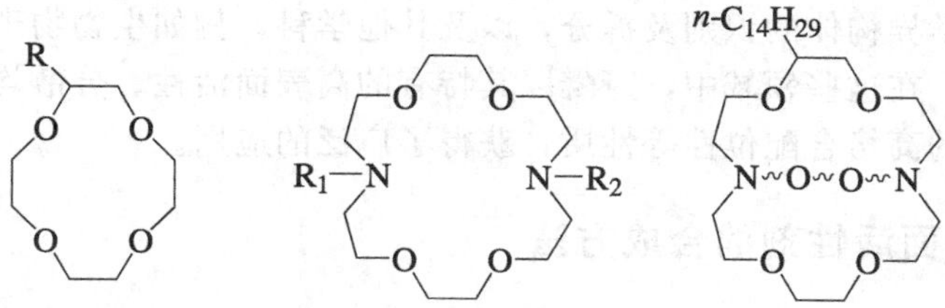

9.3.1　冠醚型表面活性剂的性质及应用

冠醚型表面活性剂是以冠醚作为亲水基团，且又在冠醚环上连接有长链烷基、苯基等憎水基团的化合物及其衍生物，属于大环多醚化合物，是一类特殊结构的聚醚。这类化合物除具有一般表面活性剂所共有的特点外，还有一些特殊的性质，例如可以选择性地络合金属阳离子或正离子，可改善某些抗生素的生物活性以及离子透过生物膜的传输行为，从而用来模拟天然酶和制备生物膜，也可以作为相转移催化剂以改进有机化学反应的转化率和反应能力。这类表面活性剂疏水链具有极强的疏水性，因而在化学或生物体系中具有碳氢表面活性剂无法比拟的高化学活性或生物活性。

冠醚型表面活性剂和普通聚醚类似，其水溶液的浊点随着形成冠醚的基本单体——氧乙烯单元数的增加和烷基链长度的缩短而升高，其临界胶束浓度（*cmc*）也相应升高。随着羟基的引入，冠醚开环变成典型的聚醚，即随着水溶性的增加，浊点升高，*cmc* 相应升高。正是由于表面活性剂冠醚分子本身具有特殊的表面活性，而且对不同的阳离子具有选择性的络合作用，使其成为一种新型的相转移催化剂。如以下反应：

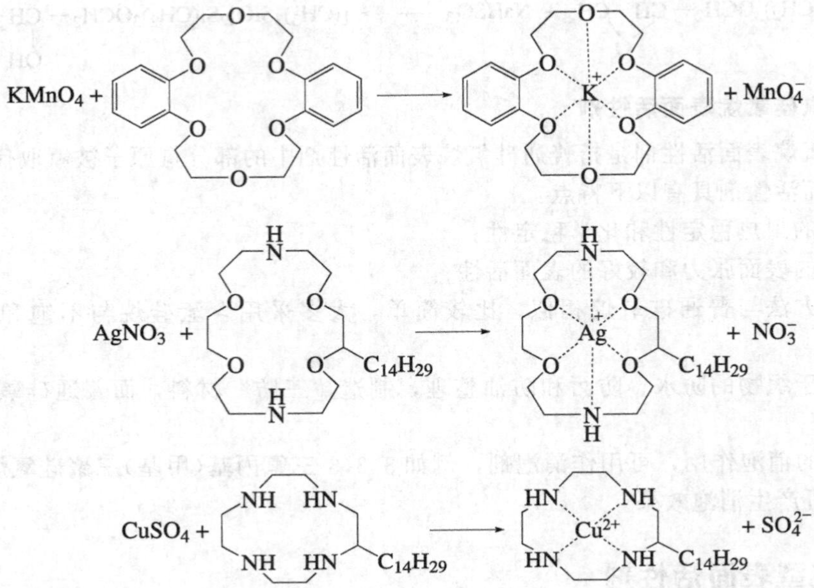

形成络合物之后，此类化合物实际上从非离子表面活性剂转变成离子型表面活性剂，而且易溶于有机溶剂中，将本来不溶于有机溶剂的离子带入有机相参与反应，因此可用作相转移催化剂。在合成时还可以调节环的大小，使之适合于不同大小的离子。

目前，冠醚化学及其应用领域已经得到广泛的研究，并已渗透到化学的很多分支学科，例如有机合成、配位化学、高分子合成、分析化学、萃取化学、液晶化学、感光化学、金属及同位素分离、光学异构体的识别及拆分，以及其他学科，例如生物物理、生物化学、药物化学、土壤化学等。在这些领域中，冠醚以其特有的高表面活性、分散均匀性以及与各种离子和中性分子之间的高络合配位性等性质，获得了广泛的应用。

9.3.2 冠醚型表面活性剂的合成方法

① 由烷烃的活性端基反应成环 这是最常用的方法之一，如

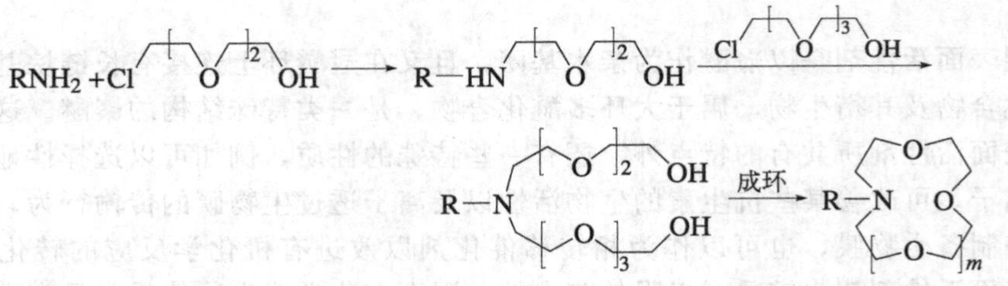

② 由聚乙二醇合成

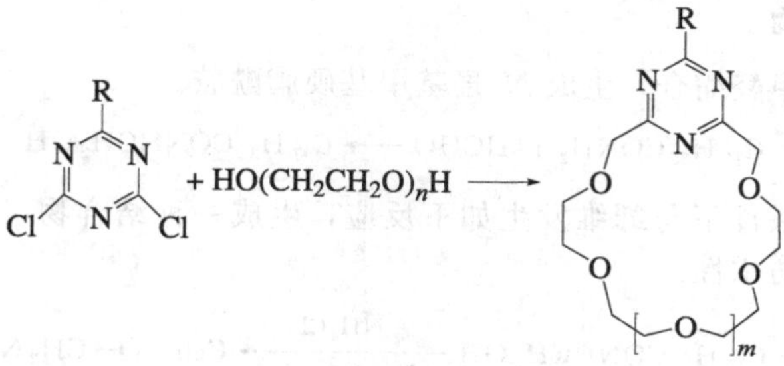

③ 由环氧化合物合成

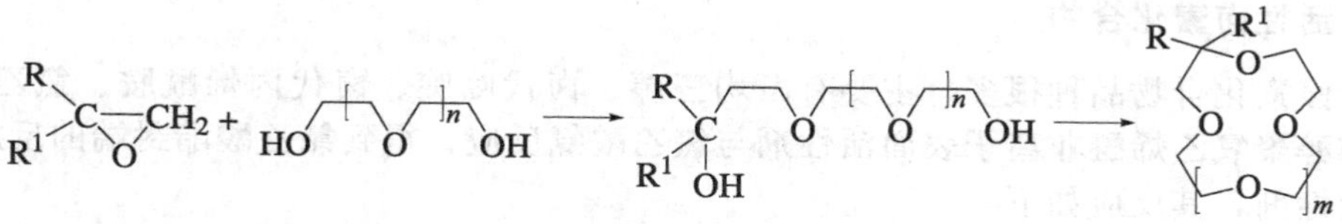

④ 由 α-烯烃合成

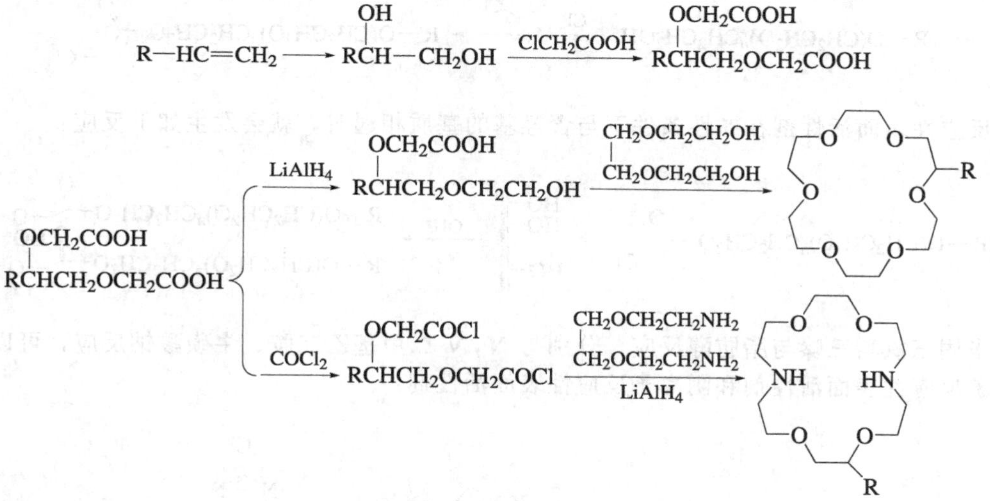

⑤ 由醛类制得 由醛与二乙醇醚缩合制成的冠醚型化合物如下，但此化合物对酸不稳定。

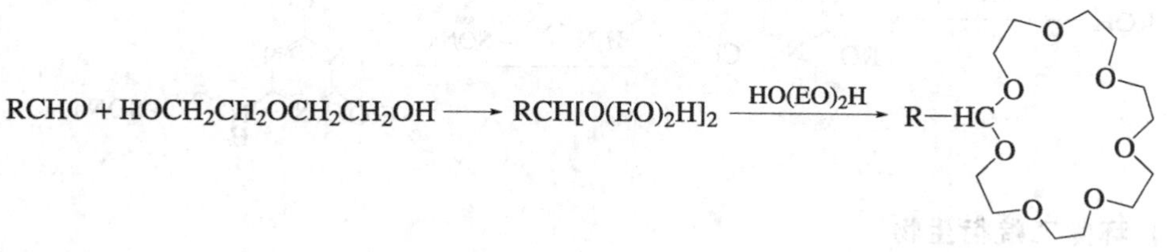

$$RCHO + HOCH_2CH_2OCH_2CH_2OH \longrightarrow RCH[O(EO)_2H]_2 \xrightarrow{HO(EO)_2H} $$

9.4 反应型表面活性剂

这里的反应型表面活性剂是指能同纤维织物反应，使之具有柔软性、防水性、防缩性、防皱性、防虫性、防霉性、防静电性的反应型表面活性剂，主要包括以下几类。

(1) 羟甲基化合物

硬脂酰胺极易与甲醛缩合，生成 N-羟基甲基硬脂酰胺。

$$C_{17}H_{35}CONH_2 + HCHO \longrightarrow C_{17}H_{35}CONHCH_2OH$$

它可以在一定的条件下与纤维发生如下反应，生成一种结合物，达到使织物柔软的效果，提高其柔软性和防水性。

$$Cell\text{—}OH + C_{17}H_{35}CONHCH_2OH \xrightarrow[\substack{pH=7.0\sim8.0 \\ 110℃}]{NH_4Cl} Cell\text{—}O\text{—}CH_2NHCOC_{17}H_{35}$$

(2) 活性卤素化合物

活性卤素化合物品种很多，主要有卤均三嗪、卤代嘧啶、卤代丙烯酰胺、氯乙酸酯等。如用脂肪醇聚氧乙烯醚非离子表面活性剂与氯乙酰氯反应，得到氯乙酸酯封端的反应性非离子表面活性剂，其反应如下：

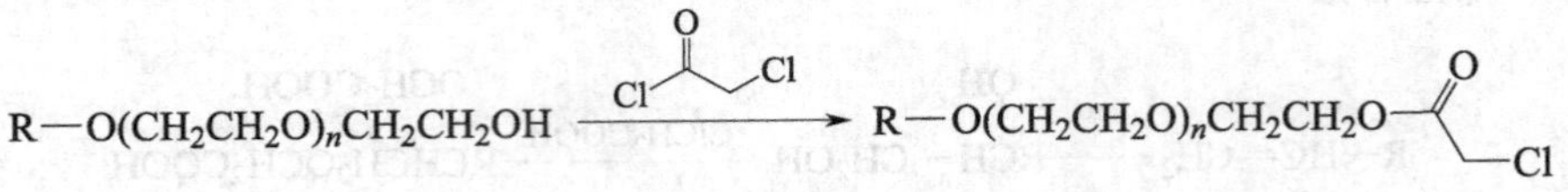

当此反应性表面活性剂在碱性条件下与含羟基的基质相遇时，就会发生如下反应：

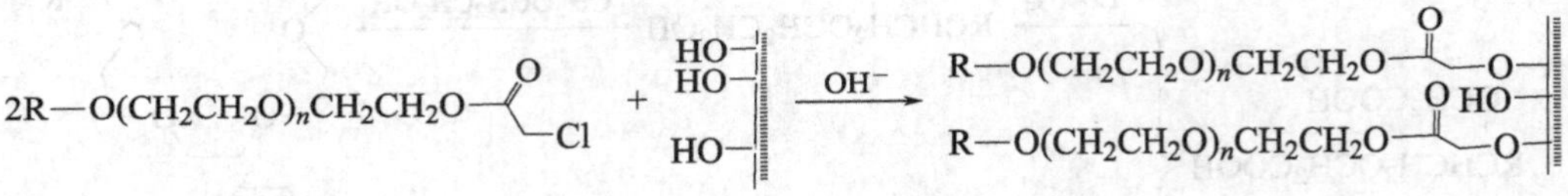

采用三氯均三嗪与脂肪醇反应，分别与 N,N-二甲基乙二胺、牛磺酸钠反应，可以得到阳离子反应性表面活性剂和阴离子反应性表面活性剂：

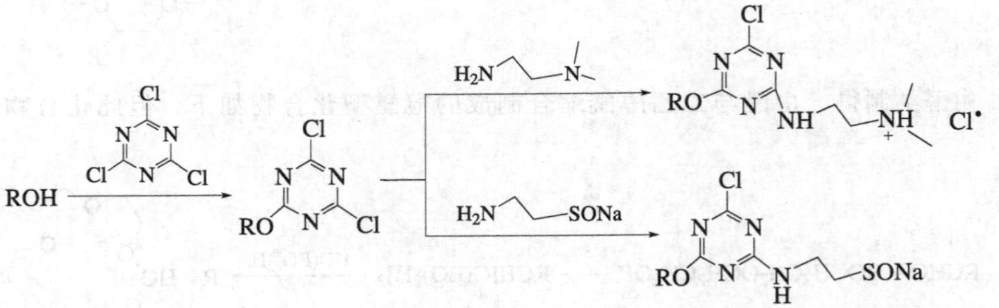

(3) 环氮乙烷衍生物

这类反应型表面活性剂中比较重要的是 Hoechst 公司的 Persistol 系列产品，它是十八烷基异氰酸酯与环氮乙烷缩合的产物，即：

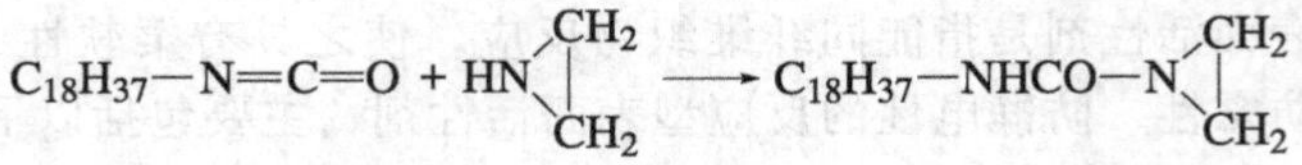

该表面活性剂可以与纤维素纤维发生如下反应：

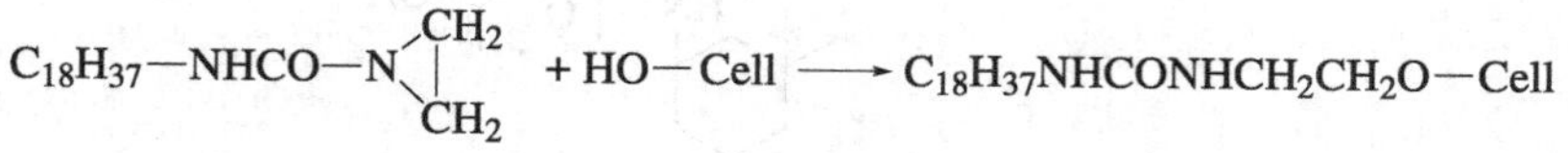

$$C_{18}H_{37}-NHCO-N\begin{matrix}CH_2\\CH_2\end{matrix} + HO-Cell \longrightarrow C_{18}H_{37}NHCONHCH_2CH_2O-Cell$$

因此可以用它在5℃时处理棉纤维，所得到的棉制品具有和羊毛一样的柔软手感，同时兼有防水性、染色性及好的手感。

（4）自由基聚合表面活性剂

表面活性剂有很大的一个功能是乳化，因此在乳液聚合中有广泛的应用。含有可发生自由基聚合的 C=C 表面活性剂是一类反应性表面活性剂，如对苯乙烯磺酸钠：

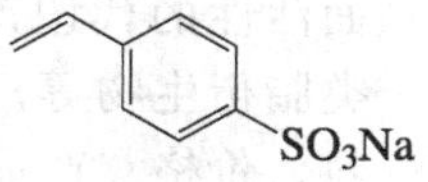

对苯乙烯磺酸钠虽然降低表面张力的能力较弱，但是当其与其他表面活性剂同时使用时不仅能起到阴离子表面活性剂的作用，还可以当做活性单体使用，参与聚合反应。

日本 ADEKA 公司的反应性乳化剂 REASOAP SR-10 的结构式如下：

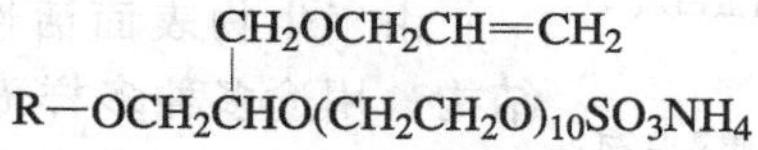

$$R-OCH_2\overset{\displaystyle CH_2OCH_2CH=CH_2}{CHO}(CH_2CH_2O)_{10}SO_3NH_4$$

还有 REASOAP SE-10N：

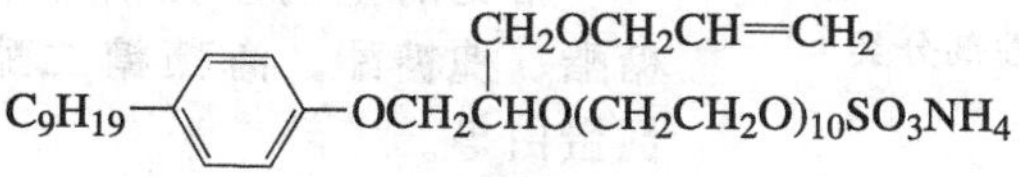

$$C_9H_{19}\overset{\displaystyle CH_2OCH_2CH=CH_2}{-OCH_2CHO}(CH_2CH_2O)_{10}SO_3NH_4$$

这两个产品都是在表面活性剂分子侧链中引入了烯丙基（含 C=C 双键）而制备的反应性表面活性剂。

此外，还有阳离子型反应性表面活性剂：

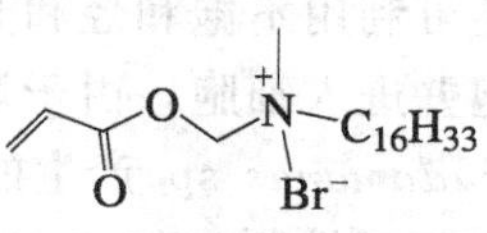

李莉莉等利用脂肪酸单甘油酯或 Span 80 等与丙烯酸进行酯化，合成了如下结构的反应性非离子表面活性剂。

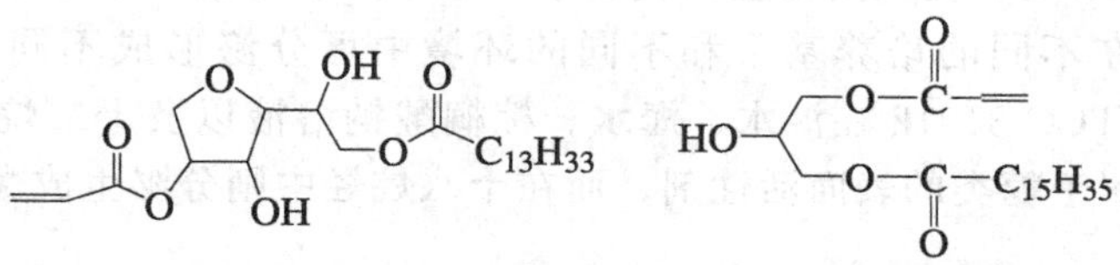

苗青等将异佛尔酮二异氰酸酯（IPDI）、烯丙基聚氧乙烯醚、聚氧丙烯醚等进行聚合得到一系列新型水溶性非离子性两三嵌段型聚氨酯表面活性剂，并对其表面活性进行了一系列研究，结果表明该类表面活性剂合成原料经济易得，过程简便可行，无须经过多步后续提纯处理即可得到最终产物，且通过表面张力测试知其具有优异的表面活性。

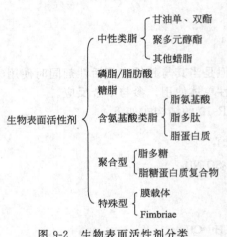

9.5　生物表面活性剂

生物表面活性剂是指在一定条件下培养微生物时，在其代谢过程中分泌出的具有一定表面活性的代谢产物，如糖脂、多糖脂、脂肽和中性类脂衍生物等。化学合成的表面活性剂会受到原材料、价格、产品性能等因素的影响，同时在生产和使用的过程中常常会带来严重的环境污染问题以及对人体的危害问题。当今生物技术发展迅速，利用生物技术生产活性高、具有特效的表面活性剂，将有效避免这些问题。

由于生物表面活性剂的来源、生产方法、化学结构、用途多种多样而有各种分类，根据化学结构的不同可分为单糖脂类、多糖脂类、脂蛋白类、磷脂类等，如图 9-2 所示。

常见的生物表面活性剂有：纤维二糖酯、鼠李糖酯、槐糖酯、海藻糖二酯、海藻糖四酯、表面活性蛋白等。

生物表面活性剂
- 中性类脂
  - 甘油单、双酯
  - 聚多元醇酯
  - 其他蜡脂
- 磷脂/脂肪酸
- 糖脂
- 含氨基酸类脂
  - 脂氨基酸
  - 脂多肽
  - 脂蛋白质
- 聚合型
  - 脂多糖
  - 脂糖蛋白质复合物
- 特殊型
  - 膜载体
  - Fimbriae

图 9-2　生物表面活性剂分类

9.5.1　生物表面活性剂的形成和制备

许多微生物都可能仅靠烃类为单一碳源而生长，例如，酵母菌和真菌主要利用直链饱和烃；细菌则降解异构烃或环烷烃，还可利用不饱和烃和芳香族化合物。微生物要利用这些烃类，就必须使烃类通过外层亲水细胞壁进入细胞，由于烃基水溶性非常小，一些细菌和酵母菌分泌出离子型表面活性剂，如 *Pseudomonas* sp. 产生的鼠李糖酯、*Torulopis* sp. 产生的槐糖酯，另一些微生物产生非离子型表面活性剂，如 *Candida lipolytica* 和 *Candida tropicalis* 在正构烷烃中培养时产生胞壁结合脂多糖、*Rhodococus erythropolis* 以及一些 *Mycobacterium* 和 *Arthrobacter* sp. 在原油或正构烷烃中产生非离子海藻糖棒杆霉菌酸酯。

有时一种细菌在不同的培养基下和不同的环境中可分泌形成不同的表面活性剂，如 *Acinetobacter* sp. ATCC 31012 在淡水、海水、棕榈酸钠溶液以及十二烷烃中，辅以必要的成分，可分泌一种属于糖类的表面活性剂，而在十八烷烃中则分泌生成微结构相似的另一种表面活性剂。

生物表面活性剂的制备主要分为培养发酵、分离提取和粗产品纯化三大步骤。

① 培养发酵　由于细菌种类成千上万，每种可分泌生成表面活性剂的细菌，其要求的碳源不同、辅助成分不同，加上所要求的发酵条件不同，因此各种细菌的培养发酵不同。应根据实际情况确定。

发酵法是一种活体内生产方法，条件要求严格，产物提取较难，而新发展起来的酶促进反应合成生物表面活性剂，是一种体外生产方法，条件相对粗放，反应具有专一性，可在通常温度和压力下进行，产物易于回收。

② 分离提取　对大多数细菌分泌形成的表面活性剂的分离提取、产品纯化均有一些类似的方法，如萃取、盐析、渗析、离心、沉淀、结晶以及冷冻、干燥，还有静置、浮选、离心、旋转真空过滤等。下面以 *Acinetobacter* sp. ATCC31012 为例简单介绍一下分离萃取、产品纯化这两方面。

当 *Acinetobacter* sp. ATCC31012 在特定的培养基中，一定温度和湿度下，经过一定时间的发酵以后，将发酵液慢慢冷却并加入电解质，使发酵液分为两层，取出上层澄清部分，沉淀部分再用饱和电解质溶液清洗，并离心分出上层清亮部分，合并两次的液体部分用硅藻土过滤，将收集起来的沉淀溶于水中，用乙醚萃取后，再用蒸馏水渗析；然后通过冷冻干燥即得到一种属于聚合糖类的生物表面活性剂的粗产品。

③ 粗产品纯化　取一定量的粗产品溶于水中，在室温下加入十六烷基三甲基溴化铵，使其凝聚沉淀，然后进行离心分离，沉淀部分用蒸馏水清洗，再将洗后的沉淀溶于硫酸钠的溶液中，不溶部分用离心方法除去，然后加磺化钾，形成的十六烷基三甲基磺化铵沉淀通过离心除去，所剩的清液部分用蒸馏水渗析，然后通过冷冻干燥得到一种白色固体——纯净的生物表面活性剂。

9.5.2　生物表面活性剂的性质

同一般化学合成的表面活性剂一样，生物表面活性剂分子中也含有憎水基和亲水基两部分，疏水基一般为脂肪酰基链，极性亲水基则有多种形式，如中性脂的酯或醇官能团、脂肪酸或氨基酸的羟基、磷脂中含磷的部分以及糖脂中的糖基。生物表面活性剂能显著降低表面张力和界面张力。

除此之外，还具有其他特有的性能，如 *Pseudomonas* sp. 产生的鼠李糖酯的乳化性能很好，优于常用的化学合成 Tween 系列乳化剂。而且生物表面活性剂具有良好的抗菌性能，这一点是一般化学合成的表面活性剂难以匹敌的，如日本的实验室从 *Pseudomonas* sp. 得到的鼠李糖脂具有一定的抗菌、抗病毒和抗支原体的性能等。有些生物表面活性剂可以耐强碱、强酸如 O-D-海藻糖-6-棒杆霉菌酸酯，在 0.1mol/L 盐酸中 70h 仅有 10% 的糖脂被降解。*Pseudomonas aeruginosa* S_7B_1 产生的类蛋白活化剂在 pH 值为 1.7~11.4 范围内非常稳定，并且有许多生物表面活性剂耐热性非常好，如果糖酯、蔗糖酯、槐糖酯、酸性槐糖酯、鼠李糖酯等。

9.5.3　生物表面活性剂的应用

由于生物表面活性剂具有特殊的性质，因此生物表面活性剂在石油化工方面有着广泛的应用，如国外的许多石油公司都采用了 MEOR（microbial enchaned oil recovery）技术。在 MEOR 技术中，生物表面活性剂起到了非常独特的作用，如由 *Acinetobacter* sp. ATCC31012 分泌而制备的一种聚合糖类的生物表面活性剂，可以在高浓度盐的环境中，非常有效地将一采、二采后仍遗留在油井中的脂肪烃、芳香烃和环烷烃彻底乳化，同时其本身基本不会被地层中泥沙、砂石所吸收，并且用量非常小，甚至在地下高温环境中仍能发挥其表面活性作用。这种生物表面活性剂在清洗贮油罐、油轮贮仓、输油管道以及各种运油车时也非常有效，首先其用量很小，仅需处理油污垢的千分之一到万分之一，并且最后形成的乳液用通常的物理和化学方法便可破乳，洗下的油可以回收。生物表面活性剂还大量应用于乳化、破乳、润湿、发泡及抗静电等方面。处理炼油厂废水时，若在活性污泥处理池中加入鼠李糖酯，会大大加快正构烷烃的生物降解过程，在油水乳化燃料中又可作为高效乳化稳定剂。生物表面活性剂在纺织、医药、化妆品、食品等工业领域中都有重要应用。

生物表面活性剂是由微生物代谢分泌出来的，它不同于通常化学合成的表面活性剂，化学合成的表面活性剂具有一定的毒性且不易被生物降解，而生物表面活性剂是完全可以生物降解且基本是无毒的。若将炼油废弃的油作为烃基用来培养微生物，这样既可解决炼油厂的环境污染问题，又可获得非常有使用价值的生物表面活性剂，几乎所有大的石油公司和大的跨国化学公司都在积极地计划发展生物技术，生物表面活性剂的开发是此项发展计划的主要组成部分。

第10章

表面活性剂的复配

目前，市场上出售的绝大多数商品表面活性剂并不是以单一组分存在，而通常是以混合物的形式存在，造成这种情况的原因主要有以下几种：

① 反应物（原料）不是单一组分，如脂肪酸（原料）通常是几种带有不同长度碳链的脂肪酸的混合物。

② 表面活性剂产品中含有未反应的原料。

③ 产品中夹带副产物。有些反应得不到单一的表面活性剂，如聚氧乙烯的聚合反应就会得到一系列不同聚合度的产物，通过薄层色谱分析可以显示出十几种化合物的斑点。再如 α-烯烃的磺化产物是双键位于不同碳原子上的多种烯基磺酸盐、羟基磺酸盐及其他化合物的混合物。

④ 人为地进行混合。利用各类表面活性剂之间的配伍性或相容性，通过几种表面活性剂的混合，可使商品配方或制剂的效果更好，达到改善表面活性剂性能的目的，即表面活性剂的复配。

表面活性剂复配的目的是产生加和增效作用（Synergism），也可以叫做协同效应，即把不同类型的表面活性剂人为地混合后，得到的混合物其性能比原来单组分的性能更加优良，也就是通常所说的"1+1＞2"的效果。

例如，单一的十二烷基磺酸钠在降低水的表面张力、起泡、乳化及洗涤等性能方面远不如含有少量十二醇等物质的品种。在洗涤剂配方中，也常常加入少量的十二酰醇胺或氧化二甲基十二烷基胺，用于改善产品的起泡性能和洗涤性能。再如，在离子型和非离子型表面活性剂的复配体系中会形成混合胶束，产生加和增效作用，能够提高产品的表面活性，减少表面活性剂的用量。

表面活性剂复配产生的加和增效作用及对其应用性能的改善，已为人们所知并在生产及生活中得到了实际应用。有关该方面的研究工作受到科研工作者的普遍关注，并取得了大量的研究成果。但有关基础理论方面的研究只是近几年的事，其研究结果可为预测表面活性剂的加和增效行为提供指导，以便得到最佳复配效果。例如两种表面活性剂混合后是否存在加和增效作用，二者的混合比例应为多少时才能够产生最佳的复配效果。

目前，人们对复配基础理论的研究仍处于初级阶段，主要集中在双组分复配体系。在复配体系中，不同类型和结构的表面活性剂分子间的相互作用，决定了整个体系的性能和复配效果，因此掌握表面活性剂分子间相互作用是研究表面活性剂复配的基础。

10.1 表面活性剂分子间的相互作用参数

表面活性剂的两个最基本性质是表面活性剂的表面（界面）吸附及胶束的形成。因此，加和增效的产生首先会改变体系的表面张力和临界胶束浓度。一般情况下，当两种表面活性剂产生复配效应时，其混合体系的临界胶束浓度（cmc^M）并不等于二者临界胶束浓度（cmc^1 和 cmc^2）的平均值，即：

$$cmc^M \neq \frac{cmc^1 + cmc^2}{2} \tag{10-1}$$

而是小于其中任何一种表面活性剂单独使用的临界胶束浓度。例如阳离子和阴离子型表面活性剂的混合体系的临界胶束浓度，比单一表面活性剂溶液的临界胶束浓度降低 1～3 个数量级，造成这种情况的原因就是表面活性剂分子间的相互作用。

复配使用的两种表面活性剂，会在表面或界面上形成混合单分子吸附层，在溶液内部形成混合胶束。无论是混合单分子吸附层还是混合胶束，两种表面活性剂分子间均存在相互作用，其相互作用的形式和大小可用分子间相互作用参数表示。

10.1.1 分子间相互作用参数 β 的确定和含义

在混合单分子吸附层中，表面活性剂分子间的相互作用参数用 β^σ 表示，基于非理想溶液理论和体系的热力学研究，在混合单分子层中存在如下关系：

$$\frac{x_1^2 \ln \dfrac{\alpha c_{12}}{x_1 c_1^0}}{(1-x_1)^2 \ln \dfrac{(1-\alpha)c_{12}}{(1-x_1)c_2^0}} = 1 \tag{10-2}$$

$$\beta^\sigma = \frac{\ln \dfrac{\alpha c_{12}}{x_1 c_1^0}}{(1-x_1)^2} \tag{10-3}$$

式中，α 为混合表面活性剂溶液中组分 1 的摩尔分数，则组分 2 的摩尔分数为（$1-\alpha$）；x_1 是混合单分子吸附层（膜）中表面活性剂组分 1 的摩尔分数，则混合单分子层中表面活性剂组分 2 的摩尔分数为（$1-x_1$）；c_1^0、c_2^0 和 c_{12} 分别为两种表面活性剂及其混合物在溶液中的浓度。

对于确定的表面活性剂复配体系，α、c_1^0、c_2^0 和 c_{12} 均为已知数，由式(10-2)可以求出 x_1，确定混合单分子吸附层的组成，将 x_1 代入式(10-3)便可求出。

用类似的方法，根据混合胶束中的关系式(10-4)和式(10-5)，可以求出混合胶束中两种表面活性剂分子间的相互作用参数 β^M。

$$\frac{(x_2^M)^2 \ln \dfrac{\alpha c_{12}^M}{x_1^M c_1^M}}{(1-x_1^M)^2 \ln \dfrac{(1-\alpha)c_{12}^M}{(1-x_1^M)c_2^M}} = 1 \tag{10-4}$$

$$\beta^M = \frac{\ln \dfrac{\alpha c_{12}^M}{x_1^M c_1^M}}{(1-x_1^M)^2} \tag{10-5}$$

式中，为混合胶束中表面活性剂组分 1 的摩尔分数，则表面活性剂组分 2 在混合胶束中的摩尔分数为（$1-x_1^M$）；c_1^M、c_2^M 和 c_{12}^M 分别为两种单一表面活性剂和在特定组成比例下

（有确定的值）混合表面活性剂的临界胶束浓度。

表面活性剂分子间的相互作用参数 β 值和两种表面活性剂混合的自由能相关，β 为负值表示两种分子相互吸引；β 值为正值，表示两种分子相互排斥；β 值的绝对值越大，表示分子的相互作用力越强；而 β 值接近 0 时，表明两种分子间几乎没有相互作用，近乎理想混合。许多学者通过大量的实验和计算发现，β 值一般在 $+2$（弱排斥）到 -40（强吸引）之间。表 10-1 是部分表面活性剂分子间相互作用参数。

表 10-1　部分表面活性剂分子间相互作用参数

复配活性剂类型	复配物	温度/℃	β^σ	β^M
阴离子-阳离子	$C_8H_{17}SO_4^-Na^+$-$C_8H_{17}N^+(CH_3)_3Br^-$	25	-14.2	-10.2
	$C_{12}H_{25}SO_4^-Na^+$-$C_{12}H_{25}N^+(CH_3)_3Br^-$	25	-27.8	-25.5
阴离子-两性型	$C_{10}H_{21}SO_4^-Na^+$-$C_{12}H_{25}N^+H_2(CH_2)_2COO^-$	30	-13.4	-10.6
阴离子-非离子	$C_{10}H_{21}SO_3^-Na^+$-$C_{12}H_{25}(OC_2H_4)_7OH$	25	-1.5	-2.4
阴离子-阴离子	$C_{15}H_{31}COO^-Na^+$-$C_{12}H_{25}SO_3^-Na^+$	60	-0.01	$+0.2$
阳离子-非离子	$C_{10}H_{21}N^+(CH_3)_3Br^-$-$C_8H_{17}(OC_2H_4)_4OH$	23	—	-1.8

10.1.2　影响分子间相互作用参数的因素

通过前面给出的数据可以看出，大部分混合体系中，β^σ 和 β^M 为负值，即两种表面活性剂分子间是相互吸引的作用。这种吸引力主要来源于分子间的静电引力，与表面活性剂的分子结构密切相关，并受温度及电解质等外界因素的影响。

① 离子类型的影响　不同类型的表面活性剂分子之间的相互作用力大小不同，其大小次序为：

阴离子-阳离子＞阴离子-两性型＞离子型-聚氧乙烯非离子型＞甜菜碱两性型-阳离子＞甜菜碱两性型-聚氧乙烯非离子型＞聚氧乙烯非离子型-聚氧乙烯非离子型

由于加和增效产生的概率随着两种表面活性剂分子间相互作用力的增加而增大，因此，与阴离子表面活性剂产生加和增效可能性最大的是阴离子-阳离子和阴离子-两性型表面活性剂复配体系，而阳离子-聚氧乙烯型非离子和阴离子-阴离子复配体系只有在两种表面活性剂具有特定结构时才可能产生加和增效作用。

② 疏水基团的影响　随表面活性剂疏水基碳链长度的增加，β^σ 和 β^M 变得更负，即绝对值增加，且为负值。当两种表面活性剂链长相等时，混合单分子吸附层中分子间的相互作用参数 β^σ 的绝对值达到最大，即吸引力最强。而混合胶束中的相互作用参数 β^M 则不同，它随两种表面活性剂碳链长度总和的增加而增大。

③ 介质 pH 值的影响　两性表面活性剂在水溶液中的离子类型随介质 pH 值的变化而有所不同。当溶液的 pH 值低于两性表面活性剂的等电点时，活性剂分子以正离子形式存在，通过正电荷与阴离子表面活性剂发生相互作用。因此，当介质的碱性或 pH 值增加，两性表面活性剂逐渐转变为电中性的分子，甚至于负离子，与阴离子表面活性剂的相互作用力降低。

表 10-2 是十二烷基磺酸钠与十二烷基苯基甜菜碱复配表面活性剂，在不同 pH 时分子间相互作用的参数。表 10-2 中可以看出，随着 pH 值的升高，β^σ 和 β^M 均有所增大，即两种分子之间的吸引作用力减弱。

表 10-2　十二烷基磺酸钠与十二烷基苯基甜菜碱复配体系分子间的相互作用参数（25℃）

pH 值	β^σ	β^M
5.0	−6.9	−5.4
5.8	−5.7	−5.0
6.7	−4.9	−4.4

基于同样的原因，两性表面活性剂本身碱性较低，获得质子能力差，则与阴离子型表面活性剂的相互作用力也较低。例如癸基苯基甲基磺酸甜菜碱的碱性比十二烷基苯基甲基甜菜碱的碱性弱，在 pH 值为 6.6～6.7 时与十二烷基磺酸钠复配，前者 β^σ 的为 −2.5，后者为 −4.9。这是因为在这种介质中，后者比前者更易得到质子形成正离子，从而与阴离子表面活性剂的作用力强于前者。

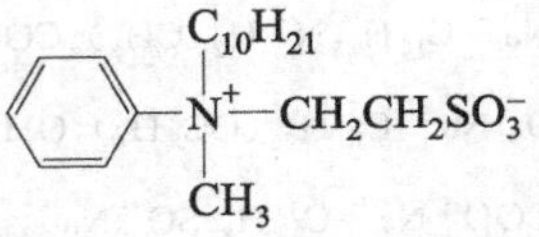

癸基苯基甲基磺酸甜菜碱

④ 无机电解质的影响　无机电解质会使离子型表面活性剂与聚氧乙烯型非离子表面活性剂混合体系中分子间相互作用力降低，这说明此两类表面活性剂分子间存在着静电力的作用。

⑤ 温度的影响　通常情况下，在 10～40℃ 范围内，温度升高，分子间相互作用力降低。可见表面活性剂分子间的相互作用参数 β 受很多因素的影响。了解该参数的含义和影响因素后，需要进一步利用它判断两种表面活性剂之间混合后是否存在复配效应，若存在加和增效作用，两者产生最大加和增效时的摩尔比例以及此复配体系的性质。这就是引入分子间作用参数 β 的意义。

10.2　产生加和增效作用的判据

表面活性剂最基本性质是降低表面张力和胶束的形成，衡量表面活性剂的活性大小，主要考察其溶液表面张力降低的程度和临界胶束浓度的大小。一般情况下，性能优良的表面活性剂能够在较低的浓度下，使溶液的表面张力下降到很低的程度并形成胶束。经过大量的研究工作，研究人员已经将在上述两种基本现象中产生加和增效作用的条件进行了数学上的表示，这种表示是建立在非理想溶液理论基础之上的。

10.2.1　降低表面张力

在降低表面张力方面，加和增效作用是指使溶液的表面张力降低到一定程度时，所需的两种表面活性剂的浓度之和（$c_1^0 + c_2^0$）低于单独使用复配体系中的任何一种表面活性剂所需的浓度。如果这个浓度高于其中任何一种表面活性剂所需的浓度，则说明产生了负的加和增效作用。

根据上述定义和式(10-2)、式(10-3)所表示的关系，得到在降低表面张力方面产生正加和增效和负加和增效作用的条件。

(1) 正加和增效

条件一：β^σ 为负值，即 $\beta^\sigma < 0$

条件二：$|\beta^{\sigma}| > |\ln(c_1^0/c_2^0)|$

（2）负加和增效

条件一：β^{σ} 为正值，即 $\beta^{\sigma} > 0$

条件二：$|\beta^{\sigma}| > |\ln(c_1^0/c_2^0)|$

从上述条件二可以看出，要产生加和增效作用，进行复配的两种表面活性剂应尽可能具有相近的 c_1^0 和 c_2^0，即溶液中两种表面活性剂的浓度应尽量相近。当两者浓度相等（即 $c_1^0 = c_2^0$）时，$\left|\ln\left(\dfrac{c_1^0}{c_2^0}\right)\right| = 0$，则必然存在正加和增效或负加和增效作用（$\beta^{\sigma} = 0$ 除外）。当两种表面活性剂分子间有吸引作用，即 $\beta^{\sigma} < 0$ 时，可产生正加和增效。此时使溶液表面张力降低到一定程度时，所需要的两种表面活性剂的浓度之和小于单独使用其中任何一种，也可以说表面张力降低的效果高于使用单一表面活性剂。而当两种表面活性剂分子有排斥作用，即 $\beta^{\sigma} > 0$ 时，产生负加和增效作用。

经过进一步推导和计算，可以得到产生最大加和增效作用时，表面活性剂组分 1 占活性剂总量的摩尔分数 α^*，其计算公式为：

$$\alpha^* = \frac{\ln(c_1^0/c_2^0) + \beta^{\sigma}}{2\beta^{\sigma}} \tag{10-6}$$

此时所需表面活性剂浓度的总和，即混合物的浓度最低，其值 $c_{12,\min}$ 为：

$$c_{12,\min} = c_1^0 \exp\left(\beta^{\sigma}\left[\frac{\beta^{\sigma} - \ln(c_1^0/c_2^0)}{2\beta^{\sigma}}\right]^2\right) \tag{10-7}$$

从以上计算公式可以看出，β^{σ} 的负值越大，即分子间相互吸引力越大，$c_{12,\min}$ 值越小；β^{σ} 正值越大，即分子间排斥力越大，则 $c_{12,\min}$ 越大。

10.2.2　形成混合胶束

当复配体系水溶液形成混合胶束时，临界胶束浓度低于其中任何一种单一组分的临界胶束浓度（c_1^M 和 c_2^M）时，即称为产生正加和增效作用；如果混合物的临界胶束浓度比任何一种单一组分的高，则称产生负加和增效作用。它的产生条件如下：

（1）正加和增效作用

条件一：β^M 为负值，即 $\beta^M < 0$

条件二：$|\beta^M| > \left|\ln\left(\dfrac{c_1^M}{c_2^M}\right)\right|$

（2）负加和增效作用

条件一：β^M 为正值，即 $\beta^M > 0$

条件二：$|\beta^M| > |\ln(c_1^M/c_2^M)|$

那么，产生最大加和增效作用，即混合体系的临界胶束浓度最低时，表面活性剂组分 1 的摩尔分数 α^* 可由式（10-8）计算：

$$\alpha^* = \frac{\ln(c_1^M/c_2^M) + \beta^M}{2\beta^M} \tag{10-8}$$

而混合体系的临界胶束浓度的最低值 $c_{12,\min}^M$ 为：

$$c_{12,\min}^{M} = c_1^{M} \exp\left\{\beta^{M}\left[\frac{\beta^{M} - \ln(c_1^{M}/c_2^{M})}{2\beta^{M}}\right]^2\right\} \tag{10-9}$$

10.2.3　综合考虑

将降低表面张力和形成混合胶束综合起来看，正加和增效是指两种表面活性剂的复配体系在混合胶束的临界胶束浓度时的表面或界面张力 γ_{12}^{cmc} 低于其中任何一种表面活性剂在其临界胶束浓度时的表面或界面张力（γ_1^{cmc} 和 γ_2^{cmc}），相反则产生负加和增效作用。

产生正、负加和增效的条件如下：

(1) 正加和增效作用

条件一：$(\beta^{\alpha} - \beta^{M})$ 为负值，即 $(\beta^{\alpha} - \beta^{M}) < 0$；

条件二：$(\beta^{\alpha} - \beta^{M}) > \left|\ln\dfrac{c_1^{0,cmc} c_2^{M}}{c_2^{0,cmc} c_1^{M}}\right|$

(2) 负加和增效作用

条件一：$(\beta^{\alpha} - \beta^{M})$ 为正值，即 $(\beta^{\alpha} - \beta^{M}) > 0$；

条件二：$|\beta^{\alpha} - \beta^{M}| > \left|\ln\dfrac{c_1^{0,cmc} c_2^{M}}{c_2^{0,cmc} c_1^{M}}\right|$

式中，$c_1^{0,cmc}$ 和 $c_2^{0,cmc}$ 为达到混合体系临界胶束浓度下溶液表面张力时所需的两种单一表面活性剂的摩尔浓度，即在 $c_1^{0,cmc}$ 和 $c_2^{0,cmc}$ 浓度下，溶液的表面张力等于混合物在其临界胶束浓度时的表面张力。

从条件一可以明显地看出，只有当 $\beta^{\alpha} < \beta^{M}$，即混合单分子吸附膜中两种表面活性剂分子间的相互吸引力比混合胶束中分子间的吸引力强时，才能产生正加和增效作用。如果混合胶束中两种表面活性剂分子的排斥力更强，则产生负加和增效作用。

当产生最大加和增效作用时，表面混合吸附层的组成与混合胶束的组成相同，即 $x_1^* = x_1^{M*}$。此时表面活性剂组分 1 的摩尔分数可通过下面两个公式计算得到：

$$\frac{\gamma_1^{0,cmc} - K_1(\beta^{\alpha} - \beta^{M})(1 - x_1^*)^2}{\gamma_2^{0,cmc} - K_2(\beta^{\alpha} - \beta^{M})(x_1^*)^2} = 1 \tag{10-10}$$

$$\alpha^* = \frac{\dfrac{c_1^{M}}{c_2^{M}} \times \dfrac{x_1^*}{1 - x_1^*} \exp[\beta^{M}(1 - 2x_1^*)]}{1 + \dfrac{c_1^{M}}{c_2^{M}} \times \dfrac{x_1^*}{1 - x_1^*} \exp[\beta^{M}(1 - 2x_1^*)]} \tag{10-11}$$

式中，K_1 和 K_2 分别为表面活性剂组分 1 和组分 2 的 γ-$\ln c$ 曲线的斜率；$\gamma_1^{0,cmc}$ 和 $\gamma_2^{0,cmc}$ 分别为两种表面活性剂在其各自临界胶束浓度时的表面或界面张力。

从上面的讨论可以看出，引入分子间相互作用力参数后，可以定性地了解两种表面活性剂分子间的作用情况，是相互吸引还是相互排斥，作用力的强弱如何。经过计算可以判断出两种表面活性剂混合后是否产生复配效应，并可进一步求出产生最大加和增效作用时复配体系的组成，即两种表面活性剂的复配比例，这为表面活性剂复配的应用提供了理论指导。

10.3 表面活性剂的复配体系

除降低表面张力和胶束的形成外，在实际应用中，表面活性剂还有很多重要的作用，如洗涤作用、发泡作用、增溶作用和润湿作用等。在这些方面的加和增效作用的基础理论研究虽在进行，但目前尚没有明确的结果。但在生活和生产的实际应用中，已经积累了丰富的经验，本节将分别介绍不同类型表面活性剂复配体系在各种应用中所起的作用，通过某些实例可以看出，洗涤、发泡和去污等方面的加和增效往往与表面张力降低成胶束形成方面的加和增效存在着一定的关系。

10.3.1 阴离子-阴离子表面活性剂复配体系

十二烷基苯磺酸钠是一种常用的阴离子表面活性剂，它与脂肪醇聚氧乙烯醚硫酸酯类阴离子表面活性剂复配会产生加和增效作用，使表面张力降得更低，使洗涤性、去污性以及对脂类的润湿性和乳化性均有提高。

图 10-1 是十二烷基苯磺酸钠与月桂醇聚氧乙烯醚硫酸钠复配后，油-水表面张力与二者浓度的关系曲线。可以看出，在月桂醇聚氧乙烯醚硫酸钠的环氧乙烷加成数 m 为 1、2 和 4 时均产生了加和增效作用，而且随该数值的增加，加和增效作用有所增强，即在 $m=4$ 时，溶液表面张力的降低程度最大。

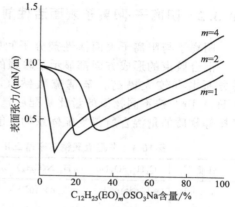

图 10-1 十二烷基苯磺酸钠与月桂醇聚氧乙烯醚硫酸钠复配后体系的表面张力

加入不同比例月桂醇聚氧乙烯醚硫酸钠后，复配体系的去污力的变化曲线如图 10-2 所示，它们都存在加和增效作用，比单独使用十二烷基苯磺酸钠的效果好。从图 10-2 中不难发现，出现最大加和增效作用时，复配体系的组成基本上固定在一定的范围内，超过这一范围，反而会产生负的加和增效作用。可以说明复配体系的去污作用的加和增效与其表面或界面张力降低的加和增效存在一定的关系。

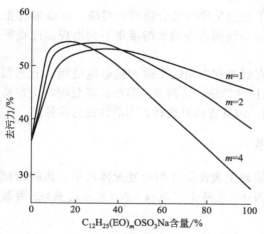

图 10-2 十二烷基苯磺酸钠与月桂醇聚氧乙烯醚硫酸钠复配后体系的去污力

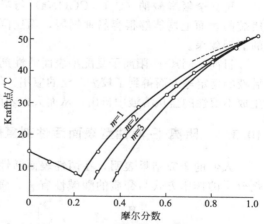

图 10-3 十二烷基硫酸钠与月桂醇聚氧乙烯醚硫酸钙混合表面活性剂的 Krafft 点

此外，阴离子表面活性剂的 Krafft 点是衡量其应用性能的重要指标之一。只有在该温度点以上才能形成胶束，Krafft 点越低，说明表面活性剂的低温溶解性越好，使用范围越广。在硬水中使用十二烷基硫酸钠时，会因为生成钙盐而使其溶解度降低。与不同环氧乙烷加成数的月桂醇聚氧乙烯醚硫酸盐混合使用后，Krafft 点出现不同程度的降低，如图 10-3 所示。

需要说明的是，当添加的不是脂肪醇聚氧乙烯醚硫酸酯，而是脂肪醇硫酸酯（$m=0$）时，如添加十二烷基硫酸钠（$C_{12}H_{25}SO_4Na$），则不会产生加和增效作用。因此说，阴离子与阴离子表面活性剂的复配，只有在具有特定的结构时才能产生加和增效作用。

10.3.2　阴离子-阳离子表面活性剂复配体系

阴离子与阳离子表面活性剂分子间的相互作用力较强，它们的复配体系在降低表面张力、混合胶束的形成方面都显示了较强的加和增效作用，在润湿性能、稳泡性能和乳化性能等方面也有较大提高。辛基硫酸钠（$n\text{-}C_8H_{17}SO_4Na$）与辛基三甲基溴化铵 [$C_8H_{17}N\text{-}(CH_3)_3Br$] 按不同物质的量比复配后，溶液的临界胶束浓度和表面张力如表 10-3 所示。二者按等物质的量混合所得复配体系的性能如表 10-4 所示。

表 10-3　辛基硫酸钠与辛基三甲基溴化铵复配体系的临界胶束浓度和表面张力

性质	$C_8H_{17}SO_4Na$	$C_8H_{17}N(CH_3)_3Br$	1:1 混合物	1:10 混合物	10:1 混合物	50:1 混合物
cmc/(mol/L)	1.4×10^{-1}	2.6×10^{-1}	7.5×10^{-2}	3.3×10^{-2}	2.5×10^{-2}	5.0×10^{-2}
γ/(mN/m)	39	41	—	23	23	25

表 10-4　辛基硫酸钠与辛基三甲基溴化铵复配体系（1:1）的性能

表面活性剂溶液	在石蜡表面的润湿角[①]/(°)	气泡寿命[②]/s	油-水界面上液滴寿命[②]/s
$C_8H_{17}SO_4Na$ 溶液	—	19	11
$C_8H_{17}N(CH_3)_3Br$	100	18	12
1:1 混合物	16	26100	771

① 表面活性剂溶液浓度为 $1\times10^{-2}mol/L$。
② 表面活性剂溶液浓度为 $7.5\times10^{-3}mol/L$。

再如全氟辛酸钠（$C_7F_{15}COONa$）与辛基三甲基溴化铵的混合物的水溶液，在煤油和正庚烷的表面上均能够很容易地铺展，而这两种表面活性剂自身的水溶液则不会出现如此良好的润湿效果。

目前，阴离子-阳离子复配型表面活性剂已经在纤维和织物的柔软和抗静电处理、泡沫和乳液的稳定等方面得到了较为广泛的应用。但应当注意的是，这两类表面活性剂复配时，容易生成不溶性的盐从溶液中析出，从而失去表面活性，因此应慎重选择表面活性剂的品种。

10.3.3　阴离子-两性型表面活性剂复配体系

人们的研究结果表明，在两性表面活性剂与阴离子表面活性剂的复配体系中，两种活性剂分子的作用方式与介质的酸碱性有关。例如，N-(2-羟基十二烷基)-N-(2-羟乙基)-β-丙氨

酸 $\left[\begin{array}{c} \\ CH_3(CH_2)_9CHCH_2-N^+-CH_2CH_2COO^- \\ \end{array} \right.$ 带有 H（上）、HO（下左）、CH_2CH_2OH（下右）取代 $\left. \right]$ 与十二烷基苯磺酸钠复配时，在 pH$\geqslant$8.5 时，两性表

面活性剂的羧基负离子与阴离子表面活性剂的磺酸基负离子通过 Na$^+$ 缔合起来；而当 pH<8.5 时，则是前者的季铵阳离子与磺酸基负离子通过离子键发生相互作用。

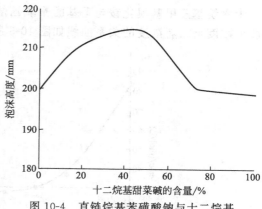

图 10-4　直链烷基苯磺酸钠与十二烷基甜菜碱复配体系的发泡性能

此外，研究直链烷基苯磺酸钠与十二烷基甜菜碱复配体系在不同组成下的泡沫高度（图 10-4）发现，在一定组成范围内，发泡作用存在正加和增效作用的最大值，初始泡沫高度比单一组分要高，发泡效果较好。而此组成的复配体系在表面张力降低上也出现最大加和增效作用。可见，二者存在密不可分的关系。

10.3.4　阴离子-非离子表面活性剂复配体系

阴离子与非离子表面活性剂的复配体系既可能提高也可能降低胶束的增溶作用。

例如，在环氧乙烷加成数为 23 的脂肪醇聚氧乙烯醚 $[C_{12}H_{25}(OC_2H_4)_{23}OH]$ 非离子表面活性剂的溶液中加入少量十二烷基硫酸钠，可以导致该溶液对丁巴比妥的增溶作用显著降低，这可能是由于十二烷基硫酸钠在胶束表面聚氧乙烯基中的竞争吸附造成的。

另一方面，十二烷基硫酸钠与失水山梨醇单十六酸酯混合体系的水溶液却对二甲基氨基偶氮苯有更高的增溶作用，而且最大加和增效作用出现在阴离子与非离子表面活性剂的摩尔比为 9∶1 的组成上。

不同增溶效果的出现与两种表面活性剂分子的相互作用和混合胶束的形式有关。一般认为，当非离子表面活性剂的烃链较长、环氧乙烷的加成 n 较小时，与阴离子表面活性剂复配容易形成混合胶束；而当烃链较短、环氧乙烷加成数 n 较大时，则容易形成富阴离子表面活性剂和富非离子表面活性剂的两类胶束，它们在溶液中共存。脂肪酸钠与脂肪醇聚氧乙烯醚（碳氢链含 12～18 个碳原子，环氧乙烷加成数为 10～40）复配形成的胶束如图 10-5 所示。

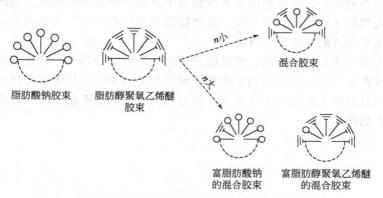

图 10-5　脂肪酸钠与脂肪醇聚氧乙烯醚复配体系中的胶束形式

10.3.5　阳离子-非离子表面活性剂复配体系

在阳离子表面活性剂溶液中加入非离子表面活性剂，可以使临界胶束浓度显著降低。例如，十六烷基三甲基溴化铵与壬基酚聚氧乙烯醚 $[C_9H_{19}C_6H_4(OC_2H_4)_8OH]$ 复配后的临界胶束浓度与二者浓度的关系曲线如图 10-6 所示。

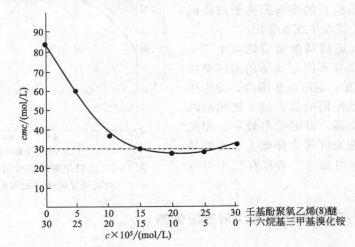

图 10-6   十六烷基三甲基溴化铵与壬基酚聚氧乙烯醚复配体系
临界胶束浓度与活性剂浓度的关系

从图 10-6 可以看出，随着非离子表面活性剂加入量的增加，混合表面活性剂的临界胶束浓度逐渐降低，并在阳离子与非离子表面活性剂的物质的量比为 1∶2 时达到最低，而二者以等物质的量复配时，复合物的临界胶束浓度与壬基酚聚氧乙烯醚临界胶束浓度相近。此类复配体系混合胶束的形成，是阳离子表面活性剂的离子基团与非离子表面活性剂的极性聚氧乙烯基相互作用的结果。

10.3.6   非离子-非离子表面活性剂复配体系

多数聚氧乙烯型非离子表面活性剂的产品本身便是混合物，其性质与单一物质有较大差异。通常疏水基相同、环氧乙烷加成数相近的两种非离子表面活性剂混合时，近乎理想混溶，容易形成混合胶束，其混合物的亲水性相当于这两种物质的平均值。当两种表面活性剂的环氧乙烷加成数和亲水性相差较大时，混合物的亲水性高于二者的平均值，油溶性的品种有可能增溶于水溶性表面活性剂的胶束中。

从上述各类复配体系可以看出，当复配产生正加和增效作用时，将使表面活性剂的各项应用性能得到改善和提高。这方面的实例在表面活性剂的实际应用中还有很多，随着表面活性剂物理化学和复配理论研究的不断深入，该方面的应用将越来越广泛，并在国民经济的各个领域发挥更大的作用。

第11章

表面活性剂在界面上的吸附

表面活性剂具有两亲的结构，既具有亲水基（倾向溶于水），又具有疏水基（倾向逃离水），而且能大幅度地降低溶液表（界）面的张力，故能自发地从水溶液内部迁移至表面。众所周知，活性炭和硅胶有脱色的功能，肥皂有起泡和乳化的作用，这些都是相关物质分子从水溶液中移至界面的结果。这种溶质从水溶液内部迁移至表（界）面，在表（界）面富集的过程叫吸附。广义地讲，凡是组分在界面上和体相的浓度出现差异的现象统称为吸附（作用）。若组分在界面上的浓度高于体相中的浓度，称为正吸附，反之则为负吸附。一般无特别说明，均为正吸附。吸附可发生在各种界面上。活性炭和硅胶的脱色是吸附发生在固-液界面，肥皂的起泡作用是肥皂分子被吸附在气-液界面上，而乳化则是肥皂分子被吸附在液-液（油-水）界面上。由于这种吸附可改变表面或界面状态，影响界面性质，从而产生一系列在应用中很重要的现象，如洗涤、乳化、润湿、起泡、絮凝等作用，因此，对表面活性剂分子在界面上吸附状态的了解和深入研究是十分必要的。

物质在表（界）面上的吸附导致了表（界）面张力的下降，同时也造成了溶液内部和界面上浓度的差别。Gibbs首先用热力学方法导出了表面张力、溶液浓度和表面浓度三者的关系，即Gibbs公式，这是表面和胶体科学的一个基本公式。对液-液、气-液体系，界面张力可由实验直接测出，此时可利用Gibbs公式确定在界面上的吸附量（或表面浓度）；而对于固-液、气-固体系，吸附量容易直接测出，但表面张力的测定却有困难，此时可利用Gibbs公式来计算表面张力（或表面能）的下降值 $\Delta\gamma$。

11.1 表面活性剂在气-液界面的吸附

11.1.1 吸附的表征——表面过剩和吉布斯（Gibbs）吸附公式

吸附是溶质在溶液表（界）面的聚集从而导致溶液的表（界）面张力下降的一种过程，可见溶液的表面张力与溶质在溶剂表面层的聚集程度和表面行为密切相关，因此需要了解因吸附而引起的界面力学性质的改变。对一个溶液相而言，通常人们认为它是均匀的，并且具有相同的物理化学性质。而实际上，溶液从液相到气相的界面部分，存在一个平均密度连续变化区。也就是说，两种不完全混溶的两相在接触时，交界处并非有一界限分明的几何面将两相分开，而是存在一界线不很清楚的薄薄一层，其成分和性质皆不均匀。此与体相不同的且组成不断变化的只有几个分子厚度的区域称为表（界）面相，以 σ 表示。组分在表面和体相内部浓度的差异用表面过剩来表示。表面过剩最主要的计算公式是Gibbs公式。

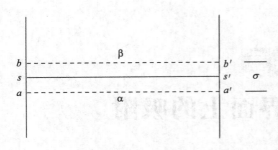

图 11-1　表面区示意图

(1) 表面过剩

设有一杯溶液与其蒸汽成平衡。以 α 和 β 分别代表液相和气相，则溶质（对于溶剂也一样）的量 $n = n^\alpha + n^\beta$，n 表示物质的量。注意，在前面列出的方程式中，α 和 β 都看成是一个均匀的液相和气相。而实际上，在两相交界处有厚度不过几分子的薄薄一层，即表面相（σ），这是一个严格的二度空间的相。如图 11-1 所示为表面区示意图。由于表面相的浓度和相内部的不同，因此，在计算溶质实际的量时就要考虑到表面相存在的影响。

设在表面（σ 相）以上或以下的浓度是均一的，而且就是体相的浓度，n^α 和 n^β 分别代表根据这个假设所算出的 α 和 β 相的溶质的量，n 是实际的溶质的量，则有

$$n = n^\alpha + n^\beta + n^\sigma \tag{11-1}$$

或

$$n^\sigma = n - (n^\alpha + n^\beta)$$

式中，表示 n^σ 在表面相某一平面 ss' 上溶质的过剩量。

单位面积上溶质的表面过剩量称为表面过剩，以 Γ 表示，若假定该表面相的面积为 A，则

$$\Gamma = \frac{n^\sigma}{A} \tag{11-2}$$

式中，Γ 与表面大小有关，其意义是若在 1cm^2 的溶液表面和内部各取一部分，其中溶剂的数目一样多，则表面部分比内部多出来的溶质的物质的量，单位为 mol/cm^2。

一般来说，气相的浓度远低于液相，即 $n^\alpha \gg n^\beta$，所以上式可简化为

$$n^\sigma \approx n - n^\alpha \tag{11-3}$$

故

$$\Gamma \approx \frac{n - n^\alpha}{A} \tag{11-4}$$

也就是说，可将 Γ 看作是单位表面上表面相超过体相的溶质的量，有时也叫表面浓度或吸附量。

必须注意，Γ 具有这样几个特点：① Γ 是过剩量；② Γ 的单位与普通浓度不同；③ Γ 可以大于零，也可以小于零。

(2) Gibbs 吸附公式

前面介绍了 $\Gamma = \dfrac{n^\sigma}{A}$，但此公式中，$n^\sigma$ 无法求解。Γ 的数值与分界面 ss' 放在何处有关，因此只有将分界面按一定的原则确定之后，Γ 才有明确的物理意义。为导出 Γ、γ 和 c 之间的关系，Gibbs 用了一个巧妙的方法来确定分界面的位置，他把分界面放在较单一组分（通常是溶剂）的 Γ 等于零的地方，即在此分界面 ss' 上，溶剂的数目相等。由此导出著名的 Gibbs 吸附公式。

对于只含有一种表面的多组分体系，在可逆过程中，根据热力学基本公式，σ 表面能的微量变化为

$$dG^\sigma = V^\sigma dp - S^\sigma dT + \gamma dA + \sum_i \mu_i dn_i^\sigma \tag{11-5}$$

在恒温、恒压时：

$$dG^\sigma = \sum_i \mu_i dn_i^\sigma + \gamma dA \tag{11-6}$$

因为是热力学平衡体系，组分在各相中的化学势相等，故 μ_i 与 T 一样，无需标明是哪个相的。

根据热力学偏摩尔量集合公式，对 σ 表面相，Gibbs 函数有

$$G^\sigma = \sum_i \mu_i n_i^\sigma + \gamma A \tag{11-7}$$

式中，γA 是表面能的贡献。

对式(11-7) 全微分得：

$$-\frac{d\gamma}{RT} = \sum \Gamma d\ln a_i \tag{11-8}$$

式中，G^σ 为体系的表面自由能；μ_i 为 i 物质的化学势；dA 为面积的增量；n_i^σ 为物质的表面过剩。

Gibbs 法规定：无论体系中有多少组分，总可以确定一个分界面 ss' 平面的位置，而且只有一个位置，使得体系中某一组分的过剩为零。由于 Gibbs 法确定了 ss' 平面的位置，故解决了 Γ 的计算问题。

对于二组分体系，以下标 1 代表溶剂，下标 2 代表溶质

$$-\frac{d\gamma}{RT} = \Gamma_1 d\ln a_1 + \Gamma_2 d\ln a_2 \tag{11-9}$$

采用 Gibbs 划面法中所规定的把分界面的位置确定在溶剂的表面过剩为零的地方，即 $\Gamma_1 = 0$，得到

$$-\frac{d\gamma}{RT} = \Gamma_2^1 d\ln a_2 \tag{11-10}$$

式中，Γ_2^1 是溶质的表面过剩，上标"1"表示此时分界面的位置是在使 $\Gamma_1 = 0$ 的地方，即溶剂的表面过剩为零时的溶质的表面过剩。

式(11-8) 又可表示为：

$$\Gamma_2^1 = -\frac{1}{RT}\left(\frac{\partial \gamma}{\partial \ln a_2}\right)_T \tag{11-11}$$

或

$$\Gamma_2^1 = -\frac{c_2}{RT}\left(\frac{\partial \gamma}{\partial c_2}\right)_T \tag{11-12}$$

此式为二组分 Gibbs 吸附公式。式中 Γ_2^1 为溶质的吸附量，其意义为：相应于相同量的溶剂时，表面层中单位面积上溶质的量比溶液内部多出的部分，而不是单位面积上溶质的表面浓度。若溶液的浓度很低，这时吸附量 Γ 可近似地看作表面浓度，这是因为：

$$\Gamma_2^1 = \Gamma_2^\sigma - \Gamma_2^\alpha$$

若很小 Γ_2^α，$\Gamma_2^1 = \Gamma_2^\sigma$，为表面浓度。

式(11-12) 表明，若 $\dfrac{\partial \gamma}{\partial c_2}$ 为负，表明溶液的 γ 随溶质浓度的增大而减小，溶质的表面过剩是正的，即溶质在溶液的表面发生正吸附。例如表面活性剂溶解在水中就会发生正吸附。正吸附产生的原因是由于溶质与溶液分子间吸引力小于溶剂分子间吸引力，因而溶质分子有强烈地向表面迁移的趋势，形成在表面层的浓集。由于表面层组成比例发生变化，增加了吸

引力较弱的分子比例，所以引起 γ 的下降。反之，$\dfrac{\partial \gamma}{\partial c_2}$ 为正，则为负吸附，溶质在表面层的浓度小于溶液相的浓度。例如非表面活性剂物质水溶液即属于这种情况，溶质分子受周围溶剂分子的强烈吸引，不容易迁移到表面层，即使得表面层的浓度减小。由于表面层中增加了吸引力较强的分子，引起表面张力相应增加。

由此可知，某种物质其 $\left(\dfrac{\partial \gamma}{\partial c_2}\right)_T$ 可以代表溶质表面活性的大小。式(11-12) 也表明，表面吸附量与本体浓度成正比，而与温度成反比，表面吸附量越大，则表面张力的降低越大。如果要运用吉布斯公式计算某溶质的吸附量，必须预先知道其表面活性，即 $\left(\dfrac{\partial \gamma}{\partial c_2}\right)_T$ 的大小。

11.1.2　Gibbs 公式在表面活性剂溶液中的应用

(1) 表面活性剂在溶液表面吸附的 Gibbs 公式

由于表面活性剂浓度一般很小，可用 c 代替 a，故有

$$\Gamma_2^1 = -\frac{c_2}{RT}\left(\frac{\partial \gamma}{\partial c_2}\right)_T$$

式中，Γ 的单位为 $mmol/m^2$；γ 的单位为 mN/m；R 的单位为 $8.314J/(mol \cdot K)$；c_2 的单位为 mol/L，T 的单位为 K。

由此可推导出各类单一和混合表面活性剂的 Gibbs 公式。

对于非离子型表面活性剂溶液，情况比较简单，因为它不存在电离问题，在一般情况下，非离子表面浓度也很小 $(<10^{-2}mol/L)$，可以应用二组分 Gibbs 公式(11-12) 计算：

$$\Gamma_2^1 = -\frac{c_2}{RT}\left(\frac{\partial \gamma}{\partial c_2}\right)_T$$

式中，c_2 为表面活性剂的浓度。

从式(11-12) 可知，要计算吸附量，必须知道 $\left(\dfrac{\partial \gamma}{\partial c_2}\right)_T$。故首先通过实验求得 γ-c_2 的关系曲线，然后在确定的 c_2 下作 γ-c_2 曲线的切线，其斜率为 $\left(\dfrac{\partial \gamma}{\partial c_2}\right)_T$，再代入式(11-12) 即可。

对于离子型表面活性剂，由于在水中的电离，使得情况比较复杂，在表面相和体相中均存在正离子、负离子和分子，需同时考虑它们的平衡关系。对于 1-1 型离子表面活性剂 Na^+ R^- （R^- 为表面活性离子，在水中不水解），若在水中完全电离，则

$$-\frac{d\gamma}{RT} = \Gamma_{R^-}^{(1)} \, d\ln a_{R^-} \tag{11-13}$$

由式(11-13) 可知，对离子型表面活性剂，若有高浓度的强电解质存在时，Gibbs 公式应取 $1RT$ 形式。

对一般离子型表面活性剂的稀溶液 （没有其他电解质存在），Gibbs 公式采取下列形式：

$$-\frac{d\gamma}{xRT} = \Gamma_2^{(1)} \, d\ln a_2 \tag{11-14}$$

式中，x 是每个表面活性剂分子完全解离时的质点数。

(2) 表面吸附量的计算

依据上面的 Gibbs 吸附公式，可以从 γ-c 或 γ-$\lg c$ 曲线的变化关系，计算出溶液表面吸

附量 Γ，并且可以利用测定的吸附量对吸附分子在不同浓度溶液表面上的状态进行分析。另外，对任一吸附量可按下式计算出平均每个吸附分子所占的表面积 A：

$$A = \frac{1}{N_0 \Gamma} \tag{11-15}$$

式中，N_0 为阿伏伽德罗常数。注意 A 的单位与 Γ 的单位有关，适用于单分子层吸附。

由 Gibbs 公式可知吸附量与浓度有关。当浓度很小时，吸附量与浓度呈线性关系；当浓度很大时，吸附量达到一定值后，就不再变化，表明溶液界面上的吸附已达饱和，此时的吸附量为饱和吸附量，用 Γ_m 表示。由饱和吸附量即可计算出吸附分子极限面积 A_m：

$$A_m = \frac{1}{N_0 \Gamma_m} \tag{11-16}$$

11.1.3　表面活性剂在溶液表面的吸附等温线及标准吸附自由能的计算

（1）吸附等温线

利用 Gibbs 公式，求出不同浓度下的 Γ 值，由此绘出的 Γ-c 曲线称为吸附等温线。它是指在一定温度下，溶质分子在两相界面上进行的吸附过程达平衡时，它们在两相中浓度之间的关系曲线。作为吸附现象方面的特性有 Γ、吸附强度、吸附状态等，而宏观表达这些特性的就是吸附等温线。吸附等温线可用于判断吸附现象的本质，如属于分配（线性）还是吸附（非线性）；了解吸附剂对特定吸附质的吸附量；用于计算吸附剂的孔径、比表面等。图 11-2 所示为 $C_{12}H_{25}SO_4Na$ 的吸附等温线。表面活性物质在液体表面层的吸附已有很多实验证明是单分子层吸附，因此可用朗格缪尔（Langmuir）单分子层吸附方程描述。

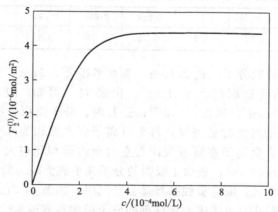

图 11-2　$C_{12}H_{25}SO_4Na$ 溶液表面吸附等温线（在 0.1mol/L NaCl 溶液中，25℃）

（2）饱和吸附层的厚度

可求出饱和吸附层的厚度：

$$\delta = \frac{\Gamma_m M}{\rho} \tag{11-17}$$

式中，M 为吸附物的摩尔质量；ρ 为溶液密度。

饱和吸附层中的表面活性分子是定向排列的，因此，对直链脂肪族同系物来说，链长增加时，厚度也相应增加。碳氢链增加一个 —CH_2 基时，δ 增加 0.13～0.15nm。

11.1.4　表面吸附层的结构

气-液界面吸附层的表征是一件非常困难的工作，像 SEM、AFM 均难以测试其表面，但根据 Gibbs 公式可找到相关参数，由此来推断吸附层的结构。

一般情况下，利用 Gibbs 公式和表面张力测定结果，可计算出溶液的表面吸附量，同时可求出饱和吸附时分子所占的面积，将此面积与从分子结构计算出来的尺寸比较，即可了解表面吸附物质在吸附层中的排列情况、紧密程度和定向情形，进而推测出表面吸附层的结构。

界面上每个分子所占的平均面积 A（以 nm^2 为单位）可用下式计算：

$$A = \frac{10^{18}}{N_0 \Gamma_2^1} \tag{11-18}$$

式中，N_0 为阿伏伽德罗常数，Γ_2^1 的单位为 mol/nm^2。但在应用时应注意，因为 Γ_2^1 是一个过剩量，即使其等于零（无吸附），表面上仍有溶质分子。在一般情况下均为稀溶液，这种影响可忽略不计，但对于浓溶液就必须考虑。

以十二烷基硫酸酯钠盐为例，从不同浓度的溶液计算表面吸附量，从而得到每个表面分子所占面积，以讨论吸附分子的表面状态。根据实验结果，在不同浓度的水溶液中，十二烷基硫酸钠（SDS）分子表面所占的面积如表 11-1 所示。浓度稀时吸附量小，表面吸附分子面积大；但随浓度增加吸附量急剧增加（见图 11-2），吸附分子所占的面积则相应减少；浓度大到一定程度以后，即当吸附量达到饱和时，分子在溶液表面所占的面积基本恒定。

表 11-1　十二烷基硫酸钠的表面吸附分子面积（25℃）

浓度/(mmol/L)	0.005	0.0126	0.032	0.050	0.080	0.20	0.40	0.60	0.80
分子面积/nm²	4.75	1.75	1.0	0.72	0.58	0.45	0.39	0.36	0.36

由资料得，SDS 为棒状分子，长 2.1nm，亲水半径为 0.5nm，分子平躺时占有面积为 1nm² 以上，直立时则占有面积约为 0.25nm²。由表 11-1 可知，SDS 在浓度分别为 3.2×10^{-5} mol/L、6.0×10^{-4} mol/L 和 8.0×10^{-4} mol/L 时，分子面积分别为 1.0nm²、0.36nm² 和 0.36nm²。如果负离子直立时呈密堆，每个负离子应占面积为 0.25nm²。若再考虑吸附的厚度及电性斥力，那么负离子在溶液表面直立时所占面积还应大于 0.25nm²。也就是说在浓度接近 6.0×10^{-4} mol/L 时，表面上吸附的分子几乎成为较为紧密排列的直立状态定向排列，其中极性基伸入水内，而非极性基暴露在空气中，如图 11-3(c) 所示。这种富集于界面上并且作定向排列的形式是由于表面活性剂的分子结构具有两亲性而造成的。若平躺在溶液表面，负离子应占据 1.0nm²。若考虑分子的水化膜及电斥性所占面积还会增大，所以负离子若要平躺在溶液表面，溶液的浓度必须小于 3.2×10^{-5} mol/L。在中等浓度时，负离子在溶液表面的取向有较大的随意性，即有可能同时存在平躺、斜立和直立三种取向，见图 11-3(b)。由此可见，在溶液浓度较大，$c > 3.2 \times 10^{-5}$ mol/L，$A < 1.0$nm² 时，不再能平躺；而达到 8.0×10^{-4} mol/L 时，只能是相当紧密的直立定向排列。只有在浓度很稀时，才有可能平躺，见图 11-3(a)。

在离子型表面活性剂同系物系列中，其最大吸附时的表面分子面积基本上是相同的。如 $C_n H_{2n+1} SO_3 Na$ 系中（$n = 10 \sim 16$），$A \approx 0.5$nm²。对直链脂肪酸 RCOOH、醇 ROH、胺 RNH_2 等来说，不管碳氢链有多长，通常从 $C_2 \sim C_8$，由 γ-c 曲线计算出的 Γ_m 值点是相同

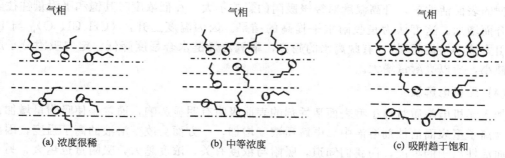

图 11-3　吸附分子在表面上的取向示意图

的，这说明在饱和溶液中每个分子在表面上所占的面积是相同的，即 $A = 1/N_0 \Gamma_m$，分别为 $0.302 \sim 0.310 \text{nm}^2$、$0.271 \sim 0.289 \text{nm}^2$ 和 0.27nm^2。这一结论说明饱和吸附的表面上的吸附分子是定向排列的（且是直立的），这与表 11-1 数据推测的结论一致。而对于非离子型表面活性剂，如以聚氧乙烯链为亲水基的非离子表面活性剂，在溶液表面的吸附状态与离子型表面活性剂不同，在亲油基相同的条件下，饱和时的分子截面积随氧乙基数增大而增大。这可能是由于非离子表面活性剂中的聚氧乙烯链有锯齿形和卷曲形两种构型。非离子表面活性剂的 $(\text{CH}_2\text{CH}_2\text{O})_n$ 链在 n 较大时呈卷曲构型，即在表面定向排列时，并非全部伸直，n 越大，卷曲构型成分越多，A 越大。

聚氧乙烯链在水中采取卷曲形的构型在能量上是有利的，因为这时憎水的—CH_2—在里面，亲水的醚键氧原子在链的外侧，这样有利于氧原子通过氢键与水分子结合。

11.1.5　影响表面吸附的物理化学因素

(1) 表面活性剂分子大小

① 表面活性剂分子亲水基　对离子表面活性剂，在所带电荷相同的情况下，分子截面积大的极限吸附量小。例如，溴化十四烷基三甲铵、溴化十四烷基三丙铵的分子截面积分别为 A_1 和 A_2，因为 $A_1 < A_2$，所以吸附量 $\Gamma_1 > \Gamma_2$。对非离子表面活性剂，通常随亲水基（如聚氧乙烯链）的增大而变小。一般而言，离子表面活性剂，由于电性排斥作用，它的极限吸附量小于分子尺寸相近的非离子表面活性剂。

② 表面活性剂分子疏水基　疏水基间没有亲水基间的电性作用，故对疏水基而言，疏水基所占的分子截面积是影响吸附的主要因素。如具有分支的疏水基的表面活性剂，因分子截面积较大，饱和吸附量一般小于同类型的直链疏水基的表面活性剂。碳氟链表面活性剂小于相应的碳氢链表面活性剂，都是疏水基大小控制饱和吸附量的情况。

(2) 同系物

疏水基长度对极限吸附量的影响较小。已有实验证明，对 RCOOH、ROH 和 RNH_2，在疏水链碳数 n 不是很高时（n 小于 16），分子所占面积都基本相同。但就一般规律而言，随碳数增加，极限吸附量略有增大。但疏水链过长往往则相反，这与它的空间结构有关。当疏水基过长时（如碳氢链长 n 大于 16 时），在表面的排列受阻，故吸附减小。

(3) 温度

对离子型表面活性剂，其一般的规律是饱和吸附量随温度升高而减小。这是因为随着表面活性剂在水中的溶解度增大，增强了离子型表面活性剂与水的作用，故不易移至溶液表面。此外，温度升高，分子热运动增加，也不利于吸附。但对非离子表面活性剂，如聚氧乙烯链型的表面活性剂,升高温度对极限吸附的影响不大。在低浓度时其饱和吸附量往往随温度上升而增加。这可认为是吸附水平提高的结果。因为温度上升,$(CH_2CH_2O)_n$ 与 H_2O 键的引力减小(易断裂),有脱离水的趋势,聚氧乙烯链水合程度降低,定向吸附分子所占面积减小,所以吸附量增大。

(4) 无机电解质

加入无机电解质对离子型表面活性剂的表面吸附有明显影响,通常是使吸附量增加。这是因为离子型表面活性剂溶液中,电解质浓度增加,一方面会改变溶液的离子强度,因而改变表面活性离子的浓度,而我们知道,吸附与浓度有关,浓度越大,吸附量也越大;另一方面会导致更多的反离子进入吸附层而削弱表面活性离子间的电性排斥,使吸附分子排列更紧密。

对非离子表面活性剂,无机电解质对吸附影响不明显,但也是有利于吸附。如在聚氧乙烯表面活性剂溶液中,加入氯化钠可使吸附量稍有增加,这种影响可能是因为盐溶作用使自由水减少,表面活性剂活度相对增加,所以吸附增大。

11.2　表面活性剂在液-液界面上的吸附

在油-水两相体系中,当表面活性剂分子处于界面上,将亲油基插入油中、亲水基留在水中时分子势能最低。表面活性剂在界面上的浓度将高于在油相或水相中的浓度。因此,像在液体表面一样,表面活性剂也在使界面张力降低的同时在液-液界面上吸附。应用 Gibbs 吸附公式自界面张力曲线得到界面吸附量是研究液-液界面吸附的通用方法。

11.2.1　液-液界面张力

当两种不相混溶的液体接触时即形成界面。界面上的分子受到来自本相和另一相中分子的引力作用,因而产生力的不平衡并从而决定液-液界面易于存在的方式(如铺展、黏附或一相分散成小液珠)。液-液界面张力的大小一般总是介于形成界面的二纯液体表面张力之间。表 11-2 中列出了一些有机液体与水界面张力的实验值。

表 11-2　一些有机液体与水界面的界面张力(20℃)

液体	界面张力/(mN/m)	液体	界面张力/(mN/m)
汞	375.0	氯仿	32.80
正己烷	51.10	硝基苯	25.66
正辛烷	50.81	己酸乙酯	19.80
二硫化碳	48.36	油酸	15.59
2,5-二甲基己烷	46.80	乙醚	10.70
四氯化碳	45.0	硝基甲烷	9.66
溴苯	39.82	正辛醇	8.52
四溴乙烷	38.82	正辛酸	8.22
甲苯	36.10	庚酸	7.0
苯	35.0	正丁醇	1.8

估算液-液界面张力最简单的公式是 Antonoff 规则。此规定认为界面张力 γ_{12} 与二液体

的表面张力 γ_1 和 γ_2 之间的关系为：

$$\gamma_{12} = \gamma_1 - \gamma_2 \tag{11-19}$$

式中，表面张力为另一液体饱和时的值。此规则为经验规则，对许多体系适用，也有偏差很大的。

Girifalco 和 Good 基于界面张力与二液体分子性质有关的考虑提出以下公式：

$$\gamma_{12} = \gamma_1 + \gamma_2 - 2(\gamma_1^d \gamma_2^d)^{1/2} \tag{11-20}$$

Fowkes 假设表面张力可分为极性的和非极性的两部分，即 $\gamma = \gamma^p + \gamma^d$，$\gamma^p$ 和 γ^d 分别为表面张力的极性分量和非极性分量。若两种组分分子间和同一组分分子间的极性分量和非极性分量间有几何平均关系，且只有色散分量在两种分子间起作用，则在构成界面的二液体间还有极性作用力时上式应加上一项：

$$\gamma_{12} = \gamma_1 + \gamma_2 - 2(\gamma_1^d \gamma_2^d)^{1/2} - 2(\gamma_1^p \gamma_2^p)^{1/2} \tag{11-21}$$

显然，利用式（11-20）和式（11-21）计算界面张力时除需已知二液体的表面张力，还需知道各自的色散分量和极性分量。

11.2.2　Gibbs 吸附公式在液-液界面上的应用

在液-液界面上吸附的表面活性剂分子总是将其疏水基插入极性小的一相，亲水基留在极性大的一相中。液-液界面吸附体系的共同特点是至少存在三个组分，即两个液相成分外加至少一种溶质。吸附量与界面张力的关系服从 Gibbs 吸附公式。与溶液表面的 Gibbs 吸附公式相类似，可以推导出应用于液-液界面的 Gibbs 吸附公式：

$$\Gamma_i = -\frac{\alpha}{RT}\left(\frac{\partial \gamma_i}{\partial \alpha}\right)_T = -\frac{1}{RT}\left(\frac{\partial \gamma_i}{\partial \ln \alpha}\right)_T \tag{11-22}$$

式中，为 Γ_i 表面活性剂在界面上的吸附量，或称表面浓度；γ_i 为界面张力；α 为表面活性剂的活度，对于稀溶液可近似认为是浓度 c。根据式（11-22），只要测出界面张力随表面活性剂浓度 c 的变化关系，即可由 γ_i-$\ln\alpha$（或 $\ln c$）的直线斜率求出吸附量 Γ_i。

在用式（11-22）处理液-液界面吸附问题时必须注意满足的条件是：

① 适用于非离子型表面活性剂吸附，对于离子型表面活性剂吸附需加以适当改进（参见 Gibbs 公式对于离子型表面活性剂在气-液界面的应用）。

② 第二液相无表面活性，且构成液-液界面的二液体完全互不相溶。

③ 表面活性剂只溶解于第一液相中。

④ 表面活性剂浓度超过 cmc 后界面张力不再变化，不能用上式计算吸附量。

实际上，这些条件很难严格成立，只能是近似的。式（11-22）应用于液-液界面时，其他诸如多溶质体系、离子型表面活性剂体系及离子型表面活性剂加过量无机电解质体系的界面吸附问题，可以式（11-22）为基础依照 Gibbs 公式所类似的方法处理。

11.2.3　液-液界面特点及吸附等温线

液-液界面吸附等温线的形式也与溶液表面上的相似，呈 Langmuir 型，也可以用同样的吸附等温线公式来描述。

表面活性剂在液-液界面上的吸附等温线具有以下特点。

① 极限吸附时相同的表面活性剂在液-液界面上吸附量小于在气-液界面上；相应的极限吸附时每个分子所占面积在液-液界面上的大于气-液界面上的，更大于由不溶物单分子膜所得到的直链碳氢链垂直定向的截面积（约 0.20nm^2/分子）。例如 25℃时十二烷基硫酸钠在

水-苯界面上的极限吸附量为 2.33×10^{-10} mol/cm^2，分子面积为 0.71nm^2/分子；而在气-液界面上相应的结果为 3.16×10^{-10} mol/cm^2 和 0.53nm^2/分子。这一结果说明在液-液界面上即使是在极限吸附时，表面活性剂分子也不可能是垂直定向紧密排列的，而是采取某种倾斜方式，在极特殊的条件下甚至可能以部分链节平躺的方式吸附。

② 对于直链同系列离子型表面活性剂，当碳链碳原子数在 10~16 之间时，在液-液界面上极限吸附量 Γ_m 和极限吸附时分子面积 a_m 与碳链长短关系不大。当碳链碳原子数大于 18 时，Γ_m 明显减小，a_m 增大，这可能是因碳链太长，吸附分子发生弯曲所致。碳氢链的支链化一般对 Γ_m 影响不大，这是由于在液-液界面上表面活性剂分子本来就不是垂直定向的，倾斜方式给支链留有足够的空间。表 11-3 中列出的 50℃ 时烷基硫酸钠在水-庚烷界面上的 Γ_m 和 a_m 值是上述看法的佐证。

表 11-3　烷基硫酸钠在水-庚烷界面上吸附的 Γ_m 和 a_m 值（50℃）

表面活性剂	$\Gamma_m/(10^{-10}$ mol/cm$^2)$	$a_m/(nm^2/$分子$)$
$n\text{-}C_{10}H_{21}SO_4Na$	3.0	0.54
$n\text{-}C_{12}H_{25}SO_4Na$	2.9	0.56
$n\text{-}C_{14}H_{29}SO_4Na$	3.2	0.52
$n\text{-}C_{16}H_{33}SO_4Na$	3.0	0.54
$n\text{-}C_{18}H_{37}SO_4Na$	2.3	0.72

③ 含聚氧乙烯基的非离子型表面活性剂在液-液界面吸附时聚氧乙烯链可伸向水相。若分子中还含有聚氧丙烯基时，伸向水相中的聚氧乙烯链节的多少与分子中聚氧乙烯和聚氧丙烯的比例及温度有关，聚氧丙烯链节可部分伸向水相，大部分以多点形式在界面上吸附。

④ 在低浓度区吸附量随浓度增加而上升的速度比较快。

图 11-4 表示出辛基硫酸钠在气-液界面和液-液界面的吸附等温线，从中可清楚看出这些特点。

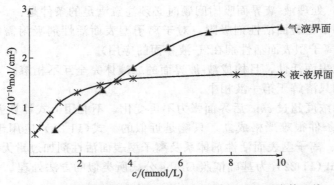

图 11-4　辛基硫酸钠在气-液界面和液-液界面的吸附等温线

11.2.4　液-液界面上的吸附层结构

与溶液表面吸附一样，从吸附量可以算出每个吸附分子平均占有的界面面积 A。

如前所述，由于界面吸附的极限吸附量比溶液表面上的小，相应的界面吸附分子的极限占有面积 A_m 就比在表面上的大。例如，$C_8H_{17}SO_4Na$ 和 $C_8H_{17}N(CH_3)_3Br$ 在空气-水溶液界面上吸附的极限面积分别为 0.50nm^2 和 0.56nm^2。而同样条件下，在庚烷-水溶液界面

上的极限面积则为 $0.64nm^2$ 和 $0.69nm^2$。这是由于表面活性剂分子的疏水基和油相分子间的相互作用与疏水基间的相互作用具有非常相似的性质和接近的强度，而不像在空气-水界面上，气相分子既少又小，与表面活性剂疏水基间的相互作用非常微弱。于是，油-水界面吸附层中含有许多油相分子插在表面活性剂疏水链之间，使吸附的表面活性剂分子平均占有面积变大，吸附分子间的凝聚力减弱。也由于这个原因，在低浓度时液-液界面上的吸附量随浓度上升较快。可以认为，在空气-水界面吸附过程中，疏水基在吸附相中所处的环境在变化，逐步接近烃环境，而在油-水界面吸附时吸附分子的疏水基始终处于碳氢环境之中。

根据界面压和吸附分子占有面积数据可知，在油-水界面上吸附的表面活性剂分子疏水链采取伸展的构象，近于直立地存在于界面上。吸附层由疏水基在油相、亲水基在水相，直立定向的表面活性剂分子和油分子、水分子组成。吸附的表面活性剂分子疏水基插入油分子，它的亲水基则存在于水环境中。

根据吸附分子平均占有面积和吸附分子自身占有的面积 A_0 数据可知，在吸附层中油分子数多于吸附分子数。因此，吸附层的性质应该与油相分子性质有关。这可归于较小碳链的油分子更容易进入吸附层的结果。

11. 2. 5　表面活性剂溶液的界面张力及超低界面张力

(1) 单一表面活性剂体系的界面张力

表面活性剂也可降低两互不混溶的液体体系（如油-水体系）的界面张力。界面张力对表面活性剂溶液浓度对数曲线的形式与溶液表面上的相同。界面张力曲线的转折点的浓度也是表面活性剂的临界胶束浓度，但从液-液界面张力曲线确定的临界胶束浓度值，可能与其他方法（如表面张力法）得到的有所不同，这是因为临界胶束浓度受第二液相的影响。图 11-5 是一些典型体系的界面张力曲线。

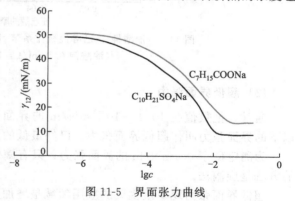

图 11-5　界面张力曲线

表面活性剂降低界面张力的能力和效率与第二液相的性质有关。若第二液相是饱和烃，表面活性剂降低液-液界面张力的能力和效率皆比在气-液界面时增加。如 25℃时，辛基硫酸钠在空气-水界面的 γ_{cmc} 为 39mN/m；在庚烷-水界面上的 γ_{cmc} 为 33mN/m。如果第二液相是短链不饱和烃或芳烃时，则得相反结果，表面活性剂降低液-液界面张力的能力和效率皆比在气-液界面时降低。例如，25℃时十二烷基硫酸钠在空气-水界面的 γ_{cmc} 为 40mN/m，在庚烷-水界面上的 γ_{cmc} 为 29mN/m，而在苯-水界面 γ_{cmc} 只有 43mN/m。

值得一提的是，碳氟表面活性剂虽然有很强的降低水的表面张力的能力（碳氟表面活性剂是迄今为止所有表面活性剂中降低水表面张力能力最强的一种），但碳氟表面活性剂降低油-水界面张力的能力并不强，这是由于碳氟表面活性剂中的氟碳链既疏水又疏油。

(2) 混合表面活性剂体系的界面张力

像在溶液表面一样，表面活性剂混合物常具有比单一表面活性剂更强的降低液-液界面张力的能力。这种情况在正、负离子表面活性剂混合体系中表现更为显著。表 11-4 列出一种碳氢-碳氢正负离子表面活性剂混合体系及一种碳氢-碳氟正负离子表面活性剂混合体系在庚烷-水界面的界面张力，可以看出此类表面活性剂混合体系突出的降低界面张力的能力。

表 11-4　正负离子表面活性剂混合体系在 cmc 时的庚烷-水界面张力

表面活性剂	$\gamma_{cmc,庚烷-水}$
$C_{18}H_{37}N(CH_3)_3Br\text{-}C_{18}H_{37}SO_4Na$	0.2
$C_{18}H_{37}N(CH_3)_3Br\text{-}C_7F_{15}COONa$	0.4

　　虽然单一碳氟表面活性剂降低油-水界面张力的能力较差，但碳氟链与碳氢链阴阳离子表面活性剂混合体系既有非常低的表面张力，又有非常低的界面张力。

　　对离子型表面活性剂与醇混合体系，其降低油-水界面张力的能力随加醇量增加而显著增加。图 11-6 是油酸钾-正己醇混合体系苯-水界面张力随正己醇浓度的变化。可以看出加醇使体系界面张力大大降低，达到几近于零的程度。

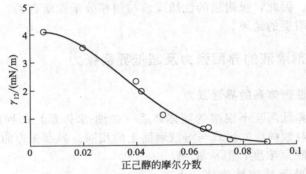

图 11-6　油酸钾-正己醇混合体系苯-水界面张力随正己醇浓度的变化
（油酸钾 0.1mol/L，KCl 0.5mol/L）

（3）超低界面张力

　　通常，把数值在 $10^{-1}\sim10^{-2}$ mN/m 的界面张力叫作低界面张力，而达到 10^{-3} mN/m 以下的界面张力叫作超低界面张力。已知最低的液-液界面张力可低至 10^{-6} mN/m。

　　为测定低于 0.1mN/m 的界面张力，只有滴外形法尚可应用。测得超低界面张力最常用的方法是旋滴法。

　　超低界面张力现象最主要的应用领域是增加原油采收率和形成微乳状液。

11.3　表面活性剂在固-液界面的吸附作用

　　在气-液界面和液-液界面的吸附中，都是依据 Gibbs 吸附公式来进行研究的，即通过表面张力的测定结合 Gibbs 公式来计算吸附量，推断吸附层结构。而对于固-液界面吸附来说，几乎没有进行基于界面张力的吸附理论研究。因测定固-液界面张力是困难的。但实际测量界面吸附量并不难。测定由于吸附而引起的溶液浓度的变化就可以在一定温度下测定吸附量，然后对溶液的平衡浓度作图即为吸附等温线。固-液界面的吸附多以吸附等温线为基础进行研究。

　　固体界面发生吸附现象，根本原因是因为界面能有自动减小的本能。当纯液体与固体表面接触时，由于固体表面分子（或原子、离子）对液体分子作用力大于液体分子间的作用力，液体分子将向固-液界面富集，同时降低固-液界面能。

固体与界面活性剂相接触时，根据固体与界面活性剂之间的相互作用进行着各种类型的吸附，它们大致分为物理吸附和化学吸附。相互作用的本质弱得像范德华力那样，叫作物理吸附。物理吸附一般进行迅速。吸附与解吸是可逆的，吸附能一般小于 10kJ/mol。这相当于界面活性剂在疏水性的固体表面以疏水基进行吸附。另外，由于强烈的相互作用，固体表面与吸附分子间产生化学键，形成化合物时，叫作化学吸附。化学吸附能相当于化学反应热，达到 10~100kJ/mol。虽然化学吸附也有速率快的，但大多数还是比较缓慢进行的。反过来，化学吸附的物质解吸也是比较困难的。脂肪酸对金属表面的吸附多是化学吸附，其吸附等温线是 Langmuir 型的单分子饱和吸附曲线。

11.3.1 固体自稀溶液中吸附的特点

在实际应用的体系中，表面活性剂溶液大多是稀溶液，了解固体在一般稀溶液中吸附的性质，将有助于了解表面活性剂在固-液界面吸附的特点。

11.3.1.1 固体表面的特点

(1) 固体的表面能

液体的表面张力和表面自由能是分别从动力学和热力学角度出发对一种表面现象的两种不同的表示方法，若将其换算为相应单位时，它们在数值上是相等的。固体与液体不同，固体可能存在各向异性。这是因为固体表面的不规则性、不完整性和不均匀性造成了表面能的差别。所以固体表面能有一定平均值的意义，也不能笼统地将表面张力和表面自由能等同起来。

固体的表面能也有趋于减小的倾向，故高表面能固体更易被外界物质污染而降低表面能。常见液体的表面能都小于 100mN/m，故它们原则上都可在高表面能固体上铺展。

(2) 固体按表面能分类

一般情况下，固体有高表面能和低表面能之分。低表面能固体是指表面能小于 100mN/m，如有机固体一般在 50mN/m 以下；而高表面能固体是指表面能大于 100mN/m，如无机固体和金属。

11.3.1.2 固-液界面电现象

固体与液体接触时除润湿、铺展和吸附以外，往往还呈现出带电现象，并使固-液界面出现一种特殊的结构，即双电层结构。当固体与溶液相对移动时，就会发生多种现象，如电泳、电渗、流动电势、沉降电势等，统称为动电现象。动电现象出现说明有双电层存在，而双电层理论又反过来解释了动电现象。产生动电现象的根本原因是在外力作用下，使固-液相界面内的双电层沿着移动界面分离开，而产生电势差。因此，了解表面活性剂在固-液界面的吸附性质、影响吸附的多种因素和吸附层的结构特点，有助于利用这些理论解决实际问题。

(1) 双电层的产生

固体与液体接触后，可有多种原因使固体表面带有某种电荷。由于固体表面的电荷将导致固-液界面的液体一侧带有相反的电荷，两者组成双电层而产生电势差。这些双电层中电荷的来源如下。

① 电离作用　固体表面在溶液中产生电离，如硅胶在弱酸性或碱性介质中表面硅酸电离而使其带负电；活性炭表面的一些含氧基团在水中也会电离，在中性介质中通常带负电

等；两性高分子电解质在溶液中也带电荷，但带何种电荷取决于溶液的 pH 值，pH 值较低时带正电，pH 值较高时带负电。

②　离子吸附作用　溶液中的某种离子（或分子）在固体物质表面吸附，使表面净电荷过剩而带电。一般认为这种吸附引起表面带负电的时候多，这是因为通常阳离子比阴离子更易溶剂化，故留在溶液中的倾向大。有些固体优先自水中吸附 H^+ 或 OH^- 而使其带正电或负电。不溶性盐类总是优先吸附与组成形成不溶物的离子而使表面带电。

③　晶格取代作用　固体晶格中某一离子被另一不同价数的离子取代而使其带电。如黏土晶格中 Si^{4+} 被 Al^{3+} 或 Ca^{2+} 取代，使电中性破坏而带负电。

④　摩擦带电　对非电离或不水解的物质，粒子电荷来源于粒子与介质间的摩擦。当固-液两相相互接触时，两相对电子的亲和力不同，致使电子从介电常数大的相流入小的相，从而产生介电电荷，即介电常数大的一相带正电。例如玻璃小球（介电常数 $\varepsilon = 5 \sim 6$）在水（$\varepsilon = 81$）中带负电，在苯（$\varepsilon = 2.3$）中带正电。

（2）扩散双电层模型

对固-液界面电现象，提出过不少模型，其中斯特恩提出的 Stern 模型应用较多。在 Stern 模型中，双电层可以由一个平面（称为斯特恩平面，实际上是一个假想平面）将它分为两部分：内层为 Stern 层，外层为扩散层。Stern 平面大约距离固体表面水化离子半径处，它是由吸附离子中心连线形成的假想面。但是当固体粒子在外电场作用下，固定层与扩散层发生相对移动时，滑动面是在 Stern 面外，水化离子半径稍远处，它与固体表面的距离约一个分子直径大小，它是实际存在的，一旦物系处于外电场作用下，这一滑动面就会呈现出来。滑动面与固体表面所包围的空间称为固定层。此外双电层的厚度 $1/x$ 也是一个假想面。如图 11-7 所示。

当然 Stern 模型并非一种理想模型，用它处理问题时也出现了矛盾。例如，Stern 只将双电层分为吸附层和扩散层，但固-液界面的电动现象表明扩散层可进一步分为"不动"层（或溶剂化层）和可动层。

在 Stern 模型中，带电表面与液体内部的电势差称为固体表面电势。在靠近表面 $1 \sim 2$ 个分子厚的区域内，反离子与表面结合成固定吸附层，称为 Stern 层。Stern 层与溶液内部的电势差称为 Stern 电势。在 Stern 层外的反离子成扩散分布，构成扩散层。在外力（电场、重力或静压力）作用下，固体与液体相对移动时，随固体一起移动的滑动面（δ 面）与内部的电势差称为动电势或 ζ 电势。如图 11-7 所示。

在固定层内，电势急剧从 φ_0（c 处）降到 φ_δ（a 处），再降到 ζ（b 处）。在扩散层内，电势从 ζ 缓慢降到零。

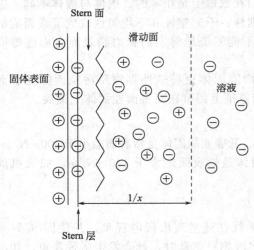

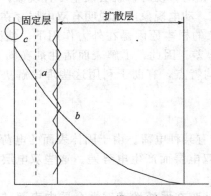

图 11-7　Stern 模型示意图

11. 3. 2　稀溶液吸附等温线

（1）吸附等温线

在一定温度时，吸附量与浓度之间的平衡关系曲线就是吸附等温线，稀溶液的吸附等温线按其特点可划分为 4 类，即 S、L、H 和 C 型（见图 11-8）。分类依据是等温线起始部分斜率。S 型等温线起始部分斜率小，其曲线贴向浓度轴，这是因为在溶质浓度较小时，溶剂有强烈的竞争吸附能力，导致溶质吸附能力下降。一般情况下，溶质以单一端基近似垂直定向地吸附于固体表面时，可出现这类吸附等温线，如极性吸附剂自极性溶液中吸附时多为这种类型。当平衡浓度增大时，等温线有一较快上升阶段，这是由于被吸附分子对液相中溶质分子吸附的结果。L 型等温线表示溶质比溶剂更容易被吸附，即溶剂在表面上没有强烈的竞争吸附能力，它是稀溶液吸附中最常见的一种类型。当溶剂是线性

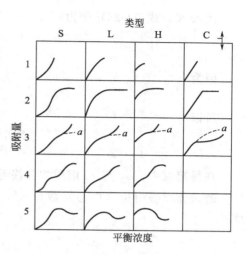

图 11-8　固体自稀溶液中吸附等温线分类

或平面分子，且以其长轴或平面平行于表面吸附时常有这种类型的等温线，如活性炭自水中吸附有机物大多为 L 型等温线。H 型等温线表示在极低浓度时，溶质就有大的吸附量，显示溶质与吸附剂有强烈的亲和力，有类似于化学吸附的性质，如自稀溶液吸附中的化学吸附和对聚合物的吸附（离子交换吸附等）即为此类型。C 型等温线为在相当大的浓度范围内吸附量随浓度的变化为直线关系。此类等温线较少见，它表示吸附在固-液界面的吸附相和溶液体相间有恒定分配的关系。

四类等温线中，平衡浓度升高时吸附量都有一较为平缓变化的部分，它表示固体表面已被溶质的单层饱和。浓度再增加，吸附量再增大，可能是吸附分子：①更密集排列；②多层吸附。

（2）吸附等温式

吸附等温式是表示吸附等温线的方程式，都是根据一定的吸附模型提出，并通过大量实验结果予以验证。

在自稀溶液吸附中应用最多的是 Langmuir 等温式。即认为吸附属单分子层，吸附剂表面是均匀的，溶液内部和表面相性质是理想状态的，即不存在溶质与溶质、溶质与溶剂以及其他各种分子间的相互作用力。另外，还认为溶质与溶剂分子体积近似相等或有相同的吸附位，将溶质的吸附看作是体相溶液中溶质分子与吸附层中溶剂分子交换的结果。

$$AB_s + C_l \Longrightarrow AC_s + B_l$$

$$K = \frac{[AC_s][B_l]}{[AB_s][C_l]} \tag{11-23}$$

式中，A 表示固体吸附剂；B 表示溶剂；C 表示溶质；下标 s、l 分别表示固相和液相。设 x_1^s 和 x_2^s 分别为吸附平衡时吸附相中溶剂与溶质的摩尔分数；a_1 和 a_2 分别为体相溶液中溶剂与溶质的活度。该交换过程平衡常数为

$$K = \frac{x_2^s a_1}{x_1^s a_2} \tag{11-24}$$

由于是稀溶液，吸附前后溶剂浓度 a_1 近似为常数，令

$$b = \frac{K}{a_1} \tag{11-25}$$

代入 K，式(11-25) 变为：

$$b = \frac{x_2^s}{x_1^s a_2} \tag{11-26}$$

因为

$$x_1^s + x_2^s = 1 \tag{11-27}$$

所以

$$x_2^s = \frac{ba_2}{ba_2 + 1} \tag{11-28}$$

在稀溶液中，a_2 与 c_2 溶质浓度接近，即 $a_2 \approx c_2$。

若表面总吸附位（中心）数位 n^s，则吸附平衡时溶质吸附量 n_2^s 与 n^s 之比即为覆盖度 θ：

$$\theta = \frac{n_2^s}{n^s} = x_2^s \tag{11-29}$$

所以

$$n_2^s = n^s x_2^s \tag{11-30}$$

将式(11-28) 代入式(11-29)、式(11-30)，得

$$n_2^s = n^s \frac{bc_2}{1 + bc_2} \tag{11-31}$$

$$\theta = \frac{bc_2}{1 + bc_2} \tag{11-32}$$

若各个吸附位只能吸附一个溶质或溶剂分子，则 n^s 即为极限吸附溶质量 n_m^s，即 $n_2^s = n_m^s$。因而

$$n_2^s = n_m^s \frac{bc_2}{1 + bc_2} \tag{11-33}$$

或

$$\Gamma = \Gamma_m \frac{bc_2}{1 + bc_2} \tag{11-34}$$

此即为稀溶液吸附的 Langmuir 等温式。

式 (11-33) 中，b、n_m^s 为常数。但对于不均匀的表面，b 不是常数，而是随覆盖度而变，故

$$\theta = k(c)^{1/n} \tag{11-35}$$

这就是 Freundlich 等温式，式中 k 和 n 是经验常数。

Langmuir 等温式可很好地描述 L 型等温线，有时也可以处理 H 型等温线结果。S 型等温线可用气相吸附的 BET 二常数公式类似的形式描述，是属于多分子层吸附公式。

$$\frac{c/c_s}{n_2^s(1 - c/c_s)} = \frac{1}{n_m^s k} + \frac{(k-1)c}{n_m^s k c_s} \tag{11-36}$$

式中，k 是与气相吸附的 BET 二常数公式中常数 C 相当的常数；c_s 是溶质的饱和溶液浓度。

C 型等温线可用 Herry 定律公式描述：

$$n_2^s = kc \tag{11-37}$$

11.3.3 影响稀溶液吸附的一些因素

溶质在固体（吸附剂）表面的吸附，与吸附剂、溶质和溶剂的性质有关。在吸附过程中，存在吸附剂、溶质、溶剂三者之间的相互作用。最后，吸附的结果事实上是这多种作用竞争的结果。但吸附也遵循一定的规律，即与溶液中溶解作用的相似相溶类似，固体自溶液中吸附也有"相似相吸"的规律，如活性炭自极性溶剂中吸附非极性或极性小的有机物，而硅胶自非极性溶剂中吸附极性物质。注意，如果溶质与溶剂的极性很接近，则溶质难以被有效吸附。

（1）Traube 规则

如果把溶液吸附看作是吸附质在液相和固体表面相的分配，就可以根据吸附质、溶剂和吸附剂的性质预测吸附量。显然，极性吸附质易进入极性较大的相，即极性吸附剂易自非极性溶剂中吸附极性吸附质，非极性吸附剂易自极性溶剂中吸附非极性吸附质。这就是 Traube 规则，实际上也就是相似相吸的具体论述。

Freundlich 也做过类似 Traube 规则的描述：自溶液中吸附有机同系物时，吸附量随有机物碳链增长而有规律地增加。

如用活性炭作吸附剂，从溶剂水中吸附下列有机物时，吸附量大小的顺序为：丁酸＞丙酸＞乙酸＞甲酸。Traube 规则是一种相对规则，若用极性吸附剂自非极性溶剂中吸附时，则上述顺序刚好相反。如用硅胶作吸附剂，从溶剂 CCl_4 中吸附下列有机物时，吸附量大小的顺序为：乙醇＞正丙醇＞正丁醇＞正戊醇＞正己醇＞正辛醇。这种情况又称反 Traube 规则。但要注意，强氧化条件下制备的炭因含有大量表面氧化物使其具有极性的特点，故从水中吸附的有机酸顺序与前述的相反。

（2）吸附质结构与性质对吸附的影响

按 Traube 规则，吸附质分子结构与性质的不同将影响它的分子间及其与溶剂、吸附剂间的相互作用，从而影响吸附效果。这种影响涉及因素太多，故只能在固定某些条件下讨论。

① 同系物的影响 对同系物的吸附遵从 Traube 规则和反 Traube 规则。原因为相似者相吸。但对表面活性剂的吸附，随疏水链的增加，吸附量增加，对不同性质的吸附剂也是如此。这与表面活性剂的两亲结构有关，即使是极性吸附剂，随着表面活性剂疏水链增长，形成双层或吸附胶团的能力增强，故有利于吸附量的增加。

② 异构体的影响 炭自水中吸附异构体时，吸附量有明显不同，如：异丁酸＜正丁酸，异戊酸＜正戊酸；顺丁烯二酸＜反丁烯二酸；对羟基苯甲酸＜间羟基苯甲酸＜邻羟基苯甲酸。这是因为前者的极性较大，和溶剂水有较强的相互作用，或者说在水中的溶解度较大，故难以从溶液中扩散到活性炭表面，吸附量较小。

③ 取代基的影响 吸附脂肪酸取代物时，若在取代物中引入羟基、氨基、酮基，吸附量将降低。这是由于这些基团可与水形成氢键，从而增加脂肪酸的溶解度，或增加了化合物的亲水性。当羟基在 α-位取代时，可增加脂肪酸的解离，从而减小了以分子状态吸附的作用，导致吸附量下降。

（3）溶剂影响

对固-液界面吸附来说，溶剂效果是一个重要因素，溶剂对吸附的影响是溶剂与溶质及溶剂与吸附表面作用的综合结果。溶剂对溶质溶解度的影响和溶剂在吸附剂上竞争吸附作用可由溶剂极性大小反映出来。溶质在溶剂中的溶解度大，吸附量将减小。由溶质-溶剂互相作用来看，一般来说，溶质（如表面活性剂）和溶剂（如水）相互作用力强，它在固-液界面吸附量就小，温度增加，溶解度增加，吸附量减小。当溶剂与吸附剂强烈作用时，溶质吸附量减小。结果，溶质和固体、溶剂和固体、溶质和溶剂三者间亲和力的大小关系决定着吸附。

(4) 吸附剂的影响

吸附剂大致分为三类：一类是有强烈带电吸附位的吸附剂，如硅酸盐、氧化铝、TiO_2、硅胶、聚酰胺、羊毛以及不溶于溶剂中的无机离子晶体（如 $BaSO_4$、$CaCO_3$）、离子交换树脂等；另一类是没有强烈带电吸附位但具有极性的吸附剂，如中性溶液中的棉纤维、聚酯、聚酰胺等；第三类是非极性吸附剂，典型的有石蜡、聚四氟乙烯（PTFE）、聚乙烯（PE）、聚丙烯（PP）等。吸附剂对吸附的影响表现在以下几个方面。

① 吸附剂的化学组成和表面性质　吸附剂的化学组成和表面性质决定吸附剂的基本功能。如活性炭为非极性吸附剂；金属、Al_2O_3（不溶性氧化物）等为极性吸附剂。按照 Traube 规则，不同的吸附剂可用于不同性质的物质的吸附。

② 吸附剂的比表面积和孔结构　根据吸附的一般原理，大的比表面积和适宜的孔结构是保证有效吸附的重要前提，前者保证有大量的吸附位，后者则使吸附质得以与吸附剂表面接触。孔的大小影响吸附速率，如在 800℃ 活化的糖炭（一种将蔗糖灰化后再经活化而制得的活性炭）自水中吸附脂肪酸，低浓度时，吸附的次序是丁酸＞丙酸＞乙酸＞甲酸；而在高浓度时，甲酸＞乙酸＞丙酸＞丁酸。这是因为在低浓度时，表面只有一小部分为溶质分子所覆盖，此时表面性质起主要作用；当为高浓度时，吸附剂小孔将为溶质分子所填充，所以碳氢链最短的吸附得最多。但对表面活性剂而言，由于表面活性剂具有较大的疏水链，体积比较大，具有中等以下的孔结构的相当部分内表面对表面活性剂吸附来说是无效的。

③ 吸附剂的表面基团　丰富的表面基团在吸附中起主要作用。已证明硅胶、Al_2O_3 等表面羟基和活性炭的表面含氧基团在吸附极性有机物时起主要作用，这是由吸附剂表面基团与吸附质相互作用的性质引起的。如在某相同平衡浓度时，在羟基化的 SiO_2、TiO_2、Al_2O_3、MgO 上苯甲酸吸附量依次为 $0.80mmol/m^2$、$1.00mmol/m^2$、$1.60mmol/m^2$、$4.80mmol/m^2$。这种差异是由于在 MgO 上发生强烈的化学吸附；在 Al_2O_3 上可形成表面化合物；在 TiO_2 上可部分形成表面化合物和部分物理吸附；而在 SiO_2 上完全是靠形成氢键的物理吸附。这种解释已得到红外光谱等实验结果的证实。

④ 吸附剂的后处理条件　吸附剂的后处理除能影响比表面的孔径分布外，有时可直接影响吸附剂的存在状态和吸附能力。如不同离子交换的蒙脱土自水中吸附氨基酸的能力有很大差别，Na 型比 Ca 型、Cu 型高 2 倍多。有意思的一个例子是糖炭经不同温度活化处理后，对酸和碱的吸附会发生明显的变化。

(5) 温度和溶解度的影响

吸附是放热过程，温度升高对吸附不利；一般情况下，温度升高，溶质溶解度增加，也对吸附不利。可见，温度和溶解度的影响是一致的，即温度升高，溶解度也增加，从而使吸附量降低。但对溶解度不高的体系，还得考虑其溶解度与温度的关系。这是因为温度升高，溶解度增大，故饱和溶液浓度增大，而浓度增大，从另一方面讲是有利于吸附。该因素引起的吸附量的增加超过了温度升高而使吸附量减小的作用，总结果是吸附量随温度升高而增加。如图 11-9 所示为溶解度对吸附的影响。图 11-10 所示为温度对吸附的影响。

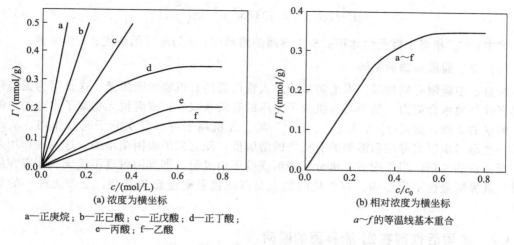

图 11-9　溶解度对吸附的影响（吸附剂为炭黑，溶剂为水）

（a）浓度为横坐标
a—正庚烷；b—正己酸；c—正戊酸；d—正丁酸；
e—丙酸；f—乙酸

（b）相对浓度为横坐标
a～f 的等温线基本重合

为了解溶解度对吸附的影响，在作吸附等温线时常用相对浓度 c/c_0（c_0 为实验条件下饱和溶液的浓度）为横坐标。图 11-9(a) 和图 11-9(b) 分别为以 c 和 c/c_0 为横坐标时的等温线。(b) 中几条等温线几乎完全重合。这一结果说明对此体系溶解度是影响吸附的主要因素。但应该注意的是，当温度升高使吸附降低完全是由于溶解度引起的，则当用 c/c_0 作等温线时，不同温度的等温线应完全重合。图 11-10(a) 和图 11-10(b) 就是一典型例子。但也有相当一部分物质，溶解度随温度的变化并非如此，如丁醇，随温度升高，溶解度反而下降。

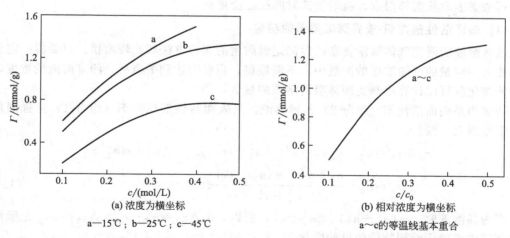

（a）浓度为横坐标
a—15℃；b—25℃；c—45℃

（b）相对浓度为横坐标
a～c 的等温线基本重合

图 11-10　温度对吸附的影响（吸附剂为乙炔黑；溶剂为水；溶质为对硝基苯胺）

一般认为，溶解度越小，越易被吸附。如苯甲酸在氯仿、苯和乙醇中的溶解度分别为 4.2g/100mL、12.23g/100mL、36.9g/100mL，以糖炭或硅胶自这三种溶液中吸附苯甲酸，吸附量大小为：氯仿＞苯＞乙醇。

但利用此规则需要其他条件相同或相近才可。若两种溶剂对吸附剂的亲和力差别很大，此规则不成立。

Dubinin 认为，溶液吸附是溶质在吸附剂微相中的填充，为此他总结出了微孔吸附剂自水溶液中吸附有机物时的定量关系式：

$$\lg \Gamma = \lg \Gamma_m - 2.303 k R^2 T^2 \left[\lg \left(\frac{S}{c} \right) \right]^2 \tag{11-38}$$

式中，Γ_m 相当于微孔的体积；S 为溶质的溶解度；c 为溶质的浓度；k 为常数。

(6) 无机盐添加物的影响

炭自水中吸附有机物时，强电解质的加入常可提高有机物的吸附量。这是因为无机阳离子具有强烈地水合能力，使得与有机分子作用的有效水减少；或者说无机离子水合能力的大小影响水的结构，如 CO_3^{2-}、Mg^{2+}、SO_4^{2-} 等。无机离子可加强水分子间的作用，从而降低了一些靠与水形成氢键而溶解的有机物的溶解度，使它们的吸附量增加。这两种作用起到类似于盐析的作用。当吸附质有机分子能形成分子内氢键，即其溶解度不受无机盐存在的影响时，其吸附量也不受影响。有机盐的加入对有机物吸附量影响复杂，至今无统一的理论解释。

11.3.4　表面活性剂在固-液界面的吸附

从热力学角度看，由于固体自溶液中的吸附规律比较复杂（这是因为溶液中既有溶质又有溶剂的缘故），所以固体自溶液中的吸附理论不像气体吸附那样完整，至今仍处于发展阶段。当固体和溶液接触时，溶质和溶剂都有可能在界面上产生吸附，因此存在着竞争性的优先吸附或替换吸附现象。换句话说，溶液中吸附是溶质与溶剂分子争夺固体表面的净结果。

从动力学角度看，就吸附速率而言，溶液中的吸附速率通常比气体吸附速率要慢得多（因为扩散慢）。在溶液中，固体表面往往有一层液膜，溶质分子必须通过这层液膜才能被吸附，再考虑表面状态等因素，吸附所需时间往往会更长。

(1) 表面活性剂在固-液界面吸附量的测定

虽然溶液吸附比气体吸附复杂，但测定吸附量的实验方法却比较简单。只要将一定量的固体放入一定量的已知浓度的溶液中，不断振荡，当吸附达到平衡后，测定溶液的浓度，从浓度的变化就可以计算出每克固体吸附溶质的量。

若液相是表面活性剂（组分 2）的稀溶液，且表面活性剂比溶剂（组分 1）更强烈地吸附于吸附剂上，则：

$$n_0 \Delta x_2 = n_2^0 - n_0 x_2 = n_2^0 - (n_2^1 + m n_2^s) x_2 - (n_1^1 + m n_1^s) x_2$$

$$= n_2^0 - \frac{n_1^1 + n_2^1 + m(n_1^s + n_2^s)}{n_1^1 + n_2^1} n_2^1 \tag{11-39}$$

当为稀溶液时，$m(n_1^s + n_2^s) \ll n_1^1 + n_2^1$，所以，$n_0 \Delta x_2 \approx n_2^0 - n_2^1 \approx \Delta n_2$；$\Delta n_2$ 是吸附平衡时溶液中表面活性剂物质的量的变化。

由于是稀溶液 $x_1 \approx 1$，$x_2 \approx 0$，则式（11-39）变为

$$n_2^s = \Delta n_2 / m = \frac{V \Delta c_2}{m} \tag{11-40}$$

式中，Δc_2 是吸附前后表面活性剂浓度的变化；V 是与 m g 吸附剂成平衡的溶液体积。

由式（11-39）可知，在一定温度下，单位质量吸附剂自表面活性剂稀溶液中吸附的表面活性剂摩尔数可由吸附平衡前后溶液浓度的变化求得。

(2) 测定表面活性剂吸附量的常用方法

由于固体界面吸附后，固、液容易分离，故就不像液-液、气-液界面那样需要测定其界

面（表面）张力，再计算出吸附量，而是直接测定吸附后溶液中物质的浓度来计算。下面介绍常见的几种测定方法。

① 分光光度法　分光光度法是国内外报道较多的一种方法，该方法操作简单，灵敏度较高。根据测定方法的不同可以将其分成两类：萃取光度法和水相直接光度法。

萃取光度法是利用有机显色剂与表面活性剂发生缔合反应，将缔合物萃取到有机溶剂中，在一定波长下测定吸光度进行定量。阴离子表面活性剂测定的国家标准方法是亚甲蓝光度法，该法准确度和重现性好，但需用大量有毒溶剂氯仿多次萃取并反洗，操作烦琐，易受各种共存物的影响，且灵敏度低，最低检出限为 $0.05mg/L$。

水相直接光度法是利用有机显色剂与缔合物的吸收光谱的差异进行测定，该法无需萃取，操作简便。如在 $0.1mol/L$ NaOH 介质中，邻羟基苯基重氮氨基偶氮苯与阳离子表面活性剂溴化十六烷基三甲铵（CTAB）、溴化十六烷基吡啶（CPB）和氯化十六烷基吡啶（CPC）分别形成玫瑰红色离子缔合物，用于自来水中 CTAB、CPB 和 CPC 的直接测定。

从近几年的报道来看，呈现出由显色分光光度法向吸附-显色分光光度法发展的趋势，后者大大扩展了测定的线性范围，提高了测定的灵敏度。分光光度法对设备要求较低，容易实现。未采用吸附-浓缩处理的分光光度法其测量的线性范围为 $0\sim10^{-5}mol/L$，检出限为 $10^{-7}mol/L$；而采用吸附-浓缩处理后，检出限可降至 $10^{-9}mol/L$。

② 荧光分析法　阴离子表面活性剂 SDBS（十二烷基苯磺酸钠）分子中存在共轭体系，自身能产生荧光，于波长 230nm 激发后在 290nm 发出强烈的特征荧光。据此建立了荧光法测定生活饮用水及生活污水中的 SDBS，不需萃取和显色，加入缓冲液，可直接进行测定，其灵敏度高，检出限可达 $4.0ng/mL$，干扰物少，方法简便。

③ 两相滴定法　两相滴定法是分析化学中的经典方法，在阳离子表面活性剂的测定中常用的是亚甲蓝法和国际标准 ISO 2781 法，该方法关键在于滴定终点的准确确定。前者测定简便，试剂易得，但测定结果的精密度、准确度都不理想；后者操作烦琐，费时，所用试剂毒性较大，指示剂昂贵，使得测定成本高，但测定结果准确。两相滴定法所用试剂简单易得，成本低。国标 GB/T 5174—2018《表面活性剂　洗涤剂　阳离子活性物含量的测定　直接两相滴定法》中阳离子表面活性剂的测定用的就是两相滴定法。该法是利用阳离子表面活性剂溶液滴定阴离子表面活性剂溶液。以阴离子染料（如溴酚蓝等）为指示剂。过量阳离子表面活性剂与阴离子染料形成的盐转移至外加的有机相（常用 $CHCl_3$ 等）中，因此有机相中出现指示剂颜色时即为滴定终点。

④ 干涉仪法　表面活性剂浓度变化引起溶液折射率变化，据此可测定其吸附量。此法适用于分子量较大、折射率变化大的体系，如 OP 型聚氧乙烯或聚氧丙烯衍生物类。

11.3.5　表面活性剂在固-液界面吸附的吸附机制

表面活性剂具有两亲（amphiphilic）结构，它可通过极性基化学吸附或物理吸附于固体表面，形成定向排列的吸附层。这时，表面活性剂两亲分子以其极性基团朝向固体，非极性基朝向气相，带有吸附层的固体表面裸露出的是碳氢等基团，具有低表面能的特性，从而能有效地改变固体表面的润湿性质。表面活性剂也可通过非极性基吸附于低能表面形成极性表面而达到提高亲水性的目的。总之，表面活性剂在固-液界面的吸附可以明显地改善固体表面的亲水亲油性。

因为表面活性剂的化学结构是各式各样的，吸附剂的表面结构也非常复杂，再加上溶剂的影响，所以清楚地认识表面活性剂在溶液中的固体上的吸附机理存在一定困难。

在浓度不大的水溶液中，一般认为表面活性剂在固体表面的吸附是单个表面活性离子或分子。但很多学者已发现，在固体表面上的某些吸附有胶团存在。

除了表面活性剂分子的两亲结构使其在界面有吸附的趋势外，涉及表面活性剂分子或离子在固-液界面的吸附有以下方式。

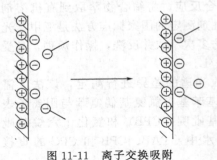

图 11-11　离子交换吸附

（1）吸附的一般机制

① 离子交换吸附　此类吸附发生于低浓度时，固体表面电动势不因吸附量的增加而变化。可看成是表面活性剂离子取代了吸附在固体表面上的同性离子的一种过程，或者说是吸附于固体表面的反离子被同性的表面活性离子所取代，如图 11-11 所示。如 Al_2O_3 上吸附水溶液中 SDS，在其浓度较小（$c < 6 \times 10^{-5}\, mol/L$）时，其吸附是发生在 Al_2O_3 粒子周围的双电层的扩散层部分，几乎没有 ζ 电势的变化，吸附等温线斜率近似为 0。

② 离子配对（配位）吸附　这是一种表面活性剂离子吸附于具有相反电荷的、未被反离子所占据的固体表面的过程，如图 11-12 所示。

进行这种吸附时，表面活性剂离子是将其亲水基吸附于固体表面而疏水基伸向水溶液表面区，这种情况即使在表面活性剂浓度很小时也存在。当浓度稍大时，在界面上已吸附的表面活性剂离子与溶液中吸附离子的疏水基以范德华力相互吸引，形成尾尾相依附的部分双分子吸附层，导致固体又带了相反的电荷。这样，有些表面活性剂离子在固体表面的极限饱和吸附甚至可趋近于双分子层而不是单分子层。此类的吸附等温线常呈 S 型。

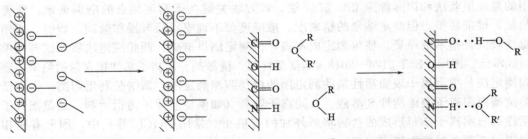

图 11-12　离子配对吸附　　　　　图 11-13　氢键形成吸附

③ 形成氢键而引起的吸附　表面活性剂分子或离子与固体表面极性基团形成氢键而吸附，如图 11-13 所示。如硅胶表面的羟基可与聚氧乙烯醚类的非离子型表面活性剂分子中的氧原子形成氢键。含有苯环的表面活性剂分子因苯核的富电子性可在带正电的固体表面上吸附，有时也可能与表面某些基团形成氢键。

以氢键或配位键与固体表面极性基团结合吸附的表面活性剂分子或离子，往往因这些键合的方向性使分子不完全是直立姿态，同时有更多的溶剂水分子介入吸附而影响固-液界面吸附分子（或离子）的紧密排布。烷基羧酸类表面活性剂在聚酯上发生的吸附属于这一类。

④ 电子极化引起的吸附　表面活性剂分子中富 π-电子芳环与固体表面强正电位间的相互作用而引起的吸附。

对于那些含富有 π-键电子芳香核等的表面活性剂分子，当它与吸附剂表面强正电性吸附位相吸引而吸附时，常以这些键的平躺姿态吸附在固-液界面上，致使表面活性剂分子也倾向于平躺固体表面，因此界面吸附层较薄。

⑤ 色散力引起的吸附　固体表面与表面活性剂分子或表面活性剂离子的非电离部分间存在色散力作用，从而导致吸附。因色散力与表面活性剂的分子大小有关，且此种吸附随吸附质分子的大小而不同，色散力大的吸附就强一些，色散力小的则弱一些。往往该种吸附与其他吸附能同时存在。

只依靠色散力在非极性固体吸附剂表面上吸附的表面活性剂分子或者离子，一般都有相似的 Langmuir 型吸附等温线。

⑥ 疏水作用引起的吸附　表面活性剂疏水基间存在相互作用并具有逃离水的趋势，随链长的增加，其逃离水的趋势也增加，使得达到一定浓度后促使表面活性剂分子向固体表面聚集而产生吸附，这种作用就叫疏水作用吸附。

表面活性剂的疏水作用是胶团形成和在固-液界面、气-液界面吸附的重要原因，如图 11-14 所示。

(a) 不带电的固体表面　　　(b) 带电的固体表面

图 11-14　疏水作用引起的吸附

在低浓度时，已被吸附了的表面活性剂分子的疏水基，与在液相中的表面活性剂分子的疏水基相互作用，在固-液界面上形成多种结构形式的吸附胶团，使吸附量急剧增加。

表面活性剂在固体表面吸附达到饱和（单分子层）后，随着浓度的继续增加，这些吸附在固体表面的两亲分子或离子也会和溶液中的吸附质由于疏水作用而形成缔合物，并使更多的表面活性剂吸附于界面上，导致吸附量上升。这种表面疏水缔合物因成半球形而被叫做半胶团，也有人认为是小球形或双层小块，甚至认为形成的是饱和的单分子层或双分子层。实际上在不同条件下存在不同形式的缔合结构。

上述机制中，前 4 种仅发生在特定的表面活性剂和固体表面间，而色散力作用和疏水作用引起吸附对各类表面活性剂在各种固体上的吸附作用是普遍存在的。

(2) 表面活性剂在固-液界面吸附的一般模式

一般情况下，浓度在 cmc 以下，水溶液中的表面活性剂在较高电位的固-液界面的吸附主要是表面活性剂极性基的一端与固体表面的极性基团之间的作用所致。在接近 cmc 时，由于表面活性剂分子碳氢链共同的疏水性，导致了进一步的吸附，形成了表面活性剂双分子层。该吸附层受到空间填充约束的限制，饱和的单分子层或双分子层的形成常常是在表面活性剂的 $1/20cmc \sim cmc$ 浓度范围内发生。离子型表面活性剂在固体氧化物表面的吸附等温线（被吸附的表面活性剂在固体表面的浓度的对数对表面活性剂溶液平衡浓度作图）是典型的"S"型曲线，如 SDS 在 Al_2O_3 上的吸附就属于此种类型。通常"S"型的等温线可以分为 4 个区域，如图 11-15 所示。

这种吸附不仅受表面活性剂和固体表面电荷性质的影响，也与表面活性剂的疏水链的链长等有关。表面活性剂离子易于在相反符号电荷的固体表面吸附；相同条件下，表面活性剂同系物疏水链长的吸附量更大些。离子型表面活性剂的吸附等温线十分复杂，L 型、LS 型、S 型均有。

Ⅰ区：对应很低的表面活性剂浓度和很少的表面活性剂吸附，固体表面发生单分子吸附

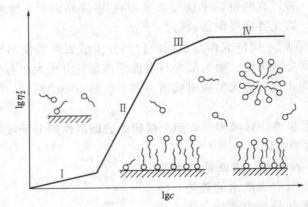

图 11-15　表面活性剂在具有较高电位的固-液界面上吸附的一般模式

而不发生聚集。这种吸附属于离子交换吸附，表面部分反离子被取代，吸附量略有增加；产生吸附的地方可认为是 Al_2O_3 粒子周围的双电层的扩散层部分，此表面 Stern 层电荷密度不变，故 ζ 不变。

Ⅱ区：曲线的斜率增加很大，在这个区域，已吸附的表面活性剂离子和体相溶液中表面活性剂离子通过疏水相互作用而形成二维聚集体，导致吸附量剧增。这些被吸附的表面活性剂聚集体根据它们是单分子层或双分子层而叫作半胶团、吸附胶团或者表面胶团。前者是一种单分子层结构，表面活性剂的"头"吸附在固体表面，而"尾"在液相；后者被认为是双分子层结构，它的下层表面活性剂的"头"吸附在基质表面，而上层表面活性剂的"头"与液相接触。在此区域内（吸附在双电层的 Stern 层中），固体表面区所带电荷逐渐被表面活性剂离子中和，并最终使其带有相反的电荷。

Ⅰ区和Ⅱ区间的转折点代表着第一个被吸附的表面活性剂聚集体的形成，叫做预胶束浓度或者半胶团浓度。

Ⅲ区：等温线斜率下降，吸附量增加缓慢，这被认为是由于表面的亲电基团之间的排斥或者是在低活性部位开始形成准胶束。

Ⅳ区：曲线趋于一个平台，随着表面活性剂浓度的增大，表面吸附几乎不发生变化。这是因为当固体表面完全为表面活性剂离子单层或双层覆盖时，吸附量趋于一恒定值。

值得注意的是，Ⅲ区和Ⅳ区之间的转折点大约是表面活性剂的 cmc。

注意：当疏水基短，即其相互作用引力不足以克服其亲水基间的斥力时，就没有缔合，吸附等温线就没有Ⅱ区。

（3）季铵盐阳离子型表面活性剂在固-液界面的吸附

图 11-16 是三种阳离子表面活性剂月桂基三甲基氯化铵（DTAC）、二月桂基二甲基溴化铵（DDAB）、三月桂基甲基氯化铵（TMAC）在二氧化硅表面的吸附等温线。由图 11-16 可知，三种表面活性剂的吸附量和分子所占的面积，具体如表 11-5 所示。

表 11-5　月桂基烷基季铵盐在二氧化硅表面的吸附

表面活性剂	饱和吸附量/(10^5 mol/g)	分子占据的面积/nm^2
DTAC	8	0.35
DDAB	6	0.46
TMAC	5	0.55

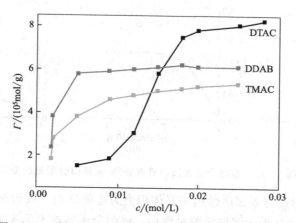

图 11-16　季铵盐阳离子型表面活性剂在固-液界面的吸附

　　由此可见，这三种季铵盐饱和吸附量的差别是由其分子结构不同引起的。由于烷基数目不同，使其分子形状亦不一样，从 DTAC 到 DDAB 和 TMAC，饱和吸附量降低。但当浓度较低时，吸附量的大小顺序是 DDAB＞TMAC＞DTAC。造成这种现象的因素很多，如疏水基的大小、亲水基的大小、疏水基和亲水基的相对大小、亲水基的极性、空间效应等，最后的吸附量大小应是综合效应的结果。此外，不同结构的表面活性剂分子形成的吸附层结构也不同。离子型的单链表面活性剂在其相反电荷固体粒子表面吸附时，随着表面活性剂浓度增加会形成双电层；但对于双链或三链的表面活性剂，则可能形成像囊泡一样的结构。

（4）非离子型表面活性剂在固-液界面的吸附

　　非离子型表面活性剂分子不解离，不带电荷，和固体表面的静电作用可以忽略。一种非离子型表面活性剂在固-液界面上的吸附模型如图 11-17 所示。此模型将吸附分为 5 个阶段（Ⅰ～Ⅴ）；固体与表面活性剂的作用分为弱、中、强三种状况[（a）～（c）]。吸附量与浓度的关系如图 11-18 所示。

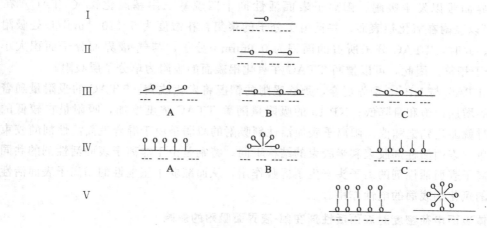

图 11-17　非离子型表面活性剂在固-液界面的吸附层结构

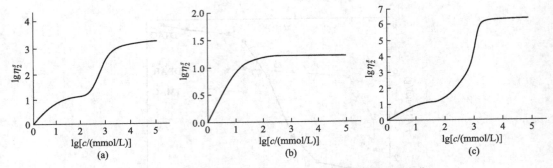

图 11-18　非离子型表面活性剂在固-液界面吸附量的变化

Ⅰ：c 很低，吸附剂与表面活性剂主要作用力为范德华力，吸附分子间距离很远，它们之间的作用可忽略。随分子量增加吸附量增加，吸附分子基本上无规平躺。

Ⅱ：c 增加，此时界面基本被平躺的表面活性剂铺满，吸附等温线出现转折。

以上两个阶段未涉及表面活性剂和固体表面的性质。

Ⅲ：随着表面活性剂浓度继续增加，吸附量增加，吸附分子不再限于平躺方式。在非极性吸附剂上，表面活性剂亲水基团与固体表面作用较弱，疏水部分作用较强，亲水基翘向水相，疏水基仍平躺于界面上（Ⅲ A）。在极性吸附剂上则以相反的方式吸附（Ⅲ C）。Ⅲ B 为中间状态结果。

Ⅳ：当表面活性剂浓度达到 cmc 时，体相溶液中开始大量形成胶团，吸附进入第Ⅳ阶段。此时，固-液界面上吸附的表面活性剂分子约束取定向排列（Ⅳ A、Ⅳ C），这种排列方式使吸附量急剧增加。

Ⅴ：当表面活性剂浓度大于 cmc 后，继续增加，则在极性固体上可形成双层定向排列式表面胶团，吸附量继续大幅度增大。

（5）阳离子表面活性剂与非离子表面活性剂混合体系在固-液界面的吸附

聚醚类非离子表面活性剂要在极性表面发生吸附，必须要有与之具有足够强的相互作用力来取代表面活性剂与水分子之间的作用力。因此，壬基酚聚氧乙烯醚（NP-15）在氧化铝固体与水的界面难以发生吸附。阳离子表面活性剂十四烷基三甲基氯化铵（TTAC）在 pH＝10 时可以吸附在氧化铝表面，并且由于分子的聚集，在浓度为 5×10^{-4} mol/L 处吸附量陡然上升。此时，TTAC 分子所占的面积为 0.66nm^2/分子，与气-液界面分子面积大小 0.61nm^2/分子相符。因此，可以推断 TTAC 在氧化铝表面的吸附为单分子层吸附。

如果将 TTAC 与 NP-15 预先混合，那么吸附的情况将发生改变。TTAC 的吸附量随着 NP-15 浓度的增加，饱和量降低；NP-15 的吸附量随着 TTAC 浓度增加，吸附量在较低的 NP-15 浓度时就能达到饱和值。阳离子表面活性剂吸附的减弱是由于混合表面活性剂的胶束和半胶束与单一表面活性剂胶束和半胶束的结构不同。特别是由于非离子表面活性剂的共同吸附，对阳离子表面活性剂的离子头产生了屏蔽作用，从而减弱了正电性的阳离子表面活性剂与带负电的氧化铝表面的电性作用。

（6）固体表面电荷密度对表面活性剂在固-液界面吸附的影响

表面活性剂吸附在固体表面时，其疏水性也发生了变化，而物质的吸附量与表面疏水性有密切的关系。表面电荷密度的变化，不仅改变其表面疏水性质，而且引起吸附表面与吸附分子之间的电性作用。如对阴离子表面活性剂的吸附，当固体表面电荷密度较小时，表面活性剂在其表面的吸附量增加，这是由于电排斥使表面活性剂在更为扩展的构象范围内，允许更多的表面活性剂分子与其表面接触；随着电荷密度增大，在一定的范围内，吸附量受电荷密度的影响减小；但超出这个范围，排斥力占优势地位，使表面活性剂的吸附量逐渐减小。

在相同的电荷密度下，极性不同的表面活性剂在其表面的吸附差别较大，弱极性的表面活性剂分子具有较小的吸附驱动力和吸附后的保持力，往往吸附较少；相反，极性较大的表面活性剂分子吸附量往往较大。

11.3.6　影响表面活性剂在固-液界面吸附的因素

表面活性剂在固-液界面上的吸附和固体自稀溶液中的吸附类似，也是表面活性剂、溶剂（水）和吸附剂相互作用的综合结果。下面的一些因素对此类吸附产生影响。

（1）表面活性剂的性质

一是指表面活性剂的亲水性。一般而言，离子型表面活性剂易于在带相反电荷的固体表面吸附。例如，在中性水中硅胶表面带负电，易吸附阳离子表面活性剂；而氧化铝表面带正电，易吸附阴离子表面活性剂。即使表面活性剂离子与固体表面带同号电荷时，也并非完全不能吸附，因为分子间（离子间）还有范德华力的作用。

二是指表面活性剂的疏水性。不论何种表面活性剂，在任何种类的固体表面上的吸附，其同系物在此固体表面的吸附，均符合随疏水链增加而易吸附的规律。即随链长（碳数）增加，吸附量增加，即使在溶液浓度比较稀时也有较高的吸附量。这个规律对于不同性质的吸附剂（包括性质差异较大的石墨与氧化铝等）都是符合的。对非离子型表面活性剂，$—(CH_2CH_2O)_n—$ 中 n 数越大，吸附量越小，气-液、液-液吸附也是如此。

（2）介质 pH 值的影响

对大多数金属及不溶性氧化物和高分子纤维来说，都存在等电点（pI），故固体表面带电性质随介质 pH 值的变化而不同。pH 值大于等电点时，固体表面带负电；pH 值小于等电点时，固体表面带正电。而且介质 pH 值与等电点差别越大，固体表面电荷密度越大。

鉴于上述特性可知，在 pH 值较高时，固体表面带负电荷，因此易于吸附阳离子表面活性剂；在 pH 值较低时，固体表面带正电荷，易吸附阴离子表面活性剂；在中性水溶液中，固体表面易吸附负离子而带负电，所以易于吸附阳离子型表面活性剂，而不易吸附阴离子型表面活性剂。对于非离子表面活性剂，由于固体表面带电的性质对其影响不大，因此，对于聚氧乙烯链比较短的非离子表面活性剂，其吸附量要比阴离子表面活性剂强。

（3）温度的影响

一般来说，吸附是放热过程，温度升高对吸附不利。大多数离子型表面活性剂在固-液界面上的吸附量随温度的升高而降低。这可能是因为温度升高时，离子型表面活性剂在水中溶解度增大，而溶解度增加表示表面活性剂与水的亲和性增强，使离子型表面活性剂从水中逃逸的趋势减弱，因此离子型表面活性剂在固-液界面上的吸附量随温度升高而下降。非离子型表面活性剂与离子型表面活性剂不同，吸附量随温度升高而增加。这是由于温度上升使聚氧乙烯中的醚键与水形成的氢键破坏，从而使得非离子型表面活性剂在水中的溶解度下降

（尤其是接近其"浊点"时），降低了非离子型表面活性剂的亲水性，或者说，此时表面活性剂分子从液相中（水中）逃离趋势增大，因此吸附于固体表面的趋势也就增大，所以吸附量也增大。

（4）无机盐的影响

无机盐的加入常能增加离子型表面活性剂的吸附量。这是因为一方面在溶液中加入中性电解质，由于反离子的增加，不仅能使固体表面的双电层受到压缩，同时也会使被吸附在固-液界面上的离子型表面活性剂相互间的电性斥力减弱，在固-液界面所占面积减少，从而可以容纳更多的表面活性离子，使其吸附量增加。

（5）固体的表面电性质

按照固体表面电性质的不同，大致可分为三类。

① 表面具有较高电位的固体　这类固体有硅酸盐、氧化铝、TiO_2、聚酰胺、离子交换树脂、硫酸钡、碳酸钙等。若不存在化学吸附，表面活性剂在固-液界面上的吸附是通过离子交换、离子对的形成以及表面活性剂疏水链间的疏水吸附等方式进行的。

② 不存在带电吸附位的极性固体　对于如聚酯、中性聚酰胺、尼龙纤维及棉纤维这类固体，其表面或存在—OH 或存在—NH—，具有能生成氢键的条件。表面活性剂在这类固体表面的吸附主要是通过色散力和分子间形成氢键而吸附。随聚氧乙烯链增长，由于亲水性增强，会使吸附量下降；疏水的碳氢链增长，则有利于吸附效率的增加。对于不能形成氢键的聚丙烯腈和聚酯，则主要通过色散力发生吸附。

③ 不存在带电吸附位的非极性固体　这类吸附剂主要有石蜡、聚四氟乙烯（PTFE）、聚乙烯（PE）、聚丙烯（PP）等。表面活性剂在这类固-液界面上的吸附主要是通过分子间的色散力而实现的。其吸附等温线往往是 Langmuir 型，在 cmc 附近吸附达饱和。浓度在远小于 cmc 时，表面活性剂一般平躺或倾斜于固-液界面。在接近 cmc 时，表面活性剂以疏水的碳氢链朝向固体表面、极性头伸入溶液中的吸附态定向排列于固-液界面上。

11.3.7　表面活性剂吸附对固体性质的影响

（1）固体界面的润湿性质

表面活性剂在固-液界面上形成吸附层可以改变固体表面的润湿性质，疏水性固体表面通过吸附表面活性剂可以改善其润湿性。如水洒在地上甚至石头上，表面都会润湿，但水滴在石蜡片上，石蜡片几乎不湿，这是因为水不浸润石蜡片的缘故；然而，若在水中加入一些表面活性剂，水就能在石蜡片上铺展开。这种通过表面活性剂改变液体对固体润湿性能的现象称为表面活性剂的润湿作用。润湿的产生实际上是由于降低了液-固界面的接触角。相反，表面活性剂也能使原来润湿较好的两个界面变得不润湿。

固体自水溶液中吸附表面活性剂，对其润湿性质的影响取决于表面活性剂的浓度和吸附层中表面活性剂分子或离子的定向状态。一般来说，吸附层对固体表面润湿性质的改变有两种情况。

第一种情况是表面活性剂疏水基直接吸附于固体表面，如在不带电的非极性固体表面上的吸附，随着表面活性剂的增加，其分子先平躺，后亲水基翘向水相，最后形成亲水基指向水相的垂直定向排列，如图 11-19 所示。

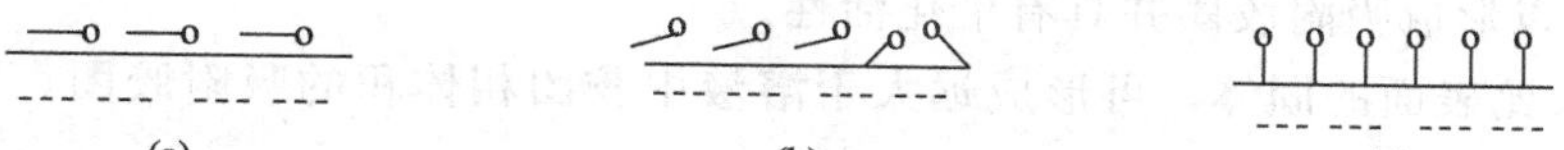

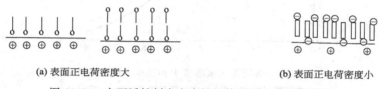

图 11-19　表面活性剂在疏水性固体表面上的吸附状态

发生这种情况时，水在固体上的接触面由大变小，表面性质由疏水变为亲水。表面活性剂离子紧密单层亲水基指向水相后，不再形成第二吸附层，润湿性质也难再变化。

第二种情况是表面活性剂亲水基以电性或其他极性作用力直接吸附在固体表面上，随着表面活性剂浓度的增加，可以形成饱和定向单层，随后因疏水基的相互作用而形成亲水基向外的双层结构，如图 11-20(a) 所示。如果固体表面与表面活性剂亲水基作用点较少（如表面电荷密度小），已吸附的若干表面活性剂和体相溶液中的表面活性剂，依靠疏水基相互作用而形成大部分亲水基朝向水相的类单层，如图 11-20(b) 所示。在表面活性剂吸附过程中，随吸附量增量（即随浓度的增加）固体表面润湿性质将发生变化。

(a) 表面正电荷密度大　　　　　　　　　　(b) 表面正电荷密度小

图 11-20　表面活性剂在亲水性固体界面上的吸附状态

由此可见，固体表面上的表面活性剂吸附层的形成和利用不同方法调节吸附层的结构是一种表面改性的方法。

（2）对固体在液体中的分散作用

表面活性剂在固体表面的吸附，改变了固体表面性质，从而改变了固体质点在液体中的分散性质。表面活性剂在纳米材料合成中可有效地解决材料制备中的团聚现象。例如，氧化镁容易聚集，制备纳米氧化镁比其他纳米材料困难，此时若采用硬脂酸钠为表面活性剂，并进行水化处理，可制备出高分散的纳米级氧化镁，粒径在 100nm 左右。在氧化镁的水化过程中，表面活性剂起到分散作用，它将新生的氢氧化镁微粒包裹，使之不能相互团聚，因而得到粒径很小的氢氧化镁中间体，煅烧后得到粒径约 100nm 的产物，且分散性良好。

（3）吸附加溶

表面活性剂在固-液界面吸附层结构为半胶团、表面胶团或吸附胶团，和在溶液胶束中的增溶一样，某些难溶性有机物可加溶于吸附胶团中。吸附加溶（absolubilization）因发生在表面，也称表面加溶。利用吸附加溶可了解表面活性剂吸附层的性质，进行物质分离和吸附胶团催化。

表面活性剂在固-液界面的吸附研究表明，离子型表面活性剂易在与其电荷符号相反的固体表面上吸附，吸附层的结构与表面活性剂浓度有关。固-液界面上形成的表面活性剂吸附聚集体笼统地称为吸附胶团。吸附胶团催化具有以下优点：

① 通过改变固体表面性质调节吸附胶团中表面活性剂的排列，可以有效地结合某些反应底物和反应离子，大大提高反应速率。

② 在表面活性剂浓度低于其临界胶束浓度值（cmc）时，体相溶液中不能形成胶团，固-

液界面上却可以形成吸附胶团并具有催化活性。

③ 应用大比表面的固体，可形成远大于溶液中胶团相体积的吸附胶团，以达到可观的反应产率。

④ 吸附胶团类似于多相催化剂，反应可连续进行，并易于与产物分离。

⑤ 物质增溶于吸附胶团后，其光谱性质会发生明显变化，如图 11-21 所示。

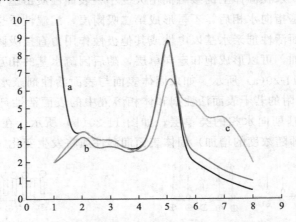

图 11-21   铬天菁在水溶液中和胶束中的吸收光谱

a—铬天菁（CAS）；b—CAS＋癸基甲基亚砜（$c < cmc$）；

c—CAS＋癸基甲基亚砜（$c > cmc$）

作为一种新的分离方法，吸附加溶的特点是：

① 被分离物质在吸附胶团中有选择性的加溶能力；

② 吸附加溶量较一般吸附量大；

③ 吸附加溶与表面活性剂的浓度有关；

④ 可在低温下进行，有利于生物技术的应用。

第12章

表面活性剂在溶液中的自聚

与在界面上的情况相似，表面活性剂分子由于疏水作用，在水溶液内部发生自聚，即疏水链向里靠在一起形成内核，远离水环境，而将亲水基朝外与水接触。表面活性剂在溶液中的自聚（或称自组、自组装）形成多种不同结构、形态和大小的聚集体。由于这些聚集体内的分子排列有序，所以常把它们称为分子有序组合体或有序分子组合体，将这种溶液称为有序溶液。

最常见的分子有序组合体是胶团或称胶束。除了普通胶团之外，其他的分子有序组合体还有反胶团、囊泡等。经常把微乳也归到分子有序组合体中。

分子聚集体从结构上来说具有不同的层次，聚集体之间又可以再聚集形成更为高级的复杂聚集结构，称为有序高级结构分子聚集体，如液晶、凝胶等。

多层次、多种类的分子聚集体具有不同于一般表面活性剂分子的物理化学性质，表现出多种多样的应用功能，是构成生命物质和非生命物质世界的一个不可缺少的结构层次。在生命科学、材料科学及其他高新技术中起着十分重要的作用，成为化学、物理学、生物学及材料科学共同关注的新兴研究领域。

12.1 自聚和分子有序组合体概述

12.1.1 分子有序组合体的分类

表面活性剂分子在溶液内部自聚形成多种不同结构、形态和大小的分子有序组合体。如在水溶液中自聚形成胶团和囊泡等（疏水链向里靠在一起，亲水基朝水），在油溶液中形成反胶团（亲水基向里，疏水链朝外），在油水混合体系中形成微乳（疏水链向油相，亲水基向水相）。分子有序组合体系有多种形态和结构，如胶团有球状、椭球状、扁球状、棒状，囊泡有单室、多室和管状囊泡等。

同理，表面活性剂分子在界面上自聚形成的单分子层也是分子有序组合体的一类。

在各种物理化学因素（如浓度、温度、无机盐等添加剂）作用下，分子有序组合体还可以再聚集形成更为高级的复杂聚集结构，称为有序高级结构分子聚集体。如棒状胶团的六角束（六方相液晶）、平行排列且无限延伸的双分子层（层状液晶）、球状胶团堆积形成的立方结构（立方液晶）。棒状胶团可搭在一起形成三维网状结构。具有一定刚性的这种网状结构体系即为凝胶（网状结构的孔隙中填满了液体）。分子有序组合体聚在一起形成包含大量水的结构，可从本体溶液中析出形成双水相体系。这些都是由于分子有序组合体的再聚集形成高级结构的结果。

12.1.2　分子有序组合体基本结构特征

　　分子有序组合体尽管结构形态各异，有各自独特的性质和功能。但是又都有一个共同的特点，即都是由表面活性剂分子或离子以其极性基向着水、非极性基远离水或向着非水溶剂形成的。缔合在一起的非极性基团在水溶液中形成非极性微区，聚集在一起的极性基团也在非水液体中形成极性微区。

　　从分子有序组合体的结构可以归纳出一个共同的结构原则：定向排列的两亲分子单层是它们共同的基础结构单元。不同的是结构单元的弯曲特性和多个结构单元间的组合关系。表面和界面上的有序组合体就是单分子层，水环境中的球形胶团可以看做是一种曲率足够大的弯向疏水一侧的闭合单分子层；而反胶团则是弯向亲水基一方的闭合弯曲单层。随着弯曲程度的不同，弯曲的单分子层可以形成球形胶团、扁球形胶团、长球形胶团、棒状胶团、线状胶团等。当单分子层的曲率近于 0 时，也就是形成了平板状的单分子层。两个或多个平板单层，面对面地或背靠背地（即疏水基对疏水基或亲水基对亲水基）结合起来则形成层状胶团或层状液晶，当双分子层或多分子层弯曲封闭起来则形成囊泡。棒状胶团平行地排列形成六方液晶、球形胶团密堆积形成立方液晶。由于构成它们的单分子层彼此融合可导致双连续的结构。总之，表面活性剂形成不同有序组合体的一个重要因素是它们定向排列形成的单分子层的弯曲特性。

12.1.3　自聚及分子有序组合体的形成机制

　　表面活性剂分子的自聚过程及分子有序组合体的形成主要由以下两种因素引起。

（1）能量因素

　　表面活性剂的碳氢链由于其具有疏水性，与水分子间的亲和力弱，因此表面活性剂的疏水碳氢链与水的界面能较高。为了降低这种高界面自由能，疏水碳氢链往往呈卷曲状态。正是由于表面活性剂分子结构的两亲性使疏水的碳氢链具有从水中逃逸的这种趋势，而使表面活性剂在其溶液浓度低于 cmc 时，以单分子状态吸附于溶液表面，使界面自由能减少。当溶液的浓度达到 cmc 时，由于表面活性剂在溶液表面的吸附达到饱和状态，而溶液内部的表面活性剂为了减少界面自由能，从水中逃逸的途径只能是形成缔合物。

（2）熵驱动机理——冰山结构理论

　　表面上看，胶团的形成是表面活性剂离子或分子从单个无序状态向一定规则的有序状态变迁的过程，从熵的角度来看是一个熵减过程，这是与自发进行的过程相反的现象。因此对界面自由能的减少是形成胶团的主要因素提出了疑问，于是又提出了熵驱动机理。

　　如表 12-1 所示，Gibbs 标准自由能 $\Delta G_m^{\ominus}$ 为负值，如 SDS 的 $\Delta G_m^{\ominus} = -20.48 \text{J/mol}$，这说明胶团的形成是自发进行的。由于胶团的生成焓 $\Delta H_m^{\ominus}$ 的值较小，甚至出现负值（如 SDS 的 $\Delta H_m^{\ominus} = -1.25 \text{J/mol}$），由 $\Delta G_m^{\ominus} = \Delta H_m^{\ominus} - T\Delta S_m^{\ominus}$ 可知变 $\Delta G_m^{\ominus}$ 为负值的重要因素是由于 $\Delta S_m^{\ominus}$（胶团的生成熵）有较大的正值引起的，即胶团形成的过程是一个熵增过程，那么这个过程应该是趋向于无序状态。这与表面活性剂在溶液中生成的分子有序组合体正好相反。

表 12-1 胶团生成的热力学参数

活性剂	$\Delta G_m^{\ominus}/(J/mol)$	$\Delta H_m^{\ominus}(J/mol)$	$T\Delta S_m^{\ominus}/(J/mol)$	$\Delta S_m^{\ominus}/[J/(mol \cdot K)]$
$C_7H_{15}COOK$	−12.12	13.79	25.92	87.78
$C_8H_{17}COONa$	−15.05	6.27	21.32	71.06
$C_{10}H_{21}SO_4Na$	−18.81	4.18	22.99	75.24
$C_{12}H_{25}SO_4Na$	−21.73	−1.25	20.48	66.88
$(DC_{12}AOH)Cl^*$	−23.00	−1.25	21.75	71.06

注：$(DC_{12}AOH)Cl$ 为十二烷基二甲基氧化铵盐酸盐。

为了解释这个现象，提出了水结构变化的概念。一般认为液态水是由强的氢键生成正四面体型的冰状分子（85％）和非结合的自由水分子（15％）所组成的。表面活性剂分子之所以能溶于水，是因为亲水基与水的亲和力大于疏水基对水的斥力。表面活性剂分子溶于水后，其疏水基的存在会隔断周围水分子原有的氢键结构；而氢键的破坏会导致体系自由能上升，故疏水基周围水分子将自动重新排布，由原来的随机无序取向改为有利于形成氢键的取向，此结构不同于原来的水结构，即所谓"冰山结构"（iceberg structure）。

表面活性剂的离子（或分子）在形成胶团的过程中，表面活性剂为了减小其碳氢链与水的界面自由能，疏水基互相靠在一起，尽可能地减少疏水基和水的接触，形成了胶束。由于表面活性剂分子的非极性基团之间的疏水作用，这种"冰山"结构逐渐被破坏，恢复成自由水分子，使体系的无序状态增加，因此这个过程是一个熵增过程。同时，冰山结构破坏时要吸收热量，体系的焓增大，尽管疏水基结合形成胶束，在能量上是不利的，但仍然因冰山结构的破坏，熵增大而导致水溶液中疏水基之间相结合而产生作用力，放出热量，使体系的焓降低，因此过程的焓变化不大。所以胶团的形成不能单纯地认为是由水分子与疏水碳氢链之间的相斥或疏水基之间的范德华力引起的。

疏水效应和 $\Delta S_m^{\ominus}$ 具有较大的正值还有另外一种解释：在水溶液中，非极性基的分子内运动受到周围水分子网络结构的限制，而在缔合体内部则有较大的自由度。

（3）影响表面活性剂分子有序组合体形态的因素

现在一般认为，表面活性剂溶入水后，当其浓度小于 cmc 时，表面活性剂存在几个分子的聚集体，常称为预胶束。由于预胶束数量少，缔合数小，而且不稳定，所以对溶液性质的影响很小，可以不予考虑。浓度大于 cmc 后，自发聚集成胶束。如果不含添加剂，当表面活性剂浓度大于 cmc 不多时，形成的胶束一般为球形；当表面活性剂浓度大于 10 倍 cmc 时，往往有棒状、盘状等不对称形状的胶束形成。由球形向棒状胶团转化时，对应的浓度称为第二临界胶束浓度。若有添加剂时，可能在表面活性剂浓度小于 10 倍 cmc 时，就能形成不对称胶束。目前，人们发现随表面活性剂浓度增大，不仅有层状、柱状胶束形成，而且有绕性的蠕虫状胶束等多种聚集体形成。

12.2 胶团化作用和胶团

胶团是分子有序组合体的最基本和最常见的形式，形成胶团的作用称为胶团化作用。

12.2.1 胶团的形态和结构

胶团有不同形态，如球状、扁球状、棒状、层状等（见图 12-1）。

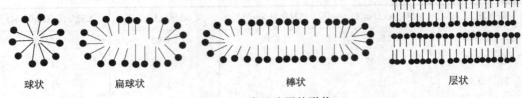

| 球状 | 扁球状 | 棒状 | 层状 |

图 12-1　常见胶团的形状

胶团的形状受表面活性剂的分子结构、浓度、温度及添加剂等多种物理化学因素的影响。

胶团的基本结构包括两大部分：内核和外层。在水溶液中胶团的内核由彼此结合的疏水基构成，形成胶团水溶液中的非极性微区。胶团内核与溶液之间为水化的表面活性剂极性基构成的外层。在胶团内核与极性基构成的外层之间还存在一个由处于水环境中的 CH_2 基团构成的栅栏层。

离子型和非离子型表面活性剂胶团的结构有所不同。图 12-2 是两类表面活性剂胶团基本结构示意图。

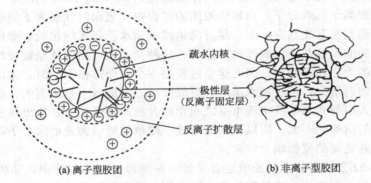

疏水内核

极性层
（反离子固定层）

反离子扩散层

(a) 离子型胶团　　　　　　　(b) 非离子型胶团

图 12-2　胶团结构示意图

(1) 离子型表面活性剂胶团的结构

离子型表面活性剂胶团的结构以球形胶团为例，如图 12-2(a) 所示。离子型表面活性剂胶团的外层包括由表面活性剂离子的带电基团、电性结合的反离子和水化水组成的固定层，以及由反离子在溶剂中扩散分布形成的扩散层。

① 胶团的内核　离子型表面活性剂具有一个由疏水的碳氢链构成的类似于液态烃的内核，约 $1\sim2.8nm$。由于邻近极性基的—CH_2—带有一定的极性，其周围仍有形成结构的水分子存在，从而使得胶团内核中有较多的渗透水。也就是说此种—CH_2—基团并非加入液态的碳氢链组成的内核中，而是作为胶团外壳的一部分。

② 胶团的外壳　胶团的外壳也称为胶团-水"界面"或者表面相。胶团的外壳并非指宏观界面，而是指胶团与水溶液之间的一层区域。对离子型表面活性剂胶团而言，此外壳由胶团双电层的最内层 Stern 层（或固定吸附层）组成，约 $0.2\sim0.3nm$，在胶团外壳中不仅有表面活性剂的离子头及固定的一部分反离子，而且由于离子的水化，胶团外壳还包括水化层。胶团的外壳并非一个光滑的面，而是一个"粗糙"不平的面。这是由于表面活性剂单体分子的热运动，引起胶团外壳的这种波动，类似于阿米巴变形虫的运动。

③ 扩散双电层　离子型表面活性剂胶团为保持其电中性，在胶团外壳的外部还存在一层由反离子组成的扩散双电层。

（2）非离子型表面活性剂胶团结构

非离子型表面活性剂胶团的结构如图 12-2(b) 所示。

非离子表面活性剂胶团由胶团内核和胶团的外壳两部分组成。胶团内核由碳氢链组成类似液态烃的内核；胶团的外壳由柔顺的聚氧乙烯链及与醚键原子相结合的水构成，无双电层结构。

12.2.2　胶团的大小——聚集数

胶团大小的量度是胶团聚集数 n，即缔合成一个胶团的表面活性剂分子（或离子）平均数。

常用光散射方法测定胶团聚集数。其原理是应用光散射法测出胶团的"分子量"——胶团量，将胶团量除以表面活性剂的分子量得到胶团的聚集数。扩散法、超离心法、黏度法等可用于测定胶团聚集数。

表面活性剂的胶团聚集数具有如下规律：

① 表面活性剂同系物中，随疏水基碳原子数增加，胶团聚集数增加；

② 非离子型表面活性剂疏水基固定时，聚氧乙烯链增加，胶团聚集数降低；

③ 加入无机盐对非离子型表面活性剂胶团聚集数影响不大，而使离子型表面活性剂胶团聚集数上升；

④ 温度升高对离子型表面活性剂胶团聚集数影响不大，往往使之略为降低。对于非离子型表面活性剂，温度升高总是使胶团聚集数明显增加。

12.2.3　胶团的反离子结合度

顾名思义，胶团的反离子结合度是指反离子在胶团表面的结合程度。即在胶团中平均一个表面活性剂离子结合的反离子个数。

对于离子型表面活性剂，若 n 个表面活性剂离子 $S^{+(-)}$ 和 m 个反离子 $B^{-(+)}$ 形成胶团，应用胶团热力学可推导出如下关系

$$\ln cmc = \frac{\Delta G_{m}^{\ominus}}{RT} - k \ln a_i \tag{12-1}$$

此即离子型表面活性剂的临界胶团浓度 cmc 与反离子浓度的关系，它是从大量实验数据归纳出的经验公式

$$\lg cmc = A - B \lg c_i \tag{12-2}$$

由上式可知，以 cmc 对反离子浓度作图应得一直线，直线的斜率即为胶团的反离子结合度。此即一般测定胶团反离子结合度的方法。

胶团的反离子结合度与离子型表面活性剂的种类（结构）和外加电解质的性质有关，一般为 $0.5 \sim 0.8$。

12.2.4　胶团形成的理论——胶团热力学

目前，对表面活性剂胶团形成的理论主要有两种。

胶团溶液是热力学平衡的体系，可以应用热力学方法加以研究。对胶团溶液进行热力学研究的第一步是确定体系的热力学过程及其模型。胶团形成是若干个表面活性剂分子或离子结合成一个整体的过程。为此，已采用的热力学模型有两种：一为相分离模型，另一为质量

作用模型。前者是把胶团与溶液的平衡看作相平衡，后者则看作化学平衡。

（1）相分离模型

相分离模型把胶团化作用看成是表面活性剂以缔合态的新相从溶液中分离出来的过程，cmc 为未缔合的表面活性剂的饱和浓度，相分离就在 cmc 时开始发生。表面活性剂浓度超过 cmc 以后，未缔合的表面活性剂浓度实际上保持不变。根据这种观点，可以把 cmc 当作胶团的溶解度，以解释表面活性剂溶液的各种物理化学性质在 cmc 时发生突变的原因。

在胶团溶液中单体与聚集体成平衡：

$$nS \rightleftharpoons S_n$$

其平衡常数写为：

$$K = c_m / c_s^n \tag{12-3}$$

式中，c_m 和 c_s 分别代表溶液中胶团和单体的浓度。

若为表面活性剂总浓度，则：

$$c_T = cmc + nc_m \tag{12-4}$$

$$c_s = cmc = c_T - nc_m \tag{12-5}$$

将式（12-5）代入式（12-3），得：

$$K = c_m / (c_T - nc_m)^n \tag{12-6}$$

$$\frac{dc_m}{dc_T} = \frac{K^{1/n}}{nK^{1/n} + (1/n)c_m^{(1-n)/n}} \tag{12-7}$$

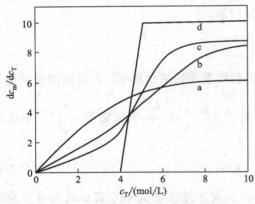

图 12-3　胶团浓度随表面活性剂浓度的变化
a—$n=2$；b—$n=3$；c—$n=30$；d—$n=\infty$

以 $\dfrac{dc_m}{dc_T}$ 对 c_T 作图，如图 12-3 所示，可见从单体到胶团的过渡是锐变的过程，类似于相分离。故相分离模型的提出有它的合理性。

根据相分离模型，单体浓度等于 cmc，则可推导出胶团形成标准自由能：

$$\Delta G_m^\ominus = RT \ln cmc \text{（非离子型表面活性剂）} \tag{12-8}$$

$$\Delta G_m^\ominus = 2RT \ln cmc \text{（离子型表面活性剂）} \tag{12-9}$$

（2）质量作用模型

质量作用模型是把胶束化过程看成是单个表面活性剂离子或分子与胶束处于一种缔合-解离平衡之中，故质量作用模型是把胶团化作用看作是一种广义的化学反应，对于不同的体系，可以写出相应的反应式。在此模型中，当表面活性剂浓度在 cmc 以上时，表面活性剂的大部分为胶束状态。

12.3　反胶团

12.3.1　反胶团的特性

当表面活性剂在溶剂中的浓度超过 cmc 时，表面活性剂就聚集，形成胶团。在水溶液中形成的是正常胶团；在有机溶剂中形成极性头向内、非极性尾朝外的含有水分子内核的聚集体，即反胶团（图 12-4）。该聚集体近似球状，其尺寸可由理论模型导出，但多由实验手段测出。

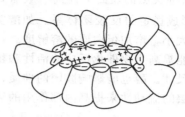

图 12-4　反胶团的基本模型

反胶团形成的动力往往不是熵效应，而是水和亲水基彼此结合或者形成氢键的结合能。也就是说过程的焓变起重要作用。

与普通胶团相比，反胶团具有以下特征。

① 反胶团的聚集数和尺寸都比较小。聚集数常在 10 左右，有时只由几个单体聚集而成。

② 反胶团形态不像在水溶液中那样变化多端，主要是球形。

③ 反胶团具有增溶能力，不过，被加溶的是水、水溶液和一些极性有机物。水和水溶液加溶位置主要是在反胶团的核里。极性化合物，如有机酸，在有机相中可能有一定的溶解度，也可能像在水胶团中那样插在形成反胶团的两亲分子中间。反胶团因此而长大，对水的加溶能力也随之增强。

反胶团的极性核溶入水后形成"水池"，在此基础上还可以溶解一些原来不能溶解的物质，即所谓的二次加溶原理。例如，反胶团的极性内核在溶解了水后，在内核形成了"水池"，可以进一步溶解蛋白质、核酸、氨基酸等生物活性物质。由于胶团的屏蔽作用，即水和表面活性剂在蛋白质分子表面形成一层"水壳"，使蛋白质不与有机溶剂直接接触，而水池的微环境又保护了生物物质的活性，达到了溶解和分离生物物质的目的。因此，利用反胶团将蛋白质溶解于有机溶剂中的水壳模型这种技术既利用了溶剂萃取的优点，又实现了生物物质的有效分离，称为一种新型的生物分离技术。

12.3.2　反胶团的组成

(1) 表面活性剂

常用的形成反胶团的表面活性剂有二(2-乙基己基)丁二酸磺酸钠（AOT）、吐温类非离子表面活性剂、山梨糖醇酯类、各种聚氧乙烯类表面活性剂、烷基三甲基卤化铵和磷脂类等。

阳离子、阴离子、非离子的表面活性剂都可以形成反胶团。但目前研究使用最多的是阴离子表面活性剂 AOT。该表面活性剂易得，分子极性头小，有双链，形成反胶团时不必加入助表面活性剂，形成的反胶团大，有利于蛋白质分子的进入。AOT/异辛烷/水体系最常用。它的尺寸分布相对来说是均一的，含水量为 4～50 时，流体力学半径为 2.5～18nm，每个胶团中含有表面活性剂分子 35～1380 个，AOT 分子有效极性头的面积为 0.359～0.568nm^2，$w_{0,\max}=60$。若 w_0 值再增大，反胶团溶液变浊且分层。AOT/异辛烷体系对于分离核糖核酸酶、细胞色素 c、溶菌酶等具有较好的分离效果，但对于分子量大于 30000 的酶，则不易分离。

(2) 助表面活性剂

除 AOT 外，其他类型的表面活性剂一般需要加入少量的助表面活性剂（一般为 $C_4 \sim C_{12}$ 脂肪醇）才能形成稳定的反胶团体系。如醇类（正丁醇等）可用来调节溶剂体系的极性，改变反胶团的大小，增加蛋白质的溶解度。

助表面活性剂能提高生物催化反应的活性和稳定性。助表面活性剂的化学结构能增大或减小微乳液的液滴尺寸。醇也能影响胶团的性质，通常短链的醇，可通过降低液滴内部渗透的程度，以提高内层的流动性来提高内部作用的活性。

(3) 溶剂

溶剂的性质，尤其是极性，对反胶团的形成和大小都有影响，常用的溶剂有烷烃类（正己烷、环己烷、正辛烷、异辛烷、正十二烷等）、四氯化碳、氯仿等。

12.3.3　反胶团技术

近年来，反胶团技术得到迅速和广泛的发展，在生物物质的萃取、酶催化反应、超细或纳米粒子的制备、超临界 CO_2 萃取等方面都发挥了独特作用。

12.3.3.1　反胶团萃取

反胶团萃取是近年来发展起来的分离和纯化生物物质的新方法。反胶团萃取具有选择性高，萃取过程简单，正萃、反萃同时进行，能有效防止大分子失活、变性等优良特性。

(1) 反胶团萃取的机理

目前，普遍认为反胶团萃取的机理有以下 4 种。

① 静电性相互作用　如蛋白质的萃取，水相偏离蛋白质的等电点使蛋白质带上正电荷或负电荷，这样就可与表面活性剂发生静电的相互作用。蛋白质进入反胶团溶液是一个协同过程。在有机溶剂相和水相两宏观相界面间的表面活性剂层，同邻近的蛋白质分子发生静电吸引而变形，接着两界面形成含有蛋白质的反胶团，然后扩散到有机相中，从而实现了蛋白质的萃取。不过水相的离子浓度会影响这种静电相互作用。改变水相条件（如 pH 值、离子种类或离子强度），又可使蛋白质从有机相返回到水相中，实现反萃取过程。例如，对 AOT 阴离子表面活性剂，反胶团内表面活性剂净电荷为负，若控制 pH 值，使蛋白质与反胶团内电荷相反，则异性电荷相吸而使蛋白质转入反胶团相；反过来，则从有机相转入水相。此外，增大离子强度将减弱与反胶团内表面的静电引力，使蛋白质不能进入反胶团中。因此，在低离子强度下萃入反胶团中的蛋白质，可通过使其与另一离子强度较高的水相接触而发生反萃。由于蛋白质的性质不同，其在反胶团相中的溶解度达最低时所对应的最小离子强度也不同，利用这种差别，即可实现不同蛋白质间的分离和浓缩。特别是当几种蛋白质间的等电点差别不大时，这种方法尤为有效。

② 立体性相互作用　主要是影响反胶团尺度大小的因素，如表面活性剂浓度、含水率等。显然，当蛋白质的体积大于反胶团体积时，反胶团是无法萃取的。

③ 疏水性相互作用　在不利于蛋白质萃取的条件下，一定量的蛋白质也会被萃取，此时蛋白质的疏水基起着很大的作用。如非极性氨基酸的萃取受疏水相互作用的控制，在不利于蛋白质萃取的 pH 值和高离子强度的条件下，一定量的蛋白质能够进入反胶团相。当使用 CTAB（十六烷基三甲基溴化铵）/癸醇/环己烷反胶团萃取细胞色素 b5 时，高离子强度下萃取率明显依赖于温度，而疏水作用强烈依赖于温度。从这些结果可以看出，在萃取过程中，除静电作用外，疏水相互作用也起着重要的作用。

④ 特异性相互作用　主要是亲和配体之间存在特异性作用。

（2）反胶团萃取的类型

① 单一反胶团系统　单一反胶团系统的表面活性剂有阴离子型、阳离子型和非离子型，最常用的是阴离子型表面活性剂 AOT，它适用于小分子蛋白质的萃取（分子量＜30kDa），不能萃取分子量较大的蛋白质，并且往往在两相界面上形成不溶性凝胶状物质。最近的研究表明，决定蛋白质萃取率［定义为萃入有机相中的蛋白质浓度（或质量）与初始水相液料中的蛋白质浓度（或质量）的比值］的一个关键因素是表面活性剂的结构，尤其是疏水基的结构，当表面活性剂的疏水基能紧密堆积在蛋白质表面时，可显著提高蛋白质的萃取率。

② 混合反胶团系统　近年来，有关混合反胶团系统的研究较多。用 AOT/DOLPA（磷酸二油脂）混合反胶团系统萃取 α-胰凝乳蛋白酶，其萃取能力高于单纯的 AOT 系统，并且比单纯的 AOT 系统反萃容易。例如，采用混合反胶团系统，反萃时加入 10%（体积分数）的异丁醇可使反萃完全，而且反萃后的蛋白质活性有所提高。

③ 亲和反胶团系统　亲和反胶团系统是在反胶团相中导入与目标蛋白质有特异性亲和作用的亲和助表面活性剂而形成的。亲和助表面活性剂的极性头是一种亲和配基，可选择性结合目标蛋白质。采用亲和反胶团系统，可使蛋白质萃取率和选择性大大提高，而且可使操作范围（如 pH 值、离子强度）变宽，因而亲和反胶团系统已经成为当前反胶团萃取研究的一个重点。

④ 超临界络合-反胶团萃取　金属络合物在超临界 CO_2 中的溶解度有限，这是超临界络合萃取重金属离子的效果不太理想的主要原因。超临界络合-反胶团萃取可使极性金属螯合剂被反胶团包封起来，这就削弱了极性金属螯合剂与固体基质间的相互作用，其结果是反胶团的非极性基团能溶于非极性的超临界二氧化碳体系，因此反胶团的形成起到了解吸和增溶的作用，从而提高了重金属离子的萃取率。

（3）反胶团萃取中的反萃

蛋白质的萃取与反萃过程的动力学有着非常显著的差异，反萃速率一般要比萃取速率慢 3 个数量级。在萃取过程中，传质阻力主要集中在靠近油-水界面的水相边界层内，界面阻力通常可忽略；而在反萃过程中，传质阻力则主要集中在油-水界面上。反胶团在界面的凝结过程可能是反萃过程的速率控制步骤。由于蛋白质与表面活性剂分子间的静电作用，使"实"的反胶团变得更为"坚实"和不易破碎。因为反萃过程中蛋白质必须克服很高的传质界面阻力，所以反萃过程一般比较缓慢。向反胶团相中添加少量醇进行反萃比较有效，醇的加入降低了反胶团之间的相互作用，抑制了反胶团簇状结构的形成，改善了蛋白质的萃取行为，提高了反萃速率和反萃分数，酶活回收率也很高。

（4）应用示例

从植物中同时提取油和蛋白质：用烃基有机溶剂提取植物种子（如花生、大豆、葵花籽）中的油时，残渣中含有 30%～50% 的蛋白质。若用以烃基为溶剂的反胶团溶液作为提取剂，油被直接萃入有机相，蛋白质却溶入反胶团的"水池"内。先用水溶液反萃取得到蛋白质，再用冷却反胶团溶液的方法使表面活性剂沉淀分离，最后用蒸馏方法将油与烃类分离。该方法相当优越，能将影响蛋白质作为食品的绿原酸分离。

12. 3. 3. 2　蛋白质变性

反胶团萃取一个引人注目的应用是蛋白质的变性。重组 DNA 技术生产的大部分蛋白质，需溶入强变性溶剂中，以从细胞中抽提出来。除去变性剂，进行变性过程通常在极稀的溶液中操作，以避免部分变性中间体的聚集。利用胶团包裹变性溶解的蛋白质，通过调整系统组成和环境参数，使得每个分散胶团只包裹一个蛋白质分子，然后改变胶团的溶液组成进行变性，由于蛋白质被单独裹在各个胶团中，变性时彼此不接触，避免了有害作用，使酶的活性完全恢复。

12.3.3.3 作为微反应器制备纳米材料

反胶团或 W/O 型微乳液在制备超细颗粒中应用广泛。一般把粒径小于 100nm 的称为超细粒子，而小于 10nm 的称为纳米粒子。

反胶团或 W/O 型微乳液有一个重要参数——水核半径 R_0，它与体系中水和表面活性剂的浓度有关。R_0 随 w_0 增大而增大。有人把 $w_0=10$ 作为反胶团与 W/O 型微乳液的分界线，$w_0 < 10$，为反胶团；$w_0 > 10$，为 W/O 型微乳液。

水核内超细颗粒的形成机理大致可分为 4 种情况。

① 通过混合两个分别增溶有反应物的反胶团或 W/O 型微乳液来实现，这个交换过程非常快，水核大小控制超细颗粒直径。因为水核半径是固定的，不同水核内的晶核或粒子之间物质交换受阻，所以生成的粒子大小就可控制。

② 反应物的一种增溶于水核内，另一种以水溶液形式与前者混合，水相反应物穿过微孔液界膜进入水核内，与另一反应物作用，产生晶核并长大。许多氧化物或氢氧化物胶体粒子的制备就是基于这种机理。

③ 同②，但另一种为气体。将气体通入液相充分混合，使两者反应，如 H_2S 与 Cd^{2+} 生成 CdS。

④ 同②，但另一种为固体。将两者混合发生反应，常用于金属或金属复合物的超细颗粒制备。

在超细材料制备中，粒子聚集成团是需要克服的一大难题，而反胶团法可克服这一问题。因为粒子表面包裹一层（或几层）表面活性剂分子，从而不易聚结；同时，包裹不同的表面活性剂分子可对粒子表面修饰起到改性作用。以水核反应制备超细粒子的形状多为球形（也有椭球或菱形）。

除了选择适合的表面活性剂外，R_0 大小起着重要作用。R_0 较小时，水以结合水的形式存在；R_0 较大时，水绝大部分以自由水存在。水的存在形式决定了速率及间接决定了成核作用和颗粒大小。制备的超细粒子可用絮凝、洗涤法收集，如在反微乳液中加入丙酮，会立刻发生絮凝作用，分离出胶体，然后用丙酮洗，真空干燥即可。

12.3.3.4 反胶团酶膜反应器

酶能溶入反胶团水池中以催化特定的反应，利用反胶团介质进行酶促反应，酶与有机溶剂通过一个表面活性剂层隔离开，所以，这种体系可望结合有机相和水相反应的特点。将酶溶入反胶团有下列三种方法。

① 注射法　将酶的缓冲溶液直接注入含有表面活性剂的有机溶剂中，搅拌直至得到澄清液。

② 相传递法　酶水溶液与表面活性剂的烃溶液接触，通过搅拌实现。

③ 反胶团溶液与固态酶粉接触法　将酶引入反胶团，适用于不溶入水的酶。

对产物的分离可采用温度变化，使反胶团介质分为二相，含有产物的富油相和含有表面活性剂的富水相。或通过半透膜来截留含酶的反胶团及分离产物，如截留分子量为 10000 的超滤膜对平均分子量为 30000 的物质截留率可达 100%。

但酶与表面活性剂（如 AOT）强烈的静电和疏水作用导致其在 AOT 反胶团中的活性

和稳定性下降,可加烷基聚氧乙烯类非离子表面活性剂(如 Tween 类)或小分子量的聚乙二醇(PEG)等来提高反应活性。前者是通过作为助表面活性剂而增溶于反胶团的油水界面上,有效地降低了反胶团的表面电荷密度及疏水性;另一方面,聚氧乙烯极性部分可浸入水池中,增加反胶团的刚性。后者是通过以氢键形成覆盖在酶分子的表面,有效地屏蔽了静电作用。

12.4　囊泡

双亲分子由于其特殊的溶解性质,在溶液中会自发聚集成为分子有序结构,其中一种表现为双层的形式。当这些双层弯曲并封闭起来时就形成了一种新的结构。如果这些双亲分子是天然表面活性剂卵磷脂,则形成的结构就称为脂质体;若由合成表面活性剂组成,则称之为囊泡。

生物膜的基质是脂类双分子膜,脂类分子,特别是磷脂,在稀水溶液中自组织成双分子膜,构成生物膜的基本骨架。由于囊泡与细胞膜的结构非常相似,因而天然的和合成的两亲分子形成的囊泡的研究受到关注。人工合成的两亲分子构成的囊泡因其在了解生物膜本质及发展新的膜模拟技术方面的重要意义而得到人们的关注,并已成为研究生物膜的理想模型。膜模拟剂的重要功能是能够模拟生物膜将物质以分隔的方式组织起来,进行物质输送、分子识别、人工光合作用以及作为药物载体。

囊泡不仅是认识和模拟生物膜的极佳体系,而且能够改变溶液微环境、控制化学反应、包藏和运载药物,还能充电储存及能量转移等,如混合双分子膜的相变、相分离等性质与膜的分子识别、信号放大、催化功能等。

12.4.1　囊泡的结构、形状与大小

囊泡是由密闭双分子层所形成的球形或椭球形单间或多间小室结构。可认为是由两个两亲分子定向单层尾对尾地结合成封闭的双层所构成的外壳,以及壳内包藏的微水相构成。

囊泡可分为单层的和多层的两类,这两类囊泡又称为单室囊泡和多室囊泡。单室囊泡只有一个封闭双层包裹着水相;多室囊泡则是多个两亲分子封闭双层成同心球式的排列,不仅中心部分,而且各个双层之间都包有水。

囊泡的形状多为大致球形、椭球形或扁球形,也曾观察到管状的囊泡。

囊泡的线性尺寸为 $30 \sim 100 \mathrm{nm}$。也有大到 $10 \mu \mathrm{m}$ 左右的单层囊泡。

12.4.2　囊泡的形成

(1) 囊泡的制备方法

制备囊泡的方法有多种,常见的有溶胀法、乙醚注射法和超声法等。

溶胀法是最简单的制备囊泡的方法,它是让两亲化合物在水中溶胀,自发生成囊泡。例如,将磷脂溶液涂于锥形瓶内壁,待溶剂挥发后形成磷脂膜附着在瓶上。加水于瓶中,磷脂膜便自发卷曲,形成囊泡进入溶液中。

乙醚注射法是将两亲化合物制成乙醚溶液,然后注射到水中,除去有机溶剂即可形成囊泡。反过来,将水溶液引入磷脂的乙醚溶液中,再除去有机溶剂,也能制备多室囊泡(脂质体)。

以上两种方法可认为是自发形成囊泡的方法。有的两亲化合物不能自发形成囊泡,但可以在超声的条件下形成。这样制备的囊泡多为大小不一的多室囊泡。将此液压过孔径由大到

小的系列聚碳酯膜，可以得到尺寸较小和多分散性较小的多室囊泡。另外，多室脂质体经过超声处理可能得到单室脂质体。

(2) 囊泡的形成与表面活性剂分子结构的关系

囊泡生成与表面活性剂分子的几何因素有关，一般认为它要求满足临界排列参数 P 略小于 1 的条件。已知某些磷脂可以形成囊泡。其分子结构特点是：带有两条碳氢尾巴和较大头基，例如双棕榈酰磷脂酰胆碱。

$$
\begin{array}{l}
C_{15}H_{31}-\overset{\overset{\displaystyle O}{\|}}{C}-O-CH_2 \\
C_{15}H_{31}-\underset{\underset{\displaystyle O}{\|}}{C}-O-CH \qquad \overset{\displaystyle O^-}{\quad} \\
\qquad\qquad\qquad H_2C-O-\overset{}{\underset{\underset{\displaystyle O}{\|}}{P}}-OCH_2-CH_2-\overset{+}{N}(CH_3)_3
\end{array}
$$

随后发现合成的双尾表面活性剂，例如双烷基季铵盐和双烷基磷酸盐也可以形成囊泡。最近又发现混合表面活性剂体系，特别是混合阴、阳离子型表面活性剂可以自发形成囊泡。甚至在尚无胶团生成的低浓度区已有囊泡生成。

12.4.3　囊泡的表征

囊泡的表征有很多方法，如深度冷冻透射电镜（Cryo-TEM）、光散射法（QLS）、葡萄糖捕获法以及流变学方法等。其中 Cryo-TEM 是最直观的一种方法，利用这种方法可以直接得到各种囊泡的照片，但缺点是费用高且操作复杂。相比之下，光散射方法要简单得多，它分为静态光散射和动态光散射，可以与 TEM 相结合，在确认囊泡存在的前提下，准确地给出其半径，并可以跟踪监测其变化。在越来越多的自发形成囊泡的报道情况下，光散射法可以通过粒径的变化确认囊泡的存在；葡萄糖捕获法可以测定出囊泡的增溶量；而流变法则可以通过胶束、囊泡和蠕虫状胶束（wormlike micelles）流变性质的差别反映其结构的变化。

12.4.4　囊泡的性质

① 稳定性　与胶团溶液不同，囊泡不是均匀的平衡体系，它只具有暂时的稳定性，有的可以稳定几周甚至几月。这是因为形成囊泡的物质在水中的溶解度很小，转移的速度很慢。而且，相对于层状结构，囊泡结构具有熵增加的优势。

已经发现，多室囊泡越大越稳定。采用可聚合的表面活性剂，在形成囊泡后进行聚合，可增强囊泡的稳定性。

② 包容性　囊泡的特殊结构使它能够包容多种溶质。它可以按照溶质的极性把它们包容在不同部位。对亲水溶质，一般是较大的亲水溶质包容在它的中心部位，小的亲水溶质包容在它的中心部位及极性基层之间的区域，也就是它的各个"水室"之中。对疏水溶质，一般包容在各个两亲分子双层的碳氢基夹层之中。对本身就具有两亲性的分子，例如胆固醇之类的化合物，可参加到定向的双层中形成混合双层。

囊泡的这种特殊的包容性使其具有同时运载水溶性和水不溶性药物的能力。

③ 相变　从量热实验（差热图）可清楚感知囊泡双层膜的相变。图 12-5 是双棕榈酰 L-α-卵磷脂的差热图，其显示两个吸热峰。第一个较小的吸热峰常称为"预变"。第二个较大的吸热峰常称为"相变"。发生此过程的温度叫做相转变温度，是体系的特性。囊泡的相变

主要来自双层膜中碳链构型的变化。相变之前形成囊泡的两亲分子饱和碳氢链呈全反式构象（图 12-6）。

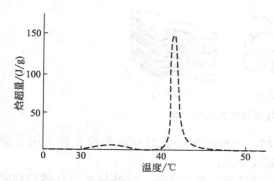

图 12-5 双棕榈酰 L-α-卵磷脂的差热图

图 12-6 碳氢链全反式构象示意图

这种非常有序的状态叫作凝胶态。经过相变过程，碳氢链失去全反式构象，链节旋转更为自由，变为流体。相变前后囊泡性质不同。例如，被包容的物质进出囊泡的速率不同。在相转变温度以上，烷基处于似烃状态时溶质通过双层的速率明显高于在相转变温度以下的情况。这种特性对于生物膜是至关重要的。另外在制备囊泡时，采用透膜法需保持体系温度在相转变温度以上，而采用超声法时则保持体系温度在相转变温度以下为宜。一般来说，相转变温度随体系组成而异。增加碳氢链的长度会升高相转变温度。碳氢链不饱和化和支化则使之降低。

12.5 液晶

液晶是指处于"中介相"状态或称介晶态的物质，它一方面具有像液体一样的流动性和连续性，另一方面又具有像晶体一样的各向异性。显然，这种"中介相"保留着晶体的某种有序排列，这样才在宏观上表现出物理性质的各向异性。而实际上，液晶是长程有序而短程无序的，即其分子排列存在位置上的无序性和取向上的一维或二维长程有序性，并不存在像晶体那样的空间晶格。根据形成条件和组成可将液晶分为热致液晶和溶致液晶。热致液晶的液晶相是由温度变化引起的，只在一定温度范围内存在，一般只有单一组分。而溶致液晶则由化合物和溶剂组成，液晶相是由浓度变化引起的。

12.5.1 表面活性剂液晶的类型与结构

表面活性剂当溶液浓度达到其临界胶束浓度（cmc）以上时，随浓度的继续增大，胶束将进一步缔合形成液晶。

除了天然的脂肪酸皂，所有表面活性剂液晶都是溶致液晶。虽然理论上说可能形成 18种不同的液晶，但是，在常见的简单表面活性剂-水体系中实际上只有三种：层状相、六方相和立方相，其中立方相比较少见。这三类液晶的结构示于图 12-7。

层状相液晶的特征是表面活性剂形成的双分子层与水作层状排列，分子长轴互相平行且垂直于层平面，疏水基在双分子层内部，且互相溶解，亲水基位于双分子层的表面，与流动的水接触而溶于其中。因此，层状液晶可以看作流动化的或增塑的表面活性剂晶体相。它的基本单元是双层，与双层膜、多层膜很相似。在此类结构中碳氢链具有显著的混乱度和运动性。这与在晶体相中不同，在晶体中碳氢链通常锁定成反式构象。层状相的无序程度可以突

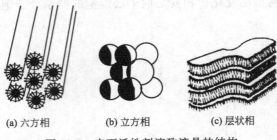

(a) 六方相　　　　(b) 立方相　　　　(c) 层状相

图 12-7　表面活性剂溶致液晶的结构

然改变，也可以逐步变化，随体系而异。因此，一种表面活性剂可能形成几种不同的层状相。由于层间可能发生相对滑动，层状相的黏度不大。

六方相是圆柱形聚集体互相平行排列成六方结构。理论上说，这些柱状组合体的轴向尺寸是无限的。六方液晶是高黏流体相。

立方相是由球形或圆柱形聚集体在溶液中作立方堆积，呈现面心或体心立方结构。

12.5.2　表面活性剂液晶的性质

六方相和层状相都具有各向异性的结构，都显示双折射性质，故可借助偏光镜来检知其存在。和它们不同，立方相是各向同性的，无双折射性质。

如上所述，表面活性剂液晶一般都是溶致的，故体系的特性高度依赖于溶剂的质和量。向一种表面活性剂固体连续加入溶剂（水），体系可能发生一系列相变，经过一系列相态，包括多种液晶相，最后变为表面活性剂单体稀溶液。如下所示：

$$固体 \xrightarrow{H_2O} 层状液晶 \xrightarrow{H_2O} 立方液晶 \xrightarrow{H_2O} 六方液晶 \xrightarrow{H_2O} 胶团 \xrightarrow{H_2O} 溶液$$

表面活性剂在非水溶液中也会自发缔合，可形成三种液晶相：层状、反立方和反六方液晶。而在表面活性剂-水-油三元体系中随各组分含量的不同可形成所有上述几种液晶。

表面活性剂与水组成的溶致液晶体系的特性归纳于表 12-2 中。

表 12-2　表面活性剂-水液晶体系的性质

名称	表观特征	光学性质	符号
层状相	中等黏度	各向异性，双折射	$L_{\alpha,\beta,\alpha\beta}$
六方相	黏稠	各向异性，双折射	H_I，M_1
反六方相	黏稠	各向异性，双折射	H_{II}，M_2
立方相	非常黏稠	各向同性	V_I，Q_I
反立方相	非常黏稠	各向同性	V_{II}，Q_{II}

为研究某一体系形成液晶的特征，常采用制作相图的方法。为此，首先配制一系列浓度的溶液。通过检测物理化学性质，如偏光性、流动性、X 射线衍射等，确定各个样品的相性质，再在相图上标明各种相形成的浓度区域。其中，液晶相可能覆盖一个很大的区域。图 12-8 是一张典型的表面活性剂-水体系相图。这是最简单的体系。实际中遇到的体系往往复杂得多。当体系中存在添加剂时则需要用三角相图或立方相图来描述其组成特性。

12.5.3　研究表面活性剂液晶相结构的方法

研究表面活性剂液晶相结构的方法很多，如偏光显微镜法、DSC、NMR、EPR、FTIR、

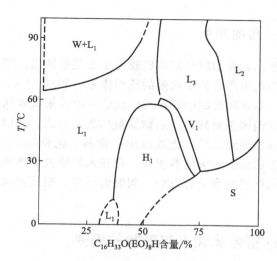

图 12-8　表面活性剂-水体系相图

W—单体溶液；L$_1$—胶团；L$_2$—反胶团；L$_3$—层状相；V$_1$—立方相；H$_1$—六方相；S—表面活性剂相

X 射线衍射法、荧光探针法等。而 ^{1}H-NMR、电镜等技术的应用更为表面活性剂液晶提供了有利条件。这里只介绍几种较常用的方法。

① 偏光显微镜法　偏光显微镜法往往被作为表征液晶态的首选手段，其原因不仅因为仪器价格低，使用方便，更重要的是它确实能提供许多有价值的信息。除立方相外，层状和六方相液晶都显示出光学各向异性的特点，因此可在偏光显微镜下观察它们特有的光学织构。层状相除了能显示出特征的焦锥织构外，还与六方相一样显示出球形和扇形织构。

② 差示扫描量热法　这是确定相转变的一种简便、可靠的方法。液晶态是一个热力学平衡态，它从一种相态转变成另一种相态总是伴随着能量的变化，表现为吸热或放热。差示扫描量热法正是利用这些热效应来判断是否发生相变，各种相存在的温度范围及相转变的温度，但至于是什么相及相结构却无法确定。

③ 小角 X 射线衍射法　此方法弥补了前两种方法的不足，它可以准确测定液晶相的结构。液晶的结构特征决定了每种液晶都有自己特征的晶面间距比值，因此根据 Bragg 方程从 X 射线衍射结果计算出晶面间距的比值就可以判定液晶的类型，并可获得其结构参数。

④ ^{1}H-NMR 法　这种方法是近年来研究测定相结构的新方法，它可在微米尺度内检测各种液晶相的存在，是研究液晶体系微观结构非常有效的方法。这种方法的依据是 [1]H 核的四极矩在非均匀环境中会发生四极裂分。对于各向异性体系，谱图出现成对裂分峰，可根据成对裂分峰的裂分幅度来判断液晶的种类，从成对裂分峰的数目判断所研究样品是单相还是多相，从峰的相对强度来推算各相在体系中的相对含量。

⑤ 冰冻-断裂-复型电镜法　表面活性剂液晶不能直接在电镜下进行观察。其主要原因有：表面活性剂液晶体系含有溶剂，有较高的蒸气压，不适合电镜的高真空环境；表面活性剂液晶一般由轻元素组成，在电镜下观察衬度不够；高能电子束打在液晶体系上，可能会诱导化学反应，从而引起液晶相结构的变化。

冰冻-断裂-复型制样技术克服了这些问题，使电镜可成功地应用于表面活性剂液晶体系的研究。冰冻-断裂-复型制样技术是指将样品快速冷冻后使其断裂，让溶剂稍微挥发使断面结构更清晰，然后用铂-碳金属沉积复制出断裂面，在电镜下观察复制出的碳膜，从而确定液晶的结构。

12.5.4 表面活性剂液晶的应用

从 20 世纪 60 年代开始，人们就已制得比较简单的类脂液晶，得到了有关其结构和性质的许多新认识，并被成功地用作研究生物膜的模型体系。20 世纪 70 年代，生物学家已比较深入地认识了液晶在生物器官和组织中存在的广泛性及液晶聚集体状态与生物组织功能的关系。而近年来，生物学家们则主要致力于生物能量的获得形式、光信号响应以及物质代谢等方面的研究。目前表面活性剂液晶已广泛地应用于食品、化妆品、三次采油、液晶功能膜、液晶态润滑剂等与人民生活息息相关的各领域。现在人们研究的新的应用热点主要集中在生物矿化、纳米材料和中孔材料的制备等方面，如酶促反应、模板合成纳米和介孔材料、作为纳米粒子的载体等。

12.6 影响分子有序组合体大小和形状的因素

在一定的物理化学因素作用下，分子有序组合体的大小和形状发生变化。

影响分子有序组合体大小和形状的主要因素有表面活性剂的分子结构、浓度、温度、无机电解质及极性有机添加剂等。

（1）表面活性剂的结构——分子有序组合体形状的临界排列参数

分子有序组合体形态取决于表面活性剂的几何形状，特别是亲水基和疏水基在溶液中各自横截面的相对大小。Isrealachvili 定义临界排列参数 R

$$R = \frac{V}{a_0 l_c} \tag{12-10}$$

式中，V 是表面活性剂分子疏水部分体积；l_c 是疏水链最大伸展长度；a_0 是头基面积。

表 12-3 R 值与表面活性剂分子形状及聚集体形状的关系

R 值	表面活性剂分子形状	表面活性剂聚集体形状
$<\frac{1}{3}$	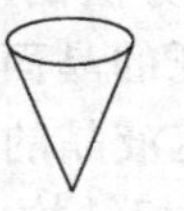	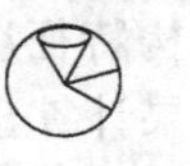
$\frac{1}{3}\sim\frac{1}{2}$		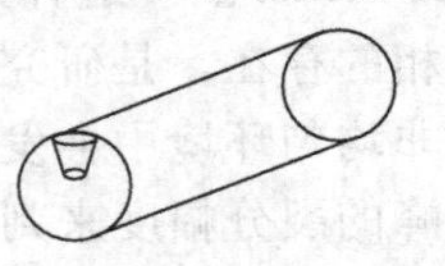
$\frac{1}{2}\sim 1$		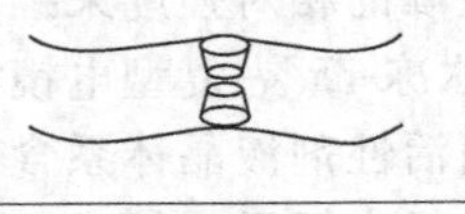
1	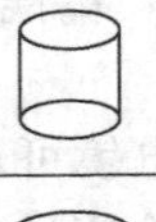	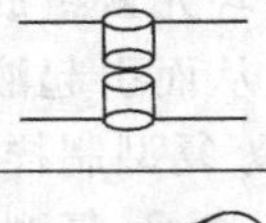
>1	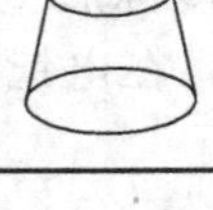	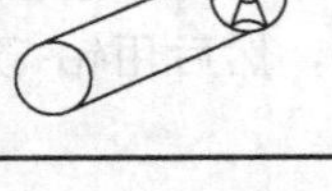

表 12-3 表示 R 值与表面活性剂分子形状及聚集体形状的关系。由表 12-3 可以看出与分子有序组合体形状一般有以下关系：

① $R = 0 \sim \dfrac{1}{3}$，表面活性剂分子呈圆锥形，易于形成球形或椭球形胶团；

② $R = \dfrac{1}{3} \sim \dfrac{1}{2}$，表面活性剂分子呈截去顶端的圆锥形，易形成较大的柱状或棒状胶团；

③ $R = \dfrac{1}{2} \sim 1$，表面活性剂分子仍呈截去顶端的圆锥形，由于上下底的面积相近，易形成囊泡和层状胶团；

④ $R = 1$，表面活性剂分子呈圆柱形，易于形成层状结构；

⑤ $R > 1$，表面活性剂呈倒截顶圆锥形，易于形成更大的有序体，如微乳、反胶团等。

定量地说，有许多情况不符合此规则。但是定性地看，上述关系是适用的。

由上述关系可以得出一些有用的规律：

① 具有较小头基的分子，例如带有两个疏水尾巴的表面活性剂，易于形成反胶团或层状胶团；

② 具有单链疏水基和较大头基的分子或离子易于形成球形胶团；

③ 具有单链疏水基和较小头基的分子或离子易于生成棒状胶团；

④ 加电解质于离子型表面活性剂水溶液将促使棒状胶团生成。

应该强调的是，分子有序组合体溶液是一个平衡体系；各种聚集形态之间及它们与单体之间存在动的平衡。因此，所谓某一分子有序组合体溶液中分子有序组合体的形态只能是它的主要形态或平均形态。

(2) 表面活性剂浓度

McBain 提出，在浓度小于 cmc 时，表面活性剂分子或离子就已可能缔合。

在浓度不是很大，超过 cmc 不多时，而且没有其他添加剂及加溶物的溶液中胶团大多呈球状，其聚集数 n 为 30~40，此即 Hartley 的球状胶团。Hartley 提出球状胶团的模型中带电的极性基就处在外壳，与水直接接触。

当表面活性剂在溶液浓度为 10 倍于 cmc 或更高的浓溶液中，随 n 增大不易形成球形胶团。因为即使极性基全部处于胶团外壳也无法将胶团全部覆盖，而仍有相当一部分碳氢链处于外壳上。从能量角度看是不利的。为此，Debye 曾提出了腊肠状（即棒状）模型，其末端近似于 Hartley 的球体，而中部是分子按辐射状定向排列的圆盘。这种模型使大量的表面活性剂分子的碳氢链与水接触面积缩小，有更高的热力学稳定性。表面活性剂的亲水基构成棒状胶团的外壳，而疏水的碳氢链构成内核。在有些表面活性剂溶液中这种棒状胶团还具有一定程度的柔顺性。水溶液中若有无机盐存在即使表面活性剂的浓度不大，胶团的形状也总是不对称的非球形，常是棒状的。

随着表面活性剂浓度继续增加，棒状胶团可以聚集成束，形成棒状胶团的六角束。

当表面活性剂的浓度更大时就会形成巨大的层状胶团。

(3) 电解质

对离子型表面活性剂，分子有序组合体的表面带有电荷，因此加入无机电解质压缩分子有序组合体表面的双电层，导致分子有序组合体长大和形态发生变化。

(4) 温度

非离子表面活性剂（聚氧乙烯型）胶团随温度升高而变大，当温度达到其浊点时，胶团长大到极限，胶团聚结到一起发生相分离，溶液由澄清均相变为浑浊，进一步相分离形成双水相。

（5）其他因素

分子有序组合体的大小和形状还受极性有机物等添加剂的影响。在一种表面活性剂中加入其他类型的表面活性剂，特别是反电性离子表面活性剂（正负离子表面活性剂混合体系），其分子有序组合体的大小和形状可发生剧烈变化。

12.7　分子有序组合体的功能

多层次、多种类的分子聚集体具有不同于一般表面活性剂分子的物理化学性质，表现出多种多样的应用功能。首先，表面活性剂分子有序组合体的质点大小或聚集分子层厚度已接近纳米数量级，可以提供形成有"量子尺寸效应"超细微粒的适合场所与条件，而且分子聚集体本身也可能有类似"量子尺寸效应"，表现出与大块物质不同的特性。特别是具有有序高级结构分子聚集体的溶液更是表现出新奇而复杂的相行为、异常的流变性质、光学特性、化学反应性等。因而具有一些特殊的应用功能，如可作为制备超细微粒（如纳米粒子）的模板（模板功能）、增溶功能、模拟生物膜、间隔化反应介质和微反应器、药物载体等。

（1）增溶功能

不溶或微溶于水的有机物在表面活性剂水溶液中的溶解度显著高于在水中的，这就是表面活性剂的增溶作用，也称为加溶作用。增溶作用只在临界胶束浓度以上胶团大量生成后，才明显表现出来。这是难溶物进入胶团的结果。胶团的这种独特的性质极具应用价值。这不仅解决了一些两相体系均化的问题，而且为一些在正常的两相体系中难以完成的化学反应提供了适宜的环境。

（2）模拟生物膜

图 12-9 是生物膜横截面示意图。它由三部分组成，主体是由磷脂和蛋白质组成的混合定向双层。双层的外表面附有糖蛋白质，具有细胞的表面识别功能。双层的内表面则带有由蛋白质分子交联而成的网。它锚接在混合双层的蛋白质分子上，给膜以一定程度的刚性。

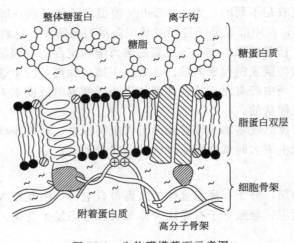

图 12-9　生物膜横截面示意图

　　由此可见，囊泡是研究和模拟生物膜的最佳体系。对囊泡的研究既有助于认识生物膜的奥秘，也提供了通过仿生发展高新技术的途径。

　　除了囊泡之外，从前面有关液晶的结构讨论可知，层状液晶也是一种很好的模拟生物膜的体系。

（3）间隔化反应介质和微反应器

　　分子有序组合体是一个非常具有吸引力的反应介质。它们就像一个微反应器，可以通过增溶一个反应物来抑制化学反应；相反地，它也可以通过把反应物浓缩在双层的界面上催化一个反应。

　　分子有序组合体可以为一些化学反应及生物化学反应提供多种特定的反应微环境，可以通过它来实现和控制某些化学反应。分子有序组合体特殊的微环境为控制反应提供了适宜的条件。乳液聚合形成高分子胶乳可以说是最早了解的分子有序组合体（胶团）中的反应。胶团催化是 20 世纪 70 年代以来研究最多的有序组合体中的反应。

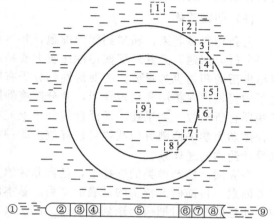

图 12-10　单室囊泡及所能提供的 9 个反应环境的示意图

　　例如一些在水中起作用的微生物的功能常常因存在有机溶剂而受到抑制，而这些有机溶剂又是为溶解烃类或其他不溶于水的反应成分所必需的。如果用囊泡则可解此难题，图12-10 是一个单室囊泡及其所能提供的 9 个反应环境的示意图。

　　因为囊泡能使对环境极性有不同要求的成分各得其所，而且有相互接触进行反应的机会。也可以通过仔细地选择表面活性剂和反应物并增溶在囊泡的不同部位来研究各种反应，而且囊泡催化能力也超过了胶团。

（4）模板功能

　　表面活性剂分子有序组合体的质点大小或聚集分子层厚度已接近纳米数量级，可以提供形成有"量子尺寸效应"超细微粒的适合场所与条件，因此可以作为模板来制备有"量子尺寸效应"超细微粒（纳米粒子）。下面以表面活性剂液晶为例，介绍表面活性剂的模板功能。

　　从仿生学的概念出发，可以液晶结构作为模板，来转录、复制由分子自组织形成的确定结构的无机物质。在该法中，表面活性剂充当了模板导向剂。用液晶做模板合成纳米和介孔材料有三个显著的优点：①材料的结构可事先设计；②反应条件温和，过程有较好的可控性；③模板易于构筑且结构具有多样性。

　　用液晶模板形成有序形态无机材料的过程被认为有转录与协同两种机制。

　　① 转录机制　在转录合成中，稳定的、预组织的、自组合的有机结构被用作形态花样化的材料进行淀积的模板，即无机材料的形态花样密切对应于已预先形成的有机自组合体。这里相对稳定的模板上的化学与形态信息直接"书写"在其表面结构上，而界面上的晶体成核与生长将导致预组织的有机模板形态的直接复制。

　　在操作时，先使表面活性剂等物质自组合形成预定的液晶结构，以此作为模板再使无机材料在其界面定向与生长，形成的形态与结构相当于模板形态的复制品。

　　② 协同机制　所谓协同合成是指由无机前体与有机分子聚集体之间的协同作用而形成

有机-无机共组合体，在此基础上复制出一定形态与结构方式的无机材料。产物的最终形态取决于有机、无机物种间的相互作用。由于模板无需预先形成，表面活性剂浓度可以很低，在没有无机物种时不能形成液晶，以胶团形式存在。加入无机物后，胶团通过与无机物种的协同效应发生重组，生成由表面活性剂分子和无机物种共同组成的液晶模板。

在表面活性剂组成的模板上无机物质聚合形成确定的结构后需除去模板导向剂，通常采用溶剂萃取、煅烧、等离子体处理、超临界萃取等方法。

除了液晶模板，其他已报道的表面活性剂分子有序组合体模板有单（多）分子膜模板、类脂管模板、囊泡模板、表面胶团模板、微乳液模板、双液泡沫模板等。

（5）药物载体

把药物包裹起来，输送到靶向细胞，并尽可能达到缓释的目的，这是药学领域非常活跃的一个研究课题，尤其对那些毒性比较大或易对非靶向细胞产生副反应及在生理环境下非常容易失活的药物更为重要。表面活性剂分子有序组合体可以为药物提供栖息场所，而被溶剂化了的壳提供保护层和稳定作用，其分散液静脉注射后可在循环系统中周游人体，并优先为某些器官所吸收。如果在表面活性剂分子上连有靶向基团，则具有靶向作用，控制分子有序组合体动力学平衡则有望获得可控释放。此种特性启发人们利用表面活性剂分子有序组合体来设计药物输送体系。

在表面活性剂种类的选择上，显得非常慎重，必须考虑到无毒、可降解、与生物体相溶性等因素。目前研究较多的是囊泡体系。基本的操作是：将水溶的和不溶的药物包容在囊泡中，通过静脉注射把药物送到靶器官。此法具有下列优点：

① 能形成囊泡的磷脂是无毒的，而且可以生物降解；

② 分子有序组合体在循环系统中存留的时间比单纯的药物长，脂质体慢慢降解释放出药物使显效期延长；

③ 在脂质体表面附加上特殊的化学基团，可以使药物导向特定器官，并且大大减少用药的剂量；

④ 药物被包裹在脂质体中可防止酶和免疫体系对它的破坏。

在许多方面，物理化学研究已为脂质体包裹药物做出贡献。例如：应用可聚合两亲分子形成脂质体以增加稳定性；在相转变温度以上，多室脂质体中药物扩散出来的速率比在相转变温度以下时快得多，以及各种制备脂质体的方法等。另外，包裹了药物的脂质体还可以进行冷冻干燥，成为便于存放的固体粉末。使用时加入溶剂而方便地得到囊泡分散液。这些都是当代药物科学与技术的前沿领域。可以预见，脂质体药学在医药科学中将继续是一个非常活跃的领域。

另一个研究较多的体系是嵌段共聚物胶束，见诸文献报道的主要有以下几类嵌段共聚物：聚赖氨酸-聚氧乙烯嵌段共聚物、聚天冬氨酸-聚氧乙烯嵌段共聚物、PEO-PPO-PEO三嵌段共聚物和聚乳酸-聚氧乙烯-聚乳酸三嵌段共聚物。

选择嵌段共聚物胶团作为药物输送载体，具有以下四方面优势：

① 嵌段共聚物胶团具有较高的结构稳定性　嵌段共聚物胶团有低的 cmc 值和胶团解缔合速率，能保证在生理条件下，输送时间内胶团结构不遭到破坏。此外，胶团结构的明确性和胶团尺寸较窄的分布也给输送体系的设计带来方便。

② 相分离　胶团的形成可以理解为共聚物在溶液中不相容嵌段相分离形成胶团的内核和外壳。药物包埋在内核，溶剂化了的外壳阻止疏水内核的相互作用，这样便可在保持体系水溶性的前提下，大大增加载药量。相分离形成内核和外壳也使得在药物输送过程中各部分功能的分离，使体系有效地给药。

③ 胶团尺寸　嵌段共聚物胶团尺寸一般为 10～100nm，这个尺寸大于肾过滤的临界尺寸，同时小于单核细胞非选择性捕获的敏感尺寸。因此嵌段共聚物在尺寸上可以保障在血流中长程循环的实现。既不通过肾排泄，又不被非选择性捕获。另外，这样的尺寸也有利于消毒，只需用亚微米级多孔消毒膜过滤便可。

④ 药物装载方式多样　可以把药物通过化学键键合到共聚物疏水部分，也可以利用各种相互作用使药包埋在胶团内。装载方式的多样，将会使更多种类的药物得到输送。

(6) 分离功能

以嵌段共聚物胶团为例。嵌段共聚物胶团和小分子表面活性剂胶团一样，都有增溶作用，然而嵌段共聚物胶团对被增溶物表现出一定的选择性。这个结论是在研究 PPO-PEO-PPO、PS-PVP（聚乙烯吡咯烷酮）嵌段共聚物在水介质中增溶脂肪族和芳香族碳水化合物时发现的。当正己烷和苯在水中同时存在时，共聚物选择性地增溶苯。另有报道，当 PPO-PEO-PPO 嵌段共聚物中 PPO 对 PEO 的比例增加时，共聚物胶团对苯的增溶力加大。嵌段共聚物这种选择性增溶将为分离科学开启一道大门，这将在生态环境方面有着很好的应用价值。

(7) 释放功能

在特定的条件下让一些有机物装载在表面活性剂分子有序组合体内，然后让其在人们需要的环境中可控释放，这可能在药学、农业、生态环境方面有着可贵的应用价值。

12.8　表面活性剂双水相及其萃取功能

双水相体系是指某些物质的水溶液在一定条件下自发分离形成的两个互不相溶的水相。双水相体系最早发现于高分子溶液。两种聚合物（如葡萄糖和蔗糖）或一种高分子与无机盐溶液（如聚乙二醇和硫酸盐）在一定浓度下混合，会自发分成平衡共存的两相。由于两相的主要组分都是水，所以称作双水相。

一些表面活性剂体系也能形成双水相。如非离子表面活性剂、正负离子表面活性剂等。高聚物与表面活性剂混合物也可形成共组双水相体系。而且一些非离子表面活性剂和两种高聚物还可形成三水相体系。

表面活性剂双水相的形成机理目前还不是很清楚，但可以认为，双水相的形成与表面活性剂分子有序组合体的再聚集形成高级结构有关。

双水相体系最大的应用前景是它们可作为萃取体系，更重要的是，由于其两相都是水溶液，可作为萃取体系用于生物活性物质的萃取分离及分析。其最大的优势在于双水相体系可为生物活性物质提供一个温和的活性环境，因而可在萃取过程中保持生物物质的活性及构象。

下面介绍一些有表面活性剂参与形成的双（三）水相体系及其在生物活性物质分配方面的应用。

12.8.1　非离子表面活性剂双水相体系

非离子表面活性剂水溶液在一定温度下发生相分离而突然出现浑浊，此时的温度叫做浊点温度（CP）。静置一段时间（或离心）后会形成两个透明的液相（双水相），一为表面活性剂浓集相，另一基本为水相（表面活性剂浓度非常低）。此种双水相体系可叫做非离子表面活性剂双水相（见图 12-11）。温度向相反方向变化，两相便消失，再次成为均一溶液。

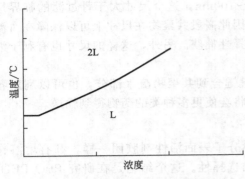

图 12-11　非离子表面活性剂形成
双水相体系的示意图

对不同体系其形状各不相同。相图上的曲线也是其两相的共溶曲线。温度-浓度曲线把图分为两部分，上部为双相区（2L），下部为单相区（L）。

非离子表面活性剂双水相体系适合于萃取分离疏水性物质如膜蛋白。溶解在溶液中的疏水性物质如膜蛋白与表面活性剂的疏水基团结合，被萃取进表面活性剂相，亲水性物质留在水相，这种利用浊点现象使样品中疏水性物质与亲水性物质分离的萃取方法也称为浊点萃取。

图 12-12 显示了非离子表面活性剂双水相体系的萃取分离过程。

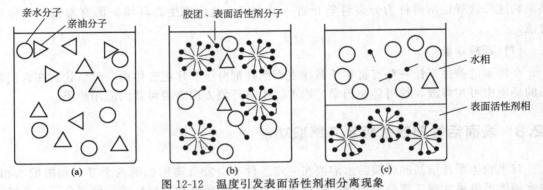

图 12-12　温度引发表面活性剂相分离现象

（a）含有疏水性萃取物的初始溶液；（b）加入表面活性剂后萃取物与胶团结合；（c）改变溶液条件发生相分离

12.8.2　正负离子表面活性剂双水相

当正、负离子表面活性剂在一定浓度混合时，水溶液可自发分离成两个互不相溶的、具有明确界面的水相，可称之为正负离子表面活性剂双水相。其中一相富集表面活性剂，另一相表面活性剂浓度很低，但两相均为很稀的表面活性剂水溶液。

正负离子表面活性剂双水相分配具有以下优点：作为一类表面活性剂双水相体系，正负离子表面活性剂双水相具有非离子表面活性剂双水相的优点。此外，它还具有下列优势。

① 与高聚物和非离子表面活性剂双水相体系相比，正负离子表面活性剂双水相为更稀的水溶液（含水量可高达 99％以上）。

② 与非离子表面活性剂双水相体系相比，正负离子表面活性剂双水相的形成主要取决于表面活性剂的浓度及两种表面活性剂的摩尔比，因此无需升温即可形成双水相，从而可避免升温所导致的蛋白质变性。

③ 可以通过调节混合胶团表面的电荷，利用胶团和蛋白质的静电作用极大地提高分配选择性，尤其是可望通过不同蛋白质表面静电荷的差异将其分离。

④ 正负离子表面活性剂双水相一个很大的优势在于当分配过程完成之后，可以容易地将生物活性物质从双水相中分离出来。将表面活性剂双水相用适量水稀释后正负离子表面活性剂就会沉淀出来。而且生成的表面活性剂沉淀又可通过加入个别表面活性剂组分形成新的双水相体系。因而表面活性剂可以循环使用。

⑤ 将表面活性剂富集相加适量水稀释后又可形成新的双水相，因此可进行多步分配。

12.8.3　表面活性剂和高聚物混合双水相

高分子双水相体系的缺点是不适于非水溶性蛋白质的分离。表面活性剂双水相体系由于表面活性剂溶液的增溶作用，使其可望用于非水溶性蛋白质的萃取。但由于在表面活性剂双水相体系中，表面活性剂浓度低的一相不易固定亲和配基，因而欲使蛋白质通过亲和配基的作用进入表面活性剂浓度低的相中较为困难。

高聚物与表面活性剂混合物形成的共组双水相体系可解决以上难题。在此类混合双水相中，一相富集表面活性剂，另一相富集高聚物。此类相体系可望克服以上表面活性剂双水相和高分子双水相体系的不足，作为新的萃取体系，用于蛋白质的萃取分离及分析。

已报道的表面活性剂和高聚物混合双水相体系如下。

(1) 非离子表面活性剂-高聚物混合双水相　主要代表体系有聚氧乙烯非离子表面活性剂（如 $C_{12}E_5$、Triton X-114、Triton X-100 等）与葡聚糖混合形成的双水相体系。在该领域的另一发展是使用烷基葡糖苷表面活性剂代替聚氧乙烯表面活性剂与水溶性聚合物（如葡聚糖、PEG）结合，在 0℃左右引发相分离，使疏水物质和亲水物质分离。与 Triton 系列的表面活性剂-聚合物体系相比，辛基葡糖苷/聚合物体系对蛋白质更为温和。用烷基葡糖苷/水溶性聚合物体系还有其他优点，如通过控制聚合物的类型和浓度可在任何温度下引发相分离，还可以在聚合物上结合一定官能团控制某疏水蛋白质的萃取效率。这种双水相体系适用于不稳定蛋白，可在 0~4℃下进行低温操作，同时烷基葡糖苷的临界胶束浓度较大，可以通过滤膜分离蛋白质和烷基葡糖苷。

(2) 正负离子表面活性剂-高聚物混合双水相　如溴化十二烷基三乙铵-十二烷基硫酸钠与聚氧乙烯（EO）-聚氧丙烯（PO）嵌段共聚物（$EO_{20}PO_{80}$）形成的双水相体系。该体系具有以下优点。

① 通过在高分子接上亲和配基，可进行蛋白质的亲和分配。

② 两相都可进行多步萃取，即将表面活性剂富集相稀释或加热高分子富集相，又可形成新的双水相体系。

③ 在蛋白质的分配完成之后，可容易地将表面活性剂与高分子从蛋白质溶液中除去。首先，通过将表面活性剂富集相进一步稀释，正负离子表面活性剂将沉淀出来。以此可将表面活性剂从蛋白质溶液中除去。其次，将高分子富集相加热至高分子浊点以上，最终可得到一个接近纯的 $EO_{20}PO_{80}$ 析出相和一个只有蛋白质的水相。以此可容易地将高分子从蛋白质溶液中除去。

④ 表面活性剂和高分子可循环使用。③中分离出的高分子可循环使用。若在③中分离出来的正负离子表面活性剂沉淀中加入适量正离子或负离子表面活性剂，又可形成新的双水相，以此可将表面活性剂循环使用。

此外，溴化十二烷基三乙铵-十二烷基硫酸钠分别与葡聚糖和聚乙二醇也可形成混合双水相体系。

第13章

功能表面活性剂

随着科技发展的需要，各种功能性表面活性剂也应运而生。它们有的是在普通表面活性剂的基础上进行结构修饰（如引入一些特殊基团），有的是对一些本来不具有表面活性的物质进行结构修饰，有的是从天然产物中发现的具有两亲性结构的物质，还有一些是合成的具有全新结构的表面活性剂。这些表面活性剂不仅为表面活性剂结构与性能关系的研究提供了合适的对象，而且具有传统表面活性剂所不具备的新性质，特别是具有针对某些特殊需要的功能。

13.1 双子表面活性剂

双子表面活性剂（也有叫孪连表面活性剂，gemini）是一类带有两个疏水链、两个亲水基团和一个桥联基团的化合物。类似于两个普通表面活性剂分子通过一个桥梁连接在一起，分子的性质如同"连体的孪生婴儿"，我们将其称作双子表面活性剂。传统的表面活性剂只有一个亲水基团和一个疏水基团，其离子头基间的电荷斥力或水化引起的分离倾向使得它们在界面或分子聚集体中难以紧密排列，造成表面活性剂偏低。而分子量在数千以上的高分子表面活性剂，尽管增溶性、增稠性、分散性、絮凝性等较佳，但一般难以在界面上形成稳定的取向层，表面活性较传统的表面活性剂弱，表面张力要很长时间才能平衡。这些不足限制了传统表面活性剂和高分子表面活性剂的应用。而双子表面活性剂，与传统的表面活性剂相比，具有极高的表面活性、很低的 Krafft 点和很好的水溶性，其水溶液也具有特殊的相行为和流变性，有些还具有与高分子表面活性剂相媲美的增稠性，被誉为新一代表面活性剂（图 13-1）。

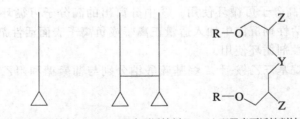

(a) 普通表面活性剂　　(b) 双子表面活性剂　　(c) 双子表面活性剂结构

图 13-1　双子表面活性剂分子的结构简图

R—烷基；Z—亲水基；Y—桥联基，如—$O(CH_2CH_2O)_n$—（$n=0\sim3$）等

13.1.1 双子表面活性剂的结构类型

迄今为止，阳离子双子表面活性剂已有季铵盐型、吡啶盐型、胍基型；阴离子型双子表面活性剂有磷酸盐型、硫酸盐型、磺酸盐型及羧酸盐型；非离子型双子表面活性剂出现了聚氧乙烯型和糖基型，其中糖基既有直链型的，又有环型的。从疏水链来看，由最初的等长的饱和碳氢链型，出现了碳氟链部分取代碳氢链型，不饱和碳氢链型、醚基型、酯基型、芳香型以及两个碳链不等长的不对称型。

双子表面活性剂的连接基团的变化最为丰富，连接基团的变化导致了双子表面活性剂性质的丰富变化。它可以是疏水的，也可以是亲水的；可以很长，也可以很短；可以是柔性的，也可以是刚性的，前者包括较短的碳氢链、亚二甲苯基、对二苯代乙烯基等，后者包括较长的碳氢链、聚氧乙烯链、杂原子等。从反离子来说，多数双子表面活性剂以溴离子为反离子，但也有以氯离子为反离子的，也有以手性基团（酒石酸根、糖基）为反离子的，还有以长链羧酸根为反离子的。近年来又出现了多头多尾型双子表面活性剂，它们的出现为双子表面活性剂大家族增添了新的成员。

13.1.2 双子表面活性剂的性质

与普通表面活性剂相比，双子表面活性剂具有极高的表面活性。不同种类双子表面活性剂的性质差别较大。

13.1.2.1 双子表面活性剂的物化性质

（1）Krafft 点和水溶性

表面活性剂的亲水性随其分（离）子的总亲水程度的增大而增大。双子表面活性剂分（离）子中含有两个亲水基，具有足够的亲水性，并且连接基团中的醚氧原子也有亲水性，因此，双子表面活性剂具有良好的水溶性，甚至在硬水中水溶性也很好。而且其分子或离子含有两（或）三条疏水链，疏水性更强，更易在水溶液表面吸附和在水溶液中形成胶团。

离子型双子表面活性剂的 Krafft 点都很低，一般在 0℃ 以下；而非离子型双子表面活性剂的浊点比相应单体的浊点要高。

（2）双子表面活性剂在界面上的聚集行为

表面活性剂在气-液界面的聚集主要与亲水基的大小、带电荷情况及疏水链的疏水性强弱有关。和单体表面活性剂相比较，双子表面活性剂更易在水溶液表面吸附。双子表面活性剂是通过化学键将两个亲水基连接起来，使分子间的排列比普通表面活性剂的更加紧密，从而削弱了亲水基间的静电斥力和水化层斥力，使其表现出更高的表面吸附能力。

刚性的较短连接基的 m-s-m 季铵盐型双子表面活性剂，在表面吸附层中，其连接基充分伸展；柔性的较长连接基的 m-s-m 季铵盐型双子表面活性剂，其连接基发生扭曲，形成拱形，以使其分（离）子间的排列更加紧密。

如果双子表面活性剂的间隔链是疏水的，而且长短不一、韧性也不一样，那么在水-气界面上大致有如图 13-2 所示的 3 种状态：①发夹结构，间隔链比较短且平躺于界面上；②环状结构，间隔链比较长（碳原子数≥10），且柔性好，容易向气相一侧弯曲；③线状结构，间隔链（如亚二甲苯基等）柔韧性差，不易弯曲，整个表面活性剂呈线形平躺于界面上。

从图 13-2 可以看出，由于疏水的间隔链的连接作用，使得每摩尔双子表面活性剂分子的表面积 $a(\text{nm}^2)$ 值要比相应的单链表面活性剂大，因此它能更有效地降低水的表面张力。

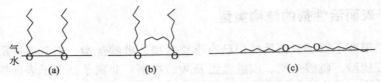

图 13-2   双子表面活性剂在气-液界面的吸附形态

此外，双子表面活性剂的间隔链长度与侧烷基疏水链的长度也影响着 $a(\text{nm}^2)$ 值，使得 a 有不同的变化方式。值得注意的是，两性型双子表面活性剂在气-液界面的平均分子面积在 $0.20 \sim 0.31\text{nm}^2$ 之间，比经典正负混合体系的 0.5nm^2 小得多。

由此可见，双子表面活性剂吸附方式主要由连接基团的限制作用与整个分子在相界面上的亲和作用决定，亲和作用包括极性基团与水相的作用和非极性基团与油相或空气之间的作用。当限制作用大于亲和作用时，双子表面活性剂将以直线形或近似直线形的方式吸附在界面或表面上；而当亲和作用占优势时，它将以弯曲或环状不规则形式吸附在界面或表面上。

（3）胶束性质

双子表面活性剂比传统的表面活性剂更易在水溶液中自聚，在水溶液中能形成球状胶团、椭球状胶团、棒状胶团、枝条状胶团、线状胶团、双层结构、液晶、囊泡等一系列聚集体，而且倾向于形成更低曲率的聚集体，特别是当连接基团链足够短（2 或 4）时。

阴离子型双子表面活性剂具有极好的胶团形成能力，即使具有相同 HLB 值，其临界胶束浓度（cmc）也较传统表面活性剂低 $2 \sim 3$ 个数量级；而且和单体表面活性剂相比较，其在降低水的表面张力方面也非常有效。阳离子型双子表面活性剂的 cmc 比相应的单体表面活性剂低 $1 \sim 2$ 个数量级。

此外，双子表面活性剂的 c_{20} 值也明显低于传统表面活性剂。这是由于双子表面活性剂分子中疏水基的碳原子总数较多（两个疏水基），使得体系中水结构的变性程度加剧，体系中水结构变形越大，表面活性越大。另一种合理的解释为双子表面活性剂具有两条疏水链，更易靠近形成胶团，导致 cmc 变小。当然，对离子型表面活性剂，极性头的排斥作用力减小也是主要原因之一。

（4）增溶作用

增溶作用只发生在临界胶束浓度以上。由于双子表面活性剂的临界胶束浓度比传统的表面活性剂低，在水溶液中更易形成胶束，所以其增溶性更强。例如，双子表面活性剂 12-2-12·2Br⁻（两根疏水链为含 12 个碳原子的碳氢链，中间连接基团为二个亚甲基，头基为季铵盐）增溶甲苯时，甲苯与 12-2-12·2Br⁻ 质量比为 3.8，而对于十六烷基三甲基溴化铵（CTAB）体系，甲苯与 CTAB 的质量比仅为 0.78。

双子表面活性剂对有机物质的增溶量是传统表面活性剂的数倍，其增溶能力与烷基链长以及连接基团的长度有关。对有机物质的增溶能力随烷基疏水链长的增大而增大；碳链长度相同时，不同类型双子表面活性剂增溶能力由大到小的顺序为非离子、阳离子、阴离子。连接基团的长度对双子表面活性剂在水溶液中的聚集行为的影响远远超过烷基链的影响，双子表面活性剂增溶能力一般随着连接基团的长度增加而增加，对一系列不对称的双子表面活性剂的研究表明，不对称性越差，其临界胶体浓度越低，增溶能力越强。

（5）独特的流变特性

表面活性剂水溶液的流变性与其在水溶液中的聚集状态密切相关。双子表面活性剂的水溶液在低浓度时具有高的黏度，尤其是一些短连接基的双子表面活性剂的水溶液具有有趣的流变性：浓度很低时其黏度和水相似，当浓度达到一定值时黏度迅速增大，溶液黏度可增大6 个数量级；但随着水溶液浓度的进一步增大，溶液黏度反而减小。这是由于双子表面活性剂易形成棒状或线状等大尺寸的分子聚集体，随着溶液浓度的增大，在剪切力诱导下产生线状胶束相互缠结形成网状结构，在较低浓度时就能达到很高的黏稠度，因此水溶液黏度增大；但若再进一步增加双子表面活性剂的浓度，会导致其聚集体形态的改变，溶液中线状胶团的有效长度减小，网状结构遭到破坏，因此溶液黏度反而减小。

（6）更大的复配协同效应

双子表面活性剂具有相当高的表面活性和很多奇异的自组织特性。合适的表面活性剂混合体系可产生协同效应，从而表现出比单一表面活性剂体系高得多的表面活性。众所周知，正、负离子表面活性剂混合体系可产生强烈的协同效应，表现出很高的表面活性，且自组织行为复杂。如亚甲基连接链的季铵盐双子表面活性剂 $C_{12}-s-C_{12} \cdot 2Br^-$（$s=2,3,4,6$）与十二烷基硫酸钠（SDS）混合水溶液中，相反电性的分子间发生强烈相互作用，极易造成沉淀，仅存在很小的澄清区域。在季铵头基间引入亲水的乙氧基（E）间隔链，明显增大了它与 SDS 混合体系的澄清区域。

13.1.2.2　双子表面活性剂与同类表面活性剂的特性比较

由于双子表面活性剂是通过共价键结构将两个表面活性剂分子的离子头基连接起来的，这种强相互作用有效地阻止了离子头基同性电荷的排斥作用，由此造成了两个表面活性剂单体离子相当紧密地连接，同时又不改变离子头基的亲水特性，致使其碳氢链间更容易产生强相互作用，即加强了碳氢链间的疏水结合力。研究表明，表面活性剂降低水表面张力的能力取决于它在极限吸附量时能以什么样的基团代替原来处于最外层的水以及能取代到什么程度。当表面活性剂分子以其甲基（—CH$_3$）暴露在液相最外层时，它降低液相表面能的能力明显强于其亚甲基（—CH$_2$—）暴露的情况。对于末端基团来说，对表面张力贡献的大小如下：—CF$_3$<—CF$_2$—<—CH$_3$<—CH$_2$—<—CH═CH—（苯环上）。双子表面活性剂的极性基在液相表面紧密分布，迫使其碳氢非极性链在气相呈现几乎竖直的排列，将链端的甲基暴露在气相中，从而大幅度降低表面能。因此，双子表面活性剂在表面、界面上排列更加紧密，具有很高的活性。正是由于双子表面活性剂这种特殊的结构，使得它具有独特的性质。

双子表面活性剂与同类表面活性剂的性质比较如表 13-1 所示。

表 13-1　双子表面活性剂与同类表面活性剂的性质比较

双子表面活性剂	$C_8-2-C_8 \cdot 2Br^-$	$C_{10}-2-C_{10} \cdot 2Br^-$	$C_{12}-2-C_{12} \cdot 2Br^-$
$cmc/(mmol/L)$	8.95	5.56	0.911
聚集数（N）	106.4	49.4	33.2
双子表面活性剂	$C_8-6-C_8 \cdot 2Br^-$	$C_{10}-6-C_{10} \cdot 2Br^-$	$C_{12}-6-C_{12} \cdot 2Br^-$
$cmc/(mmol/L)$	20.0	8.02	1.04
聚集数（N）	23.2	18.6	16.7
普通表面活性剂	C_8TABr	$C_{10}TABr$	$C_{12}TABr$
$cmc/(mmol/L)$	260	68	16
聚集数（N）		36	50

从表 13-1 可以看出，双子表面活性剂与其相应的单链表面活性剂在性质上有着较大的

差异。对普通表面活性剂，在吸附（碳氢链之间）和排斥（头基）两种相反倾向的作用力下，无论是在气-液界面还是在体相的聚集体中，表面活性剂离子彼此头基间均存在着一定的平衡距离，无法完全紧密地靠拢，这将影响它们在气-液界面上的吸附层的状态以及在溶液中聚集体的形状。通常使用的方法，如添加无机盐（屏蔽离子头基），提高溶液的温度（减少水化作用），正、负离子表面活性剂二元复配（直接利用相反电性头基间静电引力）等，其本质作用均是减少表面活性剂在聚集状态中的分离倾向。然而这些方法还受到一定的限制。

双子表面活性剂优异独特的性质是由其特殊的分子结构决定的。双子表面活性剂分子亲水头基是靠化学键连接的，或者说两个亲水基被桥联基"硬拉"到一起，因而双子表面活性剂分子中连接非常紧密，烃链间更容易产生强相互作用，疏水缔合作用增强，因而在同一分子内亲水基之间的静电斥力使疏水链相互远离的作用力被桥联基所抵消，而在不同的分子之间，与相应的单链表面活性剂相比，能起到这种作用的亲水基的"有效"数目也减少了（少于总疏水链数）。因而疏水链之间的平均距离缩短了。而且由于两个疏水链是通过具有一定长度的桥联基连接的，桥联基的柔性可使得两个疏水链尽可能采取"肩并肩"的排列，这就是低聚表面活性剂与传统的表面活性剂相比具有高表面活性的根本原因。

cmc 与 c_{20} 的比值（cmc/c_{20}）反映了表面活性剂在界面的吸附能力与在体相中形成胶束能力的相对强弱，据此可以测定表面活性剂降低表面张力的最终程度。传统表面活性剂的 cmc/c_{20} 小于 3，双子表面活性剂的 cmc/c_{20} 相对较高，说明双子表面活性剂分子在水溶液中更倾向于吸附在气液界面，形成胶团的倾向相对较弱，这可能是因为将两条疏水链同时排入胶团中是比较困难的。

此外，在双子表面活性剂分子中，两个亲水基之间的静电斥力使疏水链相互远离的作用力被桥联基所抵消（两个亲水基被桥联"拉"到一起）；在正、负离子表面活性剂混合体系中，这种作用力被插在中间的导电性亲水基所抵消（两个相邻的同电性的离子基团被插在中间的导电性离子基团"拉"到一起）。同理，若把双子表面活性剂分子中两个亲水基之间的碳原子考虑在内，可将 C_{10} 的阴离子型双子表面活性剂与 C_{12} 的正、负离子表面活性剂混合体系相比较，考虑到每个双子表面活性剂带有两个阴离子基团，需采用摩尔比为 1∶2 的正、负离子表面活性剂混合体系。结果表明，两类表面活性剂体系的表面活性数值相近，只是在正、负离子表面活性剂混合体系中疏水链在表面层的排列更为紧密，因而其 γ_{cmc} 更低。

13.1.2.3　双子表面活性剂分子聚集体

在双子表面活性剂中，两个极性头通过一个疏水的间隔链连接在一起，因此，间隔链的长度、柔韧性、两个同电性的极性头的排斥程度，决定了聚集体的形状。当间隔链的长度比两个同电性的极性头的平衡距离短时，间隔链完全伸展以减小两个极性头之间的排斥力，这就使得间隔链与水进行非常不利的接触。而当间隔链的长度比两个极性头的平衡距离长时，间隔链不完全伸展，并且尽量减少与水的接触，很明显，此种反应很大程度上依赖于间隔链的柔韧性。因此，间隔链的长度、柔韧性是决定双子表面活性剂胶束形状的关键因素，并且使胶束呈现出各种形状。当然，表面活性剂浓度、疏水基链长及对称性和外部条件的变化等都会影响聚集体的形成。

(1) 胶束聚集数

双子表面活性剂端基极性的增加、连接链长的减小可提高聚集数（见表 13-1）。对于阳离子双子表面活性剂，端基极性的增加可提高聚集趋势。对于 m-s-m 型双子表面活性剂，在相同温度、浓度条件下，连接基 s 越小，胶束聚集数越大。

影响胶束聚集数的因素有如下规律：

① 浓度一定，温度升高，胶团聚集数下降；

② 连接基团为次甲基时，一般随其数目的增多（2～8），聚集数降低；

③ 聚集数与疏水链数目之间按如下顺序降低：

12-3-12-3-12 • 3 Br$^-$ ＜12-3-12 • 2 Br$^-$ ＜DTAB（溴化十二烷基三甲基铵）。

（2）胶束的微观结构

表面活性剂分子聚集态的微观结构主要取决于分子构型和外部条件。分子构型包括侧烷基疏水链长度、间隔链的长度和韧性等；外部条件包括浓度、温度和溶剂极性等。双子表面活性剂的胶束形式难以用传统的胶束模型加以解释。但具有以下特性：

① 刚性连接基团的双子表面活性剂分子内烷烃链间的聚集作用难以实现，因而形成亚胶束，在水溶液中，主要以线性形式存在；柔性连接基团的双子表面活性剂在水溶液中同一分子的两个烷烃链将弯向同一侧，构成传统意义上的胶束。

② 连接基团较短的双子表面活性剂容易生成比对应的普通表面活性剂更低曲率的分子聚集体。随着连接基团长度的增大，胶束的形状也发生变化。当连接基团较短时，极性基团占有的面积比连接基团较长时的占有面积小，较大的堆积参数容易形成椭球状、碟形、棒状以及蠕虫状胶束；当连接基团的长度较长且处于中等长度时，较小的堆积参数有利于球状胶束的形成；当连接基团的长度继续增加时，连接间隔基团的疏水性太强，折叠成环进入胶束的疏水内核，在水溶液中形成囊泡结构。

③ 双子表面活性剂随着浓度及混合比例的不同，体系出现球形、环状、椭球状、盘状、线形胶团，以及球形、管状囊泡、双层片状结构等各种的聚集体，总的来说是往聚集体曲率变小的方向转变。

④ 疏水链长对其结构的影响与相应的传统表面活性剂相似，即随着链长的增加，聚集体曲率变小。

由上述可知，双子与经典表面活性剂在分子结构上的明显区别是连接基团的介入，连接基团的介入及其化学结构、连接位置、刚性程度及链长等因素的变化，将使双子的结构具备多样化的特点。连接基的种类和长度是影响双子表面活性剂胶束形状的主要因素。

13.1.3　双子表面活性剂结构与性能的关系

（1）化学结构

双子表面活性剂与相应的单疏水链亲水型表面活性剂相比，不仅保持了原有的良好水溶性的特点，并且能在极低的浓度下形成胶束（cmc 更低）和更优良的降低表面张力的能力。

表 13-2 中列出了具有双子结构为（10）、（11）、（12）的表面活性剂分别与十二烷基硫酸钠、RN$^+$(CH$_3$)$_3$Cl$^-$、C$_{11}$H$_{23}$COONa 对比的有关数据。

表 13-2　双子表面活性剂与相应的单疏水链表面活性剂的表面活性对比

表面活性剂结构		T_K/℃	cmc/(mmol/L)	γ_{cmc}/(mN/m)
（10）结构	R＝C$_{10}$H$_{21}$ Y＝OC$_2$H$_4$O	＜0	0.013	27
（10）结构	R＝C$_{10}$H$_{21}$ Y＝p-OC$_6$H$_4$O	＜0	0.035	39

续表

表面活性剂结构		T_K/℃	cmc/(mmol/L)	γ_{cmc}/(mN/m)
SDS		<0	16	39
(11)结构	R=$C_{12}H_{25}$	<0	1.07	35
	R=$C_{16}H_{33}$	<0	0.014	37
R—N(CH$_3$)$_3$Cl		<0	12	39
(12)结构	R=$C_{11}H_{23}$	<0	0.090	27.5
$C_{11}H_{23}$COONa		19	20	37.5

由表 13-2 可知,与相应的单链表面活性剂的表面活性对比,双子表面活性剂表现出较好的表面活性。特别是当连接基是柔性且亲水时,cmc 和 γ_{cmc} 都明显降低。

(2) 影响双子表面活性剂性能的因素

从双子表面活性剂的分子结构来看,也仅是在头基处引入了连接基,但关键就在于连接基位置的选择。表面活性剂在水溶液中实现自组织的驱动力来自烷烃链的疏水相互作用,头基则由于自身的亲水性更倾向于分散在水相中,因而实际上起了阻碍分子吸附或聚集的作用,双子分子正是利用以共价键结合的连接基巧妙制约了头基在自组织过程中的阻碍作用。首先,可以引入足够短的连接链,造成了离子头基电荷的高度集中,更有效地束缚住反离子,这样它们在吸附和聚集过程中头基间的静电排斥和水化阻力都将减小;其次,连接基在缩小单元分子头基间距离的同时也拉近了两根烷烃链,这促进了它们在自组织过程中的协同作用,这种效应很可能是产生高表面活性的重要因素之一。可见,低聚表面活性剂的性质很大程度上取决于离子头基的大小和官能团、疏水基的长短、对称性以及连接基的长度和刚柔性,其中连接基的性质对表面活性剂性质的影响较大。

① 疏水链　与传统表面活性剂一样,随着碳原子数(如 C_{12}~C_{18} 链)的增加,双子表面活性剂的 cmc 值降低,c_{20} 值亦降低,即表面活性剂的效能随着疏水基碳原子数的增加而增加。如 m-s-m·2Br$^-$ 系列表面活性剂的 cmc 值随 m 的增加而降低。但是当双子表面活性剂的碳原子数增加至某一限度(该限度取决于分子环境,即离子强度、温度等)后,其 cmc、c_{20} 值明显低于预期值,即表面活性低于预期值;当碳原子数超过该限度后,表面活性随碳原子数的增加而开始逐渐降低。这种特殊的现象明显不同于传统的表面活性剂。

② 连接基　连接基对双子表面活性剂的性质影响很大。连接基可为柔性基团,也可为刚性基团。不同类型的连接基,每个活性剂分子在空气-水界面所占面积随连接基长度的变化也不尽相同,其原因可能是连接基影响表面活性剂分子在体相及界面的空间构型及排列。疏水连接基团的刚性增加,cmc 变大;亲水连接基团的刚性增加,cmc 变小。连接基柔性且亲水时,其 cmc 值最小;连接基柔性且疏水时,cmc 值稍高;连接基刚性且疏水时,cmc 值最高。这是由于亲水性的间隔基易与水形成氢键,柔性的碳链使间隔基弯向水相,形成向外

凸的胶束表面；疏水的连接基倾向于和两条疏水链一起"逃离"水相，形成胶团的困难程度较前者稍大；刚性的连接基对疏水链的空间构型有一定限制，形成胶团的困难程度较前者稍大；刚性的连接基对疏水链的空间构型有一定限制，形成胶团的困难程度更大。连接基较短时，对整个分子空间构型的影响较显著；连接基较长时，主要影响离子头的水合作用和疏水链的旋转；此外，连接基长度的变化也可引起分子空间构型的变化。

③ 聚合度　聚合度是指分子中单链头基的个数。Kun 等通过表面张力法研究了单链头基传统表面活性剂（1RQ）和以—CH_2—为连接基链的二聚（2RQ）、三聚（3RQ）表面活性剂的表面活性及其物理性质，实验数据如表 13-3 所示。

表 13-3　双子及其他低聚表面活性剂聚合度对表面性质的影响

表面活性剂	$cmc/(mmol/L)$	$\gamma_{cmc}/(mN/m)$	每个活性剂分子面积$/nm^2$
$C_{12}H_{25}N^+(CH_3)_3Br^-$（1RQ）	14.0	38.6	0.49
12-2-12(2RQ)	0.9	31.4	0.72
12-2-12-2-12(3RQ)	0.08	25.5	1.28

由表 13-3 可见，烃基碳原子数和反离子一定时，随着重复单元（即聚合度）的增加，cmc 值大幅度下降，γ_{cmc} 值也随之迅速下降，说明表面活性剂随聚合度增加，其活性随之增加。按照链烃个数与面积的关系，表面活性剂 2RQ 和 3RQ 所占面积应分别是 1RQ 的 2 倍和 3 倍，而从表 13-3 数据可见，面积均小于这个倍数。因此，可以推断 2RQ 和 3RQ 在空气-水表面的压缩程度比 1RQ 大，低聚表面活性剂分子在界面上排列得更紧密，胶团数多，活性高。

此外，影响双子表面活性剂的因素大致可归纳如下：

① 与具有相同碳链长度和亲水基的经典表面活性剂相比，双子表面活性剂的 cmc 普遍很小。

② 体系中离子强度增加，一般使双子表面活性剂的 cmc 降低。这与经典表面活性剂类似。

③ 间隔基长度 s 增大，其 cmc 减小。对阳离子型双子表面活性剂，当亲水基团和疏水链长各自相同，连接基团为次甲基时，$s=16$ 化合物的 cmc 约为 s 是 2～8 化合物的 1/10。这主要是由于连接基团的变化引起了表面活性剂构型的变化，在 s 等于 6 附近时，连接基团处于表面活性剂离子或平衡离子周围，cmc 达到最大值；s 较大时连接基团离开表面活性剂离子或平衡离子而伸入到胶束疏水链区，因而 cmc 值降低。短链（2～8）连接基团的极性对 cmc 的影响较小，如 C_{12} 疏水链的各种连接基团双子表面活性剂的 cmc 均在 $2.0 \times 10^{-3} mol/L$ 之内。

④ 不对称性不影响双子表面活性剂的 cmc。例如，12-2-12、10-2-14、8-2-16 的 cmc 极其相近，14-2-18、16-2-16 也具有相近的 cmc。对于不对称双季铵盐 n-s-m，疏水链总长度（$n+m$）增加，表面活性剂的 cmc 有所降低。其中，16-18-12 的 cmc 最小，为 $17\mu mol/L$；18-2-18 的 cmc 太低，以致无法用电导率法测量。

⑤ 固定亲水基和连接基团，随疏水链增长，双子表面活性剂的 cmc 降低。

⑥ 固定亲水基、连接基团和疏水链的长度，随疏水链的数目增加，cmc 降低。

⑦ 当疏水链和连接基团固定时，阴离子型双子表面活性剂的 cmc 小于阳离子型 cmc。

⑧ 阴离子双子表面活性剂的 cmc 按如下顺序降低：

$$—OCH_2COONa < —OPO_3Na < —O(CH_2)_3SO_3Na < —SO_3Na$$

⑨ 疏水链含有 C═C 双键的双子表面活性剂的 cmc 一般高于相应的饱和疏水链的双子表面活性剂；然而，连接基含有 C═C 双键的双子表面活性剂的 cmc 和相应的饱和连接基的双子表面活性剂非常相近，故 cmc 不受双子表面活性剂中连接基上不饱和键的影响。

⑩ 当连接基为柔性、亲水性基团时，如—$CH_2CHOHCHOHCH_2$—、—$CH_2CH_2OCH_2CH_2$—，则具有很低的 cmc 值；当连接基为柔性、疏水性基团时，则具有较高的 cmc 值；对于某些刚性、疏水性的连接基，则具有更高的 cmc 值。但即便是刚性，连接基结构为疏水性的双子表面活性剂，其 cmc 值仍比传统的表面活性剂低 1~2 个数量级。通常 cmc 值随分子连接基中亚甲基链—(CH_2)—长度的增长而变大，例如，对阳离子双子表面活性剂，当 n 为 5 左右时，cmc 值达到最大。这是因为当连接基达到一定的长度就会缠绕成环状进入胶束内部。

13.1.4 从分子结构水平调控有序聚集体

双子表面活性剂与传统表面活性剂的性质差异主要是由形成胶束时头基之间的距离决定的。传统表面活性剂的头基间只存在一个热力学平衡距离（d_t），大小为 0.7~0.9nm，而双子表面活性剂的头基间不仅存在一个 d_t，而且还有一个对应于连接基团长度的距离 d_s。d_s 由连接基团的键长和键角决定，可以通过调节连接基团，使 d_s 小于、等于或大于 d_t，从而得到不同性质的双子表面活性剂。

在水溶液中，一般表面活性剂在分子有序组合体中的排列受两种作用力控制：一种是烷烃链间的疏水相互作用，它是表面活性剂分子自发组成分子有序聚集体的驱动力；另一种是头基间由于静电斥力或水化层造成的彼此之间排斥。这两种作用力的平衡结果，再加上单元分子几何形状产生的空间体积效应，最终决定了有序聚集体的形状、尺寸以及表面电荷状况。显然，可以认为调节参与构成有序聚集体的各表面活性剂间的距离，意味着可以调节这两种力的作用程度，也即可调控分子有序聚集体，从而获得所需要的尺寸、形状和表面电荷等。以上分析可以看出，有效调控头基间的距离是实现调节上述单元分子几何形状和物理参数，进而调控聚集体的重要手段。

(1) 双子表面活性剂分子结构的特点和离子头基间距离的调节

当设计不同长度的连接基团链时，可控制这种低聚表面活性剂单元分子内离子头基的距离，这至少使单元分子在三个方面发生变化：几何形状、头基电荷密度及水化程度，烷烃链密度。

常见的连接基团有：

① 柔性链，如 ─$(CH_2)_s$─、─$(C_2H_4O)_x$─ 等。

② 刚性链，如 ─⬡─ 、 ─⬡─HC═CH─⬡─ 等。

若以烷基三甲基溴化铵 C_mTABr 为二聚表面活性剂的单体，分别以—$(CH_2)_s$—、—$(C_2H_4O)_x$—为中间连接基团制备二聚物，记为 C_m-S-C_m 和 C_m-X-C_m。已知每个—(CH_2)—、—(C_2H_4O)—的长度分别为 0.127nm 和 0.180nm（波形结构），当连接两个季铵离子头基时，其头基间的平均距离 d_s 和 d_x 可按下式计算。计算结果见表 13-4。

$$d_s(nm) = 0.127(s+1) \quad (当连接基团为—(CH_2)_s—时) \qquad (13-1)$$
$$d_x(nm) = 0.180x + 0.127 \quad (当连接基团为—(C_2H_4O)_x—时) \qquad (13-2)$$

从表 13-4 中可以看出，对 C_m-S-C_m 和 C_m-X-C_m 体系，当 $s=5$、6 或 $x=4$ 时，离子头基间的距离等于单纯表面活性剂之间离子头基间的距离。

表 13-4 不同连接基长度时离子头基间的距离

S 或 X	d_s^0/nm	d_s/nm	d_x/nm
0	0.7~0.9		
1			0.307
2		0.381	0.487
3		0.508	0.667
4		0.635	0.847
5		0.762	1.027
6		0.889	1.207
8		1.143	

(2) 双子表面活性剂单元分子几何形状随连接基团的变化

例如，对 C_{10}-S-C_{10}，利用小角中子散射实验证实，可用扁长椭球模型来描述，如图 13-3 所示。图中，a 和 b 分别是由烷烃链构成的胶团椭球形疏水内核的长半径和短半径，t 表示由季铵离子头基和被水润湿的烷烃链上亚甲基共同构成亲水层的厚度。

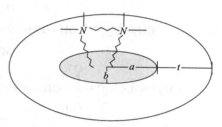

图 13-3 C_{10}-S-C_{10} 的扁长椭球模型

假设聚集体是链分子最紧密堆积的结果，并设二聚表面活性剂分子烷烃链用来组成胶团疏水内核的那部分体积为 V_t，用来构成亲水层的离子头基和被水润湿的那些亚甲基体积为 V_h，N 为胶团聚集数，再根据已知的一些原子和基团的体积，如 $V_{CH_3}=0.0426nm^3$，$V_{CH_2}=0.0282nm^3$，$V_N=0.0305nm^3$，估算出表 13-5 中一些相关的参数。

下面以 C_{10} 为例比较双子表面活性剂与单链表面活性剂形成胶团的几何形状（见表 13-5）。

表 13-5 双子表面活性剂 C_{10}-S-C_{10} 及单体 C_{10}TABr 胶团几何参数

S	N	V_t/nm³	V_h/nm³	a/nm	b/nm	t/nm	$(a+t)/(b+t)$	P
0	47	0.226	0.168	1.63	1.25	0.866	1.18	0.24
2	105	0.452	0.307	7.28	1.25	0.866	3.85	0.45
3	36.5	0.452	0.335	2.53	1.25	0.866	1.61	0.36
4	28.4	0.452	0.363	1.97	1.25	0.866	1.34	0.33
6	23.5	0.452	0.420	1.63	1.25	0.866	1.18	0.26

从表 13-5 看，$(a+t)/(b+t)$ 的数据表明，C_{10}TABr 胶团形状接近于球形，P 值也证明了这一点。当连接基团为亚甲基时，$S=6$，意味着 $d_s=d_s^0$，见表 13-4。而随着 S 减小，$(a+t)/(b+t)$ 增大，即越偏离球形。P 值变化也是如此。

(3) 双子表面活性剂分子聚集体表面电荷密度随连接基团链的变化

综上，双子季铵离子头基间距离 d_s 的变化改变了其单元分子的几何形状，这必将带来单元分子头基电荷解离度的改变，从而使胶团表面电荷密度发生变化。

表面电荷平均解离度 α 随 S 变小而降低。S 减小意味着排列在胶团表面的离子头基电荷密度增加，这增强了对反离子的吸引，从而降低了 α（见表 13-6）。

表 13-6   双子表面活性剂分子聚集体表面电荷密度随连接基团链的变化

种类	电荷密度				
	$S=2$	$S=3$	$S=4$	$S=6$	$S=8$
C_{10}-S-C_{10}	0.15	0.22	0.28	0.29	0.32
C_{12}-S-C_{12}	0.20	0.22	0.26	0.33	0.45

13.1.5   双子表面活性剂的合成

双子表面活性剂的制备大致有以下 3 种方法。

(1) 间隔链加入法

该方法通过一系列的反应，在两个现成的双亲体之间插入一个间隔链，将这两个双亲体连接起来，如下所示：

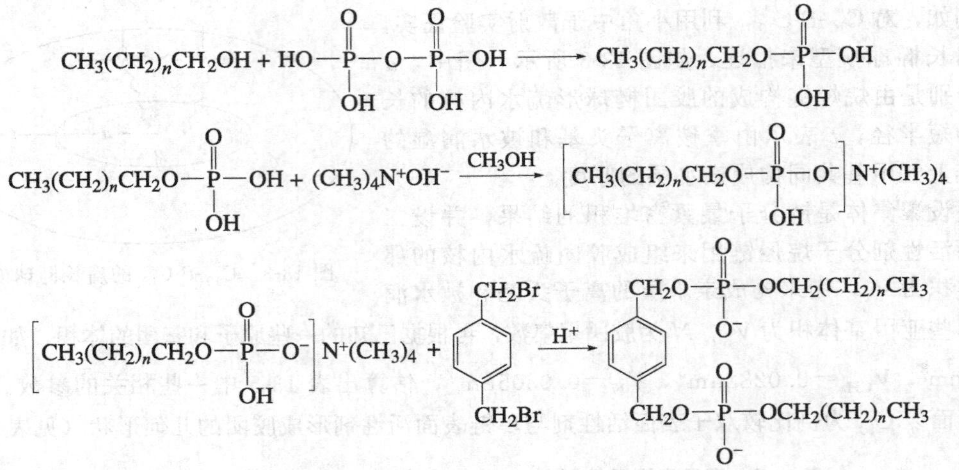

(2) 疏水链加入法

这种方法所采用的原料化合物含有间隔链，并且已经和两个极性头连接在一起了，只是缺了两条疏水链。因此，用此原料合成二聚表面活性剂，只需加入两条疏水链即可。

$$Me_2N(CH_2)_2NMe_2 + 2C_{16}H_{33}Br \longrightarrow C_{16}H_{33}N^+Me_2(CH_2)_2N^+Me_2C_{16}H_{33} \cdot 2Br^-$$

该反应在无水乙醇存在的条件下回流 48h，反应的产率可达到 90%。

(3) 极性头加入法

第三种方法如下所示，间隔链先连接两条疏水链，再把两个极性头加上去。

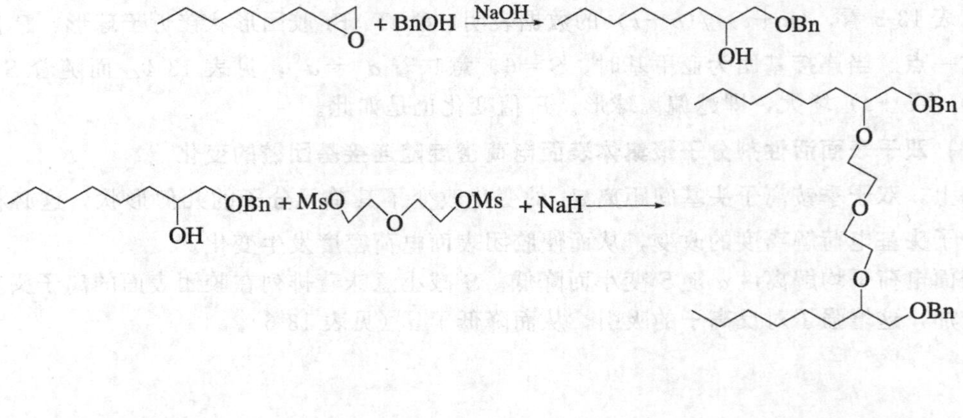

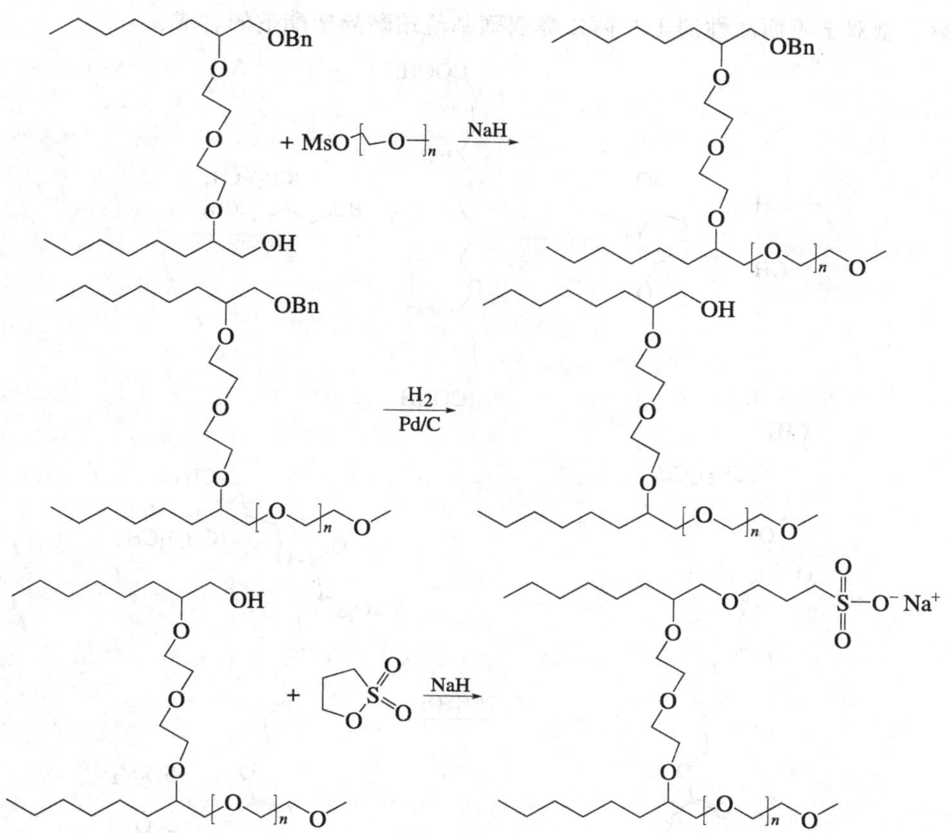

黄丹等合成了一种通过马来酸酯基连接的阴离子-非离子双子表面活性剂，其路线如下：

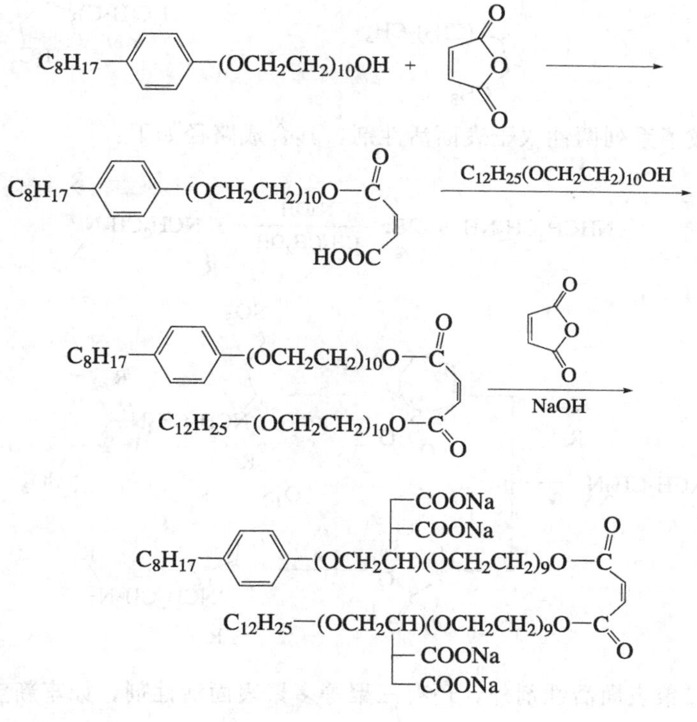

阴离子型双子表面活性剂 1,3-丙二醇双磺基琥珀酸异辛酯钠的合成：

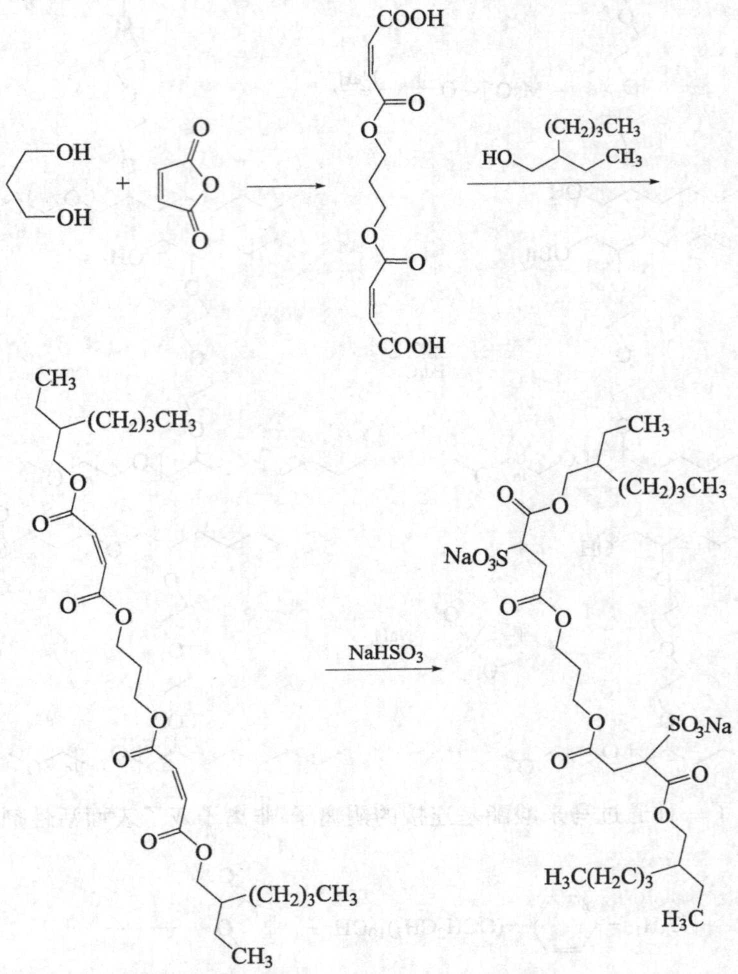

曲广淼等合成了系列两性双子表面活性剂，其合成路径如下：

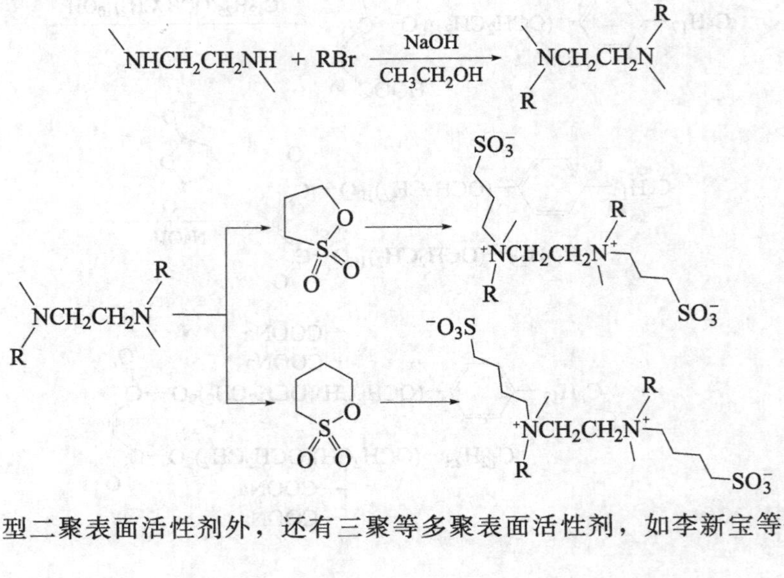

除了双子型二聚表面活性剂外，还有三聚等多聚表面活性剂，如李新宝等合成了柠檬酸

三酯三季铵盐阳离子表面活性剂，测定其 cmc 为 3.3×10^{-4} mol/L。合成路线如下：

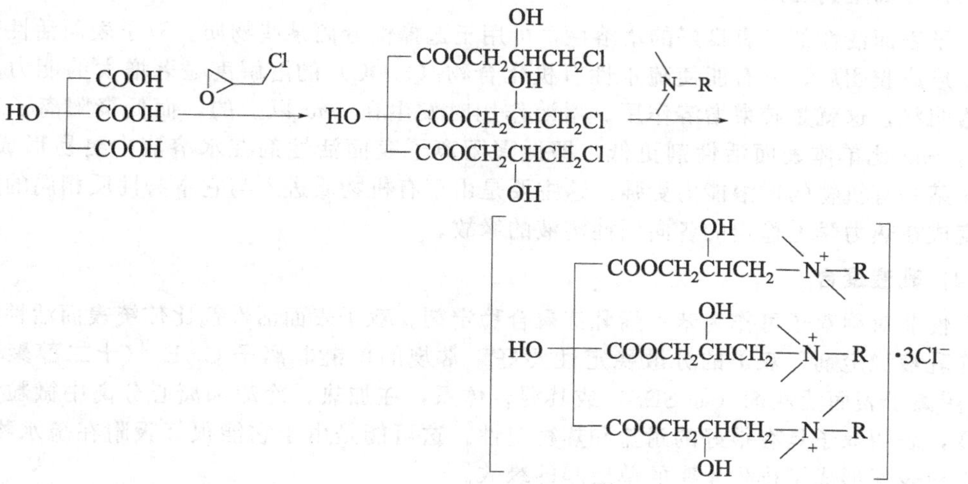

13.1.6　双子表面活性剂的应用

双子表面活性剂的独特优良性能使其具有十分广阔的应用前景，现在应用领域也有一些研究进展。

（1）在材料领域的应用

双子表面活性剂能控制分离的电荷中心或控制表面活性剂的空间取向，通过调节双子表面活性剂的电荷分布和烷基链可灵活控制其构型，因而作为合成特殊结构材料的模板，其比传统的表面活性剂更容易控制构型。如中孔分子筛的制备：中孔分子筛是指以表面活性剂为模板剂，利用溶胶-凝胶、乳化或微乳等化学过程，通过有机物和无机物之间的界面作用组装生成的一类孔径在 $1.3 \sim 30$ nm、孔径分布窄且具有规则结构的无机多孔材料。

16-s-16·2Br$^-$ 已成功用于系统合成规则的中孔的硅酸盐结构，即一种与液晶类似的易溶结构：六边形、立方体和薄层状。通过控制阳离子双子表面活性剂（n-s-m）的烷基链长度以及连接基团的长度，可以制备不同晶相、不同孔径的高质量的纯硅胶。例如，$s = 10 \sim 12$ 时可制备立方硅胶 MCM-48；s 较小时，适合于制备六方 MCM-41。用 18-12-18 和 16-12-16 可生产优良的纯硅胶 MCM-48，表面积为 $1200 \sim 1600$ m^2/g，孔体积大于 1.2×10^{-3} L/g，其孔径分布很窄。用 18-12-18 所得 MCM-48 的孔径为 0.131nm，而 16-12-16 所得的硅胶孔径为 0.122nm。另外，还可以利用双子表面活性剂制备各向异性金属颗粒。用紫外线照射含有 HAuCl$_4$ 的阳离子双子表面活性剂溶液，可制得各向异性 Au 粒子，并且随 HAuCl$_4$ 和阳离子双子表面活性剂浓度的增大，制得的纤维状的 Au 粒子的长度增加，这里双子型表面活性剂线状胶团起到软模板作用。而传统表面活性剂则成球状或棒状。

（2）在生物领域的应用

双子表面活性剂由于其特殊的结构因素，具有独特的分离作用。如 $C_n H_{2n+1} CH_2 CH(OH)CH_2 C_n H_{2n+1} \cdot 2Cl^-$（$n = 12, 14$）、十二烷基三甲基溴化铵（DTAB）和十四烷基溴化铵（TTAB）3 种表面活性剂，对分子量较大的生物碱，前者的保留系数值明显小于相应的传统表面活性剂。这是因为该双子表面活性剂因 2-丙醇连接基团上连有两个季铵盐链，刚性较大，产生较大的空间位阻，阻碍了生物碱的自由分配，使其不能进入胶束相，可有效地将生物碱和麦角毒素分离开。但在同样条件下，DTAB 和 TTAB 均不能将样品完全拆分，表明双子表面活性剂对某些样品的分离效果明显优于传统表面活性剂。

（3）分离上的应用

双子表面活性剂具有良好的增溶性，可用于选择性分离某些物质。双子表面活性剂在水溶液中形成胶团后，具有能使疏水性有机化合物（HOC）的溶解度显著增大的能力，且溶液呈透明状，这就是胶束增溶作用。增溶作用时发生在 cmc 以上的，而低聚阳离子表面活性剂的 cmc 比单体表面活性剂更低，即低聚阳离子表面活性剂在水溶液中更易形成胶团，所以对某些有机物的增溶能力更强。这主要是由于有机物质进入与它本身性质相同的胶团内部而变成在热力学上稳定的各向同性溶液的缘故。

（4）乳液聚合

两性非对称双子可作为苯乙烯乳液聚合稳定剂。双子表面活性剂比传统表面活性剂更适宜用作乳液稳定剂，双子的分散稳定性要好于常规的单链非离子 $C_{12}E_8$（十二醇聚氧乙烯醚）、阴离子表面活性剂（如 SDS）或其混合体系，在加热、冷却和离心分离中微粒大小基本不变，表明双子具有很好的耐盐和热稳定性。这可能是由于它能很好吸附在疏水物表面，并在微粒表面形成了排列紧密的单层膜的缘故。

（5）在采油中的应用

对 12-s-12 的双子表面活性剂，当 $s \leqslant 4$ 时，在很低的浓度下（0.5%）就可形成线状胶束。由于线状胶束易于相互缠绕形成网状结构，使其具有了高表面活性、高黏度和高剪切稀释性等特性。这使得双子表面活性剂既能很好地降低油水界面的表面张力，又能提高驱油的波及系数，可以在三次采油之后进一步提高油田采收率。

此外，双子表面活性剂还有一些其他应用，如用作缓蚀剂、用于抗感染治疗、作为乳液聚合的分散剂等，这些也受到了人们的极大关注。

13.2　Bola 型表面活性剂

Bola 是南美土著人的一种武器的名称，其最简单的形式是一根绳的两端各结一个球。Bola 型两亲化合物是一个疏水部分连接两个亲水部分构成的两亲化合物。

已经研究的 Bola 化合物有三种类型（图13-4）：单链型（Ⅰ型）、双链型（Ⅱ型）和半环型（Ⅲ型）。

这是基于分子形态来划分的。此外，Bola 化合物的性质还随疏水基和极性基的性质有所不同。作

图 13-4　Bola 化合物的类型

为 Bola 化合物的极性基既有离子型（阳离子或阴离子），也有非离子型。作为 Bola 化合物的疏水基既有直链饱和碳氢或碳氟基团，也可以是不饱和的、带分支的或带有芳香环的基团。

Bola 化合物溶液的表面张力有以下两个特点。第一，降低水表面张力的能力不是很强。例如，十二烷基二硫酸钠水溶液的最低表面张力为 $47 \sim 48 \text{mN/m}$（图13-5），而十二烷基硫酸钠水溶液的最低表面张力为 39.5mN/m。

这可能是因为 Bola 化合物具有两个亲水基，表面吸附分子溶液表面将采取 U 形构象，即两个亲水基伸入水中，弯曲的疏水链伸向气相（图13-6）。于是，构成溶液表面吸附层的最外层是亚甲基；而亚甲基降低水的表面张力的能力弱于甲基，所以，Bola 化合物降低水表面张力的能力较差。

第二个特点是，Bola 化合物的表面张力-浓度曲线往往出现两个转折点。图13-5 就是例子。在溶液浓度大于第二个转折点后溶液表面张力保持恒定。

二硫酸盐的表面张力-浓度对数图和微分电导-浓度图上都有两个转折点，被称为第一

cmc（或称 cdc，critical dimer concentration）和第二 cmc（或称 cmc）。实验表明，二硫酸盐在第一 cmc 和第二 cmc 之间只形成聚集数很小的"预胶团"，几乎没有加溶能力。第二 cmc 以上，溶液中形成非常松散的、强烈水化的胶团，其加溶能力较弱。油溶性染料偶氮苯、OB 黄在第二 cmc 以前加溶量很小，第二 cmc 以上，加溶量增大，但仍小于十二烷基硫酸钠胶团的加溶量。这证明第二 cmc 以前溶液中几乎没有形成有加溶能力的胶团。上述结果表明，Bola 两亲化合物的离子性基团在聚集时保持了绝大部分的结合水，故聚集体十分松散。相比而言，通常所称的胶团均具有水不能渗入的疏水核。

与疏水基碳原子数相同、亲水基也相同的一般表面活性剂相比，Bola 型表面活性剂

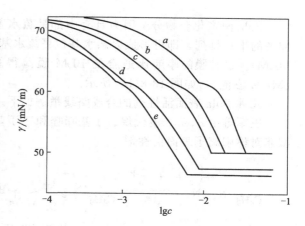

图 13-5　不同盐浓度时，十二烷基二硫酸钠的表面张力-浓度曲线

a—NaCl 浓度为 0；b—NaCl 浓度 0.1mol/L；c—NaCl 浓度 0.2mol/L；d—NaCl 浓度 0.4mol/L；e—NaCl 浓度 0.8mol/L

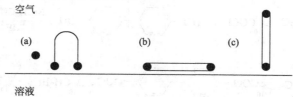

图 13-6　Bola 化合物分子吸附于水面时的构象

的 cmc 较高，Krafft 点较低，常温下具有较好的溶解性。不过，如与按亲水基与疏水基碳原子数之比来看，在比值相同时 Bola 型表面活性剂的水溶液仍较差。

Bola 化合物形成的胶团有多种形态。当 Bola 化合物形成球形胶团时，在胶团中可能采取折叠构象，也可能采取伸展构象。那么，究竟 Bola 化合物在胶团中采取何种构象呢？不难想象，当 Bola 分子在胶团中采取伸展构象时，一个 Bola 分子从胶团中解离，必然有一个带电的极性头需要穿过胶团疏水中心，这是比较困难的。因此，其解离速率常数应该比同碳原子数的一般型表面活性剂小。反之，Bola 分子在胶团中采取折叠构象时，分子从胶团中解离的速率常数比较大，因此，一些碳链较长的 Bola 分子在胶团中可能采取折叠构象。对于疏水链较短的 Bola 分子，在胶团中采取折叠构象可能存在空间结构上的困难。除了球形胶团，有些 Bola 化合物还可以形成棒状胶团（图 13-7）。

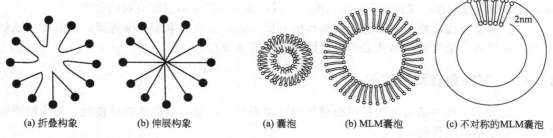

(a) 折叠构象　　(b) 伸展构象　　　　(a) 囊泡　　(b) MLM囊泡　　(c) 不对称的MLM囊泡

图 13-7　Bola 化合物球形胶团可能具有的形态　　　　图 13-8　囊泡结构示意图

Bola 两亲化合物分子因为具有中部是疏水基，两端为亲水基团的特殊结构，在水中做伸展的平行排列，即可形成以亲水基包裹疏水基的单分子层聚集体，称为单层类脂膜（简称MLM）。这种膜的厚度比通常的 BLM 膜薄得多。单层膜弯曲闭合后形成单分子层囊泡（MLM 囊泡），如图 13-8（b）所示。

几种 Bola 表面活性剂的合成路线举例如下。

王军等由 α,ω-二溴代烷、丁基咪唑和三丁基膦为原料经过二步反应合成了一系列 Bola型非对称阳离子表面活性剂：

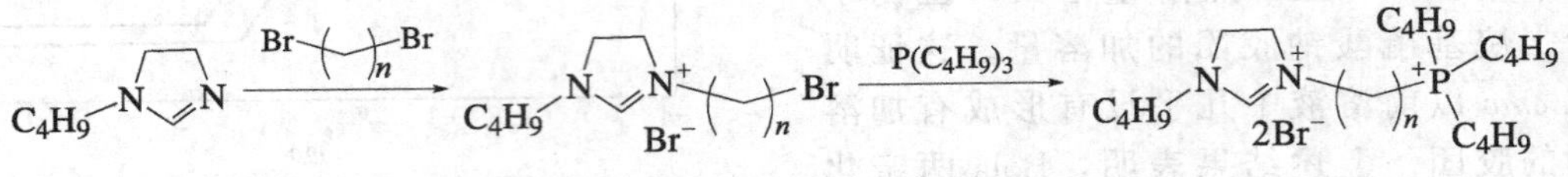

其中 n 为 8, 10, 12

张希等以联苯二酚和 11-溴代十一酸为原料合成了阳离子型 Bola 表面活性剂 BP-10。其合成路线如下：

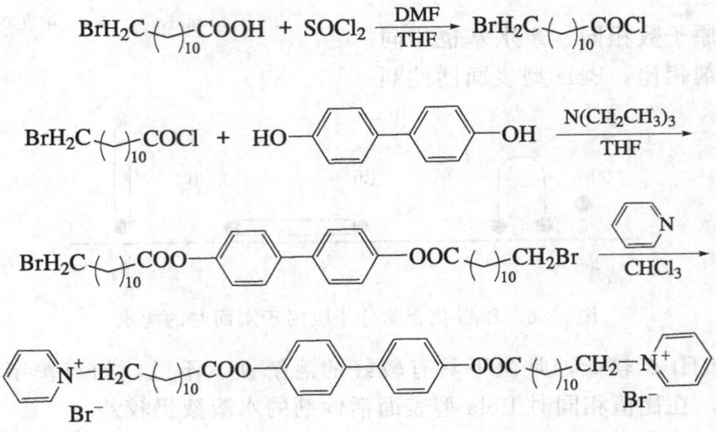

13.3 可解离型表面活性剂

可解离型表面活性剂，也称为 temporary 表面活性剂或可控半衰期的表面活性剂，是指在完成其应用功能后，通过酸、碱、盐、热或光作用能分解成非表面活性物质或转变成新表面活性化合物的一类表面活性剂。可解离型表面活性剂引起人们极大的兴趣，主要是由于以下原因：①表面活性剂在环境中易于分解，使其更容易生物降解；②通过表面活性剂的分解，使其更容易在使用后分离除去；③通过表面活性剂的解离可使解离产物产生新功能，如用于个人护理品的表面活性剂在完成其正常应用功能后，进一步解离产生对皮肤有利的物质。

可解离型表面活性剂可通过其可解离的基团（键）分为酸解型、碱解型、盐解型、热解型和光解型等。最常见的形式是带有可解离基团的季铵盐。

13.3.1 碱解型表面活性剂

这类表面活性剂最常见的是以酯键作为可解离基，一般为带酯基的季铵盐，称为酯季铵盐。主要包括以下种类。

（1）季铵化乙醇胺酯

主要有以下几种结构形式：

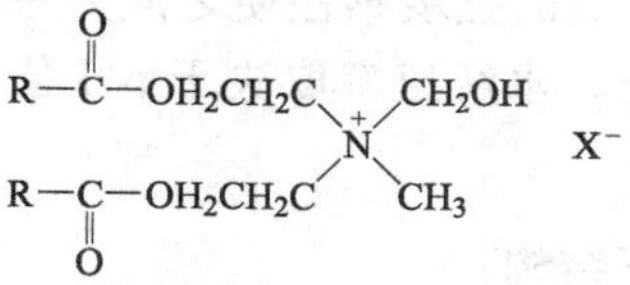

I 为普通季铵盐；II～IV 为三种酯季铵盐；R 为长链烷基，X 为 Cl、Br 或 CH_3SO_4

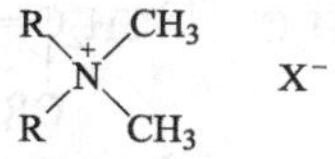

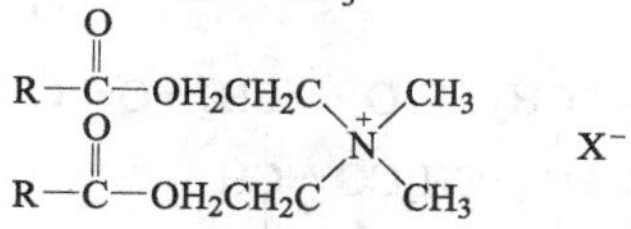

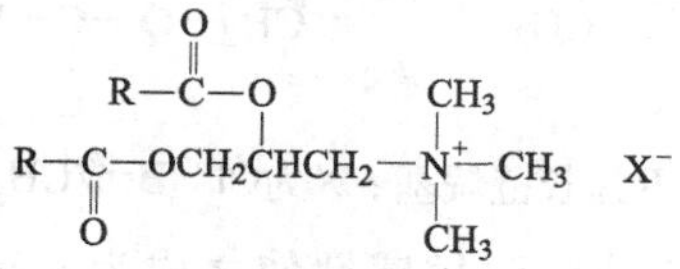

　　酯季铵盐在碱作用下水解生成脂肪酸皂和水溶性很好的二醇或三醇季铵盐。这些解离产物具有低的鱼类毒性并易于生物降解。因此酯季铵盐常用于纤维柔顺剂和头发调理剂配方，以取代传统的氯化双十八烷基三甲基铵。

（2）酯酰胺季铵盐

　　酯酰胺季铵盐已经被应用于织物柔软剂。下面是两种酯酰胺季铵盐的结构。

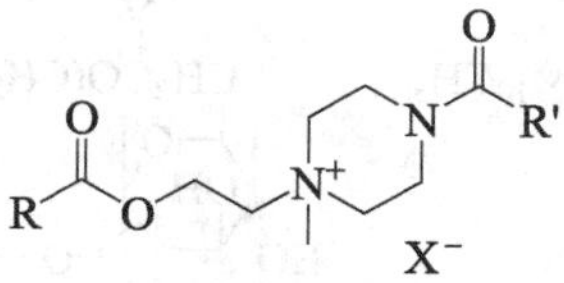

　　化合物 I 是通过丁内酯用一个脂肪二胺开环，然后加入 1mol 的环氧乙烷，用一种酸酯化和季铵化而制成的。化合物 II 是通过由羟乙基哌嗪和一个脂肪酸反应，然后季铵化制备的。选择适当的烷基（R 和 R′），这些化合物就能作为织物柔软剂，同时具有比传统柔软剂更好的生物降解性。化合物 I 一个有趣的性质是一个酰基基团能够独自地变换其他基团，给出不对称的分子和许多可调节的性质。

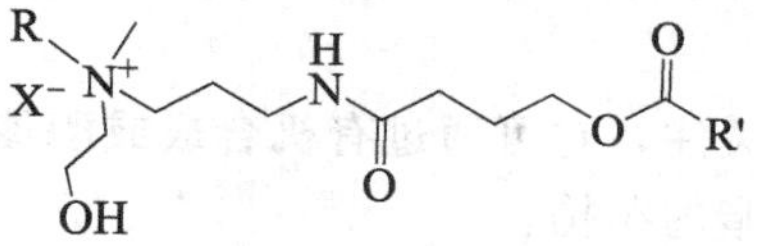

（3）甜菜碱酯

　　其典型化合物的结构如下：

　　碱催化酯水解的反应速率受邻近的给电子基团或吸电子基团的影响。季铵基团是很强的吸电子基团。诱导效应会降低酯键上的电子密度。因此，由酯羰基碳上的氢氧根的亲核进攻开始的碱水解是容易的。前述季铵化乙醇胺酯中的化合物 II～IV 在铵盐的氮和酯键的氧间都有两个碳原子。这样的酯的碱水解速率大于缺乏邻近电荷的酯的水解速率，但这个差别是不重要的。如果电荷在酯键的另外一边，速率则大幅度提高，这种酯在碱性条件下很不稳定，而在酸性条件下很稳定。

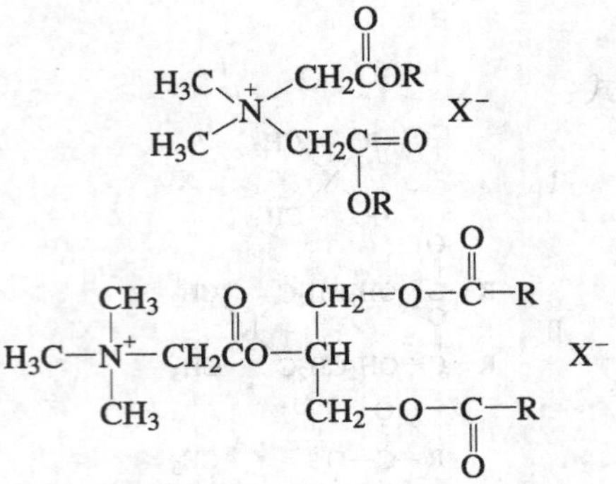

R为长链烷基；X为Cl、Br或CH₃SO₄

表面活性剂甜菜碱酯对 pH 值的强敏感性使之成为一种可解离的阳离子表面活性剂。它被保存在酸性条件下时寿命很长，水解速率取决于 pH 值。

（4）胆碱酯

胆碱酯表面活性剂具有以下结构：

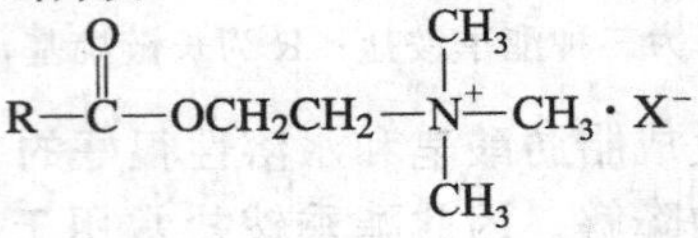

胆碱酯类表面活性剂可用作可控制半衰期的杀虫剂。带有一个 9～13 个碳原子的烷基的化合物有很好的抗微生物作用。体内水解很快，可能是因为丁基胆碱酯酶的催化。因为水解产物是新陈代谢的普通成分，这些酯基季铵盐无毒性。

（5）糖脂

近年来，糖脂受到广泛关注，它可通过有机合成或酶催化的酯化反应来制备。

下面是一些表面活性糖脂的结构：

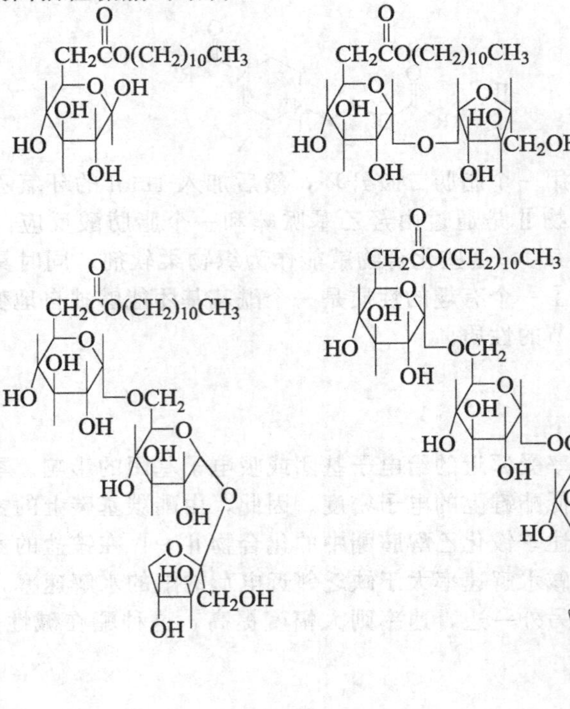

这些化合物在 6 位上都有酯基，因而是一类典型的可解离型表面活性剂。

（6）羟乙基磺酸盐酯

羟乙基磺酸盐的羧酸酯，可用于护肤用品。通过一种烷基聚环氧乙烯酸同羟乙基磺酸盐形成的酯，如 $R(OCH_2CH_2)_nOCH_2COOCH_2CH_2SO_3Na$ 在碱性条件下不稳定。当产品用于皮肤上时，酯键会部分解离。

（7）醇醚碳酸盐

聚氧乙烯型非离子表面活性剂是黏稠的油状物质，因而不能用于配制粉末状去污剂。将其同二氧化碳反应可得到一种碱性条件下可分解的固态羧酸盐，这种固态羧酸盐即可用于配制颗粒去污剂，使用时分解为初始的非离子表面活性剂和羧酸盐，如下式所示：

$$R(OCH_2CH_2)_nOH + CO_2 \xrightarrow{\text{NaOH}} R(OCH_2CH_2)nOCOONa \xrightarrow{OH^-} R(OCH_2CH_2)_nOH$$

（8）含硅-氧键的表面活性剂

硅-氧键在碱性和酸性条件下都可水解。在相对中性的 pH 值条件下，可通过氟离子使其断裂（在非水溶液中离子是不水化的，通过氟断裂非常快）。阳离子表面活性剂的单尾结构如下式所示：

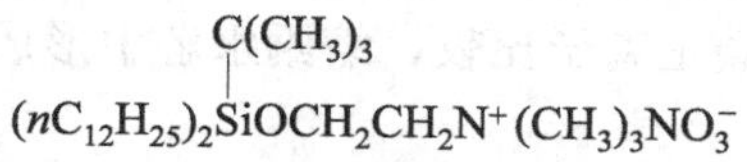

$$\overset{\displaystyle C(CH_3)_3}{(nC_{12}H_{25})_2SiOCH_2CH_2N^+(CH_3)_3NO_3^-}$$

（9）含有亚砜基的表面活性剂

通过对相应的硫化物进行氧化，可得到含亚砜氧乙烯基的阴离子和阳离子表面活性剂。它们在酸性条件下稳定，在弱碱性条件下分解成非表面活性产物亚砜基乙烯和苯酚，如下式所示：

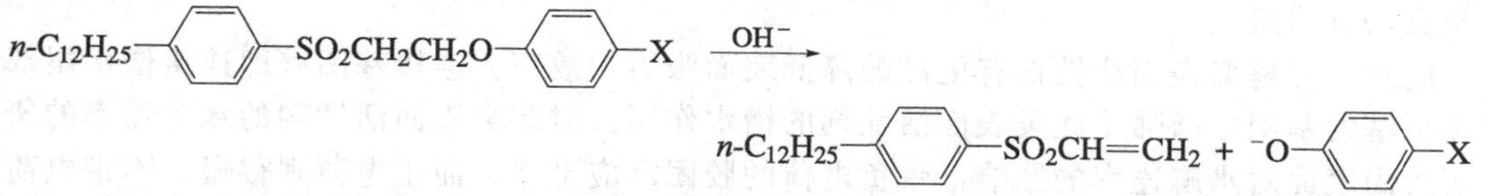

阳离子表面活性剂的分解要比阴离子的快，这是因为带正电的胶团更容易被 OH^- 包围。

13.3.2　酸解型表面活性剂

酸性条件下不稳定的表面活性剂大多含有缩醛基，水解后生成醛，为碳氢键生物降解的氧化中间产物。未取代的缩醛的水解通常很容易，在室温下 pH＝4～5 时速率很快。取代基，例如羟基、醚氧基、卤素的吸电子性使其水解速率降低。阴离子缩醛表面活性剂比阳离子的更稳定，这是因为胶团表面附近盐氧离子的活性不同。

（1）环状缩醛

除了糖苷以外，研究最多的缩醛类表面活性剂是 1,3-二氧戊环（五元环）和 1,3-噁烷（六元环）化合物，下面是一些环状缩醛表面活性剂的例子。

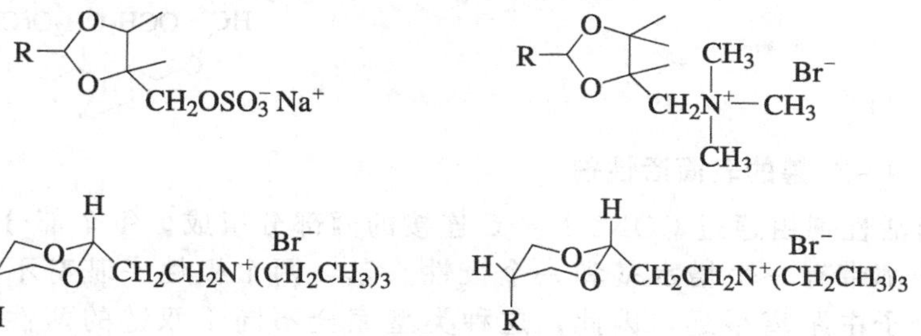

　　使用可解离乙缩醛表面活性剂代替传统的表面活性剂具有明显的优势。如一种阳离子 1,3-二氧戊环衍生物被用作微乳形成中的表面活性剂，该乳液被用作有机合成中的反应介质。当反应完成时，加酸使表面活性剂分解，反应产物可以很容易地从产生的两组体系中回收。通过这个过程，传统表面活性剂经常遇到的问题如发泡、乳状液形成等都可以避免。

　　1,3-二氧戊环的环在对 *cmc* 和吸附特性的影响上同两个氧乙烯单元类似。因此，上面的表面活性剂类型 I 同一般式 $R(OCH_2CH_2)_2OSO_3Na$ 的醚硫酸盐相似。这是很有意义的，因为市场上的烷基醚硫酸盐含有两到三个氧化乙烯。

（2）环缩酮

　　下面列出一些环缩酮表面活性剂的结构：

　　缩酮表面活性剂比相应的缩醛表面活性剂更不稳定。例如，缩酮表面活性剂在 pH＝3.5 时被解离，而相似结构的缩醛表面活性剂在 pH＝3.0 时被解离。缩酮键的相对不稳定性是由于同缩醛水解中形成的碳正离子比较，缩酮水解中形成的碳正离子更稳定。

（3）非环缩醛

　　聚乙二醇单甲基醚和一个长链醛反应可得含有两个聚氧乙烯基的可解离表面活性剂，如 $(MPEGO)_2CHR$。

　　此种表面活性剂的物化性质同一般的非离子表面活性剂相似，例如它们的溶解性能与温度相反，有浊点。

　　此外，可解离表面活性剂有更高的降低表面张力的效率。连接基团（即连接憎水尾部和极性头基的基团）增强了此类表面活性剂的憎水作用。对此类表面活性剂的水解速率的研究表明胶团表面对水解速率的影响：带负电荷的胶团反应迅速，而正电荷则很慢，不带电荷的胶团速率居中。

（4）原酸酯

　　原酸酯表面活性剂在碱中是稳定的，同缩醛和缩酮的一样，在酸中分解，水解得到 1mol 烷基甲酸和 2mol 醇。原酸酯表面活性剂的亲水部分和疏水部分通过原酸酯键连接成分子。

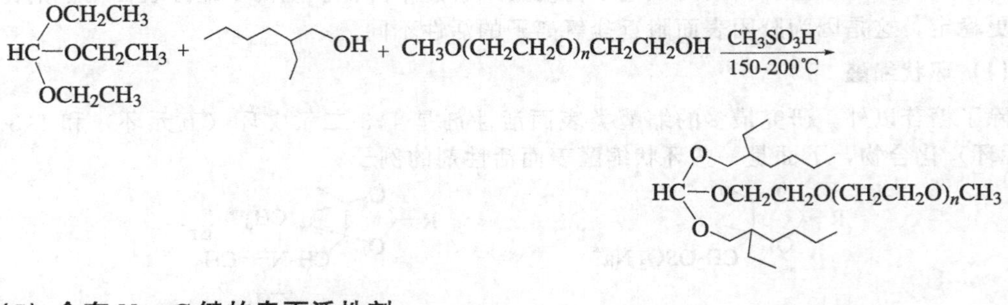

（5）含有 N═C 键的表面活性剂

　　此类表面活性剂由通过 CONHN═C 连接的两部分组成。每个部分都具有表面活性剂的特征，即都带有一个憎水基和一个极性头基，两个极性头基有不同的电性。两个带电部分在分子中距离很远，因此，这种类型完全不同于双链的两性表面活性剂，如卵磷脂。

这种表面活性剂在弱酸中很容易发生水解生成阳离子和阴离子表面活性剂两个部分。表面活性剂在超声下形成巨型囊泡，一个潜在的用途是作为捕获和释放装置，能在 pH 值从 7 到 3 的变化下被触发。

13.4 反应型表面活性剂

能和纤维织物（主要是纤维素纤维）反应，使之具有柔软性、防水性、防皱性、防缩性、防虫性、防霉性、防静电性等的一类表面活性剂。近年来的研究已涉及各种纤维、金属表面、木材表面、聚合物表面的活性剂处理，其作用是改善其表面性质。下面介绍一些处理纤维的反应型表面活性剂。

(1) 羟甲基化合物

将活性氨基与甲醛反应，生成一羟甲基化合物（—NH—CH$_2$OH）或二羟甲基化合物（—N(CH$_2$OH)$_2$），将这些生成物与纤维素反应，则发生脱水缩合，生成具有耐久性的氨基树脂，从而提高棉纤维的防皱性。

例如将 N-羟甲基硬脂酸酰胺（C$_{17}$H$_{35}$CO—NH—CH$_2$OH）用适当的方法乳化，用氯化铵或磷酸氢二铵为催化剂，在 pH＝7.0～7.8 的介质中，110℃下，使之与纤维素反应，反应后的纤维具有柔软性、防水性。

$$Cell—OH+C_{17}H_{35}CONH—CH_2OH \longrightarrow Cell—OCH_2NHCOC_{17}H_{35}$$

(2) 酸酐

两分子脂肪酸脱水生成酸酐。一分子脂肪酸发生分子内脱水时，生成烯酮（R—CH＝C＝O）。酸酐和烯酮与纤维素进行脱水缩合，能使纤维的表面性能得到改善。

用氯化锌作催化剂，在低温下用醋酸酐处理棉纤维，处理后的棉纤维的染色性、耐水性、耐蚀性、弹力强度等都得到很好的改善。

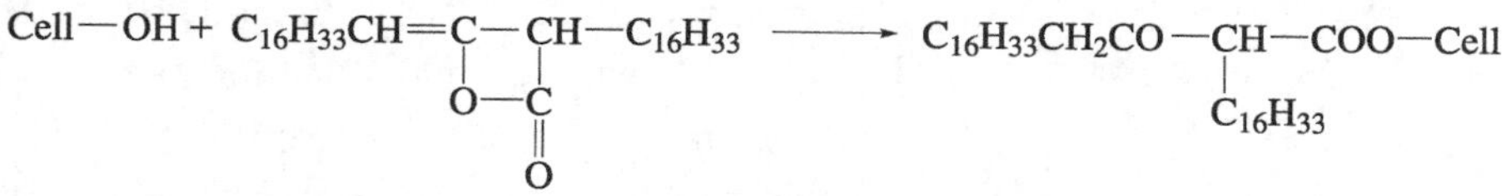

$$Cell—OH + C_{16}H_{33}CH=C—CH—C_{16}H_{33} \longrightarrow C_{16}H_{33}CH_2CO—CH—COO—Cell$$

烯酮二聚体处理后的纤维的防水性好、耐洗涤、柔软性也有所增加。烯酮二聚体也与—NH$_2$、—COOH 基反应，因而也能用于处理聚酰胺、聚丙烯酸等合成纤维，使之具有防水性和柔软性。

(3) 活性卤素化合物

氰脲酰氯（即三聚氯氰）既能与羟基反应，又能与氨基等反应，因而用它处理过的棉纤维具有好的染色性。例如下式就是一个偶氮结构酸性染料与三聚氯氰反应得到活性染料，进而对纤维素纤维反应形成化学键结合的过程：

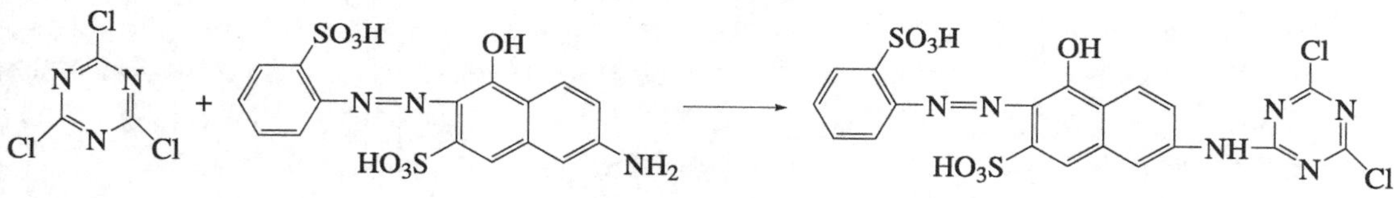

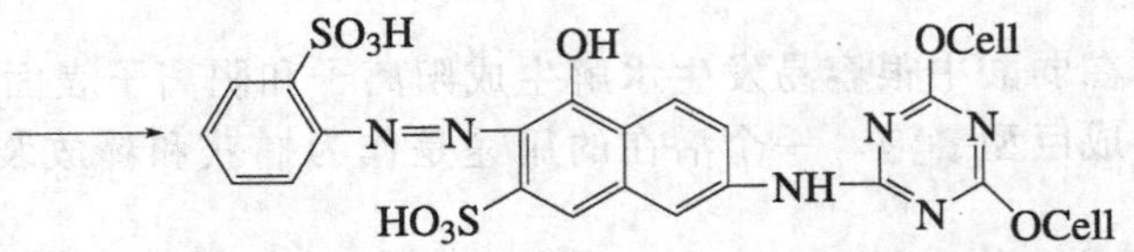

$$\longrightarrow$$

此外，在碱的存在下，将磺酸氯乙烷或磷酸氯乙烷作用于棉纤维，可得到柔软性好、具有静电防止作用及防燃作用的棉纤维。

$$Cell—OH + ClCH_2CH_2SO_3Na \xrightarrow{NaOH} Cell—OCH_2CH_2SO_3Na$$

$$Cell—OH + (ClCH_2CH_2)_3P=O \xrightarrow{NaOH} $$

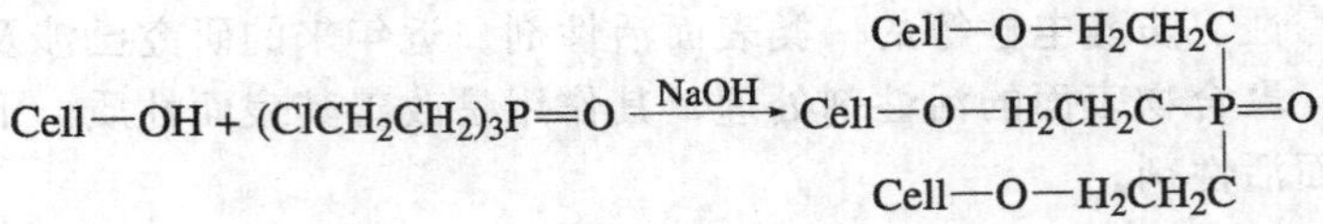

(4) 金属盐

纤维素能和一些特殊的碱性盐、碱性氧化物作用，生成稳定的化合物。例如 Fe、Cr、Sb 等的氢氧化物与纤维素作用后，在纤维上形成一种用洗净等物理方法难以除去的化合物。根据这一原理，人们常将 Fe、Cr、Sb 等的氢氧化物作为棉纤维的媒染剂。如 Cr 的碱式盐或络合物对纤维有结合作用，其反应如下：

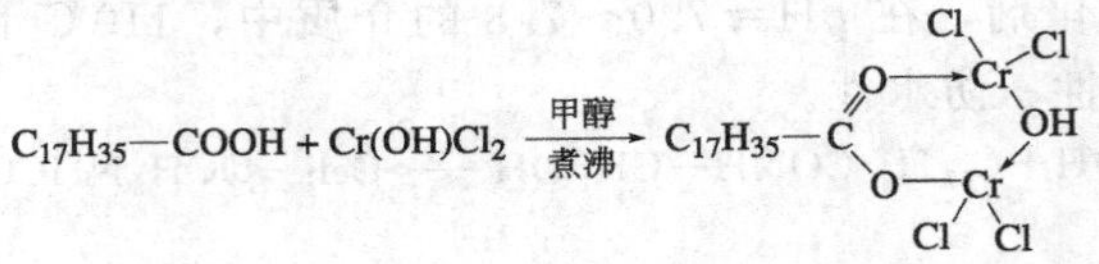

$$C_{17}H_{35}—COOH + Cr(OH)Cl_2 \xrightarrow[煮沸]{甲醇} $$

第14章

高分子表面活性剂

高分子表面活性剂通常指分子量在数千（一般为 $10^3 \sim 10^6$）、具有表面活性的物质。广义上，凡是能够减小两相界面张力的大分子物质皆可称为高分子表面活性剂。随着诸多热点领域如强化采油、药物载体与控制释放、生物模拟、聚合物 LB 膜、医用高分子材料（抗凝血）、乳液聚合等的深入研究，对表面活性剂的要求日趋多样化和高性能化，具有表面活性的高分子化合物现已成为人们关注的焦点。与低分子表面活性剂相比，高分子表面活性剂具有以下特点：①具有较高的分子量，可形成单分子胶束或多分子胶束；②溶液黏度高，成膜性好；③具有很好的分散、乳化、增稠、稳定以及絮凝等性能；④渗透能力差，起泡性差，常作消泡剂；⑤大多数高分子表面活性剂是低毒或无毒的，具有环境友好性；⑥降低表（界）面张力能力较弱，且表面活性随分子量的升高急剧下降，当疏水基上引入氟烷基或硅烷基时其降低表面张力的能力显著增强。

14.1 高分子表面活性剂概述

14.1.1 高分子表面活性剂分类

高分子表面活性剂从亲水基的性质可分为阴离子型、阳离子型、两性离子型和非离子型4 类；按其来源可分为天然、半合成和合成 3 类。天然高分子表面活性剂如各种淀粉、树胶及多糖等；半合成的如改性淀粉、纤维素、蛋白质和壳聚糖等；合成的如聚丙烯酰胺、聚丙烯酸和聚苯乙烯-丙烯酸共聚物等（表 14-1）。

表 14-1 高分子表面活性剂的分类

类型	天然型	半合成型	合成型
阴离子型	藻酸钠	羧甲基纤维素（CMC）	甲基丙烯酸共聚物
	果胶酸钠 呫吨胶	羧甲基淀粉（CMS） 甲基丙烯酸接枝淀粉	马来酸共聚物
阳离子型	壳聚酸	阳离子淀粉	乙烯吡啶共聚物 聚乙烯吡咯烷酮 聚乙烯亚胺

类型	天然型	半合成型	合成型
非离子型	各种淀粉	甲基纤维素（MC） 乙基纤维素（EC） 羟乙基纤维素（HEC）	聚氧乙烯-聚氧丙烯 聚乙烯醇（PVA） 聚乙烯醚 聚丙烯酰胺 烷基酚-甲醛缩合物的环氧乙烷加成物

(1) 天然高分子表面活性剂

最早使用的高分子表面活性剂有淀粉、纤维素及其衍生物等天然水溶性高分子化合物，它们虽然具有一定的乳化和分散能力，但由于这类高分子化合物具有较多的亲水性基团，故其表面活性较低。天然高分子表面活性剂是从动植物分离，精制或经过化学改性而制得的水溶性高分子，其种类较多，有纤维素类、淀粉类、腐殖酸类、木质素类、聚酚类、单宁和栲胶、植物胶和生物聚合物等。纤维素类高分子表面活性剂是研究较多的一种。但一般的水溶性纤维素衍生物由于其分子量较高且其大分子链中缺少与亲水基团相匹配的疏水性基团，致使其表面活性难以提高。通常需要在适当条件下，通过高分子化学反应，将带长链烷基的疏水性物质接枝到纤维素链段上，使其具有两亲的特性。故纤维素衍生物、淀粉衍生物以及制取亚硫酸纸浆的副产品木质素磺酸盐等叫做半合成高分子表面活性剂。

(2) 合成高分子表面活性剂

1951 年，Stauss 合成第一种高分子表面活性剂——聚 1-十二烷-4-乙烯吡啶溴化物并命名为聚皂；1954 年第一种商品化高分子表面活性剂——聚（氧乙烯氧丙烯）嵌段共聚物问世，此后各种合成高分子表面活性剂相继开发并应用于各种领域。

合成高分子表面活性剂是指亲水性单体均聚或与憎水性单体共聚而成，或通过合成高分子化合物改性而制得。根据单体的种类、合成方法、反应条件和共聚物的组成等的不同，可以得到各种各样的高分子表面活性剂。如按结构及制备方法，高分子表面活性剂可分为双亲嵌段型、无规聚合型和接枝型高分子表面活性剂。

① 双亲嵌段型高分子表面活性剂　双亲嵌段共聚物是一类重要的高分子表面活性剂，其分子由亲水链段和疏水链段组成，可通过亲水疏水性单体共聚制备。亲水链段如聚氧乙烯、聚乙烯亚胺等和疏水链段如聚氧丙烯、聚硅氧烷等，可以通过阴离子聚合、开环聚合及引发自由基的方法得到含亲水疏水链段的嵌段型高分子表面活性剂。双亲嵌段共聚物的双亲性及其分子结构的微观相分离性使其具有许多独特的物理化学性质，特别是具有较强的形成分子有序体的自组织能力，在三次采油、生物模拟囊泡、药物载体等方面具有广泛的应用前景。

② 无规聚合型高分子表面活性剂　无规聚合型高分子表面活性剂由表面活性单体制备。含有重复单体单元的两亲性单体称为表面活性大单体，它一般由可聚合的反应基团如双键、单键、羧基、羟基、环氧基等以及亲水性基团和疏水性基团组成。含有长链烷基和离子基团的两性单体或含亲水/亲油性链段的两亲性表面活性大单体合成的接枝共聚物依据疏水/亲水基团在大分子链上不同的相对位置，呈现不同的支链化学结构，具有制备容易、品种多样等优点。

③ 接枝型高分子表面活性剂　通过有机化学反应将亲油或亲水基团引入到大分子链上，可得到两亲性结构的高分子表面活性剂。如把长链烷基引入到聚乙烯醇、羧甲基纤维素、羟乙基纤维素、羧甲基壳聚糖中，由磺化反应把—SO_3^-基团引入亲油性的聚丁二烯或聚异戊二烯分子链上，亦可通过活泼氢将两亲性的（聚氧化乙烯-氧化丙烯）接枝到

聚硅氧烷主链上。

由于接枝型高分子表面活性剂的亲水部分和疏水部分在界面或表面上存在一定的取向性，具有一定降低表（界）面张力的能力。虽然有人认为由于分子量的影响，高分子表面活性剂的活性难以提高，但随着人们研究的深入，发现羧甲基纤维素被接枝改性后，分子量为数万时，仍然有较高的表面活性，如 0.5% 水溶液表面张力为 30mN/m，油水界面张力为 1~2mN/m，其表面活性已能与低分子表面活性剂相媲美。

接枝型高分子表面活性剂具有较强的乳化能力，将一定量接枝共聚物溶解于油（水）中，充分振荡后，就会使油水体系乳化，并且保持乳化液稳定。作为水介质的接枝型高分子分散剂，一般支链为亲水链段如聚氧乙烯、聚乙烯基吡咯烷酮、聚丙烯酸等，主链包围被分散粒子时，借助支链的亲水性使粒子被分散于水中而不致聚沉。一般要求接枝型高分子分散剂的分子量在 1 万~5 万之间，并且疏水链段与亲水链段保持适当的比例。在疏水链上含有—OH、—CONH$_2$、—COOH 时，分散效果会更好。

14.1.2　高分子表面活性剂的基本性质

与低分子表面活性剂一样，高分子表面活性剂由亲水和亲油基团两部分组成。相对低分子表面活性剂来说，高分子表面活性剂降低表（界）面张力、去污力、起泡力和渗透力方面比较差，多数情况不形成胶束，这些特征与低分子表面活性剂有很大的差别。但高分子表面活性剂在各种表面、界面有很好的吸附作用，因而分散性、絮凝性和增溶性均好，用量较大时还具有强的乳化、稳泡、增稠、成膜和黏附等作用。而且有些高分子量的表面活性剂也表现出很高的表面活性。

（1）表面活性

高分子表面活性剂的亲水链段和疏水链段在表（界）面间具有一定的取向性，所以具有降低表（界）面张力的能力，但高分子表面活性较弱，往往比低分子表面活性剂差。表面活性不但与化学结构及各个链段的分子量有关，而且还与大分子化合物内链段的排列方式有关。一般情况下，表面活性伴随着分子量提高急剧下降，常用高分子如分子量在 $(2~8)\times 10^4$ 和水解度为 83.9% 的聚乙烯醇的表面张力为 50mN/m（1.0%，25℃），而聚氧乙烯的氧化乙烯嵌段聚合物表面张力为 33mN/m。有些高分子如羧甲基纤维素被接枝改性后，分子量为数万时，仍有较高的表面活性，表面张力可低至 30mN/m。但高分子表面活性剂其表面张力要经过很长时间才能达到恒定。

与低分子表面活性剂一样，在高分子表面活性剂疏水基上引入氟烷、硅烷时，其降低表面张力的能力明显增强。

高分子聚合物降低油水界面张力的能力与其结构有关。一般认为含短链或中等长度支链的共聚物在水溶液中分子线团半径越小，则界面活性越高，油水界面张力越小；而含长支链的共聚物分子线团越小，界面活性反而越低。如表 14-2 所示。

表 14-2　AM/AEOnA/NaMAA 共聚物在水溶液中的分子线团尺寸与油水界面张力的关系

AEO$_3$A 共聚物			AEO$_9$A 共聚物			AEO$_{20}$A 共聚物		
$M_\eta \times 10^{-5}$	R_η/nm	γ/(mN/m)	M_η	R_η/nm	γ/(mN/m)	M_η	R_η/nm	γ/(mN/m)
7.42	27.5	2.04	2.19	12.7	1.58	1.67	10.5	2.40
8.46	29.8	2.09	2.20	12.8	2.04	2.74	14.7	2.16
9.79	32.7	2.23	2.31	13.8	2.26	4.43	19.9	1.62
			2.56	14.1	2.46			

（2）乳化性

高分子表面活性剂不仅具有优良的乳化稳定性，而且往往能赋予乳液特殊性能，这是小分子表面活性剂无法比拟的。高分子表面活性剂具有较强的乳化能力，将一定量接枝共聚物溶解在油（水）中，充分振荡后就会使油水体系乳化，并且保持乳化液稳定。

高分子表面活性剂乳化性及表面张力与制备方法有关。

① 由表面活性剂单体共聚制备的高分子表面活性剂，很多离子型可溶于水或盐水，有较高的表面活性和增溶、乳化能力。

② 由亲水/疏水性单体共聚制备的高分子表面活性剂具有良好的乳化能力，但分子量高的两嵌段或三嵌段在水溶液中易缔合，可形成胶束，致使疏水链段不能在界面形成有效的覆盖。氧乙烯-硅氧烷嵌段共聚物是一个例外，0.1%水溶液的表面张力达 20.4mN/m，低于小分子表面活性剂。多嵌段因其疏水性氧丙烯链段被亲水性氧乙烯链段所间隔而分布于整个分子链上，不易形成缔合，增大了大分子链向界面迁移的能力，因而呈现较高的表面活性。

③ 由大分子化学反应制备的高分子表面活性剂，如聚丁二烯、聚异戊烯通过三氧化硫磺化反应制得的水溶性高分子表面活性剂，0.05%水溶液的表面张力为 38mN/m，表现出与小分子表面活性剂类似的表面活性。

（3）胶束性质

高分子表面活性剂的疏水链在水介质中通常有两种形式：一是在溶液的表（界）面上吸附，形成椭球状或长棒状，减少疏水链与水分子的接触程度；二是在溶液内部疏水链相互靠拢，缔合形成大分子胶束。

高分子表面活性剂的表面活性主要取决于溶液中大分子的构象或形态，而大分子的构象又依赖于其化学结构（嵌段、接枝、无规）和组成等因素。例如，大分子链在水中较为伸展，难以形成胶束，大分子能够向表面迁移排列，呈现较高的表面活性，若大分子链呈卷曲线团，就容易生成分子胶束留于水中而失去表面活性。

非离子型高分子表面活性剂可在稀溶液中聚集生成胶束。胶束中分子聚集数的一般规律为：链段越短，聚集数越小；聚集数随大分子的分子量增大而增大；溶解性增加，有利于胶束的解离。

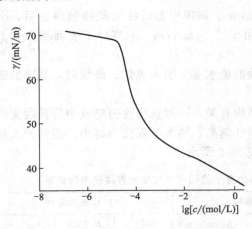

图 14-1　PPO-PEO 嵌段聚合物表面张力
与浓度的关系

PPO—聚氧丙烯；PEO—聚氧乙烯；

PPO 分子量：2250，含 50%PEO 链

对表面活性剂活性的表征，一般使用表（界）面张力值或 cmc 值。对于高分子表面活性剂，由于分子量较大，可以形成单分子胶束，因此在高分子表面活性剂的 γ-lnc 图上，出现两个转折点（见图 14-1）。第一个转折点浓度较低（10^{-5}mol/L），认为是单分子胶束点；第二个转折点浓度与普通表面活性剂的浓度相当（10^{-4}～10^{-3}mol/L），认为是多分子胶束点，以下讨论的 cmc 值及效值都是指多分子胶束点的值。

影响高分子表面活性剂的表面活性的因素很多，如高分子表面活性剂的亲水性、亲水亲油平衡值（HLB 值）、分子量及其分布、无机电解质、温度等因素。对于嵌段共聚物，链的不同构型也有一定的作用。

① 分子量影响　分子量大，链长增加的柔

软性好，分子链易卷曲，易形成胶团，但对刚性分子链则不利。对于非离子高分子表面活性剂，由于氧乙烯（EO）链长对表面活性影响的不确定性，导致了分子量影响的不确定性。但普遍认为，当憎水部分分子量加大时，表面活性提高。

②　亲水性影响　对非离子高分子表面活性剂来说，憎水链增长，即憎水性增加，有利于提高表面活性，cmc 值减小。当憎水链较长时，覆盖于油-水界面的表面的基团较多，相对密度较大，使水溶液的表面性质更接近于烃，因此，可以得到较低的表面张力。相同分子量的表面活性剂，有分支链的憎水基的表面活性较大，cmc 值比长支链的 cmc 值低。分支链使疏水基覆盖率（特别是 CH_3 基团）增加，密度增大，使表面更接近烃表面，因而降低了表面张力。表面活性剂的亲水链增长，即 EO 值增大，将导致表面活性降低。这是由于亲水链增长，降低了表面活性剂在表面上的浓度。另一种观点认为，随 EO 链增长，增加亲水性后，在水中形成胶束的能力减弱，相应地增加了表面活性剂在界面的密度，因而界面张力减低，表面活性提高。造成不同结果的原因可能是由两种体系的表面活性剂具有不同 HLB 值或具有形成胶束的能力不同引起的。

对聚皂高分子表面活性剂，疏水链增加有利于形成胶团，而亲水性增加，有利于形成层状排列，不利于形成胶团。

③　HLB 值对表面活性的影响

Barankat 根据实验结果，得出经验公式：

$$\ln cmc = B_0 + B_1 T + B_2 HLB \tag{14-1}$$
$$\ln \gamma_{cmc} = B_0 + B_1 T + B_2 HLB \tag{14-2}$$

并且计算出 B_0、B_1、B_2 等系数的值。由于 B_2 是负值，因此 cmc、γ_{cmc} 都是随 HLB 值的增大而减小的。

④　pH 值影响　对酸性高分子，构象受 pH 值影响大，pH 值从低到高时，分子链有一个由紧缩到伸展构象转变的过程。这是由于 pH 值提高，分子链上电荷密度提高，在低浓度下聚集成的胶束由于电性排斥作用增加，导致聚集的疏水基将被迫分解开来。相反，对碱性高分子，pH 值增大，分子间的相互作用增强，使分子链易于卷曲，而形成胶团。

⑤　分子量分布对表面活性的影响　当憎水部分分子量加大时，表面活性提高；当亲水段增长时，整个分子的分子量增大，表面活性降低。平均 EO 链长对聚酯的表面活性的影响表现为：宽分布的样品 cmc 值较小，表面张力较低。这是因为宽分布的样品比窄分布的溶解性好。同时，宽分布的样品中，有些短的 EO 链分子起到了"短链醇"的作用，相当于表面活性剂复配物，故性能得以提高。

⑥　表面活性剂分子构型对表面活性的影响　多分支聚乙二醇（PEG）和聚丙二醇（PPG）嵌段共聚物的支化结构对表面张力的影响很不确定，规律性不强，而且影响不大。

氧丙烯（PO）链位置及链长对表面活性影响不大。相对而言，PO 链处于中间位置，效果稍好些，而 PO 链节在 0～3 时，表面张力从 30mN/m 增至 33mN/m，界面张力稳定在 5mN/m。可见，PO 链的引入方式对表面活性有所影响，但是影响不大。

⑦　小分子添加剂　电解质对表面活性的影响是通过降低定向离子基团间的排斥作用进行的。当离子强度增加时，表面层排列更为紧密，从而降低表面张力。由于非离子表面活性剂本身不带电，所以无机盐对它的影响不大。

⑧　温度影响　低温有利于胶束的形成，中等的温度下，胶束和单分子同时存在。这是因为温度升高时分子间作用力减弱的缘故。如在聚苯乙烯-嵌-聚丁二烯-嵌-聚苯乙烯三嵌段共聚物溶于二噁烷-乙醇组合溶剂形成的溶液中，在较高温度（30～40℃）时，以单分子形式存在；20℃时，胶束占绝对优势；20～30℃时，单分子与胶束共存。

（4）分散性

小分子表面活性剂具有分散作用，但由于受分子结构、分子量等因素的影响，它们的分子作用往往十分有限，且表面活性剂用量较大。而高分子表面活性剂由于亲水基、疏水基位置可调，分子结构可呈梳状，又可呈现支链化，因而对分散性微粒表面覆盖及包封效果要比前者强得多，由于其分散体系更易趋于稳定、流动，成为很有发展前途的一类分散剂。如在造纸工业中可用作染料和颜料分散剂、浆内分散剂等；又如分散有机颜料酞菁蓝时，若采用壬基酚聚氧乙烯醚作为分散剂，加量为颜料量的 26%，固含量最多达到 35%。然而，采用高分子表面活性剂时，可将固含量提高到 50%，同样能制得低黏度的酞菁蓝颜料。

一般具有梳状或多支链结构高分子表面活性剂分散稳定性能均很好。主链包围被分散粒子时，借助支链的亲水性使粒子被分散于水中而不致聚沉。

高分子表面活性剂在应用时更为人们重视的是其分散和絮凝作用。由于水溶液高分子具有高的分子量，可通过高分子结构中的"锚基"吸附在固体颗粒表面而形成外壳，使颗粒屏蔽起来而不发生絮凝，分散体系得以稳定。

高分子表面活性剂在各种表面、界面上有很好的吸附作用，因而分散性、凝聚性和增溶性均较好。随表面活性剂溶液浓度的升高，表面活性剂的分散和凝聚作用不同。在低浓度时，高分子表面活性剂吸附于两个或多个粒子表面，起到架桥作用，可以将两个粒子连接在一起，发生凝聚作用，如图 14-2 所示。当表面活性剂浓度较高时，高分子表面活性剂分子包围在粒子周围，起到隔离作用，防止粒子的凝聚，有助于粒子的分散，起到分散作用，如图 14-3 所示。

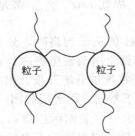

图 14-2　凝聚作用

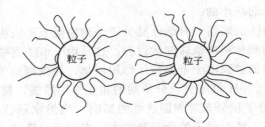

图 14-3　分散作用

高分子表面活性剂最引人注目的是对分散体系的稳定作用。除了被称为聚合物表面活性剂或表面活性剂外，当用作分散稳定剂时，这些两亲性聚合物还被称为乳化剂、洗涤剂或分散剂；当用于控制胶乳触变性时，被称为增稠剂；当用于两种或几种不相容聚合物的共混改性加工时，它们被称为增容剂。

（5）絮凝性

高分子表面活性剂在低浓度时，被固体表面吸附后起到粒子间架桥作用，是很好的絮凝剂，尤其当与硫酸铝、氧化铁等无机絮凝剂配合使用时，效果更好。如采用聚丙烯酰胺处理水，在水中有广泛的分布及较好的桥联作用，其活性基团使悬浮颗粒聚集，形成大的絮集体，而且用量少。不足之处是对细微粒所带负电荷的中和能力差，水质澄清度不理想。而无机絮凝剂聚合氯化铝在水中发生水解作用，Al^{3+} 迅速中和悬浮颗粒所带负电荷，继而多核羟基络合物使胶体颗粒凝聚，但不足之处是所形成的絮凝体较蓬松，沉降时间长且用量大。作为絮凝剂，对高分子表面活性剂的分子量要求高，一般要求大于 100 万，但阳离子聚合物可小于 100 万。

（6）增稠性

增稠性有两个含义：一是利用其水溶液本身的高黏度，提高其他水性体系的黏度；二是水溶性聚合物可与水中其他物质如小分子填料、高分子助剂等发生作用，形成化学或物理结合体，导致黏度的增加。后一种作用往往具有更强的增稠效果。一般作为增稠剂使用的高分子应有较高的分子量，如聚氧乙烯作为增稠剂时，分子量应在 250 万左右。常用的增稠剂有酪素、明胶、羟甲基纤维素、聚氧乙烯、硬脂酸聚乙二醇酯、聚乙烯吡咯烷酮、脂肪胺聚氧乙烯、阳离子淀粉等。

高分子表面活性剂作为增稠剂在石油开采方面的应用比较重要，但一般高分子材料在恶劣的使用条件下往往会使增稠性能降低。这主要是由于高聚物在高转速下的机械降解、在高温下黏度的降低、天然高分子材料的生物降解以及无机盐的存在和化学降解等原因造成的。

此外，由于分子量很大，分子体积大，高分子表面活性剂的渗透性较差，而且去污力和起泡力也较低，但对泡沫的稳定性较好，毒性也较小。

由于高分子表面活性剂的特殊性能决定了它的表面活性机制和用途与一般的表面活性剂有所不同。例如，水溶性蛋白质、树胶等天然高分子物质是有名的保护性胶体，现在仍在大量使用。此外许多合成高分子物质，如聚丙烯酸盐及部分水解的聚丙烯酰胺等一般多用作乳化剂、分散剂等。

（7）催化性

作为相转移催化剂，如 Williamson 反应：

$$C_6H_5OK + C_4H_9Br \longrightarrow C_6H_5OC_4H_9 + KBr$$

由于两个反应物的属性不同（一个亲水性，一个疏水性），在甲苯等油性反应介质中，溴丁烷可溶，酚钾则以固体形式出现，形成固液反应类型，显然反应效率很低。当使用 PEO 为支链的接枝共聚物作为相转移催化剂时，反应转化率可达 90% 以上，这是接枝型高分子表面活性剂促使酚钾"溶解"在甲苯中之故。疏水主链的结构不同，相转移催化性能略有变化，更为有趣的是这种高分子表面活性剂还可回收利用且性能不减。

14.2 高分子表面活性剂溶液的自组装

高分子聚合物的自组装，如胶束、囊泡、微乳和单分子层等，是近年来蓬勃发展的研究领域之一。与低分子表面活性剂类似，某些聚合物在一定条件下能自组装形成不同形态的胶束，为获得新型功能纳米颗粒提供了新途径，有望在药物和基因传递、纳米反应器、疾病诊断等方面得到应用。

高分子有序自组装主要利用分子间的相互作用（主要包括氢键、静电相互作用和亲水/疏水作用）为主牵引力，在适当外场引导下，分子链或微区自组装不同长度范围的有序结构。

14.2.1 胶束和聚合物胶束载体的特点

胶束指在溶液中由若干表面活性剂分子或离子缔合形成的，以疏水基团为内核、亲水基团为外壳的分子有序聚集体。在内核与外壳之间的 CH_2 基团构成了栅栏层。亲水链相斥和疏水链相吸是表面活性剂胶束形成的主要驱动力。胶束通过两个过程迅速解离和重新形成：一是一个胶束放出，又结合一个表面活性剂分子的微秒级过程；二是胶束解体和重组的毫秒级过程。

聚合物胶束是由双亲聚合物在选择性溶剂中发生微相分离，形成的具有疏溶剂性核与溶剂化壳的一种自组装结构。与小分子胶束如表面活性剂胶束相比，聚合物胶束也是由亲水、疏水两部分组成，但聚合物胶束通常有更低的 cmc 和更慢的胶束-单分子交换速率，自组装形成的胶束不仅可将各种物质包裹在其内部，且尺寸与典型的病毒尺寸相近，可以在血液中循环很长一段时间，并最终穿透肿瘤附近组织中被破坏的毛细血管，表现为在生理环境中具有良好的稳定性，这些特性决定了其可以作为药物的运输和靶向载体而得到应用。丰富的胶束形态是两亲性嵌段共聚物自组装的一个重要因素。迄今为止，高分子科学家们用两亲性嵌段共聚物制备出了球形、棒状、囊泡状、管状、碗形、洋葱形、环形等各种形态的胶束。嵌段共聚物胶束按其结构特征可以分为两种："星形"胶束，即具有小核大壳结构；"平头型"胶束，具有大核薄壳结构。按核、壳结构不同，还可分为无交联胶束、核交联胶束、壳交联胶束及核与壳间以非共价键连接的胶束。胶束的形成是两种力共同作用的结果，一个是导致分子缔合的吸引力，另一个则是阻止胶束无限制增长形成宏观态的排斥力。

14.2.2 聚合物胶束的自组装原理

化学性质和溶剂条件（如 pH 值、离子强度及温度）不同，自组合胶束呈现不同的形状，通常为球形，但也常出现柱形胶束。事实上，熵最小化常驱使长柱形胶束形成类似聚合物链的松弛结构，这种聚合物胶束具有常规聚合物的流变性质，但它们的长度并非固定不变，而由热力学平衡决定。

表面活性分子（如磷脂、肥皂、清洁剂和一些嵌段共聚物）在选择性溶剂中自组装形成双分子膜和几种结构形式的胶束。双分子膜也可以各种方式组合形成微乳液。

根据聚合物类型和自聚集形成胶束的原理不同，聚合物胶束大致可分为以下几类。

(1) 两亲性嵌段共聚物胶束

嵌段和接枝共聚物的胶束化大多是利用溶剂的选择性来实现的。所谓选择性溶剂，就是对嵌段共聚物的一嵌段为良溶剂，而对另一嵌段为非良溶剂。嵌段共聚物所形成的胶束通常是球形的，含有一个由不溶性嵌段组成的核和由可溶性嵌段组成的外壳。由于可溶性胶束壳的存在，两亲性嵌段共聚物在选择性溶剂中形成的胶束是比较稳定的。如 PEO-PPO-PEO 嵌段共聚物是典型的高分子表面活性剂，当浓度增加至 cmc 时或升高温度至临界胶团温度（cmt）时，都可以形成由疏水的聚氧丙烯（PPO）内核和水化的聚氧乙烯（PEO）外壳组成的 PEO-PPO-PEO 嵌段共聚物胶团。

与小分子表面活性剂的性质不同，如 PEO-PPO-PEO 嵌段共聚物胶团内核含有大量的水，外界因素对胶团结构有显著影响等；PEO-PPO-PEO 嵌段共聚物具有温度敏感胶团化、温度敏感增溶以及温度敏感的液晶晶型结构等特点。

与小分子表面活性剂的自组装原理相似，两亲性嵌段共聚物的亲水、疏水嵌段的溶解性存在极大差异，在水性环境中能自组装形成亚观范围的聚合物胶束。当胶团化过程发生时，PPO 链段与水分子之间的相互作用很弱（PPO 溶于水中时也可以形成水化层，但是由于甲基的空间位阻使其不能形成稳定的水化层），PPO 链段之间的吸引力大于其排斥力，导致较低温度下 PPO 链段可聚集形成胶团。温度敏感胶团化是 PEO-PPO-PEO 嵌段共聚物重要的物理化学性质。温度升高，PPO 链段的部分链节转变为扭曲构象，此结构与水化层不匹配，导致 PPO 链段逐渐失去水化层，聚集成胶团。

从分析胶团形成的热力学参数可知，PEO-PPO-PEO 嵌段共聚物-水体系的胶团化自由能变化为负值，意味着热力学稳定的胶团是自发形成的，而胶团形成时的标准焓变化为正值，说明将单分子体从水溶液中转移到胶团是不利的增熵过程。因此，胶团化的熵增是嵌段共聚物胶团形成的推动力。

　　嵌段聚合物溶液自组装形成胶束的形貌取决于体系的热力学平衡，这个平衡主要由如下三个因素来控制：①形成胶束的嵌段共聚物分子的成核嵌段在胶束中的伸展程度；②胶束成壳链段之间的相互排斥力；③胶束核与壳层之间的表面能。依据热力学定律，核壳界面的表面自由能较小时胶束更稳定，此时成壳嵌段间相互排斥力增大，成核嵌段链伸展度增大。

（2）聚电解质胶束

　　某些水溶性嵌段共聚物在水溶液中通过静电作用、氢键作用或金属配位作用力等也会聚集形成胶束。柔性亲水性聚合物嵌段组装形成束缚链状的致密栅栏，包裹在内核外，维持胶束的空间稳定性。内核由共聚物的部分嵌段凝聚形成，凝聚成核的过程是分子间力（包括疏水作用、静电作用、金属络合作用及嵌段共聚物间氢键）作用的结果。

（3）非共价键胶束

　　非共价键自组装是一种制备胶束的新方法，这种胶束核壳间以氢键等次价键连接，促使多组分高分子在选择性溶剂中自组装而形成胶束。对于存在特殊相互作用（氢键或离子相互作用）的聚合物 A 和 B，如 B 溶液的溶剂是 A 的沉淀剂，则当 A 溶液滴加到 B 溶液中时，A 的分子链将皱缩、聚集。然而，由于 B 分子链的稳定作用，A 并不沉淀析出而形成稳定分散的、以 A 为内核 B 为外壳的胶束状纳米粒子。如将 B 溶液加至 A 溶液中，或使 A、B 在共同溶剂中通过氢键作用形成"接枝络合物"，然后再与选择性溶剂混合，同样可形成胶束。

　　由于 A、B 间无化学键连接，因此其核-壳结构可进一步分离。通过交联和分离核壳，可望得到空心聚合物纳米球等新型分子自组装形态。

　　如图 14-4 所示为上述 3 种聚合物胶束的自组装示意图。

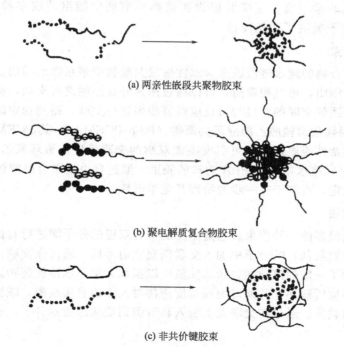

(a) 两亲性嵌段共聚物胶束

(b) 聚电解质复合物胶束

(c) 非共价键胶束

图 14-4　聚合物胶束的自组装示意图

(4) 接枝共聚物胶束

如果接枝共聚物是由疏水的骨架链和亲水的支链构成，该接枝共聚物分散在水中就会自组装形成具有核壳结构的纳米粒子，粒子内核由疏水骨架链组成，而外壳则是亲水的支链。或反过来，在亲水的主链上接枝疏水链同样可得到胶束。

(5) 无交联胶束

由两亲共聚物在选择性溶剂中自组装成胶束，常用的方法是将双亲共聚物溶于共同溶剂（疏水、亲水部分均能溶于其中）中，再在搅拌下滴入选择性溶剂；或反过来，将选择性溶剂滴入共聚物良溶液中，诱发胶束形成，最后经透析除去良溶剂；也可直接将聚合物良溶液在选择性溶剂中透析。此外，一些具有特殊性质的共聚物还可通过改变外界条件，如温度、离子强度和 pH 等方法诱导胶束形成。

两亲共聚物可以是嵌段、接枝或无规共聚物。亲水部分通常是离子型聚合物，如酸类聚合物、聚电解质或非离子型聚合物，如聚酰胺、聚氧乙烯等（与水分子形成氢键而溶于水），在水中可形成舒展的壳，起稳定胶束的作用；而疏水部分通常为长碳链骨架、聚酯类等非水溶性聚合物，由于疏水作用或其他特殊相互作用（静电相互作用、氢链作用或金属络合作用）而相互聚集成核，如 4-乙烯基吡啶烷基卤化盐、丙烯酸钠、甲基丙烯酸盐和磺化苯乙烯等亲水片段与疏水段，如苯乙烯共价连接形成的聚电解质嵌段共聚物，均可在水中自组装形成疏水段为核、离子段为壳的球形胶束。由两亲嵌段聚合物在选择性溶剂中自组装形成的大部分胶束为球形的"星形"胶束，即核较小而核外有较长舒展的亲水链。与之相反，采用聚丙烯酸聚苯乙烯嵌段共聚物可制备"平头型"胶束，其疏水段远大于亲水段，因而形成的核较大而外层是很短的亲水链，改变嵌段长度以及加入少量离子如 NaCl、$CaCl_2$ 或 HCl 均能诱导其形态按球形、柱状、囊泡状顺次转变。星形胶束的形态较为单一，至今人们所制备的星形胶束多数为球形结构。相对而言，平头型胶束的形态则非常丰富。嵌段共聚物在选择性溶剂中能组装成多种胶束形态为制备不同形态的纳米粒子提供了理想模板。

(6) 核交联胶束

两亲性嵌段聚合物的疏水链段或全亲水性嵌段共聚物中亲水性较弱的链段带有双键，或是具有可反应性官能团，形成胶束后，可以通过用紫外线照射进行交联，或加入引发剂来进行交联，或加入合适的交联剂直接与可反应性官能团进行交联，得到稳定的核交联胶束。如聚苯乙烯-聚甲基丙烯酸肉桂酸乙酯嵌段共聚物（PS-b-PCEMA），其 PCEMA 中的肉桂酸乙酯具有光活性，在紫外线照射下即可引发碳碳双键的交联反应。聚环氧乙烷-聚乳酸嵌段共聚物（PEO-b-PLA）在水中形成 PLA 为核的胶束，通过自由基聚合而使核交联。通过核交联可使胶束结构稳定，有利于进一步的物理及化学改性。

(7) 壳交联胶束

这是目前研究较多的一种胶束，它是由壳层带有双键的分子间进行自由基聚合反应或在带有反应性基团（如羧基）的分子中加入交联剂交联而形成。通过壳交联，提高了胶束的稳定性，而核仍保持了一定的流动性，亲油性核可以担载大量非水溶性药物，而交联壳可以保护药物不被外界环境所破坏，并能避免高浓度药物对人体的直接刺激，减轻不适感，这种特点很适于作为药物载体。通过在交联壳上引入具有识别功能的指示分子，就有可能作为药物定向传送的载体。

14.3 高分子聚合物化学改性

14.3.1 PVA 改性

当 Ce^{4+} 作引发剂时，乙酸乙烯酯和丙烯腈在水溶液中接枝共聚到 PVA 骨架，未发现均聚物形成。Ce^{4+} 和 PVA 反应形成螯合物。该物解离较慢，并会生成自由基，从而引发聚合。PVA-Ce^{4+} 呈黄色，当螯合物解离时，颜色消失，Ce^{4+} 被还原为 Ce^{3+}，并从含有—OH的 PVA 骨架上夺取氢。因而终止反应也与 Ce^{4+} 有关，在 Ce^{4+} 为 0.002mol/L 以上时，聚合速率与 Ce^{4+} 无关。当增长链末端形成一个双链时，终止反应发生。当反应时间 t 达20min 以后解离，形成接枝共聚物的量不再发生变化，故可用铈离子浓度控制接枝程度。另外，只有在酸性条件下，Ce^{4+} 才能引发反应发生。

$$Ce^{4+} + H_2O \longrightarrow CeOH^{3+} + H^+$$
$$2CeOH^{3+} \Longleftrightarrow CeOCe^{6+} + H_2O$$

生成产物不溶水，故不会引发反应。
注意有副反应：

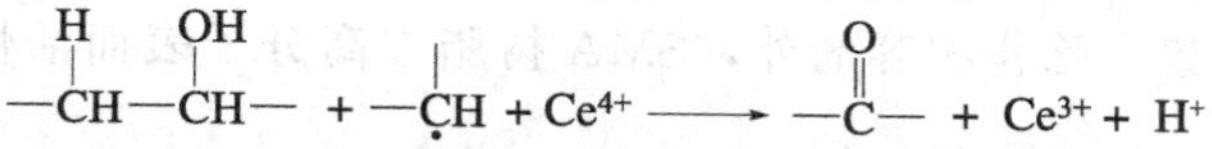

$$\begin{array}{cc} \text{H} & \text{OH} \\ \text{—CH—CH—} \end{array} + —\overset{\cdot}{\text{C}}\text{H} + Ce^{4+} \longrightarrow —\overset{\text{O}}{\overset{\parallel}{\text{C}}}— + Ce^{3+} + H^+$$

接枝反应仅在 Ce^{4+}：1,2-二醇为 1：1 很窄的范围内形成。
PVA-接-聚 4-乙烯基吡啶酸盐的合成：

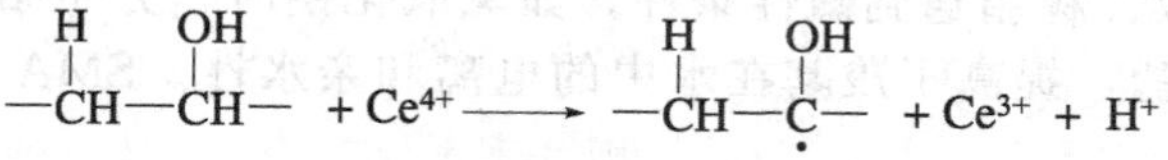

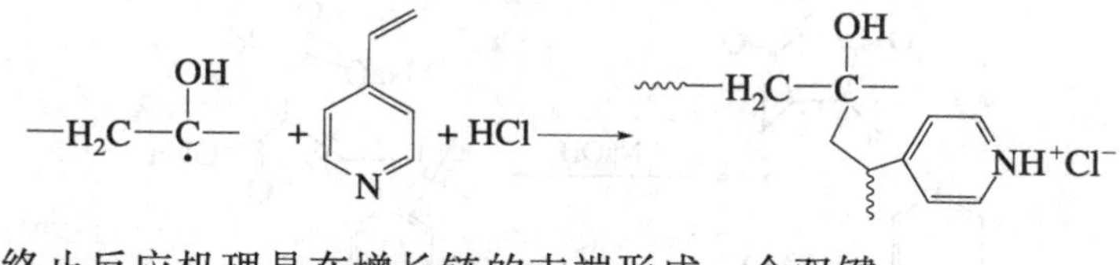

$$\begin{array}{cc} \text{H} & \text{OH} \\ \text{—CH—CH—} \end{array} + Ce^{4+} \longrightarrow \begin{array}{cc} \text{H} & \text{OH} \\ \text{—CH—}\overset{\cdot}{\text{C}}\text{—} \end{array} + Ce^{3+} + H^+$$

最有可能的终止反应机理是在增长链的末端形成一个双键：

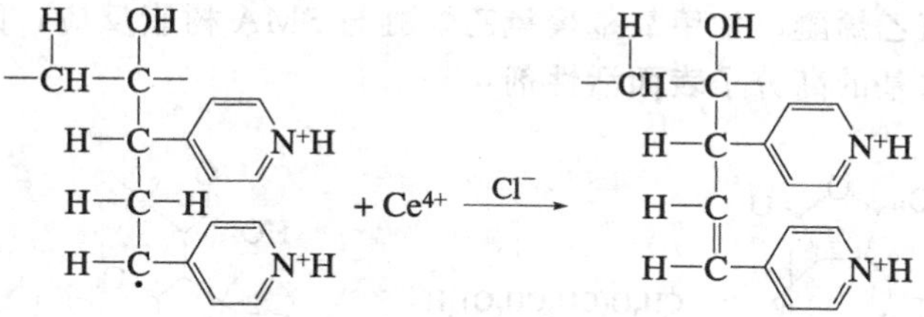

14.3.2 SMA 及改性

SMA 树脂，学名是苯乙烯（S）-马来酸酐（MA）共聚物。高分子量无规共聚物是其中之一，含马来酸酐 5%～25%（摩尔分数）。目前，世界此类 SMA 树脂生产能力已达 9 万多吨/年。北美生产的汽车仪表板骨架有三分之二采用玻纤增强 SMA 制造。比较著名的 SMA

生产厂家有美国的 Cray vally 和荷兰的 POLYSCOPE。

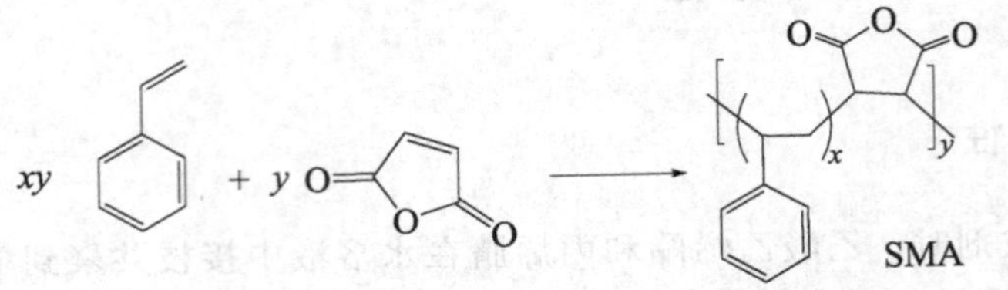

SMA

因马来酸酐是对称性单体，不易发生自由基均聚反应，但可与带有给电子基或共轭基的烯类单体发生交替共聚。1945 年，Alfey 和 Lavin 开创了苯乙烯-马来酸酐共聚物（SMA）研究的先河，随后 Mayo 对 SMA 共聚体系进行了系统研究，认为该体系是一种典型的苯乙烯与马来酸酐交替共聚模型物。由于马来酸酐的环状分子内具有碳碳双键与羰基共轭结构，因而反应活性很高，能进行加成反应、酯化反应、酰胺化反应和聚合反应等。近年来利用交替结构的共聚物 SMA 进一步制备嵌段、接枝或梳状聚合物备受关注，应用也向生物、医学、光学和电子学等相关领域渗透延伸，取得了令人注目的研究成果。

SMA 树脂分子的一大用途是作为高分子共混加工时的相容剂。SMA 树脂结构中具有非极性的芳环基和极性的酸酐基，因此与多种极性或非极性材料（如 PS、PA、ABS、ASA、PC、PBT、PET、AS、PMMA、PPO 等）以及玻纤、矿物质，填料（$CaCO_3$）等极性材料相容性良好，从而可广泛应用于上述材料的改性，大幅提高其力学性能，改善应力开裂、分层等现象。除作相容剂外，SMA 树脂在高分子表面活性剂和助剂方面也有广泛应用。

SMA 树脂在水、树脂中的酸酐会水解形成羧基，赋予树脂一定的亲水性，而分子结构主链中的碳链和侧位的苯环充当了疏水基，由此就使得整个 SMA 树脂具有高分子表面活性剂的性质。当 SMA 树脂遇到碱性条件，如氢氧化钠时，分子结构中的羧基会部分或者全部形成对应的钠盐，提高了羧基在水中的电离和亲水性。SMA 树脂与 NaOH 的反应如下：

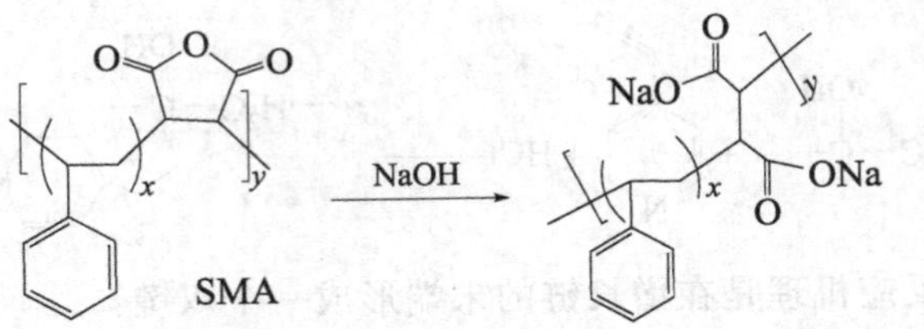

采用烷氧基聚氧乙烯醚，如甲氧基聚氧乙烯醚与 SMA 树脂反应，则可得到同时含有聚醚亲水基和羧基亲水基的高分子表面活性剂：

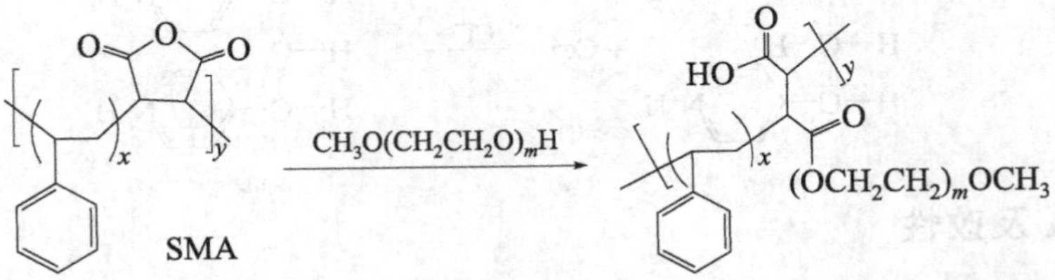

同时，SMA 树脂还可以酰亚胺化，根据酰亚胺化程度不同，可得到阳离子型高分子表面活性剂和两性高分子表面活性剂：

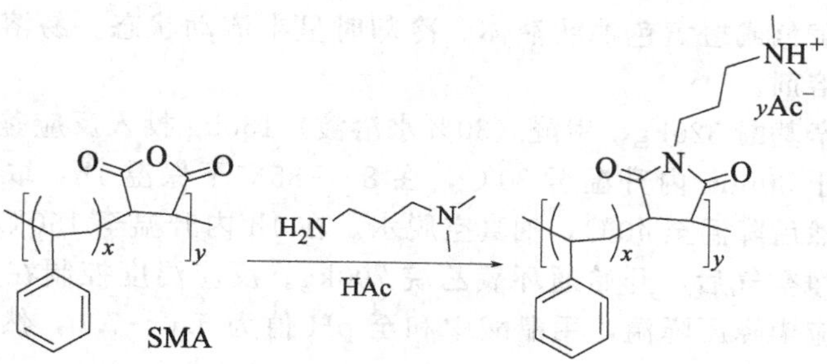

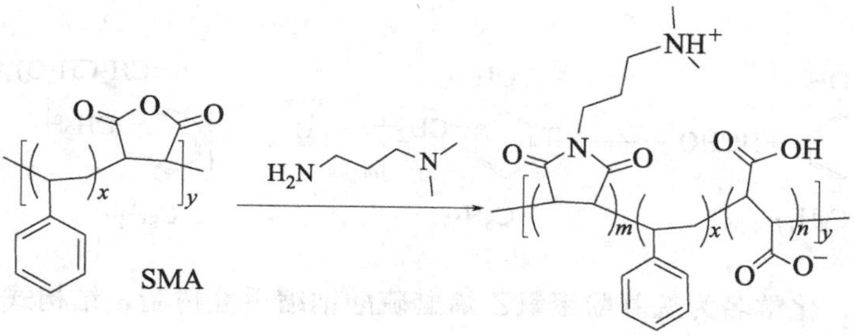

14.3.3　芳基磺酸缩甲醛

芳基磺酸缩甲醛产品主要由萘磺酸、磺酸基苯酚等化合物与甲醛缩合制备得到，其中比较有代表性的产品有分散剂 NNO、分散剂 S、分散剂 MF 等，这个化合物主要用在分散染料商品化过程中填充分散剂、建筑行业的减水剂等。

分散剂 S 属阴离子型，不燃、无臭、无毒、溶于水、耐酸、耐碱、耐硬水及无机盐、耐高温、耐冻。可与阴离子和非阴离子表面活性剂同时混用，但不能与阳离子染料及阳离子表面活性剂混用，具有优良的分散性能。主要用作还原染料和分散染料的高温分散剂，也可以同其他分散剂复配使用，可缩短分散染料的研磨时间，提高染料的分散性和上色力。还可以作为印染行业的高温匀染剂使用，减少染料的凝聚。

合成原理：由对羟基苯甲基磺酸、萘酚磺酸、甲醛缩合而得。反应式如下：

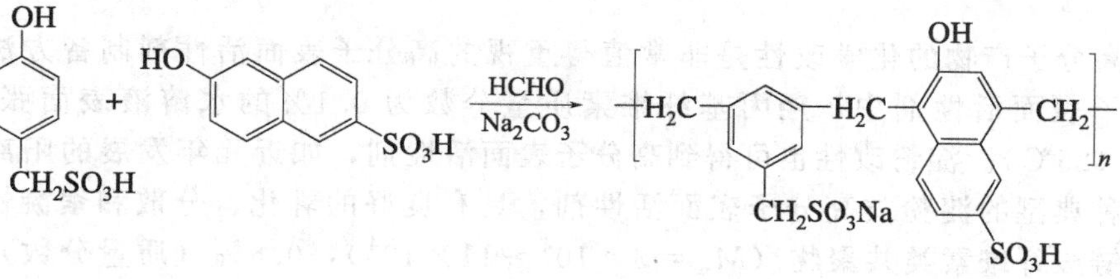

14.3.4　烷基酚缩甲醛

烷基酚缩甲醛最有代表性的产品有农乳 700 和速泊。

农乳 700 的化学名为烷基酚聚氧乙烯醚缩甲醛树脂。结构式如下：

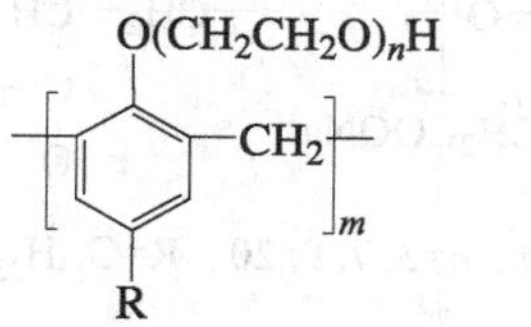

农乳 700 为浅黄色或橙黄色油状液体。冷却时呈半流动状态。易溶于水及醇、苯、甲苯、二甲苯等有机溶剂。

制备方法：将辛基酚 320kg、甲醛（30％水溶液）150kg 投入反应釜中，加入催化剂氢氧化钠，在搅拌下于 30min 内升温至 80℃，在 80~85℃下保温 1h，取样分析甲醛含量＜0.10％反应完成。然后降温至 40℃，抽真空脱水。在 1h 内升温至 150℃，脱水完毕用氮气置换釜中空气，驱净空气后，开始通环氧乙烷 700kg。反应温度控制在 160~180℃，压力 0.2~0.3MPa。反应毕降压降温，用醋酸中和至 pH 值为 5.0~7.0，然后放料包装即得成品。反应方程式如下：

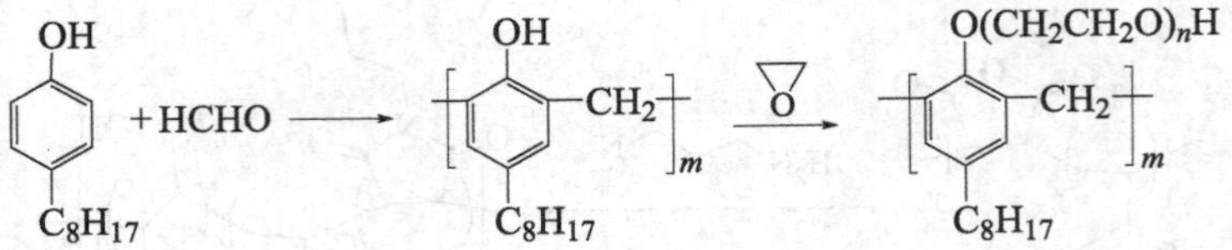

速泊（sopa），化学名为烷基酚聚氧乙烯醚硫酸钠缩甲醛树脂，结构式如下：

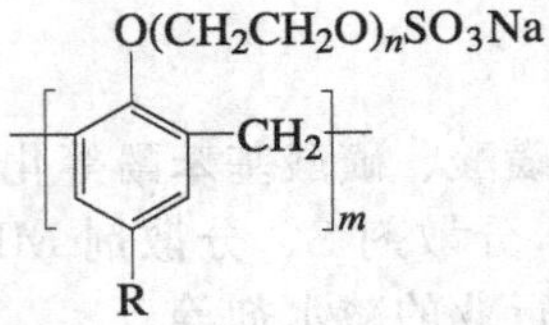

速泊为淡黄色或棕黄色流动液体，具有较好的润湿性、分散性。主要作为农药乳化剂，广泛用于农药的喷雾和加工的特种着展剂、胶悬剂、匀染剂，能提高药效。其制备方法为将等摩尔的烷基酚甲醛树脂聚氧乙烯醚和亚硫酸钠依次加入反应釜中，再加适量的水搅拌均匀后升至 65~70℃，反应 4h，得产品。

14.3.5 天然高分子产物的化学改性

天然高分子产物的化学改性是非常值得重视的高分子表面活性剂制备方法，如纤维素类高分子表面活性剂中，羟丙基纤维素质量分数为 0.1％的水溶液表面张力为 43~44mN/m（25℃）。淀粉改性也可得到高分子表面活性剂，如近几年发展的阳离子改性淀粉就是一种典型的淀粉类高分子表面活性剂，具有良好的乳化、分散和絮凝性能。而改性的双亲链段纤维素类共聚物（$M_w = 3 \times 10^4 \sim 11 \times 10^4$），0.5％（质量分数）时表面张力为 30mN/m，表现出较高的表面活性（如表 14-3 所示），其 CMC 系列高分子表面活性剂分子结构式为：

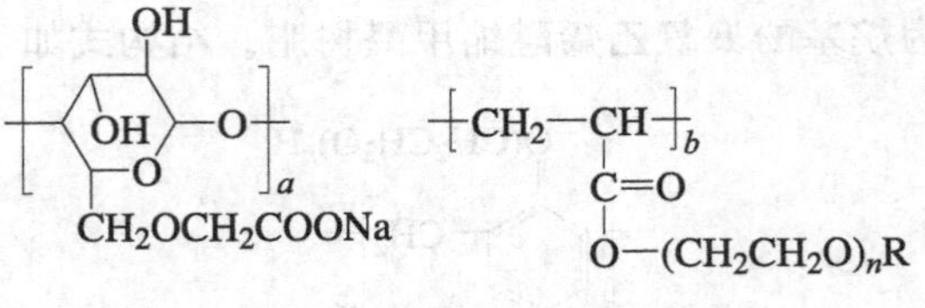

$a \neq b$；$n = 3, 7, 9, 20$；$R = C_{12}H_{25}$

表 14-3　含双亲链段纤维素表面活性剂的性能

共聚物	活性大单体	分子量 M_w ($\times 10^4$)	特性黏度 /(mL/g)	表面张力 /(mN/m)	界面张力 /(mN/m)
CMC-AR$_{12}$EO$_3$	34%	3.18	170	29.3	2.063
CMC-AR$_{12}$EO$_9$	35%	7.06	148	30.6	1.692
CMC-AR$_{12}$EO$_{20}$	38%	11.1	166	32.3	1.511
CMC-ANP$_7$	39%	—	166	30.3	1.920
CMC-AR$_{12}$EO$_9$-S$_t$	26%	—	120	30.0	1.428

下面介绍几种天然高分子化合物的改性。

① 蛋白质　蛋白质高分子表面活性剂原料有大豆蛋白质（存在于动物皮、骨、齿、血管等）、纤维状蛋白质（如骨胶原和角蛋白质等），但使用时效果不理想，需改性。

将蛋白质和水在催化剂存在下加热，分子量高的蛋白质主要通过肽键水解，生成分子量为几百至几千的多肽。这种多肽具有良好的表面活性，可直接用作表面活性剂，也可改性。

$$H\text{-}(NCH_2C)_n\text{-}OH + R'COCl(R'COOH) \longrightarrow R'OC\text{-}(NCH_2C)_n\text{-}OH$$

② 纤维素改性物　可通过以下反应得到纤维素改性物：

$$[C_6H_7O_2(OH)_3]_n + ClCH_2COONa \longrightarrow [C_6H_7O_2(OH)_{3-m}(OCH_2COONa)_m]_n$$

$$[C_6H_7O_2(OH)_3]_n + \triangle\hspace{-0.9em}O \longrightarrow [C_6H_7O_2(OH)_{3-m}(OCH_2CH_2OH)_m]_n$$

$$[C_6H_7O_2(OH)_3]_n + \triangle\hspace{-0.9em}O\text{-}CH_2N^+(CH_3)_3Cl^- \longrightarrow [C_6H_7O_2(OH)_{3-m}(OCH_2CHCH_2N^+(CH_3)_3Cl^-)_m]_n$$

$m < 0.4$，可溶于 NaOH 溶液；$m > 1.2$，可溶于有机溶剂；m 在 0.4～1.2 之间，可溶于水。

这类高分子表面活性剂有类似增稠、分散、乳化、增溶、成膜、保护胶体等性能，而且生物降解性和使用安全性好，原材料丰富。但没有降低表面张力的能力。不过纤维素与带长链烷基的疏水性反应物反应，可提高表面活性。

$\sim\sim$ 疏水链

③ 壳聚糖改性　壳聚糖具有可贵的生物降解性和丰富的原料来源，是一种极具改性应用前景的天然高分子。通过在壳聚糖上接枝长碳链疏水基团，并引入亲水性的阳离子、阴离子基团，可制备具有独特性质的两性高分子表面活性剂。

用壳聚糖（CTS）接枝二甲基十四烷基环氧丙基氯化铵（MTGA），制备壳聚糖季铵盐（CTSQ），再以氯磺酸/甲酰胺为磺化剂进行磺化，获得了一种吸湿性极强的新型壳聚糖两性高分子表面活性剂（APSTSS）。合成路线如下：

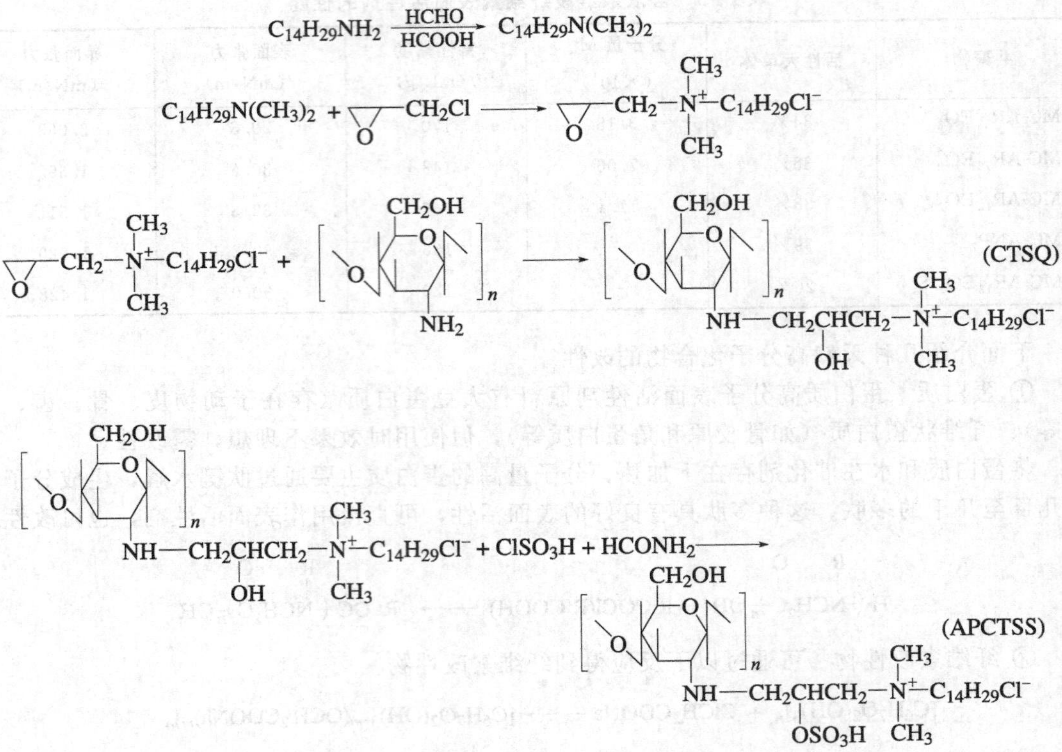

$$C_{14}H_{29}NH_2 \xrightarrow[\text{HCOOH}]{\text{HCHO}} C_{14}H_{29}N(CH_3)_2$$

$$C_{14}H_{29}N(CH_3)_2 + \overset{O}{\underset{\triangle}{CH}}-CH_2Cl \longrightarrow \overset{O}{\underset{\triangle}{CH}}-CH_2-\overset{CH_3}{\underset{CH_3}{\overset{|}{\underset{|}{N^+}}}}-C_{14}H_{29}Cl^-$$

（结构反应式：生成 CTSQ）

（结构反应式：生成 APCTSS，含 ClSO₃H + HCONH₂）

14.4　新型高分子表面活性剂

14.4.1　接枝型高分子表面活性剂

　　高分子表面活性剂按其化学结构也可分为无规型、嵌段型和接枝型等几种分子构型。接枝型高分子表面活性剂是一条主链上带有几条支链，要么以主链为亲水链段，要么以支链为亲水链段，由主链和支链构成梳状亲水亲油的高分子结构。其表面活性取决于亲水链段和疏水链段在溶液中的分子形态，以及两种链段的构造和组成比，采用不同的合成方法可以获得预定的接枝型高分子表面活性剂。

（1）接枝型高分子表面活性剂的性质

　　接枝型高分子表面活性剂像低分子表面活性剂一样，在表面张力、乳化、分散、絮凝等方面具有优良的表面活性。

　　① 表面张力　由于接枝型高分子表面活性剂的亲水部分和疏水部分在界面或表面上存在一定的取向性，具有一定降低表（界）面张力的能力，其表面活性已能与低分子表面活性相媲美。

　　② 乳化能力　接枝型高分子表面活性剂具有较强的乳化能力，将一定量接枝共聚物溶解于油（水）中，充分振荡后，就会使油水体系乳化，并且保持乳化液稳定。对主链为疏水链段如 PS（聚苯乙烯）-g-PEO，以及主链为亲水链段如 PEO-g-PS 的接枝型高分子表面活性剂，接枝共聚物用量大，亲水链段含量高，乳化能力强，疏水链段不同，仍然能保持较高的乳化能力。

　　③ 絮凝作用　当接枝型高分子表面活性剂分子量较高时，具有絮凝剂的作用，分子中

极性基团吸附有许多粒子，在粒子之间产生桥架作用，分子量愈大极性基团愈多，一桥多架，从而形成絮凝物。

④ 分散作用　作为水介质的接枝型高分子分散剂，一般支链为亲水链段，如聚氧乙烯、聚乙烯基吡咯烷酮、聚丙烯酸等，主链包围被分散粒子时，借助支链的亲水性使粒子被分散于水中而不致聚沉。一般要求接枝型高分子分散剂的分子量在 1 万～5 万之间，并且疏水链段与亲水链段保持适当的比例。在疏水链上含有—OH、—$CONH_2$、—COOH 时，分散效果会更好。

⑤ 增溶作用　接枝型高分子表面活性剂可以使原本不互溶的油-水物质相互溶解成一均匀溶液，这种作用称为增溶。

(2) 接枝型高分子表面活性剂的合成

① 加成聚合法　此法一般是先合成功能性大分子长链作为支链，如（甲基）丙烯酸酯型大分子单体，通过大单体与非亲水（油）小分子共聚单体的自由基聚合，可获得带有几个支链的高分子表面活性剂。共聚小分子单体的属性，大分子单体的分子量、百分含量等都影响着接枝共聚物的表面活性。溶液聚合是最为常见的聚合方法。

在这个方法中，关键因素是大分子单体的合成，只有利用大分子单体才能共聚形成梳状表面活性剂。从大分子单体的合成机理讲，有自由基聚合法、阴离子聚合法、阳离子聚合法、基团转移聚合法。当然大分子单体除了以自由基机理与小分子单体共聚外，还有阴离子机理共聚合形成接枝型高分子表面活性剂。利用大分子单体技术可以合成结构明确、性能可控的接枝型共聚物，因此是一种非常有意义的接枝型高分子表面活性剂的合成方法。

通过阴离子聚合反应制备聚氧乙烯大分子单体有两种方法。第一种方法是用含不饱和引发剂引发环氧乙烷的阴离子聚合，而引发剂中的双键此时不会发生反应。第二种方法是借助于聚氧乙烯活性链与不饱和的亲电试剂之间的反应。前者可以使用对异丙烯基苯甲醇钾引发，实现环氧乙烷的阴离子聚合，生成 α-甲基苯乙烯型的聚氧乙烯大分子单体。由于 α-甲基苯乙烯具有很大的空间位阻，聚合上限温度极低等原因，很难发生自由基均聚反应，但是可以与其他不饱和单体进行共聚反应。α-甲基苯乙烯接枝聚氧乙烯醚反应式如下：

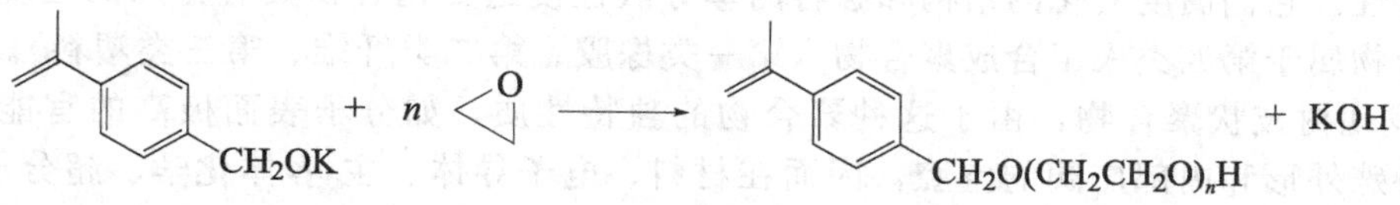

注意，用未取代的亲电试剂封端的聚氧乙烯大分子单体的合成常常不是定量的，如使用 ω-羟基聚氧乙烯，可得到定量的大分子单体。如在二环己基碳二亚胺（DCCI）中进行 ω-羟基聚氧乙烯和甲基丙烯酸的酯化反应：

$$CH_3O(CH_2CH_2O)_nH + H_3C-\underset{\underset{CH_2}{\|}}{C}-\overset{\overset{O}{\|}}{C}-OH \xrightarrow{DCCI} CH_3O(CH_2CH_2O)_n-\overset{\overset{O}{\|}}{C}-\underset{\underset{CH_2}{\|}}{C}-CH_3$$

② 偶合法　偶合法是借助于一种聚合物的活性末端基与另一种聚合物链上的活性点之间的反应。这些活性末端基可以是离子聚合反应中产生的活性末端，也可以是一些对底物高分子链上某些特定位置具有较高反应活性的基团。如利用聚氧乙烯醇碱金属衍生物与甲基丙烯酸甲酯和甲基丙烯酸乙酯共聚合，可得到的共聚物包括聚甲基丙烯酸酯和聚醚，其中有嵌段单元也有接枝单元。嵌段单元是醇碱金属引发甲基丙烯酸乙酯的聚合反应的结果。反应如下所示：

$$CH_3O(CH_2CH_2O)_nK + H_3C-\underset{\underset{CH_2}{\|}}{\overset{\overset{O}{\|}}{C}}-C-OCH_2CH_3 \longrightarrow CH_3O(CH_2CH_2O)_{\overline{n}}-(CH_2\underset{\underset{OCH_2CH_3}{\overset{|}{C=O}}}{\overset{\overset{CH_3}{|}}{C}})_{\overline{m}}$$

③ 活性中心法 在活性中心法中，活性中心在高分子链上形成，这种活性中心可以是阴离子或阳离子，也可以是自由基。反应中心能够引发另一种单体的聚合反应，从而得到接枝共聚物。如利用高价铈盐与有机还原剂如醇、硫醇、醛和胺共存时，将形成一种氧化还原体系，这种氧化还原反应会产生一种能引发乙烯基单体聚合的自由基：

$$Ce^{4+} + RCH_2OH \longrightarrow \begin{array}{l} R\dot{C}HOH \\ RCH_2O\cdot \end{array} + Ce^{3+} + H^+$$

当聚乙烯醇被用作还原剂时，主要形成以碳为中心的自由基。

④ 高分子化学反应 利用高分子化学反应，在聚合物母体主链上引入非同性支链，可构成接枝型高分子表面活性剂。如利用单羟基聚环氧乙烷（HO-PEO）与聚甲基丙烯酸甲酯、聚硅氧烷（PSO）进行酯交换反应，可分别合成支链为亲水链段的接枝共聚物 PMM、A-g-PEO 和 PSO-g-PEO，调节 HO-PEO 与作为主链组分的反应物摩尔比，可控制水溶性 PEO 的支链数目，也可通过活性氢反应将环氧乙烷-环氧丙烷共聚物作为支链接到聚硅氧烷主链上，形成接枝型高分子表面活性剂。

14.4.2 树枝状高分子表面活性剂

树枝状聚合物是一类三维的、高度有序的新型高分子。与传统高分子相比，这类化合物在合成时，可以在分子水平上严格控制，设计分子大小、形状、结构和功能基团；由中心向外对称发散并高度分支，有着极好的几何对称性。因而具有精确的分子结构、单分散性、极好的水溶性。它们高度支化的结构和独特的单分散性使这类化合物具有特殊的性质和功能。这种聚合物属于第四类人工合成聚合物（第一类橡胶、第二类纤维、第三类塑料）。20 世纪 80 年代发现树枝状聚合物，由于这种聚合物的独特性质，如分子表面极高的官能团密度、分子的特殊外形和内部广阔的空腔，因而在材料、电子导体、主-客体化学、超分子等领域有着广阔的应用前景。

(1) 树枝状高分子表面活性剂的性质

树枝状高分子随着支化度的增加，分子结构逐渐接近于球形。而传统表面活性剂的分子结构多为直链和支链的形式。与传统高分子相比，具有结构明确、非结晶性、黏度低、溶解性能好、末端可导入大量的反应性或功能性基团等特点，所以作为新型表面活性剂将具有广阔的应用前景。

① 表面活性 树枝状化合物具有一定的表面活性，其水溶液具有典型表面活性剂水溶液的特性，但是其降低水的表面张力的能力与典型的表面活性剂相比要弱些。具有一定表面活性的原因可能是此类高分子由亲水基和亲油基两部分组成；其亲水基团是内部的羰基和氨基，亲油基团是内部的碳氢链和外层的甲基。在相同浓度时，随支化度数增加，高分子降低水的表面张力能力有所增加，这可能与高支化度外层基团—CH_3 数目增加，范德华力作用使基团排列更加紧密有关；同时，裸露在外的亲水基团（如羰基等）减少，这两个因素均使得高分子的亲水性降低。如以赖氨酸为内核、叔丁氧基羰基（t-BOC）为端基的树枝状化合

物，该树枝状化合物不但具有一定的表面活性，而且还有很好的起泡能力。

② 增溶作用 树枝状高分子具有亲水性表面基团的同时又具有疏水性内层，它是靠共价键联结的单个大分子，随着支化度的增加，分子表面的官能团将越来越密集，但分子内部具有大量的空腔。如聚酰胺-胺树枝状高分子具有一个中空的中心核和一个高度密集的外层，内部的空腔可以包裹小分子化合物，在一定条件下能使它们再释放出来。

③ 破乳作用 由于树枝状高分子的末端含有大量的活性基团，能够强烈地吸附油-水界面，顶替原来的保护层，而新界膜的强度大为降低，保护作用减弱，有利于破乳。此外，由于树枝状高分子的分子量较大，它能够分散在乳液中，使细小液珠絮凝成松散的胶团，这些胶团再结成大液滴，使油水分离。

（2）树枝状高分子表面活性剂的结构特点

聚酰胺-胺树枝状高分子与传统的表面活性剂的结构是不一样的。随着分子代数的增多，它的结构形态接近于球形，分子中碳氢链及甲基是亲油基团，羧基和氨基是亲水基团。这类表面活性剂可在纳米水平上严格控制设计分子大小、结构和表面基团，由中心向外对称发散并高度分支，有着极好的几何对称性，因而具有精确的分子结构、单分散性极好的水溶性。由发散法合成聚酰胺-胺树枝状高分子具有一个中空的中心核和一个高度密集的外层。分子链中末端运动最快，而内部运动较慢，这是因为支化单元存在某种程度的折叠，减轻了高分子表面的空间拥挤程度。然而分子内酰胺基团之间或羧端基之间存在众多氢键，使其成为典型的"密实壳模型"结构。即树枝状高分子的分子单元在每一代的增长过程中是高度伸展的，支化单元终止于分子的外表面，这就导致了在疏松的中心核周围形成了一个致密的壳体。聚酰胺-胺树枝状高分子内部的大量空腔可以包裹小分子化合物，在一定的条件下能使它们再释放出来。聚酰胺-胺树枝状高分子是单分子胶束，其疏水部分和亲水部分靠共价键连接，比较稳定，在不同的溶剂中可以保持各种浓度。

（3）树枝状高分子表面活性剂的合成方法

树枝状高分子表面活性剂的端基多为亲水基，从核心向外支化的链节多为亲油基，它们被端基包围在分子内部，形成一个亲油"洞穴"。虽然它们在结构上与传统表面活性剂有较大差别，但它们的基本性能却是一致的。同理，它们也可形成反胶束。树枝状高分子结构的特殊性，也预示着它具有特殊的合成方法。这种聚合物的合成属于自由基反应，需要合适的微环境体系。

① 发散合成法 发散合成法以小分子为核心，采用逐步重复的合成手段合成树枝状高分子，其合成路径如图 14-5 所示。这种合成法的缺点是反应增长级数越大，越容易使树枝状高分子产生缺陷，造成合成上的困难。

② 收敛合成法 收敛合成法是先合成树枝状高分子的一部分，形成一个"楔状物"，然后再将这些"楔状物"与核心连接，最后形成一个新的树枝状高分子，其合成路径如图 14-6 所示。这种合成非常巧妙，不仅可以设计分子的结构，而且端基结构非常完整，能够避免发散合成法的不足；但随着"楔状物"分子的增大，它与核心相连就变得越来越困难。

近年来，多种结构及树干上含氮、硅、磷、硼、锗、铋等杂原子的树枝状高分子被合成出来，其应用也逐步被开发出来。具有亲水性表面基团又具有疏水内层的树枝状高分子，在性质上与胶团相似，其内层空隙可作为小分子的包容空间，故有可能用于药物或催化剂的载体；也可以利用表面的末端基静电吸引增溶，这种增溶作用对作为药物输送载体和催化剂载体具有实用价值。

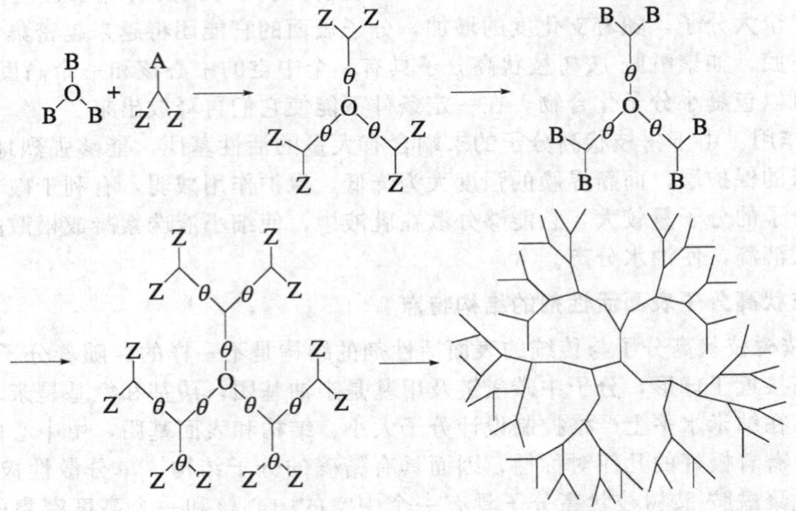

图 14-5　发散合成法合成树枝状高分子
A,B—反应基团；Z—B 的被保护形式；θ—A 与 B 形成的官能团

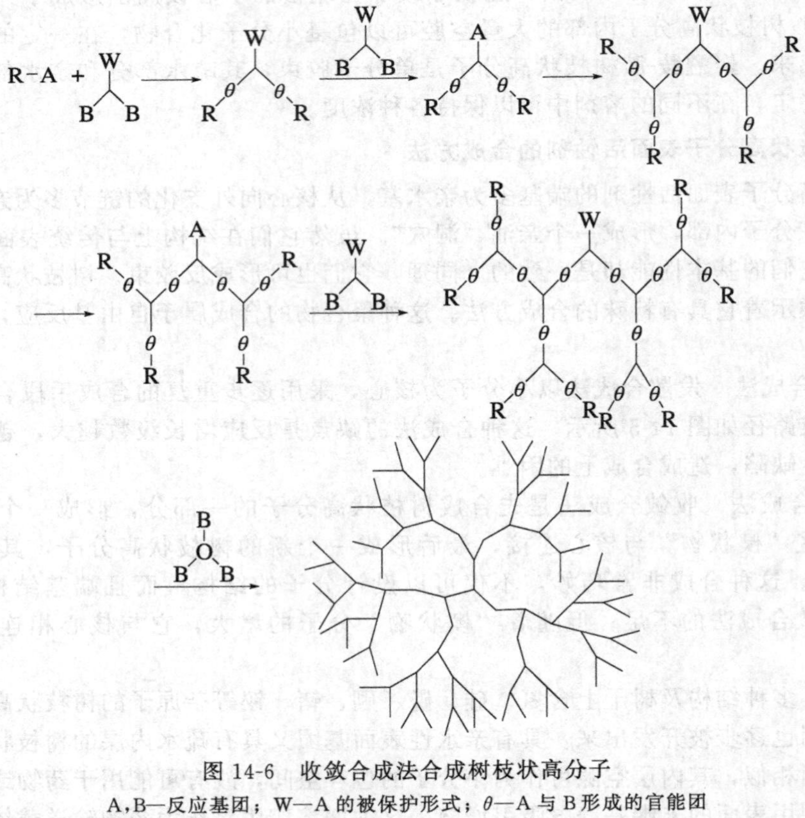

图 14-6　收敛合成法合成树枝状高分子
A,B—反应基团；W—A 的被保护形式；θ—A 与 B 形成的官能团

14.5　非离子系高分子表面活性剂

14.5.1　聚醚类

聚醚是高分子链中含有 $\left[\!\!\begin{array}{c}C-O-C\end{array}\!\!\right]_n$ 醚键的聚合物，通常由环氧乙烷（EO）、环氧丙烷（PO）、环氧丁烷（BO）或四氢呋喃等为主要原料，开环均聚或共聚制得。其结构通式如下：

$$R^1\!\!\left[\!\!\begin{array}{c}CH-CH_2O\\R^2\end{array}\!\!\right]\!\!\left[\!\!\begin{array}{c}CH_2-CH\\R^3\end{array}\!\!\right]_x\!\!O\!\!\left[\!\!\begin{array}{c}\\\end{array}\!\!\right]_n\!\!R^4$$

聚醚作为高分子表面活性剂，兼具高分子和表面活性剂的双重性能。聚醚制备中，起始剂可以是单元醇、多元醇和胺类。由于起始剂的不同及聚合方式（嵌段或无规）的不同，可以得到一系列不同起始剂、不同 EO/PO（包括 PO/BO 或 EO/PO/BO）比例、不同性能的嵌段或无规的高分子聚合物。

（1）几种常见的聚醚类共聚物

① 无规聚醚非离子表面活性剂　Pluronic、REP、RPE 聚醚型表面活性剂中的 EO、PO 都是嵌段共聚的，无规聚醚则是混嵌段的。制造方法不同：在 EO、PO 必须先混合后再与起始剂加成聚合，聚合方法与一般非离子表面活性剂相似。这类表面活性剂的性能也随 EO、PO 混合比例的不同而不同，且应用性能也较特殊。

② 改性聚醚　如改性吐温-20：

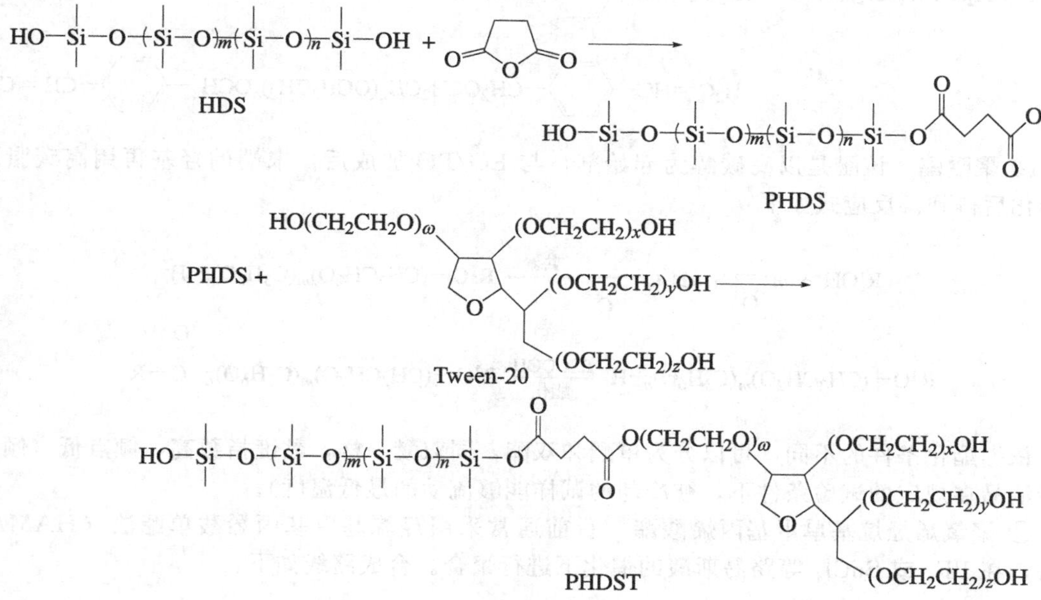

（2）功能化的聚醚

聚醚作为高分子表面活性剂，兼有高分子特性及表面活性剂特性双重性能。1980 年以后又相继开发出一系列具有表面活性的功能性的聚醚。

① 双烷基聚醚　通式为：

$$R-O-[CH_2-\underset{\underset{CH_3}{|}}{CH}O]_m[CH_2CH_2O]_n R'$$

分三步合成：

$$R^1OH + m\,\triangle\!\!\!\!O + n\,H_3C\triangle\!\!\!\!O \xrightarrow{\text{共聚}} R^1O-(CH_2CH_2O)_m(C_3H_6O)_n-H$$

$$R^1O-(CH_2CH_2O)_m(C_3H_6O)_n-H \xrightarrow{\text{钠化}} R^1O-(CH_2CH_2O)_m(C_3H_6O)_n-Na$$

$$R^1O-(CH_2CH_2O)_m(C_3H_6O)_n-Na \xrightarrow{R'X} R^1O-(CH_2CH_2O)_m(C_3H_6O)_n-R'$$

另一种常见的合成方法是以聚乙二醇为原料，通过钠化和烷基化完成，反应如下：

$$HOCH_2CH_2(OCH_2CH_2)_nOH + NaH + THF \longrightarrow$$

$$HOCH_2CH_2(OCH_2CH_2)_nONa + NaOCH_2CH_2(OCH_2CH_2)_nONa$$

$$HOCH_2CH_2(OCH_2CH_2)_nONa + H_2C\!=\!HC-\!\!\!\!\bigcirc\!\!\!\!-CH_2Cl \longrightarrow$$

$$H_2C\!=\!HC-\!\!\!\!\bigcirc\!\!\!\!-CH_2OCH_2CH_2(OCH_2CH_2)_nOH$$

$$NaOCH_2CH_2(OCH_2CH_2)_nONa + 2H_2C\!=\!HC-\!\!\!\!\bigcirc\!\!\!\!-CH_2Cl \longrightarrow$$

$$H_2C\!=\!HC-\!\!\!\!\bigcirc\!\!\!\!-CH_2OCH_2CH_2(OCH_2CH_2)_nOCH_2-\!\!\!\!\bigcirc\!\!\!\!-CH\!=\!CH_2$$

② 聚醚酯　该醚是以高碳醇为起始剂，与 EO/PO 加成后，末端的羟基再用高碳脂肪酸酯化后得到。反应式如下：

$$R^1OH + m\,\triangle\!\!\!\!O + n\,H_3C\triangle\!\!\!\!O \xrightarrow{\text{共聚}} R^1O-(CH_2CH_2O)_m(C_3H_6O)_n-H$$

$$R^1O-[(CH_2CH_2O)_m(C_3H_6O)_n]-H \xrightarrow[\text{酯化}]{R'COOH} R^1O-(CH_2CH_2O)_m(C_3H_6O)_n-\overset{\overset{O}{\|}}{C}-R$$

依据酯化条件的不同，可以分为单酯和双酯，同双醚一样，黏度指数高，倾点低（倾点是指油品在规定的试验条件下，被冷却的试样能够流动的最低温度）。

③ 聚氧烯烃烷基单甲基丙烯酸酯　目前通常采用羟烷基甲基丙烯酸单酯法（HAMA）制备，在 BF_3 或 $SnCl_4$ 等路易斯酸的催化下进行聚合。合成路线如下：

$$H_3C-\underset{\underset{}{\overset{\overset{CH_2}{\|}}{C}}}-COOCH_2\underset{R}{\overset{}{C}}HOH + n\,\triangle\!\!\!\!O-R \longrightarrow H_3C-\underset{\overset{\overset{CH_2}{\|}}{}}{C}-COO-[CH_2\underset{R}{\overset{}{C}}HO]_{n+1}H$$

④ 新型含硅或氟聚醚　含硅聚醚由亲油的聚硅氧部分与亲水性的聚醚部分组成，有两种形式，即 Si—O—C 结合型和 Si—C 结合型。含氟聚醚一般是从氟烯烃与脂肪酸环氧化物

以自由基反应而得。主要含氟聚醚有部分氟代环氧化物及全氟环氧化物。

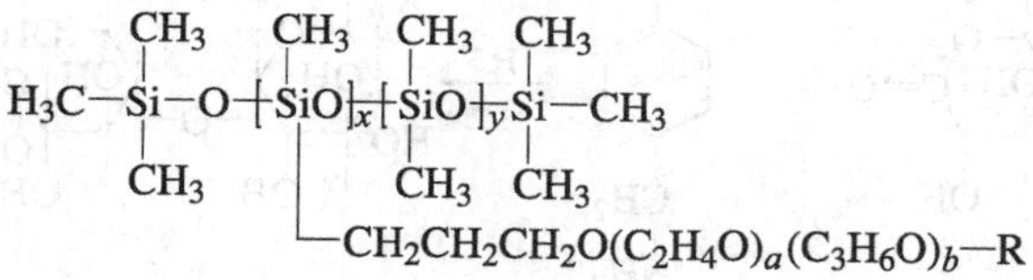

$$H_3C-Si-O+SiO]_x[SiO]_ySi-CH_3$$

$$-CH_2CH_2CH_2O(C_2H_4O)_a(C_3H_6O)_b-R$$

⑤ 新型含硅聚醚

$$CF_3O+(CF-CF_2O)_m(CF_2O)_n(CFO)_p A$$

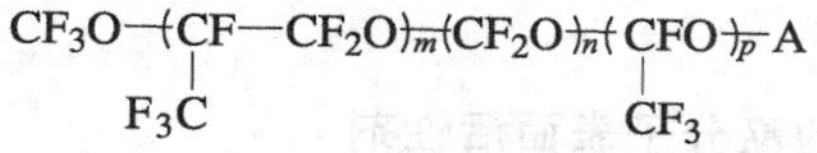

A=—COF、—CF_2COF、—CF(CF_3)COF

⑥ 聚醚改性硅氧烷磷酸酯

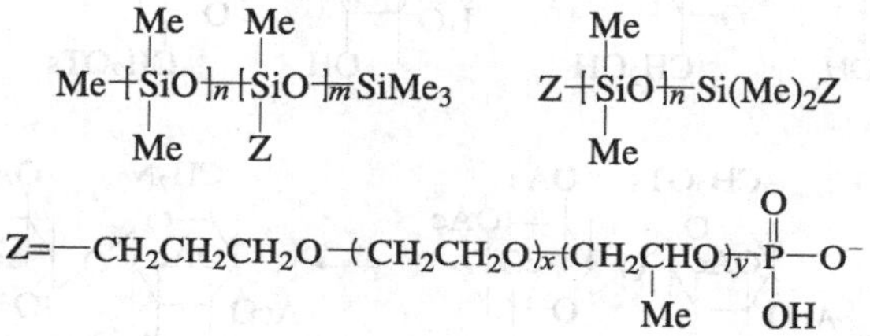

$$Me+SiO]_n[SiO]_mSiMe_3 \qquad Z+SiO]_n Si(Me)_2Z$$

$$Z=-CH_2CH_2CH_2O+CH_2CH_2O]_x(CH_2CHO)_y P-O^-$$

14.5.2　糖基类表面活性剂

各种低聚糖、复合糖不仅是生命的能源，也是细胞的建筑材料之一，此外还有调节新陈代谢的作用。存在于细胞膜中的低聚糖和复合糖还能起细胞间的相互识别的作用。它们取自天然的可再生资源，与环境相容性好，对皮肤温和，具有良好的起泡力。糖基类高分子表面活性剂大体分为糖基位于侧链和糖基位于主链两种。制备多数糖基高分子表面活性剂的起始糖类物质是葡萄糖，乳糖也是一种适宜的糖类物质来源。

（1）糖类位于侧链上的高分子表面活性剂

这类表面活性剂研究得较多，例如，以聚苯乙烯为疏水基，在侧链中引入麦芽糖、葡萄糖等糖类亲水基，所得到的高分子表面活性剂既能溶于水又能溶于有机溶剂，在水中能形成胶束，能使与一些糖类结合着的卵磷脂凝聚，能够吸收溶在水中的有机颜料。

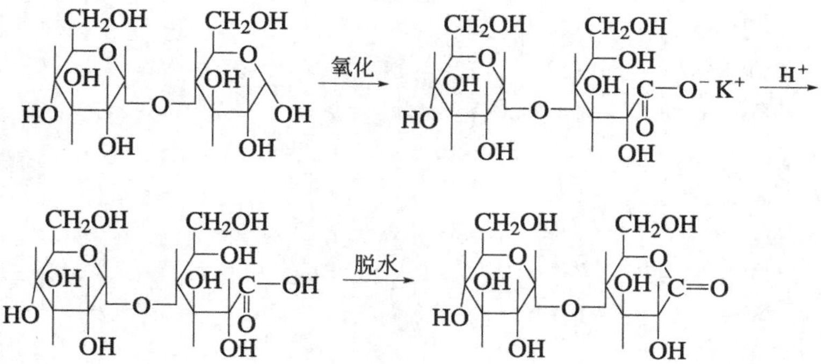

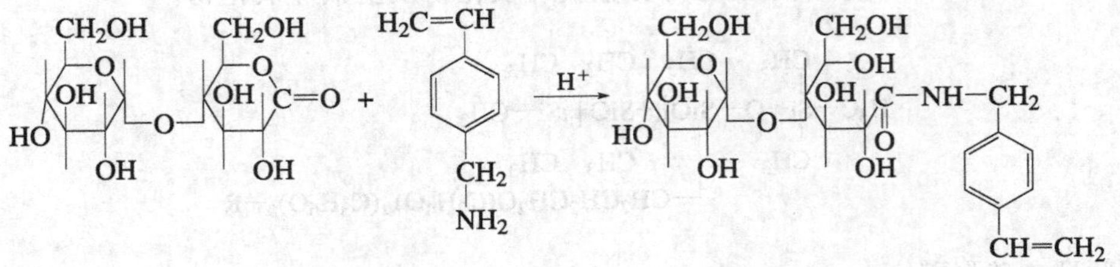

将上面的合成产物以 AIBN 为引发剂，在 DMSO 中于 60℃下进行聚合，即得到高分子型非离子表面活性剂。

(2) 主链中含有糖结构的高分子表面活性剂

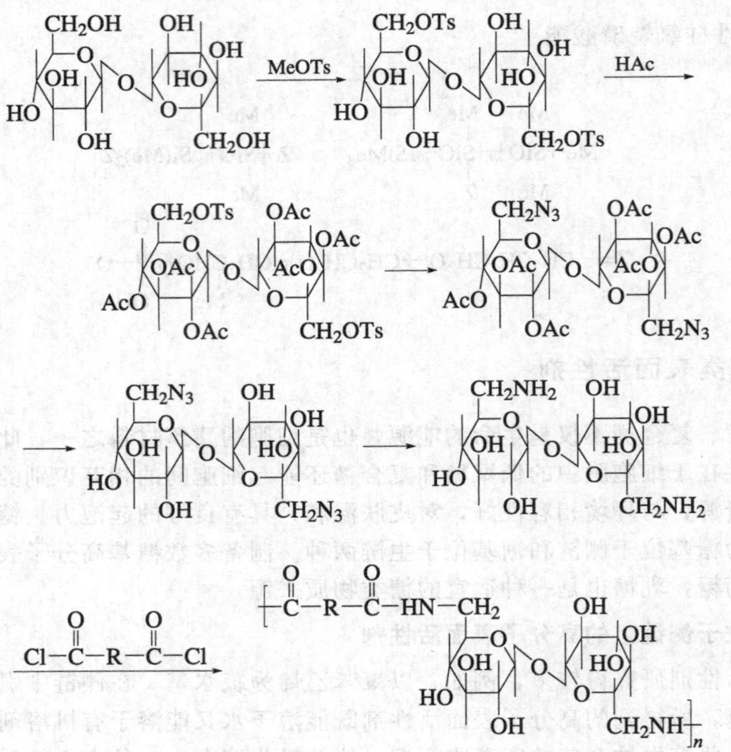

◆ 参考文献 ◆

[1] 黄洪周，周怡平，姚增硕.我国表面活性剂工业发展展望［J］.精细石油化工，2000，（1）：1-3.

[2] 黄惠琴.表面活性剂的应用与发展趋势［J］.现代化工，2001，21（5）：6-8.

[3] 李大庆.浅谈我国表面活性剂工业的发展［J］.辽宁省交通高等专科学校学报，2001，3（2）：46-48.

[4] 张高勇，罗希权.表面活性剂市场动态与发展建议［J］.日用化学品科学，2000，23（1）：11-14.

[5] 罗希权，张晓冬.中国表面活性剂市场的现状与发展趋势［J］.日用化学品科学，2004，27（1）：2-4.

[6] 郭春伟."绿色"清洗之路.日用化学品科学［J］.2006，29（8）：4-7.

[7] 王世荣，李祥高，刘东志.表面活性剂化学［M］.北京：化学工业出版社，2000.

[8] 董永春.纺织助剂化学与应用［M］.北京：中国纺织出版社，2007.

[9] 梁汉国.氧化胺型表面活性剂［J］.广东化工，1993（4）：11-14.

[10] 商学军.新型氧化胺表面活性剂的合成及性能研究［D］.华东理工大学硕士论文，1990.

[11] 张会念，刘雪锋.N,N-二甲基-N-十二烷基聚氧乙烯醚基氧化胺的合成及性能［C］.中国化学会第十四届胶体与界面化学会议论文摘要集-第6分会：胶体与界面化学技术，应用与产品，2013.

[12] 商学军，张铸勇.含磺基氧化胺表面活性剂的合成和性能［J］.华东化工学院学报，1992.

[13] 陈晓伟.格尔伯特醇的合成.合成润滑材料［J］.2015，42（2）：1-3.

[14] 赵国玺，朱珍瑶.表面活性剂作用原理［M］.北京：中国轻工业出版社，2003.

[15] 徐燕莉.表面活性剂的功能［M］.北京：化学工业出版社，2000.

[16] 刘程，米裕民.表面活性剂性质理论与应用［M］.北京：北京工业大学出版社，2003.

[17] 张俊甫.精细化工概论［M］.北京：中央广播电视大学出版社，1991.

[18] 王培义，徐宝财，王军.表面活性剂：合成·性能·应用［M］.北京：化学工业出版社，2007.

[19] 北原文雄，玉井康腾，等.表面活性剂：物性·应用·化学生态学［M］.孙绍曾，译.北京：化学工业出版社，1984.

[20] 张天胜.表面活性剂应用技术［M］.北京：化学工业出版社，2001.

[21] 肖进新，赵振国.表面活性剂应用原理［M］.北京：化学工业出版社，2003.

[22] 赵德丰，程侣柏，姚蒙正，等.精细化学品合成化学与应用［M］.北京：化学工业出版社，2002.

[23] 沈一丁.精细化工导论［M］.北京：中国轻工业出版社，1998.

[24] 梁文平，殷福珊.表面活性剂在分散体系中的应用［M］.北京：中国轻工业出版社，2003.

[25] 周春隆，穆振义.有机颜料——结构、特性及应用［M］.北京：化学工业出版社，2002.

[26] 李宗石，徐明新.表面活性剂的合成与工艺［M］.北京：中国轻工业出版社，1990.

[27] 杜巧云，葛虹.表面活性剂基础及应用［M］.北京：中国石化出版社，1996.

[28] 王载统，张余善.阴离子表面活性剂［M］.北京：中国轻工业出版社，1983.

[29] 夏纪鼎，倪永全.表面活性剂和洗涤剂化学与工艺学［M］.北京：中国轻工业出版社，1997.

[30] The-Anh Phan, François-Xavier Perrin, Lam Nguyen-Dinh. Synthesis and characterization of decyl phosphonic acid, applications in emulsion polymerization and anti-corrosion coating [J]. Korean J. Chem. Eng., 2018, 35（6）：1365-1372.

[31] 王祥荣，姚继明，解如皋.含磷表面活性剂在纺织工业上的应用［J］.天津纺织工学院学报，1991，11（1）：80-84.

[32] 朱明华.绿色表面活性剂 MES 的应用研究进展［J］.日用化学品科学，2015（2）：7-10.

[33] 夏良树，陈仲清.醇醚羧酸盐在日化产品中的应用性能研究［J］.应用化工，2004，33（3）：9-12.

[34] 卢学军，陶华东，张义勇，等.醇醚羧酸盐表面活性剂的研究进展［J］.日用化学品科学，2014，37（11）：21-23.

［35］ 张望, 李秋小, 李运玲. 氧化法制备醇醚羧酸盐的多组分钯炭催化剂研究［J］. 精细化工, 2009（8）: 747-750.

［36］ 吴洪特, 于兵川, 李万雄, 等. 羧甲基化法合成 AEC 的条件探讨［J］. 化学与生物工程, 2003, 20（z2）: 7-9.

［37］ 李运玲, 李秋小, 李明, 等. 氧化法制备醇醚羧酸盐合成工艺及其性能研究［C］. 中国化学会第十三届胶体与界面化学会议. 2011.

［38］ 王丰收. 烷基醚羧酸盐（AEC）［J］. 日用化学工业信息, 2003（2）: 1-4.

［39］ 郭祥峰, 贾丽华. 阳离子表面活性剂及应用［M］. 北京: 化学工业出版社, 2002.

［40］ 王一尘. 阳离子表面活性剂的合成［M］. 北京: 中国轻工业出版社, 1984.

［41］ 王祖模, 徐玉佩. 两性表面活性剂［M］. 北京: 中国轻工业出版社, 1990.

［42］ Lai X, Dang Z, Wang L, et al. pH-responsive amphoteric surfactant n-lauryl-（. alpha. -alkyl）-.beta. -aminopropionic acid and preparation method and uses thereof［P］. US10781165, 2020.

［43］ 段世铎, 王万兴. 非离子表面活性剂［M］. 北京: 中国铁道出版社, 1990.

［44］ N. 勋弗尔特. 非离子表面活性剂的制造、性能和分析［M］. 苏聚汉, 张万福, 等译. 北京: 中国轻工业出版社, 1990.

［45］ 金勇, 苗青, 张彪, 等. Bola 型表面活性剂合成及其应用［J］. 化学进展, 2008, 20（6）: 918-929.

［46］ 朱领地. 表面活性剂清洁生产工艺［M］. 北京: 化学工业出版社, 2005.

［47］ 王景霞, 范晓东, 周志勇, 等. 双金属氰化物催化环氧化物开环聚合的研究进展［J］. 化工进展, 2008（7）: 1012-1016.

［48］ Le-khac Bi. Solid double metal cyanide catalyst, process for producing the same and process ofepoxide polymerization using said catalyst［P］. USl17100, 2001.

［49］ 华正江, 陈上, 闵玉勤, 等. 双金属氰化络合物催化剂的形态及其对催化剂活性的影响［J］. 浙江大学学报（理学版）, 2004, 31（1）: 74.

［50］ 王文浩, 李俊贤, 周集义, 等. 双金属氰化络合物（DMC）催化剂的合成及应用研究进展［J］. 化学推进剂与高分子材料, 2004, 2（5）: 5-9.

［51］ 洪良智, 祝方明, 涂建军. 双金属氰化物催化剂的研究进展［J］. 合成树脂及塑料, 2002, 3: 53-57.

［52］ 刘晓华, 亢茂青. 锌/钴双金属氰化物络合物催化剂（DMC）催化环氧丙烷聚合反应的活性结构研究［J］. 高等学校化学学报, 2000, 11: 1748-1750.

［53］ 陈苏, 陈莉. Fe/Zn 双金属氰化物催化剂催化环氧丙烷聚合的活性结构研究［J］. 分子催化, 2002, 16（5）: 374-378.

［54］ 马利静. MEE 的结构分析及其与其它表面活性剂复配行为的研究［D］. 中国日用化学工业研究院 硕士论文, 2004.

［55］ Nakanaura H, Hama I, Fujimori Y. Methylene sterroids as novel androgens［P］. JP4279552, 1991.

［56］ Littau C A. Detergents and cleaners comprising narrow homolog distribution of alkoxylated fatty acid alkyl esters［P］. US6395694, 2000.

［57］ 曾毓华. 氟碳表面活性剂［M］. 北京: 化学工业出版社, 2001.

［58］ 梁治齐, 宗惠娟, 李金华. 功能性表面活性剂［M］. 北京: 中国轻工业出版社, 2002.

［59］ 孙岩, 殷福珊, 宋湛谦, 等. 新表面活性剂［M］. 北京: 化学工业出版社, 2003.

［60］ M. I. 阿什, 等. 表面活性剂大全［M］. 王绳武, 摘译. 上海: 上海科学技术文献出版社, 1988.

［61］ Schick M J. Surfactant Science Series. New York: Marcel Dekker, 1987.

［62］ 程侣柏, 胡家振, 姚蒙正, 等. 精细化工产品的合成及应用［M］. 大连: 大连理工大学出版社, 1992.

［63］ 曹亚, 李惠林, 张爱民. CMC 型表面活性剂在固/液界面上的吸附［J］. 物理化学学报, 1999（15）: 952.

［64］ Dixit S G, Vanjara A K, Nagarkar J, et al. Coadsorption of quaternary ammonium compounds-nonionic surfactants on solid-liquid interface［J］. Colloids Surf A, 2002（205）: 39.

［65］ Fainerman V B, Miller R, Mohwald H. General relationships of the adsorption behavior of surfactants at the water/air interface［J］. J Phys Chem B, 2002（106）: 809.

［66］ 陈荣圻. 表面活性剂化学及应用［M］. 上海: 纺织工业出版社, 1990.

［67］ 田久旺, 王世容. 表面活性剂水溶液体相与表面相之间的相平衡［J］. 华东理工大学学报, 1994（20）: 85-90.

［68］ Esumi K. Adsorption and adsolubilization of surfactants on titanium dioxides with functional groups［J］. Colloids Surf A, 2001（176）: 25.

［69］ Zhu BY, Gu T. Surfactant adsorption at solid-liquid interfaces［J］. Advances in Colloid and Interface science, 1991, 37（1-2）: 1-32.

[70] Somasundaran P, Huang L. Adsorption/aggregation of surfactants and their mixtures at solid-liquid inter-faces [J]. Adv Colloid Interface, 2000, 88 (1-2): 179-208.

[71] Zhu B Y, Gu T. General isotherm equation for adsorption of surfactants at solid/liquid interfaces. Part 1. Theoretical [J]. Journal of the Chemical Society Faraday Transactions Physical Chemistry in Condensed Phases, 1989, 85 (11): 3813.

[72] Rui Zhang, P. Somasundaran. Advances in adsorption of surfactants and their mixtures at solid/solution in-terfaces [J]. Advances in Colloid & Interface ence, 2006, 123 (none): 213-229.

[73] 马洪超, 袁杰, 于丽, 等. 水相和特殊介质中有序聚集体的结构、性质和应用（Ⅵ）[J]. 日用化学工业, 2010, 40 (2): 129-140.

[74] 王绍清, 黄建滨. 磷脂囊泡的研究与应用 [J]. 大学化学, 2006, 21 (3): 1.

[75] 王彤文, 段爱红, 刘玲. 烷基磺酸盐-烷基季铵盐混合溶液中囊泡的形成 [J]. 云南师范大学学报, 2001, 21 (2): 62.

[76] 翟利民, 李干佐, 郑立强. 囊泡研究进展 [J]. 日用化学品科学, 1999, (8): 21.

[77] 吴立新, 李国文, 申德振. 含 Schiff 碱基囊泡双分子膜的聚集结构与相变 [J]. 高等学校化学学报, 1998 (19): 132.

[78] 欧阳健明, 段荔, 何建华, 等. 囊泡、微乳和胶束有序体系中纳米无机矿物的生长及其在生物矿化领域的应用前景 [J]. 化学世界, 2003 (7): 379.

[79] 戴东蓉, 卜林涛. 离子型与非离子型混合表面活性剂体系溶剂液晶相图及结构的研究 [J]. 北京大学学报：自然科学版, 1999 (35): 137.

[80] 朱步摇, 张镁, 黄建滨, 等. 脂肪酸盐-烷基吡啶盐混合体系的双水相 [J]. 物理化学学报, 1999 (15): 110.

[81] 范歆, 方云. 双亲油基-双亲水基型表面活性剂 [J]. 日用化学工业, 2003 (3): 20.

[82] 黄建滨, 韩锋. 新型表面活性剂研究进展：Bola 型表面活性剂与 Gemini 型表面活性剂 [J]. 大学化学, 2004 (19): 2.

[83] 付翼峰, 杨建新, 徐宝财. 二聚表面活性剂的制备、性质与应用 [J]. 精细化工, 2001 (18): 14.

[84] 闫云, 黄建滨, 李子臣, 等. Bola 型阴离子表面活性剂与溴化十二烷基三乙铵混合体系的表面性质与聚集行为 [J]. 化学学报, 2002 (60): 1147.

[85] Joshi Vishal Y., Sawant, et al. A selective and convenient synthesis of Gemini surfactants over heterogene-ous basic catalyst [J]. Catalysis Communications, 2009 (8): 1255-1262.

[86] Narayanan, Venu Lakshimi, Manickam Janarthanan. Synthesis, characterization and antimicrobial evalua-tion of three new cationic surfactants [J]. Tenside, Surfactants, Detergents, 2015, 52 (2): 170-178.

[87] Zaky, Mohamad F. Biocidal activities of cationic surface active starch and its transition metal complexes against different bacterial strains [J]. Jouranl of Surfactants and Detergents, 2010, 13 (3): 255-260.

[88] 刘学民, 宋聪, 王松营, 等. 含酰胺基 Gemini 阳离子表面活性剂的合成及性能 [J]. 化学研究与应用, 2011 (02): 184-188.

[89] Menger F M, Keiper J S. Gemini surfactants [J]. Angew. Chem. Int. Ed., 2000, 39 (11): 1906-1920.

[90] 蒋惠亮, 单翠翠, 方银军. 新型 Gemini 两性表面活性剂的合成研究 [J]. 化学试剂, 2008, 30 (11): 839-841.

[91] Hait S K, Moulik S P. Gemini surfactants: a distinct class of self-assembling molecules [J]. Current Sci-ence, 2002, 82 (9): 1101-1111.

[92] 曲广淼, 程杰成, 冯耀, 等. 新型 Gemini 两性离子表面活性剂的合成与表征 [J]. 中国皮革, 2011, 40 (7): 43-46.

[93] 李新宝, 孟校威, 徐丽, 等. 柠檬酸三酯三季铵盐阳离子表面活性剂的合成 [J]. 日用化学工业, 2005, 35 (5): 283-285.

[94] Jung M, Ouden I D, Goni A Montoya, et al. Polymerization in polymerization vesicle bilayer membranes [J]. Langmuir, 2000 (16): 4185.

[95] Mckelvey C A, Kaler EW, Zasadzinski JA, et al. Templating hollow polymeric spheres from catanionic equilibrium vesicles: synthesis and characterization [J]. Langmuir, 2000 (16): 8285.

[96] Melnyk, Stepan. The reaction of oleic and with a mixture of ethanolamines [J]. Chemistry &Chemical Technology, 2018, 12 (1): 13-17.

[97] 唐善法, 周先杰, 郝明, 耀. 低聚表面活性剂界面活性研究 [J]. 石油天然气学报, 2005 (27): 253.

[98] 郑延成, 韩冬, 杨普华, 等. 低聚表面活性剂的结构及性质 [J]. 精细石油化工进展, 2005 (6): 50.

[99] Boros, Eszter. Design, synthesis, and imaging of small amphiphilic rhenium and 99m technetium tricarbonyl com-

plexes [J] Bioconjugate Chemistry, 2009, 20（5）: 1002-1009.

[100] 陈莉, 肖进新, 马季铭. 外加盐作用形成的正负离子表面活性剂双水相 [J]. 物理化学学报, 2003（19）: 577.

[101] 金勇, 董阳, 魏德卿. 高分子表面活性剂的合成 [J]. 化学进展, 2005（17）: 151.

[102] 王军, 陈翔, 杨许召, 等. Bola 型非对称阳离子表面活性剂的合成及性能研究 [J]. 日用化学工业, 2014, 44（12）: 661-665.

[103] 李莉莉, 蔡传伦, 辛志荣, 等. 反应型非离子表面活性剂的制备及其组成和结构 [J]. 高等学校化学学报, 2007, 28（4）: 779-782.

[104] 苗青, 金勇, 张彪, 等. 新型非离子性嵌段型聚氨酯表面活性剂的合成及其表面活性研究 [C]. 全国第 16 届有机和精细化工中间体学术交流会, 2010: 126-136.

[105] 张彪, 金勇, 苗青, 等. 反应型聚氨酯非离子表面活性剂的合成及其性能 [J], 中国皮革, 2010, 39（1）: 37-40.

[106] 王晨晨, 刘松涛, 雒廷亮, 等. 非离子表面活性剂腰果基葡糖酰胺的合成 [J]. 黄河水利职业技术学院学报, 2014, （4）: 49-51.